IGBT 理论与设计

[印度] 维诺德·库马尔·卡纳
(Vinod Kumar Khanna) 著

杨 兵 康玄武 王 杨 译

机械工业出版社

本书首先对不同类型的 IGBT 工作原理进行了介绍，然后从 IGBT 的结构出发，给出了 IGBT 中 MOS 结构和双极型结构的工作原理，接下来详细说明了它们如何影响 IGBT 的正向传导特性，详细研究了 IGBT 模型，包括静态、动态和电热行为，讨论了 IGBT 中的闩锁效应，以及预防闩锁的详细处理方法。借助计算机辅助设计工具深入研究了 IGBT 单元的设计技术，从结构、掺杂分布、沟道长度、跨导和正向压降、导通和开关损耗、单元布图和间距，以及缓冲层优化，直至场环和场板终端设计。本书还介绍了制造功率 IGBT 的工艺技术，对功率 IGBT 模块和相关的技术进行了讨论。对新的 IGBT 技术也进行了介绍。本书最后介绍了 IGBT 在电动机驱动，汽车点火控制、电源、焊接、感应加热等领域中的应用情况。本书涵盖内容广泛，讲述由浅入深。在各章中提供了大量实例以及附加问题，更加适合课堂教学，同时，每章后给出的参考文献将为研究人员提供关于 IGBT 一些有用的指导。

本书既可以满足电力电子技术和微电子技术中功率器件相关课程的学生需求，也可以满足专业工程师和技术人员进行 IGBT 研究的需求。

北京市版权局著作权合同登记　图字：01-2018-4369 号。

图书在版编目（CIP）数据

IGBT 理论与设计/（印）维诺德·库马尔·卡纳（Vinod Kumar Khanna）著；杨兵，康玄武，王杨译．—北京：机械工业出版社，2020.10（2023.12 重印）

书名原文：The Insulated Gate Bipolar Transistor IGBT Theory and Design

ISBN 978-7-111-66352-2

Ⅰ.①I…　Ⅱ.①维…　②杨…　③康…　④王…　Ⅲ.①绝缘栅场效应晶体管-研究　Ⅳ.①TN386.2

中国版本图书馆 CIP 数据核字（2020）第 154090 号

机械工业出版社（北京市百万庄大街 22 号　邮政编码 100037）
策划编辑：江婧婧　责任编辑：江婧婧　翟天睿
责任校对：张　薇　封面设计：鞠　杨
责任印制：邓　博
北京盛通数码印刷有限公司印刷
2023 年 12 月第 1 版第 2 次印刷
184mm×260mm · 27 印张 · 2 插页 · 666 千字
标准书号：ISBN 978-7-111-66352-2
定价：159.00 元

电话服务	网络服务
客服电话：010-88361066	机　工　官　网：www.cmpbook.com
010-88379833	机　工　官　博：weibo.com/cmp1952
010-68326294	金　书　网：www.golden-book.com
封底无防伪标均为盗版	机工教育服务网：www.cmpedu.com

译　者　序

作为电力电子装置中的核心器件，IGBT 已广泛应用于工业、4C（通信、计算机、消费电子、汽车电子）、航空航天、国防军工等传统产业领域，以及轨道交通、新能源、智能电网、新能源汽车等战略性新兴产业领域，并有着巨大的商业市场。目前国内功率半导体产品，特别是 IGBT 等高端器件的研发与国际大公司相比存在很大差距，因此在核心技术方面的追赶显得尤为紧迫。

本书从 IGBT 的基本理论出发，详细讲述了 IGBT 中 MOS 结构和双极型结构的工作原理以及它们如何影响 IGBT 的正向传导特性；研究了 IGBT 的模型；讨论了 IGBT 中的闩锁效应以及预防闩锁的处理方法；结合实例进行了 IGBT 单元的设计；介绍了制造功率 IGBT 的工艺技术和模块相关的技术；对新的 IGBT 技术以及 IGBT 在电动机驱动，汽车点火控制、电源、焊接、感应加热等领域中的应用情况进行了介绍。书中提供了大量实例，在每章末尾给出的练习题以及参考文献满足了广泛的读者群体，包括学生、专业人士和研究人员的需求。

本书主要由北方工业大学信息学院杨兵老师翻译，中国科学院微电子研究所康玄武研究员、鹏扬基金管理有限公司微电子研究员王杨参与了本书的翻译和整理工作。

感谢机械工业出版社江婧婧编辑为原著版权和译著出版等各项事宜所做的大量工作。感谢家人的支持，使我能静下心来完成翻译。

在完成校阅、译毕交稿的时候，译者倍感疲劳，但更感担心。疲劳是因为翻译了一本 600 多页的英文专著花费了大量精力，担心的是唯恐译稿中仍有不妥，甚至错误存在。因此，对不妥和错误之处敬祈读者不吝赐教。

杨兵

2020 年 6 月

原书前言

绝缘栅双极型晶体管（IGBT）代表了商用产品中最为先进的一种新型功率半导体器件，该器件具有 MOS 栅控的高输入阻抗与双极型电流传导的低正向压降。它减小和降低了控制电路的尺寸和复杂性，从而大大降低了系统成本。如今，它在不间断电源、工业电动机驱动器、家用和汽车电子等中功率和中频领域有着广泛的应用。近年来，作为一种功率调节器件，没有哪个单一器件能够像 IGBT 一样彻底改变功率器件的情况，在家用、消费和工业领域对普通人的生活产生影响。

尽管这种器件自从它的概念形成以来就越来越受到人们的关注，但目前还没有一本书完全致力于 IGBT 的物理和技术，缺乏对半导体器件的物理和技术的全面论述。现有书籍涉及半导体器件物理学、功率半导体器件、晶闸管物理学、场效应和双极型晶体管物理学、MOS 物理学和相关器件技术。在工业和消费电子中 IGBT 的广泛应用，使得有必要出版一本全面论述该主题的新书，对 IGBT 的巨大兴趣促使作者执笔撰写本书。

正如书名所表明的那样，本书主要关注 IGBT。然而，不言而喻，IGBT 代表了 PIN 二极管、双极型晶体管、双极型晶闸管和功率 DMOSFET 特性的有趣组合。所以本书不仅给读者提供了 IGBT 的相关内容，而且也使读者理解上述各器件结构如何协同工作而产生 IGBT 特性。因此本书的扩展性主题涵盖了 MOS 和双极方面的有用资料，大大提高了本书的实用性。本书详细说明了 IGBT 的正向传导特性是受 PIN 二极管的电导率调制以及 MOSFET 沟道长度控制的。IGBT 的闩锁由双极型晶体管的电流增益和再生晶闸管行为控制。较小的沟道长度得到较低正向压降器件，但容易受到内部寄生双极型晶闸管的闩锁影响；控制 IGBT 的正向阻断能力需要仔细关注平面浮动场环的终端设计；反向阻断电压由芯片切割过程中的倒角决定。同样，IGBT 的关断时间由载流子寿命决定，也就是 PIN 二极管的反向恢复波形。所以，如果从更广的角度来看，学习 IGBT 需要对这些组成器件有很深入的了解。因此，虽然本书关注的是一个单个器件，但其余器件会自动成为整体的一部分。MOS - 双极型组合器件的时代已经来临，本书旨在向读者介绍这种新的混合技术。

本书是按教材的格式编写的，以满足电力电子工程和微电子工程中功率器件课程的需求。本书的目标受众还包括工程师和科学家。今天的学生是明天的专业人士，本书精心组合了为学生设计的教程和为从业者提供的专业设计。通过在章节中提供的大量实例，以及在每章末尾附加的练习题，希望通过适当选择课程材料，使本书更加适合课堂教学。每章结尾部分的参考文献将为研究人员提供一个关于 IGBT 的实用指南。因此，本书可以满足广泛的读者群体，包括学生、专业人士和研究人员的需求。

本书对 IGBT 提供了一个全面、深入和先进的讨论，涵盖了广泛的主题。第 1 章介绍功率半导体器件的状况，MOS - 双极型组合器件的需求以及 IGBT 的诞生；以简单的方式描述 IGBT 的工作原理；介绍了 IGBT 等效电路，并讨论了 SPICE 模型；还简要介绍了 IGBT 的封装和操作注意事项、栅极驱动电路和保护技术。

第 2 章总结了 IGBT 的基本类型、工作特点、性能特征、局限性、规格和应用；讨论了横向和垂直 IGBT 结构；对非穿通和穿通类型的 IGBT 进行了解释，描述了它们掺杂分布和工作的差异；对 IGBT 的不同工作模式，例如正向传导和阻断模式进行了讨论；对带电阻和电感负载的 IGBT 导通和关断进行了分析；概述了软开关概念；指出了温度和核辐射对 IGBT 特性的影响；讨论了沟槽栅极和自钳位 IGBT 的工作原理。

第 3 章介绍了 MOS 结构的基本原理，包括热平衡能带图、平带电压、阈值电压、电容效应、功率 DMOSFET 结构、导通电阻元件、安全工作区、辐射和热效应对器件特性的影响、DMOSFET 几何拓扑结构等，这些对于理解 IGBT 工作的物理原理是非常重要的。

第 4 章介绍了双极型器件的理论，如 PN 结二极管、PIN 整流器、双极结型晶体管、晶闸管和结型场效应晶体管。通过本章的阅读，读者将能够理解双极型器件工作的基本原理。

从第 5 章开始，开始研究 IGBT 模型，包括静态、动态和电热行为；讨论了 IGBT 的 PIN 整流器 - DMOSFET 和双极型晶体管 - DMOSFET 模型，以及导通态载流子分布、二维效应、器件 - 电路相互作用建模、IGBT 电路瞬态分析等模型。

由于闩锁是 IGBT 的一个严重问题，所以第 6 章详细讨论了这个问题，概述闩锁的形成原因并给出了 IGBT 结构的防闩锁技术；对静态和动态闩锁进行了解释，然后给出了预防闩锁的详细处理方法。

由于 IGBT 是由数百万个基本单元构成的，因此第 7 章使用计算机辅助设计工具深入研究了 IGBT 单元的设计技术。讨论从半导体的选择和垂直结构设计开始；接着是发射区和基区的掺杂分布和沟道长度，跨导和正向压降，导通和开关损耗之间的折中，单元布图设计和单元间距；然后对 N 型缓冲层进行结构优化；最后是场环和场板终端设计，以及其他使得表面电场最小化和击穿电压增强的结边缘终端技术。

第 8 章介绍了制造功率 IGBT 的工艺技术；讨论了实现 IGBT 的各个工艺步骤，主要步骤包括起始的硅片制备、外延生长、多晶硅淀积、栅氧形成、扩散和离子注入、掩膜制作和光刻、干法刻蚀和等离子体工艺、槽刻蚀、金属化、封装，以及电子辐照对寿命的影响，并对工艺模拟进行了回顾。

第 9 章讨论了功率 IGBT 模块和相关的技术；关于逻辑电路和功率器件集成的讨论之后是隔离技术的总结；介绍了模块中不同类型的保护措施和其他附件；对扁平封装模块和模块的材料技术也进行了研究。

第 10 章对未来 IGBT 技术进行了回顾以及展望，调研了新的设计理念和 IGBT 结构并对这个迅速发展的领域的未来趋势进行了预测；考虑的结构包括非自对准槽 IGBT、动态 N 型缓冲 IGBT、具有反向阻断能力和抗高温闩锁的横向 IGBT、具有高闩锁电流能力的自对准侧壁注入 N^+ 发射极的横向 IGBT、具有更大 FBSOA 区域的 LIGBT、具有集成电流传感器的横向 IGBT、介质隔离的快速 LIGBT、在薄 SOI 衬底上的横向 IGBT、衬底中的横向 IGBT、横向沟槽栅极双极型晶体管、槽平面 IGBT、相同基区技术中的簇 IGBT、双栅极注入增强型栅极晶体管等。

最后，第 11 章介绍了 IGBT 在电动机驱动器、汽车点火控制、电源、焊接、感应加热等领域中的应用情况；对不同类型的转换器，如 DC－DC 转换器、DC－AC 转换器和 AC－DC 转换器进行了数学分析；对软开关转换器也进行了讨论，同时讨论了 SABER 和 SPICE 电路模型和设计方法。

作者殷切希望本书的上述内容对于该领域的高年级本科生/研究生和研究人员有所帮助。本书可作为关于这个主题的教科书和参考书。如果本书能有助于解决读者的问题，那将是作者的努力所得到的最好回报。

虽然作者已尽最大的努力来确保表述内容的准确性，但并不一定能确保没有任何错误，诚挚地欢迎读者提出意见和建议。

原书致谢

我由衷地感谢系主任、资深科学家和我在 CEERI，Pilani 的同事们对我的努力的鼓励。我还要感谢小组组长和前功率器件小组的成员，在我们多年的合作中，我与他们分享了许多对功率器件物理层面和技术层面的见解。我很感激 Darmstadt 技术大学的 Arnold Kostka 教授和 B. Maj 先生指导我进入仿真领域。

很荣幸有机会和编辑 Christina Kuhnen 女士合作，我感谢她对我写书过程中出现的问题做出迅速的处理和回复，否则本书就不可能按时出版。我感谢审稿人提出的建设性批评意见，他们还指出许多错误和遗漏，从而使本书的形式和内容得以进一步完善。

任何一本新书都要归功于它的先驱者以及研究论文、报告和评论文章。我很感激这些文献的作者们，他们中的许多人在每章末尾的参考文献中都有列出。感兴趣的读者可阅读参考文献中所引用的优秀文献，以获得对相关专业主题内容的深入了解。

感谢 P. K. Khanna 博士和 Vijay Khanna 先生精神上的支持。

最后，我感谢我的女儿和妻子，感谢她们的爱、耐心和理解，感谢她们在这历时两年多的写作过程中，容忍我长时间的写作工作。衷心感谢以上所有人，也感谢那些在这项工作中直接或间接帮助过我的人，以及那些我可能忘记提及的人。

Vinod Kumar Khanna

作 者 简 介

Vinod Kumar Khanna 于 1952 年出生在印度 Lucknow。他目前是印度 Pilani 中央电子工程研究所固态器件部门的资深科学家。1988 年在 Kurukshetra 大学获得了物理学博士学位。在过去的几十年里，他在功率半导体器件、工艺设计和器件制造方面做了大量的研究工作。他的研究工作主要集中在高压大电流整流器、高压电视偏转晶体管、达林顿功率晶体管、逆变级晶闸管，以及功率 DMOSFET 和 IGBT。

Khanna 博士在国际期刊和会议上发表了 30 多篇研究论文，并撰写了两本专著。他于 1986 年在科罗拉多州丹佛市的 IEEE – IAS 年会上发表了论文，并于 1999 年担任德国 Darmstadt 技术大学客座科学家。他是印度 IETE 的会士以及半导体协会和印度物理协会的终身会员。

目　　录

第 1 章 Chapter 1

功率器件的演变和IGBT的出现

1.1 背景介绍

功率半导体器件是决定功率调节的电子系统的效率、大小和成本的重要部件。可控的电力电子系统不断增长的需求促进了新型器件材料、结构和电路拓扑的研究[1-7]。目前的功率器件都是采用硅材料制造的。在即将采用的半导体材料中，碳化硅（SiC）倍受关注[8-10]。与 Si 器件相比，SiC 的高击穿电场（4H－SiC 为 2.2×10^6 V/cm，而 Si 为 2.5×10^5V/cm）使其导通电阻减小为原来的 1/200。由于其较大的带隙（4H－SiC：3.26eV；Si：1.12eV），使得 SiC 器件还具有优异的高温性能、高热导率（4H－SiC：4.9W/cm；Si：1.5W/cm）、高化学惰性、耐高压力和耐辐射性。

全世界的功率器件和工艺工程师正不懈地寻找具有以下特性的完美半导体开关器件。①极低的驱动损耗：开关器件具有高输入阻抗，使得驱动电流非常小。此外，驱动电路简单且便宜。②在导通状态或正向导通时的损耗是微不足道的：工作电流的正向电压降为零。此外，工作电流密度大，使得在给定的电流承载能力下芯片具有小的尺寸和较大的成本优势。③最小的关态或反向阻断损耗：即使在高温条件下，也有无限大的反向阻断电压和零泄漏电流。④极低的开关损耗：开启和关断时间均为零。在直流（时间周期 = ∞）和低频（大而有限的时间周期）应用中，这些损耗非常小，因为开关时间远低于相应的周期时间。

功率器件的发展给电力电子技术带来了革命性的变化，如今的市场为不同的应用提供了各种不同的器件。在不需要栅极关断性能的应用中，晶闸管或硅控整流器（Silicon Controlled Rectifier，SCR）是功率密度较高的器件，一直是电力电子领域的主力[5-6]，在正向压降小于 2V 时，可以承载高达约 3500A 的正向电流而反向可以承受大于或等于 6000V 的电压。长期以来，晶闸管一直是满足兆瓦功率范围的唯一器件，可提供 12kV/1.5kA、7.5kV/1.65kA、6.5kV/2.65kA 等额定值。它们分类如下：用于 50/60Hz 交流电的相位控制晶闸管和用于约 400Hz 较高频率的逆变器晶闸管。典型的开启和关断时间为 1μs 和 200μs。晶闸管广泛应用于高压 DC（High－Voltage DC，HVDC）转换、静态无功补偿器、固态断路器、电化学工厂的大功率电源、工业加热、照明和焊接控制、DC 电动机驱动等领域。

由于在传统的晶闸管中关断是通过集电极－发射极电压反偏来完成的，因此在负载电流都由输入信号开启和关断的应用中，功率双极结型晶体管（Bipolar Junction Transistor，BJT）被广泛地使用。模块化的双或三达林顿晶体管（1200V，800A）用于转换频率高达几千赫兹的转换器。虽然双极型晶体管的关断时间小于 1μs，但在导通状态和关断期间需要非常高的基极电流驱动。一种有竞争力的器件是栅极关断（Gate Turn－Off，GTO）晶闸管，它具有比 BJT 更高的正向电流，但要求极高的栅极驱动电流（对 4000V 为 3000A，GTO 为 750A）。它的开关频率限制在 1～2kHz，$t_{on}=4\mu s$ 而 $t_{off}=10\mu s$。GTO 用于从几千瓦到几兆瓦功率的直流和交流电动机驱动，不间断电源（Uninterruptible Power Supply，UPS）系统、静态无功补偿器、光伏和燃料电池转换器。GTO 结构、栅极驱动、封装和反向二极管的改进导致了一个新的开关器件，即集成的栅极换流晶闸管（Integrated Gate Commutated Thyristor，IGCT），这是一种硬开关的 GTO，可以看作是具有非常低的感应栅极驱动与改进 GTO 的混合结构。此外，市场上已经有电流高达 4kA 的 4.5kV 和 5.5kV IGCT 以及 6kV/6kA 的 IGCT[11－12] 商用器件，并且根据市场需求可以进一步提高到 10kV。

另一种栅极关断应用中采用的器件是垂直的双扩散 MOSFET（Vertical Double Diffused MOSFET，VDMOSFET）[13]。它的栅极驱动电流非常低，500V/50A 的开关频率为约 100 kHz 的 VDMOSFET 器件的开启和关断时间短于 100ns。快的开关速度、易于驱动、更大的安全工作区域（Safe Operating Area，SOA），以及能够承受通态电压的快速增加（dV/dt），使得 VDMOSFET 成为电源电路设计中的逻辑选择。然而，VDMOSFET 是由单极型传导工作的。因此，它们的导通电阻随漏源电压急剧增加，限制了它们在电压不足几百伏特时的应用。此外，随着额定电压的增加，固有的反向二极管表现出反向恢复电荷 Q_{rr} 和反向恢复时间 t_{rr} 的增加，导致更大的开关损耗。功率 VDMOSFET 在低电压、低功耗和高频率的应用，如开关电源（Switch－Mode Power Supplies，SMPS）、无刷 DC 电动机（Brushless DC Motor，BLDM）驱动、固态 DC 继电器、汽车动力系统等得到了广泛使用。Cool－MOS 概念[14－15] 提供了一种降低维持高电压漂移区电阻的新方法，与相同面积的传统 MOSFET 相比，电阻率是之前的 1/10～1/5，击穿电压范围在 600～1000V。这里垂直的 P 型条形区嵌入到 N 型漂移区（见图

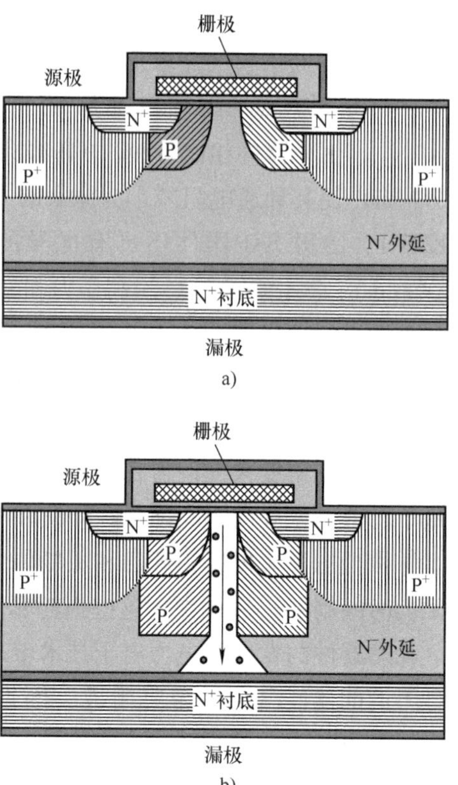

图 1.1　a）常规 MOSFET 的结构　b）Cool MOSFET 的结构

1.1)。由于精细的相反极性层结构序列，在这一区域内掺杂有明显的增加。在阻断状态下，随着漏源电压的增加，P型和N型条之间边界的空间电荷区域扩大，最终导致了外延层的耗尽。因此，关态电压包括水平和垂直分量。由于耗尽区的水平延伸，漂移区厚度不需要很大，这会导致传导和开关损耗的降低，同时也需要较小的栅极驱动电压。为了承受更高的电压，带有P型条的区域变得更大。与传统的MOSFET一样，减少掺杂是不必要的。因此，在Cool MOSFET中，在N漂移区引入了一个P型掺杂区域。N漂移区使用一个更高的掺杂浓度可以得到比在传统MOSFET更高的击穿电压，N漂移区使用高的掺杂浓度减少了器件的导通电阻。

因此，在目前可用的电源开关中，每种开关在某些应用中都具有明显的优势，但在其他领域却存在缺陷。因此，将MOSFET和双极型器件的特性结合起来是值得的。实际上，MOS-双极型结合的想法显著加快了器件参数向理想开关方向的改进。在一开始，人们探索了许多MOS-双极型结合的替代方案。下面给出主要结合的性能特点和局限性。达林顿结构（见图1.2a）在高输出电流下提供高的电流增益，但与单晶体管相比有更大的正向压降，并且在关断期间由于负基极驱动无法施加到BJT基极而导致更长的关断时间，因此，它会表现出很高的开关损耗。在串联或级联结构中（见图1.2b），缺点包括正向压降的增加以及需要驱动一个栅极和一个基极。在并联或共源共栅结构中（见图1.2c），BJT必须与MOSFET一起驱动以实现关断损耗的最小化，从而限制了截止频率，绝缘栅双极型晶体管（Insulated Gate Bipolar Transistor，IGBT）的成功实现克服了上述的局限性。

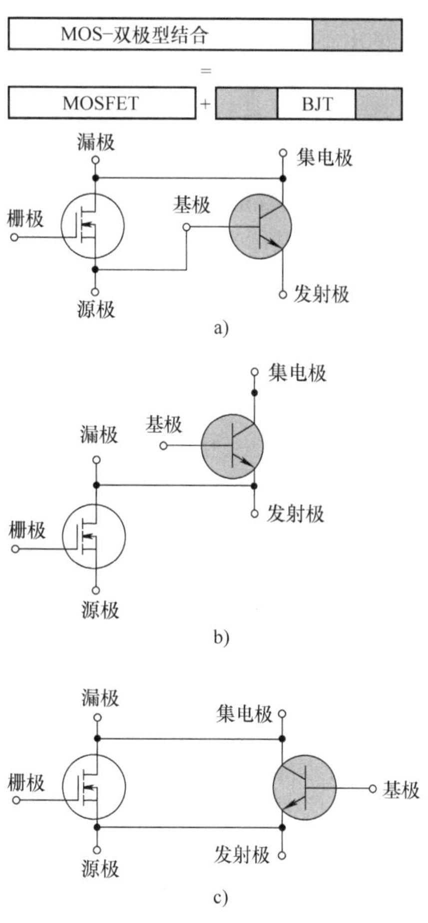

图1.2 MOS-双极型结合

a）达林顿结构 b）串联或级联结构 c）并联或共源共栅结构

1.2 IGBT

这个器件的其他名称包括绝缘栅整流器（Insulated Gate Rectifier，IGR）、电导调制的FET（Conductivity-Modulated FET，COMFET）、增益增强的MOSFET（Gain-Enhanced MOSFET，GEMFET）、BiFET（双极型FET）和注入FET。它是MOS-双极型组合器件系列的一个主要成员。该系列的其他成员有MOS-栅控晶闸管（MOS-SCR）和MOS控制的晶闸管（MOS-Controlled Thyristor，MCT）。

1979 年 Baliga 首先验证了 IGBT[16]，然后 1980 年 Plummer 和 Scharf[17]，Leipold 等人[18]和 Tihanyi[19]也进行了验证。Becke 和 Wheatley[20]以及 Baliga 等人在 1982 年[21]和 1983 年[22]对 IGBT 的优点进行了全面描述。但更多的工作是由 Russell[23]、Chang 等人[24]、Goodman 等人[25]、Baliga 等人[26]、Yilmaz 等人[27]和 Nikagawa 等人[28]完成的。1983 年市场上推出了商业化的 IGBT 产品，从此以后，器件的额定值和特性有了显著的提高，从最初的 5kW 的分离 IGBT 到 200kW 以上的 IGBT 模块。目前，有几家大公司生产这种器件，其中著名的有 IXYS 公司、国际整流器公司、Powerex 公司、飞利浦公司、摩托罗拉公司、富士电机公司、三菱电机公司、日立公司、东芝公司、西门子公司、Eupec 公司等。如今，在中等电压（600～2500V）、中等功率（10kW）、最高达 20kHz 的中频范围内，IGBT 是功率 BJT、达林顿晶体管、MOSFET 和 GTO 晶闸管的替代者。另外，市场上有能在 150kHz 下进行硬转换的 600V/50A 的 IGBT。正如功率 MOSFET 在低压应用中（<200V）取代了 BJT，IGBT 取代了中压 200～2000V 范围内的 BJT，适用于紧凑型的智能功率模块。已经报道了具有 6500V 电压阻断能力和 200A、400A 和 600A 电流的模块。高压 IGBT 用于电力牵引，例如有轨电车和机车。高功率 IGBT 由于其高速、大的 RBSOA 和容易的可控性，正在挑战兆瓦级 GTO 晶闸管的主导地位。但是，IGBT 的可用额定功率要低于 GTO 晶闸管的额定功率，最高额定开关功率为 36MVA（6kV，6kA）。MOS－SCR 和 MCT 是这些应用的替代选择。注入增强型 IGBT 或 IEGT[29]是一种有望取代 GTO 晶闸管的新一代大功率栅控器件。IGBT 基本上像一个双极型晶体管一样工作，在 N 型高阻层中有较少的载流子积累。因此，正向阻断电压>1700V 的 IGBT 要比 GTO 晶闸管的正向导通压降大得多。为了减少导通状态的压降，在 IEGT 中采用了类似于 GTO 晶闸管的载流子分布，保持了 IGBT 易于栅极驱动和关断的性能。4500V 的 IEGT 在 $100A/cm^2$ 时正向压降 V_F 为 2.5V。在 $V_F=2.5V$ 时 IEGT 的电流密度为 UMOS－IGBT（U 形槽金属氧化物半导体－IGBT）的 10 倍。

如今，对晶圆直接采用步进技术，IGBT 芯片的最小特征尺寸缩小到 1μm 和亚微米范围。IGBT 是中功率和中频范围内最广泛使用的功率器件，广泛应用在交流电动机驱动、牵引控制、感应加热系统、辐射系统（X 射线管）、不间断电源（UPS）、开关电源（SMPS）、静态无功和谐波补偿器等领域。表 1.1 显示在中低功率领域电力电子产品的主要应用。随着 IGBT 渗透到这些领域，该器件的效用也随之扩大。

表 1.1　不同电力电子领域的应用

领域编号	电力电子领域	应用
1	低功耗领域（<10kW）	用于计算机、打印机、传真机和消费电子产品的开关电源；汽车电子、加热和照明电路、小型电动机驱动和 UPS
2	中功耗领域（10kW～1MW）	用于多马力的感应电动机、UPS 和工厂自动化的机器（使用智能功率 IC 和模块）的固态驱动；供暖、通风和空调设备
3	高功耗或兆瓦功耗	用于电动机、HVDC、UPS 等的固态电动机驱动

对电力电子领域的密切关注可以发现 100～1000V 之间的领域已经大大受益于 IGBT 的发展和模块化封装的概念。从 1983 年引入市场以来，IGBT 已经变得非常重要。IGBT 很容易与低成本塑料模块的控制电路互连，用于驱动工厂自动化的小型机器。IGBT 的高输出阻抗允许多个 IGBT 并联。没有哪种器件会像 IGBT 一样从它的相邻器件更能吸收电流，从而产生更好的分流。因此，对于更高负载电流的应用，电流的增加是通过并联几个器件来完成

的。如今市场上，600V、1200V、2500V 和 3300V IGBT/IGBT 模块可在高达 2400A 的额定电流下工作。此外，4.5kV 和 6.5 kV IGBT 模块已有报道。

大电流和高电压 IGBT（>1700V，1000A）用于牵引和工业应用。由于无缓冲器工作，IGBT 和 IGCT 都有可能降低脉冲宽度调制电压源转换器（Voltage Source Converter，VSC）的成本和功率密度。通过对 IGBT 的串联叠加处理，实现了电力传输和配电（HVDC）系统的高电压要求。由于牵引系统使用器件的并联连接，而 HVDC 采用串联连接，这些应用的性质不同[30]。因此，在这些系统中器件的失效模式具有相反的特征，即用于牵引的开路故障和用于 HVDC 的短路故障。这些相反的要求导致了两种不同的封装概念：芯片焊接、非密封、引线键合模块，由螺栓连接到热沉和单侧冷却；以及采用晶闸管技术改造的干燥接触、密封、压力封装、压力栈安装和双侧冷却。

1.3 IGBT 的优缺点

IGBT 是由 MOS 和双极型器件技术以单片形式进行功能集成而产生的。它结合了现有 MOS 和双极型器件（见表 1.2）系列的最佳属性，以达到最优的器件特性，近似满足理想电源开关的标准。此外，它没有像 MOSFET 那样集成的二极管。在 IGBT 中，缺少二极管为用户提供选择适合特定应用的外部快速恢复二极管或购买在同一封装中具有 IGBT 和二极管的“co-pak”的机会。因此，IGBT 中不存在与功率 MOSFET 中的 P 型基区/N 漂移区上集成的二极管相关的问题。

表 1.2 MOSFET 和双极型器件的特点、优点和缺点

序号	MOSFET	双极型器件
	特点	特点
1	单载流子器件	双载流子器件
2	由多数载流子漂移工作	由少数载流子扩散工作
3	电压驱动	电流驱动
4	漏电流∝沟道宽度	集电极电流∝发射区长度和面积
5	使用轻掺杂漏区实现更高的击穿电压	较高的击穿电压需要轻掺杂集电区
6	给定电压降的电流密度在低电压时较高而在高电压时较低	给定电压降的电流密度是中等的，并且对开关速度要进行严格的折中
7	低电流时的平方律电流-电压特性和高电流时的线性 $I-V$ 特性	指数 $I-V$ 特性
8	漏电流的负温度系数	集电极电流的正温度系数
9	没有电荷存储	电荷存储在基区和集电区
	优点	缺点
1	高输入阻抗 Z 为 $10^9 \sim 10^{11}\Omega$	低输入阻抗 Z 为 $10^3 \sim 10^5\Omega$
2	最小的驱动电源 栅极上不需要 DC 电流	大的驱动电源 在基极需要连续的 DC 电流

（续）

序号	MOSFET	双极型器件
3	简单的驱动电路	复杂的驱动电路，需要大的正电流和负电流
4	更线性的工作和更少的谐波	更多的互调和交叉调制积
5	器件可以很容易并联	器件不容易并联
6	没有热失控	容易出现热失控
7	不易受二次击穿的影响	容易受到二次击穿的影响
8	最高工作温度为200℃	最高工作温度为150℃
9	非常低的开关损耗	中等到高的开关损耗，取决于传导损耗的折中
10	较高开关速度，对温度不敏感	较低的开关速度，对温度更敏感
	缺点	优点
1	高的导通电阻	低的导通电阻
2	低的跨导	高的跨导

MOSFET 面临的主要困难是二极管的反向恢复特性。如此制造的 MOSFET 的 N 漂移区中的高载流子寿命使得二极管反向时会因伴随着大量的恢复电荷而变慢。随着额定电压的增加，整体二极管表现出较高的反向恢复电荷和反向恢复时间，从而造成较大的功耗。此外，电荷会产生一个大的反向恢复电流，且随 di/dt 的增加而增加。大的电流流过电路中的晶体管时会产生大的功耗和热应力。为了改善反向恢复特性，电子辐照后进行 200℃左右的正氧化物电荷退火。但由于在结构中存在一个双极型晶体管（见图 1.3），故 MOSFET 中集成的二极管仍然会产生问题。由于在反向恢复过程中电流的流动，这个双极型晶体管的基区电阻上的电压降会使晶体管的发射区 - 基区结正向偏置。在晶体管上产生的高电压常常导致二次击穿。在二极管反向恢复过程中，双极型晶体管的启动会在功率 MOSFET 中造成严重的问题。

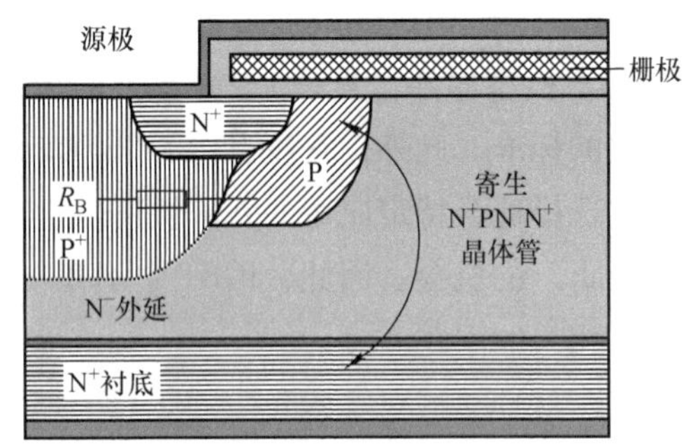

a)

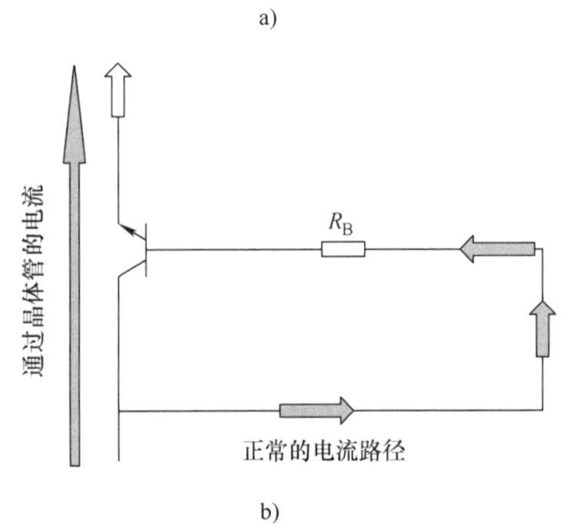

b)

图 1.3　a）功率 MOSFET 结构中的寄生双极型晶体管　b）等效电路显示了寄生双极型晶体管和 N^+ 源下 P 型基区的电阻 R_B

IGBT 提供高输入阻抗的 MOS 栅极，以及大的双极型载流能力，同时可以设计以支持高的电压。电路设计者把 IGBT 看作一个具有 MOS 输入特性和双极型输出特性的器件，即一个电压控制的 BJT 器件，这个特性在很大程度上简化了驱动电路。这与 IGBT 的坚固性相结合，消除了保护性缓冲电路的复杂性，使得简单、轻便和经济的电力电子系统可以用IGBT来构建。除此之外，MOS控制与双极型传导的集成是构建智能芯片的一种方式，因为“智能电子”与开关功率器件的控制策略密切相关。因此它代表了迈向“智能或智能电源转换”的一步。在这里，除了BJT和MOSFET外，还有PN结二极管，PIN整流器和晶闸管的特征也出现在IGBT中。

用MOSFET和BJT对IGBT的载流性能进行比较评估，可以注意到IGBT是针对额定电压范围制造的，例如300V IGBT用于AC 110V线路整流，600V IGBT用于AC 220V线路整流和1200V IGBT用于AC 440V线路整流。这里给出一个具有600V阻断能力的IGBT实例。它在室温下的电流密度为$200A/cm^2$，是相同功率MOSFET的20倍，是电流增益为10而正向压降为2V的BJT的5倍。在200℃时，IGBT的电流密度变为MOSFET的60倍。引用另一个例子来说明，在20A时，一个400V IGBT的导通电阻为0.1Ω，是同样额定电流的MOSFET导通电阻的0.1倍。IGBT不仅导通电阻低，其温度系数（Temperature Coefficient，TCR）也比MOSFET小得多。

现在考虑IGBT的缺点，与功率MOSFET相比，这个由MOS和双极特性混合所付出的代价就是IGBT开关速度较慢（见表1.3）。尽管如此，IGBT的一个有趣的特点是，它的关断时间可以通过电子或质子辐照的方式减少，代价是正向压降的增加。这个独特的性能使IGBT具有在开关和导通损耗之间进行折中的宝贵机会，以满足广阔的应用范围的电源开关要求。为了说明这一点，注意到工作在大的占空比的低频电路，如线性工作的相位控制电路，在开关损耗中，导通损耗占主导地位，关断时间从5~20μs是足够的。对于占空比较小的高频电路（例如在1~20kHz开关频率上工作的AC电动机驱动器），需要的关断时间范围从500ns覆盖到2μs。对于更高频率的电路（例如开关电源运行在20~100kHz），所需的关断时间在100~500ns之间。通过对正向压降和关断时间规范的折中，上述应用中所有适合的IGBT都可以制造出来。

表1.3 IGBT和FET的特性

特性	IGBT	FET
结	双结器件	零结器件
正向电压	>0.7V	>0V
阻断电压	1200V	500V
正向电流	400A	50A
开启时间	0.9μs	90ns
关断时间	1.5μs	150ns
开关频率	>150kHz	>1MHz

这里必须指出的是，IGBT在导通之前需要至少0.7V的正向电压，而MOSFET在$V_{DS}>0V$时可以导通。因此，在低电压应用中（例如12V的汽车电子中），IGBT不是一个好的选择。

1.4 IGBT的结构和制造

图 1.4 所示为基本 IGBT 结构的横截面示意图。这是该器件几种可能的结构之一。实际上，功率 IGBT 基本上是由数以百万计的单元组成的重复阵列构成的，在拓扑布局中，提供了一个大的宽长比，即宽度与长度比（W/L）。图 1.5 所示为该多单元功率电子器件的基本

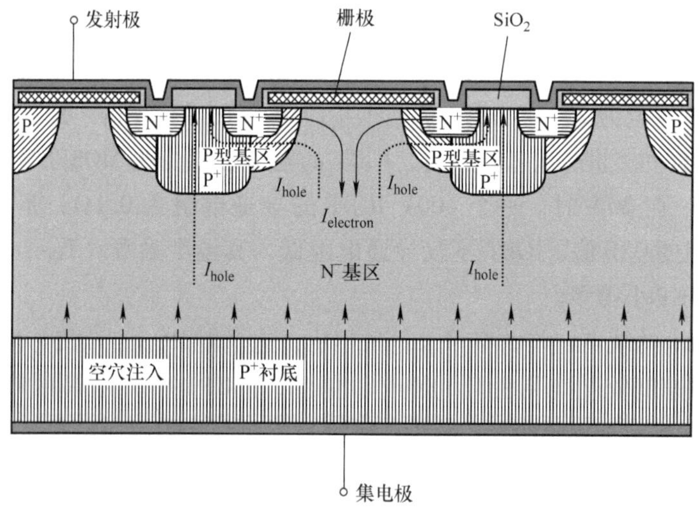

图 1.4 IGBT 结构的横截面示意图

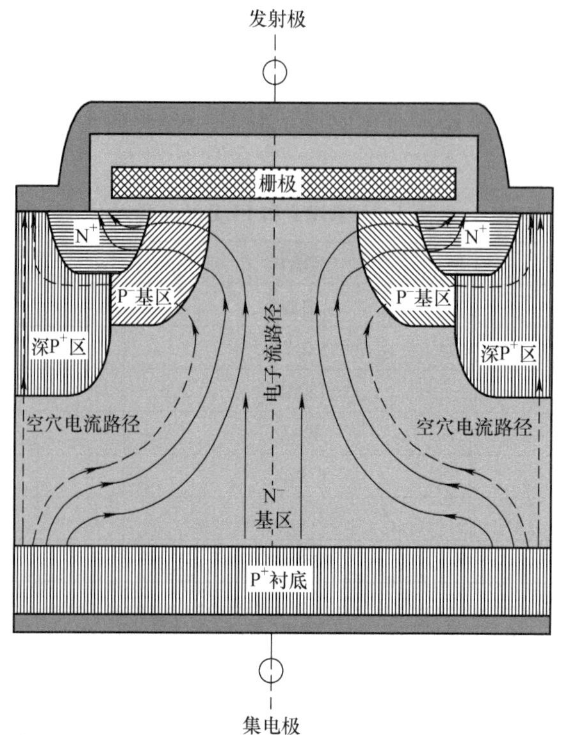

图 1.5 IGBT 单元（沿虚线分割得到的半单元表示分析的基本结构）

单元结构。图1.6给出了单元的三维视图。必须清楚地识别器件结构的不同区域：顶部的N^+层是发射区；底部的P^+层构成集电区，它也被称为空穴注入层；两个基区称为P型基区和N型基区。本质上，IGBT是一个包括四层的N－P－N－P晶闸管结构。

从图1.5和图1.6可以看出，除了IGBT中的P^+衬底，IGBT的硅截面与垂直的DMOSFET（VDMOSFET）是相似的。同时，这两种器件都有多晶硅栅结构和具有N^+源区的P阱。P阱之间N型材料的厚度和电阻率决定了两种器件的额定电压。因此，IGBT是由N沟道多晶硅栅自对准垂直DMOSFET（VDMOSFET）工艺制备的。由于IGBT本质上是一个在漏极区有一个额外PN结的VD-MOSFET，所以除了将VDMOSFET中的N^+衬底替换成IGBT中的P^+衬底，IGBT制备的工艺过程与功率VDMOSFET是相同的。由于硅导热性好且击穿电压高，故IGBT与SCR一样是由硅材料制备的。N^-外延层生长在开始的P^+衬底上，接着进行如多晶硅栅MOSFET加工中的离子注入、热扩散、氧化、化学气相淀积和光学刻蚀等步骤。制造技术的详细过程将在第8章中描述。

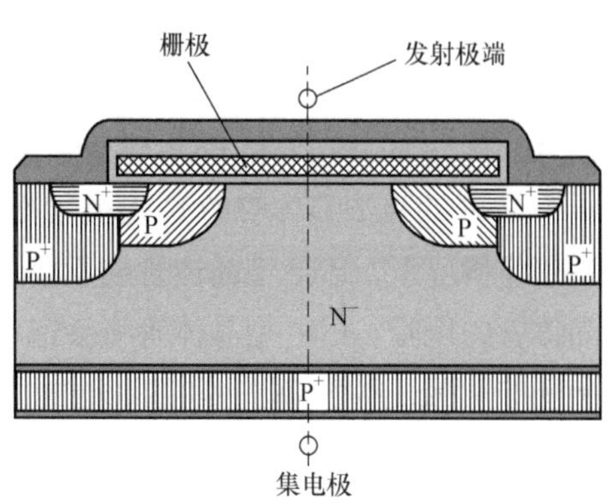

图1.6 IGBT单元的三维视图

1.5 等效电路的表示

通过对其等效电路的分析，可以获得对IGBT工作情况的清晰认识。通过对图1.4中IGBT截面图的仔细观察，得到其等效电路模型如图1.7a所示。一对NPN型和PNP型晶体管代表晶闸管。NPN型晶体管的集电极连接到PNP型晶体管的基极，同样地，PNP型晶体管的集电极通过JFET为NPN型晶体管提供基极电流。因此，NPN型和PNP型晶体管构成了一个再生反馈环路。从图1.7a中可以看出，烧结铝金属化以及P型基区中心的深P^+扩散将NPN型晶体管的发射极和基极短路。这由图1.7a中连接NPN型晶体管发射极和基极的短路电阻R_s表示。发射极－基极短路是保证NPN型和PNP型晶体管（$\alpha_{NPN}+\alpha_{PNP}$）的增益总和不超过1，从而使晶闸管不会闩锁，因为闩锁会导致输出电流的栅控制失效。由此获得了无闩锁的IGBT，

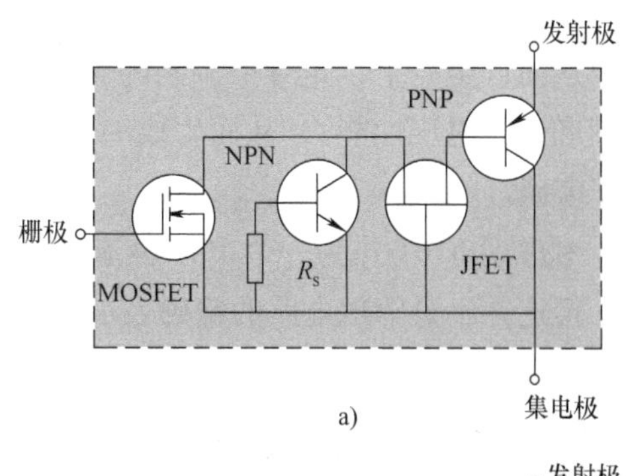

a)

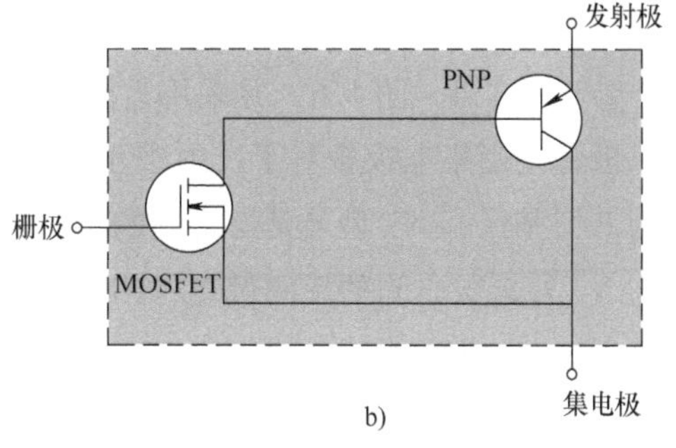

b)

图1.7 IGBT的等效电路模型

a）IGBT等效电路 b）简化的IGBT等效电路

表现为其 PNP 组件形式的单个双极型晶体管。此外，在栅氧下的 P 型基区中形成 MOSFET 沟道。这个沟道将 NPN 型晶体管的 N^+ 发射区和 N^- 集电区连接起来。因此，在等效电路中这个晶体管被 MOSFET 分流。电路中的 JFET 表示任意两个相邻 IGBT 单元之间电流的限制。

为了使 IGBT 实现正常功能，很明显 NPN 型晶体管的工作状态是有意回避的。因此，NPN 型晶体管可以被忽略。因而图 1.7a 被图 1.7b 简化的等效电路代替。这个电路只包含两个器件，例如 MOSFET 和 PNP 型晶体管。因此，IGBT 可以看作是在一个伪达灵顿结构中驱动一个 PNP 双极型晶体管的 N 沟道增强型 MOSFET。作为伪达林顿晶体管的最后一级，在正常工作情况下，PNP 型晶体管绝不会进入深饱和状态，因此它的电压降始终高于饱和 PNP 型晶体管的压降。PNP 型晶体管将会饱和的条件是出现在 IGBT 的闩锁期间，这是一个不希望出现的情况，器件必须远离该条件。但是 IGBT 中的 P^+ 层覆盖了整个芯片区域。因此，其注入效率和导通压降均优于同等大小的 BJT。PNP 型晶体管没有工作在饱和状态下的这一事实使 IGBT 在关断过程中具有优势，因为与饱和晶体管相比，非饱和晶体管更容易关断。此外，由于 PNP 的基区不能通过外部连接，所以关断时间不能通过一个驱动电路来减小，载流子寿命减小技术和 N 型缓冲层便用于此目的。但它们降低了 PNP 型晶体管的电流增益，增加了 IGBT 的正向压降。因此，PNP 型晶体管的增益控制了导通和开关损耗，它还决定了 IGBT 中内置晶闸管的闩锁的抗扰度。N 型缓冲层和宽的 N^- 外延基区降低了 PNP 型晶体管的增益，而 NPN 型晶体管的增益由于基区电阻的减小而减小，从而抑制了关断过程中的闩锁。在此期间，一个大密度的空穴电流流过 P 型基区，将其增益提高。

从这些考虑，很明显 IGBT 的设计涉及 MOSFET 和双极型部分的优化。自然地，有两种方法来减少 IGBT 的导通压降：①通过增加芯片尺寸和单元密度来降低 MOSFET 的导通电阻，从而产生一个"电导率调制的 MOSFET"；②增加 PNP 型晶体管的电流增益（适当关注闩锁和阻断电压性能），从而生成一个"MOSFET 驱动的双极型晶体管"。这两种方法都适用于实践。

考虑到 IGBT 作为一个 PIN 整流器，其输出电流通过 MOSFET 沟道可提供进一步的简化，但这并不是等效电路的精确表示。因此，一般不用作 IGBT 等效电路。

1.6 工作原理及电荷控制现象

参考图 1.4～图 1.6，并采用零栅极偏压，IGBT 结构相当于一个发射极短路的 PNPN 击穿二极管。当集电极相对于发射极正向偏置时（$V_{CE}>0$），IGBT 仍然保持关断状态。这是因为 P 型基区和 N^- 型外延层之间的结是反向偏置的。类似地，当 $V_{CE}<0$ 时，由于在 P^+ 衬底与 N^- 外延层之间的反向偏置，IGBT 仍处于关断状态。因此，集电极 - 发射极电流 I_{CE} 最小，直到两极都击穿。对正向 V_{CE}，击穿是由 N^- P 结雪崩引起的，而对于反向 V_{CE} 是由 N^- P^+ 结相同的过程启动的。

在 $V_{CE}>0$ 条件下，IGBT 通过施加一个足够大的正栅极 - 发射极电压（V_{GE}）使下面的 P 区中感应出一个 N 型沟道而导通，从而将 N^+ 发射区和 N^- 基区连接起来，使 PNP 型晶体管的基区－发射区结正向偏置而导通。流过 N^- 型外延层与 P 型衬底结的电流导致少数载流子空穴注入到外延层中。因此，这一层发生了电导率调制，降低了它的电阻，从而导致了大的集电极－发射极电流 I_{CE}。为了使 IGBT 关断，栅极－发射极电压 V_{GE}变为零，使 P 区的沟道消失。根据 V_{CE}的值，在 IGBT 中观察到三个不同的工作区域。第一个区域中，在 V_{CE}约为 0.7V 的较小值时，IGBT 是一个与 PNP 晶体管并联的 VDMOSFET。电流的传输是通过在 N^- 区域内的过剩电子和空穴的复合而发生的。第二个区域从 $V_{CE} > 0.7V$ 开始，其特性描述了 MOSFET 的行为。在大的 V_{CE}值时，从 PNP 晶体管的发射极注入的过剩空穴不会被 N^- 基区的复合所吸收而进入到 P 型基区，形成 PNP 双极型电流。MOSFET 电流 I_{MOS}是双极型晶体管的基极电流，而 IGBT 的集电极－发射极电流 I_{CE}除了是 I_{MOS}的放大形式外，还复制了 MOSFET 特性的一般形态。在第三个区域，当电流超过一个临界值时，器件就会像一个晶闸管在导通状态发生闩锁，因此失去栅控能力。

器件的工作将在第 2 章进行详细讨论。在这里可以看到，IGBT 的 MOS 部分控制着它的开启，而双极部分则决定了稳态和关断行为。与 BJT 和 MOSFET 器件一样，IGBT 也是一种电荷控制器件。在工作于有源模式的一个 PNP BJT 中，来自基极端的注入电子在 N^- 基区产生了负电荷。这要通过从 P 型发射区注入的空穴来平衡，以保持电中性。因此，基区的空穴浓度增加，使得空穴从发射区转移到集电区。类似地，在一个 N 沟道 MOSFET 中，当其输入电容获得足够的正电荷使栅源电压升高到实现沟道形成反型所需的电压时，就开始导通了。双极型器件和 MOSFET 传导的主要区别在于，在 BJT 中以电子的形式连续不断地提供的基极电流是为了补充重新复合而失去的电子。但是在 MOSFET 中，栅介质（氧化物）通过氧化物将电子（在沟道中）和正电荷分开，阻止了它们的复合，因此电流只有在建立电荷密度或在其退出过程中才是必须的。当然，这个电荷要求非常小。由此可见，融合双极和 MOSFET 特性的 IGBT 也是一个电荷控制器件。

1.7 电路建模

器件制造商和电路设计者需要 IGBT 模型来理解器件内部机制、优化结构，并预测电路的行为[31-53]，各种电路仿真包，特别是以 Saber 和集成电路为重点的仿真程序（SPICE，PSPICE，HSPICE，IG－SPICE 等），可以用于 IGBT 建模。模型分为数学模型（基于半导体物理学的分析模型）、半数学模型（结合器件物理与模拟器中现有的模型）、行为或经验模型（模拟 IGBT 的特性而不考虑其物理机制）和半经验模型（使用有限元方法模拟宽的基区而对器件的其他部分使用分析方法）。它们也被分为微观模型（基于物理结构和方程）和宏观或复合模型（利用现有的器件模型）。

基于现有的 MOSFET 和 BJT 器件模型，在 SPICE 中已经得到遵循半数学方法的 IGBT 宏观模型。这个模型对电路仿真是很有用的，它比微观模型简单和省时。图 1.8a 所示为 SPICE 中 IGBT 的电阻或 DC 模型。在 MOSFET 和 BJT 之间可以看到三个额外的电压和电流控制的发生器。这些都包括在内，因为 IGBT 的输出特性与 MOSFET 的输出特性不完全相同，需要进行修改。此外，由于SPICE要求控制变量的输入必须只有一种源类型，无论是电压还是电流，控制变量都被转换为同一类型。

二极管D和二维压控电压源（VCVS）E_D 代表输出电压的典型值（0.7～1.0V）。一个源的大小可以通过在SPICE中非线性相关源的定义来理解，可由 $i=f(v)$，$v=f(v)$，$i=f(i)$ 和 $v=f(i)$ 四个方程中的任何一个来表征，函数是多项式而参数可以是多维的。二极管通过在IGBT输出施加一个反向电压阻止BJT的集电极电流。H_D 是一个电流控制的电压源（CCVS），它将MOSFET的漏电流转换成电阻 R_D 上的驱动电压 V_D。G_B 是一个二维非线性电压控制的电流源，用于驱动输出晶体管。

图1.8b给出了IGBT的动态SPICE模型，它是DC模型和非线性输入电容 C_{ix} 的组合，由一个四段分段线性函数模拟。反向电容非常小，输出电容 C_0 取自于数据表。结合非线性输入电阻电路和电流控制的输入电容，得到IGBT的完整SPICE宏模型。

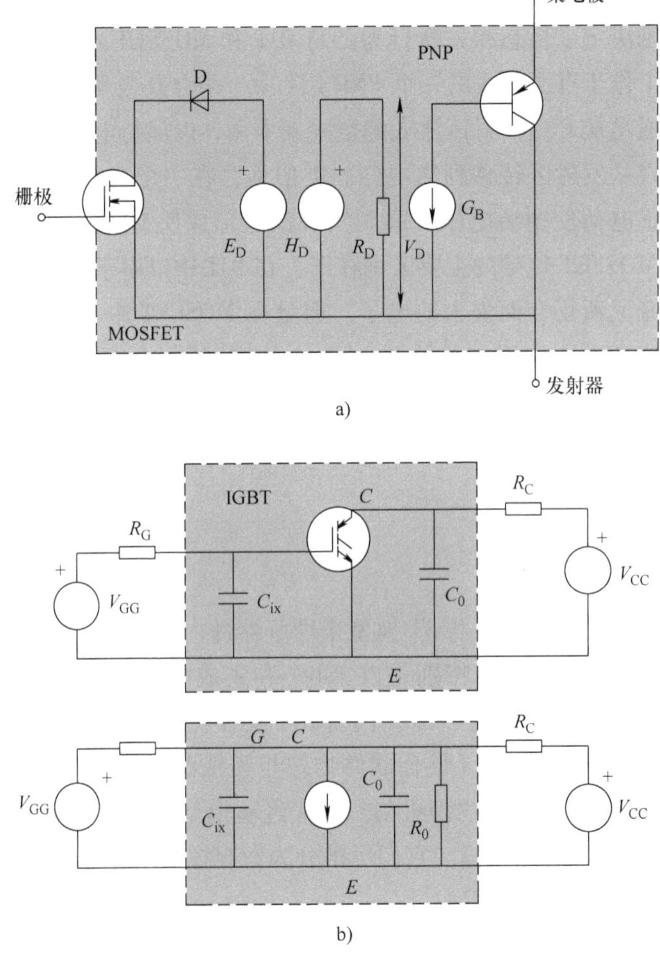

图1.8 IGBT的SPICE模型

a）IGBT的DC模型 b）IGBT的开关电路和动态模型

这个模型的准确度低于 IGBT 的数学模型，因为 IGBT 的宽的基区不同于现有的离散功率 BJT 模型。IGBT 的开关行为主要由分布在这个宽的基区上的电荷控制。分布电荷的行为受双极型传输方程控制，即一个二阶偏微分方程。

例 1.1 IGBT 的制造工艺中生产出以下两个不同类型的器件：

IGBT 类型	在 80A 时的正向压降/V	每个开关过程中的关断损耗/mJ
慢 IGBT	1.2	10
快 IGBT	2.1	5

考虑一个 DC 驱动应用，占空比为 50%，在什么频率下两个 IGBT 会产生相同的总功耗？比较两个 IGBT 在 5kHz 和 10kHz 的功耗。

忽略开启、驱动和非导通损耗，可以得到

功耗

$$P_{loss} = \text{正向电压 } V_F \times \text{正向电流 } I_F \times \text{占空比} + \text{开关频率}(f) \times \text{关断期间的损耗} \quad (E1.1.1)$$

对于慢 IGBT

$$P_{loss} = 1.2 \times 80 \times 0.5 + f \times 10^3 \times 10 \times 10^{-3} = 48 + 10f \quad (E1.1.2)$$

对于快 IGBT

$$P_{loss} = 2.1 \times 80 \times 0.5 + f \times 10^3 \times 5 \times 10^{-3} = 84 + 5f \quad (E1.1.3)$$

慢和快 IGBT 的功耗在频率 f(kHz) 相等时得到下面等式

$$48 + 10f = 84 + 5f \quad (E1.1.4)$$

从中得到 $f = 7.2$kHz。

在 $f = 5$kHz 时

对于慢 IGBT

$$P_{loss} = 1.2 \times 80 \times 0.5 + 5 \times 10^3 \times 10 \times 10^{-3} = 98\text{W} \quad (E1.1.5)$$

对于快 IGBT

$$P_{loss} = 2.1 \times 80 \times 0.5 + 5 \times 10^3 \times 5 \times 10^{-3} = 109\text{W} \quad (E1.1.6)$$

在 $f = 10$kHz 时

对于慢 IGBT

$$P_{loss} = 1.2 \times 80 \times 0.5 + 10 \times 10^3 \times 10 \times 10^{-3} = 148\text{W} \quad (E1.1.7)$$

对于快 IGBT

$$P_{loss} = 2.1 \times 80 \times 0.5 + 10 \times 10^3 \times 5 \times 10^{-3} = 134\text{W} \quad (E1.1.8)$$

因此，可以得出结论，在 5kHz 慢 IGBT 更好，比快 IGBT（109W）具有更低的功耗（98W）。在 10kHz，慢 IGBT 变得较差，因为它比快 IGBT（134W）有更高的功耗（148W）。

例 1.2 假设占空比为 50%，计算相同面积的 1000V IGBT、BJT 和 MOSFET 芯片的功耗，每个芯片负载电流为 50A，给出的器件参数如下：

在 25kHz 和 100kHz 两个频率执行这些计算。

忽略开启、驱动和关断损耗，功耗 P_D 是稳态正向导通 P_{ss} 所产生的功耗和从导通态切换到关断态过程的功耗 P_{sw} 之和，即

$$P_D = P_{ss} + P_{sw} \tag{E1.2.1}$$

序号	器件	在 50A 时的正向压降/V	关断时间/μs
1	IGBT	2	1
2	BJT	15	1
3	MOSFET	40	0.1

假设 T 为栅脉冲的周期时间，τ_1 为时间周期 T 中的器件保持导通的时间部分，τ_2 为关断时间，V_F 为在电流 I_F 时的正向压降，而 V_B 为关断电压。那么功耗可以表示为

$$P_D = V_F I_F \tau_1 + (1/2) V_B I_F / (\tau_2 / T) \tag{E1.2.2}$$

表达式中的第一项（P_{ss}）与频率无关，仅取决于占空比，因此得到

对于 IGBT

$$P_{ss} = 2 \times 50 \times 0.5 = 50\text{W}$$

对于 BJT

$$P_{ss} = 15 \times 50 \times 0.5 = 75\text{W}$$

对于 MOSFET

$$P_{ss} = 40 \times 50 \times 0.5 = 1000\text{W}$$

在 25kHz 的总功耗如下：

对于 IGBT

$$P_D = 50 + (1/2) \times 1000 \times 50 \times 1 \times 10^{-6} / [1/(25 \times 10^3)] = 675\text{W}$$

对于 BJT

$$P_D = 375 + (1/2) \times 1000 \times 50 \times 1 \times 10^{-6} / [1/(25 \times 10^3)] = 1000\text{W}$$

对于 MOSFET

$$P_D = 1000 + (1/2) \times 1000 \times 50 \times 0.1 \times 10^{-6} / [1/(25 \times 10^3)] = 1062.5\text{W}$$

在 100kHz 的总功耗如下：

对于 IGBT

$$P_D = 50 + (1/2) \times 1000 \times 50 \times 10^{-6} / [1/(100 \times 10^3)] = 2550\text{W}$$

对于 BJT

$$P_D = 375 + (1/2) \times 1000 \times 50 \times 1 \times 10^{-6} / [1/(100 \times 10^3)] = 2875\text{W}$$

对于 MOSFET

$$P_D = 1000 + (1/2) \times 1000 \times 50 \times 0.1 \times 10^{-6} / [1/(100 \times 10^3)] = 1250\text{W}$$

综上所述，可以得出在5kHz时，IGBT是这三个器件中损耗最小的。在10kHz时，IGBT仍然比BJT好，但是由于功耗的增加，IGBT和BJT都不如MOSFET。

1.8 IGBT的封装选择

封装的理想特性包括良好的电学和热性能、长寿命、高可靠性和低成本。另外，对于一个模块，必须进行基板和半导体芯片的电隔离，以便将相位管脚的两部分封装在一个封装中。这也需要方便地将模块开关、不同的相位安装在相同的热沉上，也可以从安全考虑将热沉接地。IGBT通常有三种类型的商业封装形式（见图1.9）：①分离的封装，如TO－220、TO－247、TO－264和SOT－227B。这些封装包含一个单独的器件，用于低功耗的应用；②功率模块封装，这些包含多个芯片的封装可用于多种配置，如半桥、全桥和三相桥；③压封装，这种类型最近被引入到模块封装中（参见9.7节）。

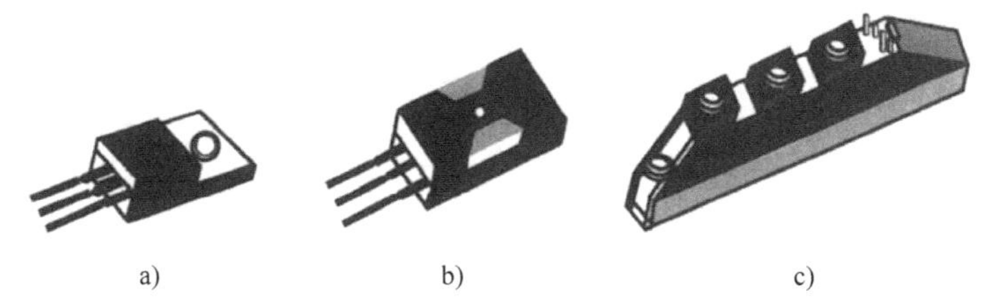

图1.9 常见的IGBT封装

a）TO－220 AB b）TO－247AD c）TQ－240 AA

1.9 IGBT的操作注意事项

1）在组成电路之前，应将IGBT的引线用金属弹簧短接在一起或存放在导电材料中。
2）使用的烙铁头必须接地。
3）当用手触摸时，金属腕带必须接地。
4）在栅极与发射极之间连接齐纳二极管，以防止静电电荷积累。
5）栅极－发射极电压不应超过特定的值，必须避免使栅极保持浮空的电路。

1.10 IGBT栅极驱动电路

IGBT是由图1.10所示的电路符号表示的三端器件。三端被指定为发射极（E）、栅极（G）和集电极（C）。许多作者采用了SCR的阳极/阴极/栅极的术语，而其他的则使用MOSFET的漏极/源极/栅极。有些人更喜欢BJT技术的集电极/发射极/栅极，因为器件是双极型晶体管。E端实际上是PNP晶体管的集电极，而C端实际上是PNP晶体管的发射极。在BJT术语中，E端将是IGBT的发射极，但它是PNP晶体管的集电极。同样地，C端将是

IGBT 的集电极，但它是 PNP 晶体管的发射极。为了避免因所指的是 IGBT 或 PNP 型晶体管的发射极/集电极而产生的混乱，从这个观点看来，阳极/阴极/栅极的术语似乎更符合逻辑。然而，本书中采用 BJT 的集电极/发射极/栅极术语以不断提醒读者 IGBT 是一个双极型晶体管，而不是一个晶闸管。在大多数的书籍中也遵循这一点。图 1.10a 中的符号是最真实的，因为它代表了在 IGBT 中 MOSFET 栅极和 PNP 型晶体管的集电极和发射极。PNP 型晶体管的基极触点没有连接，表示没有外部基极引线。在外部，IGBT 有集电极、发射极和栅极。图 1.10b 中的符号可能会被误解，因为在 IGBT 中是 PNP 型晶体管，而不是 NPN 型晶体管起着主要作用。这种表示只是象征性的，与实际的 IGBT 结构无关。图 1.10c 中的符号强调了在 IGBT 中存在的 MOSFET。它与 N 沟道 MOSFET 的符号相同。IGBT 符号与 MOSFET 符号之间的区别是漏极接触上的箭头。这个箭头表示在 IGBT 中 PNP 型晶体管的发射极。对于一个 P 沟道的 IGBT，箭头的方向相反。

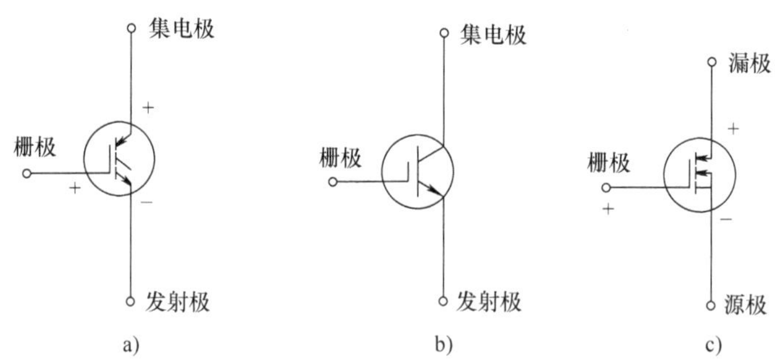

图 1.10　IGBT 的电路图符号

IGBT 的栅极电源要求与功率 MOSFET 相似，功率 MOSFET 的栅极驱动电路是所有电力电子半导体开关中最简单的。施加 15V 的栅极至发射极电压 v_{GE} 使 IGBT 导通。然后 v_{GE} 降低到3～4V以下用来关断器件。虽然 IGBT 的开启和关断是由栅极电压控制的，但是开关的速度是由栅极电流决定的，因为反向的所需电荷形成时间取决于栅极电流的大小。

有两种类型的栅极驱动电路，即电压驱动和电流驱动。图 1.11a 显示了一个 IGBT 的电压驱动电路。它包括一个恒压电源 $V_G = 15V$，一个开关，两个电阻 R_1 和 R_2。开关包括一个快速开关晶体管或一个完整的 IC，包括它与一个基于处理器的控制器的控制信号之间的接口。当开关闭合时，一个栅极电流 i_G 会一直流入直到 IGBT 的输入栅极电容 C_{iee} 被充电到一个稳态电压 $v_{GE} = V_{GE}$；当 $i_G = 0$ 时。这个充电过程所花的时间测量了开启的启动时间，并且由 C_{iee}、R_1、R_2 和 R_G（栅极电源 V_G 的内部电阻）的值决定。较小的（$R_G + R_1$）值会缩短充电时间常数。由于 R_G 一般是不可变的，所以降低电阻 R_1 的值以提供更快的充电，从而导致 IGBT 的快速开启。在 R_1 两端连接一个额外的电容 C_1 可以加速开启过程。在断开开关时，栅极电源 V_G 断开而栅极电容 C_{iee} 放电到电阻 R_2。当栅极电压降至值 $v_{GE} < V_{Th}$ 时，IGBT 关断。很明显，通过降低电阻 R_2 的值来加快放电可以加速关断的过程。

图 1.11b 中显示了一个使用恒定栅极电流的栅极驱动电路的电路图。一旦开关断开，一个恒定的栅极电流 $i_G = I_G$ 流进 IGBT 的栅端。这种情况一直持续到 IGBT 的电压达到齐纳二

极管的击穿电压，$V_Z=15V$。然后，栅极电流 i_G 变为零而齐纳二极管导通直到开关闭合。闭合开关后，IGBT 栅极通过电阻 R_G 进行放电，这样闭合的开关就可以作为放电电流和供电电流 I_G 的通道。当栅极电压降低并小于阈值电压 V_{Th}时，IGBT 关断。

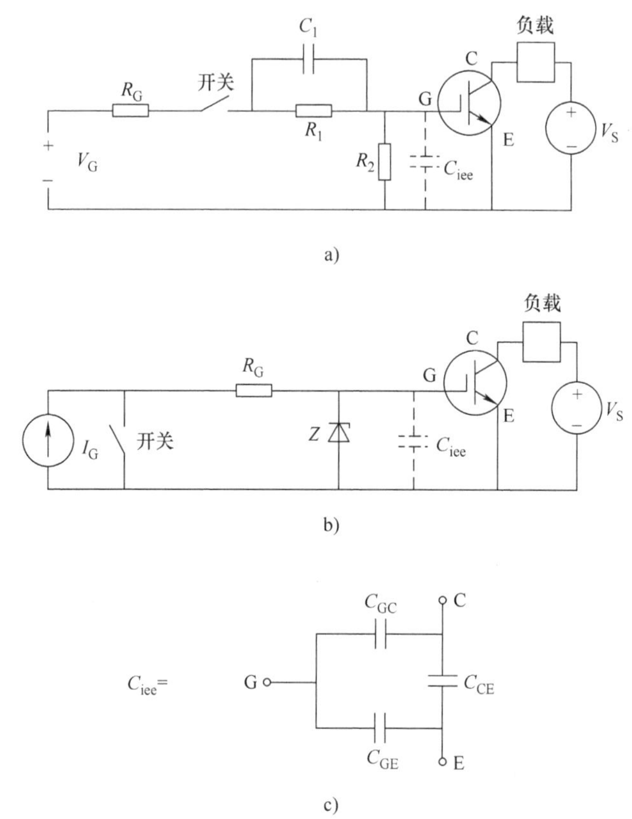

图 1.11　IGBT 的栅驱动电路和输入电容的组成部分

a）IGBT 的栅极电压驱动电路　b）IGBT 的栅极电流驱动电路　c）电容 C_{iee}的组成部分

1.11 IGBT 的保护

所有的半导体开关都需要保护，以防止过电压、过电流和瞬态浪涌而引起的损坏。IGBT 也不例外。IGBT 保护电路相对于 BJT 和晶闸管来说比较简单，主要是因为它是一个电压控制器件[54,55]。在快速检测这些有害情况时，IGBT 可以通过去除或减少栅极驱动电压来响应。

（1）过载电压　在正向导通状态，过电压不会产生任何有害影响，因为 IGBT 起到短路作用。但在阻断状态，在集电极和发射极之间施加的电压如果超过击穿电压，则会导致雪崩击穿。因此，不受控制的大电流会产生可观的功耗并使器件升温，这可能会造成永久性损坏。针对过电压所采取的预防措施包括：将电源电压限制在 IGBT 额定击穿电压的 80% 以下，以及与 IGBT 并联一个非线性电压避雷器。电压避雷器是一种金属氧化物变阻器，其电阻值随着电压的升高而降低，从而在高压下提供一个短路路径。如果 IGBT 的反向阻断电压很小，则在 IGBT 上放置一个反向连接的二极管是有帮助的。但是，任何与二极管串联的杂散电感 L_s 都必须最小化，因为当负载电流由于在电路中其他地方的开关动作而转移通过二极管时，它将在 IGBT 上施加一个反向偏置电压 $= L_s\ (di_{diode}/dt)$。有时使用与 IGBT 串联的二极管，但其缺点是在正向导通过程中增加了一个电压降，从而降低了功率调制的效率。几个 IGBT 可以串联起来以承受比单个器件高得多的电压。

IGBT 栅极对静态电荷累积很敏感。在应用中，需要适当的接地以防止这种有害的电荷累积。正常情况下，栅极电压不应超过 ±20V，否则栅极氧化层会被击穿。一个具有足够的电流额定值且击穿电压 < 20V 的齐纳二极管连接在栅极 – 发射极端，能够将栅极电压限制在一个安全的水平。

（2）过电流 像任何功率器件一样，IGBT 的额定电流是器件外壳温度为 25℃ 时结温不超过 150℃ 的连续电流，所以过电流是结温变得超过 150℃ 时的电流值。这样一个电流值显然是不允许的。但是，脉冲电流比连续电流高得多，因为热限制是由平均功耗控制的，并且脉冲模式下的功耗相对较小。通过热熔丝或栅极控制电路来实现对过电流的保护，以便在情况需要时消除或降低栅极电压并关断 IGBT。当检测到过电流时（例如通过电阻上的电压降），在大约 1μs 短的时间间隔内，通过在栅极端上的一个齐纳二极管开关来降低栅极电压。如果在这段时间内消除了故障，则可以重新施加正常的栅极电压。但是，电流的快速中断会产生一个 Ldi/dt 的电压峰值，因此不能忽略对峰值的保护。如果负载电流远高于单个 IGBT 的电流传输能力，则可以并联几个 IGBT 分流。

必须指出的是，IGBT 并没有像 BJT 一样受到二次击穿的困扰，并且有一个很大的安全工作区。IGBT 的电流在一定程度上是自限的，因为如果一个故障状况异常地增加电流，则器件可能会从导通状态进入到有源区而电流不变，并且与集电极 – 发射极电压无关。

（3）瞬态 必须克服在电动机起动时，缓冲电容放电或在负载上二极管的反向恢复引起的 IGBT 导通时的初始涌入电流。为此，一个斜坡波形或第一步从 5 ~ 7V，第二步至 15V 的一个两步波形取代传统的阶梯电压波形。通过这种方法，不仅电流上升率受到限制，电流峰值也变得更小。

由于寄生晶闸管开始导通或通过电容分压使电压 v_{GE} 增加得超过阈值，可以通过 dv_{CE}/dt 使 IGBT 导通；电容 C_{GE} 和 C_{GC} 作为一个分压器。通过在栅极和发射极之间放置一个小的电阻来避免后面情况的出现。为了防止 dv_{CE}/dt 效应，在关断和关断状态时使用负栅极偏置电源 $-V_G$。

1.12 小结

IGBT 是一种完全可控的开关，它在传统使用 BJT 和 MOSFET 的中频、中频斩波、转换和反转应用中占有一席之地。它适用于一般用途的开关，驱动灯、加热器、螺线管和电动机驱动，尤其是脉冲宽度调制。虽然它具有正向和反向阻断功能，但器件设计工程师通常会牺牲反向阻断能力来降低正向压降或开关速度。一个辅助的二极管与 IGBT 反向并联连接在一起，或者在器件封装内部或外部连接以支持反向电压，IGBT 可以避免二次击穿问题。与 IGBT 相反，MOS - SCR[56] 和 MCT[57-69] 迄今未能对电力电子产品的情况产生预期的影响，目前它们在市场上的重要性非常低。到目前为止，还没有大范围的 MCT 发布。它的频率响应类似于 IGBT。但其较低的传导损耗和较高的工作电流密度，在可预见的未来将会取代 SCR 和 GTO 晶闸管，具有巨大的潜力。

在本章对不同类型的功率半导体和 MOS - 双极型组合器件有了基本了解后，接下来的章节将重点讨论各种 IGBT 结构与性能的关系，并将深入探讨 IGBT 工作的物理原理。

练 习 题

1.1 列出理想功率半导体开关的基本先决条件。

1.2 在功率半导体开关中，如何使下列损耗最小：(a) 导通状态损耗；(b) 关断状态损耗；(c) 开关损耗；(d) 驱动损耗。给出答案及理由。

1.3 给出目前具有最高电流密度的器件的名字。它是否具有栅极关断功能？

1.4 BJT 和 GTO 晶闸管作为具有基极/栅极控制的功率器件，相对性能如何？

1.5 为什么功率 MOSFET 不适合高电压的应用？它们最适合哪些类型的应用？用实例进行论述。

1.6 写出两个 MOSFET 优于双极型晶体管的优点。给出双极型晶体管优于 MOSFET 的两个优点。

1.7 画出并解释下列器件组合结构的电路图：(a) 达灵顿；(b) 级联；(c) 共源共栅。

1.8 IGBT 这个缩写代表什么意思？给出这个器件的另外两种缩写形式，以及它们的完整形式。

1.9 给出 MOS - 双极型组合器件中另外两个 IGBT 系列成员的名字。

1.10 区分 MOS 栅极 SCR 和 MCT 的功能。

1.11 确定 IGBT 等效电路中的 PNP 晶体管是低增益还是高增益晶体管？在什么样的注入条件下，即低注入还是高注入时，这个晶体管在 IGBT 的实际工作电流密度范围内工作？这个晶体管中的电子和空穴的传输可以独立处理吗？什么类型的传输方程，即单极型还是双极型用于这个分析？

1.12 垂直 IGBT 与 VDMOSFET 结构的区别是什么？解释这种结构差异是如何转化为这些器件输出特性的差异的。

1.13 (a) 在 IGBT 中 MOS 栅的优点是什么？(b) 双极型传导如何降低 IGBT 的正向压降？(c) 解释“一个 IGBT 的 N 型基区的电导率调制”及其效果。(d) 在 IGBT 的 N 型基区的少数载流子存储如何延长其关断时间？(e) 解释说明“可以制造一系列不同正向电压和关断时间的 IGBT”。这对控制开关损耗有什么帮助？

1.14 (a) 画出 IGBT 截面示意图，并标出各部分/端口。同时画出功率 DMOSFET 的横截面图。它与 IGBT 的区别是什么？（b）解释 IGBT 的工作原理。把它看作是一个电荷控制器件是否合理？

1.15　画出并解释 IGBT 的三个电路图符号。您希望使用和推荐哪个符号？

1.16　对每个具有以下关断时间范围的 IGBT 给出一个应用实例：（a）5 ~ 20μs；（b）0.5 ~ 2μs；（c）0.1 ~ 0.5μs。

1.17　一个通过 100A 电流的 IGBT 导通态压降为 1.5V，而另一个 IGBT 在同样电流下的压降为 2.5V。它们在每个开关过程中的关断损耗分别为 8 mJ 和 4 mJ。对于一个 30% 占空比的 DC 驱动应用，确定在什么频率下两个器件具有相同的总功率损耗。

1.18　具有相同面积的 800V IGBT、BJT 和 MOSFET 器件在 25A 的电流下导通态压降分别为 1.5V、8V 和 40V。IGBT 和 BJT 的关断时间都为 2μs，而 MOSFET 的是 0.2μs。如果每个器件的电流为 25A，那么这些器件在 60% 占空比下的功耗是多少？其中器件工作频率为 20kHz。

参考文献

1. M. S. Adler, K. W. Owyang, B. J. Baliga, and R. A. Kokosa, The Evolution of Power Device Technology, *IEEE Trans. Electron Devices*, Vol. ED-31, No. 11, November 1984, pp. 1570-1591.
2. V. Rumennik, Power Devices are in the Chips, *IEEE Spectrum*, Vol. 22, No.7, July 1985, pp. 42–48.
3. B. J. Baliga, Evolution of MOS-Bipolar Power Semiconductor Technology, *Proc. IEEE*, Vol. 76, 1988, p. 409.
4. T. Mizogushi, T. Shirasawa, M. Mori, and Y. Sugawara, 600 V, 25 A Dielectrically-Isolated Power IC with Vertical IGBT, in *Proceeding of the 1991 IEEE International Symposium on Power Semiconductor Devices and ICs (ISPSD91)*, IEEE, New York, 1991, pp. 40–44.
5. B. K. Bose, Recent Advances in Power Electronics, *IEEE Trans. Power Electronics*, Vol. 7, No. 1, January 1992, pp. 2–16.
6. B. K. Bose (Ed.), *Modern Power Electronics-Evolution, Technology and Applications*, IEEE Press, New York, 1992.
7. S. M. Sze (Ed.), *Modern Semiconductor Device Physics*, John Wiley & Sons, New York, 1998.
8. R. Singh, S.-H. Ryu, and J. W. Palmour, High Temperature High Current, P-Channel UMOS 4H-SiC IGBT, in *57th Annual Device Research Conference Digest*, 1999, pp. 46–7.
9. L. Cao, B. Li and J. H. Zhao, Characterization of 4H-SiC Gate Turn-Off Thyristor, *Solid State Electronics*, Vol. 44, No 2, February 2000, pp. 347–352.
10. T. P. Chow, V. Khemka, J. Fedison, N. Ramungul, K. Matocha, Y. Tang and R. J. Gutmann, SiC and GaN Bipolar Power Devices, *Solid State Electronics*, Vol. 44, No. 4, February 2000, pp. 277–301.
11. P. K. Steimer, H. E Grüning, J. Werninger, E. Carroll, S. Klaka, and S. Lindner, IGCT-A New Emerging Technology for High Power, Low Cost Inverters, in *Conference Record of the IEEE Industry Applications Society (IEEE-IAS) Annual Meeting*, IEEE, New York, 1997, pp. 1592–1599.
12. S. Bernet, Recent Developments of High Power Converters for Industry and Traction Applications, *IEEE Trans. Power Electronics*, Vol. 15, No. 6, November 2000, pp. 1102–1117.
13. B. R. Pelly, Power MOSFETs: A Status Review, *Int. Power Electron. Conf. (IPEC) Rec.*, Vol. 1, March 1983, pp. 19–32.
14. (a) Coe, US Patent 4,754,310 (1988). (b) Chen, US Patent 5,216,275 (1993). (c) Tihanyi,

US Patent 5,438,215 (1995).

15. L. Lorenz, Coolmos Technology-Outstanding Prospects Towards Idealized Power Semiconductor Switch, *European Power Electronics and Drives (EPE) Journal*, Vol. 10, No. 1, April 2000, pp. 11–16.
16. B. J. Baliga, Enhancement and Depletion Mode Vertical-channel MOS Gated Thyristors, *Electronics Lett.*, IEE, London, Vol. 15, No. 20, 27 September 1979, pp. 645–647.
17. J. D. Plummer and B. W. Scharf, Insulated Gate Planar Thyristors: I—Structure and Basic Operation, *IEEE Trans. Electron Devices*, Vol. ED-27, No. 2, February 1980, pp. 380–387.
18. L. Leipold, W. Baumgartner, W. Ledenhauf and J. P. Stengl, A FET-Controlled Thyristor in SIPMOS Technology, *International Electron Devices Meeting, IEDM Technical Digest*, IEEE, New York, 1980, p. 79.
19. J. Tihanyi, Functional Integration of Power MOS and Bipolar Devices, *International Electron Devices Meeting, IEDM Technical Digest*, IEEE, New York, 1980, p. 75.
20. H. W. Becke and C. F. Wheatley, Jr., *Power MOSFET with an Anode Region*, US Patent 4,364,073 (1982).
21. B. J. Baliga, M. S. Adler, P. V. Gray, R. P. Love and N. Zommer, The Insulated Gate Rectifier: A New Power Switching Device, *International Electron Devices Meeting, IEDM Technical Digest*, Abstract 10.6, 1982, pp. 264–267.
22. B. J. Baliga, M. Chang, P. Shafer and M. W. Smith, The Insulated Gate Transistor (IGT): A New Power Switching Device, *Conference Record of the IEEE Industry Applications Society (IEEE-IAS) Annual Meeting*, IEEE, New York, 1983, pp. 794-803.
23. J. P. Russell, A. M. Goodman, L. A. Goodman and J. M. Neilson, The COMFET: A New High Conductance MOS-gated Device, *IEEE Electron Device Lett.*, Vol. EDL-4, No. 3, March 1983, pp. 63–65.
24. M. F. Chang, G. C. Pifer, B. J. Baliga, M. S. Adler and P. V. Gray, 25 Amp, 500 Volt Insulated Gate Transistors, *International Electron Devices Meeting, IEDM Technical Digest*, IEEE, New York, Abstract 4.4, 1983, pp. 83–85.
25. A. M. Goodman, J. P. Russell, L. A. Goodman, C. J. Nuese and J. M. Neilson, Improved COMFETs with Fast Switching Speed and High-Current Capability, *International Electron Devices Meeting, IEDM Technical Digest*, IEEE, New York, Abstract 4.3, 1983, pp. 79–82.
26. B. J. Baliga, M. S. Adler, R. P. Love, P. V. Gray and N. D. Zommer, The Insulated Gate Transistor: A New Three Terminal MOS-Controlled Bipolar Power Device, *IEEE Trans. Electron Devices*, Vol. ED-31, No. 6, June 1984, pp. 821–828.
27. H. Yilmaz, W. R. Van Dell, K. Owyang, and M. F. Chang, Insulated Gate Transistor Modelling and Optimization, in *International Electron Devices Meeting, IEDM Technical Digest*, IEEE, New York, 1984, pp. 274–277.
28. A. Nakagawa, Y. Yamaguchi, K. Watanabe, H. Ohashi, and M. Kurata, Experimental and Numerical Study of Non-latchup Bipolar Mode MOSFET Characteristics, *International Electron Devices Meeting, IEDM Technical Digest*, IEEE, New York, Abstract 6.3, 1985, pp. 150–153.
29. M. Kitagawa, I. Omura, S. Hasegawa, T. Inoue, and A. Nakagawa, A 4500 V Injection Enhanced Insulated Gate Bipolar Transistor (IEGT) in a Mode Similar to a Thyristor, *International Electron Devices Meeting, IEDM Technical Digest*, IEEE, New York, 1993, pp. 679–682.
30. R. Zehringer, A. Stuck, and T. Lang, Material Requirements for High Voltage, High Power IGBT Devices, *Solid State Electronics*, Vol. 42, No. 12, December 1998, pp. 2139–2151.
31. D. S. Kuo, and C. Hu, An Analytical Model for the Power Bipolar-MOS Transistor, *Solid State Electronics*, Vol. 29, 1986. pp. 1229–1237.
32. J. G. Fossum, R. J. McDonald, and M. A. Shibib, Network Representations of LIGBT Structures for CAD of Power Integrated Circuits, *IEEE Trans. Electron Devices*, Vol. 35, No. 4, April, 1988, pp. 507–515.
33. A. R. Hefner and D. M. Diebolt, An Experimentally Verified IGBT Model Implemented in Saber Circuit Simulator, in *Record of the Annual IEEE Power Electronics Specialists Conference (PESC91), Proceedings PESC Record*, IEEE, New York, 1991, pp. 10–19.

34. R. Kraus and K. Hoffmann, Analytical Model of IGBTs with Low Emitter Efficiency, in *Proceedings, International Symposium on Power Semiconductor Devices and ICs (ISPSD93)*, IEEE, New York, 1993, pp. 30–34.

35. Z. Shen and R. P. Row, Modeling and Characterization of the Insulated Gate Bipolar Transistor (IGBT) for SPICE Simulation, in *Proceedings BN: IEEE International Symposium on Power Semiconductor Devices and ICs (ISPSD93)*, IEEE, New York, 1993, pp. 165~170.

36. S. M. Clemente and D. A. Dapkus, IGBT Models Account for Switching and Conduction Losses, *Power Conversion Intell. Motion*, Vol. 19, 1993, pp.51–54.

37. Y. Y. Tzou and I. J. Hsu, Practical SPICE Macro Model for the IGBT, *IECON (Ind. Electron. Conf.) Proc.*, Vol 2, The Annual International Conference of the IEEE Industrial Electronics Society, IEEE, New York, 1993, pp. 762–766.

38. F. F. Protiwa, O. Apeldoorn and N. Groos, New IGBT Model for PSPICE, *IEEE Conf. Publ.*, Vol. 2, 1993, pp. 226–231.

39. B. Fatemizadeh and D. Silber, A Versatile Electrical Model for IGBT Including Thermal Effects, *Proc. PESC Rec.—IEE Ann. Power Electron. Conf.*, 1993, pp. 85–92.

40. O. Kvein, T. M. Undeland, and T. Rogne, Models for Simulation of Diode (and IGBT) Switchings Which Include the Effect of the Depletion Layer, in *Conference Record of the IEEE Industry Applications Society Annual Meeting (IEEE-IAS)*, Vol 2, IEEE, New York, 1993, pp. 1190–1195.

41. J. M. Li, D. Lafore, J. Arnould, and B. Reymond, Analysis of Switching Behavior of the Power Insulated Gate Bipolar Transistor by Soft Modeling, in *Proc. 5th European Conference on Power Electronics and Applications, Brighton, U.K., EPE93*, IEE, London, 1993, pp. 220–225.

42. J. B. Kuo and C. S. Chiang, Turn-on Transient Analysis of a Power IGBT with an Inductive Load in Series with a Resistive Load, *Solid State Electron*, Vol. 37, No. 9, September 1994, pp. 1673–1676.

43. V. A. Kuzmin, S. N. Yurkov, and L. I. Pomortseva, Analysis and Simulation of Insulated Gate Bipolar Transistor with Buffer N-Layer, *5th International Conference on Power Electronics and Variable Speed Drives*, 26~28 October, 1994, (PEVD-94), Conference Publication No. 399, IEE, London, pp. 24–28.

44. K. Besbes, Modeling an Insulated Gate Bipolar Transistor Using Bond Graph Techniques, *Int. J. Numer. Modeling: Electron. Networks, Devices Fields*, Vol. 8, 1995, pp. 51–60.

45. P. Spanik, B. Dobrucky, and R. Gubric, Dynamic Modeling of IGBT with Reverse Diode Modeling, *Meas. Contr.: General Phys., Electron., Electr. Eng.*, Vol. 59, 1995, pp. 23–32.

46. F. Mihalic, K. Jezernik, D. Krischan, and M. Rentmeister, IGBT SPICE Model, *IEEE Trans. Ind. Electron.*, Vol. 42, No. 1, February 1995, pp. 98–105.

47. C. Alonso and T. A. Meynard, Simulation of Short-Circuit Phenomena in IGBT, *Proc. IEE Colloq. (Dig.)*, 1994, pp. 10/1–5.

48. A. R. Hefner, Modeling Buffer Layer IGBTs for Circuit Simulation, *IEEE Trans. Power Electronics*, Vol. 10, 1995, pp. 111–123.

49. C. Wong, EMTP Modeling of IGBT Dynamic Performance for Power Dissipation Estimation, in *Conference Record of the IEEE Industry Applications Society (IEEE-IAS) Annual Meeting*, Vol. 3, 1995, IEEE, New York, pp. 2656–2662.

50. F. Udrea and G. A. J. Amaratunga, A Unified Model for Carrier Dynamics in Trench Insulated Gate Bipolar Transistor (TIGBT), in *Proceedings IEEE International Symposium on Power Semiconductor Devices & ICs (ISPSD)*, IEEE, New York, 1995, pp. 190–200.

51. F. Udrea and G. A. J. Amaratunga, Steady-State Analytical Model for the Trench Insulated Gate Bipolar Transistor, in *Proc. Int. Semiconductor Conf., CAS*, 1995, pp. 49–52.

52. F. Udrea and G. A. J. Amaratunga, An On-State Analytical Model for the Trench Insulated Gate Bipolar Transistors (TIGBT), *Solid State Electronics*, Vol. 4, No. 8, August, 1997, pp. 1111–1118.

53. A. G. M. Strollo, New IGBT Circuit Model for SPICE Simulation, in *Record of the Annual IEEE Power Electronics Specialists Conference (PESC97)*, Vol. 1, IEEE, New

York, 1997, pp. 133–138.

54. T. Yamazaki,Y. Seki,Y. Hoshi, and N. Kumagai, The IGBT with Monolithic Overvoltage Protection Circuit, in *Proc. IEEE International Symposium on Power Semiconductor Devices and ICs (ISPSD93)*, IEEE, New York, 1993, pp. 41–45.
55. Y. Seki, Y. Harada, N. Iwamuro, and M. Kumagai, A New IGBT with a Monolithic Overcurrent Protection Circuit, in *Proceedings 6th International Symposium on Power Semiconductor Devices and ICs (ISPSD94)* IEEE, New York, 1994, pp. 31–35.
56. A. Pshaenich, The MOS-SCR, A New Thyristor Technology, *Motorola Engineering Bulletin*, ED-103, 1982.
57. V. A. K. Temple, *MOS Controlled Thyristors (MCTs), International Electron Devices Meeting, IEDM Technical Digest*, IEEE, New York, Abstract 10.7, 1984, pp. 282–285.
58. M. Stoisiek and H. Strack, MOS-GTO: A Turn-Off Thyristor with MOS-Controlled Emitter Shorts, in *International Electron Devices Meeting, IEDM Technical Digest*, IEEE, New York, 1985, pp. 158–161.
59. V. A. K. Temple, MOS-Controlled Thyristors—A New Class of Power Devices, *IEEE Trans. Electron Devices*, Vol. ED-33, No. 10, October 1986, pp. 1609–1618.
60. V. A. K. Temple, S. Arthur and D. L. Watsons, MCT (MOS Controlled Thyristor) Reliability Investigation, 1988, *International Electron Devices Meeting, IEDM Technical Digest*, IEEE, New York, pp. 618–621.
61. S. K. Sul, F. Profumo, G. H. Cho, and T. A. Lipo, MCTs and IGBTs: A Comparison of Performance in Power Electronic Circuits, *Proceedings Record of the Annual IEEE Power Electronics Specialists Conference (PESC89)*, IEEE, New York, 1989, pp. 163–169.
62. F. Bauer, T. Roggwiler, A. Aemmer, W. Fichtner, R. Vuilleumier, and J. M. Moret, Design Aspects of MOS Controlled Thyristor Elements, *International Electron Devices Meeting, IEDM Technical Digest*, IEEE, New York, 1989, p. 297.
63. T. M. Jahns, R. W. A. A. DeDoncker, J. W. A. Wilson, V. A. K. Temple, and D. L. Watrous, Circuit Utilization Characteristics of MOS-Controlled Thyristor, *EEE Trans. Ind. Appl.*, Vol. 27, No. 3, May/June 1991, pp. 589–597.
64. Q. Huang, G. A. J. Amaratunga, E. M. S. Narayanan, and W. I. Milne, Analysis of N-Channel MOS-Controlled Thyristors, *IEEE Trans. Electron Devices*, Vol. ED-38, No. 7, July, 1991, pp. 1612–1618.
65. F. Bauer, T. Stockmeier, H. Lendenmann, H. Dettmer and W. Fichtner, Static and Dynamic Characteristics of High Voltage (3 kV) IGBT and MCT, in *IEEE International Symposium on Power Semiconductor Devices and ICs (ISPSD92)*, IEEE, New York, 1992, p. 22.
66. R. W. A. A. De Doncker, T. M. Jahns, A. V Radun, D. L. Watrous, and V. A. K. Temple, Characteristics of MOS-Controlled Thyristors Under Zero Voltáge Soft Switching Conditions, *IEEE Trans. Ind. Appl.*, Vol. 28, No. 2, March/April 1992, pp. 387–394.
67. H. Dettmer, W. Fichtner and F. Bauer, New (Super) Self-Aligned MOS-Controlled Thyristors, (S) SAMCTs, in *International Electron Devices Meeting, IEDM Technical Digest*, IEEE, New York, 1994, pp. 395–398.
68. E. R. Motto and M. Yamamoto, New High Power Semiconductors: High Voltage IGBTs and GCTs, in *Proc. PCIM98 Power Electron. Conf.*, 1998, pp. 296–302.
69. S. B. Bayne, W. M. Portnoy, and A. R. Hefner, Jr., MOS-Gated Thyristors (MCTs) for Repetitive High Power Switching, *IEEE Trans. Power Electronics*, Vol. 16, No. 1, January 2001, pp. 125–131.

第 2 章 Chapter 2

IGBT基础和工作状态回顾

本章将对 IGBT 的基本工作原理进行回顾，介绍不同类型的 IGBT 以及它们的工作模式、电学和热学特性、辐射效应等。

2.1 器件结构

2.1.1 横向 IGBT 和垂直 IGBT

横向 IGBT（Lateral IGBT，LIGBT）[1-9] 更易于集成在同一芯片上，从而有助于实现功率集成电路（Power Integrated Circuit，PIC）和智能功率 IC，它主要用于功率器件与控制电路的集成。横向方法需要消耗大量的硅面积来支持耐压，因此硅片的利用率低。此外，闩锁问题（由于不能在 IC 环境中使用寿命控制技术）和衬底电流是令人担忧的。由于这些原因，通常在分立器件中避免使用横向结构而通常使用第 1 章所述的垂直 IGBT（Vertical IGBT，VIGBT）。

如横向 IGBT（见图 2.1a）的横截面图所示，集电区接触是在芯片的顶部表面而不是垂直结构的底部表面。在 LIGBT 中，一个 P^+ 集电区取代 LDMOS 的 N^+ 漏区。与垂直结构不同，在横向 IGBT 中没有 JFET 区域。此外，在导通状态下，在栅极形成的积累区会对漂移区的载流子分布产生强烈的影响。尽管 LIGBT 可以像 LDMOS 一样横向传导电流，但是背对背 PN 结的存在使它能够在两个方向上阻断电压。一种改良后的抗闩锁结构[3]，其中包含一个 N^+ 沉降区，用于将空穴流从 P 型基区转移到辅助发射区，同时也包含一个 P^+ 埋层，更合适在较高的温度下工作。

图 2.1b 所示为一个 IGBT 的等效电路。它是一个横向的 DMOSFET、一个垂直的 BJT，一个横向 BJT 和一个横向寄生晶闸管的组合，同时包括连接这些元件的半导体路径的电阻。当 DMOSFET 的栅极偏置到阈值电压以上时，其源极作为横向和垂直 BJT 的基极。因此，该基极电流随着栅源电压的增加而增加，伴随着晶体管工作而发射极电流在增加。

将 N^+ 部分并入到集电区，它穿透到 N 型缓冲层，提高了 LIGBT 的关断能力[4-8]。这种 IGBT 被称为分段集电极 IGBT（Segmented Collector IGBT，SC－IGBT）或集电极短路 IGBT。图 2.1c 中显示了包含一个 P 型集电区部分的 IGBT 单元的半单元的平面视图。在技术上，对于平面 IC 工艺，这种控制 P^+集电区注入效率的方法优于载流子寿命的控制。这些 IGBT 的电流－电压特性表现为 S 型的负微分电导（S－type Negative Differential Conductivity，SNDC）。某些集电区设计显示在稳态特性中电压控制的多稳态和迟滞现象（见图 2.2）。为了理解特性中多稳态的含义，可以注意到，随着集电极-发射极电压的增加，集电极-发射极电流上升，直到在某个电压下在稍高的电流下电压回落到一个较小的值。在此之后，集电极－发射极电压的进一步增加伴随着电流的增加。然后在某个更高的电流下电压再一次下降，以上的情况可以重复几次。单一的 P 型发射区部分在 MOS 模式和电导率调制模式之间

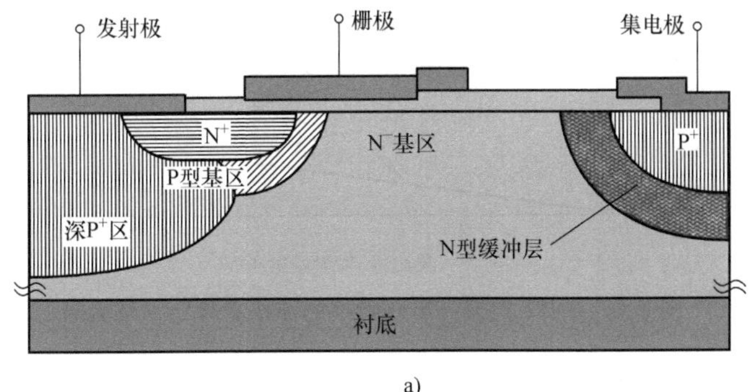

a)

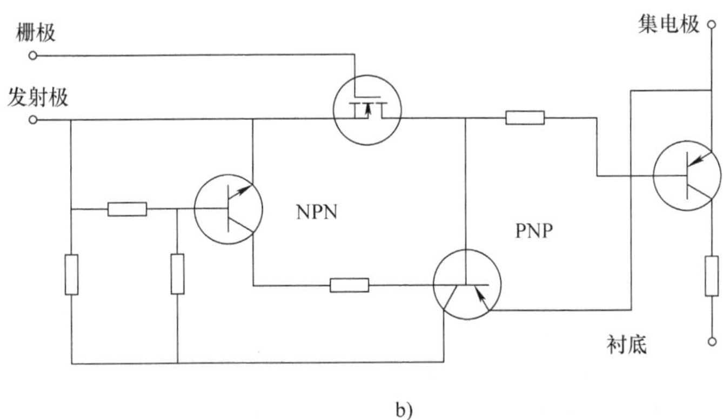

b)

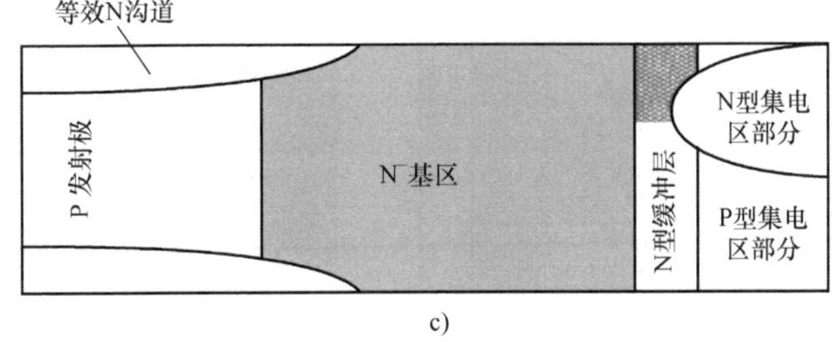

c)

图 2.1　横向 IGBT

a）横向 IGBT 横截面图　b）横向 IGBT 等效电路

c）集电极短路的 IGBT 半单元平面图

的切换会产生不稳定性，反之亦然。迟滞现象表明，该特性的下扫分支没有回扫上扫分支。物理上讲，迟滞是由于两个或多个稳定的静止状态的存在。对于小的扰动，系统更倾向于保持原来的状态，但诸如外部电压或电流变化的扰动会引起状态失去其稳定的参数值，导致迟滞。

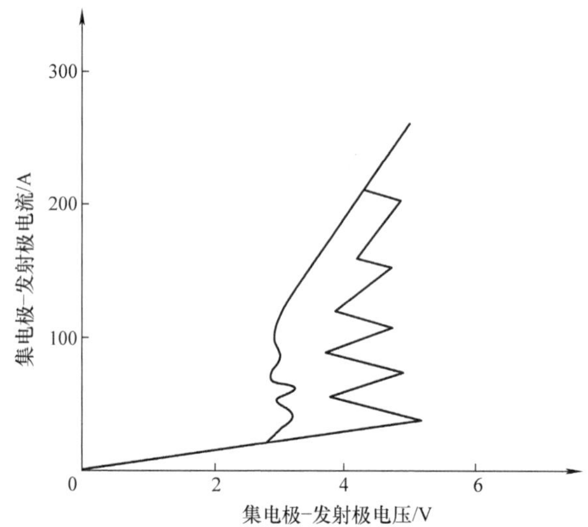

图 2.2　IGBT 电流－电压特性的压控多稳定性及迟滞

2.1.2　非穿通 IGBT 和穿通 IGBT

在讨论了横向 IGBT 结构后，现在讨论垂直结构。市场上可买到的 IGBT 大致分为两类，即非穿通 IGBT（Non－Punchthrough IGBT，NPT－IGBT）和穿通 IGBT（Punchthrough IGBT，PT－IGBT）[10－18]，这两类 IGBT 也被称为对称和不对称的 IGBT，如图 2.3 所示。这两类 IGBT 在制造技术、结构细节、载流子分布、寿命和传输机制等方面存在很大的差异。表 2.1 列出了两种 IGBT 的主要特性。构造和工作的划分对应这些器件观察到的不同的输出特性、行为模式和耐热性。

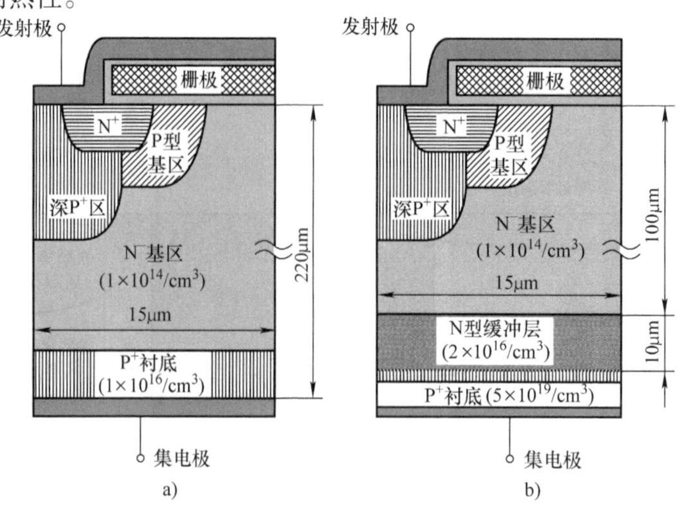

图 2.3　两种 IGBT 结构

a）NPT－IGBT　b）PT－IGBT

表2.1 NPT-IGBT与PT-IGBT

序号	特点	NPT-IGBT	PT-IGBT
1	工艺技术和成本效益	使用扩散步骤制造；工艺成本较低	用N型外延片制造；成本较高
2	N型缓冲层和N^-基区厚度	N型基区较厚；不包含任何N型缓冲层；空间电荷分布在宽的N型基区上以承受电压；NPT结构提供双向阻断能力	薄的N型基区；包含一个N型缓冲层；将耗尽区移入到这一层，避免使用宽的N^-基区；这个IGBT具有较低的反向阻断能力
3	N型基区载流子寿命和电导率调制	长的载流子寿命产生较低的正向压降	由于N型基区较薄，所以短的载流子寿命能够提供足够的电导率调制；正向压降取决于在N^-基区的载流子寿命和P^+衬底的注入效率
4	正向压降的温度系数；并联	导通电压的温度系数为正，因此是简单的并联	导通电压小的正温度系数；并联需要更多的关注
5	集电区掺杂和关断时间	集电区轻掺杂（仅限P）；从N^-基区向P型集电区的电子回注入产生了令人满意的关断时间	重掺杂集电区（P^+）；在N型基区必须减小载流子寿命以达到所需的关断时间；通过缓冲层降低P^+衬底的注入效率，使其下降时间和尾电流更短
6	关断损耗	关断损耗温度敏感度较低，并且随温度变化基本不变	关断损耗对温度更敏感，并且在更高的温度下显著增加
7	热稳定性	更强的热稳定性	热稳定性较差；热失控发生在较低的结温下
8	短路故障	在短路故障模式下更坚固	不那么坚固

NPT-IGBT的制造是基于薄晶圆技术。开始的Si晶圆是一个厚度为220μm而掺杂浓度为$1\times10^{14}/cm^3$的N型<100>晶向的晶圆，用于1200V的器件制造（见图2.3a）。在此晶圆的背面进行硼注入，然后是一个长时间的高温推进过程。这就产生了一个浅掺杂的浓度约为$10^{16}/cm^3$的P型集电区，代替P^+集电区（见图2.4a）。显然，沿P型集电区/N^-基区的浓度梯度较低。因此，在N^-基区的载流子寿命分布是均匀的，使得载流子的流动不受扩散的影响，而是由漂移控制。此外，沿N型基区厚度的电场分布使器件更可靠。

PT-IGBT制备（见图2.3b）采用外延层技术在P^+衬底（$5\times10^{19}/cm^3$）上生长一个厚度（100 μm）和电阻率（浓度$=1\times10^{14}/cm^3$）均匀的外延层。厚的外延层形成IGBT的N^-基区。夹在N^-基区和P^+集电区之间的是一个厚度为10μm的N型缓冲层（$2\times10^{16}/cm^3$）（见图2.4b）。这个缓冲层具有双重功能。首先，通过使用缓冲层，可以减小实现给定击穿电压所需的N^-基区的厚度，因为在高偏置电压下耗尽层扩展会被容纳在这一层的一个小的厚度中，从而避免因穿通而引起的失效。其次，P^+集电区注入的空穴在缓冲层中部分复合。这略微抵消了集电区的注入效率，防止它变得过高而降低IGBT的关断能力。因此，缓冲层减少了在关断期间的尾电流并缩短了IGBT的下降时间。通过这种机制，导通和开关损耗之间的折中得到了改善。

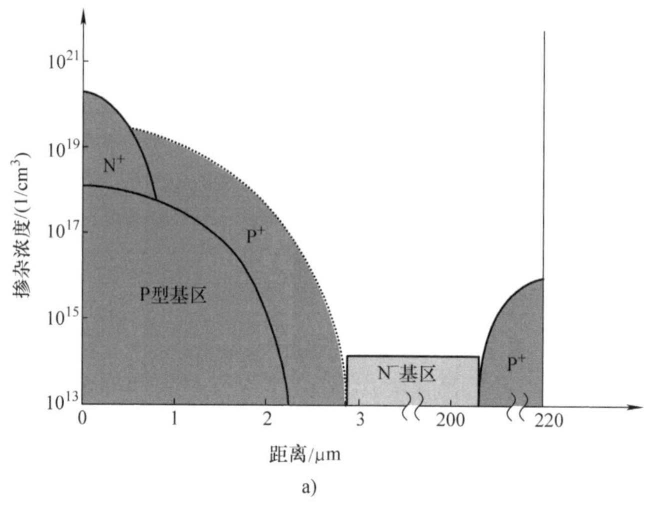

a)

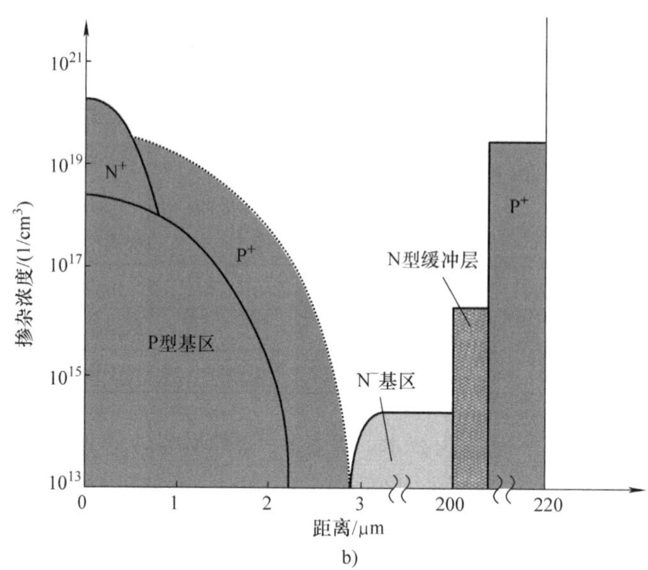

b)

图 2.4 两种 IGBT 的典型杂质扩散分布

a）NPT－IGBT b）PT－IGBT

由于在 P$^+$集电区/N 型缓冲层/N$^-$基区上存在高浓度梯度，所以与一个 NPT－IGBT 的漂移传输相比，电流主要是通过在 PT－IGBT 中的扩散形成的。此外，由于电场分布在较小厚度的 N 型基区，所以 PT 器件比 NPT 的情况更脆弱。

现在，来研究一下是什么使得 NPT－IGBT 和 PT－IGBT 具有“对称”和“非对称”的行为。一个对称的 IGBT（NPT－IGBT）是一个具有相同正向和反向击穿电压的 IGBT，这种器件用于 AC 电路中。在不对称或 PT－IGBT 结构中，反向击穿电压小于正向击穿电压。这种 IGBT 适用于器件不需要反向维持电压的 DC 电路。非对称结构的显著优势是通过牺牲反向阻断能力来提供改善的正向导通特性。如上所述，实现这一目标的常用方法是采用由 N$^-$

层和 N⁺缓冲层组成的一个双层基区结构。也有人提到，缓冲层能够使用更薄的 N⁻基区，产生相对较小的正向压降。

对称和不对称 IGBT 的掺杂分布以及所产生的电场分布如图 2.5 所示。如果假设临界击穿电场与掺杂水平无关，则电场分布的形状由对称 IGBT 的三角形变为非对称 IGBT 的梯形。当缓冲层厚度等于一个扩散长度时，非对称 IGBT 的正向击穿电压将是对称 IGBT 的两倍。由于在更大空间上的电场再分布以及设计优化所要求的有限 N 型基区掺杂，使得最大电场随基区宽度减小而减小，得到的击穿电压增加因子在 1.5 ~2.0 之间。

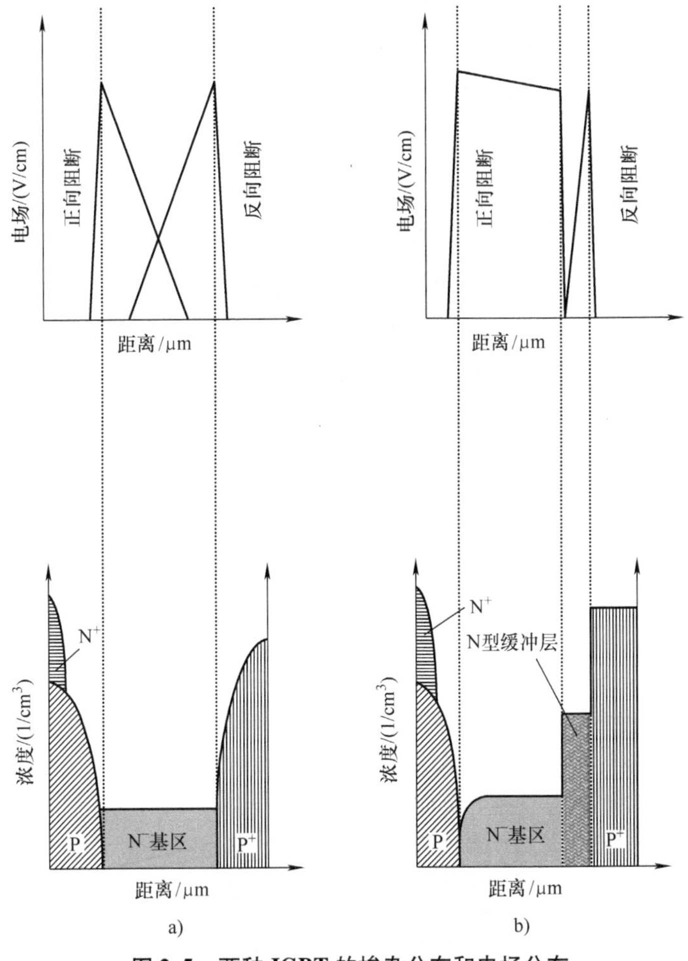

图 2.5 两种 IGBT 的掺杂分布和电场分布

a）NPT－IGBT（对称） b）PT－IGBT（不对称）

在非对称 IGBT 杂质扩散分布的设计过程中，希望保持最小的缓冲层厚度，与制造一个快速开关器件所需的阻断电压一致。这只有通过将这一层的掺杂浓度提高到避免穿通到 N 型缓冲层/P⁺结的水平才是可能的。但当缓冲层的掺杂浓度过高时，P⁺层的注入效率降低，从而降低了 PNP 型晶体管的电流增益。这对 IGBT 的正向压降有不利的影响，但对提高集电极输出电阻是有益的。

下面来了解缓冲层对集电极输出电阻的影响。图 2.6 所示为对称和非对称 IGBT 结构的耗尽层宽度随集电极-发射极电压 V_{CE}增加的变化。很明显，在对称的 IGBT 中，耗尽层宽度随集电极-发射极电压的增加而不断增大。因此，未耗尽的 N^-基区宽度 W 变窄，导致 PNP 型晶体管电流增益 $\alpha_{PNP}=1/[\cosh(W/L_p)]$［其中 L_p 是 N^-基区中少数载流子（空穴）的扩散长度］和输出集电极-发射极电流 I_{CE}增加。总体影响是一个非对称 IGBT 的 $I_{CE}-V_{CE}$特性显示 I_{CE}随 V_{CE}稳定增加，而不是像功率 MOSFET 那样进入饱和。在功率 MOSFET 中，这一上升趋势仅仅是由于沟道长度随 V_{CE}的增加而减小引起的，但在对称 IGBT 中未耗尽的基区宽度收缩是一个额外的特征。因此，对称 IGBT 的集电极输出电阻定义为 $I_{CE}-V_{CE}$曲线斜率的倒数（即 $r_c=\partial V_{CE}/\partial I_{CE}$），小于等效的 MOSFET。对所有 V_{CE}而言，非对称 IGBT 在缓冲层厚度的未耗尽 N^-基区宽度保持不变，这是不正确的。因此，非对称 IGBT 的集电

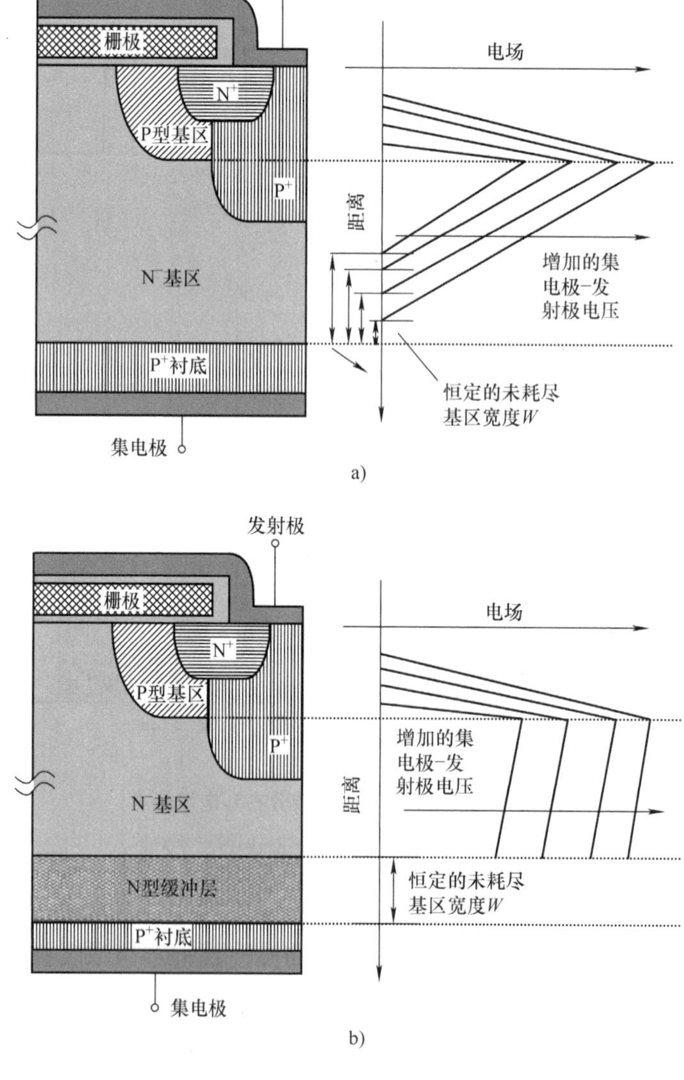

图 2.6　两种 IGBT 的耗尽层扩展

a）NPT-IGBT（对称）　b）PT-IGBT（不对称）

极输出电阻与等效 MOSFET 的电阻相当，并且高于对称情况下输出电阻的情况，稍后将对此进行详细说明。基于上述讨论，需要寻求一种折中的解决方案，在正向压降、开关速度和集电极输出电阻之间取得平衡。导通态压降和关断时间的折中分析表明，非对称 IGBT 产生的功耗比对称 IGBT 的低。

2.1.3 互补器件

功率调节电路，如变速电动机驱动器需要像 N 沟道和 P 沟道 MOSFET 等的互补器件。对具有相同芯片面积、外延层电阻率和厚度的 N 沟道和 P 沟道 MOSFET 的性能进行测试，发现 N 沟道 MOSFET 的导通电阻远小于 P 沟道 MOSFET。主要原因是电子的迁移率比空穴大得多，这就导致了 P 型外延层更高的电阻以及在 P 沟道中较高的沟道电阻。具体地说，由于电子迁移率是空穴迁移率的三倍，因此 P 沟道 MOSFET 的面积必须增大三倍，才能具有与 N 沟道器件相同的功率。

这可能会联想到一个问题，即“对于 N 沟道和 P 沟道 IGBT 是否同样适用?”幸运的是，答案是“不”，所以 IGBT 的设计者不会面对这样的问题。一个具有特定管芯尺寸和击穿电压额定值的 N 沟道和 P 沟道 IGBT 呈现出相同的正向压降，因此它们的电流传输能力相似[19,31,33]。原因是 IGBT 的导通电阻来自沟道电阻和漂移区电阻之和。对于低正向压降，慢的 IGBT 在漂移区的载流子寿命相当长。因此，在一个 N 沟道 IGBT 中控制的 PNP 型晶体管以及在一个 P 沟道 IGBT 中占主导地位的 NPN 型晶体管具有较大的电流增益，从而在漂移区产生足够的电导率调制。因此，对于两种 IGBT，由外延漂移层产生的导通电阻的主要部分基本上是相同的，主要由该区域的电导率调制控制，这种调制效应掩盖了外延层电阻率的差异。然而，对于更快、更高正向电压的 IGBT，漂移区中载流子的寿命很短。考虑相同额定电压的 IGBT，在 N 沟道 IGBT 中 PNP 型晶体管的电流增益较小，在 P 沟道 IGBT 中 NPN 型晶体管的增益也是如此。因此，电导率调制并不像在慢速器件中那样有效。沟道电阻不可忽视，它们的影响也变得举足轻重，P 沟道和 N 沟道 IGBT 的导通电阻差异也变得更加明显。即使在这种情况下，IGBT 相对于 MOSFET 的优越性仍然存在，因为 IGBT 在一定的工作条件下具有较低的正向压降。在极限情况下，当寿命减小到沟道电阻分量开始在导通电阻中占主导地位时，P 沟道 IGBT 的正向压降比 N 沟道器件大三倍，这可能发生在非常快的器件上。

互补 IGBT 器件有效性的优势被用来实现高电压电桥电路。这里两个 IGBT 的发射极连接到一个电源轨，而栅极电压是从另一个电源轨获得的（见图 2.7）。IGBT 提供的这一特性使得桥接电路的设计更加容易。其他涉及 N 沟道和 P 沟道 IGBT 的应用包括数字和电气控制，其中一个 N 沟道 IGBT 与一个 P 沟道 IGBT 并联构成一个复合 AC 开关，允许使用一个共同的参考端来控制两个 IGBT。

这里必须指出的是，开关时间的比较表明 N 沟道 IGBT 比相同正向压降的 P 沟道 IGBT 快 2 ~ 3 倍。另外，由于 SOA 较小，所以 P 沟道变化时，高压开关期间的最大可控电流较低。

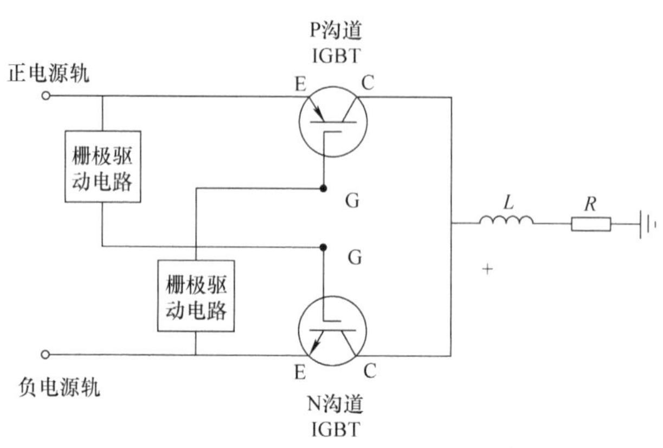

图 2.7　互补半桥逆变器电路

2.2 器件工作模式

参考 NPT - IGBT 的不同工作模式，可以轻松理解器件的工作原理。

2.2.1 反向阻断模式

当栅极端短路到发射极端时，正偏压施加到 N^+ 发射极，而负偏压施加到 P^+ 集电极（见图2.8）。在这种情况下，J_1 和 J_3 结反向偏置而 J_2 结正向偏置。反向偏置的 J_1 和 J_3 结抑制电流通过器件，赋予器件反向阻断能力[20,21]。电压主要分布在 J_1 结，由于其重掺杂，因此耗尽区的很大一部分扩展穿过低掺杂的 N^- 基区并略微延伸到 P^+ 集电区。

反向阻断电压由包括 P^+ 集电区、N^- 基区和 P 型基区的基极开路的晶体管确定。这个晶体管可能会因其薄的 N^- 基区或该区的轻掺杂而击穿。因此，必须根据所需的击穿电压对 N^- 基区的电阻率和厚度进行优化。一个经验法则是：选择的 N^- 基区厚度 d 等于在最大工作电压 $V_{\max}$ 下的耗尽层宽度，再加上一个少数载流子的扩散长度 L_p，即

$$d=\sqrt{\frac{\varepsilon_0\varepsilon_s V_{\max}}{qN_D}}+L_p \tag{2.1}$$

式中，ε_0 为自由空间的介电常数；ε_s 为 Si 的介电常数；q 为电子电荷；N_D 为 N^- 基区的掺杂浓度。在高的阻断电压下，第一项占主导地位而 N^- 基区厚度 $d\propto\sqrt{V_{\max}}$。

在芯片边缘形成斜角是为了防止过早的表面击穿。这是在晶圆切割成芯片的过程中完成的。用一种锥形工具进行切割，这样芯片就形成了台面或平台的形状，在 P^+ 集电区一侧更宽，而在另一侧更窄。随着结面积的增加，从低掺杂的 N^- 基区移向高掺杂的 P^+ 集电区，得到一个正斜角。显然，斜角控制在这里不像斜角为负时那样严格。

IGBT 结构特别适用于高电压应用，已经通过实验比较了 300V，600V 和 1200V IGBT 的性能[20]，这些研究表明，正向电流传输能力近似与击穿电压二次方根的值成反比。随着击穿电压的增加，电流传输性能缓慢减弱，导致了高电流和高电压 IGBT 的实现（例如 1000A，

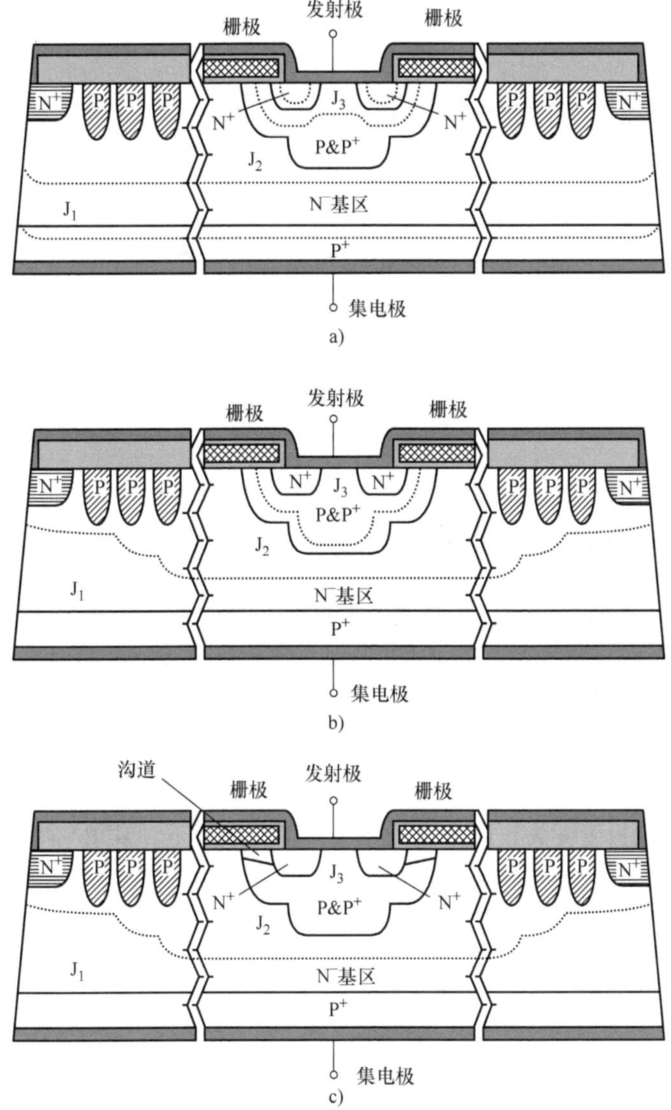

图 2.8 IGBT 的工作模式

a）反向阻断模式 b）正向阻断模式 c）正向传导状态

2500V 的模块）。

2.2.2 正向阻断和传导模式

在反转发射极和集电极电源电压时，栅极像之前一样短接到发射极，J_1 和 J_3 结正向偏置，J_2 结反向偏置，承受其上施加的电压（见图 2.8b）。因此在 IGBT[20] 中获得了正向阻断能力。耗尽层部分扩展到了 P 型基区，大部分扩展到 N^- 基区。当施加的电压较高时，每个单元的耗尽区与周围相邻的单元相连（见图 2.9）。在芯片的边界，最佳间隔的场环将分担电压，形成平滑的耗尽区，并安全地终止在表面。

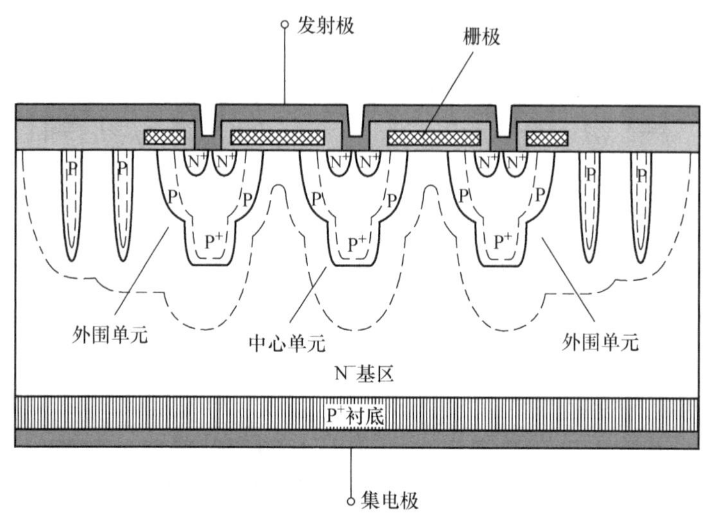

图 2.9 一个 IGBT 器件的中心和外围区域的耗尽层扩展

通过去除栅极－发射极短路，并施加一个足够大的正电压使 P 型基区下的 Si 反型（见图 2. 8c），可以把正向阻断状态下的 IGBT 转到正向传导状态。必须指出的是，在这种情况下，三个端的电源电压如下：集电极为正，发射极为负，栅极为正。

在 P 型基区形成的 N 型导电沟道横跨在 N^+ 发射区和 N^- 基区之间，通过这个沟道，电子从 N^+ 发射区传输到 N^- 基区。这个进入 N^- 基区的电子电流降低了 N^- 区域的电动势，使 P^+ 集电区/N^- 基区二极管变为正向偏置。在这种正向偏压下，从 P^+ 集电区向 N^- 基区注入高密度的少数载流子空穴。在高的集电极电压下，注入的空穴浓度可能是 N^- 基区掺杂的 10^2 ~ 10^3 倍。当注入的载流子浓度比本身的浓度大得多时，在 IGBT 的 N^- 区域中高浓度注入的情况占优势。由 P^+ 集电区从发射极－基极短路正下方的位置注入的空穴穿过 N^- 基区/P 型基区的直线路径并到达 N^- 基区/ P 型基区的空间电荷区。最后，在穿越 P^+ 区后到达发射极接触点。另一个空穴从栅区下方的一个点直接发射出去，垂直向上移动到栅极下面。在这里，它被栅极下面带正电的积累层排斥，转向 P 型基区/N^- 基区的空间电荷区。在 N^+ 发射区下移动并通过 P^+ 区域，通过发射极接触点而捕获。因此，在高集电极电源电压下，在 N^- 基区中会形成一个空穴等离子体。这个空穴等离子体吸引来自发射极接触点的电子以维持局部的电荷中性，以这种方式，过剩浓度大致相等的电子和空穴聚集在 N^- 基区。这些过剩的电子和空穴浓度极大地提高了 N^- 基区的电导率。电导率上升的机理被称为 N^- 基区的电导率调制。

现在把注意力集中在电子电流上，电子从 N^+ 发射区，通过 N 型沟道和 N^- 基区，最后到达 P^+ 基区。当 N^- 基区的电导率调制将其转变到高电导区时，通过该区域的电子电流并不会遇到很大的阻力，导通电阻和正向压降显著降低。

通过上述讨论，可以将 IGBT 的正向传导状态视为 PIN 整流器，其输出电流受 MOSFET 沟道的限制，这允许通过施加电压控制 PIN 二极管的电流。在此基础上，IGBT 可以看作是 MOSFET 和 PIN 整流器的串联，这为将在第 5 章讨论的 IGBT 提供了一个等效的电路模型。

2.3 IGBT的静态特性

2.3.1 电流-电压特性

NPT-IGBT的输出特性如图2.10所示，由两个工作区域组成。正向电流—电压特性绘

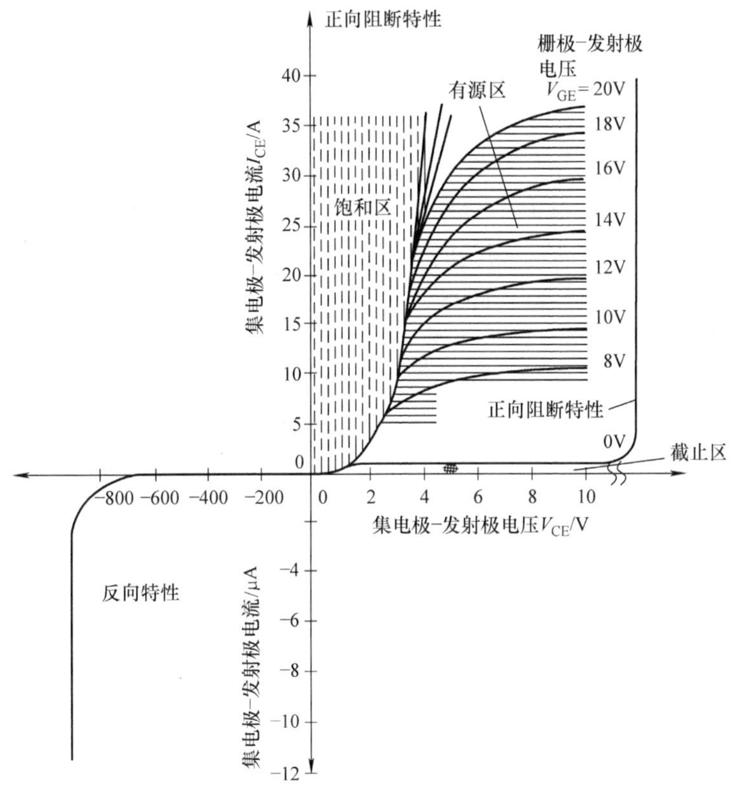

图2.10 NPT-IGBT的输出电流-电压特性曲线

制在第一象限，而反向电流—电压特性绘制在第三象限。PT-IGBT特性类似于表示饱和行为的MOSFET特性曲线（见图2.11）。超出沟道夹断之后，I_{CE}随V_{CE}只略微地增加。

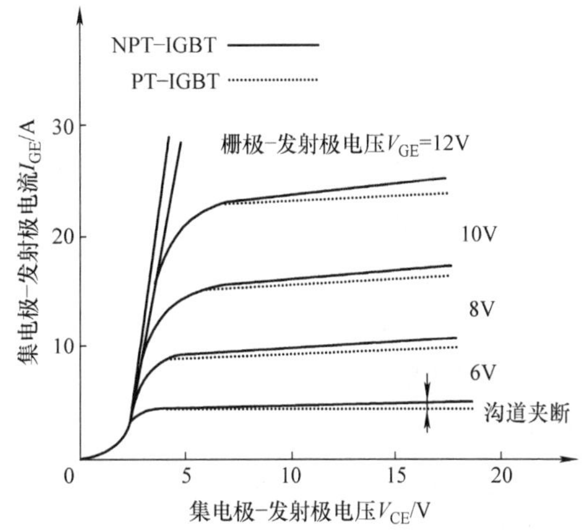

图2.11 NPT-IGBT和PT-IGBT输出特性比较

IGBT的稳态正向特性包含了一组曲线，每条曲线都对应一个不同的栅极-发射极电压V_{GE}。在栅极-发射极电压固定不变的情况下，测量作为集电极-发射极电压V_{CE}函数的集电极-发射极电流I_{CE}。就特性曲线的形状而言，正向特性与MOSFET特性非常相似。一个显著的不同之处在于，与电压和额定电流相当的功率MOSFET相比，IGBT的电流要

高一个数量级。另一个值得注意的显著特征是偏移原点0.7V，整个特性曲线以这个电压大小从原点平移。可以回想一下，在IGBT中，用P^+衬底取代MOSFET的N^+衬底，在器件中引入了一个额外的PN结，这个PN结使其工作与MOSFET有本质上的不同。IGBT的压降是PN结和驱动MOSFET的压降之和。因此，与功率MOSFET不同，IGBT上的压降永远不会低于二极管阈值。随着IGBT的P^+集电区/N^-基区结的电压降增加，电流I_{CE}随电压V_{CE}急剧升高，如MOSFET工作的线性区。此后，沟道被夹断，超过这一点，电流不会随着电压V_{CE}的增加而上升，这是观察到的饱和电流（将在第3章中解释与MOSFET工作有关的沟道夹断现象，参见3.3节和图3.7c和3.7d）。随着栅极－发射极电压升高，饱和电流也随之升高。对于一个更高的V_{GE}值，I_{CE}增加（见图2.12），而整个$I_{CE}-V_{GE}$曲线相对于较低的V_{GE}曲线上移。通过这种方法，得到不同V_{GE}值范围的曲线和图2.10所示的系列特性曲线。

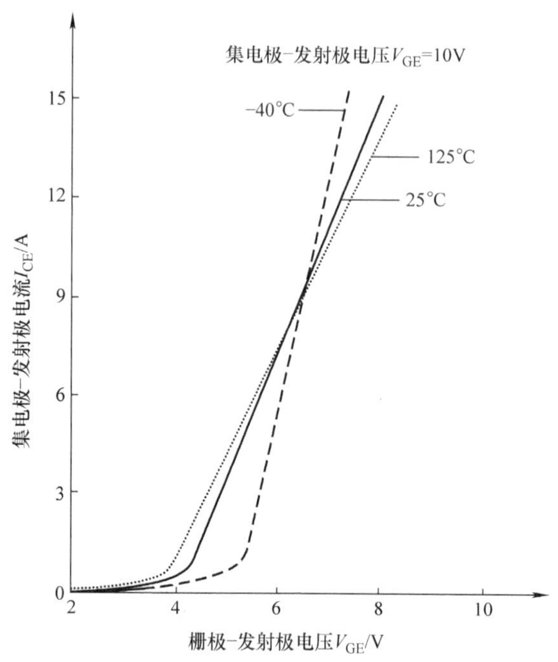

图2.12　不同温度下的IGBT转移特性

从这里可以看出，由强的寿命终止技术所制造的超快IGBT表现出一种称为“回转”的现象，如图2.13所示，这意味着在低电流和低温度下，电压降会更高，但随电流或温度的升高，电压降低。这个术语来源于这样一个事实：当在波形记录仪上测量电压降时，若电流上升，则轨迹会突然回到屏幕的左边。这个行为被看作是电流—电压特性中饱和电压部分的一个“凸起”，它随着温度升高而消失，因为载流子的寿命随着温度升高而增加。回转归因于寿命的终止，它延迟了电导率调制的开始。在低电流水平和温度下调制效应很小，从而增加了正向压降。但是随着电流或温度的增加它变得很显著，因为正向压降降低了。

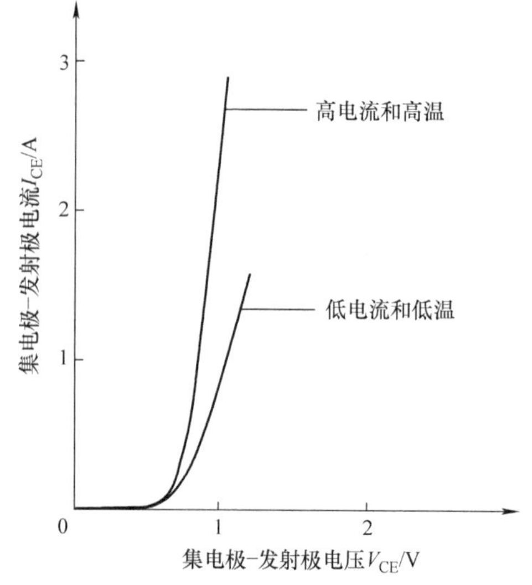

图2.13　具有少数载流子寿命终止的IGBT中的“回转”现象

反向特性与PN结二极管相同，反向电流在低电压下极低（约为nA级），但在击穿电压附近急剧增加。

2.3.2 IGBT 的转移特性

IGBT 的转移特性如图 2.12 所示，图中给出了在三个不同的温度下，即 25℃、125℃和 -40℃下 I_{CE}随 V_{GE}的变化。在给定温度下转移特性的梯度是该温度下器件的跨导 g_m：

$$g_m = \left.\frac{\partial I_{CE}}{\partial V_{GE}}\right|_{V_{GE}=常数} \tag{2.2}$$

对于具有低栅极驱动电压的高电流处理能力，g_m 必须很大。沟道和栅极结构的设计决定了 IGBT 的 g_m。对双扩散（Double Diffused MOSFET，DMOSFET）IGBT 结构，基区和 N^+ 发射区扩散深度的差异决定了沟道长度对 IGBT 的 g_m 和导通电阻的控制。对于 P 型基区表面浓度小于 $1\times10^{18}/cm^3$，扩展到 P 型基区的耗尽层将超过 1μm。因此，沟道长度小于 1μm 只能适用于低电压。

除了 IGBT 中较高的电流水平外，IGBT 的转移特性与 MOSFET 的转移曲线相似，转移特性切线的交点决定了阈值电压 V_{Th}。另一种方法是，对于一个给定的 V_{CE}，画出集电极 - 发射极电流的二次方根 $\sqrt{I_{CE}}$ 与 V_{GE}的关系曲线。得到的线性图与 V_{CE}轴的交点就是阈值电压。V_{Th}也被定义为在集电极 - 发射极电压 V_{CE} = 10V 时，产生的集电极 - 发射极电流 I_{CE} = 1mA 所要求的栅极 - 发射极电压 V_{GE}的值。IGBT 的阈值电压 V_{Th}值为 3 ~ 4V。一般来说，对于一个给定的应用，在固定的集电极 - 发射极电压下获得指定的集电极 - 发射极电流所需的栅极 - 发射极电压为阈值电压。集电极 - 发射极电流和集电极 - 发射极电压都是根据客户的需要选择的。

值得注意的是，功率半导体器件的载流能力也由热或跨导约束决定。与双极型晶体管的电流增益一样，IGBT 的跨导随集电极电流的增加而增加，在集电极电流范围内达到峰值水平时变平，然后随集电极电流的增加而减小。通常，双极型晶体管不能在热限制允许的电流水平下工作，因为它们的电流增益已经远低于峰值。但在 IGBT 中，峰值跨导出现在远高于热限制跨导的集电极电流。原因是在 IGBT 中，当 MOSFET 中的饱和现象降低了 PNP 型晶体管的基极电流驱动时，跨导会变平，同时 PNP 型晶体管的自身增益变平。当温度升高时，MOSFET 的电流减小效应在 PNP 型晶体管增益的增加中占主导地位。因此，当温度较高时，跨导在较低的集电极电流下停止增加。

此外，由于寿命终止会降低 PNP 型晶体管的电流增益，因此相对于慢速 IGBT，快速 IGBT 的跨导在较小的集电极电流时达到峰值。然而，这是一个次要的效应，因为控制 PNP 型晶体管电流增益的主要因素是 N 型缓冲层。在短路条件下，通过控制电流和温度来降低跨导，实现 IGBT 的保护。然而，这种减少是非常轻微的，并且可能不足以起到保护作用。

2.4 IGBT 的开关行为

2.4.1 IGBT 开启

由于 IGBT 的输入端是 MOSFET 的栅极，因此开启信号施加到 MOSFET 的栅极。开启是通过电压而不是电流进行的，但是开启的速度随栅极电流的增加而增加。栅极信号电流在nA 级范围，而像 BJT 和晶闸管这样的电流控制器件在 mA 级范围甚至更大（这仅适用于直流，任何大的 IGBT 的栅极电容都可以达到约 5000pF，根据开关速度的不同，瞬态电流可以大得多）。低的栅极功率要求意味着来自集成的驱动器电路的计算机控制信号可以用于此目的。此外，IGBT 的电压开启过程比 BJT 的电流开启机制要快，但由于需要使 IGBT 内 MOSFET 和 BJT 进入导通状态，故 IGBT 的开启速度比 MOSFET 慢。在有源区 IGBT 的开启程度通过其跨导来测量。

为了开启 IGBT，栅极和发射极之间的输入电容被充电到一个大于阈值电压 V_{Th} 的电压 V_{GE}。通常，通过施加幅值大于阈值电压的栅极脉冲来开启 IGBT，使用具有限流电阻的集电极－发射极电源来限制集电极－发射极电流。通常，IGBT 可以通过采用一个 5μs 宽（或更大）的足够幅值（V_{GE} = 15V > V_{Th}）的矩形脉冲来开启，而一个具有合适的负载电阻（40Ω）的 DC 200V 集电极－发射极电源来限制集电极电流（5A）。在栅极脉冲一开始，栅极－发射极电容 C_{GE}开始充电而导通时间 < 1μs。

2.4.2 具有电阻负载的 IGBT 开启

图 2.14a 所示为使用具有纯电阻负载 R 的 IGBT 的开关电路[22]；图 2.14b 说明了作为时间函数的电压和电流波形。从 $t=0$ 时刻开始，将电压 v_{GE}施加到栅极，这个电压随栅极－发射极电容 C_{GE}和串联电阻 R_{GE}值的增加而升高。当栅极电压等于阈值电压 V_{Th}时，根据 i_{CE}与

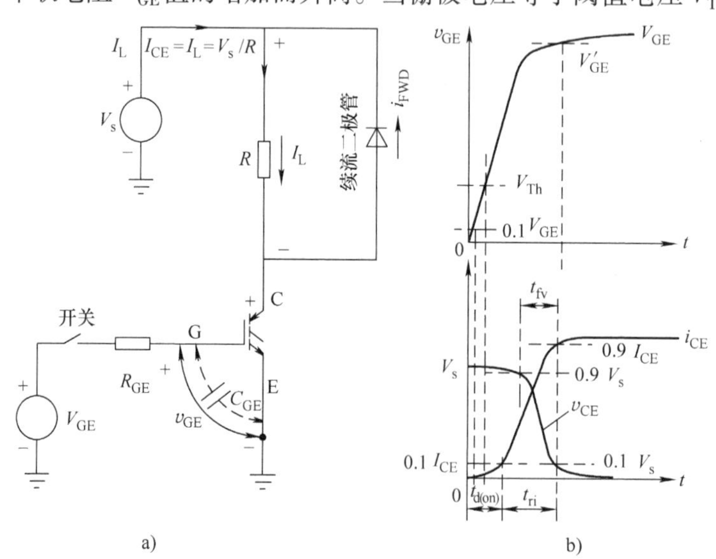

图 2.14 带电阻负载的 IGBT 开启的研究

a）带电阻负载的 IGBT 的开启电路 b）电压和电流波形

符号：V_s = 电源电压（V）；V_{GE} = 栅极电源电压（V）；C_{GE} = 栅极－发射极电容（F）；R_{GE} = 栅极电路电阻（Ω）；R = 负载电阻（Ω）；I_L = 瞬态负载电流（A）；v_{GE} = 瞬态栅极－发射极电压（V）；V'_{GE} = 栅极－发射极维持电压（V），即保持稳态导通电流的电压；V_{Th} = 阈值电压（V）；i_{CE} = 瞬态集电极－发射极电流（A）；I_{CE} = 稳态导通状态集电极－发射极电流（A）；t_{fv} = 集电极电压下降时间（s），t_{ri} = 集电极电流上升时间（s）；$t_{d(on)}$ = 开启延迟时间（s）

v_{GE}转移特性给出跨导参数g_m，集电极-发射极电流开始流动并迅速上升。最后，它达到稳态负载值$i_{CE}=I_L\approx V_s/R$。开启时间是延迟时间$t_{d(on)}$（电流从0上升到$0.1I_L$的时间）和上升时间t_{ri}（电流从$0.1I_L$上升到$0.9I_L$的时间）之和。将t_d定义为施加栅极驱动电压V_{GE}与其上升到阈值$v_{GE}=V_{Th}$之间的时间间隔。然后，电流的上升时间t_{ri}定义为从$v_{GE}=V_{Th}$到$v_{GE}=V'_{GE}$的时间间隔，在该期间维持稳态导通电流$I_{CE}=I_L$，而

$$V'_{GE}=\frac{I_{CE}}{g_m}+V_{Th} \tag{2.3}$$

在集电极-发射极电流i_{CE}上升期间，集电极-发射极电压v_{CE}下降，这是因为对于电阻负载

$$v_{CE}=V_s-i_{CE}R \tag{2.4}$$

电压下降时间t_{fv}是电压v_{CE}从$0.9V_s$降至$0.1V_s$的时间间隔。IGBT在开启过程中的能量损耗E_{on}由式（2.5）给出

$$E_{on}=\int v_{CE}i_{CE}\mathrm{d}t \tag{2.5}$$

其中，积分是在开启的时间间隔上进行的。延迟时间内的能量消耗可忽略不计。在$t=t_{d(on)}$，栅极电压到达$v_{GE}=V_{Th}$时，集电极-发射极电流上升，而在$t_{ri}=t_{fv}=t_c$时，交叉时间集电极-发射极电压开始下降。假设$t'=t-t_{d(on)}$，电压和电流波形转换成图2.14c所示的波形。得到

$$i_{CE}=\frac{I_{CE}t'}{t_c}=\frac{I_Lt'}{t_c} \tag{2.6}$$

而

$$v_{CE}=-\frac{V_st'}{t_c}+V_s \tag{2.7}$$

因此，能耗为

$$\begin{aligned}
E_{on}&=\int_0^{t_c}v_{CE}i_{CE}\mathrm{d}t'=\int_0^{t_c}\left(-\frac{V_st'}{t_c}+V_s\right)\left(\frac{I_Lt'}{t_c}\right)\mathrm{d}t'\\
&=\int_0^{t_c}\left(-\frac{V_sI_Lt'^2\mathrm{d}t'}{t_c^2}+\frac{V_sI_Lt'\mathrm{d}t'}{t_c}\right)\\
&=\frac{V_sI_L}{t_c^2}\int_0^{t_c}t'^2\mathrm{d}t'+\frac{V_sI_L}{t_c}\int_0^{t_c}t'\mathrm{d}t'=-\frac{V_sI_L}{t_c^2}\left[\frac{t'^3}{3}\right]_0^{t_c}+\frac{V_sI_L}{t_c}\left[\frac{t'^2}{2}\right]_0^{t_c}\\
&=-\frac{V_sI_L}{t_c^2}\left[\frac{t_c^3}{3}-0\right]+\frac{V_sI_L}{t_c}\left[\frac{t_c^2}{2}-0\right]=-\frac{V_sI_L}{t_c^2}\cdot\frac{t_c^3}{3}+\frac{V_sI_L}{t_c}\cdot\frac{t_c^2}{2}\\
&=-\frac{V_sI_Lt_c}{3}+\frac{V_sI_Lt_c}{2}\\
&=\frac{V_sI_Lt_c}{6}
\end{aligned} \tag{2.8}$$

对于在频率f下工作的IGBT，平均功耗可以表示为

$$P_{on}=E_{on}\cdot f=\frac{V_sI_Lt_cf}{6} \tag{2.9}$$

例 2.1 一个 IGBT 在 125℃的额定参数为：$V_{CE(sat)}=2V$，开启交叉时间 $t_c=30ns$，用在电源电压 $V_s=400V$，负载 $R_L=15\Omega$ 的直流电路中来开关电源。如果开关频率 f 为 1kHz 而占空比 m 为 0.65，确定在此温度下传导功耗与开启功耗之比。在维持相同的占空比条件下，在 $f=1MHz$ 时这个比值是多少？

负载电流 $I_L=[V_s-V_{CE(sat)}]/R_L=(400-2)/15=26.53A$。如果 t_{ON} 是导通态传导时间，则传导功耗为

$$P_C=f\int_0^{t_{ON}}v_{CE(sat)}I_{CE}dt=v_{CE(sat)}mI_{CE}=2.0\times0.65\times26.53=34.49W \tag{E2.1.1}$$

开启过程中的功耗为

$$P_{on}=E_{on}\cdot f=V_sI_Lt_cf/6=400\times26.53\times30\times10^{-9}\times10^3/6=0.0531W$$

在 1kHz 时所需功耗比 $r=P_C/P_{on}=34.49/0.0531=649.53$。

在 1MHz 时，采用同样的占空比，传导功耗保持不变，$P_C=34.49W$，但 $P_{on}=53.06W$，比值变为 $r=P_C/P_{on}=34.49/53.06=0.65$。

2.4.3 具有电感负载的 IGBT 开启

现在考虑一个具有电感负载的电源电路的响应（见图 2.15a）。假设电路时间常数 >> 所用 IGBT 的开关时间，且负载电流 I_L 是恒定的。当 IGBT 关断时，电流由续流二极管 FWD 传输[22]。由于 FWD 的传导，负载两端电压约为 0（见图 2.15b）。

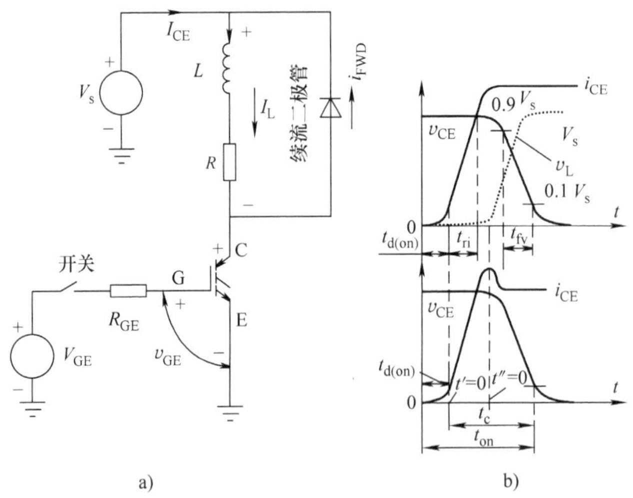

图 2.15 带电感负载的 IGBT 的开启研究

a）带电感负载的 IGBT 开启电路 b）电压、电流和转换的波形

符号：L=电感（H）；R=电阻（Ω）；t_c=从 $i_{CE}=0.05\times$负载电流至 $v_{CE}=0.05\times$电源电压的交叉时间（s）；t_{on}=开启时间（s），$t_{d(on)}$=开启延迟时间（s），$t'=t-t_{d(on)}$(s)；$t''=t-[t_{d(on)}+t_{ri}]$（s），参见图 2.14

续流二极管主要用于在IGBT关断过程中传导负载电流。为了理解续流二极管的功能，必须注意在硬开关中，随着恢复电流的增加和恢复时间的延长，开启损耗会增加。为了使开启损耗最小并能承受浪涌电压，需要一个具有快速、软恢复特性的二极管。一个具有快速反转特性并因此具有高恢复 di/dt 的二极管在瞬态电压方面存在问题。由于IGBT二极管可能无法满足所需的标准，因此关断电流应该转向续流二极管而不是通过IGBT。在续流二极管的制造过程中，特别要注意通过降低集电极一侧P型层的掺杂浓度和扩散深度来优化导通状态载流子的浓度，以降低反向恢复电荷和反向恢复时间。

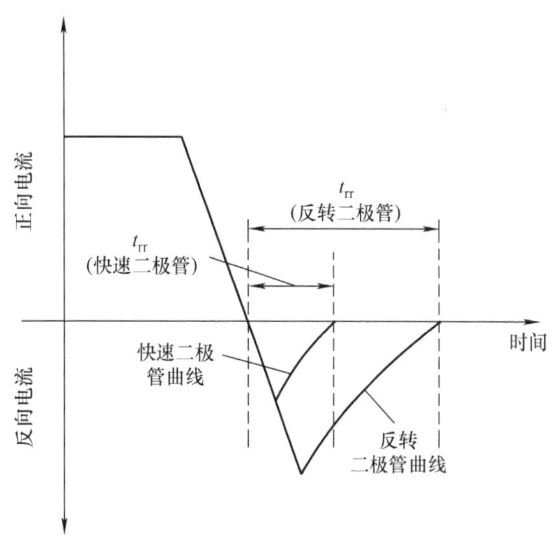

图2.16 反转二极管与快速二极管的反向恢复波形

图2.16比较了反转二极管与快速恢复二极管的反向恢复特性。反转行为与峰值恢复电流 I_{RM} 成正比，所以较大 I_{RM} 的二极管会有更大反转。快速恢复二极管是专门为低导通压降和降低恢复电流而设计的，可实现更快的关断。以下是快速恢复二极管的理想特性：①对安全并联二极管的工作具有低的正向电压和正温度系数；②在高的温度下低泄漏电流的稳定反向阻断特性；③低的反向恢复损耗、软恢复和抗动态雪崩强度；④在二极管导通瞬态期间，浪涌电流能力、雪崩能量承受能力和低的过冲电压。

具有高掺杂和相对深扩散发射区的常规外延二极管有一些缺点，特别是具有大量反向恢复电荷和长的反向恢复时间的不良开关特性。由于反转恢复和动态雪崩，这些二极管在反向恢复过程中也会出现一些失效机制。引入新的寿命终止技术和平面结终止设计，从而改进了快速二极管的设计。这些改进源于三个重要的设计技术，即发射区效率控制、轴向寿命终止，以及深扩散控制。

第一种技术是基于使用低P型发射区的效率来控制过剩载流子浓度的梯度。漂移区中存储电荷的形状和分布影响了二极管的反向恢复特性。为了实现更软的恢复特性和更小的反向恢复损耗，与均匀或减少的载流子分布剖面相比，需要增加朝向 NN^+ 界面的载流子分布。低发射区效率还有助于实现正温度系数的导通态特性，这对于二极管的并联运行是必要的。通过在靠近PN结的漂移区域中使用受控的局部寿命获得对梯度电荷分布的进一步控制。

利用质子或氦离子注入等局部寿命终止工艺来控制轴向载流子分布。该方法允许在PN结附近的低寿命复合层有效地减少反向恢复参数，并在不增加正向电压降的情况下产生更软的恢复。在 NN^+ 界面附近的高寿命值提供额外的剩余电荷，以实现更软的恢复。此外，通过使用电子辐照增加均匀的寿命终止，控制了反向恢复过程中二极管的柔软度。此外，与其他技术，如金扩散相比，这种载流子寿命控制方法不会明显增加泄漏电流。然而，对载流子浓度梯度的控制仍被证明是无效的。在正向电流、整流 di/dt、电路电感和结温等条件作用下，二极管很可能由于反转恢复而产生过大的电压尖峰。

反转恢复通常是由存储在漂移区域中的少数载流子的突然消失引起的。当耗尽层在恢复阶段到达穿通外延结构的 N^+ 区域时，通常会发生这种情况，导致电流的截断，以及高的 di/dt，从而导致大的电压尖峰。通过在 N^+ 衬底上使用具有较高掺杂浓度的 N 型缓冲层来防止外延结构中的反转恢复。这一区域减少了耗尽层的扩散，提供了较软恢复所需的额外电荷。缓冲层的掺杂浓度应足够高，以防止损耗层达到 NN^+ 结，但也要足够低，用于电导率调制。然而，除了第二个外延层的额外成本之外，这些设计在某些极端条件下仍然可以产生反转恢复。通过采用受控的深扩散 N^+ 层和受控的渐变存储电荷分布，在 NN^+ 界面获得与缓冲区基本相同的一个渐进的穿通。因此，有效的漂移区宽度、掺杂，以及穿通电压可以安全地降低，而二极管不会出现反转。此外，通过使用更薄的晶圆，可以使正向压降降低到接近外延结构的水平。这种方法确保在恢复期间的后期存储电荷保持在 NN^+ 界面，而深扩散 N^+ 层在极端条件下则可以防止耗尽层清除产生软恢复特性的剩余载流子。为了提高性能，在漂移区中必须使用恰当的过剩载流子分布并保持干净和均匀的工艺，以及最佳的边缘端接和接触设计。最后，还必须考虑在高开关速度下运行时反向恢复过程中发生的振荡。这种类型的行为通常被错误地解释为反转恢复，这是由于在反向恢复过程中存储的电荷量较少。虽然振荡恢复特性通常不会引起破坏性的电压过冲，但它们会产生高电磁干扰（Electromagnetic Interference，EMI），这是电力电子应用中有害的效应。因此，所制备的二极管在所有工作条件下都提供了超软恢复特性和最小的 EMI 水平。

应用栅极信号启动 IGBT 工作。在延迟时间 t_d 后，电压 v_{GE} 上升到 V_{Th}，而电流 i_{CE} 增加。当 $i_{GE}=I_L$ 而 $i_{FWD}=0$ 时，二极管恢复其阻断状态。此时，负载两端的电压 v_L 上升，IGBT 上的电压下降。由于二极管从导通状态到阻断状态的恢复实际上需要一段有限的时间，因此在 IGBT 导通时电流 i_{FWD} 变为零之后的短时间间隔内，一个正电压施加在发射极而二极管仍然保持导通，从而使反向电流流动直到二极管恢复到阻断状态。这将在 IGBT 电流波形中产生一个尖峰，如图 2.15c 所示。栅极 - 发射极电阻 R_{GE} 越大，栅极 - 发射极电压 v_{GE} 的上升越慢，IGBT 的开启时间越长。器件电压 v_{CE} 的相关下降时间 t_{fv} 受电阻 R_{GE} 和栅极 - 集电极电容 C_{GC} 的影响。电压的变化率为

$$\frac{dv_{CE}}{dt}=\frac{d}{dt}(v_{CG}+v_{CE}) \tag{2.10}$$

在电感负载电路中，当 v_{CE} 开始从 V_s 下降时，电压 v_{GE} 几乎成为常数（V'_{GE}）。因此

$$\frac{dv_{CE}}{dt}\approx\frac{dv_{CG}}{dt}=\frac{i_{GE}}{C_{GC}}=\frac{V_{GE}-V'_{GE}}{R_{GE}C_{GC}} \tag{2.11}$$

高的 dv_{CE}/dt 可以将栅极 - 发射极电压增加到超过阈值电压，导致 IGBT 开启。但是，由于转移特性，集电极 - 发射极电流将钳制 dv_{CE}/dt 效应。在其关闭状态期间施加到 IGBT 的负电压有助于使 dv_{CE}/dt 开启无效。

为了估计在交叉时间 t_c 内的能量耗散 E_{on}，忽略二极管反向恢复并带入

$$t' = t - t_{d(on)} \tag{2.12}$$

和

$$t'' = t - [t_{d(on)} + t_{ri}] \tag{2.13}$$

然后

$$\begin{aligned}
E_{on} &= \int_0^{t'} v_{CE} i_{CE} dt' = \int_0^{t_{ri}} V_s i_{CE} dt' + \int_0^{t_{fv}} v_{CE} I_{CE} dt'' \\
&= V_s \int_0^{t_{ri}} \frac{I_{CE}}{t_{ri}} t' dt' + \int_0^{t_{fv}} \left(-\frac{V_s}{t_{fv}} t'' + V_s \right) I_{CE} dt'' \\
&= \frac{V_s I_{CE}}{t_{ri}} \int_0^{t_{ri}} t' dt' - \frac{V_s I_{CE}}{t_{fv}} \int_0^{t_{fv}} t'' dt'' + V_s I_{CE} \int_0^{t_{fv}} dt'' \\
&= \frac{V_s I_{CE}}{t_{ri}} \left[\frac{t'^2}{2} \right]_0^{t_{ri}} - \frac{V_s I_{CE}}{t_{fv}} \left[\frac{t''^2}{2} \right]_0^{t_{fv}} + V_s I_{CE} [t'']_0^{t_{fv}} \\
&= \frac{V_s I_{CE}}{t_{ri}} \left(\frac{t_{ri}^2}{2} - 0 \right) - \frac{V_s I_{CE}}{t_{fv}} \left(\frac{t_{fv}^2}{2} - 0 \right) + V_s I_{CE} (t_{fv}) \\
&= \frac{V_s I_{CE} t_{ri}}{2} - \frac{V_s I_{CE} t_{fv}}{2} + V_s I_{CE} t_{fv} \\
&= \frac{V_s I_{CE}}{2} (t_{ri} + t_{fv}) = \frac{V_s I_{CE}}{2} t_c
\end{aligned} \tag{2.14}$$

其中，延迟时间内的能量损耗被忽略。

例 2.2 IGBT 斩波器将 500V 的 DC 电源调制到两端连接一个续流二极管的电感负载。如果开关频率为 20kHz 而恒定负载电流为 40A，忽略延迟时间，求出开启能量和功率损耗。IGBT 的额定值为：集电极电流上升时间 =30ns，集电极电压下降时间 =40ns。

IGBT 开启期间产生的能量损耗为

$$E_{on} = \int_0^{t_{on}} v_{CE} i_{CE} dt = \frac{V_s I_{CE}}{2} (t_{ri} + t_{fv}) = \frac{500 \times 40 \times (30 + 40) \times 10^{-9}}{2} = 7 \times 10^{-4} \text{J} \tag{E2.2.1}$$

而功率损耗是 $P_{on} = f \cdot E_{on} = 20 \times 10^3 \times 7 \times 10^{-4} = 14\text{W}$。

2.4.4 IGBT 关断

在 IGBT 关断期间，栅极和发射极之间的串联电阻 R_{GE} 为输入栅极 - 发射极间的电容提供了一个放电的路径[22]。必须注意的是，电阻 R_{GE} 的最小值和最大值有明确的限制规定。R_{GE} 的最小值被指定为一个值，保证 IGBT 在工作过程中不会在任何额定电流和电压条件下发生闩锁，包括电阻或电感负载和峰值允许的结温。R_{GE} 的最大值是由其对关断轨迹的初始快速部分的影响决定的，将在下面看到。

一旦栅极脉冲停止，集电极电流就会下降（见图 2.17a）。在 IGBT 的 MOSFET 部分中的电流消失，从而减少了 PNP 型晶体管的基极电流供应。PNP 型晶体管恢复到阻断状态，IGBT 关断，直到重新施加栅极脉冲。关断时间 t_{off} 定义为集电极电流从其稳态值的 90% 降至

10%所需的时间。对集电极电流的拖尾进行仔细的研究，因为它增加了关断损耗，延长了半桥内两个IGBT导通之间的死区时间。研究表明，在IGBT的关断瞬态可以清楚地识别出两个不同的区域[24-28]。因此，两个不同的下降时间值（t_{f1}和t_{f2}）可以与两个区域相关联。关断曲线的第一部分（下降时间t_{f1}）是由集电极电流随时间的快速下降表示的，这是由栅极-发射极电容C_{GE}和相应电阻R_{GE}的放电时间常数决定的。不同的R_{GE}可以改变IGBT的关断时间（见图2.17b），因此它由电路设计人员控制。

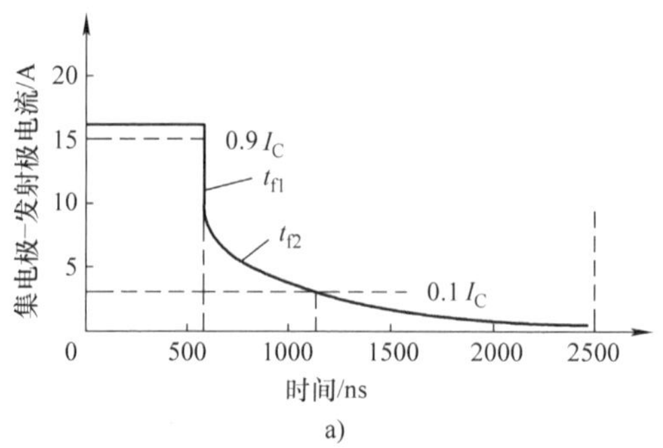

a)

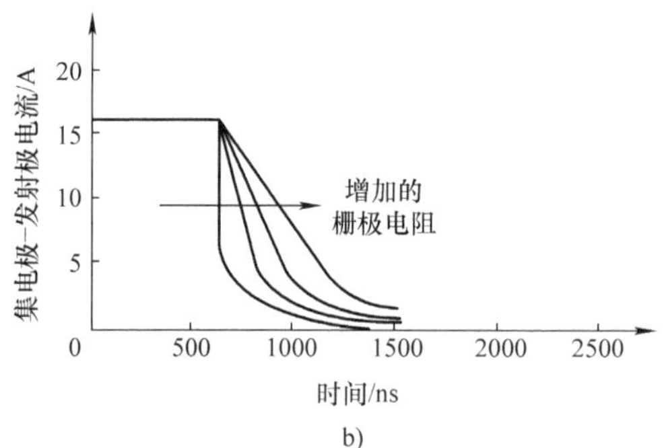

b)

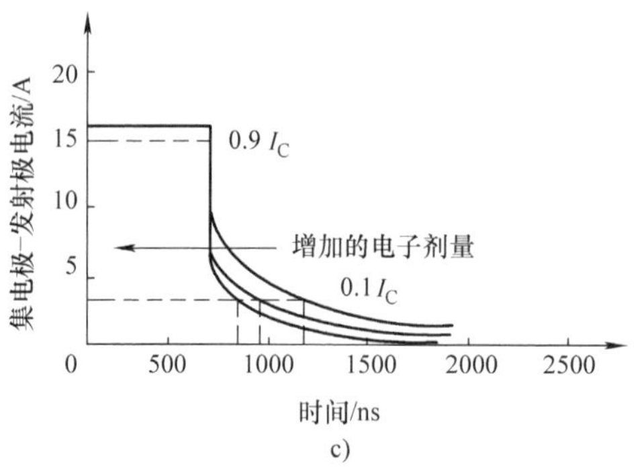

c)

图2.17 IGBT的关断特性

a）IGBT的典型集电极电流关断瞬态

b）栅极电阻对IGBT关断特性的影响

c）电子辐射对IGBT关断特性的影响

关断迹线（下降时间t_{f2}）的第二个部分显示，集电极电流随时间的下降要慢得多，这是由于在IGBT的N^-基区上过剩载流子通过复合而衰减。在IGBT关断的那一刻，它正传输着一个稳定的正向电流。在N^-基区中构成了高浓度的空穴和电子。除了通过复合外，没有其他办法去除这些载流子。只有在这些载流子衰减以后，IGBT才能恢复到它的正向阻断状态。下降时间t_{f2}显然是由N^-基区的载流子寿命τ控制的。这是N^-基区的少数载流子寿命，是IGBT关断速度的主要障碍。由于N^-基区不能从外部进入，故外部驱动电路不能用来抽取载流子，从而减小关断时间。但是PNP型晶体管在伪达林顿连接中，存储时间可以忽略不计。所以，关断时间比PNP型晶体管在饱和状态下要小得多。然而，对于高频应用来说，这是不够的。利用电子辐射（见图2.17c）或质子注入来减小寿命，以实现所需的t_{f2}值；后者提供局部的寿命终止。一个N型缓冲层也被用来在关断时收集少数载流子，从而加速复合速率。这两种方法都降低了PNP型晶体管的增益，从而增加了IGBT的正向压降。强的少数载流子寿命终止在开启时产生一个准饱和状态，使得开启损耗大于关断损耗。因此，一方面考虑开启损耗而另一方面又考虑闩锁限制了PNP型晶体管的增益。

通常情况下，IGBT的关断时间定义为集电极-发射极电流从稳态导通态的值衰减到该值的10%所需的时间。如果I_{CO}表示稳态导通态电流，则关断时间是从导通态电流I_{CO}下降到0.1I_{CO}所需的时间。假设对应于下降时间t_{f1}的初始电流突然下降为I_{CD}，这个下降是由于MOSFET沟道电流I_e的停止引起的，并且是由PNP晶体管的电流增益α_{PNP}决定的，它表示为

$$I_{CD}=I_e=(1-\alpha_{PNP})I_{CO} \tag{2.15}$$

此后，存储在N⁻基区的空穴维持集电极－发射极电流。在这个过程的第一个阶段，这个空穴电流的大小等于在关断之前的导通态电流，这个空穴电流表示为

$$I_{CE1}=I_{CO}-I_{CD}=I_h=\alpha_{PNP}I_{CO} \tag{2.16}$$

接下来的第二阶段，电流呈指数衰减，其速率由高注入水平下的载流子寿命决定，记住这里的电流值是可估计的，这个电流衰减表示为

$$I_{CE}(t)=I_{CE1}\exp\left(-\frac{t}{\tau_{HL}}\right)=\alpha_{PNP}I_{CO}\exp\left(-\frac{t}{\tau_{HL}}\right) \tag{2.17}$$

从中可以很容易地得到关断时间，其定义为集电极电流从稳态电流减小到10%值时所需的时间，因此从式（2.17）有

$$\frac{I_{CE}}{I_{CO}}=\frac{1}{10}=\alpha_{PNP}\exp\left(-\frac{t_{off}}{\tau_{HL}}\right) \quad 或 \quad \exp\left(\frac{t_{off}}{\tau_{HL}}\right)=10\alpha_{PNP}$$

$$或 \quad \frac{t_{off}}{\tau_{HL}}=\ln(10\alpha_{PNP})$$

给出

$$t_{off}=\tau_{HL}\ln(10\alpha_{PNP}) \tag{2.18}$$

这一推导是基于N⁻基区中高水平注入条件和维持恒定寿命的假设，而与注入水平无关。在电子辐照下，α_{PNP}和τ_{HL}均减少，导致t_{off}减少。观察电子辐照后的IGBT关断瞬态，如图2.17c所示，很明显辐照对该波形有双重影响。首先，集电极－发射极电流I_{CD}突然下降的幅度增加；其次，电流尾变为零的时间跨度减小。

例2.3 为了减少IGBT的关断时间，电子辐照过程会导致载流子寿命终止。如果辐射前的寿命为10s，那么将该器件置于1Mrad剂量后的寿命是多少？辐射损伤系数＝10^7颗粒·s/cm^2。

如果辐照前的寿命由τ_i表示而辐照后的寿命用τ_f表示，则τ_i和τ_f的相互关系为

$$\frac{1}{\tau_f}=\frac{1}{\tau_i}+K\phi \tag{E2.3.1}$$

式中，K为辐射损伤系数。现在1 Mrad等于1×10^{14}/cm^{2}的通量。在这样高的剂量下，第一项是可以忽略的，而暴露在辐射下的寿命与剂量成反比，这可以用辐射损伤系数K表示为

$$\tau_f=\frac{K}{\phi} \tag{E2.3.2}$$

给出$\tau_f=10^7/1\times10^{14}=10^{-7}\ \text{s}=0.1\mu\text{s}$。

2.4.5 带有电阻负载的IGBT关断

IGBT的关断机制取决于负载[22]，通常，IGBT关断比双极型晶体管慢，这是因为施加

在 BJT 的反向基区驱动用来清除来自 N^- 漂移区的载流子。在 IGBT 中施加负栅极电压无助于此，因为所有复合都必须在内部进行。参考图 2.18 所示的具有电阻负载的关断电路以及简化的波形，通过关闭栅极电路开关并将栅极电源电压 V_{GE} 降至零，当栅极—发射极电容 C_{GE} 开始放电时，启动关断。在主电路中电流和电压改变之前有一个延迟时间 $t_{d(off)}$。IGBT 一直保持到栅极电压 v_{GE} 降低到值 $v_{GE}=V'_{GE}$，电压刚好足够维持在饱和区和有源区之间工作。随着 v_{GE} 的减少，i_{CE} 也随转移特性而降低，$i_{CE}=g_m(v_{GE}-V_{Th})$。由于 $v_{CE}=V_s-i_{CE}R$，电压 v_{CE} 随着 i_{CE} 的降低而增加。电流下降的时间 t_{fi} 等于电压上升的时间 t_{rv}，而这些时间与从电压上升开始到电流下降结束时的交叉时间 t_c 相同，从电压开始上升到电流结束下降。与 IGBT 的开启类似，通过代入 $t'=t-t_{d(off)}$，计算在 t_c 间隔期间的能量损耗 E_{off}，给出

$$E_{off}=\int_0^{t_c} v_{CE} i_{CE} \mathrm{d}t' = \frac{V_s I_{CE} t_c}{6} \tag{2.19}$$

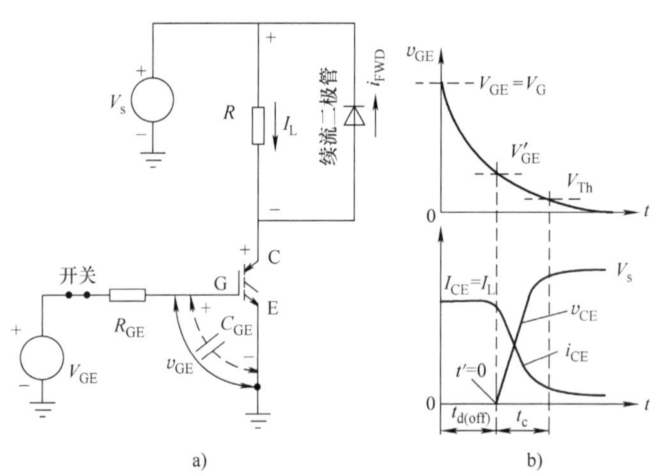

图 2.18　带电阻负载的 IGBT 关断研究

a）IGBT 的电阻负载关断电路　b）相关波形

符号：V_s = 电源电压（V）；R_{GE} = 栅极 - 发射极间的电阻（Ω）；R = 负载电阻（Ω）；C_{GE} = 栅极 - 发射极间的电容（F）；V_{GE} = 栅极电源电压（V）；v_{GE} = 瞬态栅极 - 发射极电压（V）；V'_{GE} = 栅极 - 发射极电压（V）；保持在饱和区和有源区之间的工作；V_{Th} = 阈值电压（V）；$t_{d(off)}$ = 关断延迟时间（s）= 栅极 - 发射极电压 v_{GE} 达到 V'_{GE} 所需的时间；$t'=t-t_{d(off)}$；t_c = 从电压上升开始到电流下降结束的交叉时间（s）

例 2.4　在斩波电路中，DC 电源电压为 300V，电阻负载为 12Ω，开关频率为 10kHz。使用的 IGBT 导通态电压 = 1.8V，延迟时间 = 1μs，交叉间隔 = 2μs。计算关断过程中的能量损耗和功率损耗。

负载电流为

$$I_L=[V_s-V_{CE(sat)}]/R_L=(300-1.8)/12=24.85\text{A}$$

延迟时间内的能量损耗为

$$E_{td(off)}=V_{CE(sat)}I_{CE}t_{d(off)}=1.8\times 24.85\times 1\times 10^{-6}=4.473\times 10^{-5}\text{J}$$

交叉间隔期间的能量损耗为

$$E_{tc(off)} = V_s I_{CE} t_c/6 = (300 \times 24.85 \times 2 \times 10^{-6})/6 = 2.485 \times 10^{-3} J$$

关断期间总的能量损耗为

$$E_{off} = E_{td(off)} + E_{tc(off)} = 4.473 \times 10^{-5} + 2.485 \times 10^{-3} = 2.53 \times 10^{-3} = 2.53 mJ$$

而关断的功率损耗为

$$P_{off} = E_{off} \cdot f = 2.53 \times 10^{-3} \times 10 \times 10^3 = 25.3 W$$

2.4.6 带有电感负载的 IGBT 关断

带电感负载的电路中 IGBT 的关断电路和波形如图 2.19 所示[22]。直到栅极电压下降到 $v_{GE} = V'_{GE}$时，IGBT 导通。然后，集电极－发射极电压 v_{CE}随着电容 C_{GE}的放电而增大，同时，电压 v_{GC}减小。在此期间，主要的电流 i_{CE}实际上略低于 $I_{CE} = I_L$，但理想情况下应该保持不变。当 $v_{CE} = V_s$ 时，续流二极管开始导通，负载电压 v_L 为零，栅极－发射极间的电容 C_{GE}继续放电，v_{GE}降低到低于 V'_{GE}。因此，在跨导比中电流 i_{CE}减小。在电压 $v_{GE} < V_{Th}$时，沟道无法维持，MOSFET 关断。在电流 i_{CE}突然下降之后，有一个缓慢衰减的尾电流，它与一个基极开路的 BJT 电路的集电极电流相同。

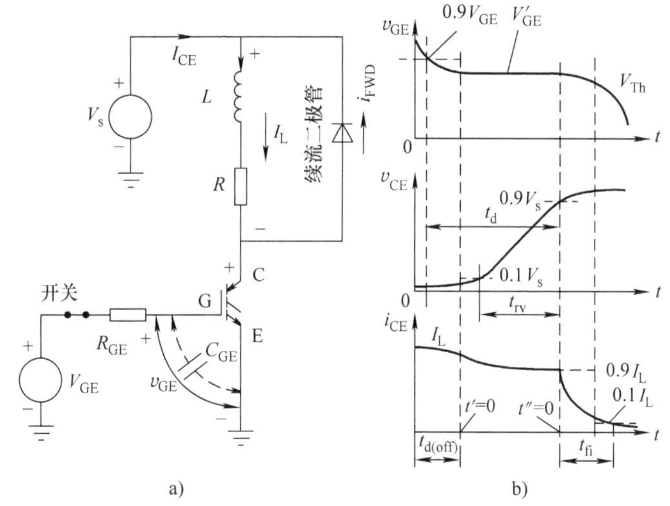

图 2.19　带有电感负载的 IGBT 关断研究

a）带电感负载的 IGBT 关断电路　b）电流、电压和调整的波形

符号：L = 负载电感（H）；$t'' = t - [t_{d(off)} + t_{rv}]$。参见图 2.18

为了计算电感负载关断期间的关断损耗，使用如图 2.19b 所示的调整波形。延迟时间 $t_{d(off)}$是从栅极电源电压 V_{GE}撤回到集电极－发射极电压 v_{CE}开始上升时刻的间隔。随着集电极－发射极电压 v_{CE}在时间 t_{rv}从 0 线性地上升到 V_s，集电极－发射极电流保持在 $i_{CE} = I_{CE} = I_L$。在一阶计算中，由于复合尾电流的损耗忽略不计，记住 $t_c \approx t_{rv} + t_{fi}$并代入 $t' = t - t_{d(off)}$ 和 $t'' = t - [t_{d(off)} + t_{rv}]$，故有

$$E_{off} \int_0^{t_{rv}} v_{CE} I_{CE} dt' + \int_0^{t_{fi}} V_s i_{CE} dt'' = I_{CE} \int_0^{t_{rv}} \frac{V_s}{t_{rv}} t' dt' + V_s \int_0^{t_{fi}} \left(-\frac{I_{CE}}{t_{fi}} t'' + I_{CE} \right) dt''$$

$$= \frac{V_s I_{CE}(t_{rv} + t_{fi})}{2} = \frac{V_s I_{CE} t_c}{2} \tag{2.20}$$

例 2.5 在电源开关电路中，使用的 IGBT 在关断期间的电压上升时间 = 0.5μs，电流下降时间 = 0.3μs。如果 DC 电源电压为 250V，且负载电流在 20A 处保持近似恒定，求出在关断过程的交叉间隔中的能量损耗。

交叉时间 t_c = 电压上升时间 + 电流下降时间 = 0.5 + 0.3 = 0.8μs

因此，能量损耗为

$$E_{tc(off)} = (250 \times 20 \times 0.8 \times 10^{-6})/2 = 2 \times 10^{-3} = 2\text{mJ}$$

2.4.7 关断时间对集电极电压和电流的依赖性

必须清楚地了解 IGBT 的关断时间与集电极电压和电流的关系。有趣的是，通过提高集电极电压，IGBT 的关断时间增加。这是因为在高的集电极电压下，会产生一个更宽的耗尽层。因此，必须从 N^- 基区中移除更多的电荷，这增加了器件的关断时间。在增加集电极电流时，关断时间减小，这是因为关断时间定义为 90% 衰减到 10% 值之间的间隔。对于更大的集电极电流，10% 的衰减点被提升并与复合的尾部距离更远。因为尾部解释了较慢和较长的衰减跨度，离尾部越远，衰减会变得越快，从而导致快速的恢复。必须重申，这个关断时间的减少仅仅是开关损耗方面的一种明显的虚幻效果，它不能被解释为导致器件开关损耗较小的原因，因为衰减波形的尾段是主要原因，并且它仍然和以前一样。将电荷控制模型应用于基极开路的晶体管，进行电流尾部分析[27]。根据基区存储电荷 Q_B，PNP 型晶体管共发射极电流增益 β 和基区传输时间 τ_B、基极电流 i_B 可以表示为[27]

$$i_B(t) = \frac{Q_B}{\beta\tau_B} + \frac{dQ_B}{dt} = 0 \tag{2.21}$$

因为基极开路的关断时 i_B 为零，所以对于在基区发生高水平注入的电流密度下运行的原型 PNP 型晶体管，基区传输时间、基区电荷与集电极电流的比例可以用基本器件参数来表示。如果 γ 是 PNP 型晶体管的发射极注入效率，b 是电子与空穴迁移率之比 $=\mu_n/\mu_p$，W_B 是 N^- 基区的厚度，L_a 是双极性扩散长度，τ 是少数载流子寿命，则可以给出[27]

$$\tau_B = \frac{[\gamma(b+1)-1]\left[1-\operatorname{sech}\left(\frac{W_B}{L_a}\right)\right]\tau}{\{2\gamma-[\gamma(b+1)-1]\}\left[1-\operatorname{sech}\left(\frac{W_B}{L_a}\right)\right]} \tag{2.22}$$

IGBT 的输出集电极电流由以下方程描述：

$$\begin{aligned} i_C(t) &= -\frac{Q_B(1+\beta)}{\beta\tau_B} - \frac{dQ_B}{dt} = -\frac{Q_B(1+\beta)}{\beta\tau_B} + \frac{Q_B}{\beta\tau_B} \\ &= \frac{-Q_B(1+\beta)+Q_B}{\beta\tau_B} = \frac{-Q_B-\beta Q_B+Q_B}{\beta\tau_B} \quad 或 \quad i_C(t) = -\frac{Q_B}{\tau_B} \end{aligned} \tag{2.23}$$

其中采用了式（2.21）。由于与 Q_B 相比，$\beta\tau_B$ 通常是一个逐渐变化的参数，因此对式（2.23）的一级近似可以求出 $Q_B(t) \approx Q_B(0)\exp\{-t/(\beta\tau_B)\}$。如果 $i_C(0)$ 是电流尾部开始时的集电极电流，即在初始快速下降后的电流值，则有

$$i_C(t) \approx \frac{Q_B(0)}{\tau_B}\exp\left(-\frac{t}{\beta\tau_B}\right) \approx i_C(0)\exp\left(-\frac{t}{\beta\tau_B}\right) \tag{2.24}$$

这意味着集电极电流随时间及时间常数 τ_B 呈指数变化，时间常数 τ_B 取决于过剩载流子寿命。对于快速开关的 IGBT，$L_a < W_B$ 而 $\gamma \approx 1$，使得式（2.22）中的 τ_B 变为

$$\tau_B = \frac{b\tau}{2-b} \tag{2.25}$$

将 τ_B 代入式（2.24），得到

$$i_C(t) = i_C(0)\exp\left[-\frac{t(2-b)}{\beta b\tau}\right] \tag{2.26}$$

这意味着寿命值越低，集电极电流越大。由于从给定的集电极电流下降到大集电极电流所消耗的时间比下降到一个较小集电极电流的时间要少，所以集电极电流的衰减速率随着寿命的降低而加快。因此，集电极电流的衰减率与载流子寿命之间存在反比例关系。

2.4.8 NPT－IGBT 和 PT－IGBT 的软开关性能

最大的器件应力和损耗发生在关闭 DC 总线的过程中，在软开关概念中，DC 总线是用来执行高频振荡的。因此，总线电压会周期性地通过零电压值，为在总线上连接的器件设置理想的开关条件，由此产生的拓扑提供较小的开关损耗。虽然比硬开关更复杂，但它最大限度地减少了功率器件的数量，减小了电抗分量，并增加了开关频率。总而言之，硬开关提供了低成本的简单电路拓扑，但是软开关可以减少开关损耗，增加开关频率。此外，在开关中，电路复杂性增加，使系统成本更高。软开关拓扑分为零电压开关（Zero Voltage Switching，ZVS）和零电流开关（Zero Current Switching，ZCS）两类。ZVS 是脉冲宽度调制（Pulse Width Modulation，PWM）的首选而 ZCS 是谐振电流应用的首选。

图 2.20a 所示为通过在传统电压源逆变器电路中增加一个小电感实现零电压开关下 IGBT 的开启电路。在 ZVS 下，当器件两端的电压为零时，IGBT 开启。首先，栅极电压 V_G 施加到 IGBT，然后将电源电压从零脉冲增加到 V_s。电路电感 L 和 V_s 确定流过 IGBT 的电流变化率。由于在 V_s 之前施加栅极电压，因此称为在零电压条件下的 IGBT 开启。

在 IGBT 关断电路（见图 2.20b）中，栅极电压从 IGBT 导通状态下退出。缓冲电容 C_{snub} 可以防止 IGBT 的电压快速上升。相反，它逐渐上升到总线电压，上升速率 dv/dt 由 C_{snub} 的值控制。当器件电压在关断过程中缓慢上升时，该过程被称为 ZVS 关断。

从上述关于 IGBT 开启和关断机制的讨论中，必须区分 NPT－IGBT 和 PT－IGBT，并参照载流子寿命分析其行为[17,18]。在加工过程中，NPT－IGBT 的 N^- 基区中的载流子寿命必须保持在大约 10μs 的高值，这是因为电导率调制必须在整个晶圆片的很大厚度上进行，特别是在 JFET 区域 P 型基区的阱之间。由于空穴和电子电流汇聚导致的电流拥挤现象，尽管寿命很长，但由于 P 型集电区的注入效率较低，所以其关断时间并不长。因此，从 N^- 基区到 P 型集电区电子的背注入也会有助于关断过程。相反地，在 PT－IGBT 中，较小的 N^- 基区厚度是受电导率调制的。因此，过剩载流子的寿命不必很高，终止工艺将寿命降低到 0.1μs 以达到可接受的关断时间。可以注意到，在 PT 器件中，通过 N 型缓冲层从 P^+ 集电区

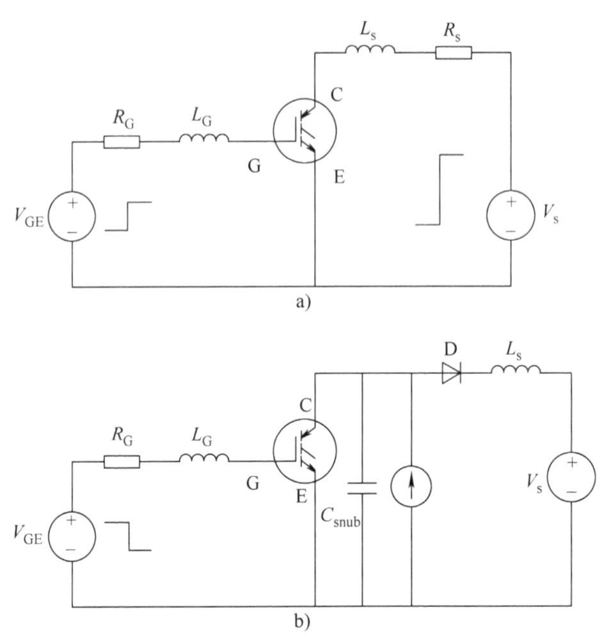

图 2.20　IGBT 的零电压开关电路

a）IGBT 开启电路　b）IGBT 关断电路

注入 N^- 基区的空穴实质上是很多的，而相反方向注入的电子是难以察觉的。因此，为了更快地关断，载流子寿命必须很短。尽管具有较高的寿命值，但 NPT - IGBT 能凭借电子背注入的方式获得更快的速度。

NPT - IGBT 的关断波形显示了一个尾部平台（见图 2.21a）。由于厚的 N^- 基区，耗尽区不会在其整个长度上延伸，而 N^- 基区的一部分仍未耗尽。在这个区域存储的电荷通过复合衰减，导致长的尾部。与 NPT - IGBT 的关断瞬态中的尾部平台相反，PT 器件显示一个尾部凸起（见图 2.21b）。在电流开始下降后，当器件两端的电压上升到总线电压时，dv/dt 效应为 PNP 型晶体管提供了基极电流。中性基区宽度的减少伴随着该晶体管增益的增加，最终结果是载流子电势梯度的整体增加，导致与电子电流上升有关的空穴电流增加。这些现象共同导致了电流的峰值。随后，随着电压的增加，耗尽电容减小，同时，N^- 基区的电子浓度通过复合和背注入集电区的方式降低。空穴的浓度也与电子的浓度同步下降。因此，尽管中性基区变窄，但由于载流子浓度的减小，电流开始下降。

为了研究 IGBT 在 ZCS 下的行为，采用单脉冲信号对 PT - IGBT 进行栅极控制，产生电流的谐振周期。在第一个零交叉之后，负电流由反向并联二极管传导。由于 NPT - IGBT 能够承受反向电压，因此可以去掉反向并联二极管以研究这些器件。

ZCS 对 PT 和 NPT - IGBT 都是有益的，在关断 IGBT（PT 或 NPT）期间，在 N^- 漂移区中存储了有限数量的少数载流子电荷，这将导致器件中产生功率损耗。由于 PT 器件在漂移区具有较短的载流子寿命，因此如果在关断和重新施加 dv/dt 之间存在足够的间隔，则存储的电荷复合不会产生显著的损耗。因此，对开关频率的约束是由复合寿命决定的，由于总存储电荷的增加，该器件在高温下变得不稳定。

在 NPT - IGBT 中，载流子寿命较长，这个 IGBT 有一个大的关断尾部，并且存储的电荷对于热的变化不敏感，因此使器件更稳定。在第二次零电流开关时，存储的电荷实际上仍保持不变。当使用反向并联二极管时，在电压升高过程中会出现明显的损耗。在电压升高之前，通过电荷的去除使这些损耗最小化，而实现这一目标的一个有效的方法是允许一个大的负电流流过器件将电荷扫走。由于该器件具有反向阻断能力，因此可以取消反向并联二极管，允许大的负电流流过该器件。如果一个 NPT - IGBT 在第二个零电流交叉处关断，则存储的电荷会被负电流扫走。因此，只有少量的电荷可以被上升的电压去除，从而减少关断损耗。

2.4.9 并联的考虑

值得一提的是，在 IGBT 的并联工作期间（见图 2.22），必须注意静态和动态因素[28,29]。静态问题涉及单个集电极电流大小的平衡，动态问题涉及除了相同的集电极电流大小之外，具有相同开启和关断时间的芯片的选择。为实现最佳电流分担，IGBT 的阈

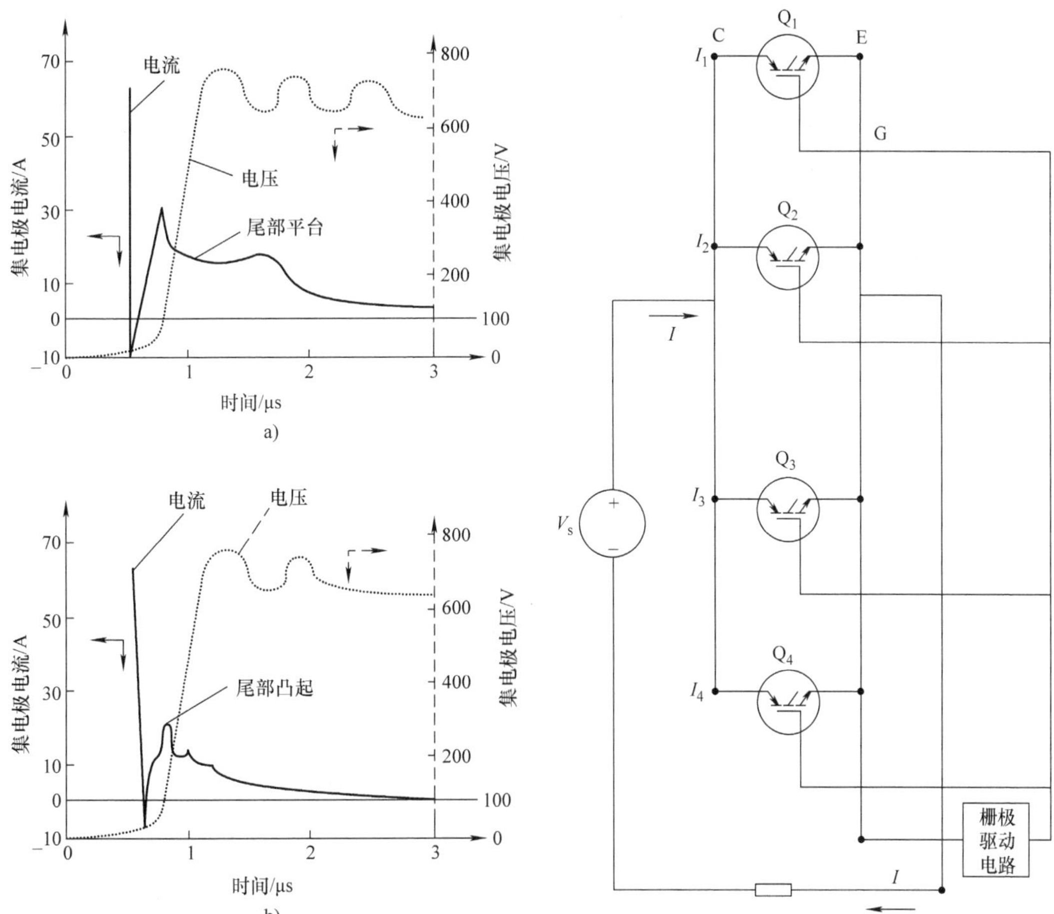

图 2.21 IGBT 的零电压关断波形

a）NPT - IGBT 典型的 ZVS 关断特性

b）PT - IGBT 典型的 ZVS 关断特性

图 2.22 四个并联的 IGBT，分担负载电流

值电压和跨导必须匹配。此外，集电区和发射区以及拓扑布局必须相似。在低频应用中，源自差分开关时间的动态失衡是微不足道的，只有静态电流失衡才需要关注。在高频率下，开关时间的差异和集电极电流的大小具有显著的作用。

为了成功地并联运行 IGBT，必须遵循一定的指导原则。并联的分立 IGBT 器件的指导原则如下：①每个 IGBT 必须包括栅极电阻；②IGBT 芯片的布局应以电流路径对称的方式排列；③对于热耦合，并联元件必须彼此靠近并安装在同一散热片上；④一个开关组的所有并联元件应由同一批硅晶圆制造；⑤阈值电压应该匹配在 + 0.1V 容差范围内，在正常工作电流下的饱和电压在 +0.05V 范围内；⑥反向并联的二极管如果有正向压降，则应匹配在 +0.1V以内；⑦如果在步骤⑤中难以匹配，则必须包括与发射极串联的电阻 =0.2V/每个 IGBT 的标称电流，以强制电流分担。

2.5 安全工作区域

制造商的数据手册包含 IGBT 的安全工作区域（Safe Operating Area，SOA）[30-38]。它被定义为被最大的集电极 - 发射极电压 V_{CE}和集电极 - 发射极电流 I_{CE}所包围的区域，其中 IGBT 必须限制在此区域内工作以保护其免受故障和损坏（见图 2.23），图中的虚线表示允许的脉冲工作限制。安全工作区域给出了环境温度 25℃、结温度低于 150℃情况下器件峰值功率耗散的一个估计。当 IGBT 工作在有源区时，该区域是主要关注的。对于 IGBT 开关，稳定的工作区域是截止区和饱和区。在开启和关断时，有源区都要经过一个很短的时间。

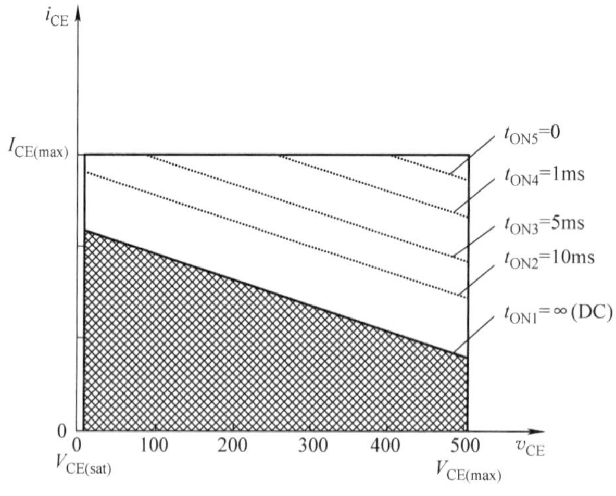

图 2.23 IGBT 的安全工作区域

定义由不同的破坏性机制控制的 SOA 的三个不同边界：①在小 I_{CE}高 V_{CE}时，集电极 - 发射极峰值电压承受能力取决于所采用的边缘终端；②在大 I_{CE}低 V_{CE}时，最大的集电极 - 发射极电流是由 IGBT 结构中四层 PNPN 寄生晶闸管的闩锁决定的，这称为电流引起的闩锁，因为在低 V_{CE}时，当 I_{CE}的值高于与 V_{CE}无关的临界值时，就会发生这种情况；③当 I_{CE}和

V_{CE}同时升高时，由于芯片、封装、散热器的热限制或二次击穿机制，PNP 型晶体管整体发生失效。当高的功率耗散持续时间较长时，会发生这些热现象。对于较短持续时间的电压和电流应力，二次击穿是器件失效的常见现象，即集电区 - 发射区电场超过临界电场（Si 约为 10^5V/cm）。为了避免二次击穿，要么增加外延区的电阻率，要么降低双极型晶体管的电流增益。因此，基极开路的集成双极型晶体管的 SOA 变得更大，并且减轻了二次击穿，从而增强了 IGBT 的 SOA。对于二次击穿，有两种类型的 SOA，即正向偏置的安全工作区域（Forward Biased Safe Operating Area，FBSOA）和反向偏置的安全工作区域（Reverse Biased Safe Operating Area，RBSOA）。

在饱和 I_{CE}的最大集电极 - 发射极阻断电压定义了 IGBT 的 FBSOA。在这个工作模式期间，在高电场下穿过 IGBT 的 N^-基区的可动载流子（电子和空穴）被加速到它们各自的饱和漂移速度 v_{sn} 和 v_{sp}，因此，自由载流子密度 n，p 与相应的电流密度 J_n，J_p 相关，即

$$n=\frac{J_n}{qv_{sn}},\ p=\frac{J_p}{qv_{sp}} \tag{2.27}$$

而 N^-基区的总正电荷可以简单表示为

$$Q^+=N_D-\frac{J_n}{qv_{sn}}+\frac{J_p}{qv_{sp}} \tag{2.28}$$

式中，N_D 为 N^-基区的掺杂密度。这个 Q^+电荷决定了 IGBT 的 N^-基区中电场的分布。在 FBSOA 条件下，Q^+的大小比正向阻断状态要大得多，因为 $p \gg n$。因此，N^-基区中的电场增加，而 IGBT 单元的击穿电压低于边缘终端的击穿电压。通过求解 N^-基区中正电荷 Q^+的泊松方程，对于单边突变结近似，确定 FBSOA 的击穿电压表示为

$$BV_{SOA}=\frac{5.34\times10^{13}}{(Q^+)^{0.75}} \tag{2.29}$$

考虑到基极开路晶体管的电流增益 α_{PNP}，FBSOA 的极限由式（2.30）决定

$$\alpha_{PNP}M=1 \tag{2.30}$$

其中，α_{PNP}和 M 为

$$\alpha_{PNP}=\left[\cosh\left(\frac{W}{L_a}\right)\right]^{-1},M=\left[1-\left(\frac{V}{BV_{SOA}}\right)^n\right]^{-1} \tag{2.31}$$

式中，W 为 N^-基区的未耗尽宽度；$n=4\sim6$。上述方程清楚地表明，在集电极 - 发射极电压升高的情况下，IGBT 单元的雪崩击穿是在较低的集电极 - 发射极电压下随集电极 - 发射极电流上升开始的。

RBSOA 在关断 IGBT 过程中起着重要作用。在这种情况下，空穴是唯一的载流子电荷，因此总电荷 Q^+只包含由于空穴而产生的加法项，而由于电子而产生的减法项则不存在。对于总的集电极 - 发射极电流密度 J_{CE}，有

$$Q^+=N_D+\frac{J_{CE}}{qv_{sp}} \tag{2.32}$$

因此，N^-基区内的电场分布比 FBSOA 中更差。

2.5.1 栅极电压振荡引起的不稳定性

IGBT 本身具有不稳定性并且易受到栅极电压振荡的影响。这些振荡是由负栅极电容引起的，它出现在高集电极电压和高温下。保持集电极 - 发射极电压 V_{CE}固定，通过对不同栅极 - 发射极电压 V_{GE}的栅极电荷 Q_{GE}的测量，研究了这种现象[34,35]。发现当栅极 - 发射极电压 V_{GE}从负值向正值增加时，在高于阈值的电压和高 V_{CE}值的电压下，栅极电荷随着 V_{GE}的增加而减小，从而导致负电容值。这个负电容的产生是因为 V_{GE}小于 N^-基区的电动势，使得 P^+集电区注入 N^-基区的空穴流向 N^-基区/SiO_2 界面，形成一个积累层。积累层中的正电荷在栅极上感应出负电荷，形成负栅极电容。

负栅极电容具有与等效电感相同的效应，通过在 IGBT 内引入 PNP 型晶体管工作的延迟时间 τ_d，可以对振荡进行建模。这个延迟会引起 AC 栅极电容的变化，它随着频率从负值增加并且在特定频率下变为正值。高集电极电压和高温条件都增加了 PNP 型晶体管的电流增益，从而增加了负栅极电容并引起振荡干扰。对 N^-基区和 P^+集电区设计的优化增加了延迟时间 τ_d，从而提高了稳定性。此外，可以通过减小栅极电阻和杂散电感来抑制振荡。

2.5.2 可靠性测试

在严苛的应力测试下，两种常用的 IGBT 可靠性基准测试[36-38]包括：

（1）短路测试　这里器件在总线电压下承载一个大电流。由于漂移区支持高集电极 - 发射极电压，因此在该区域中存在大电场，电子和空穴很快加速到其饱和速度，从而在结处产生显著的碰撞离化率。离化率定义为载流子（电子或空穴）每单位距离产生的电子 - 空穴对的数量。当然，由于在大电场中的大电流流动而产生的功耗会导致器件发热，这个发热使碰撞离化率有所降低。增加的热量会诱导载流子倍增，导致更多载流子被释放，然后在栅极下面发生电流拥挤。由于栅氧是不良的热导体，所产生的热量不容易散发到周围环境中，因此，在 P 型基区和 N^-漂移区之间结的弯曲部分，大量的热辅助载流子倍增，使得局部温度过高。最终，由于热辅助载流子倍增，IGBT 因弯曲部分产生的热量而损坏。这里可以注意到，晶闸管闩锁是导致这种类型故障的类似机制。在短路工作期间，流过 IGBT 的电流受所施加的栅极 - 发射极电压以及器件的跨导限制，它可以获得比器件的连续额定值高一个数量级的值。在 N^+发射区接触下方流动的这个大电流在 P 型基区电阻上产生的电压降大到足以导通寄生的 NPN 型晶体管，从而导致 IGBT 的闩锁，通过降低 P 型基区电阻和/或器件跨导来避免闩锁。因此，针对单独的 IGBT 结构的短路或低导通损耗工作进行了优化。

（2）钳位电感负载（Clamped Inductive Load，CIL）开关　IGBT 在许多电力电子应用（例如功率转换、电动机驱动等）中采用电感负载，如感应电动机。对于常用的电路拓扑结构，这些器件必须在施加完全阻断电压的同时接通电流[37,38]。对一个约 1μs 的短时间间隔，IGBT 必须同时处理大电流和高电压。在关断期间会发生类似的现象，电感关断通常被称为“钳位 I_L”。在硬开关电路拓扑结构中，电感即使在关断后也会迫使 IGBT 中的恒定电流流动，使用栅极电阻来减缓关断 dV/dt，并保持一定程度的电子电流以避免产生潜在的动态闩锁条件。

CIL 关断过程包括两个阶段。在称为恒定边界相的第一阶段，流过 IGBT 的电流保持恒定而其上的电压上升，直到它被钳位到总线电压。因此，器件承载全额定的电流，而其两端的电压上升到满额定值，除非电流通过一些替代路径分流。在称为电压边界条件的第二阶段期间，IGBT 两端的电压保持恒定，而流过它的电流衰减到零，从而完成关断过程。

每个开关周期都伴随着 IGBT 消耗一定量的能耗，对器件承载全额定的电流且正向压降只有几伏时的导通状态也是如此。为了说明，在开启和关断期间，功耗水平达到 0.1～1MW/cm^2。在传导状态下，有效面积为 1cm^2 的单个高功率 IGBT 可承载高达 60 A 的电流，正向压降为 2～3V，因此连续功耗为 100～200W/cm^2。相比之下，有效表面积为 2cm^2 的 Pentium 微处理器最大能耗为 35W，功率密度为 17.5W/cm^2。由于 IGBT 器件可能无法预测由开启、关断和传导过程产生的热量，因此热管理和热机械应力对 IGBT 封装设计至关重要。

在关断过程中，随着 MOS 沟道消失，电子电流下降。因此，电流主要通过漂移区的空穴传输，该区域的电荷分布受到影响。随着反向偏置结电场的增加，碰撞产生率提高，温度上升，在发射区下出现最高值。该区域靠近金属接触面和封装，可以更有效地将热量传导到周围环境，但碰撞产生可能会超过这个热量的传播。例如，器件由于键合连线的熔化而失效。因此，在 CIL 开关中，IGBT 在 P 型基区和 N$^-$ 漂移层之间的平行平面结中通过热辅助载流子倍增而失效。由于接触和封装附近热点的位置，CIL 开关失效比短路失效所表现的情况要好一些。借助封装提供的更好散热效果，通过定位栅极下面热点以及增加栅极长度，将热量扩散到更大的区域，从而减少了这个失效的可能性。

例 2.6 在大电流的情况下，由于正向阻断结的雪崩击穿，IGBT 发生破坏性失效。估算当电流密度为 200A/cm^2 时耗尽层增加的移动电荷浓度，以及当 N$^-$ 基区掺杂浓度为 5×10^{13}/cm^{3}时，击穿电压的降低。

在高电压下，加速到饱和漂移速度的载流子流动形成经过耗尽层的电流。耗尽层中增加的掺杂离子的移动电荷浓度以少数载流子的形式通过，在高电压下的电流密度 J_F 给出如下：

$$N=\frac{J_F}{qv_s} \tag{E2.6.1}$$

式中，q 为电子电荷；v_s 为饱和漂移速度，$v_s=1\times10^7$ cm/s。$J_F=200$A/cm^2 时，$N=200/(1.6\times10^{-19}\times1\times10^7)=1.25\times10^{14}$/cm^3。

在一维情况下，在无可动载流子的情况下，在 N$^-$ 基区和 P 型基区之间的正向阻断结的击穿电压为

$$V_B=5.34\times10^{13}N_D^{-0.75} \tag{E2.6.2}$$

式中，N_D 为 N$^-$ 基区的施主浓度。存在附加电荷的情况下，这个方程修改为

$$V_B=5.34\times10^{13}(N_D+N)^{-0.75} \tag{E2.6.3}$$

采用式（E2.6.2）和式（E2.6.3），无可动电荷和有可动电荷的击穿电压分别为 2840V 和 1109.8V。

2.6 高温工作

IGBT 温度必须保持在临界温度以下，使得正向和反向漏电流都不会因为变得足够大而导致损坏[39]。在器件导通状态、截止状态、开启和关断过程中，流过的电流产生的大量热量必须传导到周围环境，以防止温度上升使器件性能不能满足要求或完全停止的程度。通常，通过将 IGBT 连接到冷却表面或散热器将热量传导到周围环境中。对于大多数低至中等功率的应用（$I_C=10$ ~200A），塑料封装由于成本低、重量轻，并且在电力电路中安装容易而被广泛采用。

导电特性的温度依赖性在功率 MOSFET 中非常显著，在 IGBT 中最小。事实上，它足以确保在稳态条件下，大电流水平运行时 IGBT 的安全并联。IGBT 的总压降是二极管和 MOSFET 器件压降之和。二极管器件有一个负温度系数，MOSFET 器件有一个正温度系数，而这些器件的贡献随电流和温度的变化而变化。

由于 NPT - IGBT 的高载流子寿命值[17,18]，其正向电流—电压特性表现为负的电流温度系数，也就是说，电流随着温度的升高而下降。其原因是电流的热特性是载流子寿命、迁移率、二极管内建电势和接触电阻的综合结果。NPT - IGBT 的寿命在常温下已经非常高，所以它随温度的升高变化也很小。虽然本征载流子浓度 n_i 随着温度的升高而增加，但内建电势随温度的升高而降低，伴随的迁移率降低和接触电阻的增加是产生整体负电流温度系数的主要因素。该特性有利于 IGBT 的并联，防止热失控。

对于 PT - IGBT，低寿命值的影响是电流的温度系数为正。寿命随温度的增加而增加，在更高的温度下存在更多的自由载流子，从而导致更大的电流值。这得益于本征载流子浓度 n_i 的增加，降低了正向压降。寿命和本征载流子浓度效应取代了迁移率的下降和接触电阻的上升，产生正温度系数。这一因素告诫我们不要让这些器件并联运行，因为热不均性会导致破坏性失控的风险。

在 NPT - IGBT 中，高载流子寿命值不受温度的影响，因此关断不容易受到热退化的影响。这使得 NPT - IGBT 在关断过程中具有更好的耐热性。温度对关断时间的影响在 PT - IGBT 中更为明显，这是因为室温下寿命短。随着温度的增加，寿命的增加以及集电极注入效率的提高和更高的 n_i，使得关断时间更长，从而降低了 PT - IGBT 的开关速度。因此，PT - IGBT 的动态性能随温度的升高而变差。下降时间的正温度系数会导致过大的功耗。通过选择正确温度系数的电阻 R_{GE}，可以在一定程度上补偿上述效应。然而，由于温度对 IGBT 上升时间的影响不太明显，因此在开启过程中不需要进行热补偿。

例 2.7 对于电源开关电路中使用的 IGBT，在 $V_{GE}=15V$ 时最大正向电压为 3.2V。假设结到外壳的热阻 $R_{\theta JC}=2℃/W$，计算在连续模式下的峰值电流 I_{CE}。另外求出占空比为 0.6 时脉冲模式下的峰值电流。假设散热器维持在 30℃ 而最大允许的结温度为 130℃，在器件工作频率下，假定开关损耗比导通损耗小得多，从而可以忽略。

在结温 T_j 和散热器温度 T_s 之间的温差 δT 与平均功耗 P_D 和结到外壳的热阻 $R_{\theta jc}$ 有关

$$\delta T = P_D R_{\theta jc} \tag{E2.7.1}$$

给出 $P_D = \delta T / R_{\theta jc} = (130 - 30)/2 = 50W$，这是最大允许的功耗。在连续模式下，$I_{CE} = P_D / V_{CE(sat)} = 50/3.2 = 15.625A$。因此，给定热条件下允许的最大连续电流为15.625A。

在脉冲模式下（$m = 0.6$，$t_{ON} = 0.6T$），平均功耗为

$$P_D = \frac{1}{T}\int_0^T v_{CE} i_{CE} dt = \frac{1}{T}\int_0^T V_{CE(sat)} I_{CE} dt = \frac{t_{ON}}{T} V_{CE(sat)} I_{CE} = m V_{CE(sat)} I_{CE} \tag{E2.7.2}$$

因此，可以容许的最大电流脉冲为

$$I_{CE} = \frac{P_D}{m V_{CE(sat)}} \tag{E2.7.3}$$

给出 $I_{CE} = 50/(0.6 \times 3.2) = 26.04A$。

例2.8　具有2.5V正向压降的500V，100A IGBT将200V DC电源的功率调制到电阻负载。假设最大结温是150℃而外壳瞬间保持在50℃，求出IGBT可以承受的25ms电流脉冲的大小。在25ms的时间内给出的瞬态热阻 $Z_{\theta jc(t)}$ 为0.075℃/W。

电流脉冲幅值 I_{CE} 的功率损耗为

$$P_D = V_{CE(sat)} I_{CE} \tag{E2.8.1}$$

另外

$$P_D = \delta T / Z_{\theta jc(t)} \tag{E2.8.2}$$

$$V_{CE(sat)} I_{CE} = \delta T / Z_{\theta jc(t)} \tag{E2.8.3}$$

从中得到

$$I_{CE} = \delta T / [V_{CE(sat)} Z_{\theta jc(t)}] \tag{E2.8.4}$$

因此 $I_{CE} = (150 - 50)/(2.5 \times 0.075) = 533.33A$。这是电流脉冲的大小。这显然是一个无法控制的电流脉冲，因为它比IGBT的额定电流（100A）要高得多。

例2.9　如果IGBT在规定电流（50A）下的正向压降为2V，那么从外壳到环境的热阻将允许在额定电流下安全工作。从结到外壳的热阻 $R_{\theta jc}$ 为0.9℃/W，结温为150℃而环境温度为25℃。

从外壳到周围所需的热阻由下式给出：

$$\begin{aligned} R_{\theta ca} = R_{\theta ja} - R_{\theta jc} &= (T_j - T_A)/P_D - R_{\theta jc} = (150 - 25)/\{I_{CE}/V_{CE(sat)}\} - 0.9 \\ &= 125/(50 \times 2) - 0.9 = 0.35℃/W \end{aligned}$$

2.7 辐射效应

辐射对器件特性的影响在医疗、太空和国防应用中起着至关重要的作用，有必要了解主要类型的辐射，如电离辐射或伽马射线，以及中子辐射与IGBT的相互作用[40]。伽马射线产生过剩的载流子电荷并升高器件的温度，过剩的载流子电荷的影响更大，当IGBT或MOSFET受到伽马射线辐射时，在栅氧中产生电子-空穴对。电子的浓度通过复合而衰减，但空穴被热氧化物中存在的大量空穴陷阱捕获，这个正的空穴电荷具有与表面态电荷相同的

效果。N 沟道器件具有正的阈值电压，带正电荷的空穴的存在会导致一个较小的外加电压下的反型，即较低的阈值电压。较高剂量的伽马射线可能会损害器件的功能，使其在不施加电压的情况下导通。

硅的中子辐射通过施加晶格损伤和产生 - 复合中心降低了 N^- 基区的迁移率 μ 和载流子寿命 τ。损伤引起的深层复合中心降低了有效的掺杂浓度 N_D。观察到 μ 和 N_D 退化的综合效应是 N^- 基区电阻率 ρ 的增加，由于 IGBT 的导通态压降由 ρ 和 τ 决定，故导通态电压随中子的影响而增加。饱和电流（在给定电位下）自然呈现下降趋势，然而，IGBT 的关断时间减少，因此，IGBT 传导损耗更大，但开关损耗较小。

MOSFET 器件的运行对寿命的影响不敏感，但在漏极区电阻率的增加使得导通电阻更大。电容放电（而不是寿命）控制 MOSFET 的关断时间，暴露于中子时，它仍然不会改变。

2.8 沟槽栅极 IGBT 和注入增强型 IGBT

在传统 DMOS IGBT 的正向传导状态下，栅极下的 N^- 基区夹在两个相邻的 P 型基区阱之间（即所谓的 JFET 区域），是空穴和电子电流形成的电流密集区域。由 P^+ 集电区注入并到达栅极的空穴是由正栅极电压引起的，它们在沟道下面移动并进入基区，然后在发射极下方通过 P^+ 区域到达发射极。在栅极下发生的另一个重要影响是在 P 型基区表面形成 N 型 MOSFET 沟道，电子电流通过该沟道向下流入 N^- 基区，到达 P^+ 集电区。此外，P 型基区/N^- 基区结在导通状态时是反向偏置的，因此电场存在于跨结形成的耗尽区。由于结的曲率效应，在 P 型基区圆柱形结的拐角处会发生电场聚集，因此，电流聚集和电场聚集同时存在于上述空间中。电流聚集不允许对这个空间进行充分的电导率调制，所以器件的正向或导通电阻增加。通过增大栅极长度，提供了更大的电导率调制自由度，降低了导通电阻，从而降低了导通损耗。此外，由于电压降可能超过 0.7V 而导致闩锁，因此发射极下电子所经过的路径长度必须缩短。通过减小此路径长度，降低 IGBT 对闩锁的敏感性。

沟槽栅极 IGBT（Trench - gate IGBT，TIGBT）提供了一个解决 P 型基区阱之间电导率调制减少和发射极下电子穿过的较长路径长度问题的方案。沟槽栅极结构是降低 IGBT 正向压降的最有效方法，TIGBT 是一种 MOS - 双极型结构，沟道在垂直槽的侧壁上形成[41 - 51]。采用沟槽栅极结构可以增强 P 型阱之间发射极一侧过剩载流子注入，促进电导率调制。与 DMOS - IGBT 不同，沟槽栅极 IGBT 不包含 JFET 区域，因此，它消除了 JFET 效应，并在不影响关断性能的情况下最小化导通态的损耗。沟槽栅极 IGBT 采用 UMOSFET 技术，UMOSFET 的名字源于反应离子蚀刻产生的 U 形沟槽。UMOS 栅极 IGBT 结构的单元间距可以加工的比 DMOS 或 VMOS 结构小，减小的单元尺寸会导致更高的封装密度。这使得 UMOS - IGBT 的沟道密度（定义为每单位有源区的沟道宽度）增加了 5 倍，从而导致 UMOS - IGBT 具有优越的导通态特性。它还可以通过抑制寄生的晶闸管闩锁来增加安全工作区域（SOA）。由于器件的坚固性，从更高的闩锁抗扰度以及该结构更小的正向电压降的观点来看，沟槽栅极 IGBT 中允许不太严格的结构参数容差，并不会影响关断性能。因此，设计灵活性是沟槽栅极的一个额外优势。

图 2.24a 所示为一个沟槽栅极 IGBT 单元的横截面。如图所示，在栅极区域通过氟基反应离子刻蚀（Reactive Ion Etching，RIE）工艺刻蚀出一个沟槽。为了避免电场的集中而导致不必要的击穿，沟槽的拐角被修圆。在侧壁和沟槽表面的底部热生长栅氧，然后由多晶硅淀积填充沟槽。在沟槽栅极 IGBT 中，MOS 沟道是垂直形成的。可以看出，通过刻蚀沟槽，去除了 JFET 区域。该沟槽用于将 Si 表面附近发生的所有现象转移到 P 型基区阱之间的受限空间中，向下转移到更大的单元空间中。当载流子在更大的单元空间自由漂移时，导通电阻会自动降低。此外，由于避免了电流的聚集，电导率调制变得更加容易，这进一步降低了导通电阻。对于在 N^- 基区中具有高载流子寿命的 IGBT，UMOS 结构在 $200A/cm^2$ 时的正向压降为 1.2V。这远低于 DMOS IGBT 的 1.8V 压降，DMOS 和 UMOS 结构之间正向压降 $1.8-1.2=0.6V$ 的差值将会随着寿命的终止而进一步扩大。

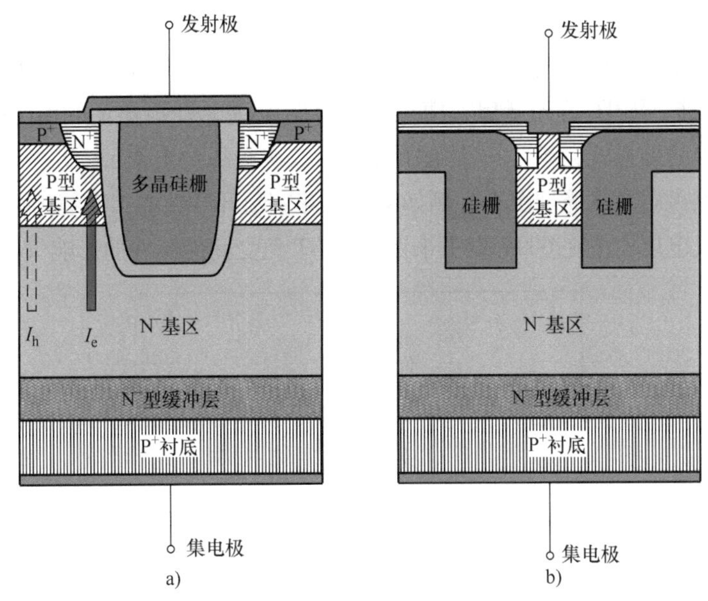

图 2.24　a）沟槽栅极 IGBT　b）IEGT 的结构

此外，很容易看出在 N^+ 发射区下面的电子传播路径现在要短得多。这降低了穿过该路径的正向压降超过在 N^+/P 结上开始注入所需的 0.7V 压降的可能性，在此时会触发不良的晶闸管动作。因此，器件闩锁的可能性较小。

在 UMOS 沟槽栅极 IGBT 中，有时在金属化短路下方扩散一个浅的 P^+ 层，与 N^+ 发射区相邻。这一层的功能类似于深 P^+ 区域，用于 DMOS IGBT 结构的闩锁预防，减少 UMOS IGBT 中空穴电流的阻抗，其中空穴电流阻抗仅由垂直路径 = N^+ 发射区的深度提供。

在注入增强型 IGBT（Injection Enhanced IGBT，IEGT）中寻求一种有用的设计标准[52-55]。显而易见，通过注入增强，与传统 IGBT 中发生的情况相比，从 N 沟道到 N^- 基区的电子注入量更大。在数值和实验研究的基础上，IEGT 采用了深沟槽（8～10μm）栅极形状抑制空穴电流的设计理念。如图 2.24b 所示，发射区电极与 P 型基区接触的区域变薄。

因此，空穴必须穿过被深沟槽栅极墙包围的狭窄 N 型沟道区域，通过扩散机制到达 P 型基区。电子的流动不受限制，因为电子在 MOS 增强的积累层中沿沟槽栅极的侧壁移动。换句话说，这些空穴被巨大的沟槽阻挡在集电极下方，从而提高了 MOS 沟道漏极端的电位。因此，更多的电子注入漂移区与空穴复合，产生一个更小的正向压降。以这种方式，IEGT 实现的载流子密度就像一个晶闸管一样。确定注入效率的器件结构参数为 *W/DC*，其中 *W* 为栅极到栅极的距离（源宽度）；*D* 为 N 型沟道区的深度（从沟槽栅极底部到 P 型基区的距离）；*C* 为单元的大小。另一个重要的参数是 MOS 晶体管的电子迁移率，它是由沟槽壁的平滑度控制的。因此，加工技术是实现 IEGT 的关键，这使得 IEGT 的制造更加复杂。IEGT 的另一个障碍是负栅极电容效应，它会导致不良的栅极电压振荡和不稳定，如 2.5.1 节所述。

2.9 自钳位 IGBT

自钳位 IGBT 集成了栅极－集电极钳位二极管[56,57]。这些 IGBT 可用于汽车点火系统，其中 IGBT 充当驱动器。IGBT 首先开启，使一次绕组的电流上升到预定的值。一旦 IGBT 开启，存储在一次绕组中的能量就会产生一个电压尖峰，二次电压会升高到 20～40kV，直到产生火花并发生燃料的点火。在故障情况下，例如由于火花塞断开导致的二次绕组开路，所以必须通过将栅极－集电极电压钳位在 600V 以下来保护 IGBT 免受高能脉冲的影响（见图 2.25a）。

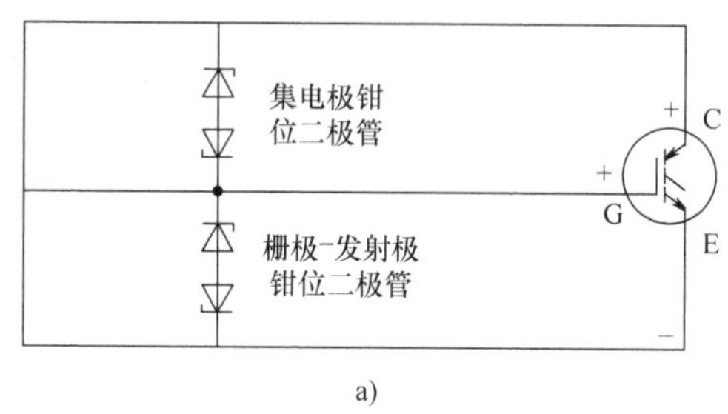

a)

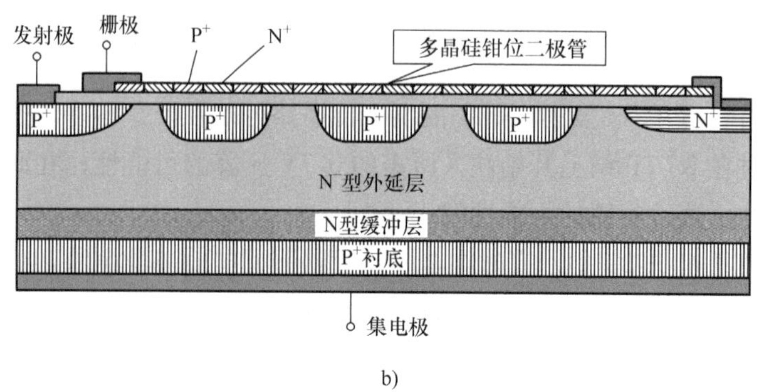

b)

图 2.25　自钳位 IGBT

a）自钳位 IGBT 的等效电路　b）以单片形式实现的自钳位 IGBT

在多晶硅层上制备集电极－栅极钳位二极管，并将其置于从边缘到芯片中心的边缘端接，这样它们就不会干扰浮置场环的功能。图 2.25b 说明了沿场环结构的一侧引入多晶硅二极管的概念。这些二极管制造在 0.5μm 厚 800μm 宽的多晶硅层，其交替掺杂 P 型和 N^+ 型杂质。边缘终止的这一边比其他三条边宽，使得空间足以容纳所需数量的二极管。为了满足这个额外的空间要求，在这一侧的场环做得更宽。场环的性能不受影响，因为超过一定的最小环宽，击穿电压取决于环间距而不是环宽度，只有增加环宽以容纳更多二极管。在剩余的区域中，场环占用的总空间和它们之间的间隙是通过减小设计要求的环宽来缩小的，而不需要改变间隙。因此，它们占据的空间只有 300μm。为了使钳位二极管和场环之间的相互作用最小化，沿 Si 表面和钳位二极管的电位分布的紧密匹配是必不可少的。

2.10 IGBT 的额定值和应用

单个 IGBT 器件是一个完全可控的单向/双向半导体开关，适用于 300～1500V 的电压范围和 10A～400A 的电流范围，频率范围为 1～150kHz。通过并联 IGBT，模块的载流能力达到 1000A，击穿电压达到 6500V。已经实现了高达 150kHz 的工作频率，代价是更高的正向压降。为了便于说明，一个 12A，600V 开关模式电源（Switch Mode Power Supply，SMPS）中 N 沟道 IGBT 的规格如下：连续集电极－发射极电流 $I_{CE}=50A$；脉冲集电极－发射极电流 $I_{CEM}=100A$；集电极－发射极击穿电压 $BV_{CES}=600V$，$I_{CE}=200\mu A$，$V_{GE}=0V$；反向集电极－发射极击穿电压 $BV_{ECS}=10V$，$I_{EC}=10mA$；集电极－发射极饱和电压 $V_{CE(sat)}=2.0V$，$I_{CE}=12A, V_{GE}=15V$；栅极－发射极阈值电压 $V_{Th}=5V$，$I_{CE}=1mA$，$V_{CE}=V_{GE}$；栅极－发射极漏泄电流 $I_{GE}=200nA$，$V_{GE}=\pm 20V$；在温度 $T_c=25℃$ 时的功耗 $P_D=200W$；外壳温度 $T_c>25℃$ 时耗散功率为 1.5W/℃；工作 T_j 和存储结温度 $T_{j,stg}=-55\sim+150℃$；结到外壳的热阻 $R_{\theta jc}=0.7℃/W$；正向跨导 $g_{fe}=5S$，$V_{CE}=15V$，$I_{CE}=5A$；输入电容 $C_{iee}=500pF$。开启：①电流延迟时间 $t_{d(on)}=30ns$；②电流上升时间 $t_{ri}=20ns$。关断：①电流延迟时间 $t_{d(off)}=150ns$；②电流下降时间 $t_{fi}=100ns$，③关断能耗 $E_{off}=3mJ$。

下面详细说明 IGBT 数据手册中各个术语的含义。

绝对最大额定参数。①在 $T_c=25℃$ 和 $T_c=100℃$ 时的连续集电极电流 I_{CE} 是结从规定的外壳温度到其额定温度时的直流电流，例如，在 $T_c=25℃$ 时，其计算公式为 $I_{CE}=\Delta T/[\theta_{j-c}\times V_{CE(ON)}@I_{CE}]$，其中 ΔT 是规定的外壳温度和最大结温（150℃）之间的温差。通过几次迭代得到导通态电压 $V_{CE(ON)}@I_{CE}$，因为 I_{CE} 本身是未知的。②脉冲集电极电流 I_{CEM}，晶体管可以工作的峰值电流；它远高于 I_C，例如，$I_{CM}=100A$。③钳位电感负载电流 I_{CELM}，即器件能够通过钳位电感负载重复关断的最大电流。该额定值确保一个方形开关安全工作区(SOA)，使 IGBT 可以同时承受高电流和高电压。它规定为 150℃ 和额定电压的 0.8 倍。④最大栅极－发射极电压 V_{GE}：它是衡量栅极电介质的介电强度和厚度。通常，栅极电介质的质量和厚度控制在耐压极限 80～100V 之间，但为了安全工作，V_{GE} 被限制在 20～30V 之间，以保证长期的可靠性。⑤最大功耗 P_D：在 25～100℃ 时由公式 $P_D=\Delta T/\theta_{j-c}$ 计算，其中符号如①中所述。⑥结温 T_j：工业标准是从 −55～+150℃。有关详细信息，读者可参阅

1.2 节所述的不同制造商的产品信息和数据手册。

电学特性。①集电极 - 发射极击穿电压 BV_{CES}表示击穿电压的下限，并参照泄漏电流定义，击穿电压的正温度系数为 0.63V/℃。作为一个例子，在 25℃时 $BV_{CES}=600V$，$I_{CE}=200\mu A$，$V_{GE}=0V$。在 150℃时 $BV_{CES}=600V+0.63\times150=694.5V$。②发射极 - 集电极击穿电压 BV_{ECS}是 PNP 型晶体管集电区 - 基区结的反向击穿电压。$BV_{ECS}=0V$，$I_{EC}=10mA$。当 IGBT 关断时，负载电流流过与互补 IGBT 并联连接的二极管。与该二极管串联的杂散电感中的关断 di/dt 在 IGBT 上产生反向电压尖峰，会在结中引发雪崩。所产生的反向电压一般小于 10V，但高的 di/dt 会导致严重的电压尖峰。③集电极 - 发射极饱和电压[$V_{CE(ON)}$或 $V_{CE(sat)}$]是估算 IGBT 导通损耗的关键参数。$V_{CE(sat)}=2.0V$，$I_{CE}=12A$，$V_{GE}=15V$。④栅极阈值电压 V_{Th}是特定集电极 - 发射极电流开始流动的栅极 - 发射极电压。它的温度系数为 $\Delta V_{Th}/\Delta T=-11mV/℃$。在 25℃时 $V_{Th}=5V$，$I_{CE}=1mA$，$V_{CE}=V_{GE}$。在 150℃时 $V_{Th}=5-11\times10^{-3}\times150=5-1.65=3.35V$。⑤栅极 - 发射极泄漏电流 $I_{GE}=200nA$，$V_{GE}=\pm20V$。⑥零栅极电压集电极电流 I_{CES}是在额定电压时泄漏电流的极限值。⑦正向跨导 g_{fe}，与双极型晶体管不同，它随电流增加而增加，但受热限制。它通过在栅极偏置叠加一个小的变化来测量，该偏置使 IGBT 在线性工作模式下达到 100℃的额定电流。$g_{fe}=5S$，$V_{CE}=15V$，$I_{CE}=5A$。⑧栅极电荷参数 Q_G，Q_{GE}，Q_{GC}用于调整栅极驱动电路的大小并计算栅极驱动损耗。⑨开关时间：开启延迟时间是从栅极电压的 10% 到集电极电流的 10% 的时间，上升时间是集电极电流从 10% 上升至 90% 的时间，关断延迟时间是从栅极电压的 90% 到集电极电流的 90% 的时间，而下降时间是从集电极电流的 90% 下降到 10% 的时间。对于一个包含 IGBT 和整流二极管的复合封装，关断延迟时间是由栅极电压的 90% 下降到集电极电压的 10% 来计算的。在半桥电路结构中，开关时间可以作为一个有用的指南来设置互补 IGBT 在关断和随后的开启之间适当的死区时间，以及最小和最大脉冲宽度。⑩开关能量 E_{ON}是从测试电流的 5% 到测试电压 5% 的开关能量。E_{OFF}是从测试电压的 5% 开始并持续 5μs 的一段时间测量的。⑪内发射极电感 L_E是由于 IGBT 芯片上的键合点与导线上的电连接之间的封装所引起的电感。它以集电极 dI/dt 的数量变化来减慢 IGBT 的开启速度，类似于它通过米勒电容以与集电极 dV/dt 成正比的一个量来减慢。对于 dI/dt = 1000A/μs，通过 L_E 产生的电压超过 7V。⑫器件电容：输入电容 C_{iee}，栅极 - 发射极和 Miller 电容的总和；它表现出类似于米勒电容的电压变化，但以弱化的形式出现，因为栅极 - 发射极电容要大得多并且与电压有关。其他电容包括输出电容 C_{oee}，其电压变化类似于 PN 结二极管和反向转移米勒电容 C_{ree}，它随电压的降低而降低，但显示出对电压的复杂依赖性。⑬短路耐受时间：保证器件承受短路情况的最小时间。该额定值仅适用于额定短路的 IGBT。这里，栅极电阻不能小于规定值。此外，关断期间的过电压必须通过钳位保持在上述值。

数据手册还包含器件性能曲线，这些曲线显示了输出和转移特性，其他数据包括导通态电压、正向跨导和关断安全工作区。除此之外，它还提供了有关断 dV_{CE}/dt 的 I_{CEM}退化、栅极电荷波形、开启延迟时间和上升时间的开关特性，以及关断延迟和下降时间随关断电流的变化，还有关断能量损耗曲线。

通过调研不同供应商的产品资料，可以选择适当的 IGBT 作为预期的应用。对于电源开关，IGBT 与其他器件一样工作，例如，调整触发延迟角 α，将 AC 电压 v_s 调节到 AC 或 DC 负载电压 v_L。图 2.26 所示为 AC 波形的开关模式；图 2.26a 说明了触发延迟角 α；图 2.26b 描述了触发提前角 β；在图 2.26c 中，α 和 β 控制都使用并且 $\alpha=\beta$；脉冲宽度调制（PWM）如图 2.26d 所示。在所有这些情况下，功率调制通过控制 IGBT 处于导通（t_{ON}）和关断（t_{OFF}）的周期长度来实现。负载上的平均电压可以表示为

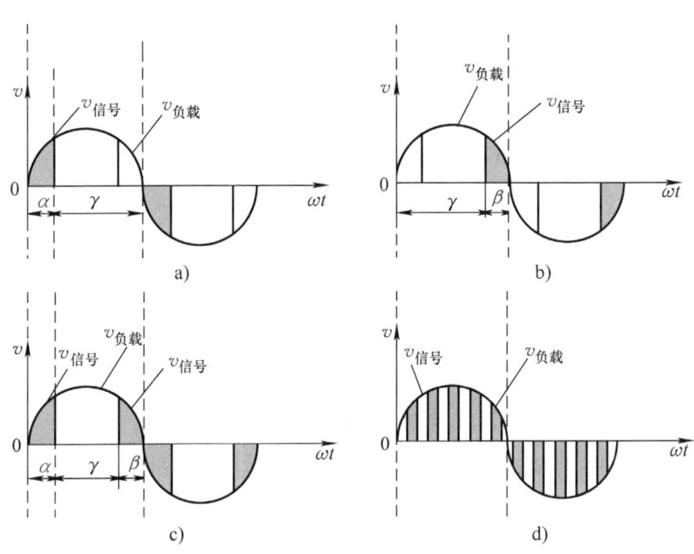

图 2.26 AC 信号的 IGBT 开关模式

a）触发延迟角 $=\alpha$，导通角 $=\gamma$ b）导通角 $=\gamma$，触发提前角 $=\beta$
c）触发延迟角 $=\alpha$，导通角 $=\gamma$，触发提前角 $=\beta$ d）脉冲宽度调制

$$V_{L(av)} = V_s \frac{i_{ON}}{t_{ON}+t_{OFF}} \tag{2.33}$$

关于开关频率 f 和占空比 $m=t_{ON}/(t_{ON}+t_{OFF})$，可以得到

$$V_{L(av)} = V_s t_{ON} f = mV_s \tag{2.34}$$

为了执行任意开关功能，IGBT 在两个极端状态之间切换。在导通状态下，它被驱动进入饱和状态以获得低的压降。这是因为负载电流 i_L 取决于 IGBT 的 N^- 基区的电流，即取决于基极电阻 R_b。大的基极电阻 R_b 导致小的集电极－发射极电流 i_{CE} 和较高的导通态压降，从而限制负载电流。通过提高栅极驱动 v_{GE} 约 15V，R_b 由于基区电导率调制的增加而降低。因此，BJT 是饱和的，只有负载限制电流 i_{CE}。在关断状态下，IGBT 支持全电压 V_s。

2.11 小结

本章对IGBT的主要系列进行了物理结构、结构分布和载流子寿命以及制造技术的研究，讨论了这些结构参数对器件性能特性的影响，研究了IGBT的静态和动态特性。结果表明，在开关性能方面PT-IGBT表现优异，但从坚固性和热退化观点来看，情况并非如此。因此，对于给定的应用，必须根据具体需要选择IGBT，任何一个IGBT结构都不是最优的。此外，短路和钳位感应开关测试不等同于评估安全工作区域。仔细阅读完本章后，读者将掌握器件的工作模式及其与构造细节的关系。在后续章节中，将全面地探讨IGBT中的MOS和双极型元器件，以了解如何控制IGBT的相关端特性。

练 习 题

2.1 横向IGBT哪些类型的应用是有用的？绘制并解释一个横向IGBT横截面的示意图。指出横向方法的一个缺点。垂直IGBT结构在哪种应用中更受欢迎？

2.2 从制造技术的角度来区分非穿通IGBT和穿通IGBT。

2.3 借助图表描述IGBT的各种工作模式并说明所施加的偏置电压及其极性。

2.4 绘制和解释IGBT的：(a) 静态 $I-V$ 特性；(b) 转移特性；(c) 动态特性。

2.5 参考 N^- 基区载流子寿命和关断时间，区分NPT-IGBT和PT-IGBT的性能。

2.6 在正向阻断过程中，哪个IGBT结构具有一个三角形的电场分布？哪个呈矩形？这种差异如何影响所需电压的漂移区域厚度的选择？

2.7 (a) 解释在IGBT中PIN二极管正向压降的减小如何弥补MOSFET沟道电阻的增加，从而导致缓慢开关IGBT的正向导通特性随着温度适度变化。写出对热敏感度更高的IGBT类型，为什么？(b) 在并联IGBT的高集电极电流下，IGBT的正向压降小的正温系数的优点是什么？

2.8 解释在一个PT-IGBT中，N型缓冲层的作用。它会影响器件的哪些参数？

2.9 对有较高的集电极输出电阻的IGBT类型进行分类。在哪种类型中，集电极电流表现出像MOSFET一样饱和，为什么？

2.10 解释为什么以及如何牺牲IGBT的反向阻断能力来改善正向压降和开关速度。

2.11 你是否同意IGBT的开关速度增加必须与正向特性退化相折中的说法？证明你的答案是合理的。

2.12 在NPT-IGBT和PT-IGBT中，哪一个更容易电击穿，为什么？哪种类型的载流子传输是通过漂移机制进行的，哪一种是由扩散控制的？

2.13 IGBT关断过程中出现两个阶段的原因是什么？哪一阶段可以由电路设计者控制，为什么？在器件制造过程中，只能改变哪一阶段？电子辐照对这两阶段的影响是什么？

2.14 在一个NPT-IGBT中如果载流子寿命不保持在较高的值，那么为什么会发生这种情况？一个 NPT－IGBT 如何能在高的寿命值的情况下产生一个小的关断时间？

2.15 为什么在 PT－IGBT 中必须使用寿命减少技术，而在 NPT－IGBT 中没有必要？

2.16 你是否同意“N 沟道和 P 沟道 IGBT 中的载流子传输都是通过双极型扩散和漂移实现的，所以这些器件的正向压降几乎相同。”这一观点这种说法是否适用于 N 沟道和 P 沟道 MOSFET？

2.17 慢速 N 沟道和 P 沟道 IGBT 的正向压降是否相同？双极型快速开关的 IGBT 的正向电压是否有所不同？

2.18 论述“IGBT 非常适合放大阻断电压能力。”

2.19 IGBT 的安全工作区是什么意思？SOA 图中的虚线代表什么？定义 SOA 的三个不同的边界。

2.20 解释雪崩引起的二次击穿现象。定义 IGBT 的 FBSOA 和 RBSOA。在 FBSOA 和 RBSOA 条件下，漂移区的总电荷如何影响电场？漂移区电荷的增加对 IGBT 击穿电压有什么影响？

2.21 对于可靠性测试，短路测试或钳位电感负载开关测试哪个会对 IGBT 产生更严重的应力，为什么？

2.22 集电极电压和电流对 IGBT 的关断时间有什么影响？画出两个集电极电流值 I_{C1} 和 I_{C2}（$I_{C2}>I_{C1}$）的强制栅极关断波形。在这两种情况下由于电流尾引起的开关损耗是相同还是不同？

2.23 画出采用电感负载开启一个 IGBT 的电路图，显示电压和电流波形。根据电源电压、集电极电流和交叉时间推导出能耗的表达式。

2.24 说明采用电阻负载的 IGBT 关断，给出电路图以及电压和电流随时间的变化曲线。写出功耗的方程式并解释其符号，详述其推导过程。

2.25 解释伽马辐射和中子通量对 IGBT 特性的影响。哪些影响是永久性的，不能退火消除？为什么？

2.26 解释在传统 IGBT 结构中栅下 P 型基区的阱之间 JFET 区域内电流聚集现象。沟槽 IGBT 结构如何克服这个问题？

2.27 沟槽栅结构如何改善 IGBT 的沟道密度和正向导通特性？UMOS 结构对 IGBT 的空穴电流路径和闩锁电流密度有什么影响？

2.28 解释自钳位 IGBT 结构。它需要用在什么应用中？在不影响边缘端接性能的情况下，如何在 IGBT 中内建栅极－集电极钳位二极管？

2.29 给出自钳位 IGBT 的等效电路和横截面图，显示在多晶 Si 层中制备的钳位二极管。

2.30 在 125℃时，一个 IGBT 的饱和电压和导通交叉时间分别为 $V_{CE(sat)}=1.9V$ 和 $t_c=25ns$。该 IGBT 用于一个电源电压为 $V_s=380V$ 而负载电阻 R_L 为 12Ω 的 DC 电路中电源的控制。在此温度下，计算开关频率 $f=1.2kHz$，占空比 $m=0.55$ 时导通功耗与开启功耗的比值。如果占空比保持不变，那么这个比值在 $f=1.5MHz$ 时的值是多少？

2.31　在电源转换电路中使用的 IGBT 在关断时的电压上升时间为 0.3μs，电流下降时间为 0.2μs。如果 DC 电源电压为 180V 而负载电流保持在 17A 不变，求出在关断过程的交叉间隔期间的能量损耗。

2.32　在 $V_{GE}=12V$ 时，功率转换电路中使用的 IGBT 的最大正向电压为 3.0V，结到外壳的热阻 $R_{θjc}$ 为 1.5℃/W。对于 0.5 的占空比，确定连续模式和脉冲模式下集电极 - 发射极电流的峰值。热沉保持在 25℃ 而最大允许结温为 125℃。另外，开关损耗远低于工作频率下的导通损耗。

参考文献

1. M. R. Simpson, P. A. Gough, F. I. Hshieh and V. Rumennik, Analysis of the Lateral Insulated Gate Transistor, *International Electron Devices Meeting, IEDM Technical Digest*, 1985, pp. 740–743.
2. T. P. Chow, D. N. Pattanayak, B. J. Baliga and M. S. Adler, Latching in Lateral Insulated Gate Transistors, *International Electron Devices Meeting, IEDM Technical Digest*, IEEE, New York, 1987, pp. 774–777.
3. A. Vellvehi, P. Godignon, D. Flores, J. Fernandez, S. Hidalgo, J. Rebollo and J. Millan, A New Lateral IGBT for High Temperature Operation, *Solid State Electronics*, Vol. 41, No. 5, May 1997, pp. 739–747.
4. T. P. Chow, B. J. Baliga, H. R. Chang, P. V. Gray, W. Hennessy and C. E. Logan, Vertical Insulated Gate Bipolar Transistors with Collector Short, *International Electron Devices Meeting, IEDM Technical Digest*, 1987, pp. 670–673.
5. T. P. Chow, B. J. Baliga, D. N. Pattanayak, and M. S. Adler, Comparison of P-channel LIGBTs With and Without Collector Shorts, *IEEE Electron Device Letters*, IEEE, Vol. EDL-11, No. 5, May 1990, pp. 184–186.
6. M. R. Simpson, Analysis of Negative Differential Resistance in the I–V Characteristics of Shorted Anode LIGBTs, *IEEE Trans. Electron Devices*, Vol. ED-38, No. 7, July 1991, pp. 1633–1640.
7. J. Sin and S. Mukherjee, Analysis and Characterization of the Segmented Anode LIGBT, *IEEE Trans. Electron Devices*, Vol. ED-40, 1993, p. 1300.
8. M. Gärtner, D. Vietzke, D. Reznik, M. Stoisiek, K. -G. Oppermann, and W. Gerlach, Bistability and Hysteresis in the Characteristics of Segmented Anode Lateral IGBTs, *IEEE Trans. Electron Devices*, Vol. ED-45, No. 7, July 1998, pp. 1575–1579.
9. S. Byeon, B. H. Lee, D. Y. Kim, M. K. Han, Y. I. Choi, and C. M. Yun, A Lateral Insulated Gate Bipolar Transistor Employing the Self-Implanted Sidewall Implanted Source, *International Electron Devices Meeting, IEDM Technical Digest*, IEEE, New York, 1998, pp. 687–690.
10. H. Yilmaz, J. L. Benjamin, R. F. Dyer, L. S. Chen, W. R. Van Dell and G. C. Pifer, Comparison of the Punchthrough and Nonpunchthrough Insulated Gate Transistor Structures, in *Conference Record of the IEEE Industry Applications Society (IEEE-IAS) Annual Meeting*, IEEE, New York, 1985, pp. 905–908.
11. B. J. Baliga, Analysis of the Output Conductance of Insulated Gate Transistors, *IEEE Electron Device Letters*, Vol. EDL-7, No.12, December 1986, pp. 686–688.
12. A. R. Hefner and D. L. Blackburn, Performance Trade-off for the Insulated Gate Bipolar Transistor: Buffer Layer versus Base Lifetime Reduction, *IEEE Trans. Power Electronics*, Vol. PE-2, 1987, p. 194.
13. G. Miller and J. Sack, A New Concept for a Nonpunchthrough IGBT with MOSFET like Switching Characteristics, in *Record of the Annual IEEE Power Electronics Specialists Conference (PESC1989)*, IEEE, New York, 1989, pp. 21–25.
14. T. Laska, G. Miller and J. Niedermeyer, A 2000 V Nonpunchthrough IGBT with High Ruggedness, *Solid State Electronics*, Vol. 35, No. 5, May 1992, pp. 681–685.

15. T. Laska, J. Fugger, F. Hirler, and W. Scholz, Optimizing the Vertical IGBT Structure—The NPT Concept as the Most Economic and Electrically Ideal Solution for a 1200 V IGBT, in *IEEE International Symposium on Power Semiconductor Devices and ICs (ISPSD'96)*, IEEE, New York, 1996, pp. 169–172.
16. S. K. Chung, Injection Currents Analysis of P^+/N Buffer Junction, *IEEE Trans. Electron Devices*, Vol. 45, No. 8, August 1998, pp. 1850–1854.
17. S. Pendharkar and K. Shenai, Zero Voltage Switching Behaviour of Punchthrough and Nonpunchthrough Insulated Gate Bipolar Transistors (IGBTs), *IEEE Trans. Electron Devices*, Vol. 45, No. 8, August 1998, pp. 1826–1835.
18. S. Pendharkar, M. Trivedi and K. Shenai, Electrothermal Simulations in Punchthrough and Nonpunchthrough IGBTs, *IEEE Trans. Electron Devices*, Vol. 45, No.10, October 1998, pp. 2222–2231.
19. T. P.Chow and B. J. Baliga, Comparison of N- and P-Channel IGTs, *International Electron Devices Meeting, IEDM Technical Digest*, IEEE, New York, 1984, p. 278.
20. T. P. Chow and B. J. Baliga, Comparison of 300, 600, 1200 Volt N-Channel Insulated Gate Transistors, *IEEE Electron Device Lett.*, Vol. EDL-6, 1985, pp. 161–163.
21. B. J. Baliga, M. Chang, P. Schafer and M. W. Smith, The Insulated Gate Transistor (IGT)—A New Power Switching Device, *IEEE Industrial Applications Society Meeting Digest*, IEEE, New York, 1983, pp. 794–803.
22. R. S. Ramshaw, *Power Electronics Semiconductor Switches*, Chapman & Hall, London, 1993.
23. B. J. Baliga, Switching Speed Enhancement in Insulated Gate Transistors by Electron Irradiation, *IEEE Trans. Electron Devices*, Vol. 31, No. 12, December 1984, pp. 1790–1795.
24. D. S. Kuo, J. Y. Choi, D. Giandomenico, C. Hu, S. P. Sapp, K. A. Sassaman, and R. Bregar, Modeling the Turn-off Characteristics of the Bipolar-MOS transistor, *IEEE Electron Device Lett.*, Vol. EDL-6, No. 5, May 1985, pp. 211–214.
25. A. Mogro-Campero, R. P. Love, M. F. Chang, and R. F. Dyer, Shorter Turn-off Times in Insulated Gate Transistors By Proton Implantation, *IEEE Electron Device Lett.*, Vol. EDL-6, No. 5, May 1985, pp. 224–226.
26. B. J. Baliga, Analysis of Insulated Gate Transistor Turn-off Characteristics, *IEEE Electron Device Lett.*, Vol. EDL-6, No. 2, February 1985, pp. 74–77.
27. S. Lefebvre and F. Miserey, Analysis of CIC NPT IGBTs Turn-off Operations for High Switching Current Level, *IEEE Trans. Electron Devices*, Vol. 46, No. 5, May 1999, pp. 1042–1049.
28. M. Hideshima, T. Kuramoto, and A. Nikagawa, 1000 V, 300 A Bipolar Mode MOSFET (IGBT) Module, in *Proceedings 1988 International Symposium on Power Semiconductor Devices*, 1988, pp. 80–85.
29. R. Letor, Static and Dynamic Behaviour of Paralleled IGBTs, in *Conference Record of the IEEE Industry Applications Society (IEEE-IAS) Annual Meeting*, IEEE, New York, 1990, p. 1604.
30. A. Nakagawa, Y. Yamaguchi, K. Watanabe and H. Ohashi, Safe Operating Area for 1200 V Non-latchup Bipolar-Mode MOSFETs, *IEEE Trans. Electron Devices*, Vol. ED-34, No. 2, February 1987, pp. 351–355.
31. N. Iwamuro, A. Okamoto, S. Tagami and H. Motoyama, Numerical Analysis of Short-circuit Safe Operating Area for P-Channel and N-Channel IGBTs, *IEEE Trans. Electron Devices*, Vol. 38, No. 2, February 1991, pp. 303–309.
32. H. Hagino, J. Yamashita, A. Uenishi and H. Haruguchi, An Experimental and Numerical Study on the Forward Biased SOA of IGBTs, *IEEE Trans. Electron Devices*, Vol. 43, No. 3, March 1996, pp. 490–500.
33. N. Iwamuro, A. Okamoto, S. Tagami, and H. Motoyama, Numerical Analysis of Safe Operating Area for P-Channel and N-Channel IGBTs, *IEEE Trans. Electron Devices*, Vol. 38, No. 2, February 1991, pp. 303–309.
34. I. Omura, H. Ohashi and W. Fichtner, IGBT Negative Gate Capacitance and Related Instability Effects, *IEEE Electron Device Lett.*, Vol. 18, No. 12, December 1997, pp. 622–624.
35. I. Omura, W. Fichtner and H. Ohashi, Oscillation Effects in IGBTs Related to

Negative Capacitance Phenomena, *IEEE Trans. Electron Devices*, Vol. 46, No. 1, January, 1999, pp. 237–244.

36. M. Trivedi and K. Shenai, Investigation of the Short-Circuit Performance of an IGBT, *IEEE Trans. Electron Devices*, Vol. 45, No. 1, January 1998, pp. 313–320.
37. M. Trivedi and K. Shenai, IGBT Dynamics for Clamped Inductive Switching, *IEEE Trans. Electron Devices*, Vol. 45, No. 12, December 1998, pp. 2537–2545.
38. M. Trivedi and K. Shenai, Failure Mechanisms of IGBTs Under Short-circuit and Clamped Switching Stress, *IEEE Trans. Power Electronics*, IEEE, Inc., New York, Vol. 14, No. 1, January 1999, pp. 108–116.
39. B. J. Baliga, Temperature Behaviour of Insulated Gate Transistor Characteristics, *Solid State Electronics*, Vol. 28, No. 3, March 1985, pp. 289–297.
40. A. R. Hefner, D. L. Blackburn, and K. F. Galloway, The Effect of Neutrons on the Characteristics of the Insulated Gate Bipolar Transistor (IGBT), *IEEE Trans. Nuclear Science*, Vol. NS-33, No. 6, December 1986, pp. 1428–1435.
41. H. R. Chang and B. J. Baliga, 500V N-channel IGBT with Trench Gate Structure, *IEEE Trans. Electron Devices*, Vol. 36, No. 9, September 1989, pp. 1824–1829.
42. J. K. O. Sin, Lateral Trench-Gate Bipolar transistors, U.S.Patent, 5 227 653, issued July 13, 1993.
43. P. K. T. Mok, A. Nezar, and C. A. T. Salama, A Self-Aligned Trenched Cathode Lateral Insulated Gate Bipolar Transistor with High Latch-up Resistance, in *IEEE International Symposium on Power Semiconductor Devices and ICs (ISPSD'94)*, 1994, IEEE, New York, pp. 57–61.
44. D. R. Disney, H. B. Pein, and J. D. Plummer, A Trench-Gate LIGT Structure and Two LMCT Structure in SOI Substrates, in *IEEE International Symposium on Power Semiconductor Devices and ICs (ISPSD'94)*, 1994, IEEE, New York, pp. 405–410.
45. T. P. Chow, D. N. Pattanayak, B. J. Baliga, and M. S. Adler, A Reverse-Channel, High-Voltage Lateral IGBT, in *IEEE International Symposium on Power Semiconductor Devices and ICs (ISPSD'94)*, 1994, IEEE, New York, pp. 57–61.
46. F. Udrea and G. A. J. Amaratunga, A Unified Analytical Model for the Carrier Dynamics in Trench Insulated Gate Bipolar transistor, in *IEEE International Symposium on Power Semiconductor Devices and ICs (ISPSD'95)*, 1995, IEEE, New York, pp. 190–195.
47. F. Udrea and G. A. J. Amaratunga, An ON-state Analytical Model for the Trench Insulated Gate Bipolar Transistor (IGBT), *Solid State Electronics*, Vol. 41, No. 8, August 1997, pp. 1111–1118.
48. R. Sunkavalli and B. J. Baliga, Analysis of ON-State Carrier Distribution in the DI-LIGBT, *Solid State Electronics*, Vol. 41, No. 5, May 1997, pp. 733–738.
49. T. Nitta, A. Uenishi, T. Minato, S. Kusunoki, T. Takahashi, H. Nakamura, K. Nakamura, and M. Harada, A Design Concept for the Low Forward Voltage Drop 4500 V Trench IGBT, in *IEEE International Symposium on Power Semiconductor Devices and ICs (ISPSD'98)*, 1998, IEEE, New York, pp. 43–46.
50. O. Spulber, E. M. Sankara Narayanan, S. Hardikar, M. M. De Souza, M. Sweet, and S. C. Bose, A Novel Gate Geometry for the IGBT: The Trench Planar Insulated Gate Bipolar Transistor (TPIGBT), *IEEE Electron Device Lett.*, Vol. 20, No. 11, November 1999, pp. 580–582.
51. J. Cai, J. K. O. Sin, P. K. T. Mok, W.-Tung Ng, and P. P. T. Lai, A New Lateral Trench-Gate Conductivity Modulated Power transistor, *IEEE Trans. Electron Devices*, IEEE, New York, Vol. 46, No. 8, August 1999, pp. 1788–1793.
52. M. Kitagawa, S. Hasegawa, T. Inoue, A. Yahata, and H. Ohashi, 4.5 kV Injection Enhanced Gate Transistor: Experimental Verification of the Electrical Characteristics, *Japan. J. Appl. Phys.*, Vol. 36, 1997, pp. 3433–3437.
53. M. Kitagawa, A. Nakagawa, I. Omura, and J. Ohashi, Design Criterion and Operation Mechanism for 4.5 kV Injection Enhanced Gate Transistor, *Japan. J. Appl. Phys.*, Vol. 37, 1998, pp. 4294–4300.
54. H. Kon, K. Nakayama, S. Yanagisawa, J. Miwa and Y. Uetake, The 4500 V-750 A Planar Gate Press Pack IEGT, in *IEEE International Symposium on Power Semiconductor Devices and ICs (ISPSD'98)*, 1998, IEEE, New York, pp. 81–84.

55. H. Ohashi, Current and Future Development of High Power MOS Devices, *International Electron Devices Meeting*, *IEDM Technical Digest*, IEEE, New York, 1999, pp. 185–188.

56. Z. J. Shen, D. Briggs and S. P. Robb, Design and Characterization of High-Voltage Self-Clamped IGBTs, *IEEE Electron Device Lett.*, Vol. 20, No. 8, August 1999, pp. 424–427.

57. Z. J. Shen, D. Briggs and S. P. Robb, Voltage Dependence of Self-Clamped Inductive Switching (SCIS) Energy Capability of IGBTs, *IEEE Electron Device Lett.*, Vol. 21, No. 3, March 2000, pp. 119–122.

第3章 IGBT中的MOS结构

Chapter 3

在前面的章节研究中，IGBT 表现出 MOSFET 和双极型晶体管结合的特性。因此，对 IGBT 的深入了解需要掌握 MOSFET 和双极型晶体管的物理特性。本章将从 MOSFET 及其相关的 MOS 电容开始讨论。

3.1 一般考虑

3.1.1 MOS 基本理论

由于称为沟道的导电区域在施加或未施加栅极电压的情况下均存在，因此 MOSFFT[1-7] 分为增强型或常关型和耗尽型或常开型器件。从沟道的导电类型来看，MOSFET 分为 N 沟道和 P 沟道晶体管，N 沟道增强型 MOSFET 是最常用的结构。图 3.1 所示为该器件的结构特征。扩散或离子注入在 P 型 Si 衬底中产生两个重掺杂的 N^+ 区域（表面浓度为 10^{19} ~ $10^{20}/cm^3$），称为源极 S 和漏极 D，间隔 1 ~ 5μm 的距离。源极是将多数载流子提供给沟道的电极而漏极是用于收集它们的电极。在横向上看，MOSFET 具有 N^+PN^+ 结构。MOSFET 的控制或输入称为栅极 G，覆盖在源极和漏极之间的空间，并通过介电层（SiO_2，$SiO_2-Si_3N_4$ 或 $SiO_2-Al_2O_3$）与半导体隔离，提供一个 10^{12} ~ 10^{15} Ω 的输入电阻。除了源极、漏极和栅极之外，MOSFET 还有一个第四端 B，称为体或衬底端，因此 MOSFET 是一个四端器件。

当施加的栅极 - 源极电压 V_{GS} 为零时，源极和衬底端同时接地（$V_{SB}=0$），漏极 - 源极电压 V_{DS} 为正。对应于反向偏置的 PN 结，只有一个 10^{-15} ~ 10^{-10}A 的小电流从源极流向漏极。现在假设栅极 - 源极电压 V_{GS} 从零逐渐增加。在某个 V_{GS} 超过器件的阈值电压额定值 V_{Th}，即 $V_{GS}>V_{Th}$ 时，在源极和漏极之间有显著的电流开始流动。高于阈值电压的 V_{GS} 增加如何影响下面 Si 中的电流流动，可以通过在 3.2 节中对 MOS 结构的详细分析来了解。

3.1.2 功率 MOSFET 结构

功率 MOSFET[3,4] 的出现，尤其是垂直的几何结构（见图 3.2a），在电力电子领域中具有里程碑的意义。功率 MOSFET 具有垂直结构，使得电流在相对侧的电源端之间流过芯片，从而具有低的导通压降和高的电流性能。然而，该电压降高于等效的结型晶体管的电压降。功率 MOSFET 具有几十安培和几百伏的典型电流和电压额定值，远低于结型晶体管的相应额定值。在功率 IC 中采用具有平面结构的横向功率 MOSFET（见图 3.2b）。在这种结构中，使用 PN 结隔离（见 9.3 节）。

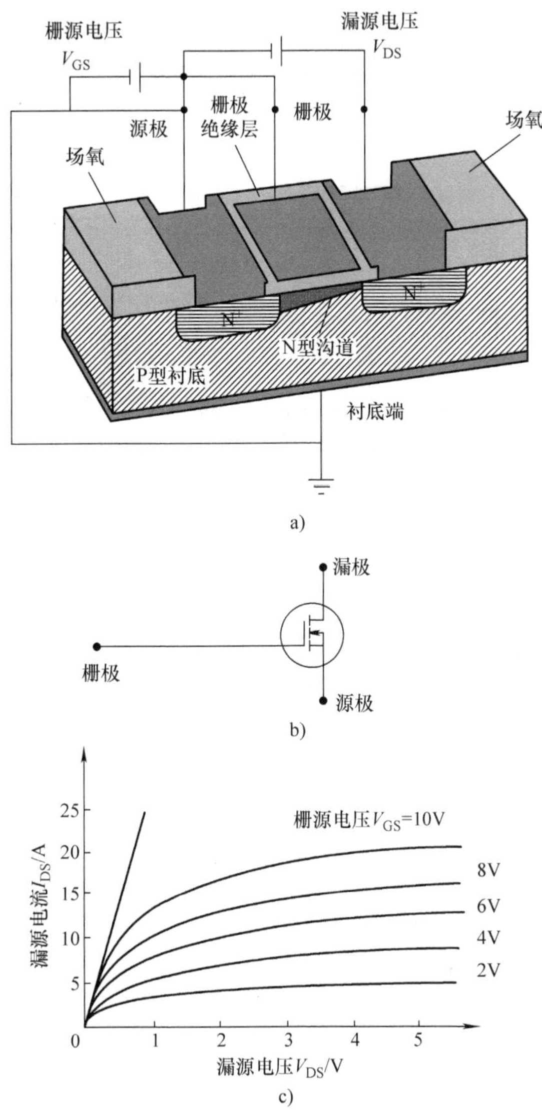

图 3.1 N 沟道增强型 MOSFET

a）截面示意图 b）电路符号 c）典型输出特性

有三种常见的垂直沟道的分立功率 MOSFET 结构，即 V 形槽或 VMOSFET（见图 3.3a）、双扩散的或 DMOSFET（见图 3.3b），以及 U 形槽或 UMOSFET（见图 3.3c），也称为沟槽栅极 MOSFET，这三种结构的显著特征见表 3.1。

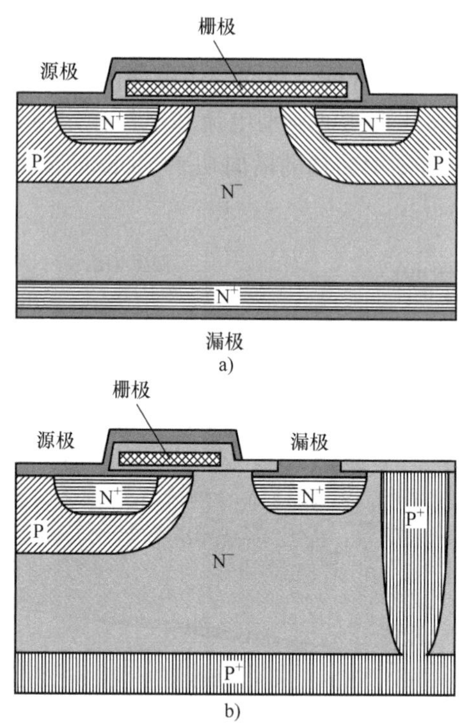

图 3.2　功率 MOSFET 结构

a）垂直的　b）横向的

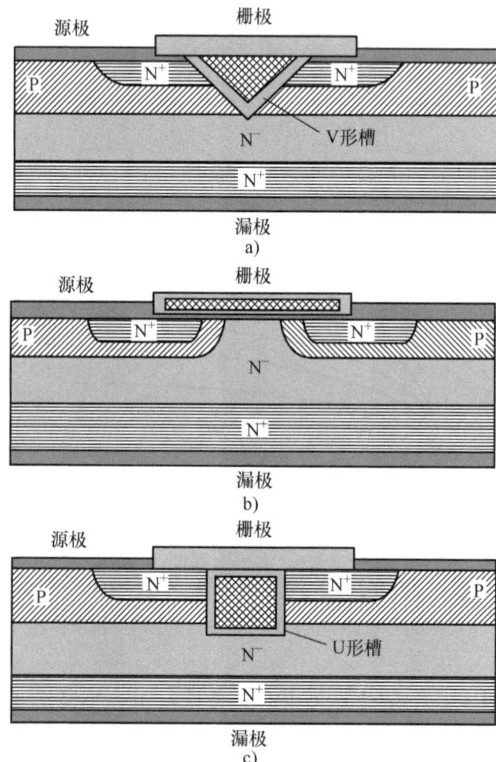

图 3.3　常见 MOSFET 结构

a）VMOSFET　b）DMOSFET　c）UMOSFET

表 3.1 垂直的分离 MOSFET 结构

序号	VMOSFET	DMOSFET	UMOSFET
1	名称来源于栅极所在的 V 形槽	它的名字来源于用于定义沟道的双扩散工艺，P 型基区与 N^+ 源的横向扩散的间距定义了沟道长度	它的名字来源于栅极所在的 U 形槽，该槽是由反应离子蚀刻（RIE）形成的
2	先进行无图形的 P 型基区扩散，然后 N^+ 扩散，再进行 V 形槽的优先刻蚀；进行栅极淀积并进行光刻，使得与 N^+ 源重叠，并延伸到 P 型衬底之外的沟槽中	以耐熔的多晶 Si 栅极作为掩膜，采用平面工艺制作；它的边缘定义了 P 型基区和 N^+ 源区顺序地扩散和推进的公共窗口	制造工艺顺序类似于 VMOSFET，该工艺是基于存储器中的存储电容的沟槽蚀刻方法
3	在制造过程中面临稳定性问题，因为在 V 形槽尖端会产生高的局部电场	商业上取代 VMOSFET 的器件	在三种器件中提供最高的沟道密度，以及更低的导通电阻

3.1.3 MOSFET - 双极型晶体管比较

在功率 MOSFET 的内部结构中存在一个称为“体二极管”的内置二极管，使其成为两个静态开关的并联组合，即用于正向电流的受控 MOSFET 开关和用于反向电流的非受控二极管开关（见图 3.4）。这种开关组合对于通过二极管来提供整流电流路径的静态转换器非常有用。由于该二极管的电流和开关速度足以满足许多应用，因此几乎不需要外部连接的整流二极管。但结型功率晶体管通常需要适当的快速恢复二极管。

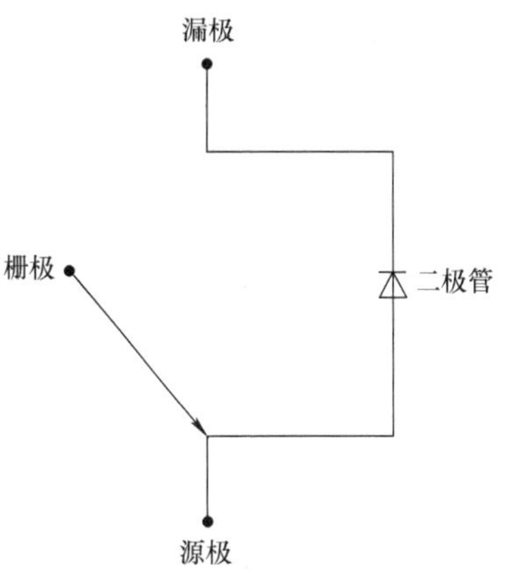

图 3.4 作为两个开关组合的 MOSFET 的功能表示

表 1.2 对 MOSFET 和双极型晶体管的比较进行了概括和阐述，双极型晶体管的工作基于两种载流子的传输，即少数载流子和多数载流子、电子和空穴。但 MOSFET 只是一种类型的载流子工作，多数载流子、电子或者空穴，因此它也被称为单极型器件。此外，双极型晶体管是电流控制器件而 MOSFET 是电压控制型器件，基于场效应原理，利用横向电场在纵向上调整半导体的表面电导率。两种类型器件之间的另一个主要区别是双极型晶体管正向导通时施加的基极驱动通常是集电极电流的 0.1 ~0.2 倍，关断时需要更大的反向电流，使基极驱动电路复杂且昂贵。在 MOSFET 中，相对较小的幅度和持续时间的栅极电流脉冲对栅极电容的充放电是必要的。

此外，双极型晶体管易于发生二次击穿，如施加高集电极 - 发射极电压时，在存在大的集电极电流的情况下，通常在电感负载关断期间会遇到。这是由于材料不均匀性或设计限制导致的电流分布的不均匀性而发生的，由此在某些区域，如发射区的区域中心，电流流动受到限制。该器件通过正向电阻的负温度系数而失效，由于电流随温度增加导致热点形成，从而导致微等离子体和中等离子体。因此，双极型晶体管不能并联工作，除非使用一些发射极镇流方法（例如电阻）来防止电流通过。这一根本缺陷严重限制了双极型晶体管的安全工作区域。另一方面，如果避免了寄生双极型晶体管的开启，则 MOSFET 的工作不会受到二次击穿的限制。由于其导通电阻的正温度系数，它显示出比双极型晶体管更大的安全工作区域。通过正确使用栅极驱动电阻，可以轻松并联多个 MOSFET 器件，以提高载流能力。最后，由于 MOSFET 中没有少数载流子存储现象，该器件表现出非常快的响应。它是最快的功率半导体开关，适用于高频，相对低功耗的领域。

3.2 MOS 结构分析和阈值电压

理想的 MOS 结构定义为满足以下标准：①绝缘的 SiO_2 层的电阻率无限大；②电荷只能存在于金属电极和 Si 中；③金属和半导体的功函数相同；没有界面电荷，固定氧化物电荷等。

图 3.5a 所示为当施加的栅极电压为零时，理想的 P 型半导体 MOS 结构的能带图。这里，ϕ_M = 金属的功函数 = 以焦耳（J）或电子伏特（eV）为单位测量的最小能量，是在 0K 时为了使电子从金属表面逸出而必须赋予最快移动的电子的能量；ϕ_B = 金属和 SiO_2 之间的势垒高度 = 必须超过电子从金属移动到 SiO_2 中的能量；χ_0 = SiO_2 的电子亲和势 = 当一个 SiO_2 分子获得一个电子形成一个负离子时，以电子伏特（eV）释放的能量；χ = Si 的电子亲和势（以与上述 SiO_2 相同的方式对 Si 原子定义）；ψ_B = Si 的本征能级 E_I 与费米能级 E_F 之间的电势差。从能带图中可以看出，没有能带弯曲，这被称为平带条件。在这种情况下，式 (3.1) 成立[5-7]

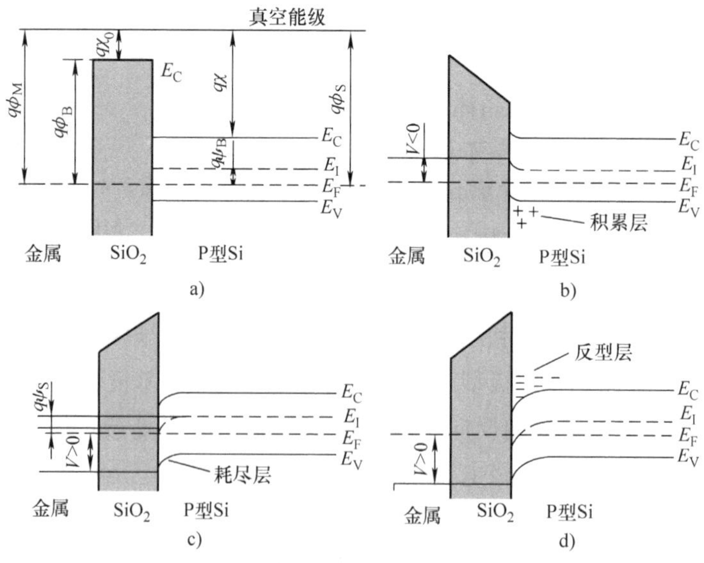

图 3.5　不同栅极偏置条件下 MOS 结构的能带图

a）没有任何栅极偏压　b）具有负栅极偏压　c）具有小的正栅极偏压　d）具有大的正栅极偏压

$$q\phi_M = q\chi + \frac{E_g}{2} + q\psi_B = q(\phi_B + \chi_0) \tag{3.1}$$

回顾功函数、电子亲和势和势垒高度的定义，可以很容易地理解该公式。功函数 $q\phi_M$ = 费米能级 E_F 和真空能级之间的能量差 = Si 导带底部 E_C 和真空能级（Si 的电子亲和势 = $q\chi$）之间的能量差 + Si 的本征能级 E_I和导带底 E_C（约为带隙 E_g 的一半）之间的能量差 + Si 的本征能级 E_I与费米能级 E_F（由 $q\psi_B$ 给出）的能量差 = 费米能级 E_F 与 SiO_2 导带底部之间的能量差（SiO_2 的势垒高度 = $q\phi_B$） + SiO_2 的导带底部与参考真空能级之间的能量差（SiO_2 的电子亲和势 = $q\chi_0$）。

在图 3.5b 中，一个负栅极电压施加到该结构。Si 表面对空穴的吸引使价带弯曲得更接近于表面附近的费米能级，以允许空穴占据这些状态，这种情况称为积累。图 3.5c 说明了施加一个小的正栅极电压的情况。现在，空穴被从表面排斥向内部，随着邻近 Si 表面区域自由载流子的耗尽，价带曲线远离费米能级，表明靠近硅表面的状态被空穴占据的概率减小。因此，在表面附近产生耗尽层，这种情况称为耗尽。图 3.5d 描述了当正栅极偏压很大以至于本征能级超过费米能级时的情况。少数载流子电子的浓度变得大于多数载流子空穴的浓度，这种情况称为反型，导致形成具有 N 型电导率的反型层，厚度约为 10nm，在 MOSFET 的电流传输中起着重要作用。反型层电荷的确定需要知道半导体中的电势分布 $\psi(x)$。如果 n_{p0}和 p_{p0} 表示体半导体中的热平衡电子和空穴浓度，则它们在表面的浓度由式（3.2a）和式（3.2b）（见附录 3.1）给出

$$n_p = n_{p0}\exp\left(\frac{q\psi}{kT}\right) \tag{3.2a}$$

和

$$p_p = p_{p0}\exp\left(-\frac{q\psi}{kT}\right) \tag{3.2b}$$

其中电势分布服从泊松方程

$$\frac{d^2\psi}{dx^2} = -\frac{\rho(x)}{\varepsilon_0\varepsilon_s} \tag{3.3}$$

在这个公式中，ε_0 和 ε_s 分别表示自由空间的介电常数和 Si 的相对介电常数，而 ρ 是电荷密度，表示为

$$\rho(x) = q(N_{D+} - N_{A-} + p_p - n_p) \tag{3.4}$$

式中，N_{D+}，N_{A-}为施主和受主离子浓度。远离表面的体半导体中电荷中性存在的边界条件可表示为

$$N_{D+} - N_{A-} = n_{p0} - p_{p0} \tag{3.5}$$

利用 n_p 和 p_p 方程以及电荷中性条件，可以用以下形式重新构造泊松方程：

$$\frac{d^2\psi}{dx^2} = -\frac{q}{\varepsilon_0\varepsilon_s}\left\{p_{p0}\left[\exp\left(-\frac{q\psi}{kT}\right)-1\right] - n_{p0}\left[\exp\left(\frac{q\psi}{kT}\right)-1\right]\right\} \tag{3.6}$$

将该方程从体到表面积分得到电场分布 $\xi(x)$为（见附录 3.2）

$$\xi(x) = -\frac{d\psi}{dx}$$
$$= -\frac{\sqrt{2}kT}{qL_D}\left\{\exp\left(-\frac{q\psi}{kT}\right) + \frac{q\psi}{kT} - 1 + r\left[\exp\left(\frac{q\psi}{kT}\right) - \frac{q\psi}{kT} - 1\right]\right\}^{0.5} \tag{3.7}$$

式中，$r=n_{p0}/p_{p0}$；$L_D=\sqrt{kT\varepsilon_0\varepsilon_s/(q^2p_{p0})}$为空穴的本征德拜长度。

德拜长度是一个特征长度，也称为屏蔽或屏蔽长度，通过从扰动电荷形成的电场下降 $1/e=0.37$ 的距离来测量。它给出了消除电荷不平衡的距离的估计。例如，如果将一个带负电荷的球体引入到P型半导体中，则半导体中的自由空穴将聚集在球体周围。远离球体的几个德拜长度，带负电的球体和带正电荷的空穴云看起来像一个中性物体。

现在应用高斯定律，产生这个电场所需的单位面积的空间电荷 Q_s 为

$$Q_s=-\varepsilon_0\varepsilon_s\xi_s \tag{3.8}$$

式中，ξ_s 为表面的电场。如果表面电势为 ψ_s，则$(Q_s)_{surface}$为通过在 ξ 的公式中用 ψ_s 替换 ψ 而获得的。

当表面电势 ψ_s 从零向正方向增加时，会出现三种相关情况。

情况Ⅰ：表面电势 $\psi_s<$体电势 ψ_B。本征能级 E_I不超过费米能级 E_F。表面极性是含有耗尽层的P型。式（3.7）中的第二项 $q\psi/(kT)$ 占主要地位而表面电荷变为

$$Q_s=\varepsilon_0\varepsilon_s\xi_s=\varepsilon_0\varepsilon_s\frac{\sqrt{2}kT}{qL_D}\left(\frac{q\psi_s}{kT}\right)^{0.5}=\varepsilon_0\varepsilon_s\frac{\sqrt{2}kT}{q\sqrt{\dfrac{kT\varepsilon_0\varepsilon_s}{q^2p_{p0}}}}\times\sqrt{\frac{q\psi_s}{kT}}$$

或

$$Q_s=\sqrt{2\varepsilon_0\varepsilon_s qp_{p0}\psi_s} \tag{3.9}$$

其中使用了 L_D 的表达式。因此，表面电荷与表面电势的二次方根成正比。

情况Ⅱ：$\psi_s>\psi_B$ 但 $\psi_s<2\psi_B$（弱反型）。可移动载流子浓度在表面形成，$\psi_s<2\psi_B$ 的范围被称为弱反型。

情况Ⅲ：$\psi_s>2\psi_B$（强反型）。式（3.7）中的第四项占主要地位，给出

$$\begin{aligned}Q_s&=\varepsilon_0\varepsilon_s\xi_s=\varepsilon_0\varepsilon_s\frac{\sqrt{2}kT}{qL_D}\left[r\exp\left(\frac{q\psi_s}{kT}\right)\right]^{0.5}\\&=\varepsilon_0\varepsilon_s\frac{\sqrt{2}kT}{q\sqrt{\dfrac{kT\varepsilon_0\varepsilon_s}{q^2p_{p0}}}}\left[\frac{n_{p0}}{p_{p0}}\exp\left(\frac{q\psi_s}{kT}\right)\right]^{0.5}\end{aligned}$$

或

$$Q_s\approx\sqrt{2\varepsilon_0\varepsilon_s n_{p0}}\exp\left(\frac{q\psi_s}{2kT}\right) \tag{3.10}$$

也就是说，表面电荷随表面电势呈指数变化，该电荷控制MOSFET的沟道电导率。

控制MOS器件工作的最重要参数是阈值电压 V_{Th}，其定义为在Si表面形成一个N型导电沟道所施加到栅极的最小偏置电压，这时在源极和漏极之间产生一个大的电流，正如强反型的开始所证明的那样。要求 V_{Th}的最佳值既不能太小也不能太大。由于栅极氧化物中的正电荷，阈值电压太小可能导致常开器件。即使MOSFET不是一直处于导通状态，低阈值电压器件也会因栅极噪声峰值或温度影响而无意中误开启。在高速开关期间，可以强制栅极电压连续保持在高于阈值电压的固定值，使得器件始终处于导通。在相反的极端情况下，较高

的阈值电压也是不希望的，因为必须提高电源电压并增加输入功率。此外，由于接口问题，具有高阈值电压的 MOSFET 与逻辑电路不兼容，因此这可能没有必要使栅极驱动电路的设计复杂化并且有必要使用缓冲元件。通常，功率 MOSFET 的阈值电压设计在 2～4V 之间。一些应用需要更好的开关性能，因此需要接口驱动电路。

V_{Th}包括以下分量（见图 3.6）：

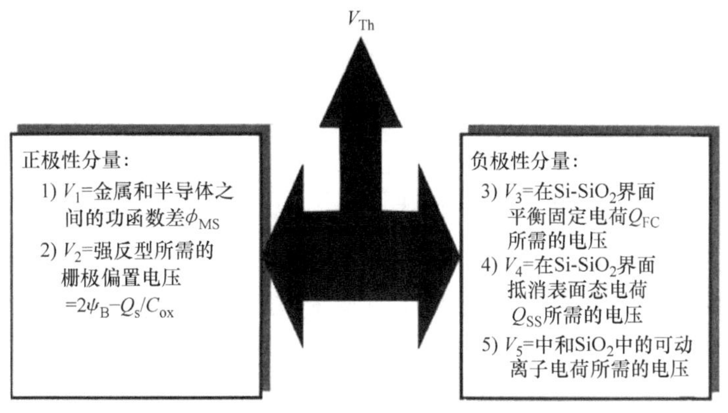

图 3.6　N 沟道 MOSFET 阈值电压的分量

1）$V_1=\phi_{MS}$，金属 Al 和 Si 之间的功函数差＝接触电势差。如果 ϕ_B 是金属和 SiO_2 之间的势垒高度，那么

$$\phi_{MS}=\text{金属功函数 }\phi_M-\text{半导体功函数 }\phi_S$$

或

$$q\phi_{MS}=q\phi_B+q\chi_0-q\left(\chi+\frac{E_g}{2q}+\psi_B\right) \tag{3.11}$$

回顾功函数 ϕ、势垒高度 ϕ_B 和电子亲和势 χ 的定义，以及与式（3.1）相关的讨论，这个公式很容易从图 3.5a 的观察中得出。

2）$V_2=2\psi_B-Q_s/C_{ox}$是建立反型层所需的电压，即产生耗尽层并使衬底中的少数载流子向表面移动。

3）$V_3=Q_{FC}/C_{ox}$，其中 Q_{FC}是 Si－SiO_2 界面的固定电荷（见图 3.7），C_{ox}是氧化物比电容（单位面积的电容），为

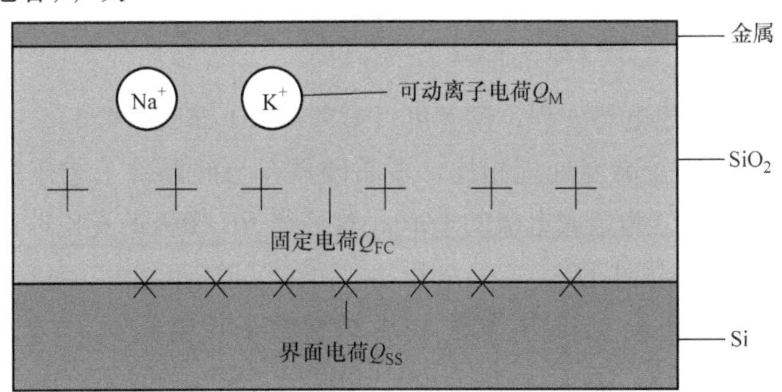

图 3.7　MOS 系统中不同类型的电荷

$$C_{ox} = \frac{\varepsilon_0 \varepsilon_{ox}}{d} \tag{3.12}$$

式中，ε_{ox}为 SiO_2 的介电常数；d 为栅氧的厚度。电荷 Q_{FC}位于 Si - SiO_2 界面的 20Å 以内。其值取决于氧化物生长条件及随后的热处理，这归因于氧缺乏或存在过量的 Si，它在正常器件电势下既不可充电也不可放电。

4）$V_4 = Q_{SS}/C_{ox}$，其中 Q_{SS}是位于表面附近界面态电荷（见图 3.7），其能级在带隙中。界面态由表面处的悬空或不饱和键产生，密度为 $10^{11} \sim 10^{12}$ eV/cm^2。该密度取决于 Si 晶体的取向，<100>取向的比<111>取向的密度低一个数量级。在 450℃的氢气退火有效地中和了 Q_{SS}，这些状态通过施加的表面电势充电和放电。它们导致 MOS 结构的电容 - 电压或沟道电导 - 电压特性偏离理想的理论曲线形状。

5）$V_5 = Q_M/C_{ox}$，其中 Q_M 是由于 Na^+ 离子或其他种类可动离子引起的可动离子电荷，其在长时间高温的偏置应力下引起阈值电压的漂移，它们的浓度取决于加工的清洁度。

将上述分量加在一起，有

$$V_{Th} = \phi_{MS} + 2\psi_B - \frac{Q_s + Q_{FC} + Q_{SS} + Q_M}{C_{ox}} \tag{3.13}$$

在转换为强反型时代替 Q_s，由附录 3.3 代替 ψ_B，用式（3.12）代替 C_{ox}。V_{Th}方程可以写成

$$V_{Th} = \phi_{MS} + \frac{2kT}{q}\ln\frac{N_A}{n_i} - \frac{\sqrt{4\varepsilon_0\varepsilon_s kTN_A \ln(N_A/n_i)}}{\varepsilon_0\varepsilon_{ox}t_{ox}} - \frac{Q_{FC} + Q_{SS} + Q_M}{C_{ox}} \tag{3.14}$$

由于 SiO_2 上金属不同的势垒高度，通过适当选择栅极金属，可以在有限的范围内改变 MOSFET 的阈值电压。通过用重掺杂的多晶硅栅电极代替金属栅电极，可以提供更精确的阈值电压控制。多晶硅 - SiO_2 - 单晶硅系统的功函数差是单晶硅层掺杂浓度的函数。由于 N 型多晶硅栅极和下面的 P 型单晶硅的掺杂浓度不同，所以它们之间的接触电势的形成方式与普通 PN 结完全相同。在 MOS 器件中遇到的正常掺杂水平下，接触电势的大小与由相同材料形成的 PN 结的大小相同。记住静电势的极性与电子能量的极性相反，N^+ 多晶硅栅极相对于下面的 P 型硅是正的。如果 N_A 是 P 型单晶衬底的掺杂浓度而 $N_{D多晶硅}$ 是多晶硅层的掺杂浓度，则多晶硅/单晶硅的功函数差为

$$q\phi_{多晶硅-单晶硅} = -\frac{kT}{q}\ln\left(\frac{N_{D多晶硅}N_A}{n_i^2}\right) \tag{3.15}$$

为了推导 PN 结的内建电势方程，读者可以参考 4.1.1 节式（4.6）。

与金属栅电极不能经受高温处理相比，多晶硅具有与硅器件工艺兼容的难熔材料的优点。缺点是其电导率较低，为金属电极的 1/10，这使得 RC 栅极的充电时间常数在高频时过大。对于这种应用，Al 是优选的。

例 3.1 计算 IGBT 中 Al 栅极 N 沟道 MOS 结构的平带电压 V_{FB}，P 型基区浓度 $= 2 \times 10^{17}$/cm^3，栅氧厚度 = 500Å，界面电荷 $Q_0 = 1 \times 10^{-8}$ C/cm^2。如果重掺杂多晶硅栅极 $N_D = 1 \times 10^{20}$/cm^{3}取代 Al 栅极，那么平带电压是多少？Al 和本征 Si 的接触电势为 0.6V。

平带电压 V_{FB} 是在栅极和P型基区端之间施加的外部电压，以保持半导体处于中性状态。为了推导平带电压公式，考虑图E3.1.1所示的MOS结构的能带图。当金属、氧化物和半导体结合在一起形成MOS结构时，发生带弯曲以满足在热平衡下等费米能级的要求。为了代替金属和半导体功函数，要考虑适当能量的修正的功函数，从金属和半导体中的相应费米能级到氧化物导带边缘进行测量。抵消修正的功函数差（所以在其内部不存在电场）以保持在半导体中的平带状态所需的栅极电压 V_{G1} 显然是修正的功函数差

$$V_{G1} = \phi_{MS} \tag{E3.1.1}$$

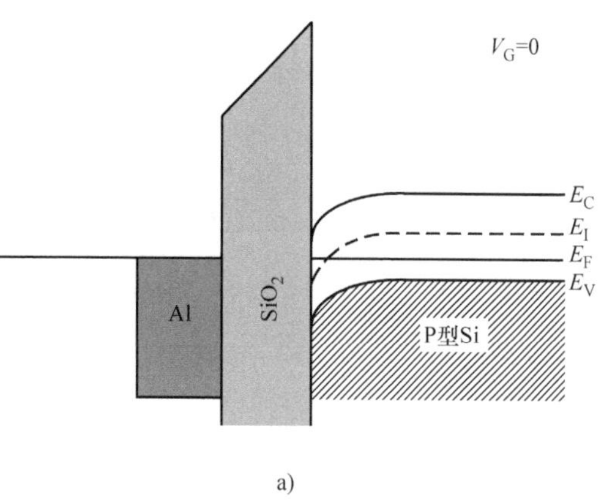

a)

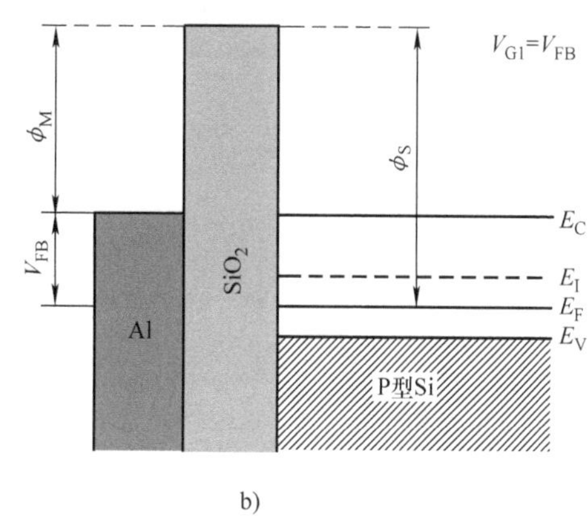

b)

图E3.1.1 Al-SiO_2-Si结构的能带图

a）V_G =0V b）在平带条件下

该栅极电压通过驻留在氧化物内的电荷进一步修改。参考图E3.1.2a，考虑位于距金属距离 x 处的单位面积的一层薄电荷 $+Q_0$。在零栅极电压条件下，该片电荷将引起一个镜像电荷，部分在金属中而部分在半导体中，并且感应电荷的总和 $= -Q_0$。通过对电荷分布积分获得的电场分布绘制在图E3.1.2b中。半导体中的感应电荷在其表面产生非零电场，干扰平坦的能带图。通过施加负电压使电场分布向下，使得电场到达半导体表面，而电荷变为零来实现能带平坦化。电场增量为

$$\Delta\xi = \int_0^x \frac{\rho \mathrm{d}x}{\varepsilon_0 \varepsilon_{ox}} = \frac{\rho x}{\varepsilon_0 \varepsilon_{ox}} = \frac{Q_0}{\varepsilon_0 \varepsilon_{ox}} \tag{E3.1.2}$$

式中，ρ 为单位体积的电荷密度；ε_0 为自由空间的介电常数；ε_{ox} 为二氧化硅的介电常数。电荷分布如图E3.1.2c所示，电场分布如图E3.1.2d所示。实现平带条件所需的栅极电压为

$$V_{G2} = -\int_0^x \Delta\xi \mathrm{d}x = -\frac{xQ_0}{\varepsilon_0 \varepsilon_{ox}} = -\frac{x}{x_{ox}} \frac{Q_0}{C_{ox}} \tag{E3.1.3}$$

式中，x_{ox} 为氧化层厚度；C_{ox} 为单位面积的氧化层电容。这个公式表明 V_{G2} 不仅取决于电荷密度 Q_0，还取决于其在绝缘体内的位置。如果电荷位于 $x=0$，则 V_{G2} 为零。另一方面，当电荷位于 $x=x_0$ 处，即在氧化物－硅界面处时，电荷的影响最大。由于氧化层电荷通常出现在这个界面处，因此 $x/x_0=1$ 且式（E3.1.3）简化为

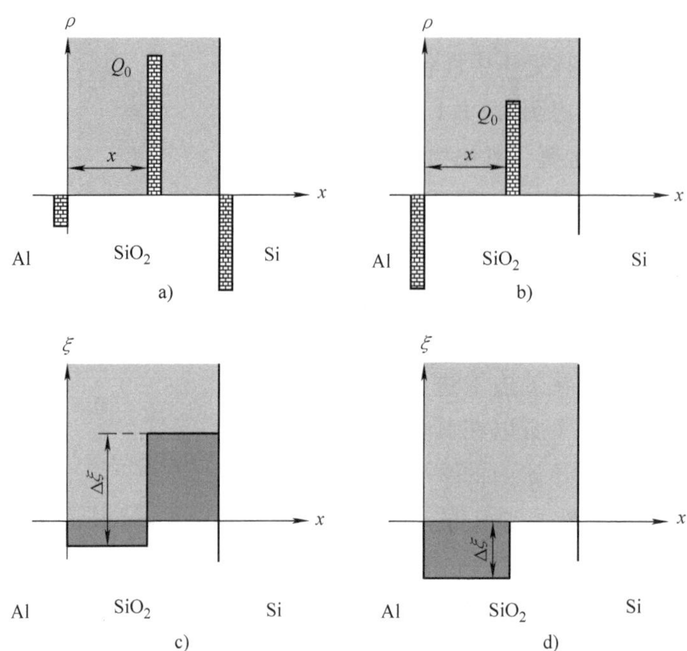

图 E3. 1. 2　氧化物中片电荷的影响

a）$V_G = 0V$　b）产生的电场　c）平带条件下的电荷分布　d）对应的电场

$$V_{G2} = -\frac{Q_0}{C_0} \tag{E3. 1. 4}$$

将 V_{G1} 和 V_{G2} 相加［式（E3. 1. 1）和式（E3. 1. 4）］，平带电压由式（E3. 1. 5）给出

$$V_{FB} = \phi_{MS} - \frac{Q_0}{C_{ox}} \tag{E3. 1. 5}$$

式中，ϕ_{MS} 为修正的金属－半导体功函数；Q_0 为单位面积的有效界面电荷；C_{ox} 为单位面积的氧化层电容。图 E3. 1. 3a 显示了 Al 栅极 IGBT 的单元。这里 $\phi_{MS} = \phi_{体材料} - \phi_{栅极材料} = -\phi_F - \phi_i$，其中 ϕ_F 是非本征 Si 的费米势（本征和非本征 Si 之间的接触电势），ϕ_i 是材料 i 与本

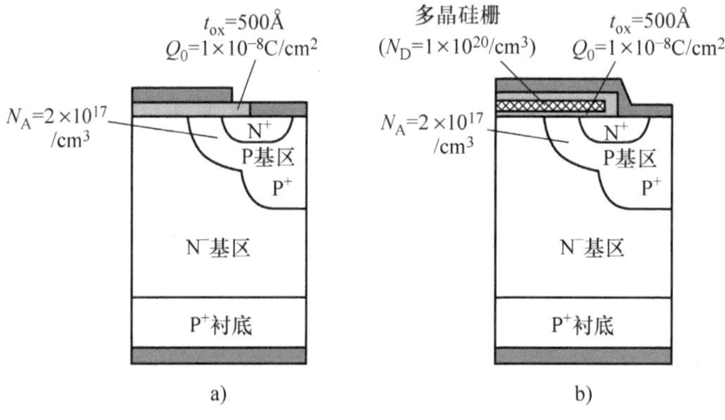

图 E3. 1. 3　例 3. 1 的 IGBT 半单元结构和物理参数

a）Al 栅极　b）多晶硅栅极

征 Si 之间的接触电势。$\phi_F = +(kT/q)\ln(N_A/n_i) = 0.0259\ln(2\times10^{17}/1.45\times10^{10}) = 0.4258\text{V}$。由于 $\phi_i=0.6\text{V}$，$\phi_{MS} = -0.4258-0.6 = -1.0258\text{V}$。现在 $C_{ox}=\varepsilon_0\varepsilon_{ox}/d_{ox}=8.854\times10^{-14}\times3.9/(500\times10^{-8}) = 6.906\times10^{-8}\text{F/cm}^2$。因此，$Q_0/C_{ox}=1\times10^{-8}/6.906\times10^{-8}=0.1448$，$(V_{FB})_1 = -0.966-0.1448 = -1.1108\text{V}$。

对于简并掺杂的多晶硅栅极的 IGBT（见图 E3.1.3b），$q\phi_{多晶硅-单晶硅} = (kT/q)\ln(N_{DpSi}N_A/n_i^2)-E_g=0.0259\ln[1\times10^{20}\times2\times10^{17}/(1.45\times10^{10})^2]-1.11 = -0.9747$。因此 $(V_{FB})_2 = -0.9747-0.1448 = -0.24227$。于是 $(V_{FB})_2-(V_{FB})_1 = -0.24227+1.1108=0.86853V$。

例 3.2 （a）如果栅氧厚度 t_{ox} 为 1000Å，P 型基区掺杂浓度 N_A 为 $1\times10^{17}/\text{cm}^3$，栅极掺杂为 $N_D=1\times10^{20}/\text{cm}^3$，计算 N^+ 硅栅的 N 沟道 IGBT 的阈值电压，在氧化物－硅界面处带正电的离子浓度为 $1\times10^{10}/\text{cm}^2$。（b）如果 N_A 增加到 $3\times10^{17}/\text{cm}^3$，则阈值电压的变化是多少？（c）一个更高的氧化物电荷 $=5\times10^{11}/\text{cm}^2$ 的影响是多少？

（a）用于该问题的 IGBT 单元如图 E3.2.1 所示。这里 $q\phi_{多晶硅-单晶硅}=(kT/q)\ln(N_{DpSi}N_A/n_i^2)-E_g=0.0259\ln[1\times10^{20}\times1\times10^{17}/(1.45\times10^{10})^2]-1.12 = -0.1254\text{V}$。$(2kT/q)\ln(N_A/n_i) = (2\times0.0259)\ln[1\times10^{17}/(1.45\times10^{10})] = 0.81567\text{V}$。$C_{ox}=\varepsilon_0\varepsilon_{ox}/t_{ox} = 8.854\times10^{-14}\times3.9/(1000\times10^{-8}) = 3.453\times10^{-8}\text{F}$。$\sqrt{4\varepsilon_0\varepsilon_s(kT)N_A\ln(N_A/n_i)}/C_{ox} = \sqrt{4\times8.854\times10^{-14}\times11.9\times1.38\times10^{-23}\times300\times1\times10^{17}\times\ln[1\times10^{17}/(1.45\times10^{10})]}/(3.453\times10^{-8}) = 4.8\text{V}$。阈值电压方程的这一项为负号，因为耗尽区电荷密度是负的，这是由于 P 型材料中负的受主离子。因此，这一项 $=-4.8\text{V}$。$Q_{SS}/C_{ox}=1\times10^{10}\times1.6\times10^{-19}/(3.453\times10^{-8}) = 2.896\times10^{17} = 0.0463\text{V}$。$\therefore\ V_{Th} = (kT/q)\ln(N_{DpSi}N_A/n_i^2)-E_g+(2kT/q)\ln(N_A/n_i)-\sqrt{4\varepsilon_o\varepsilon_s kTN_A\ln(N_A/n_i)}/C_{ox}-Q_{ss}/C_{ox} = -0.1254+0.81567+4.8-0.0463\text{V} = 5.444\text{V} = 5.4\text{V}$。

（b）阈值电压表达式中的第二和第三项可以通过改变 P 型基区掺杂而改变。第二项 $=0.872578\text{V}$，第三项 $=8.5995\text{V}$。因此，$V_{Th} = -0.1254+0.872578+8.5995-0.0463=9.3\text{V}$，

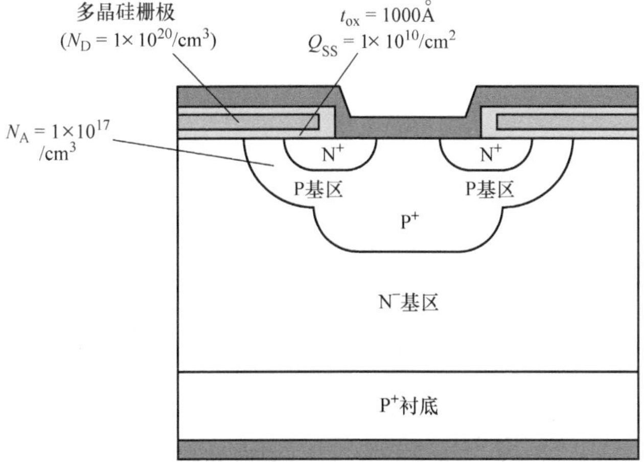

图 E3.2.1 例 3.2（a）中 IGBT 的单元结构和物理参数；与例 3.2（a）相比，在例 3.2（b）中，$N_A=3\times10^{17}/\text{cm}^3$；而在例 3.2（c）中，$Q_{SS}=5\times10^{11}/\text{cm}^2$

阈值电压增加了 =9.3 −5.4 =3.9V。

（c）阈值电压表达式的最后一项变为 = −5 ×10^11/cm² ×1.6 ×10^−19/(3.453 ×10^−8) = 2.3168V。因此，V_{Th} = −0.1254 +0.81567 +4.8 −2.3168 =3.17V。因此，阈值电压降到 5.4 −3.17 =2.23V。

3.3 MOSFET 的电流 − 电压特性、跨导和漏极电阻

为了得到 MOSFET 的端电流电压 $i_{DS}-v_{DS}$特性，采用以下简化假设：①栅极结构是一个理想的 MOS 结构，如前面 3.1 节中所定义的；②反型层中的载流子迁移率是恒定的，与电场强度无关；③沟道区域的掺杂是均匀的；④载流子传输仅通过漂移机制发生；⑤反向漏电流非常小并且可以忽略；⑥缓变沟道近似是有效的，也就是说，由栅极电压产生的横向电场远大于纵向电场。然后在这些理想条件下，考虑图 3.8 中描绘的 N 沟道 MOSFET。除了电压和电流极性相反外，P 沟道 MOSFET 工作与 N 沟道器件是相同的。下面把注意力集中在沟道增量长度 dy 上，设沟道宽度（垂直于图的平面）为 Z。对于较小的漏源电压 v_{DS}值，沟道中距离源极为 y 处的单位面积电荷 $Q(y)$ 由式（3-16）给出[7]

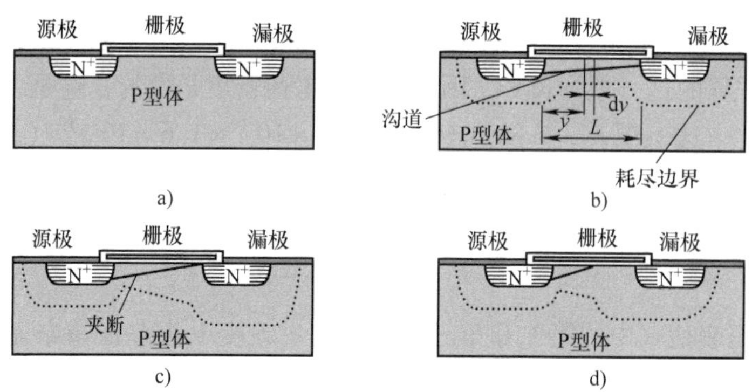

图 3.8　a）用于研究电流 − 电压特性的横向 MOSFET 结构
b）、c）、d）夹断状态和夹断点以外，有漏极电流时的沟道电荷分布

$$Q(y)=C_{ox}[v_{GS}-v(y)-V_{Th}] \tag{3.16}$$

式中，C_{ox}为单位面积的电容。这个公式表示电容的定义，即单位电势差存储的电荷。这意味着在沟道中感应的电荷由电压降决定 = 栅极 − 源极电压 − 电流沿着沟道产生的电压降 − 阈值电压。长度 dy 的沟道电阻为

$$\mathrm{d}R=\frac{\mathrm{d}y}{\mu_{ns}Q(y)Z} \tag{3.17}$$

式中，μ_{ns}为沟道中的平均电子迁移率。通过沟道的电导率近似为 $\sigma(x)=qn(x)\mu_{ns}(x)$来获得该公式，其中 q 是电子电荷，n 是单位体积的电子浓度。那么，沟道电导为 $g=(Z/L)\int_0^{x_i}\sigma(x)\mathrm{d}x$，其中 x_i 表示本征费米能级与电子的准费米能级相交的点。对于恒定的迁

移率μ_{ns}，这个公式简化为$g = (qZ\mu_{ns}/L)\int_0^{x_i} n(x)\mathrm{d}x = qZ\mu_{ns}Q(y)L$。因此，d$y$部分的电阻为$\mathrm{d}R = \mathrm{d}y/(gL) = \mathrm{d}y/[Z\mu_{ns}Q(y)]$。

采用式（3.17），沿着沟道方向，y相对于源极的压降$\mathrm{d}v(y)$为

$$\mathrm{d}v(y) = i_{DS}\mathrm{d}R = \frac{i_{DS}\mathrm{d}y}{\mu_{ns}Q(y)Z} \tag{3.18}$$

从中

$$i_{DS}\mathrm{d}y = Z\mu_{ns}Q(y)\mathrm{d}v(y) \tag{3.19}$$

沿沟道从$y=0$到$y=L$进行积分

$$\begin{aligned}\int_0^L i_{DS}\mathrm{d}y &= i_{DS}L = \int_0^{v_{DS}} Z\mu_{ns}Q(y)\mathrm{d}v(y)\\ &= \int_0^{v_{DS}} Z\mu_{ns}C_{ox}[v_{GS} - v(y) - V_{Th}]\mathrm{d}v(y)\\ &= Z\mu_{ns}C_{ox}\left\{v_{GS}[v(y)]_0^{V_{DS}} - \left[\frac{v^2(y)}{2}\right]_0^{V_{DS}} - V_{Th}[v(y)]_0^{V_{DS}}\right\}\\ &= Z\mu_{ns}C_{ox}\frac{2v_{GS}v_{DS} - v_{DS}^2 - 2V_{Th}v_{DS}}{2}\end{aligned} \tag{3.20}$$

得到

$$i_{DS} = \frac{Z\mu_{ns}C_{ox}}{2L}[2(v_{GS} - V_{Th})v_{DS} - v_{DS}^2] \tag{3.21}$$

因子$(Z/2L)/\mu_{ns}C_{ox} = K$取决于MOS结构的电物理参数及其几何形状，它被称为晶体管的跨导率或增益因子。

对于小的漏极－源极电压值V_{DS}，式（3.21）中的第二项小到可以忽略不计，得到

$$i_{DS} \approx \frac{Z}{L}\mu_{ns}C_{ox}(v_{GS} - V_{Th})v_{DS} \tag{3.22}$$

从中得到沟道电阻r_{ch}为

$$r_{ch} = \frac{v_{DS}}{i_{DS}} = \frac{v_{DS}}{\frac{Z}{L}\mu_{ns}C_{ox}(v_{GS} - V_{Th})v_{DS}} = \frac{L}{Z\mu_{ns}C_{ox}(v_{GS} - V_{Th})} \tag{3.23}$$

MOSFET的放大特性是根据跨导参数来描述，它定义为

$$g_m = \left.\frac{\partial i_{DS}}{\partial v_{GS}}\right|_{v_{DS}=常数} \tag{3.24}$$

在线性区域，使用式（3.22），跨导由式（3.25）给出

$$\begin{aligned}g_{m1} &= \left.\frac{\partial i_{DS}}{\partial v_{GS}}\right|_{v_{DS}} = \frac{\mathrm{d}}{\mathrm{d}v_{GS}}\left[\frac{Z}{L}\mu_{ns}C_{ox}(v_{GS} - V_{Th})v_{DS}\right]\\ &= \frac{Z}{L}\mu_{ns}C_{ox}(1-0)v_{DS} = \frac{Z}{L}\mu_{ns}C_{ox}v_{DS}\end{aligned} \tag{3.25}$$

在高v_{DS}值下，式（3.21）中的第二项变得更大，原因是漏极附近的沟道反型层电荷的减少。当$v_{DS} > v_{GS} - V_{Th}$时，漏极端的沟道电荷变为零。在这个被称为沟道夹断的情况下，

沟道电阻 $r_{ch}=\infty$，漏极 - 源极电流 i_{DS}饱和（见图 3.8c 和 3.8d）。把 $v_{DS}=v_{GS}-V_{Th}$代入式（3.21），饱和漏源电流 $i_{DS(sat)}$为

$$i_{DS(sat)}=i_{DS}=\frac{Z\mu_{ns}C_{ox}}{2L}[2(v_{GS}-V_{Th})(v_{GS}-V_{Th})-(v_{GS}-V_{Th})^2]$$

$$=\frac{Z}{2L}\mu_{ns}C_{ox}(v_{GS}-V_{Th})^2 \tag{3.26}$$

它表示沟道支持的最大电流。实际的 $i_{DS(sat)}$值小于式（3.26）给出的值。因为 μ_{ns}随纵向电场减小，在饱和区域中，跨导变为

$$g_{ms}=\left.\frac{\partial i_{DS}}{\partial v_{GS}}\right|_{v_{DS}}=\frac{d}{dv_{GS}}\left[\frac{Z}{2L}\mu_{ns}C_{ox}(v_{GS}-V_{Th})^2\right]$$

$$=\frac{Z}{2L}\mu_{ns}C_{ox}\times 2(v_{GS}-V_{Th})(1-0)$$

$$=\frac{Z}{L}\mu_{ns}C_{ox}(v_{GS}-V_{Th}) \tag{3.27}$$

在实际应用中，$v_{DS}>v_{GS}-V_{Th}$的漏源电流 i_{DS}略有增加，这是由于有效沟道长度随着 v_{DS}值的增加而减小，而有限的漏源输出电阻定义为

$$r_{ds}=\left.\frac{\partial v_{DS}}{\partial i_{DS}}\right|_{v_{GS}=\text{常数}} \tag{3.28}$$

MOSFET 的电压放大为

$$A_V=\left.\frac{\partial v_{DS}}{\partial v_{GS}}\right|_{v_{GS}=\text{常数}} \tag{3.29}$$

A_v，g_m 和 r_{ds}的相互关系为

$$A_V=\left.\frac{\partial v_{DS}}{\partial v_{GS}}\right|_{v_{GS}=\text{常数}}=\left.\frac{\partial i_{DS}}{\partial v_{GS}}\right|_{v_{DS}=\text{常数}}\times\left.\frac{\partial v_{DS}}{\partial i_{DS}}\right|_{v_{GS}=\text{常数}}=g_m r_{ds} \tag{3.30}$$

3.4 DMOSFET 和 UMOSFET 的导通电阻模型

3.4.1 DMOSFET 模型

功率 DMOSFET 的导通电阻是图 3.9 中所示的几个电阻元件的串联组合。DMOSFET 的导通比电阻表示为各个分量的总和[8-11]

$$R_{on}=R_{N+}+R_{Ch}+R_A+R_J+R_D+R_S \tag{3.31}$$

其中包含以下分量：

1）R_{N+}是 N^+源极扩散电阻，通常可以忽略不计。

2）R_{Ch}是由式（3.32）给出的沟道电阻

$$R_{Ch}=\frac{L}{Z\mu_{ns}C_{ox}(V_{GS}-V_{Th})} \tag{3.32}$$

对于线性单元几何结构，每平方厘米的沟道电阻为（附录 3.4）

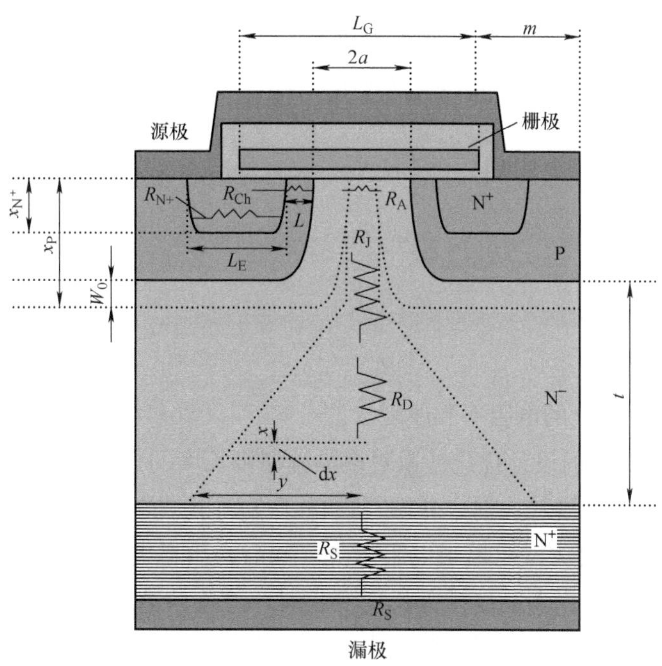

图 3.9　说明 DMOSFET 导通电阻的分量

$$R_{Ch,sp} = \frac{L(L_G + 2m)}{2\mu_{ns} C_{ox}(V_{GS} - V_{Th})} \tag{3.33}$$

式中，$(L_G + 2m)$为单元间距。

3）R_A是电流从沟道扩展到 JFET 区域的积累层电阻。对于线性单元结构，每平方厘米的值为（附录 3.4）

$$R_{A,sp} = \frac{0.6(L_G - 2x_p)(L_G + 2m)}{2\mu_{nA} C_{ox}(V_{GS} - V_{Th})} \tag{3.34}$$

4）R_J是 JFET 区域的电阻。它是作为 JFET 的栅极区（见 4.5 节）P 型基区扩散之间的漂移区电阻。忽略沿垂直方向的压降对耗尽区的影响，可以容易地得到 JFET 区的电阻。假设从积累层流入 JFET 区域的电流是均匀的，那么该区域的电阻仅仅是半导体的电阻，其横截面积由下式给出：

$$A = aZ = \left(\frac{L_G}{2} - x_p\right)Z$$

式中，Z 为垂直于横截面的单元宽度。那么（附录 3.4）

$$R_{J,sp} = \frac{\rho_D(L_G + 2m)(x_p + W_0)}{L_G - 2x_p - 2W_0} \tag{3.35}$$

式中，ρ_D 为 JFET 区域的电阻率；W_0 为在栅极下扩展的耗尽层宽度。

5）R_D 是漂移区电阻。对于从 45°角的 $a = L_G - 2x_p$的横截面的电流扩展，在 P 型基区下方深度 x 处的电流流动的横截面是 $y = (a + x)Z$。漂移区的扩展电阻是

$$R_{\mathrm{D}} = \int_0^t \frac{\rho_{\mathrm{D}}}{(a+x)Z}\mathrm{d}x = \frac{\rho_{\mathrm{D}}}{Z}\int_0^t \frac{\mathrm{d}x}{a+x} = \frac{\rho_{\mathrm{D}}}{Z}[\ln(a+x)]_0^t = \frac{\rho_{\mathrm{D}}}{Z}[\ln(a+t)-\ln a] = \frac{\rho_{\mathrm{D}}}{Z}\ln\left(\frac{a+t}{a}\right) \tag{3.36}$$

式中，t 为漂移层的厚度，并采用公式 $\int \mathrm{d}x/(a+x) = \ln(a+x)$。电阻率为（附录 3.4）

$$R_{\mathrm{D,sp}} = \frac{\rho_{\mathrm{D}}(L_{\mathrm{G}}+2m)}{2}\ln\left(\frac{a+t}{a}\right)$$

6）R_{S} 是衬底电阻

$$R_{\mathrm{S,sp}} = \rho_{\mathrm{S}} t_{\mathrm{S}} \tag{3.37}$$

式中，ρ_{S} 和 t_{S} 分别为衬底的电阻率和厚度。

功率 DMOSFET 结构的设计优化涉及对多晶硅栅极长度的大量仿真，以获得最小的导通比电阻。当多晶硅栅极长度较大时，JFET 和漂移区对导通电阻的贡献减小。由于载流子沿着表面经过的路径长度较长，积累层电阻增加。同时，沟道电阻由于较大的单元间距而降低，导致沟道密度降低。当多晶硅栅极长度变小时，这些参数的变化模式发生反转。因此，器件设计者寻求根据栅极长度获得的导通比电阻的最小值。

3.4.2 UMOSFET 模型

在 UMOSFET 结构中（见图 3.10），没有 JFET 区域，电流从在 U 形槽表面上形成的积

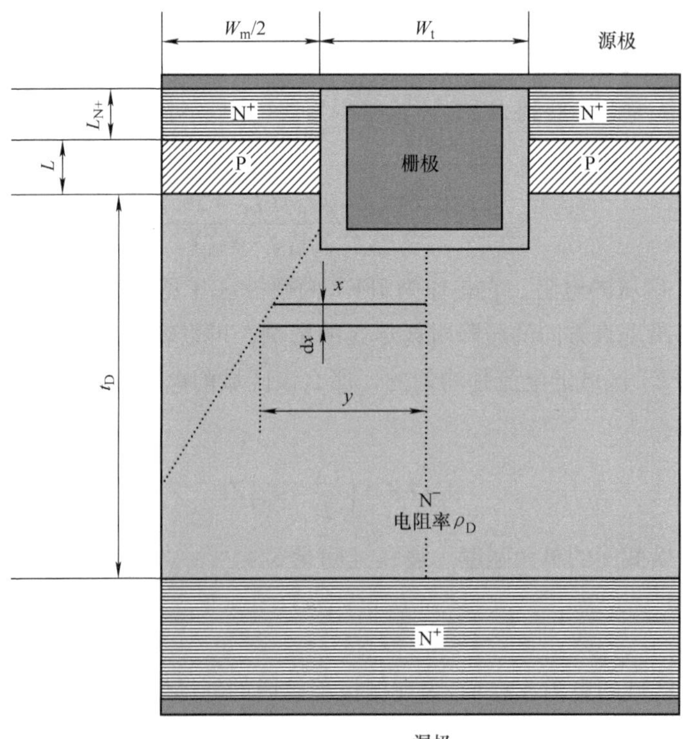

图 3.10　UMOSFET 的导通电阻分量

累层扩展到漂移区中。UMOSFET 单元的导通电阻的主要分量是沟道电阻和漂移区电阻[12-14]。如果 W_m 是台面宽度，W_t是沟槽宽度，则 UMOSFET 结构单位面积的沟道电阻是

$$R_{Ch,sp}=\frac{L(W_m+W_t)}{2\mu_{ns}C_{ox}(V_{GS}-V_{Th})} \tag{3.38}$$

这个方程直接来自附录 3.4 中关于线性 DMOSFET 单元的沟道电阻的公式（A3.4.3），注意到 UMOSFET 单元的面积 $A=(W_m+W_t)Z$，而不是 DMOSFET 单元的$(L_G+2m)Z$。UMOSFET 中没有 JFET 区域，因此可以制造狭窄的台面和沟槽区域。尽可能地减小台面和沟槽宽度是有利的，通过精细分辨率的光刻技术，单元尺寸可以减小到 6μm 以下。因此，与 DMOSFET 或 VMOSFET 结构相比，UMOSFET 设计实现了更高的沟道密度（单位有源单元区域的沟道宽度）。总体影响是沟道电阻对导通电阻的贡献下降，这之所以重要的原因是 UMOSFET 的导通电阻降低到远低于其余类别的 MOSFET 的导通电阻，使得导通功率损耗非常小。图 3.11 对比分析了 UMOSFET 和 DMOSFET。

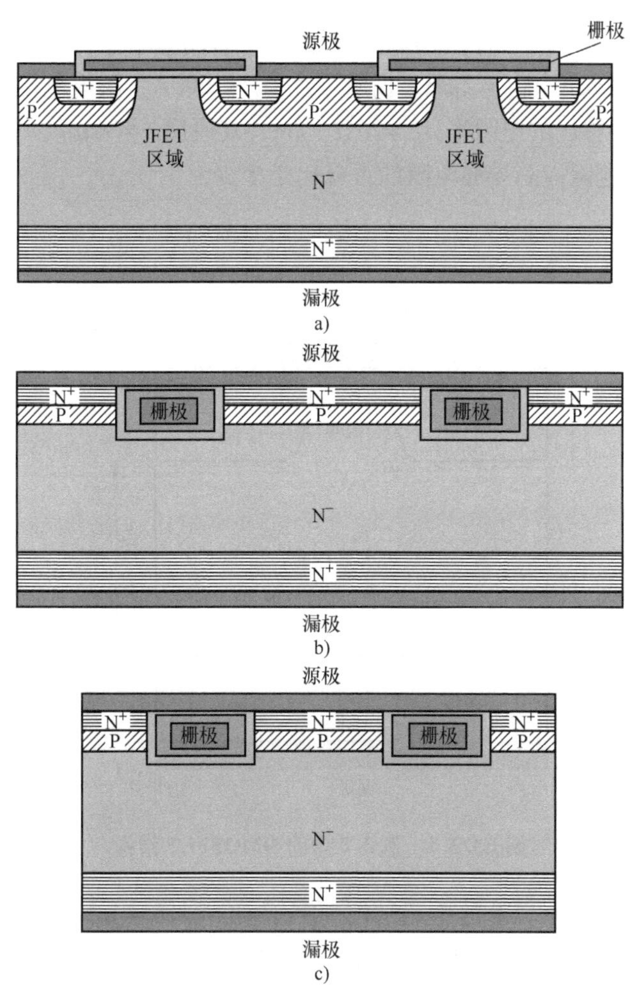

图 3.11 DMOSFET 和 UMOSFET 结构的比较

a）DMOSFET 截面：嵌入相邻 P 型基区单元的 JFET 区域的收缩将增加 JFET 电阻 b）UMOSFET 截面：没有 JFET 区域使得单元尺寸减小，如 c）所示 c）UMOSFET 结构单元尺寸减小和电流密度性能增强

对于 UMOSFET 结构，漂移区的扩展电阻表示为[15]（附录 3.5）

$$R_D = \rho_D \left[0.5(W_m + W_t)\ln\left(1 + \frac{W_m}{W_t}\right) + (t_D - 0.5W_m) \right] \tag{3.39}$$

描述漂移区部分的第一项的电流以45°扩展。第二项涉及漂移区，其横截面积等于单元面积。由于使用的台面宽度非常小，所以即使是低电压设计也会发生电流交叠。于是漂移区的扩展电阻接近理想的导通比电阻。因此，UMOSFET 结构允许制造具有接近理想导通比电阻的器件。

因此，很明显，随着器件设计者朝着 UMOSFET 的更小台面和沟槽宽度方向发展，沟道电阻减小并且沟道密度增加。另外，漂移区的扩展电阻值接近导通比电阻的理想值极限，超出这些限制时，可以通过将沟槽刻蚀到 N^+ 衬底来获得导通比电阻的进一步降低。然后，漏极电流通过积累层在漂移区和沟槽侧壁之间分配，这种 MOSFET 结构的击穿电压非常低（大约为 25V），因为漏极电压完全由栅氧支持。通过使用比厚度小至 P 型基区底部更大厚度的双厚度栅氧结构提高击穿电压，同时，在较厚的栅极氧化区域的积累层电阻升高。

例 3.3 计算具有线性单元几何结构的 N 沟道功率 DMOSFET 的导通比电阻，工作的栅极偏压 $V_{GS}=10V$，$V_{DS}=3V$，器件的结构参数如下：多晶硅栅极长度 $L_G=15\mu m$，单元间距 $L_G+2m=30\mu m$，沟道长度 $L_{Ch}=2\mu m$，栅氧厚度 $t_{ox}=1000Å$，阈值电压 $V_{Th}=4V$，P 型基区深度 $x_P=3\mu m$，N^- 漂移区的电阻率 $\rho_D=25\Omega\cdot cm$，其厚度 $t=30\mu m$，表面电子迁移率值 = $500cm^2/V\cdot s$。JFET 电阻占总导通电阻的百分比是多少？

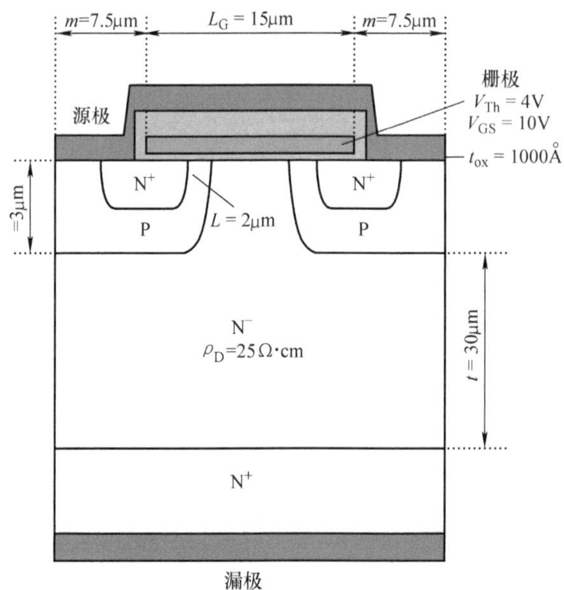

图 E3.3.1　例 3.3 中的 DMOSFET 结构

图 E3.3.1 所示为 DMOSFET 的单元结构。由于 $C_{ox}=8.854\times10^{-14}\times11.9/1000\times10^{-8}=1.0536\times10^{-7}\ F/cm^2$，因此沟道电阻率为 $R_{Ch,sp}=2\times10^{-4}\times30\times10^{-4}/(2\times500\times1.0536\times10^{-7}\times6)=9.49\times10^{-4}\Omega\cdot cm^2$。$R_{ACC,sp}=\{[0.6\times(15-2)\times10^{-4}\times(30\times10^{-4})]/(2\times500\times1.0536\times10^{-7}\times6)\}=3.7\times10^{-3}\Omega\cdot cm^2$。对于 $\rho=25\Omega\cdot cm$，掺杂浓度 $N_D=1/(\rho e\mu)=1/(25\times1.6\times10^{-19}\times1350)=1.85\times10^{14}/cm^3$。在 $V_{DS}=3V$，$W_0=\sqrt{2\varepsilon_0\varepsilon_s V/(qN_A)}=$

$\sqrt{2\times8.854\times10^{-14}\times3.9\times3/(1.6\times10^{-19}\times1.85\times10^{14})}=2.646\times10^{-4}$ cm。∴ JFET 电阻 $R_{J,sp}=[25\times30\times10^{-4}\times(3+2.646)\times10^{-4}]/[(15-2\times3-2\times2.646)\times10^{-4}]=0.114199\Omega\cdot cm^2$。漂移区电阻 $R_{D,sp}=(25\times30\times10^{-4}/2)\ln[(9+30)/9]=0.0549876\Omega\cdot cm^2$。∴ $R_{ON,sp}=9.49\times10^{-4}+3.7\times10^{-3}+0.114199+0.0549876=0.1738366\Omega\cdot cm^2$。这时，$R_{J,sp}/R_{ON,sp}\times100\%=0.114199\times100\%/0.1738366=65.7\%$。

例 3.4 如果台面和沟槽宽度 $W_m+W_t=6\mu m$，则对具有相同参数的 UMOSFET 器件重复上述计算。

图 E3.4.1 描述了 UMOSFET 的单元结构。这里，$R_{Ch,sp}=2\times10^{-4}\times6\times10^{-4}/(2\times500\times1.0536\times10^{-7}\times6)=1.898\times10^{-4}\Omega\cdot cm^2$。$R_{D,sp}=25[(6\times10^{-4}/2)\ln(6/3)+(30-3/2)\times10^{-4}]=0.07645\Omega\cdot cm^2$。$R_{ON,sp}=0.07664\Omega\cdot cm^2$。

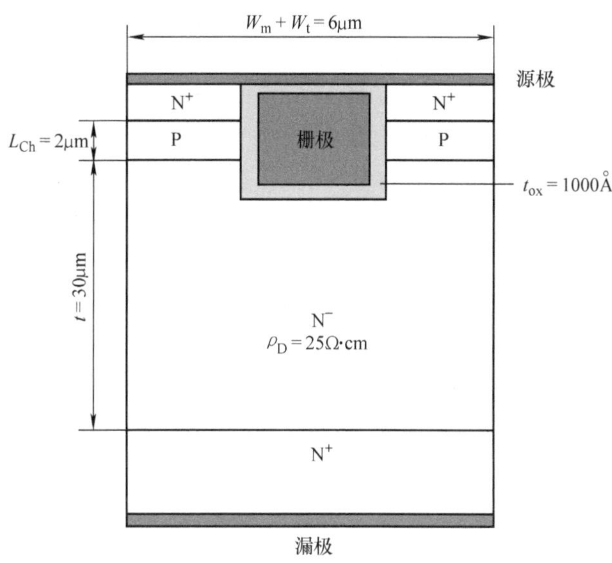

图 E3.4.1 例 3.4 的 UMOSFET 单元

3.5 MOSFET 等效电路和开关时间

MOSFET 的电学等效电路如图 3.12 所示。这个电路反映了 MOSFET 的物理结构，每个电路元件都有特定的物理意义。与漏－源输出电阻 R_o 并联的电流发生器 $g_m v_{GS}$ 描述了 MOSFET 的放大特性，重掺杂的源区和漏区的体电阻 R_S 和 R_D 通常可以忽略不计。沟道电阻为 r_{ch}（图中未示出），衬底的体电阻为 R_{sub}。C_{GS} 是由于栅极金属化和源极区域之间的交叠形成的栅－源电容，通过 C_{GS} 产生的电荷可以确定沟道的电导率。C_{GS} 的组成部分包括①由于栅电极与 N^+ 源区交叠的 C_{N+}；②栅极与 P 型基区交叠形成的 C_P；③由在栅极上的源极金属引线产生的 C_o。C_{GD} 是由栅极金属化与漏极区域交叠形成的栅－漏电容。源极和漏极连接在一起的栅端的输入电容为

$$C_{ISS}=C_{GS}+C_{GD} \tag{3.40}$$

类似地，栅极连接到源极的输出电容为

$$C_{OSS}=C_{DS}+C_{GD} \tag{3.41}$$

式中，C_{DS} 是漏源电容。电容 $C_{S,sub}$ 和 $C_{D,sub}$ 是衬底和相应掺杂区域之间的结的交叠形成的。V_{D1} 和 V_{D2} 代表反向偏置的源极－衬底和漏极－衬底结。

C_{GD} 被米勒效应放大为一个等效电容

$$C_M=(1+g_{in}R_o)C_{GD} \tag{3.42}$$

式中，g_m 为跨导；R_o 为输出电阻。当漂移区的表面处于积累条件时，C_{GD} 在 MOSFET 的导通状态期间具有高的值，但随着 V_{DS} 增加，C_{GD} 减小。通过米勒效应放大这个电容会严重降低频率响应。限制栅极与漂移区域的交叠减小了 C_{GD}，但是在栅极边缘处产生的高电场降低了单元击穿电压并增加了导通电阻，沟道和漂移区域之间电阻的增加是由于在基区之间的一部分表面上积累层的消失导致的。在栅电极中断处的浅 P 型扩散有助于提高单元的击穿电压。

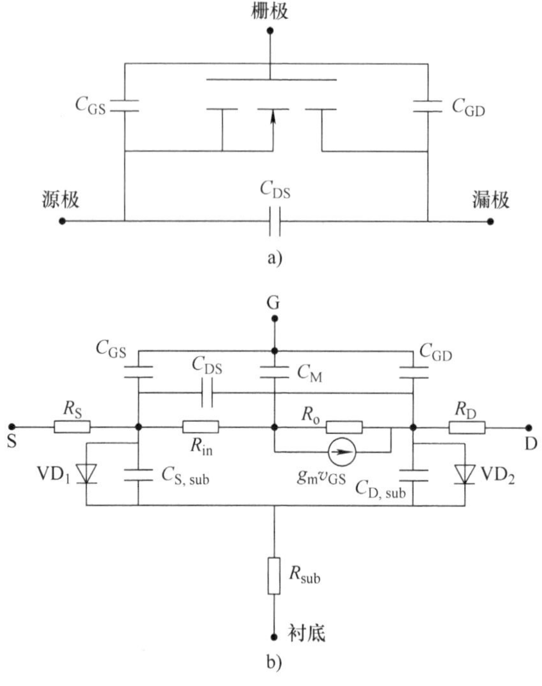

图 3.12 a）MOSFET 极间电容
b）MOSFET 的电学等效电路

符号：C_{GS} = 栅－源电容；C_{GD} = 栅－漏电容；C_{DS} = 漏－源电容；C_M = 米勒电容；$C_{S,sub}$，$C_{D,sub}$ = 由掺杂区和衬底间结交叠形成的电容；R_S，R_D = 高掺杂源极和漏极区的体电阻；R_{sub} = 衬底的体电阻；R_{in} = 输入电阻；R_o = 输出电阻；V_{D1}，V_{D2} = 反向偏压下的源极－衬底和漏极－衬底结偏置；$g_m v_{GS}$ = 电流发生器

参考开关控制电压 v_{GS} 的波形和开关上的电压 v_{DS}（见图 3.13），为 MOSFET 器件定义了四个延迟间隔：①开启延迟时间 $t_{d(on)}$：v_{GS} 上升到其最终值的 10% 瞬间至 v_{DS} 下降到其初始关断状态值的 10% 瞬间计算的时间间隔；②上升时间 t_r：v_{DS} 从其初始关断状态值的 90% 降到 10% 的时间间隔；③关断延迟时间 $t_{d(off)}$：从 v_{GS} 下降到其导通状态值的 90% 瞬间到 v_{DS} 上升到其最终关断值的 10% 瞬间的时间间隔；④下降时间 t_f：v_{DS} 从其最终关断状态值的 10% 上升到 90% 的时间间隔。

根据这些间隔，开启时间为

$$t_{ON}=t_{d(on)}+t_r \tag{3.43}$$

而关断时间为

$$t_{OFF}=t_{d(off)}+t_f \tag{3.44}$$

对于钳位电感负载开关，如果 V_S 是电源电压，V_F 是 MOSFET 两端的正向压降，R_G 是栅极驱动电压源的串联电阻，V_G 是栅极驱动电压，C_{GD} 是栅漏电容，I_L 是流过负载的稳态电流，则 MOSFET 的开启时间表示为[16]

$$t_{on}=\frac{(V_S-V_F)R_G C_{GD}}{V_G-(V_T+I_L/g_m)} \tag{3.45}$$

而关断时间由式（3.46）给出[16]

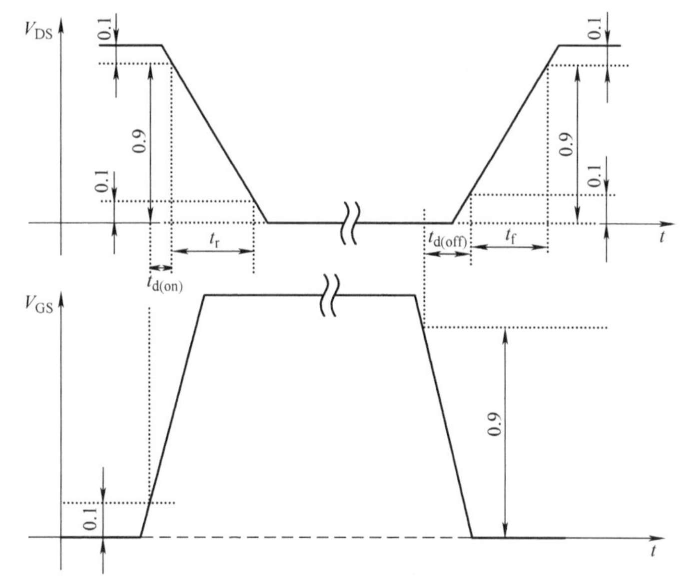

图 3.13 MOSFET 的开关时间，显示输出电压 V_{DS}和输入控制电压 V_{GS}

$$t_{off} = R_G(C_{GS} + C_{GD})\ln\left(\frac{I_L}{g_m V_T} + 1\right) \tag{3.46}$$

通过减小 R_G 和 C_{GD}，降低动态功耗。

例 3.5 在功率 IGBT 电路中，恒流栅极电源为 $\Delta v_{GE} = 5V$ 的栅极提供 10nC 的电荷。在 $v_{GE} = 15V$ 时，输入电容 C_{iss}和存储在该电容中的能量是多少？

栅极电流 i_{GE}由式（E3.5.1）给出

$$i_{GE} = C_{iss}\frac{dv_{GE}}{dt} \tag{E3.5.1}$$

如果栅极驱动（v_{GE} – 电荷 Q）特性是线性的，那么有

$$I_{GE} = C_{iss}\frac{\Delta v_{GE}}{\Delta t} \tag{E3.5.2}$$

得到

$$C_{iss} = I_{GE}\frac{\Delta t}{\Delta v_{GE}} = \frac{\Delta Q}{\Delta v_{GE}} \tag{E3.5.3}$$

因此，$C_{iss} = 10 \times 10^{-9}/5 = 2 \times 10^{-9}$ F。存储在这个电容中的能量为

$$E_G = \frac{1}{2}C_{iss}V_{GE}^2 \tag{E3.5.4}$$

所以，$E_G = \frac{1}{2} \times 2 \times 10^{-9} \times (15)^2 = 2.25 \times 10^{-7}$ J。

3.6 安全工作区域

图 3.14 所示为典型的安全工作区域，其边界由最大允许的漏源电流、峰值功耗和漏源击穿电压来定义。对于连续工作模式，这些限制比脉冲模式工作要低。此外，在脉冲模式工

作中，对于持续时间较长的脉冲限制较小。在 MOSFET 中，有两种类型的二次击穿，即双极型二次击穿和 MOS 二次击穿。在表 3.2 中列出了这些模式的区别。

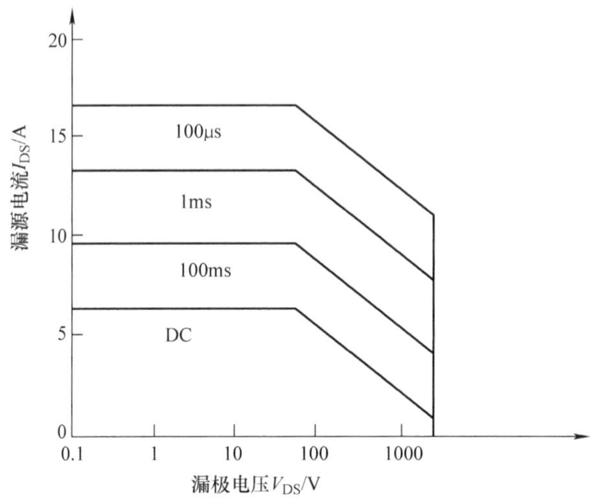

图 3.14　MOSFET 的典型安全工作区域

表 3.2　MOSFET 中二次击穿机制

序号	双极型二次击穿	MOS 二次击穿
1	源自结构中存在（N^+源 - P 型基区 - N^-漂移层）寄生的双极型晶体管，在漏极电压增加到接近击穿时，除了正常的沟道电流之外，大的雪崩电流在 P 型基区中横向流动，在 P 型基区中这个大的横向流动电流在这个区域产生一个电势差，当这个电势差超过 N^+源极 - P 型基区结的内建电势时，这个结正向偏置而 N^+PN^-晶体管导通，P 型基区 - N 型漂移层击穿电压 BV_{CBO}降低到 BV_{CEO}，从而使寄生晶体管遭受击穿	来自 P 型基区中的横向压降对沟道电流的影响，形成的大电场引发了沟道电流的雪崩倍增，导致击穿
2	发生双极型二次击穿的漏极电压为 $$V_{D,SB}=\frac{BV}{\left[1+\left(\frac{qR_BI_0}{kT}\right)\right]^{1/n}}$$ 式中，BV 为结击穿电压；R_B 为基区电阻；I_0 为反向饱和电流；n 为一个系数	MOS 发生二次击穿的漏极电压表示为 $$V_{D,SB}=\frac{BV}{(1+\gamma R_B)^{1/n}}$$ 式中，γ 为体偏置系数 $=\Delta I_D/\Delta V_B$
3	随着基区电阻的增加，二次击穿电压降低，因此，在 DMOSFET 单元中包含深 P^+扩散区域增加了器件的 $V_{D,SB}$性能	R_B 值值越高，二次击穿电压越低，因此，深 P^+扩散有助于改善 $V_{D,SB}$性能，就像在双极型情况中一样

3.7　中子和伽马射线损伤效应

由于 MOSFET 是多数载流子器件，中子辐射对少数载流子寿命的影响不会损害器件行为。正如2.7节中已经讨论的那样，伽马射线会形成捕获的正空穴电荷和界面快速状态，从而导致阈值电压、平带电压（在例3.1中定义）和沟道迁移率的变化。在NMOSFET中，施加正栅极偏压，因此捕获的正空穴电荷被排斥到Si－SiO_2界面，在那里它更靠近沟道并引起更大的阈值电压偏移。在PMOSFET中，施加的栅极偏压为负，捕获的正空穴电荷被吸引到金属栅电极而远离沟道，产生较小的阈值电压变化。因此，PMOS晶体管比NMOS晶体管更抗辐射。对于两种类型的晶体管，阈值电压向电压更低的方向发展。PMOS晶体管变得更难开启，而NMOS晶体管变得更容易开启并且可能会永久开启。在NMOS晶体管中，在场氧（即除栅氧之外的氧化物）的电离辐射产生捕获的空穴电荷，施加正栅极偏压可以很容易地使下面的Si反型，产生泄露电流。然而，在PMOS晶体管中，所施加的负栅极偏压将捕获的空穴电荷拉向栅端而远离沟道，这对于中断器件运行来说是一个不太敏感的位置。

3.8 MOSFET的热行为

MOSFET的加热是通过使阈值电压降低来增加正向电流以及通过迁移率减小而降低正向电流的组合效应。对于工作在阈值电压附近的MOSFET，组合效应使得输出电流随着温度升高而增加，而对于远离阈值工作的MOSFET，组合效应使得电流随着温度升高而降低[17-19]，强反型MOSFET沟道中的迁移率与绝对温度的二次方成反比

$$\mu(T)=\mu(300)\left(\frac{T}{300}\right)^{-2} \tag{3.47}$$

阈值电压随温度的变化表示为[15-17]

$$\frac{\mathrm{d}V_{\mathrm{T}}}{\mathrm{d}T}=\frac{\mathrm{d}\psi_{\mathrm{B}}}{\mathrm{d}T}\left(\frac{1}{C_{\mathrm{ox}}}\sqrt{\frac{\varepsilon_0\varepsilon_{\mathrm{s}}N_{\mathrm{A}}}{\psi_{\mathrm{B}}}}+2\right) \tag{3.48}$$

其中（附录3.6）

$$\frac{\mathrm{d}\psi_{\mathrm{B}}}{\mathrm{d}T}=\frac{1}{T}\left[\frac{E_{\mathrm{g}}(T=0)}{2q}-|\psi_{\mathrm{B}}(T)|\right] \tag{3.49}$$

上述关系源于功函数差和固定氧化物电荷的热独立性。

例3.6 IGBT中的P型基区浓度N_{A}为$1\times10^{17}/\mathrm{cm}^3$，栅氧厚度$t_{\mathrm{ox}}$为1000Å。计算在－20℃、27℃、100℃、200℃和300℃下的阈值电压V_{T}。另外确定连续两个温度间阈值电压随温度的变化率$\Delta V_{\mathrm{T}}/V_{\mathrm{T}}$。假设在这些温度下，本征载流子浓度分别为$1\times10^8/\mathrm{cm}^3$、$1.5\times10^{10}/\mathrm{cm}^3$、$2\times10^{12}/\mathrm{cm}^3$、$1\times10^{14}/\mathrm{cm}^3$和$2\times10^{15}/\mathrm{cm}^3$。热电压（$=kT/q$）分别为0.0218V、0.0259V、0.0322V、0.0408V和0.0494V。功函数差和氧化物电荷效应可以忽略不计。

由式（3.12）可知，$C_{\mathrm{ox}}=8.854\times10^{-14}\times3.9/(1000\times10^{-8})=3.45306\times10^{-8}\ \mathrm{F/cm^2}$。应用式(3.14)，$V_{\mathrm{T}}=\sqrt{4\varepsilon_0\varepsilon_{\mathrm{s}}qN_{\mathrm{A}}\psi_{\mathrm{B}}}/C_{\mathrm{ox}}+2\psi_{\mathrm{B}}$，而$\psi_{\mathrm{B}}=(kT/q)\ln(N_{\mathrm{A}}/n_{\mathrm{i}})$，结果见表E3.6.1所示。

表 E3.6.1 阈值电压随温度的变化

序号	温度/℃	ψ_B/V	V_T/V	ΔV_T/mV	$\Delta V_T/\Delta T$ /(mV/℃)
1	-20	0.4522	5.96		
2	27	0.407	5.611	349	7.43
3	100	0.371	5.14	471	6.45
4	200	0.282	4.556	584	5.84
5	300	0.193	3.69	866	8.66

3.9 DMOSFET 单元窗口和拓扑设计

通常用于功率 DMOSFET 的单元窗口包括线形、正方形、圆形、六边形和原子晶格布局（A－L－L）形，这些单元布局如图 3.15 所示。假设漂移区的掺杂浓度 N_D 对于所有几何形状是相同的，如果比例（单元窗口的面积/总面积）相同，则它们的导通电阻相等。但需要调整 N_D 以避免单元中的电场拥挤。可以发现 A－L－L 优于其他几何形状，它还具有更小的漏极交叠电容，这个因素是高频工作所需要的。

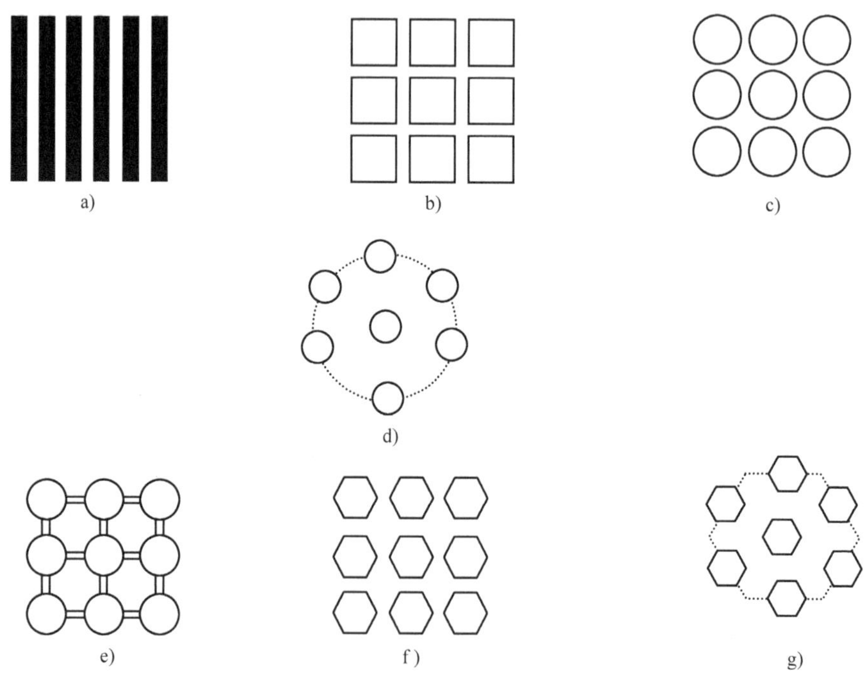

图 3.15 DMOSFET 单元的不同拓扑设计

a）线形 b）正方形阵列中的正方形单元 c）正方形阵列中的圆形单元 d）圆形阵列中的圆形单元 e）原子晶格布局（A－L－L） f）正方形阵列中的六边形单元 g）六边形阵列中的六边形单元

3.10 小结

DMOSFET 和 UMOSFET 器件是各种工业领域高效、高速电力电子转换和控制系统的重要组成部分。这个重要的电力领域（高达 > 300V）的技术增长取决于基础的分立 MOSFET，沟槽栅极结构有助于大幅降低导通电阻。

练　习　题

3.1　你对增强和耗尽 MOSFET 有什么了解？说出最常用的 MOSFET 类型？

3.2　为什么功率 MOSFET 首选垂直结构？绘制垂直和横向 MOSFET 的横截面图，并描述它们的工作过程。

3.3　MOSFET 的集成体二极管如何用作整流二极管？确定 MOSFET 中的寄生双极型晶体管并解释它是如何导致器件失效的？

3.4　对于相同的阻断电压，为什么 MOSFET 比双极型晶体管承载更小的正向电流？为什么双极型晶体管比 MOSFET 慢？

3.5　MOSFET DC 工作时是否需要大的输入电流？在高频时会发生什么？

3.6　半导体的积累、耗尽和反型是什么意思？解释术语强、中、弱反型。

3.7　区分以下内容：固定氧化物电荷、捕获的氧化物电荷、可动的氧化物电荷和界面陷阱电荷。

3.8　如何理解半导体的平带电压 V_{FB}？写出平带电压的公式并解释符号。

3.9　在推导 MOSFET 的输出电流 - 电压特性时做了哪些简化假设？推导 $i_{DS}-v_{DS}$ 关系并显示如何针对较小的 v_{DS} 值进行修改。定义 MOSFET 的跨导。

3.10　在图上显示 DMOSFET 的内阻。写出由 JFET 和漂移区引起的比电阻公式。

3.11　绘制 MOSFET 的等效电路并解释不同电路元件的来源。

3.12　命名并定义在 MOSFET 开关中的四个主要延迟时间。

3.13　绘制 MOSFET 的代表性安全工作区并解释其边界是如何定义的。

3.14　解释为什么当伽马辐射影响其阈值电压时，MOSFET 的性能不受中子轰击的影响。

3.15　N 沟道和 P 沟道 MOSFET 对伽马辐射的响应有何不同？这些 MOSFET（NMOS 或 PMOS）中的哪一个是抗辐射的？为什么？

3.16　MOSFET 的输出电流在接近阈值电压的情况下如何随温度变化？如果 MOSFET 远离它工作，那它会如何变化？

3.17　(a) 在具有 N^+ 多晶硅栅极的 N 沟道 IGBT 中，栅极氧化物厚度 t_{ox} 为 800Å，P 型基区掺杂浓度 N_A 为 $1.5\times10^{17}/cm^3$，栅极掺杂为 $N_D=1.2\times10^{20}/cm^3$。界面态密度为 $1.7\times10^{10}/cm^2$。求出 IGBT 的阈值电压。(b) 如果 N_A 升高到 $5\times10^{17}/cm^3$，那么新的阈值电

压是多少?(c)较高的氧化物电荷($=1\times10^{11}/cm^2$)对阈值电压有何影响?

3.18 N沟道功率DMOSFET具有线性单元几何形状。它工作时栅极偏置$V_{GS}=8V$,漏极-源极电压$V_{DS}=5V$。其结构参数为:多晶硅栅极长度$L_G=12\mu m$,单元间距$L_G+2m=25\mu m$,沟道长度$L_{ch}=1.5\mu m$,栅极氧化物厚度$t_{ox}=900Å$,阈值电压$V_{Th}=3.5V$,P型基区深度$x_p=2.5\mu m$,N^-漂移区的电阻率$\rho_D=20\Omega\cdot cm$而其厚度$t=25\mu m$。计算MOSFET的导通比电阻,表面电子迁移率值设为$450cm^2/V\cdot s$。

3.19 IGBT的P型基区浓度为$2.4\times10^{17}/cm^3$,栅氧厚度为750Å。确定在253K、300K和473K时的阈值电压。这些温度下的本征载流子浓度值分别为$1\times10^8/cm^3$、$1.5\times10^{10}/cm^3$和$2\times10^{12}/cm^3$,而相应的热电压分别为0.0218V、0.0259V、0.0322V。可以忽略功函数差和氧化物电荷效应。

参考文献

1. (a) J. E. Lilienfeld, Canadian Patent Application filed October 25; US Patent 1,745,175 (1930), 1,877,140 (1932), 1, 900, 018 (1933); (b) O. Heil, British Patent 439,457 (filed and granted 1935).
2. W. Shockley and G. L. Pearson, Modulation of Conductance of Thin Films of Semiconductors by Surface Charges, *The Physical Review*, The American Institute of Physics for the American Physical Society, Lancaster, Pennsylvania, Vol. 24, 1948, pp. 232–233.
3. H. Ikeda, K. Ashikawa, and K. Urita, Power MOSFETs for Medium-Wave and Short-Wave Transmitters, *IEEE Trans. Electron Devices*, Vol. 27, No. 2, February, 1980, pp. 330–334.
4. B. J. Baliga, Switching Lots of Watts at High Speed, *IEEE Spectrum*, Vol.18, 1981, pp. 42–48.
5. E. H. Nicollian and J. R. Brews, *MOS Physics and Technology*, Wiley-Interscience, New York, 1982.
6. Y. P. Tsividis, *Operation and Modelling of the MOS Transistor*, McGraw-Hill Book Co., New York, 1987.
7. D. A. Grant and J. Gowar, *Power MOSFETs: Theory and Applications*, John Wiley & Sons, New York, 1989.
8. M. N. Darwish and K. Board, Optimization of Breakdown voltage and ON-resistance of VDMOS Transistors, *IEEE Trans. Electron Devices*, Vol. ED-31, No. 12, December 1984, pp. 1769–1773.
9. S. C. Sun and J. D. Plummer, Modeling of the ON-resistance of LDMOS, VDMOS and VMOS Power Transistors, *IEEE Trans. Electron Devices*, Vol. ED-27, No. 2, February 1980, pp. 356–367.
10. S. D. Kim, I. J. Kim, M. Khan, and Y. I. Choi, An Accurate ON-resistance Model for Low-Voltage DMOS Devices, *Solid state Electronics*, Vol. 38, No. 2, February 1995, pp. 345–350.
11. C. Hu, M-. H. Chi, and V. M. Patel, Optimum Design of Power MOSFETs, *IEEE Trans. Electron Devices*, Vol. ED-31, No. 12, December 1984, pp. 1693–1700.
12. H. R. Chang, R. D. Black, V. A. K. Temple, W. Tantraporn, and B. J. Baliga, Self-Aligned UMOSFETs with Specific ON-resistance of 1 Milliohm-cm^2, *IEEE Trans. Electron Devices*, Vol. ED-34, No. 11, November 1987, pp. 2329–2334.
13. S. Matsumoto, T. Ohno, H. Ishii, and H. Yoshino, A High-Performance Self-Aligned UMOSFET with a Vertical Trench Contact structure, *IEEE Trans. Electron Devices*, Vol. 41, No.5, May 1994, pp. 814–818.
14. T. Syau, P. Venkatraman, and B. J. Baliga, Comparison of Ultralow Specific ON-resistance UMOSFET Structures: The ACCUFET, EXTFET, INVFET and Conventional UMOSFETs, *IEEE Trans. Electron Devices*, Vol. 41, No. 5, May 1994, pp. 800–808.

15. D. Ueda, H. Takagi and G. Kano, A New Vertical Power MOSFET Structure with Extremely Reduced On-Resistance, *IEEE Trans. Electron Devices*, Vol. ED-32, No. 1, January 1985, pp. 2–6.
16. B. J. Baliga in S. M. Sze (Ed.), *Modern Semiconductor Device Physics, Power Devices*, John Wiley & Sons, New York, 1998, pp. 183–252.
17. L. Vadasz and A. S. Grove, Temperature Dependence of MOS Transistor Characteristics Below Saturation, *IEEE Trans. Electron Devices*, Vol. ED-13, No. 12, December 1966, pp. 863–866.
18. R. Wang, J. Dunkley, T. A. DeMassa, and J. F. Jelsma, Threshold Voltage Variations with Temperature in MOS Transistors, *IEEE Trans. Electron Devices*, Vol. ED-18, No. 6, June 1971, pp. 386–388.
19. F. M. Klaassen and W. Hes, On the Temperature Coefficient of the MOSFET Threshold Voltage, *Solid State Electronics*, Vol. 29, No. 7, July 1986, pp. 787–789.

附录3.1 式（3.2a）和式（3.2b）的推导

半导体中的电子和空穴遵循费米－狄拉克统计分布，实际上这在数学上可以简化为更简单的非简并半导体中的麦克斯韦－波尔兹曼统计分布

$$f_M(E)=\exp[-(E-E_F)/kT] \tag{A3.1.1}$$

式中，E 为载流子的能量（电子或空穴）；E_F 为费米能级；k 为玻尔兹曼常数；T 为绝对温度。

在热平衡时，电子和空穴浓度表示为

$$n=N_c\exp[-(E_C-E_F)/kT],p=N_v\exp[-(E_F-E_V)/kT] \tag{A3.1.2}$$

式中，N_c 和 N_v 为导带和价带边缘状态的有效密度。

在本征半导体中，有 $n=p$，所以，$E_C-E_F=E_F-E_V$。那么费米能级大约接近带隙的中间，它被称为本征费米能级，用 E_I 表示。本征费米能级通常作为讨论非本征半导体的参考能级。作为本征载流子浓度 n_i，也可用于关联非本征半导体中的载流子浓度，类似地，E_I 也用作讨论非本征半导体时的参考能级。因为

$$n_i=N_c\exp[-(E_C-E_I)/kT]=N_v\exp[-(E_I-E_V)/kT] \tag{A3.1.3}$$

式（A3.1.2）改写为

$$n=n_i\exp[(E_F-E_I)/kT],p=n_i\exp[-(E_F-E_I)/kT] \tag{A3.1.4}$$

关注电子，假设 $\Delta E_C=\Delta E_I=E_{Ip}-E_{Ip0}$是在平衡时半导体表面上的点与体半导体内的另一个点之间的电子势能差，那么根据定义，这两点之间的静电势差 ψ 就是单位电荷的势能差

$$\psi=\frac{E_{Ip}-E_{Ip0}}{-q} \tag{A3.1.5}$$

应用式（A3.1.4），所考虑的两点的电子浓度分别为

$$n_p=n_i\exp[(E_F-E_{Ip})/kT],n_{p0}=n_i\exp[(E_F-E_{Ip0})/kT] \tag{A3.1.6}$$

通过除法得到

$$\frac{n_p}{n_{p0}}=\exp[-(E_{Ip}-E_{Ip0})/kT] \tag{A3.1.7}$$

从式（A3. 1. 5），得到 $E_{\mathrm{Ip}}-E_{\mathrm{Ip0}}=-q\psi$，因此式（A3. 1. 7）简化为

$$n_{\mathrm{p}}=n_{\mathrm{p0}}\exp\left(\frac{q\psi}{kT}\right) \tag{A3. 1. 8}$$

即式（3. 2a）。类似地，从式（A3. 1. 4）中空穴密度 p 的方程出发，得到式（3. 2b），这个推导过程留给读者作为练习。

附录 3. 2 式（3. 7）的推导

式（3. 6）两边乘以 $\mathrm{d}\psi/\mathrm{d}x$，得到

$$\frac{\mathrm{d}\psi}{\mathrm{d}x}\cdot\frac{\mathrm{d}^2\psi}{\mathrm{d}x^2}=-\frac{q}{\varepsilon_0\varepsilon_{\mathrm{s}}}\left\{p_{\mathrm{p0}}\left[\exp\left(-\frac{q\psi}{kT}\right)-1\right]-n_{\mathrm{p0}}\left[\exp\left(\frac{q\psi}{kT}\right)-1\right]\right\}\cdot\frac{\mathrm{d}\psi}{\mathrm{d}x} \tag{A3. 2. 1}$$

使用等式

$$\frac{1}{2}\frac{\mathrm{d}}{\mathrm{d}x}\left(\frac{\mathrm{d}\psi}{\mathrm{d}x}\right)^2=\frac{\mathrm{d}\psi}{\mathrm{d}x}\cdot\frac{\mathrm{d}^2\psi}{\mathrm{d}x^2} \tag{A3. 2. 2}$$

有

$$\begin{aligned}
&\frac{1}{2}\frac{\mathrm{d}}{\mathrm{d}x}\left(\frac{\mathrm{d}\psi}{\mathrm{d}x}\right)^2\\
&=-\frac{q}{\varepsilon_0\varepsilon_{\mathrm{s}}}\left\{p_{\mathrm{p0}}\left[\exp\left(-\frac{q\psi}{kT}\right)-1\right]-n_{\mathrm{p0}}\left[\exp\left(\frac{q\psi}{kT}\right)-1\right]\right\}\cdot\frac{\mathrm{d}\psi}{\mathrm{d}x}\\
&=-\frac{qp_{\mathrm{p0}}}{\varepsilon_0\varepsilon_{\mathrm{s}}}\left\{\left[\exp\left(-\frac{q\psi}{kT}\right)-1\right]-\frac{n_{\mathrm{p0}}}{p_{\mathrm{p0}}}\left[\exp\left(\frac{q\psi}{kT}\right)-1\right]\right\}\cdot\frac{\mathrm{d}\psi}{\mathrm{d}x}\\
&=-\frac{(kT/q)qp_{\mathrm{p0}}}{\varepsilon_0\varepsilon_{\mathrm{s}}(kT/q)}\left\{\left[\exp\left(-\frac{q\psi}{kT}\right)-1\right]-\frac{n_{\mathrm{p0}}}{p_{\mathrm{p0}}}\left[\exp\left(\frac{q\psi}{kT}\right)-1\right]\right\}\cdot\frac{\mathrm{d}\psi}{\mathrm{d}x}\\
&=\frac{(kT/q)}{\varepsilon_0\varepsilon_{\mathrm{s}}(kT/q)/(qp_{\mathrm{p0}})}\left\{\left[\exp\left(-\frac{q\psi}{kT}\right)-1\right]-\frac{n_{\mathrm{p0}}}{p_{\mathrm{p0}}}\left[\exp\left(\frac{q\psi}{kT}\right)-1\right]\right\}\cdot\frac{\mathrm{d}\psi}{\mathrm{d}x}\\
&=\frac{(kT/q)}{L_{\mathrm{D}}^2}\left\{\left[\exp\left(-\frac{q\psi}{kT}\right)-1\right]-\frac{n_{\mathrm{p0}}}{p_{\mathrm{p0}}}\left[\exp\left(\frac{q\psi}{kT}\right)-1\right]\right\}\cdot\frac{\mathrm{d}\psi}{\mathrm{d}x}
\end{aligned} \tag{A3. 2. 3}$$

其中，L_{D} 为非本征的德拜长度，为

$$L_{\mathrm{D}}=\sqrt{\frac{\varepsilon_0\varepsilon_{\mathrm{s}}kT}{q^2p_{\mathrm{p0}}}} \tag{A3. 2. 4}$$

令

$$\frac{\mathrm{d}\Omega}{\mathrm{d}x}=\left\{\left[\exp\left(-\frac{q\psi}{kT}\right)-1\right]-\frac{n_{\mathrm{p0}}}{p_{\mathrm{p0}}}\left[\exp\left(\frac{q\psi}{kT}\right)-1\right]\right\}\cdot\frac{\mathrm{d}\psi}{\mathrm{d}x} \tag{A3. 2. 5}$$

那么

$$\begin{aligned}
\Omega&=\int\left\{\left[\exp\left(-\frac{q\psi}{kT}\right)-1\right]-\frac{n_{\mathrm{p0}}}{p_{\mathrm{p0}}}\left[\exp\left(\frac{q\psi}{kT}\right)-1\right]\right\}\cdot\mathrm{d}\psi\\
&=\frac{\exp\left(-\frac{q\psi}{kT}\right)}{-q/kT}-\psi-\frac{n_{\mathrm{p0}}}{p_{\mathrm{p0}}}\left[\frac{\exp\left(\frac{q\psi}{kT}\right)}{q/kT}-\psi\right]
\end{aligned}$$

$$= \frac{-\exp\left(-\frac{q\psi}{kT}\right)-\frac{q\psi}{kT}-\frac{n_{p0}}{p_{p0}}\left[\exp\left(\frac{q\psi}{kT}\right)-\frac{q\psi}{kT}\right]}{q/kT}$$

$$= \frac{kT}{q}\left\{-\exp\left(-\frac{q\psi}{kT}\right)-\frac{q\psi}{kT}-\frac{n_{p0}}{p_{p0}}\left[\exp\left(\frac{q\psi}{kT}\right)-\left(\frac{q\psi}{kT}\right)\right]\right\} \quad (A3.2.6)$$

由式（A3.2.3）和式（A3.2.6），可以得到

$$\frac{1}{2}\frac{\mathrm{d}}{\mathrm{d}x}\left(\frac{\mathrm{d}\psi}{\mathrm{d}x}\right)^2$$

$$= \frac{(kT/q)^2}{L_D^2}\cdot\frac{\mathrm{d}}{\mathrm{d}x}\left\{-\exp\left(-\frac{q\psi}{kT}\right)-\frac{q\psi}{kT}-\frac{n_{p0}}{p_{p0}}\left[\exp\left(\frac{q\psi}{kT}\right)-\left(\frac{q\psi}{kT}\right)\right]\right\} \quad (A3.2.7)$$

对式（A3.2.7）积分一次，得到

$$\frac{1}{2}\left(\frac{\mathrm{d}\psi}{\mathrm{d}x}\right)^2\Bigg|_0^{x_d}$$

$$= \frac{(kT/q)^2}{L_D^2}\left[-\exp\left(-\frac{q\psi}{kT}\right)-\frac{q\psi}{kT}-\frac{n_{p0}}{p_{p0}}\left[\exp\left(\frac{q\psi}{kT}\right)-\left(\frac{q\psi}{kT}\right)\right]\right\}\Bigg|_0^{x_d} \quad (A3.2.8)$$

边界条件表示为

$$\psi = \begin{cases} 0 \text{ 和} \frac{\mathrm{d}\psi}{\mathrm{d}x}=0, & \text{当 } x=x_d \text{ 时} \\ \psi_s, & \text{当 } x=0 \text{ 时} \end{cases} \quad (A3.2.9)$$

式中，ψ_s 为表面电势；x_d 为空间电荷层宽度。提取两边的二次方根，式（A3.2.8）可以改写为

$$\frac{1}{\sqrt{2}}\frac{\mathrm{d}\psi}{\mathrm{d}x}\Bigg|_0^{x_d}$$

$$= \frac{(kT/q)}{L_D}\left\{-\exp\left(-\frac{q\psi}{kT}\right)-\frac{q\psi}{kT}-\frac{n_{p0}}{p_{p0}}\left[\exp\left(\frac{q\psi}{kT}\right)-\left(\frac{q\psi}{kT}\right)\right]\right\}^{0.5}\Bigg|_0^{x_d} \quad (A3.2.10)$$

或

$$-\frac{\mathrm{d}\psi}{\mathrm{d}x}\Bigg|_0^{x_d} = \xi(x)$$

$$= \frac{\sqrt{2}(kT/q)}{L_D}\left\{\exp\left(-\frac{q\psi}{kT}\right)+\frac{q\psi}{kT}+\frac{n_{p0}}{p_{p0}}\left[\exp\left(\frac{q\psi}{kT}\right)-\frac{q\psi}{kT}\right]\right\}^{0.5}\Bigg|_0^{x_d}$$

$$= \frac{\sqrt{2}(kT/q)}{L_D}\left\{\exp\left(-\frac{q\psi_s}{kT}\right)+\frac{q\psi_s}{kT}+\frac{n_{p0}}{p_{p0}}\left[\exp\left(\frac{q\psi_s}{kT}\right)-\frac{q\psi_s}{kT}\right]-\exp(-0)-0-\frac{n_{p0}}{p_{p0}}[\exp(0)-0]\right\}^{0.5}$$

$$= \frac{\sqrt{2}(kT/q)}{L_D}\left\{\exp\left(-\frac{q\psi_s}{kT}\right)+\frac{q\psi_s}{kT}+\frac{n_{p0}}{p_{p0}}\left[\exp\left(\frac{q\psi_s}{kT}\right)-\frac{q\psi_s}{kT}\right]-1-\frac{n_{p0}}{p_{p0}}\right\}^{0.5}$$

$$= \frac{\sqrt{2}(kT/q)}{L_D}\left\{\left[\exp\left(-\frac{q\psi_s}{kT}\right)+\frac{q\psi_s}{kT}-1\right]+\frac{n_{p0}}{p_{p0}}\left[\exp\left(\frac{q\psi_s}{kT}\right)-\frac{q\psi_s}{kT}-1\right]\right\}^{0.5} \quad (A3.2.11)$$

附录 3.3 推导在强反型转变点的半导体体电势 ψ_B 和表面电荷 Q_s 的公式

半导体中电荷和电场之间的关系用泊松方程表示为

$$\frac{d\xi}{dx}=-\frac{d^2\psi}{dx^2}=-\frac{q}{\varepsilon_0\varepsilon_s}[(n-p)-(N_D-N_A)] \tag{A3.3.1}$$

式中，ξ 为电场；ψ 为电势；q 为电荷；ε_0 为自由空间的介电常数；ε_s 为 Si 的介电常数；n 和 p 为电子和空穴浓度；N_D 和 N_A 为施主和受主密度。

在 P 型区域中的空穴密度 p 与该区域中的费米能级 E_F 相关

$$p=n_i\exp\left(\frac{E_I-E_F}{kT}\right) \tag{A3.3.2}$$

式中，n_i 为本征载流子浓度；E_I 为本征能级；k 为玻尔兹曼常数；T 为绝对温度。

这个方程从以下公式得到：

$$p=N_V\exp\left(-\frac{E_F-E_V}{kT}\right) \tag{A3.3.3}$$

式中，N_V 为价带中状态的有效密度；E_V 为价带上边缘的能量。对于本征半导体，$E_F=E_I$，这样

$$n_i=N_V\exp\left(-\frac{E_I-E_V}{kT}\right) \tag{A3.3.4}$$

将 N_V 式（A3.3.4）带入式（A3.3.3），得到公式（A3.3.2）。

本征能级和费米能级之间的差定义为半导体体电势 $q\psi_B$，这能够将公式（A3.3.2）改写为

$$p=n_i\exp\left(\frac{q\psi_B}{kT}\right) \tag{A3.3.5}$$

现在，在中性 P 区域中，总的空间电荷密度为零。因此

$$\frac{d\xi}{dx}=0 \tag{A3.3.6}$$

和

$$n-p-N_D+N_A=0 \tag{A3.3.7}$$

在 P 型半导体中，可以假设 $N_D=0$ 且 $p>>n$。因此，通过在式（A3.3.7）中设定 $N_D=n=0$，得到 P 型半导体的电势 ψ_B，使得

$$p=N_A \tag{A3.3.8}$$

结合式（A3.3.5）和式（A3.3.8），得到

$$N_A = n_i \exp\left(\frac{q\psi_B}{kT}\right) \tag{A3.3.9}$$

从中

$$\psi_B = \frac{kT}{q}\ln\left(\frac{N_A}{n_i}\right) \tag{A3.3.10}$$

为了推导在强反型转变点时的表面电荷 Q_s，注意到当 $\psi_s < \psi_B$ 时，表面电荷来自式（3.9）

$$Q_s = \sqrt{2\varepsilon_0\varepsilon_s q p_{p0}\psi_s} \tag{A3.3.11}$$

强反型的条件是 $\psi_s > 2\psi_B$。因此，对于转换点，使用式（A3.3.10）得到以下公式：

$$\psi_s = \frac{2kT}{q}\ln\left(\frac{N_A}{n_i}\right) \tag{A3.3.12}$$

结合式（A3.3.11）和式（A3.3.12），给出

$$Q_s = \sqrt{2\varepsilon_0\varepsilon_s p_{p0}\psi_s} = \sqrt{2\varepsilon_0\varepsilon_s q p_{p0}\frac{2kT}{q}\ln\left(\frac{N_A}{n_i}\right)}$$
$$= \sqrt{4\varepsilon_0\varepsilon_s kTN_A\ln(N_A/n_i)} \tag{A3.3.13}$$

附录 3.4 式(3.33)~式(3.36)的推导

线性单元几何形状沟道比电阻式（3.33）。

参见图3.8，在纸平面中单元的长度 $= L_G + 2m$，其垂直于纸面的长度 = 沟道宽度 $= Z$。因此，单元的面积为

$$A = (L_G + 2m)Z \tag{A3.4.1}$$

注意到在每个单元中，存在两个沟道，在每半侧中各有一个沟道。应用式（3.23）并且记住，对于两个半单元上沟道的截面积加倍，总的沟道电阻减半。因此

$$r_{Ch} = \frac{L}{2Z\mu_{ns}C_{ox}(V_{GS} - V_{Th})} \tag{A3.4.2}$$

与式（A3.4.1）的面积 A 相乘，沟道比电阻（即单位面积的电阻）表示为

$$r_{Ch,sp} = \left[\frac{L}{2Z\mu_{ns}C_{ox}(V_{GS} - V_{Th})}\right](L_G + 2m)Z = \frac{L(L_G + 2m)}{2\mu_{ns}C_{ox}(V_{GS} - V_{Th})} \tag{A3.4.3}$$

1. 线性单元结构积累层比电阻公式（3.34）

单元面积 A 由式（A3.4.1）给出。再次参考图3.8，在纸平面中积累区域的长度 $= L_G - 2 \times$ P型基区的横向扩散。使P型基区的横向扩散几乎等于其垂直深度 x_p，上述长度 =

L_G-2x_p。在垂直方向上，积累区域的长度为 Z。从式（A3.4.2）类似的考虑，可以将积累区域电阻表示为

$$r_A=\frac{L_G-2x_p}{2Z\mu_{nA}C_{ox}(V_{GS}-V_{Th})} \tag{A3.4.4}$$

其中，反型层迁移率 μ_{ns} 被积累层迁移率 μ_{nA} 代替。

现在应用式（A3.4.1）和式（A3.4.4），积累层的比电阻为

$$\begin{aligned}r_{A,sp}&=\frac{L_G-2x_p}{2Z\mu_{nA}C_{ox}(V_{GS}-V_{Th})}(L_G+2m)Z\\&=\frac{(L_G-2x_p)(L_G+2m)}{2\mu_{nA}C_{ox}(V_{GS}-V_{Th})}\end{aligned} \tag{A3.4.5}$$

在推导这个公式时所做的近似是假设电流从沟道流向积累层直到它的中心点，然后向下流动。实际上，电流从单元的两个半部分的沟道扩展到两个P型基区之间的JFET区域。因此，必须考虑电流从沟道通过积累层扩展到JFET区域的二维特性。这可以合理地解释为将积累层电阻率乘以一个因子 K。$K=0.6$ 的值在理论计算和实验结果之间给出良好的一致性。基于这些论点，式（A3.4.5）修改后的形式为

$$r_{Ch,A}=\frac{0.6(L_G-2x_p)(L_G+2m)}{2\mu_{nA}C_{ox}(V_{GS}-V_{Th})} \tag{A3.4.6}$$

2. 线性单元结构JFET区域比电阻公式（3.35）

如前所述，JFET区域在纸平面中水平方向长度 $=L_G-2x_p-2\times$ 在栅极下延伸的耗尽层厚度 $=L_G-2x_p-2W_0$。电流垂直向下流动一段距离 $=$ P型基区的结深度 $+$ 耗尽层厚度 $=$ 在纸平面中 x_p+W_0。在正交方向上，JFET区域延伸到一段距离 $=Z$。因此，JFET区域的电阻为

$$r_{JFET}=\frac{\text{漂移区电阻率}\times\text{长度}}{\text{横截面面积}}=\frac{\rho_D(x_p+W_0)}{(L_G-2x_p-W_0)Z} \tag{A3.4.7}$$

乘以式（A3.4.1）的单元面积。JFET区域的比电阻为

$$\begin{aligned}r_{JFET,Sp}&=\frac{\rho_D(x_p+W_0)}{(L_G-2x_p-2W_0)Z}(L_G+2m)Z\\&=\frac{\rho_D(L_G+2m)(x_p+W_0)}{(L_G-2x_p-2W_0)}\end{aligned} \tag{A3.4.8}$$

3. 线性单元结构漂移区比电阻的式（3.36）

半单元的漂移区电阻由以下表达式给出：

$$R_D=\frac{\rho_D}{Z}\ln\left(\frac{a+t}{a}\right) \tag{A3.4.9}$$

考虑到单元的两半，有

$$R_D=\frac{\rho_D}{2Z}\ln\left(\frac{a+t}{a}\right) \tag{A3.4.10}$$

将 R_D 的式乘以单元面积，式（A3.4.1），每平方厘米的漂移区电阻为

$$r_{D,sp} = \frac{\rho_D}{2Z}\ln\left(\frac{a+t}{a}\right)(L_G + 2m)Z = \frac{\rho_D}{2}(L_G + 2m)\ln\left(\frac{a+t}{a}\right) \tag{A3.4.11}$$

附录 3.5 式（3.39）的推导

观察图 3.8，电流的电阻由两个分量之和来建模：第一个分量是由于电流从宽度 W_t 沿 45°角扩展到总的单元宽度 $= W_m + W_t$，而第二个分量是由于电流在单元宽度均匀地流过 $= W_m + W_t$。对于第一个分量，横截面积 $= W_t \cdot Z$，其中 Z 是在垂直于图平面方向上的单元宽度。对于第二个分量，横截面积 $=(W_m + W_t) \cdot Z$，其中 Z 是在垂直于图平面方向上的单元宽度。

为了估算这个电阻的第一分量，计算在横截面积增加时电流通过区域的电阻。用于计算导通电阻的模型示意图如图 A3.5.1 所示。假设从栅极 - 漏极交叠下形成的积累层到图中阴影多边形区域包围的 N^+ 漏极区域形成均匀的载流子流，W_0 是零偏压耗尽区宽度，对于半单元（由 AOCDH 标记），由第一分量引起的电阻为

$$\begin{aligned}\rho_D \int_0^{W_m/2} \frac{dx}{\left(\frac{W_t}{2} + x\right)Z} &= \frac{\rho_D}{Z}\left[\ln\left(\frac{W_t}{2} + x\right)\right]_0^{W_m/2} \\ &= \frac{\rho_D}{Z}\left[\ln\left(\frac{W_m + W_t}{2}\right) - \ln\left(\frac{W_t}{2}\right)\right] = \frac{\rho_D}{Z}\ln\left(\frac{W_m + W_t}{W_t}\right)\end{aligned} \tag{A3.5.1}$$

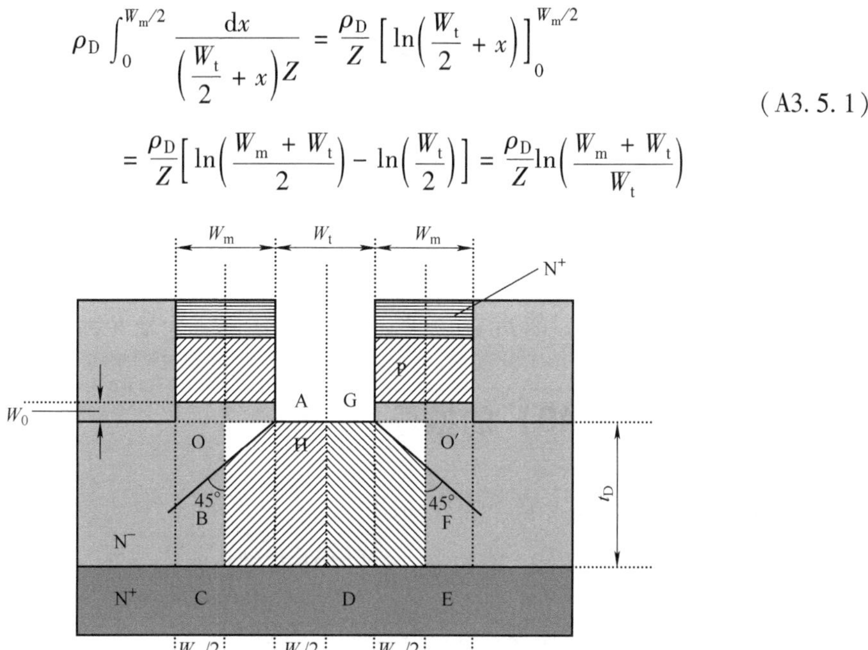

图 A3.5.1 扩展电阻的计算模型

因为扩展角为 45°，所以积分上限为 $W_m/2$。因为 tan 45° = OB/AO = 1 或者 OB = AO = $W_m/2$，所以当电流水平扩展到距离 AO = $W_m/2$ 时，垂直深度 OB 也是 $W_m/2$。对于另一半单元（由 GO′EDH 标记），适用相同的表达式，因此整个单元的电阻是上述的一半

$$\frac{\rho_D}{2Z}\ln\left(\frac{W_m + W_t}{W_t}\right) \tag{A3.5.2}$$

由于单元的面积 $=(W_m + W_t)Z$，第一分量的单元比电阻为

$$\begin{aligned} R_1 &= \frac{\rho_D}{2Z}\ln\left(\frac{W_m + W_t}{W_t}\right)(W_m + W_t)Z \\ &= \frac{\rho_D(W_m + W_t)}{2}\ln\left(1 + \frac{W_m}{W_t}\right) \end{aligned} \tag{A3.5.3}$$

在电流垂直向下穿过深度 $=W_m/2$ 之后，N^- 基区的剩余厚度为 $t_D - W_m/2$。因此，由于第二个分量引起的电阻为

$$\frac{\rho_D\left(t_D - \dfrac{W_m}{2}\right)}{(W_m + W_t)Z} \tag{A3.5.4}$$

从中得到第二个分量的比电阻为

$$R_2 = \frac{\rho_D\left(t_D - \dfrac{W_m}{2}\right)}{(W_m + W_t)Z}\cdot(W_m + W_t)Z = \rho_D\left(t_D - \frac{W_m}{2}\right) \tag{A3.5.5}$$

总比电阻是由 R_1 和 R_2 的串联组合给出的

$$\begin{aligned} R = R_1 + R_2 &= \frac{\rho_D(W_m + W_t)}{2}\ln\left(1 + \frac{W_m}{W_t}\right) + \rho_D\left(t_D - \frac{W_m}{2}\right) \\ &= \rho_D\left[\frac{(W_m + W_t)}{2}\ln\left(1 + \frac{W_m}{W_t}\right) + \left(t_D - \frac{W_m}{2}\right)\right] \end{aligned} \tag{A3.5.6}$$

只要 $t_D \geqslant W_m/2$，这个公式就成立。当 $t_D \leqslant W_m/2$ 时，因为电流在以 45°角完全扩展到单元边缘之前已到达漏极，故 $\rho_D(t_D - W_m/2)$ 项被去除，于是 $R = R_1$。

附录 3.6 式（3.49）的推导

体半导体的电势由式（A3.3.10）给出

$$\psi_B = \left(\frac{kT}{q}\right)\ln\left(\frac{N_A}{n_t}\right) \tag{A3.6.1}$$

式中，N_A 为 P 型 Si 的掺杂浓度；n_i 为本征载流子浓度。

本征载流子浓度的二次方表示为

$$n_i^2 = 1.5 \times 10^{33} \cdot T^3 \cdot \exp\left(-\frac{E_{G0}}{kT}\right) \tag{A3.6.2}$$

式中，T 为绝对温度；E_{G0} 为 Si 在 0K（1.21eV）的能隙。所以

$$n_i = 3.87 \times 10^{16} \cdot T^{1.5} \cdot \exp\left(-\frac{E_{G0}}{2kT}\right) \tag{A3.6.3}$$

将式（A3.6.3）中的 n_i 代入式（A3.6.1），得到

$$\psi_B = \left(\frac{kT}{q}\right)\ln\left[\frac{N_A}{3.87\times10^{16}\cdot T^{1.5}\cdot\exp\left(-\frac{E_{G0}}{2kT}\right)}\right] \quad (A3.6.4)$$

$$= \left(\frac{kT}{q}\right)\ln\left[C\cdot T^{-1.5}\cdot\exp\left(\frac{E_{G0}}{2kT}\right)\right]$$

式中，C 为常数 $=N_A/(3.87\times10^{16})$。式（A3.6.4）两边对 T 求导，得到

$$\frac{d\psi_B}{dT} = \left(\frac{k}{q}\right)\ln\left[C\cdot T^{-1.5}\cdot\exp\left(\frac{E_{G0}}{2kT}\right)\right] + \left(\frac{kT}{q}\right)\left\{\frac{1}{C\cdot T^{-1.5}\cdot\exp\left(\frac{E_{G0}}{2kT}\right)}\right.$$

$$\cdot C\left[-1.5T^{-2.5}\cdot\exp\left(\frac{E_{G0}}{2kT}\right)+T^{-1.5} \quad (A3.6.5)\right.$$

$$\left.\left.\cdot\exp\left(\frac{E_{G0}}{2kT}\right)\cdot\left(\frac{E_{G0}}{2k}\right)\cdot(-1)\times T^{-2}\right]\right\}$$

$$= \frac{1}{T}\psi_B + \left(\frac{kT}{q}\right)\cdot\left\{-1.5T^{-1} - T^{-2}\cdot\left(\frac{E_{G0}}{2k}\right)\right\}$$

使用 ψ_B 公式（A3.6.4）。式（A3.6.5）可以改写为

$$\frac{d\psi_B}{dT} = \frac{1}{T}\psi_B - \frac{1}{T}\left(\frac{E_{G0}}{2q}\right) - \frac{1}{T}\times1.5\left(\frac{kT}{q}\right) \quad (A3.6.6)$$

忽略包含 1.5（kT/q）的项，这个公式可以近似表示为以下形式：

$$\frac{d\psi_B}{dT} \approx \pm\frac{1}{T}\left[\left(\frac{E_{G0}}{2q}\right) - |\psi_B|\right] \quad (A3.6.7)$$

第 4 章 IGBT中的双极型结构

Chapter 4

IGBT 横截面包含三个 PN 结（N^+P，PN^- 和 N^-P^+），一个 PIN 二极管（例如 P^+N^-），两个晶体管部分（N^+PN^- 和 PN^-P^+），以及一个晶闸管（$N^-PN^-P^+$）。夹在任何两个相邻的 IGBT 单元之间的是结型场效应晶体管（Junction Field Effect Transistor，JFET）区域。本章将阐述双极型器件的概念，这对研究 IGBT 非常有用。

4.1 PN 结二极管

制造的功率二极管[1-4]的电流额定值为几安培到几百安培，额定电压为几十伏到几千伏。电流额定值只有在二极管安装在合适的散热器上，使温度不超过指定的限度时才有效。除了平均电流、RMS 电流和重复峰值电流外，还有浪涌电流，表明二极管能够承受偶然的瞬态或电路故障。重复和非重复反向电压都是指定的。一个重要的参数是反向恢复时间，定义为从正向传导停止的瞬间开始测量，到二极管恢复其阻断反向电压能力后的时间间隔，以此为标准，可以区分快速恢复和慢速恢复二极管。

二极管有两端，如图 4.1a 所示，阳极 A 与 P 型一侧表面接触而阴极 K 与 N 型一侧表面接触。正向电流从阳极 A 流向阴极 K。图 4.1b 所示为器件的电路符号。电流额定值由二极管面积决定，额定电压由电阻率、掺杂分布和 N 型晶圆的起始厚度决定。此外，耐压能力由芯片边缘端接和表面电场控制的钝化来决定。反向恢复时间和正向压降由 N 型区中的杂质分布和载流子寿命控制。

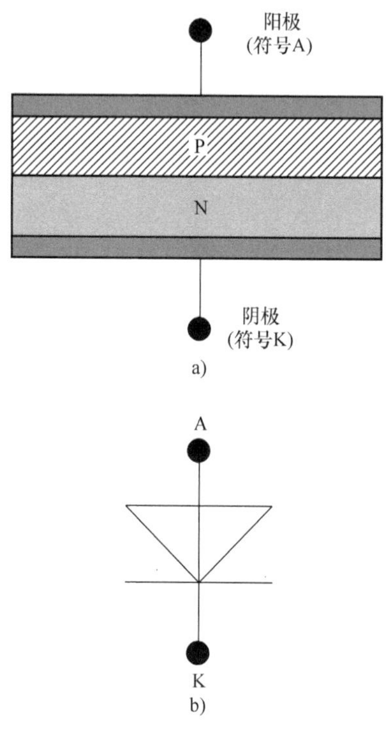

图 4.1 PN 结二极管

a）PN 结结构 b）电路图符号

二极管安装在各种封装中，与小信号晶体管、高功率晶体管和晶闸管相同。功率二极管有两种主要类型的封装，即螺柱形封装和曲棍球式封装，如图4.2所示。在螺柱形封装中，金属外壳和螺柱构成二极管的一端，而另一端位于相对的一侧，与壳体适当绝缘，螺柱可以具有极性A或K，壳体可以容易地固定在散热器上。在曲棍球式封装中，器件的两端是由陶瓷绝缘体隔离的扁平金属表面，它特别适用于大电流和高电压的额定值。

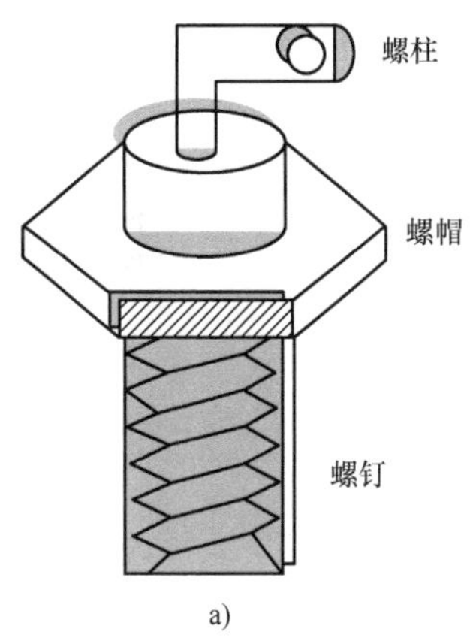

a)

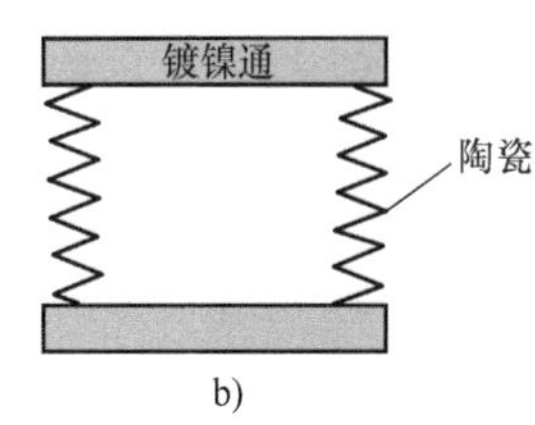

b)

图4.2 功率二极管常用封装

a）螺柱形封装

b）圆盘式或曲棍球式封装

4.1.1 内建电势 ϕ_0

图4.3所示为一个突变PN结的物理模型，其中杂质浓度从N型半导体中的N_D施主变为P型半导体中的N_A受主[4,5]。电子从N型材料扩散到P型材料，在结附近的N型材料中留下带正电的固定离子。类似地，空穴从P型材料扩散到N型材料，在结附近的P型材料中留下带负电荷的固定离子。通过跨越结的自由载流子的扩散来揭示正电荷和负电荷产生的电场，从而产生相反方向的载流子运动。当漂移和扩散电流相互抵消时，PN结达到平衡。设x_p表示施主原子由于失去自由电子而获得正电荷的距离，而x_n是受主原子由于失去空穴而获得负电荷的距离。相关的各种符号的定义见表4.1。而冶金结周围的区域，即自由载流子耗尽区域，称为耗尽或空间电荷区，为

$$x_d = x_n - x_p \tag{4.1}$$

对于处于平衡状态的PN结，可以将空穴电流密度表示为［附录4.1，式（A4.1.13)］

$$J_p(x) = q\left[\mu_p p(x)\xi(x) - D_p \frac{dp(x)}{dx}\right] \tag{4.2}$$

式中，q为电子电荷；μ_p为空穴迁移率；$p(x)$为空穴浓度；$\xi(x)$为电场；D_p为空穴的扩散系数。该公式的第一项表示空穴漂移电流密度，第二项表示空穴扩散电流密度。在平衡条件下，$J_p(x)=0$，所以式（4.2）简化为

$$\left(\frac{\mu_p}{D_p}\right)\xi(x) = -\left(\frac{\mu_p}{D_p}\right)\frac{dV(x)}{dx} = \left[\frac{1}{p(x)}\right]\frac{dp(x)}{dx} \tag{4.3}$$

利用爱因斯坦关系（附录4.2）将迁移率与扩散系数联系起来，即$D_p/\mu_p = kT/q$，其中k是玻尔兹曼常数；T是开尔文温度。此外，电场表示为静电势V的负微分系数$\xi(x) = -dV(x)/dx$。

对电势从P型一侧到N型一侧积分，其各自电势分别为ϕ_p和ϕ_n，得到

$$-\frac{q}{kT}\int_{\phi_p}^{\phi_n} dV = \int_{p_p}^{p_n}\frac{dp}{p} \tag{4.4}$$

或

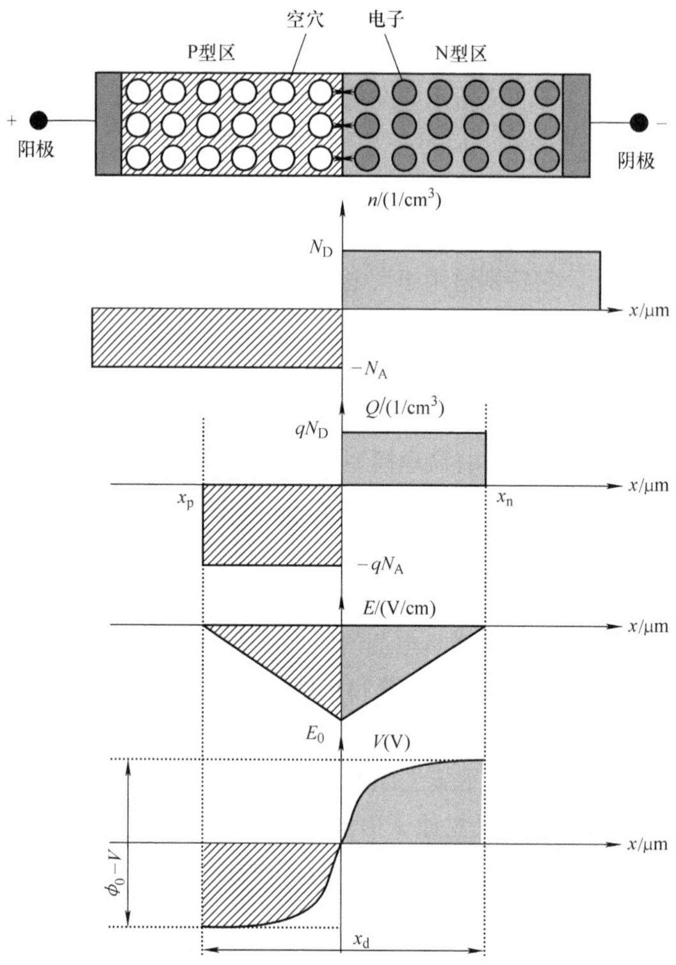

图 4.3　突变 PN 结的物理模型，其中杂质浓度从 N 型半导体中的 N_D 施主变为 P 型半导体中的 N_A 受主

$$-\frac{q}{kT}(\phi_n - \phi_p) = \ln\left(\frac{p_n}{p_p}\right) \tag{4.5}$$

表 4.1　术语汇总

符号	定义	单位
A	结面积，芯片面积	cm^2
A	杂质梯度	$1/cm^4$
C_j	二极管的耗尽层或结电容	pF，F
D_a	双极型扩散常数	cm^2/s
D_B，D_C，D_E	基区、集电区和发射区少数载流子的扩散常数	cm^2/s
D_n	电子扩散常数	cm^2/s
D_p	空穴扩散常数	cm^2/s
D	PIN 二极管本征区的半宽度	cm^2/s
E_g	室温下的带隙	eV

（续）

符号	定义	单位
E_0	结电场	V/cm
E_{max}，E_m	最大电场	V/cm
ξ	电场	V/cm
F	函数	
h_{FE}	晶体管的共发射极电流增益	
I_A	晶闸管的阳极电流	A
I_B，I_C，I_E	晶体管的基极、集电极和发射极电流	A
I_{CO}	发射极开路时的集电极电流	A
i_D	二极管电流	A
I_{DS}	漏源电流	A
I_E	晶体管的发射极电流	A
I_G	晶闸管的栅极电流	A
I_{gen}	产生电流	A
I_K	晶闸管的阴极电流	A
I_{nE}	发射极电流的电子分量	A
I_{pE}	发射极电流的空穴分量	A
I_R	二极管的反向漏电流	A
I_s	二极管的饱和电流	A
J	电流密度	A/cm^2
J_n，J_p	电子，空穴电流密度	A/cm^2
$J_n(0)$，$J_p(0)$	在 $x=0$ 处电子、空穴电流密度	A/cm^2
k	玻尔兹曼常数	J/K
L_a	双极性扩散长度	cm，μm
L_B，L_C，L_E	基区、集电区和发射区中少数载流子的扩散长度	cm^2/s
L_n，L_p	电子，空穴扩散长度	cm，μm
M	集电区倍增因子	
n，p	电子，空穴浓度	$1/cm^3$
N_A，N_D	受主，施主掺杂浓度	$1/cm^3$
N_B	衬底掺杂浓度	$1/cm^3$
n_C，n_E	在集电区和发射区中少数载流子的平衡密度	$1/cm^3$
n_i	本征载流子浓度	$1/cm^3$
n_{p0}	在P型一侧的电子浓度	$1/cm^3$
n_p (0)	在 $x=0$ 处P型一侧的电子浓度	$1/cm^3$
Q_j	耗尽电荷	C
Q	电子电荷	C
P	空穴浓度	$1/cm^3$

（续）

符号	定义	单位
p_B	在基区中的平衡空穴浓度	$1/cm^3$
p_n	在 N 型一侧的空穴浓度	$1/cm^3$
p'_n	在 N 型一侧超过热平衡值的过剩空穴浓度	$1/cm^3$
p_n（0）	在 $x=0$ 处 N 型一侧的空穴浓度	$1/cm^3$
p_p	在 P 型一侧的空穴浓度	$1/cm^3$
T	绝对温度	K
T	总的 N^- 基区厚度	cm，μm
t_d，t_r	延迟和上升时间	μs
V	电势差	V
v_a	外部施加电压	V
V_B	击穿电压	V
V_{CB}	集电极－基极电压	V
V_{EB}	发射极－基极电压	V
V_{N-}	PIN 二极管的本征区域中的电压降	V
V_{N+}	PIN 二极管 N^+ 区末端的电压降	V
V_{P+}	PIN 二极管 P^+ 区末端的电压降	V
W	耗尽层宽度	cm，μm
x_d	总耗尽层宽度	cm，μm
x_n	在 N 型一侧的耗尽层宽度	cm，μm
x_p	在 P 型一侧的耗尽层宽度	cm，μm
α	共基极电流增益	
α_1	晶闸管中 PNP 型晶体管的共基极电流增益	
α_2	晶闸管中 NPN 型晶体管的共基极电流增益	
α_T	基区传输因子	
β	共发射极电流增益	
γ	发射区注入效率	
ε_0	自由空间的介电常数	F/cm
ε_s	硅的相对介电常数	
μ_n，μ_p	电子、空穴迁移率	$cm^2/(V \cdot s)$
ϕ	电势、热电压（kT/q）	V
ϕ_0	内建电势	V
ϕ_n，ϕ_p	N 型和 P 型一侧的电势	V
τ_{HL}	高水平寿命	μs
τ_p	空穴寿命	μs
τ_{sc}	空间电荷产生寿命	μs

因为 $\int dx/x = \ln x$，p_p和p_n分别为P型一侧和N型一侧的空穴浓度，$p_p = N_A$，并且在热平衡下的半导体中，电子和空穴浓度的乘积等于本征载流子密度的二次方，$p_n = n_i^2/N_D$，其中n_i是本征载流子浓度，这给出

$$\phi_n - \phi_p = \phi_0 = \frac{kT}{q}\ln\left(\frac{p_p}{p_n}\right) = \frac{kT}{q}\ln\left(\frac{N_A N_D}{n_i^2}\right) \tag{4.6}$$

式中，ϕ_0 为势垒或内建电势。

例 4.1　IGBT 的 N^+ 发射区浓度为 $1 \times 10^{20}/cm^3$ 而 P 型基区浓度为 $3 \times 10^{17}/cm^3$。N^+ 发射区/ P 型基区结的内建电势是多少？

图 E4.1.1 说明了 IGBT。内建电势 $\phi_0 = (kT/q)\ln(N_A N_D/n_i^2) = 0.0259\ \ln[(3 \times 10^{17} \times 1 \times 10^{20})/(1.45 \times 10^{10})^2] = 1.023V$。

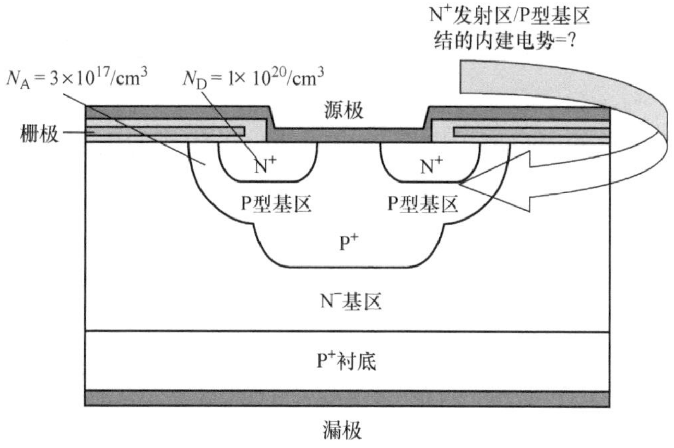

图 E4.1.1　例 4.1 的 IGBT 结构

4.1.2 耗尽层宽度 x_d 和电容 C_j

通过电中性条件，结的两侧的电荷必须相等，即

$$qN_D x_n = -qN_A x_p \tag{4.7}$$

式中，q 为电子电荷。耗尽区中的电场通过对负耗尽电荷浓度积分来确定。应用高斯定律的积分形式，在结处出现的峰值电场 E_0 由式（4.8）给出

$$E_0 = \frac{qN_A x_p}{\varepsilon_0 \varepsilon_s} = -\frac{qN_D x_n}{\varepsilon_0 \varepsilon_s} \tag{4.8}$$

式中，ε_s为 Si 的相对介电常数。当 PN 结施加一个外部电压 v_a时，通过对负电场积分得到耗尽区上的电势差为

$$\phi_0 - v_a = -E_0\left(\frac{x_n - x_p}{2}\right) \tag{4.9}$$

其中

$$\phi_0 = \frac{kT}{q}\ln\left(\frac{N_A N_D}{n_i^2}\right) \tag{4.10}$$

式中，k 为玻尔兹曼常数；n_i为本征载流子浓度。同时式（4.7）、式（4.8）和式（4.9）的解给出了 N 型和 P 型区中耗尽区的宽度为

$$x_n = \sqrt{\frac{2\varepsilon_0\varepsilon_s(\phi_0 - v_a)N_A}{qN_D(N_A + N_D)}} \tag{4.11}$$

和

$$x_p = -\sqrt{\frac{2\varepsilon_0\varepsilon_s(\phi_0 - v_a)N_D}{qN_A(N_A + N_D)}} \tag{4.12}$$

总耗尽区宽度为

$$x_d = x_n + x_p = \sqrt{\frac{2\varepsilon_0\varepsilon_s(\phi_0 - v_a)(N_A + N_D)}{qN_A N_D}} \tag{4.13}$$

x_d随内建电势和外部施加电压之差的二次方根而变化。此外，当 $N_A >> N_D$时，$x_d = x_n$；当 $N_D >> N_A$时，$x_d = x_p$。

由与结相邻的未覆盖的固定离子电荷形成的偶极子构成的电容 C_j称为耗尽层电容，它由式（4.14）给出

$$C_j = \frac{dQ_j}{dv_a} \tag{4.14}$$

其中，耗尽电荷 Q_j表示为

$$Q_j = |qAN_A x_p| = qAN_D x_n = A\sqrt{\frac{2q\varepsilon_0\varepsilon_s N_A N_D(\phi_0 - v_a)}{N_A + N_D}} \tag{4.15}$$

从而得到 C_j为

$$C_j = A\sqrt{\frac{q\varepsilon_0\varepsilon_s N_A N_D}{2(N_A + N_D)(\phi_0 - v_a)}} \tag{4.16}$$

4.1.3 击穿电压 V_B

由式（4.8）和式（4.11）或式（4.12），得到结的电场强度为

$$E_0 = \sqrt{\frac{2qN_A N_D(\phi_0 - v_a)}{\varepsilon_0\varepsilon_s(N_A + N_D)}} \tag{4.17}$$

反向偏置结的击穿电压 V_B由耗尽区可支持的最大电场 $E_{max} = 3\times10^5$V/cm 控制

$$V_B \approx \frac{\varepsilon_0\varepsilon_s(N_A + N_D)E_{max}^2}{2qN_A N_D} \tag{4.18}$$

其中，假设 $|v_a| >> \phi_0$，如果 $N_A >> N_D = N_B$，则有

$$V_B \approx \frac{\varepsilon_0\varepsilon_s E_{max}^2}{2qN_B} \tag{4.19}$$

式中，N_B为轻掺杂侧的电离的体掺杂密度，单位为（$1/cm^3$）。代入式（4.19）中参数的

值。可以得到

$$V_B = \frac{2.96 \times 10^{17}}{N_D} \tag{4.20}$$

对 Si，最大电场 E_m 表示为

$$E_m = \frac{4 \times 10^5}{1 - \frac{1}{3}\log_{10}\left(\frac{N_B}{10^{16}}\right)} \quad (\text{V/cm}) \tag{4.21}$$

由于雪崩过程涉及带间激发，因此击穿电压随带隙增加而增加。关于突变结二极管的雪崩击穿电压的通用近似方程（对 Si、Ge 和 GaAs 有效）为

$$V_B = 60\left(\frac{E_g}{1.1}\right)^{3/2}\left(\frac{N_B}{10^{16}}\right)^{-3/4} \quad (\text{V}) \tag{4.22}$$

式中，E_g 为室温带隙。对于线性渐变结，有

$$V_B = 60\left(\frac{E_g}{1.1}\right)^{6/5}\left(\frac{a}{3 \times 10^{20}}\right)^{-2/5} (\text{V}) \tag{4.23}$$

式中，a 为杂质梯度，单位为 $1/\text{cm}^4$。

例 4.2 在非穿通 IGBT 中，N^- 基区的杂质掺杂浓度为 $1 \times 10^{14}/\text{cm}^3$，P 型基区的杂质掺杂浓度为 $2 \times 10^{17}/\text{cm}^3$。计算（a）使用式（4.20）和式（4.22）的击穿电压；（b）N 型一侧的耗尽层宽度；（c）P 型一侧的耗尽层宽度；（d）总的耗尽层宽度；（e）在 1200V 时 N^- 基区的未耗尽宽度，假设总的 N^- 基区厚度为 200μm。

非穿通 IGBT 如图 E4.2.1 所示。

（a）$V_B = 2.96 \times 10^{17}/N_D = 2.96 \times 10^{17}/(1 \times 10^{14}) = 2960\text{V}$。另外，$V_B = 60(E_g/1.1)^{3/2}(N_B/10^{16})^{-3/4} = 60(1 \times 10^{14}/10^{16})^{-3/4} = 1897.4\text{V}$。

（b）$x_n = \{[2\varepsilon_0\varepsilon_s(\phi_0 - v_a)N_A]/[qN_D(N_A + N_D)]\}^{1/2} = \{[2 \times 8.854 \times 10^{-14} \times 11.9 \times 1200 \times 2 \times 10^{17}]/[1.6 \times 10^{-19} \times 1 \times 10^{14} \times (2 \times 10^{17} + 1 \times 10^{14})]\}^{1/2} = 0.012568\text{cm} = 125.7\mu\text{m}$。

（c）$x_p = \{[2\varepsilon_0\varepsilon_s(\phi_0 - v_a)N_D]/[qN_A(N_A + N_D)]\}^{1/2} = \{[2 \times 8.854 \times 10^{-14} \times 11.9 \times 1200 \times 1 \times 10^{14}]/[1.6 \times 10^{-19} \times 2 \times 10^{17} \times (2 \times 10^{17} + 1 \times 10^{14})]\}^{1/2} = 6.28 \times 10^{-6}\text{cm} = 6.3 \times 10^{-2}\mu\text{m}$。

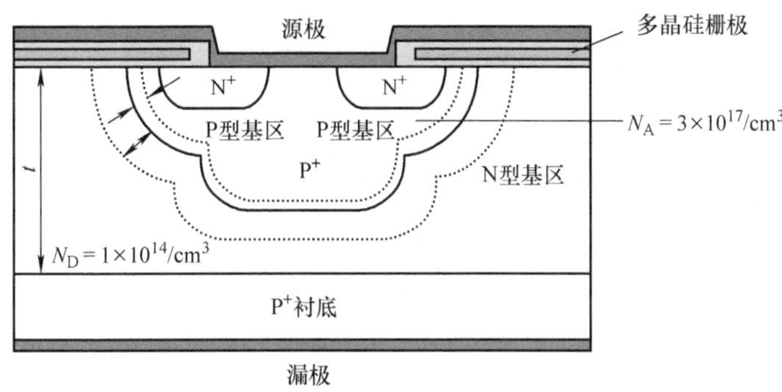

图 E4.2.1 例 4.2 中的 IGBT

(d) $x_d = x_n + x_p = 125.7\mu m + 6.3\times10^{-2}\mu m = 125.76\mu m$。

(e) 如果 t 是总的 N^- 基区厚度，则未耗尽的 N^- 基区宽度是 $x = t - x_d = 200\mu m - 125.76\mu m = 74.24\mu m$。

例 4.3 假设 P^+N 二极管的击穿电压 V_B 与轻掺杂一侧的掺杂浓度 N_D 的 3/4 次方成反比，而漂移区的最小宽度 W_d 随击穿电压的 7/6 次方变化。为了支持 IGBT 的 P^+ 衬底/N^- 基区上的电压，N^- 基区的掺杂浓度为 $1\times10^{14}/cm^3$ 而厚度 $=30\mu m$。对于相同的击穿电压，如果使用的掺杂浓度 $=5\times10^{13}/cm^3$，则需要多厚的 N^- 基区？

已知

$$V_B \propto N_D^{-3/4} \quad 或 \quad V_B = k_1 N_D^{-3/4} \tag{E4.3.1}$$

而

$$V_B \propto W_d^{6/7} \quad 或 \quad V_B = k_2 W_d^{6/7} \tag{E4.3.2}$$

式中，k_1 和 k_2 是常数。从这些公式，有

$$k_2 W_d^{6/7} = k_1 N_D^{-3/4} \quad 或 \quad W_d = (k_1/k_2)^{7/6} N_D^{-7/8} = k^{7/6} N_D^{-7/8} \tag{E4.3.3}$$

因为，对于 $N_D = 1\times10^{14}/cm^3$，$W_d = 30\mu m = 30\times10^{-4}cm$，$k^{7/6} = W_d/N_D^{-7/8} = 30\times10^{-4}/(1\times10^{14})^{-7/8} = 5.33\times10^9$，$N_D = 5\times10^{13}/cm^3$，$W_d = k^{7/6}N_D^{-7/8} = 5.33\times10^9\times(5\times10^{13})^{-7/8} = 5.497\times10^{-3}\ cm \approx 55\mu m$。

例 4.4 在 NPT－IGBT 中 P^+ 衬底的掺杂浓度为 $5\times10^{19}/cm^3$ 而 N 型基区掺杂浓度为 $1\times10^{14}/cm^3$。在不施加任何电压的情况下求出 P^+ 衬底/N 型基区的耗尽区宽度。

图 E4.4.1 所示为 NPT－IGBT。P^+ 衬底/N 型基区结的势垒是 $\phi_0 = (kT/q)\ln(N_AN_D/n_i^2) = 0.0259\ln[(5\times10^{19}\times1\times10^{14})/(1.45\times10^{10})^2] = 0.7977V$。$x_n = \{[2\varepsilon_0\varepsilon_s(\phi_0 - v_a)N_A]/[qN_D(N_A+N_D)]\}^{1/2} = \{[2\times8.854\times10^{-14}\times11.9\times0.7977\times5\times10^{19}]/[1.6\times10^{-19}\times1\times10^{14}\times(5\times10^{19}+1\times10^{14})]\}^{1/2} = 3.24\times10^{-4}cm = 3.24\mu m$。$x_p = \{[2\varepsilon_0\varepsilon_s(\phi_0 - v_a)N_D]/[qN_A(N_A+N_D)]\}^{1/2} = \{[2\times8.854\times10^{-14}\times11.9\times0.7977\times1\times10^{14}]/[1.6\times10^{-19}\times5\times$

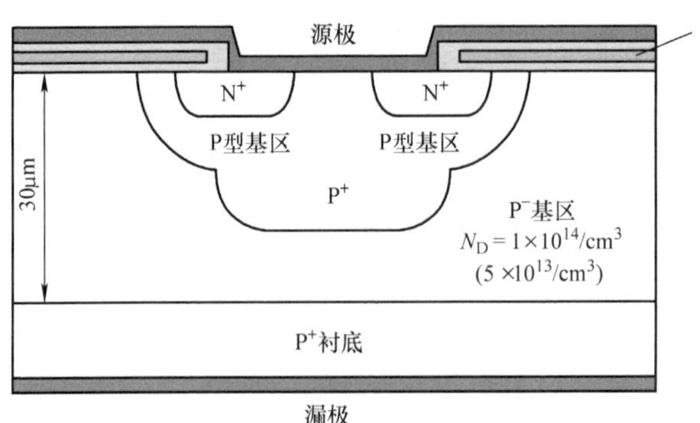

图 E4.4.1 例 4.4 中的 IGBT

$10^{19}\times(5\times10^{19}+1\times10^{14})]\}^{1/2}=6.48\times10^{-10}$ cm $=6.5\times10^{-6}\mu$m $\approx0\mu$m。所以 $x_d=x_n+x_p=3.24$ μm $+0=3.24\mu$m。

4.1.4 电流 - 电压（i_d-v_a）方程

为了得到PN结的电流 - 电压特性，研究图4.4[4,5]所示的正向偏置二极管的少数载流子浓度。正向偏压 v_a 会导致少数载流子通过结注入并与该区域的多数载流子复合。阴影区域表示在结的两边过剩的少数载流子浓度，从 $x=0$ 和 $x'=0$ 处的最大值开始，在较大的 x 和 x' 处逐渐减小到平衡值。在 $x=0$ 处，N型一侧的过剩空穴浓度为[5]

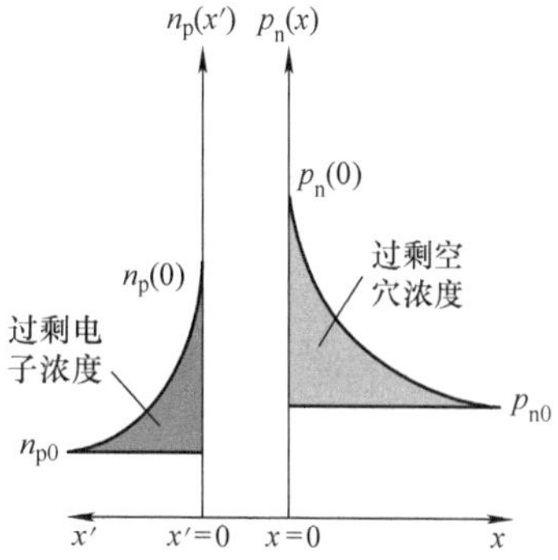

$$p_n(0)=p_{n0}\exp\left(\frac{v_a}{\phi}\right) \tag{4.24}$$

图4.4 正向偏置条件下PN结上少数载流子浓度的变化

式中，$p_{n0}=n_i^2/N_D$ 为N型一侧的平衡少数载流子浓度；ϕ 为热电压 $=kT/q$。式（4.24）是通过考虑式（4.3）中的第二项和第三项并用 kT/q 代替 D_p/μ_p 得到的。对修改后的方程 $dp/p=-dV/\phi$ 沿着结进行积分，得到

$$\int_{p_{n0}}^{p_n(0)}\frac{dp}{p}=\int_0^{v_a}\frac{dV}{\phi} \quad 或 \quad [\ln p]_{p_{n0}}^{p_n(0)}=\frac{1}{\phi}[V]_0^{v_a} \quad 或$$

$$\ln p_n(0)-\ln p_{n0}=\frac{v_a-0}{\phi} \quad 或 \quad \ln\left[\frac{p_n(0)}{p_{n0}}\right]=\frac{v_a}{\phi} \quad 或$$

$$\frac{p_n(0)}{p_{n0}}=\exp\left(\frac{v_a}{\phi}\right) \quad 或 \quad p_n(0)=p_{n0}\exp\left(\frac{v_a}{\phi}\right)$$

该公式被称为结定律。它表明，对于 $v_a>0$ 且 $v_a>>\phi$ 的正向偏置，在结的N型一侧的空穴浓度 $p_n(0)$ 比热平衡时的浓度 p_{n0} 大大增加。以相同的方式，在 $x'=0$ 处P型一侧的过剩电子浓度为[5]

$$n_p(0)=n_{p0}\exp\left(\frac{v_a}{\phi}\right) \tag{4.25}$$

式中，$n_{p0}=n_i^2/N_A$ 为P型一侧的平衡少数载流子浓度。

在PN结中的电流随着 $x=0$ 或 $x'=0$ 处过剩少数载流子浓度的梯度变化而变化。在N型材料中流动的空穴电流密度由扩散方程表示为（附录4.1）

$$J_p(x)=-qD_p\left.\frac{dp_n}{dx}\right|_{x=0} \tag{4.26}$$

式中，D_p 为N型半导体中空穴的扩散系数。将N型材料中的过剩空穴浓度定义为

$$p'_n(x)=p_n(x)-p_{n0} \tag{4.27}$$

从连续性方程的解得到（附录4.3）

$$\frac{\partial^2p_n}{\partial x^2}-\frac{p_n-p_{n0}}{L_p^2}=0 \tag{4.28}$$

使用式（4.24）给出的边界条件和 $p_n|_{x=\infty}=p_{n0}$，发现少数载流子远离结的衰减遵循以下指数公式：

$$p'_n(x)=p'_n(0)\exp\left(-\frac{x}{L_p}\right)=[p_n(0)-p_{n0}]\exp\left(-\frac{x}{L_p}\right) \tag{4.29}$$

式中，L_p为N型材料中空穴的扩散长度。把式（4.24）中的 $p_n(0)$ 代入式（4.29），得到

$$p'_n(x)=p_{n0}\left[\exp\left(\frac{v_a}{\phi}\right)-1\right]\exp\left(-\frac{x}{L_p}\right) \tag{4.30}$$

由式（4.26）可以得到由于N型一侧过剩空穴浓度引起的电流密度为

$$\begin{aligned}J_p(0)&=-qD_p\left.\frac{\mathrm{d}p_n}{\mathrm{d}x}\right|_{x=0}\\&=-qD_p\left\{p_{n0}\left[\exp\left(\frac{v_a}{\phi}\right)-1\right]\exp\left(-\frac{x}{L_p}\right)\left(-\frac{1}{L_p}\right)\right\}_{x=0}\\&=\frac{qD_pp_{n0}}{L_p}\left[\exp\left(\frac{v_a}{\phi}\right)-1\right]\end{aligned} \tag{4.31}$$

以类似的方式，由P型一侧的过剩电子浓度引起的电流密度为

$$J_n(0)=\frac{qD_nn_{p0}}{L_p}\left[\exp\left(\frac{v_a}{\phi}\right)-1\right] \tag{4.32}$$

假设空间电荷区中的复合可以忽略，则PN结的总电流密度是 $J_p(0)$ 和 $J_n(0)$ 之和。然后乘以结面积 A，二极管中流过的总电流由式（4.33）给出

$$i_D=I_s\left[\exp\left(\frac{v_a}{\phi}\right)-1\right] \tag{4.33}$$

其中

$$I_s=qA\left(\frac{D_pp_{n0}}{L_p}+\frac{D_nn_{p0}}{L_n}\right) \tag{4.34}$$

这是一个常数，称为二极管的饱和电流。式（4.33）是著名的描述PN结二极管伏安特性的肖克利方程。

为了得到二极管的反向漏电流，注意到耗尽区中产生的电流由式（4.35）给出

$$I_{gen}=\frac{qAn_iW}{\tau_{sc}} \tag{4.35}$$

式中，W 为耗尽层宽度而 τ_{sc}是空间电荷产生寿命。总反向电流是中性区中的扩散电流和耗尽区中的产生电流之和，即

$$I_R=I_s+I_{gen}=qA\left[\left(\frac{D_pp_{n0}}{L_p}+\frac{D_nn_{p0}}{L_n}\right)+\frac{n_iW}{\tau_{sc}}\right] \tag{4.36}$$

例4.5 IGBT中 N^- 基区的掺杂浓度为 $5\times10^{13}/cm^3$。测量的复合寿命 τ_p和空间电荷产生寿命 τ_{sc}分别为10μs和500μs。芯片面积为5mm×5mm。在三种不同温度下计算 P^+ 衬底/N^- 基区二极管在1500V时的反向漏电流：（a）300K；（b）400K；（c）500K。本征载流子浓度的热变化公式为 $n_i=3.87\times10^{16}T^{1.5}\exp\left(-7.02\times10^3\right)/T$，其中 T 为绝对温度。空穴迁移率随

温度变化为495 $(T/300)^{-2.2}$。载流子寿命遵循 $\tau(T)=\tau(300)(T/300)^{1.5}$的关系。

IGBT 如图 E4.5.1 所示。对于 P^+N 二极管，漏电流方程式（4.36）变为 $I_R=qA(Wn_i/\tau_{sc}+D_pn_i^2/L_pN_D)$。与温度相关的参数是本征载流子浓度 n_i，空穴扩散系数 D_p，空间电荷产生寿命 τ_{sc}和空穴扩散长度 L_p。利用各种参数的热变化公式，爱因斯坦关系式 $D_p=\mu_p(kT/q)$ 和扩散长度 $L_p=\sqrt{D_p\tau_p}$，表 E4.5.1 给出了不同温度下参数的计算值。

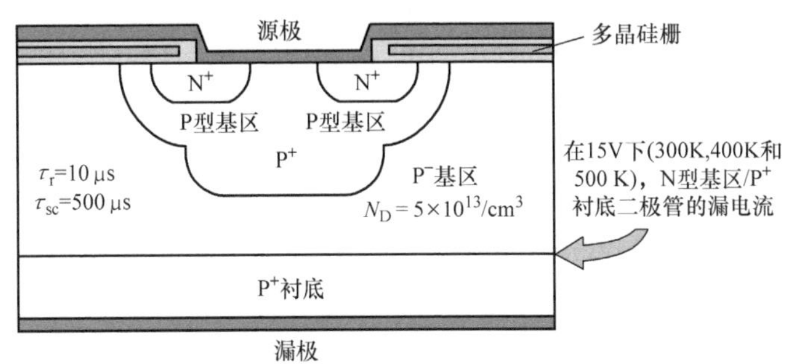

图 E4.5.1 例 4.5 中的 IGBT

表 E4.5.1 漏电流的温度敏感参数

序号	温度/K	$n_i/(1/cm^3)$	$\mu_p/[1/cm^3/(V\cdot s)]$	kT/q/V	$D_p/(cm^2/s)$	$\tau_{sc}/\mu s$	$\tau_p/\mu s$	L_p/cm
1	300	1.38×10^{10}	495	0.02588	12.81	500	10	1.13×10^{-2}
2	400	7.4×10^{12}	262.87	0.0345	9.07	769.8	15.4	1.18×10^{-2}
3	500	3.46×10^{14}	160.89	0.0431	6.93	1075.8	21.5	1.22×10^{-2}

在1500V，耗尽层宽度 $W=\sqrt{(2\varepsilon_0\varepsilon_sV_a)/(qN_D)}=\sqrt{(2\times8.854\times10^{-14}\times11.9\times1500)/(1.6\times10^{-19}\times5\times10^{13})}=198.77\times10^{-4}$cm。在 I_R公式中代入上述值，得到的泄漏电流值见表 E4.5.2。

表 E4.5.2 不同温度下的泄漏电流

序号	温度/K	I_R/A
1	300	2.21×10^{-8}
2	400	4.13×10^{-5}
3	500	0.055

4.1.5 反向恢复特性

为了研究功率二极管 D 的关断开关转换，直流电源 V 与开关 S 串联连接（见图 4.5）[6]。假设 S 长时间接通，在电阻－电感（$R-L$）电路中建立电流 I。现在，如果开关 S 关断，则由于电感 L 中存储的能量，$R-L$ 电路中的电流不会立即降至零。一旦电流开始衰减，电感中感应的 EMF 使得二极管正向偏置并且对电流整流，即继续在 $R-L$ 电路中流动。对于较大的 L 值，与 S 的快速切换一致，电流 I 保持近似恒定。

当开关在 $t=t_0$时刻再次导通时，在包括 DC 电源 V 和开关 S 的电路中形成电流。i_s增加的速率（即 $\mathrm{d}i_s/\mathrm{d}t$）由 V，D 和 S 组成的电路回路中残留的电感决定。电流 I 恒定性施加约束，即 i_s的增加 = i_d的减少，使得 $i_s + i_d = I$。因此，$\mathrm{d}i_d/\mathrm{d}t = -\mathrm{d}i_s/\mathrm{d}t$。在 $t = t_1$时，二极管电流减小到零。但是由于存在过剩的少数载流子，故二极管继续反向导通，这些载流子被推回穿过 PN 结。在 $t = t_2$时，去除过剩的少数载流子，现在反向电流开始下降到零而二极管恢复其反向电压的阻断能力。从 $t_2 \sim t_3$期间的电流可以被认为是由二极管结形成的电容的充电电流。在 $t = t_3$时，二极管结电容被充电到全反向电压并且二极管的关断开关完成。反向恢复时间 t_{rr} = 从正向电流变为零的时刻 t_1到反向电压恢复完成的时刻 t_3所测量的时间间隔。

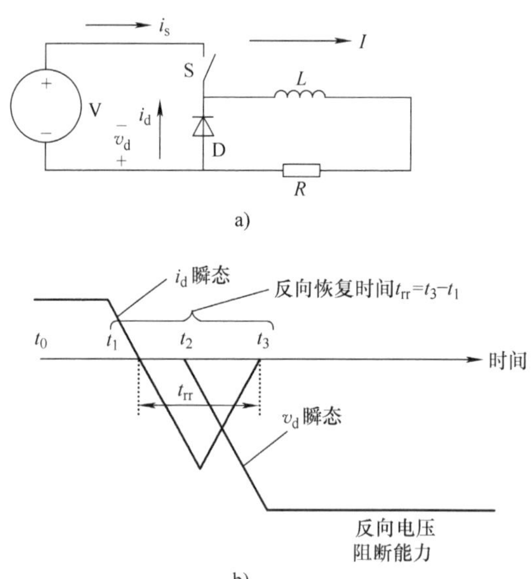

图 4.5 功率二极管的开关

a）研究开关行为的电路 b）功率二极管关断转换的电压电流波形

4.2 PIN 整流器

PIN 整流器包括一个称为本征或 I 区的高电阻率或低掺杂的 N 型区，夹在 P^+ 和 N^+ 区之间[5]。在 P^+IN^+ 整流器正向导通期间（见图 4.6），本征（I）区域充满了少数载流子空穴。在高注入水平下，注入的空穴浓度远大于本底的掺杂浓度。本征区的电导率调制降低了该区域的电阻并使器件在正向传导期间承载一个大电流。在 N 型基区的电荷中性条件要求电子和空穴浓度相等，即 $n(x) = p(x)$。在稳态下，电流通过 N^- 基区和阳极 – 阴极端区域中的空穴和电子的复合而形成。假设末端区域中的复合可忽略不计，则电流密度仅取决于 N^- 基区中的复合。它可以写成

$$J = \int_{-d}^{+d} qR\mathrm{d}x = \int_{-d}^{+d} q\frac{n(x)}{\tau_{HL}}\mathrm{d}x \tag{4.37}$$

式中，R 为复合率；d 为 N^- 基区的半宽度；τ_{HL} 为高注入水平下的寿命。假设 τ_{HL} 在不同载流子密度下为常数，得到

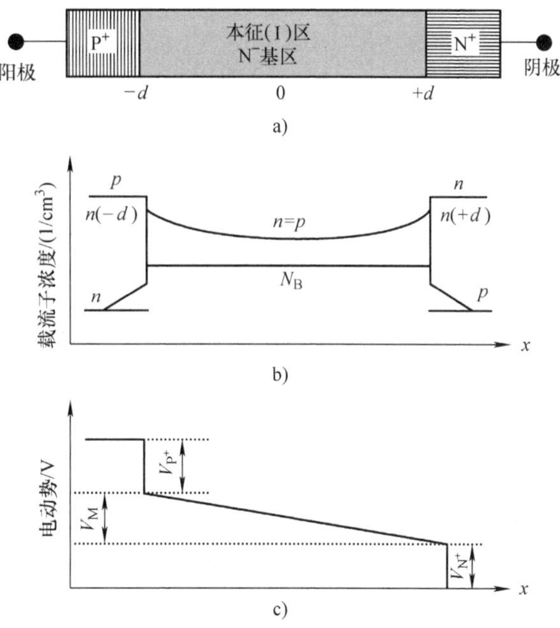

图 4.6 PIN 整流器

a）物理结构 b）高注入水平的载流子分布 c）高注入时的电势分布

$$J = q\frac{n(x)}{\tau_{HL}}\int_{-d}^{+d}\mathrm{d}x = q\frac{n}{\tau_{HL}}[x]_{-d}^{+d} = q\frac{n}{\tau_{HL}}[+d-(-d)] = \frac{2qnd}{\tau_{HL}} \tag{4.38}$$

式中，n 为平均载流子浓度。考虑到 PIN 整流器的 N^- 基区，连续性方程为

$$\frac{\partial n}{\partial t} = 0 = \frac{n}{\tau_{HL}} + D_a\frac{\partial^2 n}{\partial x^2} \tag{4.39}$$

由于双极型扩散常数（见本节末尾的注 1）与双极型扩散长度有关

$$L_a = \sqrt{D_a\tau_a} \tag{4.40}$$

得到

$$\frac{\mathrm{d}^2 n}{\mathrm{d}x^2} - \frac{n}{L_a^2} = 0 \tag{4.41}$$

该方程（附录4.4）的求解需要边界条件的知识。这是从二极管的 P^+ 和 N^+ 端的电流传输获得的。在 $x=+d$ 时，有

$$J_p(+d) = q\mu_p p(+d)\xi(+d) - qD_p\left.\frac{\mathrm{d}p}{\mathrm{d}x}\right|_{x=+d} = 0 \tag{4.42}$$

因为

$$\xi(+d) = \frac{kT}{q}\frac{1}{n(+d)}\left.\frac{\mathrm{d}n}{\mathrm{d}x}\right|_{x=+d} \tag{4.43}$$

在 $x=+d$ 时，有

$$J = J_n(+d) = 2qD_n\left.\frac{\mathrm{d}n}{\mathrm{d}x}\right|_{x=+d} \tag{4.44}$$

类似地，在 $x=-d$ 时，有

$$J=J_{\mathrm{p}}(-d)=-2qD_{\mathrm{p}}\left.\frac{\mathrm{d}n}{\mathrm{d}x}\right|_{x=-d} \tag{4.45}$$

使用电荷中性条件 $n(x)=p(x)$。对于推导的边界条件，连续性方程式（4.41）的解表示为（附录4.4）

$$n=p=\frac{J\tau_{\mathrm{HL}}}{2qL_{\mathrm{a}}}\left[\frac{\cosh\left(\frac{x}{L_{\mathrm{a}}}\right)}{\sinh\left(\frac{d}{L_{\mathrm{a}}}\right)}-\frac{1}{2}\frac{\sinh\left(\frac{x}{L_{\mathrm{a}}}\right)}{\cosh\left(\frac{d}{L_{\mathrm{a}}}\right)}\right] \tag{4.46}$$

图4.6b所示为PIN整流器结构中的载流子分布。电子浓度在N与$\mathrm{N}^{+}(+d)$结处最高，而空穴浓度在$\mathrm{P}^{+}\mathrm{N}(-d)$结处最高。由于不同的电子和空穴迁移率，最少载流子浓度出现在阴极侧附近。

通过对电场分布的计算得到电压降。电场与电流 $J=J_{\mathrm{n}}+J_{\mathrm{p}}$的关系如下：

$$J_{\mathrm{n}}=q\mu_{\mathrm{n}}\left(n\xi+\frac{kT}{q}\frac{\mathrm{d}n}{\mathrm{d}x}\right) \tag{4.47}$$

而

$$J_{\mathrm{p}}=q\mu_{\mathrm{p}}\left(p\xi-\frac{kT}{q}\frac{\mathrm{d}n}{\mathrm{d}x}\right) \tag{4.48}$$

从而得到

$$\xi=\frac{J}{q(\mu_{\mathrm{n}}+\mu_{\mathrm{p}})n}-\frac{kT}{2q}\frac{1}{n}\frac{\mathrm{d}n}{\mathrm{d}x} \tag{4.49}$$

记住必须遵守电荷中性条件。该公式右边的第一项表示由于流过二极管的电流引起的欧姆电压降。第二项是由于电子和空穴之间的迁移率差异引起的非对称浓度梯度。然后使用式（4.46）的载流子分布，对式（4.49）给出的电场分布 ξ 积分，得到穿过中间N型基区的电压降为（附录4.5）

$$\begin{aligned}V_{\mathrm{N^-}}=&\frac{3}{2}\left(\frac{kT}{q}\right)\frac{\sinh(d/L_{\mathrm{a}})}{\sqrt{1-(1/4)\tanh^{2}(d/L_{\mathrm{a}})}}\arctan\\&\left[\sinh(d/L_{\mathrm{a}})\sqrt{1-(1/4)\tanh^{2}(d/L_{\mathrm{a}})}\right]\\&+\frac{1}{2}\left(\frac{kT}{q}\right)\ln\left[\frac{1+(1/2)\tanh^{2}(d/L_{\mathrm{a}})}{1-(1/2)\tanh^{2}(d/L_{\mathrm{a}})}\right]\end{aligned} \tag{4.50}$$

由于载流子浓度随电流密度的增加而增加，从而抵消了 J 的影响，因此 $V_{\mathrm{N^-}}$与电流密度 J 无关。然而，$V_{\mathrm{N^-}}$随着 d/L_{a} 比例变高而急剧增加。这是因为扩散长度变得小于半基区宽度 d，使得电导率调制减小。

现在将注意力集中在P^{+}阳极和N^{-}基区之间的结。如果 p_0是N^{-}基区中的热平衡少数载流子密度而 V_{p^+}是$\mathrm{P}^{+}\mathrm{N}^{-}$结的电势差，则可以得到

$$p(-d)\approx p_0\exp\left(\frac{qV_{\mathrm{P+}}}{kT}\right) \tag{4.51}$$

从而得到

$$V_{P+} = \frac{kT}{q}\ln\frac{p(-d)N_d}{n_i^2} \tag{4.52}$$

类似地

$$V_{N+} = \frac{kT}{q}\ln\left\{\frac{n(+d)}{N_d}\right\} \tag{4.53}$$

将 V_{P+} 和 V_{N+} 相加得到

$$V_{P+} + V_{N+} = \frac{kT}{q}\ln\left[\frac{n(+d)n(-d)}{n_i^2}\right] \tag{4.54}$$

其中使用了电荷中性条件。最后，将（$V_{P+} + V_{N+}$）公式与 V_{N-} 和载流子分布方程结合，可以在给定的施加电压下表示正向偏置 PIN 二极管的电流密度，假设在端区中复合可以忽略，俄歇复合（见本节末尾的注 2）的表达式为（附录 4.6）

$$J = \frac{2qD_a n_i}{d}F\left(\frac{d}{L_a}\right)\exp\left(\frac{qV_a}{2kT}\right) \tag{4.55}$$

其中（附录 4.6）

$$F\left(\frac{d}{L_a}\right) = \frac{d}{L_a}\tanh\left(\frac{d}{L_a}\right)\frac{\exp\left(-\frac{qV_{N+}}{2kT}\right)}{\sqrt{1-(1/4)\tanh^4(d/L_a)}} \tag{4.56}$$

函数 $F(d/L_a)$ 在较大值时的正向电压降较低。$F(d/L_a)$ 的最大值出现在 $d/L_a = 1$ 处。在 $d/L_a < 1$ 的低值时，结压降占优势而正向压降随 d/L_a 值上升而下降。在 $d/L_a > 1$ 的高值时，中间区域压降占优势而正向压降随着 d/L_a 比例变大而增加。

注 1 双极型扩散常数和双极型迁移率

在高注入水平下，电子和空穴传输不能单独处理，因为电子在空穴云中移动，反之亦然。处理这种情况的一种方便的方法是将电子的连续性方程与空穴的连续性方程相结合，并引入两个新参数，即双极型迁移率 μ_a 和双极型扩散常数 D_a，作为电子和空穴迁移率和扩散系数的代数函数。双极型参数的定义方程是

$$\mu_a = \frac{\mu_n\mu_p(p-n)}{n\mu_n + p\mu_p} \tag{N1.1}$$

$$D_a = \frac{D_n D_p(p+n)}{nD_n + pD_p} \tag{N1.2}$$

式中，n 和 p 为总的电子和空穴浓度；μ_n 和 μ_p 为电子和空穴的迁移率；D_n 和 D_p 为电子和空穴的扩散系数。这种方法的优势在于所得到的单个方程允许将注意力集中在少数载流子浓度上，而多数载流子浓度的存在由双极型参数自动计算。

注 2 俄歇复合

这种复合机制需要三个自由载流子的相互作用，即两个电子与一个空穴，或两个空穴与一个电子。其中两个载流子参与复合过程，而第三个载流子消除了进入载流子的动量以及复合过程中释放的能量。同时存在三个载流子的必要性增加了重掺杂半导体中俄歇复合的可

能。与之相关的寿命称为俄歇复合寿命 τ_A，它随着掺杂浓度的二次方而降低。俄歇复合机理是引起雪崩击穿的碰撞电离的逆过程。在碰撞电离中，由电场加速的载流子产生一个或多个载流子。

例 4.6 在 PT－IGBT 中，N 型基区的半宽度为 40μm。载流子寿命从最初的 10μs 降低到 1μs，然后通过电子辐射降低到 0.5μs。最初和每个步骤之后，中间 N^- 基区上的电压降是多少？双极型扩散系数为 18.34cm^2/s。

PT－IGBT 如图 E4.6.1 所示。最初，扩散长度为 $L_a=\sqrt{D_a\tau_a}=\sqrt{18.34\times10\times10^{-6}}=0.01354cm$。因此，$d/L_a$比例的原始值为 $40\times10^{-4}/0.01354=0.2954$。对于该 d/L_a 比例，从式（4.50）得到中间 N^- 基区上的电压降为 $V_M=0.0259\times\{1.5\sinh 0.2954/[1-0.25\tanh^2(0.2954)]\}\arctan\sqrt{1-0.25\tanh^2(0.2954)}\sinh 0.2954+0.5\times0.0259\times\ln\{[1+0.5\tanh^2(0.2954)]/[1-0.5\tanh^2(0.2954)]\}=0.0118889\times44.9113+1.068\times10^{-3}=0.535V$。

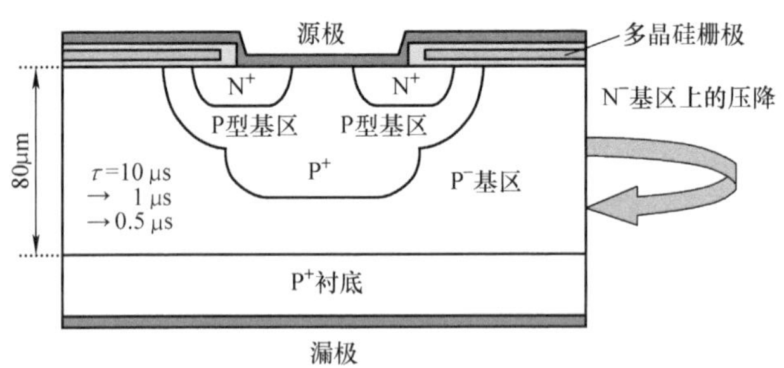

图 E4.6.1 例 4.6 中的 IGBT

类似地对 $\tau_a=1\mu s$，$L_a=4.28\times10^{-3}cm$，$d/L_a=0.9346$，$V_M=0.0259\times\{1.5\sinh 0.9346/[1-0.25\tanh^2(0.9346)]\}\arctan\sqrt{1-0.25\tanh^2(0.9346)}\sinh 0.9346+0.5\times0.0259\times\ln\{[1+0.5\tanh^2(0.9346)]/[1-0.5\tanh^2(0.9346)]\}=0.0483\times42.766+7.127\times10^{-3}=2.0656+7.127\times10^{-3}=2.0727V$。

同样对 $\tau_a=0.5\mu s$，$L_a=3.03\times10^{-3}cm$，$d/L_a=1.32$，$V_M=0.0259\times\{1.5\sinh 1.32/[1-0.25\tanh^2(1.32)]\}\arctan\sqrt{1-0.25\tanh^2(1.32)}\sinh 1.32+0.5\times0.0259\times\ln\{(1+0.5\tanh^2(1.32)]/[1-0.5\tanh^2(1.32)]\}=0.083\times39.375+0.0252775=3.268+0.0252775=3.293V$。

例 4.7 在 IGBT 的 PIN 整流器中，N^- 基区的半宽度等于扩散长度（70μm）。如果对于 $d/L_a=1$，函数 $F(d/L_a)$ 为 0.25，计算在 500mV 的正向电压下的电流密度。

IGBT 的 PIN 整流器如图 E4.7.1 所示。忽略 PIN 二极管端部区域中的复合，电流密度由下式给出：$J=(2qD_an_i/d)F(d/L_a)\exp[qV_A/(kT)]=[(2\times1.6\times10^{-19}\times18.34\times1.45\times10^{10})/(70\times10^{-4})]\times0.25\exp(0.2/0.0259)=3.0392\times10^{-6}\times2.42\times10^8=735.91A/cm^2$。

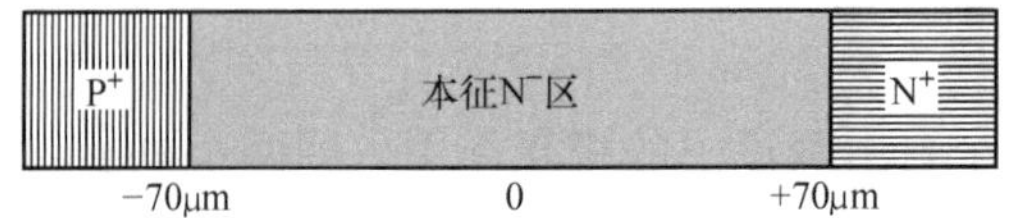

图 E4.7.1 例 4.7 中 IGBT 的 PIN 整流器

4.3 双极结型晶体管

用于功率转换器中静态开关的高功率分立晶体管[8-12]的电流额定值为几百安培，而额定电压为几百伏，NPN 和 PNP 型都可用，但 NPN 型的额定值更高。图 4.7a 所示为双扩散 NPN 型晶体管的结构；图 4.7b 所示为三扩散或外延 NPN 型晶体管；图 4.7c 所示为 NPN 型器件的电路图符号。在三扩散晶体管中，在 N^- 晶圆的背面上形成额外的 N^+ 层，以在集电区和集电极金属层之间提供低电阻的欧姆接触。在外延晶体管中，起始材料是 N^+ 衬底上通过外延生长的 N^- 层。

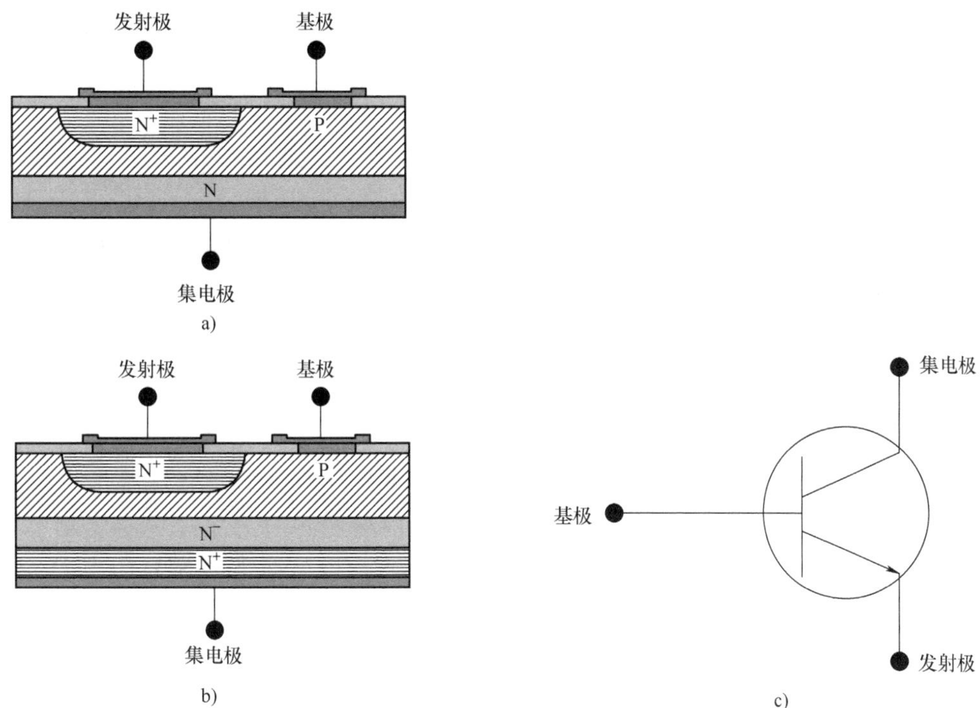

图 4.7 NPN 双极型晶体管

a）双扩散结构 b）三扩散结构 c）电路图符号

4.3.1 静态特性和电流增益

晶体管的静态特性源自 PN 结理论，连续性和电流密度方程决定着这些特性。作为施加电压的函数的 PNP 型晶体管的发射极和集电极电流由式（4.57）给出

$$
\begin{aligned}
I_{\mathrm{E}} = & qA\left(\frac{D_{\mathrm{p}}p_{\mathrm{B}}}{L_{\mathrm{B}}}\right)\coth\left(\frac{W}{L_{\mathrm{B}}}\right) \\
& \cdot\left\{\left[\exp\left(\frac{qV_{\mathrm{EB}}}{kT}\right)-1\right]-\operatorname{sech}\left(\frac{W}{L_{\mathrm{B}}}\right)\left[\exp\left(\frac{qV_{\mathrm{CB}}}{kT}\right)-1\right]\right\} \\
& +qA\left\{\left(\frac{D_{\mathrm{E}}n_{\mathrm{E}}}{L_{\mathrm{E}}}\right)\left[\exp\left(\frac{qV_{\mathrm{EB}}}{kT}\right)-1\right]\right\}
\end{aligned}
\tag{4.57}
$$

和

$$I_C = qA\left(\frac{D_p p_B}{L_B}\right)\operatorname{cosech}\left(\frac{W}{L_B}\right) \cdot \left\{\left[\exp\left(\frac{qV_{EB}}{kT}\right)-1\right]-\cosh\left(\frac{W}{L_B}\right)\left[\exp\left(\frac{qV_{CB}}{kT}\right)-1\right]\right\} - qA\left\{\left(\frac{D_C n_C}{kT}\right)\left[\exp\left(\frac{qV_{CB}}{kT}\right)-1\right]\right\} \tag{4.58}$$

式中，A 为晶体管的横截面积；D_E，D_B和 D_C为少数载流子扩散系数；L_E，L_B和 L_C为发射区、基区和集电区中少数载流子扩散长度；n_E，n_C为发射区和集电区中平衡的少数载流子（电子）密度；p_B为基区中平衡的少数载流子密度；W 为基区宽度；V_{EB}和 V_{CB}为发射极－基极和集电极－基极电压。差值 $I_E - I_C = I_B$表示为基极电流。

共基极电流增益

$$\alpha = h_{FB} = \frac{\partial I_C}{\partial I_E} = \left(\frac{\partial I_{pE}}{\partial I_E}\right)\left(\frac{\partial I_{pC}}{\partial I_{pE}}\right)\left(\frac{\partial I_C}{\partial I_{pC}}\right) \tag{4.59}$$

$$= \text{发射区注入效率 } \gamma \times \text{基区传输因子 } \alpha_T \times \text{集电区倍增因子 } M$$

$$\alpha = \gamma\alpha_T M \tag{4.60}$$

对于在集电极－基极电压 << 雪崩击穿电压下工作的晶体管，有

$$\alpha = \gamma\alpha_T \tag{4.61}$$

参数 γ 由式（4.62）给出

$$\gamma = 1 - \left(\frac{D_E}{D_p}\right)\left(\frac{N_B}{N_E}\right)\left(\frac{W}{L_E}\right) \tag{4.62}$$

式中，D_E为发射区中少数载流子（电子）扩散系数；D_p为空穴扩散系数；N_B和 N_E为基区和发射区的掺杂浓度；W 为基区宽度；L_E为发射区少数载流子扩散长度。而[5]

$$\alpha_T = 1 - \frac{W^2}{2L_B^2} \tag{4.63}$$

该公式推导见附录4.8。为了提高注入效率 γ，发射区掺杂必须远大于基区掺杂，但带隙变窄和俄歇复合限制了 γ。

静态共射极电流增益 β 等于 $h_{FE} = \partial I_C/\partial I_B$。电流增益 α 和 β 关系关如下[5]：

$$\beta = \frac{\alpha}{1-\alpha} \tag{4.64}$$

电流增益 β 随集电极电流 I_C的变化如图4.8所示。在小的集电极电流值下，发射区的耗尽区中产生的复合电流很小，并且表面漏电流远大于穿过基区的少数载流子的有用扩散电流。因此，γ 很小且增益很低。在小电流水平下，体和表面陷阱最小化改善了 β，随着集电极电流的增加，β 上升到高位。对于更大的 I_C值，基区中注入的少数载流子密度超过多数载流子密度（高注入水平）。基区有效浓度增加，降低了注入效率。这种电导率调制被称为韦伯斯特（Webster）效应[13]。在轻掺杂外延晶体管中，高场区域从 N^+发射区/P 型基区结转移到具有外延集电极区的 N^+发射区/P 型基区/N^-外延层/N^+衬底功率晶体管结构的 N^-外

延层/N^+衬底结。在高水平注入下，有效基极宽度从P型基区宽度增加到P型基区宽度+N型外延层宽度。明确定义的发射区-基区和集电区-基区过渡区域的经典概念不再成立。基区宽度调制被称为柯克（Kirk）效应[14]。基区变宽导致β减少。

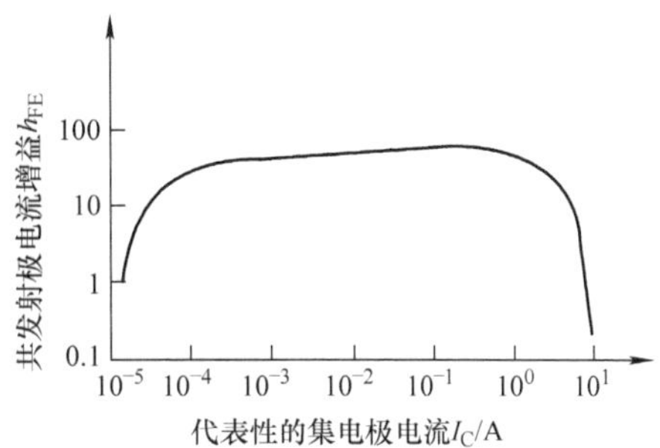

图4.8　晶体管共发射极电流增益h_{FE}随集电极电流的典型变化

双极型晶体管的基本模型是Ebbers-Moll模型[15]，由两个背靠背连接的二极管和两个由二极管电流驱动的电流源组成，假设具有理想的特性。Gummel-Poon模型[16]是基于基区电荷的一个完整的电荷控制关系，它与端的电学特性相关。

例4.8　求出N^+层浓度$=1\times10^{19}/cm^3$，P型基区浓度$=2\times10^{17}/cm^3$，P型基区宽度$=2\mu m$的IGBT中N^+PN晶体管的共基极电流增益，假设发射区中的空穴扩散系数$=1cm^2/s$，发射区中的空穴扩散长度$=1\mu m$，基区中的电子扩散系数$=35cm^2/s$，基区中的电子寿命$=1\mu s$。

IGBT及其结构参数如图E4.8.1所示。

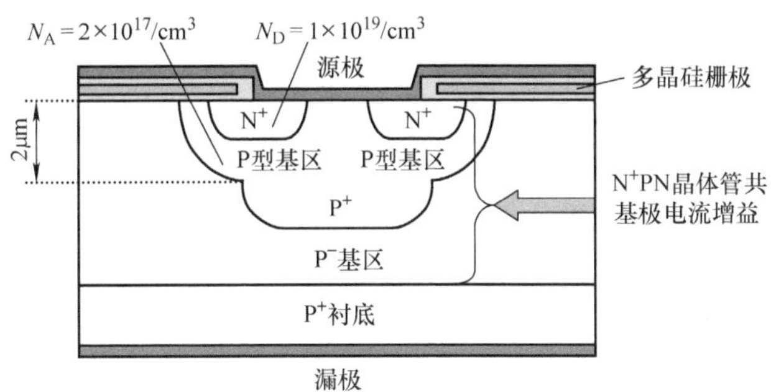

图E4.8.1　例4.8中的IGBT

$$\gamma=1-(1/35)\{(2\times10^{17}/cm^3)/(1\times10^{19}/cm^3)\}(2/1)=0.998857$$

$$\alpha_T=1-(2\times10^{-4})^2/[2\sqrt{(35\times1\times10^{-6})^2}]=0.9994286$$

$$\alpha=\gamma\alpha_T=0.998286$$

例4.9　计算P^+层浓度$=1\times10^{19}/cm^3$，N^-基区浓度$=1\times10^{14}/cm^3$，N^-基区宽度$=80\mu m$的IGBT中P^+NP晶体管的共基极电流增益，假设发射区中的电子扩散系数$=1cm^2/s$，发射极中的电子扩散长度$=1\mu m$，基区中的空穴扩散系数$=12.4cm^2/s$，以及基区中的空穴寿命$=10\mu s$。

图E4.9.1描述了存在这个问题的IGBT。

$$\gamma=1-(1/12.4)\{(1\times10^{17}/cm^3)/(1\times10^{19}/cm^3)\}(80/1)=0.93548$$

$$\alpha_T=1-(80\times10-4)^2/[2\sqrt{(12.4\times10\times10^{-6})^2}]=0.7419$$

$$\alpha=\gamma\alpha_T=0.6941$$

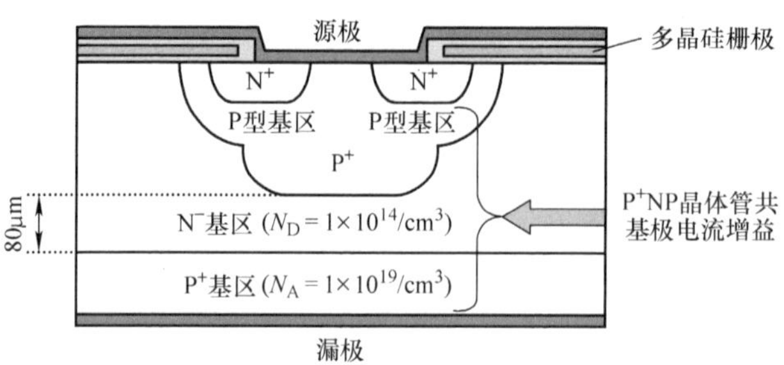

图 E4.9.1　例 4.9 中的 IGBT

4.3.2 功率晶体管开关

如图 4.9a 所示，输入控制施加在基极端，控制电路连接在基极和发射极之间，电源端是集电极和带负载电阻 R 和 DC 电源电压的发射极。对于不同的基极驱动 I_B值，集电极电流 I_C与集电极－发射极电压 V_{CE}的关系曲线如图 4.9b 所示。这些是晶体管的输出特性曲线，参考这些特性，晶体管开关的两种状态是：

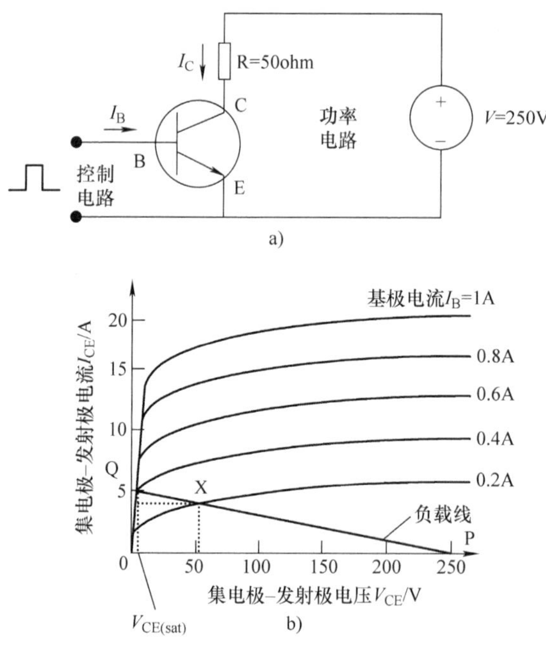

图 4.9　作为开关使用的功率晶体管

a）开关电路　b）输出特性和负载线

1）关断状态或截止条件：对于基极－发射极电压 $V_{BE}<0$，基极电流 $I_B=0$，集电极电流 $I_C=0$。

2）导通状态：假设 $V=250\text{V}$，$R=50\text{ohm}$ 而 $I_B=0.4\text{A}$。将 Kirchhoff 定律应用于电源回路，有

$$V_{CE}=V-I_CR \tag{4.65}$$

选择两个点，$I_C=0$，$V_C=V$ 和 $V_{CE}=0$，$I_C=V/R$，给出表示上述等式的直线。该直线PQ称为负载线，而其与输出特性曲线（$I_B=0.4A$ 曲线）的交点（点X）得到通过开关的电流（4A）和其上的电压（55V）。对于 $R=50\Omega$，发现负载线与最左侧的 $I_B=0.4A$ 特性曲线相交，而不同 I_B 值的特性曲线彼此重叠的区域称为饱和区。在这种情况下，晶体管两端的电压降非常小，它被称为饱和电压 $V_{CE(sat)}$。但很明显，对于 I_B 值，低于某一水平，$V_{CE(sat)}$ 变得非常高，导致功耗过大。为了确保饱和的导通状态，必须提供足够的基极驱动。提供饱和导通状态所需的最小基极电流由式（4.66）给出

$$I_B=\frac{I_C}{h_{FE}} \tag{4.66}$$

式中，h_{FE} 为晶体管的共发射极电流增益。为了获得足够的安全余量，要求电路在较高的 I_B 值工作并认为是在"强制的 h_{FE}"下工作。由于过量的少数载流子从发射区注入基区，因此基极过驱动会增加关断时间。"按比例驱动"是有用的，这里，基极电流根据集电极电流的大小增加或减少。

4.3.3 晶体管开关时间

在开启和关断的开关转换中标记的时间瞬间（见图4.10）具有以下含义：t_0（点O）

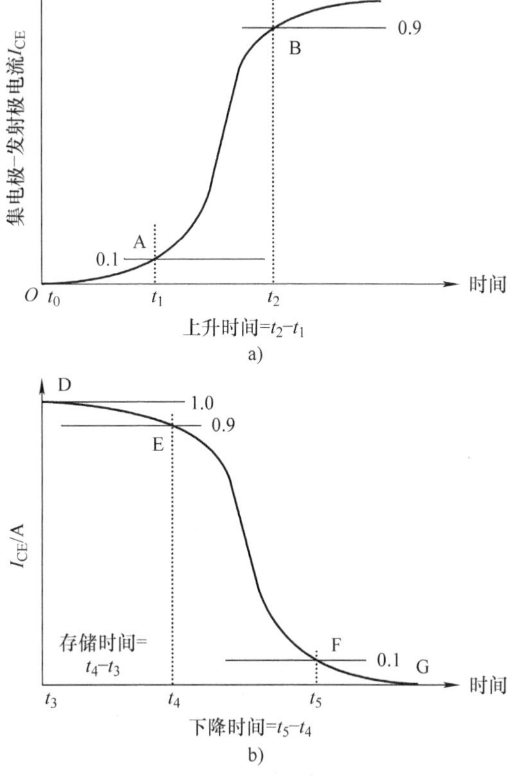

图4.10 晶体管的开关转换

a）导通转换 b）关断转换

是基极电流脉冲到达并且开启过程开始的时刻。t_1（点 A）是集电极电流上升到其最终值的 0.1 倍的瞬间，t_2（点 B）是它获得最终值（点 C）的 0.9 倍的瞬间，t_3（点 D）是通过在基极上施加小的反向电压而开始关断的瞬间。由于在基区中过剩的少数载流子会产生一个反向基极电流，在 t_3之后，这个电流会持续一个很短的时间，除非少数载流子衰减为零。t_4（点 E）和 t_5（点 F）是集电极电流下降到其导通状态值（点 G）的 0.9 倍和 0.1 倍的瞬间。

对于上述时间瞬间，定义如下时间延迟：上升时间 $t_r = t_2 - t_1$，存储时间 $t_s = t_4 - t_3$，下降时间 $t_f = t_5 - t_4$。

4.3.4 安全工作区

在开关过程中发生的工作点之间的转换必须限制在 I_C与 V_{CE}平面的有限边界内，称为安全工作区域（见图 4.11a），其限制如下：

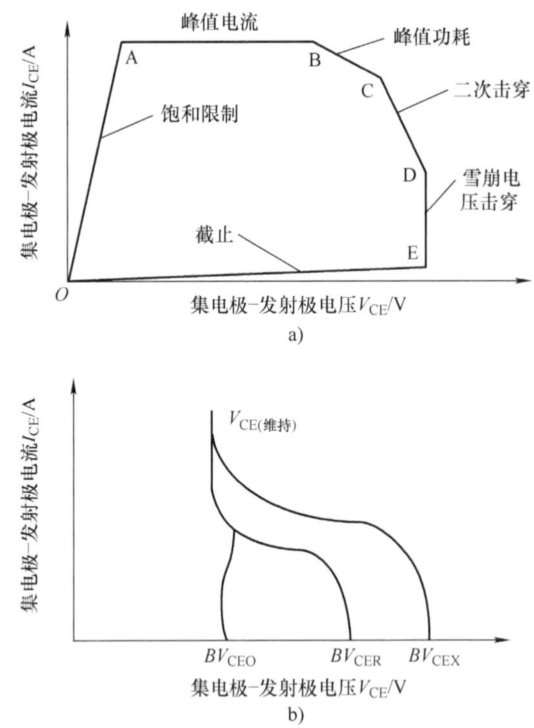

图 4.11 a）功率晶体管的反向偏置安全工作区（RBSOA）显示了不同的边界线

b）雪崩击穿电压限制

符号：$V_{CE(维持)}$ = 集电极 – 发射极维持电压；BV_{CEO} = 基极端开路时集电极 – 发射极击穿电压；BV_{CER} = 基极和发射极间接阻抗 R 时集电极 – 发射极击穿电压；BV_{CEX} = 基极与发射极短路时的集电极 – 发射极击穿电压

1）截止和饱和边界（OE 和 OA）：正常工作限制在截止线之上和饱和线右侧。

2）峰值电流边界（AB）：允许的最大集电极电流。

3）峰值功率边界（BC）：集电极功耗 $p_{max} = V_{CE}I_C$。

4）二次击穿边界（CD）：当电压、电流和功耗很高，但低于上述水平时，就会出现这种现象。例如，关断转换期间的非均匀电流分布产生局部热点，导致晶体管烧毁。

5）雪崩电压击穿边界（DE）：在增加 V_{CE}时，雪崩击穿电压由基极端的连接方式决定，如图4.11b所示。基极端开路的击穿电压 BV_{CEO}小于基极短路至发射极的击穿电压 BV_{CEX}。基极－发射极电阻 R 的中间值的击穿电压 BV_{CER}位于 BV_{CEO}和 BV_{CEX}之间。在所有情况下，在发生雪崩击穿之后，电压趋向于称为维持电压 BV_{CES}的一个特定的值保持不变。

4.4 晶闸管

功率晶闸管[17,18]的额定电流范围从几 mA～5000A，额定电压超过10000V，根据额定值封装在含铅塑料、螺柱形和圆盘形或曲棍球形外壳中。晶闸管分为用于工作在低功率电路、频率（50～60Hz）下的电路整流转换器的慢速晶闸管，以及用于高开关频率的强制整流转换器的快速晶闸管。晶闸管是一个四层结构（见图4.12），三个内部结 J_1，J_2和 J_3串联连接并具有三个端，即外部P型层上具有金属接触的阳极（A），外部N型层上的阴极（K）和内部P型层上的栅极（G）。A和K是电源端，控制信号施加在G和K之间。

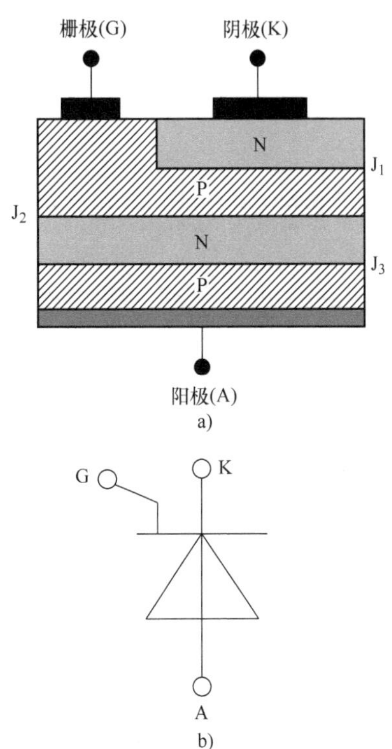

图4.12　功率晶闸管

a）横截面　b）电路符号

4.4.1 晶闸管的工作状态

晶闸管是一个具有低阻抗导通状态和高阻抗关断状态的双稳态开关，其静态特性如图4.13所示。晶闸管的区域OA是正向阻断状态，区域AB是负电阻区，区域BC是正向导通状态，区域CD是反向阻断状态，区域DE是反向击穿状态。虽然只有一个导通状态，即正向导通状态（BC），但存在两个关断状态，即正向阻断的关断状态（OA）和反向阻断的关断状态（OD）。栅极可以将晶闸管从正向阻断的关断状态切换到正向导通状态，但是不能实现反向转换。图4.14所示为晶闸管三种工作状态下的偏置条件。

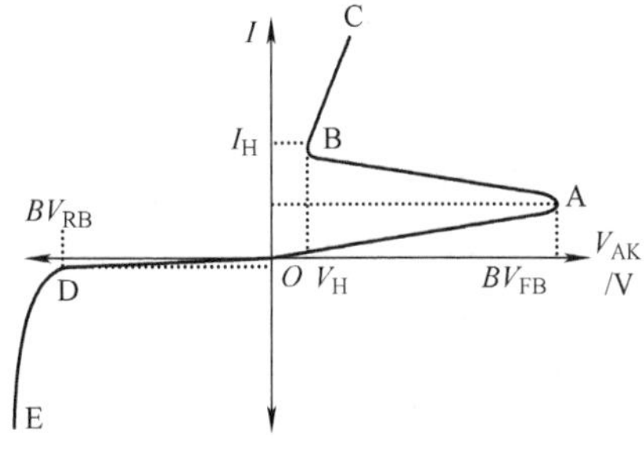

图4.13　晶闸管的静态特性

在反向阻断的关断状态（见图4.14a），结 J_1和 J_3反向偏置而 J_2正向偏置，因此除了小的漏电流外，晶闸管不能导通。在实际的晶闸管中，反向阻断电压主要由结 J_1决定，因为相比之下 J_3的击穿电压非常小。

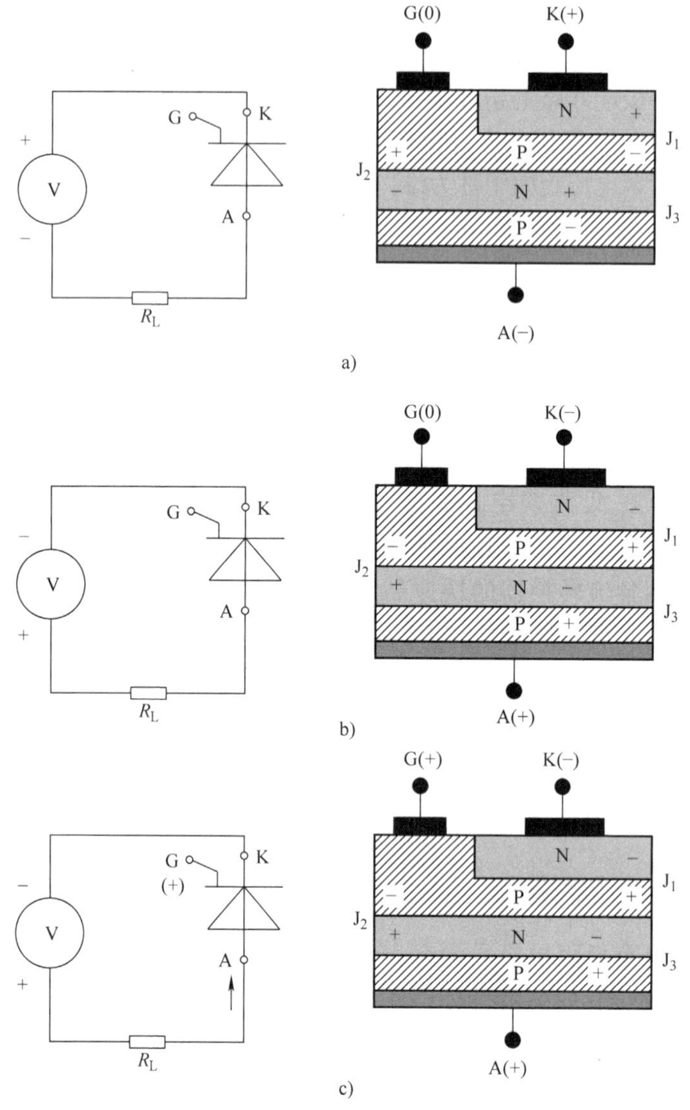

图 4.14　晶闸管的不同工作状态

a）反向阻断的关断状态　b）正向阻断的关断状态　c）正向导通状态

在正向阻断的关断 F 状态（见图 4.14b），J_2反向偏置而结 J_1 和 J_3 正向偏置。实际上，除非另外特别设计，正向和反向阻断电压是相同的。因此，晶闸管是对称的电压阻断器件。

通过对器件的双晶体管结构类推（见图 4.15），可以理解晶闸管如何切换到正向导通状态（见图 4.14c）。如图所示，通过一个假想平面将晶闸管分解成 PNP 型晶体管 Q_1 和 NPN 型晶体管 Q_2的组合，初始栅极电流 I_G为零，晶体管 Q_1，Q_2都处于非导通状态。在施加小的栅极电流时，该电流用作晶体管 Q_2的基极电流 I_{B2}。因此 Q_2开始导通，产生集电极电流 I_{C2}。但是集电极电流 I_{C2}充当晶体管 Q_1的基极电流 I_{B1}。由于基极电流 I_{B1}，集电极电流 I_{C1}开始流动。这个集电极电流 I_{C2}将基极电流提供给晶体管 Q_2，进一步增加 I_{C2}。因此，在几 μs 内启动再生机制，驱动晶体管 Q_1 和 Q_2进入它们的饱和导通状态，即使栅极电流撤销也会保持饱和状态，只要晶闸管的电流水平超过一个称为保持电流的最小限度。

为了分析正向开关特性，注意到PNP型晶体管的基极电流 I_{B1} 由式（4.67）给出

$$I_{B1} = (1-\alpha_1)I_A - I_{CO1} \tag{4.67}$$

式中，α_1 为PNP型晶体管的共基极电流增益；I_A 为阳极电流；I_{CO1} 为集电极-基极反向饱和电流。这个基极电流由NPN型晶体管的集电极提供。现在，NPN型晶体管的集电极电流 I_{C2} 表示为

$$I_{C1} = \alpha_2 I_K + I_{CO2} \tag{4.68}$$

式中，α_2 为NPN型晶体管的共基极电流增益；I_{CO2} 为集电极-基极反向饱和电流。由于 $I_{B1} = I_{C2}$，有

$$(1-\alpha_1)I_A - I_{CO1} = \alpha_2 I_K + I_{CO2} \tag{4.69}$$

但是 $I_K = I_A + I_G$，因此

$$I_A = \frac{\alpha_2 I_G + I_{CO1} + I_{CO2}}{1-(\alpha_1+\alpha_2)} \tag{4.70}$$

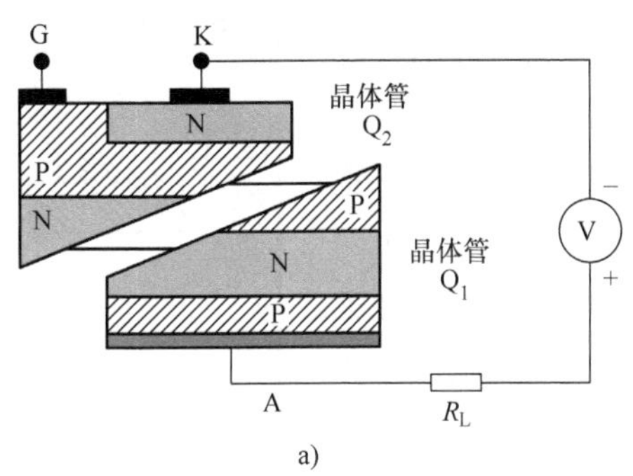

a)

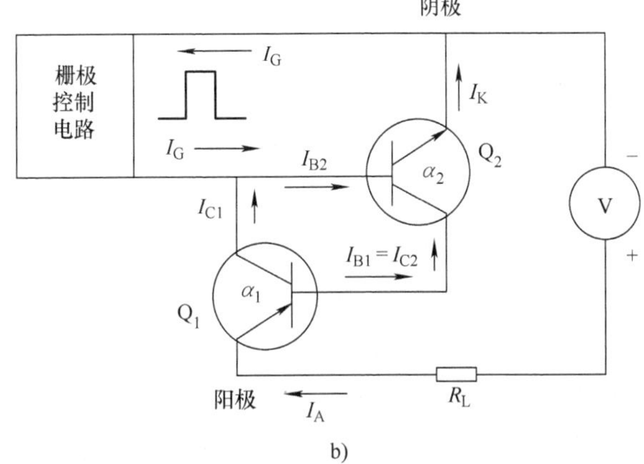

b)

图4.15 晶闸管的双晶体管等效电路

电流增益 α_1 和 α_2 是电流 I_A 的函数并随着电流的增加而上升。当 $\alpha_1+\alpha_2=0$，$I_A=\infty$ 时，发生正向导通而器件表现类似一个PIN型二极管。

4.4.2 晶闸管的 d*i*/d*t* 性能和反向栅极电流脉冲导致的关断失效

可以设想晶闸管T是几个基本晶闸管 T_1，T_2，T_3，…，T_N 的并联。当施加栅极电流脉

冲时，首先最靠近栅电极的晶闸管 T_1 开启，这个晶闸管的部分电流流向 T_2 的栅极，导致其开启。同样，T_2 开启 T_3，依此类推至第 N 个晶闸管。因此，在所有组成的晶闸管导通之前经过了有限的时间，使器件完全导通。电流等离子体的扩散以扩展速度来表征[19]。因此，如果外部电路中的电流上升速度比开关通过晶闸管芯片区域的速度快，那么在靠近栅极的区域就会产生过大的电流密度并因此发生局部加热，导致永久性的器件损坏。这使得晶闸管具有 di/dt 额定值，而为了安全工作不应超过该限制。这也解释了为什么晶闸管不能通过栅极关断，因为栅极远离大部分的阴极区域，因此无法控制它。通过使用交叉的栅极－阴极几何形状或渐开线图形[20]，晶闸管的 di/dt 额定值随着在整个芯片栅极分布在离阴极较短的距离内而增加。另一种方法是使用放大的栅极作为先导器件，由于其较小的横向尺寸而快速导通并向主器件发送大的驱动电流。这个驱动电流越大，初始开启面积越大。

4.4.3 晶闸管的 dv/dt 额定值

当施加的正向电压以非常快的 dv/dt 速率上升时，即使在没有栅极电流脉冲的情况下，晶闸管也会导通。这是因为在正向阻断状态期间（见图 4.14b），结 J_2 是反向偏置的，表现为一个充了电的电容 C。dv/dt 的快速变化产生电容性位移电流 Cdv/dt，如果其幅值超过阈值，则会像栅极电流脉冲一样开启晶闸管。使用短路发射极连接（见图 4.16），其中发射极金属重叠在 NPN 晶体管的基区上产生局部短路，晶闸管电流通过替代路径直接流到阴极端而不会对栅极电流产生影响，这个电流旁路会增加误开启开关的 dv/dt 阈值[21]。

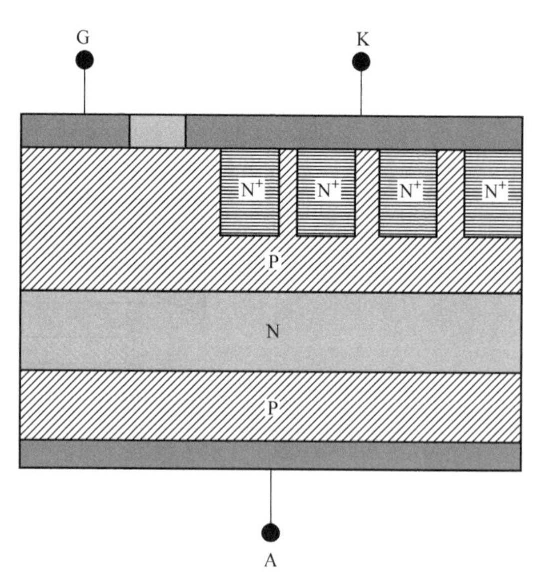

图 4.16　提高 di/dt 性能的晶闸管的短路发射极结构

例 4.10　在 IGBT 中，NPN 型晶体管的发射极通过电阻 $R_b=1\Omega$ 与其基极短路。如果没有短路的 NPN 型晶体管（$R_b=\infty$）的电流增益为 α_{NPN}，短路的 NPN 型晶体管的电流增益为 $\alpha_{NPN,sc}$，$\alpha_{NPN,sc} \ll \alpha_{NPN}$，直到 NPN 晶体管发射极－基极结通过一个 $V_{BE}>0.7V$ 的电压而正向偏置。假定 $\alpha_{NPN}=0.99$ 并且发射极－基极结的反向饱和电流 I_0 为 10pA。

图 E4.10.1 所示为本例中 IGBT 的示意图，其中短路电阻 R_b 跨接在 N^+PN^- 晶体管的发射极－基极二极管上。当 NPN 型晶体管的发射极－基极结正向偏置在电压 V_{BE} 时，集电极电流为 $I_C=I_0\{\exp(qV_{BE}/kT)-1\}$，流过短路电阻 R_b 的电流为 $I_R=V_{BE}/R_b$。在短路晶体管中发射极端流动的电流是 $I_{E,sc}=I_C/\alpha_{NPN}+I_R$，其中 α_{NPN} 是没有短路的晶体管的电流增益。因此，短路晶体管的电流增益是 $\alpha_{NPN,sc}=I_C/I_{E,sc}=I_C/(I_E/\alpha_{NPN}+I_R)=\alpha_{NPN}\{1/[1+(I_R\alpha_{NPN})/I_E]\}=\alpha_{NPN}/\{1+(V_{BE}\alpha_{NPN})/[R_bI_0\exp(qV_{BE}/kT)-1]\}=0.99/\{1+(0.99V_{BE})/[1\times10^{-11}\exp(qV_{BE}/kT)-1]\}$。代入 $V_{BE}=0.5V$，得到 $\alpha_{NPN,sc}=0.99/\{1+(0.99\times0.5)/[1\times10^{-11}$

$\exp(0.5/0.0259)-1]\}=4.82\times10^{-3}$，这$\ll\alpha_{NPN}(=0.99)$。类似地，对于$V_{BE}=0.6V$，$\alpha_{NPN,sc}=0.161$，其再次$<\alpha_{NPN}(=0.99)$。现在，对于$V_{BE}=0.7V$，得到$\alpha_{NPN,sc}=0.8786$，这略小于$\alpha_{NPN}(=0.99)$。但是对于$V_{BE}=0.8V$，得到$\alpha_{NPN,sc}=0.987$，它接近$\alpha_{NPN}$（$=0.99$）。因此，从0V开始，随着发射极-基极电压的增加，最初，大部分电流流过电阻R_b而晶体管的电流增益非常小。但是一旦V_{BE}超过0.7V，发射极-基极结正向偏置，大部分电流流过其发射区，而其电流增益接近非短路晶体管的电流增益。

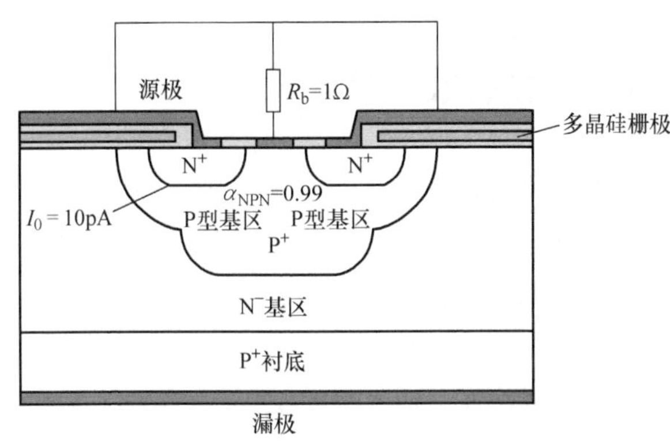

图E4.10.1 例4.10的IGBT

4.4.4 晶闸管开启和关断时间

观察图4.17a，如果t_1是栅极电压V_G上升到其最终值的0.1倍的瞬间，而t_2和t_3分别是晶闸管电流I上升到其最终值的0.1倍和0.9倍的瞬间，那么做以下定义：延迟时间$t_d=t_2-t_1$；上升时间$t_r=t_3-t_2$；开启时间$t_{ON}=t_d+t_r$。

晶闸管通过在主端子A和K上施加反向电压来关断。晶闸管的关断类似于二极管的关断，如在4.1.5节所述。因此，截止到t_3时刻，晶闸管的关断波形（见图4.17b）与二极管的关断波形（见图4.5）相似。只有在重新获得阻断正向电压的能力之后，才能完成晶闸管的关断开关。但是在时刻t_3，由于结J_1，晶闸管仅恢复了其反向阻断能力。正向阻断能力归功于结J_2，并且在反向恢复瞬态之后通过复合使载流子衰减需要有限的时间。因此，在晶闸管两端的电压为零并且器件开始变为正向偏置的时刻t_4恢复正向阻断能力。关断时间是$t_{OFF}=t_4-t_1$，其中t_1是正向电流变为零的瞬间。已经证明，施加负栅极-阴极电压可加速晶闸管的关断过程。

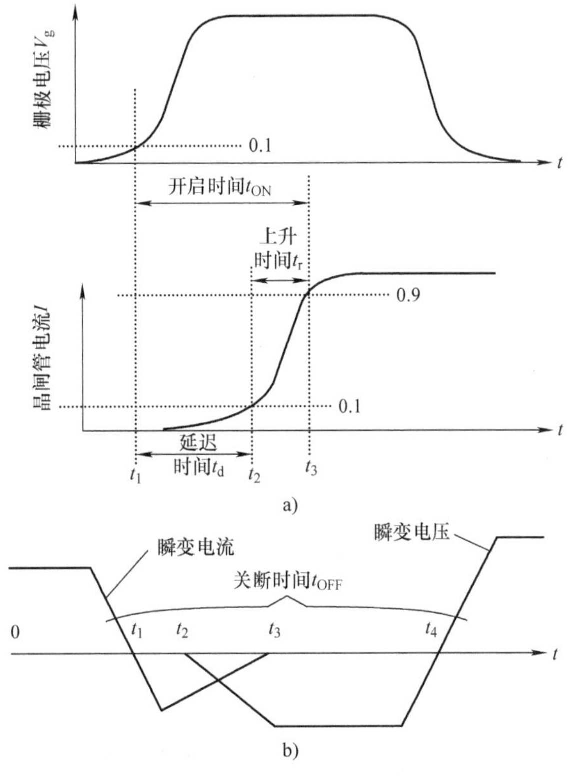

图4.17 晶闸管的开关波形

a）开启 b）关断

4.5 结型场效应晶体管

结型场效应晶体管（Junction Field－Effect Thyristor，JFET）（见图 4.18a）是一个电压控制的电阻，其电阻通过改变延伸到沟道区的耗尽层的宽度而变化[22－24]。它有三个电极：源极，作为载流子的源；漏极，是载流子接收端；栅极，控制从源极到漏极的载流子供应。源极和漏极与沟道形成欧姆接触，而栅极与沟道形成整流结。主要器件尺寸为沟道或栅极长度 L，沟道宽度 W，沟道深度 a，沟道开口 b 和耗尽层宽度 h。

图 4.18b 所示为 JFET 的电流－电压特性。这是一组在不同栅极－源极偏置 v_{GS}下，漏极－源极电流 i_{DS}随漏极－源极电压 v_{DS}的变化曲线。特性曲线分为三个区域，即线性区、饱和区以及击穿区。在线性区，$i_{DS} \propto v_{DS}$；在饱和区，i_{DS}是恒定的并且与 v_{DS}无关；在击穿区，i_{DS}随着 v_{DS}的微小变化而急剧增加。

在 IGBT 中，JFET 效应作为导通电阻的一部分出现，这在 3.4.1 节中讨论过。

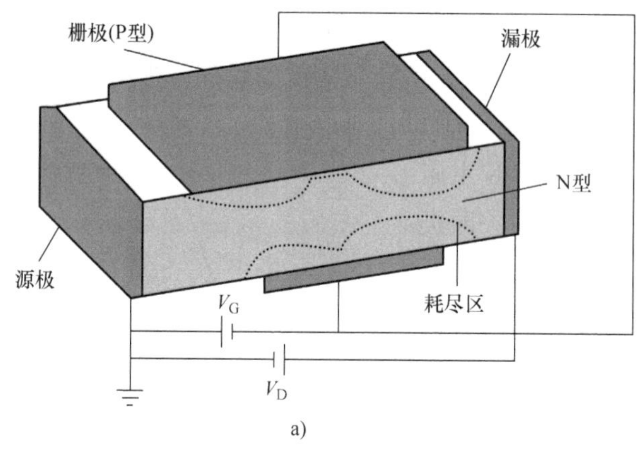

a)

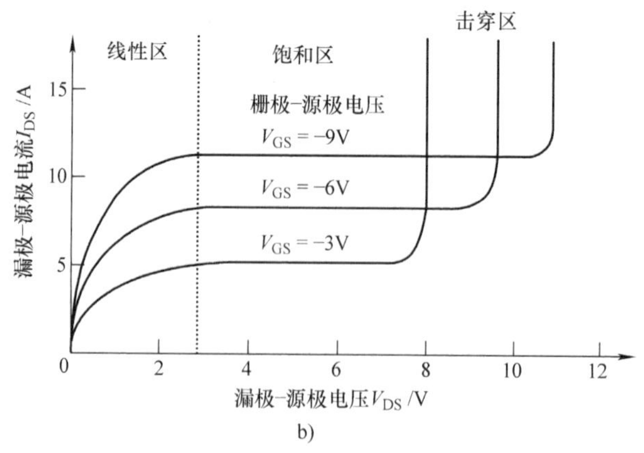

b)

图 4.18　a）JFET 横截面图　b）显示三个工作区域的 JFET 静态特性

4.6 小结

IGBT 中具有不同的双极特性，包括：①它们具有较低的静态损耗和较高的击穿电压；②较大的动态损耗的缺点。必须在其对 IGBT 行为的影响的背景下理解每个双极性能，以了解如何根据用户的要求进行选择。

练　习　题

4.1 说出功率二极管的重要规范。

4.2 用于功率二极管的两个主要封装是什么？

4.3 根据两侧的掺杂浓度，推导 PN 结内建电势的表达式。

4.4 写出反向偏置的 PN 结耗尽层宽度和电容的表达式，并解释这些符号的含义。

4.5 给出突变结和线性渐变结的雪崩击穿电压的方程。

4.6 推导二极管伏安特性的肖克利方程，写出显示扩散和产生分量的反向漏电流公式。

4.7 绘制 PN 结二极管的关断开关波形，并解释每个时间段的重要性。定义二极管的反向恢复时间。

4.8 绘制 PIN 整流器中载流子的分布示意图，指出电子和空穴浓度最高以及载流子浓度最低的区域。

4.9 区分双扩散双极型晶体管和三扩散型晶体管，后者背面的 N^+ 层的作用是什么？

4.10 晶体管的 α 和 β 有何关系？写出发射极注入效率 γ 和晶体管的基区传输因子 α_T 的公式。

4.11 解释在双极型晶体管中 Webster 和 Kirk 效应。晶体管的电流增益 β 如何随集电极电流而变化？解释 $\beta-I_C$ 曲线每个部分的物理原因。

4.12 用 h_{FE} 表示维持 BJT 饱和导通状态的最小基极电流。什么是晶体管的“强制 h_{FE}”工作？过驱动晶体管有什么缺点？

4.13 绘制双极型晶体管的代表性安全工作区（SOA）并指出 SOA 的各个边界，指出每个边界的重要性，解释维持晶体管的电压 BV_{CES} 的概念。

4.14 绘制晶体管的开启和关断的开关转换曲线，标记发生不同转换的时刻，并标示晶体管的上升时间、存储时间和下降时间。

4.15 线性整流晶闸管与强制整流晶闸管有什么不同？

4.16 晶闸管的三种工作状态是什么？显示这三种状态下不同内部结的偏置。

4.17 将晶闸管表示为一对 PNP 和 NPN 型晶体管，解释再生作用如何开启器件。

4.18 当两个晶体管的电流增益之和接近 1 时，推导描述晶闸管正向击穿的表达式。

4.19 有限等离子体扩散速度如何对晶闸管施加 di/dt 限制，采用什么特殊几何形状来提高晶闸管的 di/dt 额定值？

4.20 解释因快速施加电压导致晶闸管误开启的问题。一个短路的发射极结构如何有助于避免因 dV/dt 效应导致晶闸管导通。

4.21 简述晶闸管开启和关断开关特性并解释两种转换过程中经历的时间延迟。

4.22 计算 IGBT 的 N^+ 发射区/ P 型基区结的内建电势，其中 N^+ 发射区的掺杂浓度为 $1.5\times10^{20}/cm^3$，P 型基区的掺杂浓度为 $2.5\times10^{17}/cm^3$？

4.23 在 NPT - IGBT 中，N^- 基区杂质的掺杂浓度为 $2\times10^{14}/cm^3$，P 型基区杂质的掺杂浓度为 $4\times10^{17}/cm^3$，N^- 基区厚度为 180μm。求出（a）击穿电压；（b）N 型侧的空间电荷区厚度；（c）P 型侧的空间电荷区厚度；（d）空间电荷区总厚度；（e）1000V 的 N^- 基区的未耗尽长度。

4.24 在 IGBT 中，P^+ 层掺杂浓度为 $1.9\times10^{20}/cm^3$，N^- 基区掺杂浓度为 $3\times10^{14}/cm^3$，N^- 基区厚度为 75μm。发射区的电子扩散常数 = $0.9cm^2/s$，发射区的电子扩散长度 = 0.8μm，基区空穴扩散常数 = $12cm^2/s$，基区中的空穴寿命 = 7μs。求出 IGBT 中 P^+NP 晶体管的共基极电流增益 α_{PNP}。

参考文献

1. W. Shockley, The Theory of P-N Junctions in Semiconductors and P-N Junction Transistors, *Bell Sys. Tech. J.*, Vol. 28, No. 3, July 1949, pp. 435–489.
2. J. L. Moll, The Evolution of the Theory of the Current–Voltage Characteristics of P-N Junctions, *Proc. IRE*, Vol. 46, No. 6, June 1958, pp. 1076–1082.
3. R. N. Hall and W. C. Dunlap, P-N Junctions Prepared by Impurity Diffusion, *Phys. Rev.*, Vol. 80, 1950, p. 467.
4. S. K. Ghandhi, *Semiconductor Power Devices*, Wiley, New York, 1977.
5. S. M. Sze, *Physics of Semiconductor Devices*, Wiley Eastern Ltd., New Delhi, 1987.
6. J. Vithayathil, *Power Electronics: Principles and Applications*, McGraw-Hill, Inc., New York, 1995.
7. H. S. Veloric and M. B. Prince, High-Voltage Conductivity-Modulated Silicon Rectifier, *Bell Syst. Tech. J.*, Vol. 36, No. 4, July 1957, pp. 975–1004.
8. J. Bardeen and W. H. Brattain, The Transistor, A Semiconductor Triode, *Phys. Rev.*, Vol. 74, 1948, p. 230.
9. H. C. Theuerer, J. J. Kleimack, H. H. Loar, and H. Christenen, Epitaxial Diffused Transistors, *Proc. IRE*, Vol. 48, No. 9, September 1960, pp. 1642–1643.
10. B. J. Baliga and D. Y. Chen, *Power Transistors: Device Design and Applications*, IEEE Press, New York, 1984.
11. D. J. Roulston, *Bipolar Semiconductor Devices*, McGraw-Hill, New York, 1990.
12. A. Blicher, *Field Effect and Bipolar Power Transistor Physics*, Academic Press, New York, 1981.
13. W. M. Webster, On the Variation of Junction-Transistor Current Gain Amplification Factor with Emitter Current, *Proc. IRE*, Vol. 42, No. 6, June 1954, pp. 914–920.
14. C. T. Kirk, Jr., A Theory of Transistor Cut-off Frequency (f_T) Falloff at High Current Densities, *IRE Trans. Electron Devices*, Vol. ED-9, No. 2, March, 1962, pp. 164–173.
15. J. J. Ebers and J. L. Moll, Large Signal Behaviour of Junction Transistors, *Proc. IRE*, The Institute of Radio Engineers, Inc., New York, Vol. 42, No. 12, December 1954, pp. 1761–1772.
16. H. K. Gummel and H. C. Poon, An Integral Charge Control Model of Bipolar Transistors, *Bell Syst. Tech. J.*, Vol. 49, No. 5, May–June 1970, pp. 827–852.

附录 4.1 漂移和扩散电流密度

在半导体中，载流子的传输主要通过两种机制，即在施加电场的影响下的漂移和在浓度梯度下的扩散。

1. 载流子漂移

假设电场 ξ 施加到横截面积为 A 和长度为 L 的条形半导体上，其载流子浓度为每单位体积 n 个电子（见图 A4.1.1）。如果 q 为电荷，v_i 为电子的速度，则电子电流密度为 $-qv_i$。把 n 个电子的贡献加在一起，单位体积中包含的所有电子引起的电流密度为

$$J_n = \sum_{i=0}^{n}(-qv_i) = -qnv_n = qn\mu_n\xi \tag{A4.1.1}$$

式中，μ_n 为电子迁移率（定义为施加单位电场 ξ 下的平均漂移速度 v_i）。可以写出空穴类似的表达式，记住空穴带正电荷。那么，由空穴引起的电流密度为

$$J_p = qpv_p = qp\mu_p\xi \tag{A4.1.2}$$

式中，p 为单位体积的空穴数。

将式（A4.1.1）和式（A4.1.2）给出的电子和空穴电流密度结合在一起，总的电流密度 J 为

$$J = J_n + J_p = qn\mu_n\xi + qp\mu_p\xi = q\xi(n\mu_n + p\mu_p) \tag{A4.1.3}$$

其中

$$n\mu_n + p\mu_p = \sigma$$

表示半导体的导电率，而其倒数

$$\rho = \frac{1}{n\mu_n + p\mu_p} \tag{A4.1.4}$$

为电阻率。

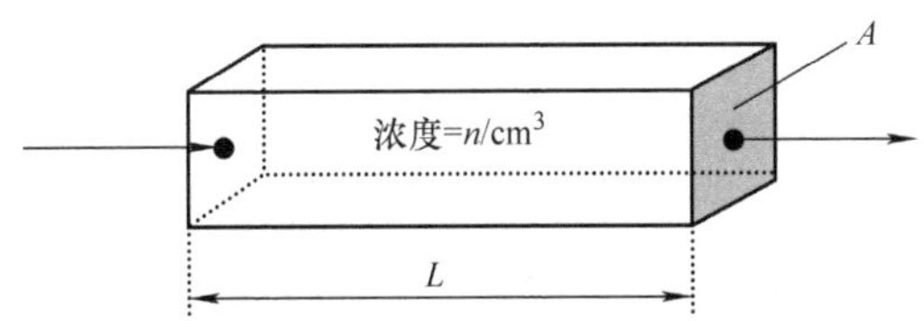

图 A4.1.1 均匀掺杂的 N 型半导体棒中的电子漂移

2. 载流子扩散

当半导体中载流子浓度随着空间变化时会导致该过程的发生，使得载流子从高浓度区域移动到低浓度区域。考虑一个温度均匀的半导体样品（见图 A4.1.2）。假设样品在 x 方向上具有一个变化的电子浓度 $n(x)$。温度的均匀性意味着电子具有相同的热能。计算单位时间在 $x=0$ 处穿过单位面积的平均电子数。已知电子处于随机热运动状态，热速度为 v_{th}，平均自由程 $l = v_{th}\tau_c$，其中 τ_c 为平均自由时间。由于电子位于 $x=-l$ 处，在左边的一个平均自由

程，同样可能向左或向右移动，经过时间 τ_c，这些电子中的一半将能够穿过 $x=0$ 处的平面。那么从左侧在 $x=0$ 处穿过单位面积的平均电子速率为

$$F_1 = \frac{1}{2}n(-l)\frac{l}{\tau_c} = \frac{1}{2}n(-l)v_{th} \tag{A4.1.5}$$

通过泰勒级数近似，得到

$$n(-l) = n(0) - l\frac{dn}{dx} \tag{A4.1.6}$$

这样式（A4.1.5）简化为

$$F_1 = \frac{1}{2}\left[n(0) - l\frac{dn}{dx}\right]v_{th} \tag{A4.1.7}$$

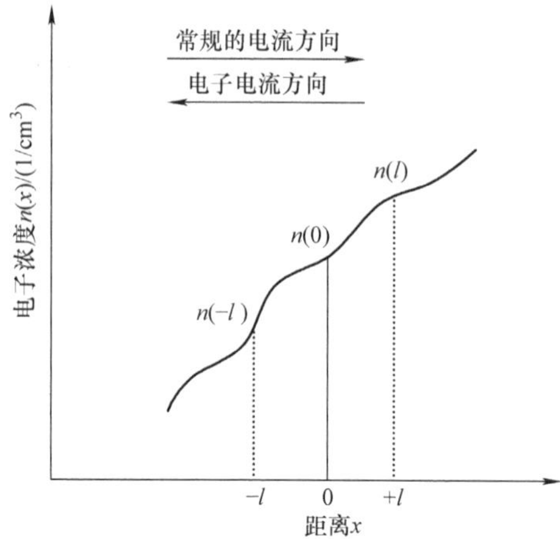

图 A4.1.2　电子浓度随距离的变化（l 是电子平均自由程）

类似地，从右侧在 $x=l$ 穿过平面的电子流速率为

$$F_2 = \frac{1}{2}n(l)\frac{l}{\tau_c} = \frac{1}{2}n(l)v_{th} \tag{A4.1.8}$$

这样变为

$$F_2 = \frac{1}{2}\left[n(0) + l\frac{dn}{dx}\right]v_{th} \tag{A4.1.9}$$

应用泰勒级数，由式（A4.1.7）和式（A4.1.9），电子从左到右的净速率为

$$F_1 - F_2 = F = \frac{1}{2}\left[n(0) - l\frac{dn}{dx}\right]v_{th} - \frac{1}{2}\left[n(0) + l\frac{dn}{dx}\right]v_{th} = -v_{th}l\frac{dn}{dx} \tag{A4.1.10}$$

这个公式改写为

$$F = -v_{th}l\frac{dn}{dx} = -D_n\frac{dn}{dx} \tag{A4.1.11}$$

式中，$D_n = v_{th}l$ 为一个常数，称为扩散常数或扩散系数。由于电荷 $-q$ 由一个电子携带，上述电子流导致的电子电流密度为

$$J_n = -qF = qD_n\frac{dn}{dx} \tag{A4.1.12}$$

以相同的方式，空穴浓度的空间变化产生一个相应的空穴电流密度为

$$J_p = -qD_p\frac{dp}{dx} \tag{A4.1.13}$$

3. 由于漂移和扩散形成的总电流密度

应用式（A4.1.1）和式（A4.1.12），对于电子，得到

$$J_n = qn\mu_n\xi + qD_n\frac{dn}{dx} \tag{A4.1.14}$$

同样，由式（A4.1.2）和式（A4.1.14），我们得到空穴电流密度

$$J_p = qn\mu_p\xi - qD_p\frac{dp}{dx} \tag{A4.1.15}$$

附录4.2 爱因斯坦方程

它是一个重要的方程，它与半导体中载流子传输的两个主要现象，即漂移和扩散相互关联，分别以迁移率和扩散常数来表征。

根据能量均分定律，可以写出一维的情况，即

$$\frac{1}{2}m_n v_{th}^2 = \frac{1}{2}kT \tag{A4.2.1}$$

式中，m_n为电子质量；k为玻尔兹曼常数；T为绝对温度。

为了计算施加电场ξ时电子的漂移速度v_d，在连续碰撞（时间$=\tau$）之间的自由漂移期间施加到电子的冲量（力和时间的乘积）等于电子在此期间获得的动量。由于作用于电子的力等于$-q\xi$而获得的动量是$m_n v_d$，因此

$$-q\xi\tau = m_n v_d \tag{A4.2.2}$$

给出

$$v_d = \frac{-q\xi\tau}{m_n} \tag{A4.2.3}$$

根据这个公式，施加的单位电场的漂移速度（$-v_d/\xi$）或电子迁移率为

$$\mu_n = -\frac{v_d}{\xi} = \frac{q\tau}{m_n} \tag{A4.2.4}$$

将从式（A4.2.1）得到的m_n代入式（A4.2.4），得到

$$\mu_n = -\frac{v_d}{\xi} = \frac{q\tau}{kT/v_{th}^2} = \frac{v_{th}^2 q\tau}{kT} \tag{A4.2.5}$$

但是$\tau = l/v_{th}$，所以式（A4.2.5）简化为

$$\mu_n = -\frac{v_d}{\xi} = \frac{q\tau}{kTv_{th}^2} = \frac{v_{th}^2 ql}{kTv_{th}} = \frac{v_{th}ql}{kT} \tag{A4.2.6}$$

将从式（A4.1.11）得到的$v_{th}l = D_n$代入式（A4.2.6），有

$$\mu_n = \frac{D_n q}{kT} \quad 或 \quad \frac{D_n}{\mu_n} = \frac{kT}{q} \tag{A4.2.7}$$

对空穴也有一个类似的公式

$$\frac{D_p}{\mu_p} = \frac{kT}{q} \tag{A4.2.8}$$

所以一般可以表示为

$$\frac{D}{\mu} = \frac{kT}{q} \tag{A4.2.9}$$

附录4.3 连续性方程及其解

它是半导体中载流子漂移、扩散和产生－复合机制的总体控制方程。考虑位于x的横截

面积为 A 的无限小厚度 dx 的薄片（见图A4.3.1），薄片内电子数的变化率表示为：在 x 处单位时间进入薄片的电子数 - 在 x + dx 处单位时间离开薄片的电子数 + 薄片中的电子产生率 - 薄片中的电子复合率。这个等式在数学上表示为

$$\frac{\partial n}{\partial t}A\mathrm{d}x=\left\{\frac{J_{\mathrm{n}}(x)A}{-q}-\frac{J_{\mathrm{n}}(x+\mathrm{d}x)A}{-q}\right\}+(G_{\mathrm{n}}-R_{\mathrm{n}})A\mathrm{d}x \tag{A4.3.1}$$

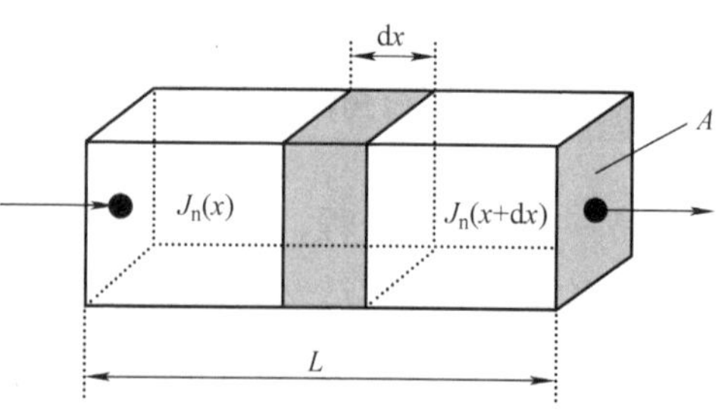

图 A4.3.1　无限小厚度 dx 的薄片

式中，G_{n} 为产生率；R_{n} 为复合率。通过泰勒级数展开，有

$$J_{\mathrm{n}}(x+\mathrm{d}x)=J_{\mathrm{n}}(x)+\frac{\partial J_{\mathrm{n}}}{\partial x}\mathrm{d}x+\cdots \tag{A4.3.2}$$

由式（A4.3.1）和式（A4.3.2），得到

$$\frac{\partial n}{\partial t}=\frac{1}{q}\frac{\partial J_{\mathrm{n}}}{\partial x}+(G_{\mathrm{n}}-R_{\mathrm{n}}) \tag{A4.3.3}$$

这是电子的连续性方程。同样，空穴的连续性方程是

$$\frac{\partial p}{\partial t}=-\frac{1}{q}\frac{\partial J_{\mathrm{p}}}{\partial x}+(G_{\mathrm{p}}-R_{\mathrm{p}}) \tag{A4.3.4}$$

现在，在半导体中，过剩少数载流子的复合率与过剩载流子的浓度成比例。比例常数称为过剩载流子寿命 τ。少数载流子电子的复合率 R_{n} 随着过剩电子浓度 $n_{\mathrm{p}}-n_{\mathrm{p0}}$ 的变化而变化，其中，n_{p} 为瞬时电子浓度；n_{p0} 为热平衡时的电子浓度。它表示为

$$R_{\mathrm{n}}=\frac{n_{\mathrm{p}}-n_{\mathrm{p0}}}{\tau_{\mathrm{n}}} \tag{A4.3.5}$$

式中，比例常数为电子寿命 τ_{n}。空穴复合率 R_{p} 的公式为

$$R_{\mathrm{p}}=\frac{p_{\mathrm{n}}-p_{\mathrm{n0}}}{\tau_{\mathrm{p}}} \tag{A4.3.6}$$

式中，τ_{p} 为空穴的寿命。应用式（A4.3.5）和式（A4.3.6）以及电子和空穴电流密度 J_{n} 和 J_{p} 的公式，由附录4.1，式（A4.3.3）和式（A4.3.4）修改为

$$\frac{\partial n_{\mathrm{p}}}{\partial t}=\mu_{\mathrm{n}}n_{\mathrm{p}}\frac{\partial \xi}{\partial x}+\mu_{\mathrm{n}}\xi\frac{\partial n_{\mathrm{p}}}{\partial x}+D_{\mathrm{n}}\frac{\partial^2 n_{\mathrm{p}}}{\partial x^2}+G_{\mathrm{n}}-\frac{n_{\mathrm{p}}-n_{\mathrm{p0}}}{\tau_{\mathrm{n}}} \tag{A4.3.7}$$

$$\frac{\partial p_{\mathrm{n}}}{\partial t}=-\mu_{\mathrm{p}}p_{\mathrm{n}}\frac{\partial \xi}{\partial x}-\mu_{\mathrm{p}}\xi\frac{\partial p_{\mathrm{n}}}{\partial x}+D_{\mathrm{p}}\frac{\partial^2 p_{\mathrm{n}}}{\partial x^2}+G_{\mathrm{p}}-\frac{p_{\mathrm{n}}-p_{\mathrm{n0}}}{\tau_{\mathrm{p}}} \tag{A4.3.8}$$

式（A4.3.7）和式（A4.3.8）分别是电子和空穴的连续性方程。

现在把注意力集中在式（A4.3.8）上。假设在耗尽区中没有产生电流，即 $G_{\mathrm{p}}=0$。此外，在中性的N或P区域中，电场 $\xi=0$。在稳态，$\partial p_{\mathrm{n}}/\partial t=0$，那么式（A4.3.8）简化为

$$D_{\mathrm{p}}\frac{\partial^2 p_{\mathrm{n}}}{\partial x^2}-\frac{p_{\mathrm{n}}-p_{\mathrm{n0}}}{\tau_{\mathrm{p}}}=0 \tag{A4.3.9}$$

或

$$\frac{\partial^2 p_n}{\partial x^2}-\frac{p_n-p_{n0}}{D_p\tau_p}=0,\ \frac{\partial^2 p_n}{\partial x^2}-\frac{p_n-p_{n0}}{L_p^2}=0 \tag{A4.3.10}$$

式中，$L_p=\sqrt{D_p\tau_p}$为空穴的扩散长度。

为了求解这个公式，注意到它是标准形式

$$\alpha D^2y+bDy+cy=f(x) \tag{A4.3.11}$$

式中，a，b 和 c 是常数；$D=\mathrm{d}/\mathrm{d}x$；$D^2=\mathrm{d}^2/\mathrm{d}x^2$。它的特征方程是

$$m^2-\frac{1}{L_p^2}=0 \tag{A4.3.12}$$

因此 $m=\pm 1/L_p$，而解是

$$p_n=A\exp(m_1x)+B\exp(m_2x) \tag{A4.3.13}$$

式中，$m_1=+1/L_p$和 $m_2=-1/L_p$是 m 的两个值。将 m_1和 m_2的值代入式（A4.3.13），得到

$$p_n=A\exp\left(\frac{x}{L_p}\right)+B\exp\left(-\frac{x}{L_p}\right) \tag{A4.3.14}$$

因为 p_n不能随着 x 的增加而增加，所以第一项在物理上不成立，因式（A4.3.10）的解简化为

$$p_n=B\exp\left(-\frac{x}{L_p}\right) \tag{A4.3.15}$$

在式（4.24）给出的边界条件的帮助下，在 $x=0$ 时，得到

$$p_n=p_n(0)=p_{n0}\exp\left(\frac{v_a}{\phi}\right)=B\exp(0)=B \tag{A4.3.16}$$

在式（A4.3.15）中代替 B 的值，有

$$p_n=p_n(0)\exp\left(-\frac{x}{L_p}\right) \tag{A4.3.17}$$

因此，对于远离结处的少数载流子的衰减，可以得到

$$p'_n=p'_n(0)\exp\left(-\frac{x}{L_p}\right) \tag{A4.3.18}$$

其中，如式（4.27）所定义的，得到

$$p'_n(x)=p_n(x)-p_{n0} \tag{A4.3.19}$$

在 $x=0$ 处应用式（A4.3.19）

$$p'_n(0)=p_n(0)-p_{n0} \tag{A4.3.20}$$

将 $p'_n(0)$ 表达式（A4.3.20）代入式（A4.3.18）

$$p'_n(x)=p'_n(0)\exp\left(-\frac{x}{L_p}\right)=\{p_n(0)-p_{n0}\}\exp\left(-\frac{x}{L_p}\right) \tag{A4.3.21}$$

现在把 p_n（0）值的表达式（A4.3.16）代入式（A4.3.21），结果是

$$p'_{n}(x)=\left[p_{n0}\exp\left(\frac{v_a}{\phi}\right)-p_{n0}\right]\exp\left(-\frac{x}{L_p}\right) =p_{n0}\left[\exp\left(\frac{v_a}{\phi}\right)-1\right]\exp\left(-\frac{x}{L_p}\right) \tag{A4.3.22}$$

这是式（4.30）。

附录 4.4 连续性方程式（4.41）的解

微分方程式（4.41）的一般解是

$$n(x)=A\cosh\left(\frac{x}{L_a}\right)+B\sinh\left(\frac{x}{L_a}\right) \tag{A4.4.1}$$

式中，A 和 B 为根据边界条件确定的常数，式（4.44）和式（4.45）可以改写为

$$\left.\frac{dn}{dx}\right|_{x=+d}=\frac{J}{2qD_n} \tag{A4.4.2}$$

$$\left.\frac{dn}{dx}\right|_{x=-d}=-\frac{J}{2qD_p} \tag{A4.4.3}$$

通过在 $x=+d$ 和 $-d$ 处对式（A4.4.1）求微分，得到以下公式

$$\left.\frac{dn}{dx}\right|_{x=+d}=\frac{1}{L_a}\left[A\sinh\left(\frac{d}{L_a}\right)+B\cosh\left(\frac{d}{L_a}\right)\right] \tag{A4.4.4}$$

$$\left.\frac{dn}{dx}\right|_{x=-d}=\frac{1}{L_a}\left[-A\sinh\left(\frac{d}{L_a}\right)+B\cosh\left(\frac{d}{L_a}\right)\right] \tag{A4.4.5}$$

将式（A4.4.4）的右侧等于式（A4.4.2），式（A4.4.5）等于式（A4.4.3），得到

$$A\sinh\left(\frac{d}{L_a}\right)+B\cosh\left(\frac{d}{L_a}\right)=\frac{JL_a}{2qD_n} \tag{A4.4.6}$$

$$-A\sinh\left(\frac{d}{L_a}\right)+B\cosh\left(\frac{d}{L_a}\right)=-\frac{JL_a}{2qD_p} \tag{A4.4.7}$$

将式（A4.4.6）和式（A4.4.7）加在一起，得到

$$2B\cosh\left(\frac{d}{L_a}\right)=\frac{JL_a}{2q}\left(\frac{D_p-D_n}{D_nD_p}\right) \tag{A4.4.8}$$

从中

$$B=-\frac{JL_a(D_n-D_p)}{4qD_nD_p\cosh(d/L_a)} \tag{A4.4.9}$$

式（A4.4.6）减去式（A4.4.7），得到

$$2A\sinh\left(\frac{d}{L_a}\right)=\frac{JL_a}{2q}\left(\frac{D_p+D_n}{D_nD_p}\right) \tag{A4.4.10}$$

给出

$$A=\frac{JL_a(D_p+D_n)}{4qD_nD_p\sinh(d/L_a)} \tag{A4.4.11}$$

把常数 A 和 B 的值的式（A4.4.11）和式（A4.4.9）代入式（A4.4.1），得到

$$
\begin{aligned}
n(x) &= \frac{JL_a(D_n+D_p)}{4qD_nD_p\sinh(d/L_a)}\cosh\left(\frac{x}{L_a}\right) - \frac{JL_a(D_n-D_p)}{4qD_nD_p\cosh(d/L_a)}\sinh\left(\frac{x}{L_a}\right) \\
&= \frac{JL_a}{4q}\left(\frac{D_n+D_p}{D_nD_p}\right)\left[\frac{\cosh\left(\frac{x}{L_a}\right)}{\sinh\left(\frac{d}{L_a}\right)} - \left(\frac{D_n-D_p}{D_n+D_p}\right)\frac{\sinh\left(\frac{x}{L_a}\right)}{\cosh\left(\frac{d}{L_a}\right)}\right]
\end{aligned}
\tag{A4.4.12}
$$

在这个公式中

$$
\frac{JL_a}{4q}\left(\frac{D_n+D_p}{D_nD_p}\right) = \frac{JL_a^2}{4qL_a}\left(\frac{D_n+D_p}{D_nD_p}\right) = \frac{JD_a\tau_a}{4qL_a}\left(\frac{D_n+D_p}{D_nD_p}\right) \tag{A4.4.13}
$$

使用以下关系：

$$
L_a = \sqrt{D_a\tau_a} \tag{A4.4.14}
$$

式中，τ_a为双极型的寿命；D_a为双极型扩散系数，即

$$
D_a = \frac{n+p}{n/D_p+p/D_n} = \frac{2n}{n/D_p+n/D_n} = \frac{2D_nD_p}{D_n+D_p} \tag{A4.4.15}
$$

因为 $n=p$。并且

$$
\frac{D_n-D_p}{D_n+D_p} \approx \frac{3D_p-D_p}{3D_p+D_p} = \frac{2D_p}{4D_p} = \frac{1}{2} \tag{A4.4.16}
$$

因为电子的扩散系数大约是空穴扩散系数的三倍。应用式（A4.4.15）和式（A4.4.16）直至式（A4.4.13），得到

$$
\frac{JD_a\tau_a}{2qL_a}\left(\frac{D_n+D_p}{D_nD_p}\right) = \frac{J\left(\frac{2D_nD_p}{D_n+D_p}\right)\tau_a}{4qL_a}\left(\frac{D_n+D_p}{D_nD_p}\right) = \frac{J\tau_a}{2qL_a} \tag{A4.4.17}
$$

由式（A4.4.12）、式（A4.4.13）、式（A4.4.16）和式（A4.4.17），得到

$$
n(x) = \frac{J\tau_a}{2qL_a}\left[\frac{\cosh\left(\frac{x}{L_a}\right)}{\sinh\left(\frac{d}{L_a}\right)} - \frac{1}{2}\frac{\sinh\left(\frac{x}{L_a}\right)}{\cosh\left(\frac{d}{L_a}\right)}\right] \tag{A4.4.18}
$$

附录4.5 式（4.50）的推导

由式（4.46）和式（4.49），有

$$
\begin{aligned}
V_{N-} &= \int_{-d}^{+d}\xi\,\mathrm{d}x = \int_{-d}^{+d}\frac{J\mathrm{d}x}{q(\mu_n+\mu_p)n} - \frac{kT}{2q}\int_{-d}^{+d}\frac{\mathrm{d}n}{n} = \frac{2qL_a}{\tau_{HL}J}\,\frac{J}{q(\mu_n+\mu_p)} \\
&\times\int_{-d}^{+d}\frac{\mathrm{d}x}{\frac{\cosh(x/L_a)}{\sinh(d/L_a)} - \frac{1}{2}\,\frac{\sinh(x/L_a)}{\cosh(d/L_a)}} - \frac{kT}{2q}\int_{-d}^{+d}\frac{\mathrm{d}n}{n}
\end{aligned}
\tag{A4.5.1}
$$

首先将注意力集中在这个等式的第一项上。第一项中的预积分表达式是

$$= \frac{2L_a^2}{\tau_{HL}L_a}\frac{1}{(\mu_n+\mu_p)} = \frac{2D_a\tau_a}{\tau_{HL}L_a}\frac{1}{(\mu_n+\mu_p)} = \frac{2D_a}{L_a(\mu_n+\mu_p)} \tag{A4.5.2}$$

其中，使用了替代项 $L_a=\sqrt{D_a\tau_a}$ 和 $\tau_{HL}=\tau_a$。结合式（A4.5.1）和式（A4.5.2），有

$$V_{N-} = \frac{2D_a}{L_a(\mu_n+\mu_p)}\int_{-d}^{+d}\frac{dx}{\frac{\cosh(x/L_a)}{\sinh(d/L_a)}-\frac{1}{2}\frac{\sinh(x/L_a)}{\cosh(d/L_a)}} - \frac{kT}{2q}\int_{-d}^{+d}\frac{dn}{n} \tag{A4.5.3}$$

式（A4.5.3）的第一项表示为

$$\begin{aligned} V_{N-} &= \frac{2D_a}{L_a(\mu_n+\mu_p)}\int_{-d}^{+d}\frac{dx}{\frac{\cosh(x/L_a)\cosh(d/L_a)-\frac{1}{2}\sinh(x/L_a)\sinh(d/L_a)}{\sinh(d/L_a)\cosh(d/L_a)}} \\ &= \frac{2D_a}{L_a(\mu_n+\mu_p)}\int_{-d}^{+d}\frac{\sinh(d/L_a)\cosh(d/L_a)dx}{\cosh(x/L_a)\cosh(d/L_a)-\frac{1}{2}\sinh(x/L_a)\sinh(d/L_a)} \\ &= \frac{2D_a\sinh(d/L_a)}{L_a(\mu_n+\mu_p)}\int_{-d}^{+d}\frac{dx}{\cosh(x/L_a)-\frac{1}{2}\sinh(x/L_a)\tanh(d/L_a)} \end{aligned} \tag{A4.5.4}$$

这个积分转换成 $\int dz/(z^2+a^2) = (1/a)\arctan(z/a)+$ 积分常数的形式，通过代入 $\tanh(x/2L_a)=t$ 实现变量转换。那么 $\operatorname{cosech}^2[x/(2L_a)] = \coth^2[x/(2L_a)]-1 = 1/\tanh^2[x/(2L_a)]-1 = 1/t^2-1 = (1-t^2)/t^2$。因此，$\operatorname{cosech}^2[x/(2L_a)] = \sqrt{(1-t^2)/t}$，而 $\sinh[x/(2L_a)] = t/\sqrt{1-t^2}$。现在 $\cosh^2[x/(2L_a)]-\sinh^2[x/(2L_a)]=1$。所以 $\cosh^2[x/(2L_a)] = 1+\sinh^2[x/(2L_a)] = 1+t^2/(1-t^2) = (1-t^2+t^2)/(1-t^2) = 1/(1-t^2)$。这样，$\cosh[x/(2L_a)] = 1/\sqrt{1-t^2}$，给出 $\sinh(x/L_a) = 2\sinh[x/(2L_a)]\cosh[x/(2L_a)] = 2(t/\sqrt{1-t^2})(1/\sqrt{1-t^2}) = 2t/(1-t^2)$。并且，$\cosh(x/L_a) = \cosh^2[x/(2L_a)]+\sinh^2[x/(2L_a)] = 1/(1-t^2)+t^2/(1-t^2) = (1+t^2)/(1-t^2)$。此外，$dt/dx = (d/dx)\tanh[x/(2L_a)] = (1/2L_a)\operatorname{sech}^2[x/(2L_a)] = (1/2L_a)\{1-\tanh^2[x/(2L_a)]\} = (1/2L_a)(1-t^2)$。所以 $dx/dt = 2/(1-t^2)$，$dx = 2L_a dt/(1-t^2)$。

在式（A4.2.4）中代入 $\cosh(x/L_a)$，$\sinh(x/L_a)$ 和 dx 的值，可以发现式（A4.5.3）的第一项是

$$\begin{aligned} &= \frac{4D_a\sinh(d/L_a)}{\mu_n+\mu_p}\int_{-d}^{+d}\frac{\frac{dt}{1-t^2}}{\frac{1+t^2}{1-t^2}-\frac{1}{2}\sinh(d/L_a)\cdot\frac{2t}{1-t^2}} \\ &= \frac{4D_a\sinh(d/L_a)}{\mu_n+\mu_p}\int_{-d}^{+d}\frac{dt}{1+t^2-t\cdot\tanh(d/L_a)} \end{aligned} \tag{A4.5.5}$$

式（A4.5.5）的积分部分变为以下形式：

$$\int_{-d}^{+d}\frac{\mathrm{d}t}{1+t^2-t\cdot\tanh(d/L_a)}$$

$$=\int_{-d}^{+d}\frac{\mathrm{d}t}{t^2-2t\times\frac{1}{2}\tanh(d/L_a)+\left[\frac{1}{2}\tanh(d/L_a)\right]^2+1-\left[\frac{1}{2}\tanh(d/L_a)\right]^2}$$

$$=\int_{-d}^{+d}\frac{\mathrm{d}t}{\left[t-\frac{1}{2}\tanh(d/L_a)\right]^2+\left[\sqrt{1-\frac{1}{4}\tanh^2(d/L_a)}\right]^2}$$

$$=\frac{1}{\sqrt{1-\frac{1}{4}\tanh^2(d/L_a)}}\left[\arctan\frac{t-\frac{1}{2}\tanh(d/L_a)}{\sqrt{1-\frac{1}{4}\tanh^2(d/L_a)}}\right]_{-d}^{+d} \tag{A4.5.6}$$

式（A4.5.5）变为

$$=\frac{4D_a\sinh(d/L_a)}{\mu_n+\mu_p}\frac{1}{\sqrt{1-\frac{1}{4}\tanh^2(d/L_a)}}\left[\arctan\frac{t-\frac{1}{2}\tanh(d/L_a)}{\sqrt{1-\frac{1}{4}\tanh^2(d/L_a)}}\right]_{-d}^{+d}$$

$$=\frac{4D_a\sinh(d/L_a)}{\mu_n+\mu_p}\frac{1}{\sqrt{1-\frac{1}{4}\tanh^2(d/L_a)}}\left[\arctan\frac{\tanh(\frac{x}{2L_a})-\frac{1}{2}\tanh(d/L_a)}{\sqrt{1-\frac{1}{4}\tanh^2(d/L_a)}}\right]_{-d}^{+d}$$

$$=\frac{4D_a\sinh(d/L_a)}{\mu_n+\mu_p}\frac{1}{\sqrt{1-\frac{1}{4}\tanh^2(d/L_a)}}\arctan\frac{\dfrac{\tanh(\frac{x}{2L_a})-\frac{1}{2}\tanh(d/L_a)-\left[-\tanh(\frac{x}{2L_a})-\frac{1}{2}\tanh(d/L_a)\right]}{\sqrt{1-\frac{1}{4}\tanh^2(d/L_a)}}}{1-\dfrac{\tanh^2[d/(2L_a)]-\frac{1}{4}\tanh^2(d/L_a)}{1-\frac{1}{4}\tanh^2(d/L_a)}} \tag{A4.5.7}$$

通过应用公式 $\arctan A-\arctan B=\arctan\{(A-B)/(1-AB)\}$。式（A4.5.7）进一步简化为

$$=\frac{4D_a\sinh(d/L_a)}{\mu_n+\mu_p}\frac{1}{\sqrt{1-\frac{1}{4}\tanh^2(d/L_a)}}\arctan\frac{\dfrac{2\tanh\left(\frac{d}{2L_a}\right)}{\sqrt{1-\frac{1}{4}\tanh^2(d/L_a)}}}{\dfrac{1-\frac{1}{4}\tanh^2(d/L_a)-\tanh^2[d/(2L_a)]+\frac{1}{4}\tanh(d/L_a)}{1-\frac{1}{4}\tanh^2(d/L_a)}}$$

$$=\frac{4D_a\sinh(d/L_a)}{\mu_n+\mu_p}\frac{1}{\sqrt{1-\frac{1}{4}\tanh^2(d/L_a)}}\arctan\frac{2\tanh\left(\frac{d}{2L_a}\right)\sqrt{1-\frac{1}{4}\tanh^2(d/L_a)}}{1-\tanh^2[d/(2L_a)]}$$

$$=\frac{4D_a\sinh(d/L_a)}{\mu_n+\mu_p}\frac{1}{\sqrt{1-\frac{1}{4}\tanh^2(d/L_a)}}\arctan\frac{2\tanh\left(\frac{d}{2L_a}\right)\sqrt{1-\frac{1}{4}\tanh^2(d/L_a)}}{\mathrm{sech}^2[d/(2L_a)]}$$

$$=\frac{4D_a\sinh(d/L_a)}{\mu_n+\mu_p}\frac{1}{\sqrt{1-\frac{1}{4}\tanh^2(d/L_a)}}\arctan\left[2\sinh\left(\frac{d}{2L_a}\right)\cosh\left(\frac{d}{2L_a}\right)\sqrt{1-\frac{1}{4}\tanh^2(d/L_a)}\right]$$

$$=\frac{4D_a\sinh(d/L_a)}{\mu_n+\mu_p}\frac{1}{\sqrt{1-\frac{1}{4}\tanh^2(d/L_a)}}\arctan\left[\sinh\left(\frac{d}{L_a}\right)\sqrt{1-\frac{1}{4}\tanh^2(d/L_a)}\right]$$

（A4.5.8）

但是

$$\frac{4D_a}{\mu_n+\mu_p}=\frac{4\times\dfrac{2D_nD_p}{D_n+D_p}}{\mu_n+\mu_p}=\frac{8\left(\frac{kT}{q}\right)\cdot\dfrac{\mu_n\mu_p}{\mu_n+\mu_p}}{\mu_n+\mu_p}$$

$$=8\left(\frac{kT}{q}\right)\cdot\frac{\mu_n\mu_p}{(\mu_n+\mu_p)^2}=8\left(\frac{kT}{q}\right)\cdot\frac{\mu_n\mu_p}{(3\mu_p+\mu_p)^2} \quad (A4.5.9)$$

$$=8\left(\frac{kT}{q}\right)\cdot\frac{\mu_n\mu_p}{(4\mu_p)^2}=\frac{1}{2}\frac{\mu_n\mu_p}{\mu_p^2}\left(\frac{kT}{q}\right)=\frac{1}{2}\left(\frac{\mu_n}{\mu_p}\right)\left(\frac{kT}{q}\right)$$

$$=\frac{3}{2}\left(\frac{kT}{q}\right)$$

将代替（$4D_a$）/（$\mu_n+\mu_p$）的式（A4.5.9）代入式（A4.5.8），得到式（A4.5.1）的第一项为

$$=\frac{3}{2}\frac{kT}{q}\frac{\sinh(d/L_a)}{\sqrt{1-\frac{1}{4}\tanh^2(d/L_a)}}\arctan\left[\sinh\left(\frac{d}{L_a}\right)\sqrt{1-\frac{1}{4}\tanh^2(d/L_a)}\right] \quad (A4.5.10)$$

现在专注于式（A4.5.1）的第二项，这一项为

$$= -\frac{kT}{2q}\int_{-d}^{+d}\frac{\frac{\tau_{HL}J}{2qL_a}\mathrm{d}\left[\frac{\cosh(x/L_a)}{\sinh(d/L_a)}-\frac{1}{2}\frac{\sinh(x/L_a)}{\cosh(d/L_a)}\right]}{\frac{\tau_{HL}J}{2qL_a}\left[\frac{\cosh(x/L_a)}{\sinh(d/L_a)}-\frac{1}{2}\frac{\sinh(x/L_a)}{\cosh(d/L_a)}\right]}$$

$$= -\frac{kT}{2q}\left\{\ln\left[\frac{\cosh(x/L_a)}{\sinh(d/L_a)}-\frac{1}{2}\frac{\sinh(x/L_a)}{\cosh(d/L_a)}\right]\right\}_{-d}^{+d}$$

$$= -\frac{kT}{2q}\left\{\ln\left[\frac{\cosh(d/L_a)}{\sinh(d/L_a)}-\frac{1}{2}\frac{\sinh(d/L_a)}{\cosh(d/L_a)}\right]-\ln\left[\frac{\cosh(d/L_a)}{\sinh(d/L_a)}+\frac{1}{2}\frac{\sinh(d/L_a)}{\cosh(d/L_a)}\right]\right\}$$

$$= -\frac{kT}{2q}\left\{\ln\left[\coth(d/L_a)-\frac{1}{2}\tanh(d/L_a)\right]-\ln\left[\coth(d/L_a)+\frac{1}{2}\tanh(d/L_a)\right]\right\}$$

$$= \frac{kT}{2q}\cdot\ln\left[\frac{\coth(d/L_a)+\frac{1}{2}\tanh(d/L_a)}{\coth(d/L_a)-\frac{1}{2}\tanh(d/L_a)}\right]$$

$$= \frac{kT}{2q}\cdot\ln\left\{\frac{\coth(d/L_a)\left[1+\frac{1}{2}\tanh^2(d/L_a)\right]}{\coth(d/L_a)\left[1-\frac{1}{2}\tanh^2(d/L_a)\right]}\right\}$$

$$= \frac{kT}{2q}\cdot\frac{1}{2}\ln\left[\frac{1+\frac{1}{2}\tanh^2(d/L_a)}{1-\frac{1}{2}\tanh^2(d/L_a)}\right] \tag{A4.5.11}$$

将式（A4.5.1）的第一项［式（A4.5.10）］和第二项［式（A4.5.11）］加在一起，有

$$V_{N-} = \frac{3}{2}\left(\frac{kT}{q}\right)\frac{\sinh(d/L_a)}{\sqrt{1-\frac{1}{4}\tanh^2(d/L_a)}}\arctan\left[\sinh\left(\frac{d}{L_a}\right)\sqrt{1-\frac{1}{4}\tanh^2(d/L_a)}\right] + \frac{1}{2}\left(\frac{kT}{q}\right)\ln\left[\frac{1+\frac{1}{2}\tanh^2(d/L_a)}{1-\frac{1}{2}\tanh^2(d/L_a)}\right] \tag{A4.5.12}$$

附录4.6 电流密度式（4.55）和式（4.56）的推导

由式（4.51），阳极结处注入的空穴浓度为

$$p(-d) = p_0\exp\left(\frac{qV_{P+}}{kT}\right) \tag{A4.6.1}$$

式中，p_0为热平衡时N^-基区中的空穴密度；V_{P+}为阳极结上的电势差。类似地，阴极结处

注入的电子浓度为

$$n(+d) = n_0 \exp\left(\frac{qV_{N+}}{kT}\right) \tag{A4.6.2}$$

式中，n_0为热平衡时N^-基区中的电子密度；V_{N+}为阴极结上的电势差。

式（A4.6.1）和式（A4.6.2）相乘，得到

$$\begin{aligned} p(-d) \cdot n(+d) &= p_0 \exp\left(\frac{qV_{P+}}{kT}\right) \cdot n_0 \exp\left(\frac{qV_{N+}}{kT}\right) \\ &= p_0 n_0 \exp\left[\left(\frac{q}{kT}\right)(V_{P+} + V_{N+})\right] \end{aligned} \tag{A4.6.3}$$

将 $x = -d$ 代入式（4.46），得到

$$\begin{aligned} p(-d) &= \frac{\tau_{HL} J}{2qL_a}\left[\frac{\cosh\left(-\frac{d}{L_a}\right)}{\sinh\left(\frac{d}{L_a}\right)} - \frac{1}{2}\frac{\sinh\left(-\frac{d}{L_a}\right)}{\cosh\left(\frac{d}{L_a}\right)}\right] \\ &= \frac{\tau_{HL} J}{2qL_a}\left[\coth\left(\frac{d}{L_a}\right) + \frac{1}{2}\tanh\left(\frac{d}{L_a}\right)\right] \end{aligned} \tag{A4.6.4}$$

同样，将 $x = +d$ 代入式（4.46），得到

$$\begin{aligned} n(+d) &= \frac{\tau_{HL} J}{2qL_a}\left[\frac{\cosh\left(\frac{d}{L_a}\right)}{\sinh\left(\frac{d}{L_a}\right)} - \frac{1}{2}\frac{\sinh\left(\frac{d}{L_a}\right)}{\cosh\left(\frac{d}{L_a}\right)}\right] \\ &= \frac{\tau_{HL} J}{2qL_a}\left[\coth\left(\frac{d}{L_a}\right) - \frac{1}{2}\tanh\left(\frac{d}{L_a}\right)\right] \end{aligned} \tag{A4.6.5}$$

式（A4.6.4）和式（A4.6.5）相乘，得到

$$\begin{aligned} p(-d) \cdot n(+d) &= \left(\frac{\tau_{HL} J}{2qL_a}\right)^2\left[\coth^2\left(\frac{d}{L_a}\right) - \frac{1}{4}\tanh^2\left(\frac{d}{L_a}\right)\right] \\ &= \left(\frac{\tau_{HL} J}{2qL_a}\right)^2\left[\frac{1}{\tanh^2\left(\frac{d}{L_a}\right)} - \frac{1}{4}\tanh^2\left(\frac{d}{L_a}\right)\right] \\ &= \left(\frac{\tau_{HL} J}{2qL_a}\right)^2 \frac{\left[1 - \frac{1}{4}\tanh^4\left(\frac{d}{L_a}\right)\right]}{\tanh^2\left(\frac{d}{L_a}\right)} \\ &= \left(\frac{\tau_{HL} J}{2qL_a}\right)^2 \frac{\left[1 - 0.25\tanh^4\left(\frac{d}{L_a}\right)\right]}{\tanh^2\left(\frac{d}{L_a}\right)} \end{aligned} \tag{A4.6.6}$$

结合式（A4.6.3）和式（A4.6.6），得到

$$p_0 n_0 \exp\left[\left(\frac{q}{kT}\right)(V_{P+} + V_{N+})\right] = \left(\frac{\tau_{HL} J}{2qL_a}\right)^2 \frac{1 - 0.25 \tanh^4\left(\frac{d}{L_a}\right)}{\tanh^2\left(\frac{d}{L_a}\right)} \tag{A4.6.7}$$

取两边的二次方根并代入 $p_0 n_0 = n_i^2$，得到

$$n_i \exp\left[\left(\frac{q}{2kT}\right)(V_{P+} + V_{N+})\right] = \left(\frac{\tau_{HL} J}{2qL_a}\right) \frac{\sqrt{1 - 0.25 \tanh^4\left(\frac{d}{L_a}\right)}}{\tanh\left(\frac{d}{L_a}\right)} \tag{A4.6.8}$$

这给出了电流密度

$$J = \frac{2qL_a n_i}{\tau_{HL}} \frac{\tanh\left(\frac{d}{L_a}\right)}{\sqrt{1 - 0.25 \tanh^4\left(\frac{d}{L_a}\right)}} \exp\left[\left(\frac{q}{2kT}\right)(V_{P+} + V_{N+})\right] \tag{A4.6.9}$$

由于施加电压 V_a = 阳极结上的电压降 V_{P+} + 中间 N^- 基区的电压降 V_{N-} + 阴极结上的电压降 V_{N+}，可以表示为

$$V_a = V_{P+} + V_{N-} + V_{N+} \tag{A4.6.10}$$

结果

$$V_{P+} + V_{N+} = V_a - V_{N-} \tag{A4.6.11}$$

所以

$$\exp(V_{P+} + V_{N+}) = \exp(V_a - V_{N-}) = \exp V_a - \exp V_{N-} \tag{A4.6.12}$$

此外

$$\frac{2qL_a n_i}{\tau_{HL}} = \frac{2qL_a^2 n_i}{\tau_{HL} L_a} = \frac{2qD_a \tau_a n_i}{\tau_{HL} L_a} = \frac{2qD_a n_i}{d}\left(\frac{d}{L_a}\right) \tag{A4.6.13}$$

其中高注入水平寿命 τ_{HL} 被认为等于双极型的寿命 τ_a。由式（A4.6.9）、式（A4.6.12）和式（A4.6.13）得到

$$\begin{aligned} J &= \frac{2qD_a n_i}{d}\left(\frac{d}{L_a}\right) \frac{\tanh\left(\frac{d}{L_a}\right)}{\sqrt{1 - 0.25 \tanh^4\left(\frac{d}{L_a}\right)}} \exp\left[\left(\frac{qV_a}{2kT}\right) - \left(\frac{qV_{N-}}{2kT}\right)\right] \\ &= \frac{2qD_a n_i}{d} F\left(\frac{d}{L_a}\right) \exp\left[-\left(\frac{qV_{N-}}{2kT}\right)\right] \end{aligned} \tag{A4.6.14}$$

其中

$$F\left(\frac{d}{L_a}\right) = \left(\frac{d}{L_a}\right) \frac{\tanh\left(\frac{d}{L_a}\right)}{\sqrt{1 - 0.25 \tanh^4\left(\frac{d}{L_a}\right)}} \exp\left(\frac{qV_a}{2kT}\right) \tag{A4.6.15}$$

附录 4.7 晶体管的端电流 [式 (4.57) 和式 (4.58)]

在基区中作为距离 x 函数的过剩空穴浓度 Δp 由扩散方程的求解给出

$$\frac{d^2\Delta p}{dx^2}=\frac{\Delta p}{L_B^2} \tag{A4.7.1}$$

式中，L_B为基区中空穴的扩散长度。这个公式的解表示为

$$\Delta p=K_1\exp\left(\frac{x}{L_B}\right)+K_2\exp\left(-\frac{x}{L_B}\right) \tag{A4.7.2}$$

式中，K_1和K_2为由边界条件决定的常数

$$\Delta p\,|_{x=0}=\Delta p_E \tag{A4.7.3}$$

$$\Delta p\,|_{x=W}=\Delta p_C \tag{A4.7.4}$$

式中，Δp_E和Δp_C分别为发射区和集电区一侧的空穴浓度；W为基区宽度。将式（A4.7.3）和式（A4.7.4）代入式（A4.7.2），得到

$$K_1+K_2=\Delta p_E \tag{A4.7.5}$$

$$K_1\exp\left(\frac{x}{L_B}\right)+K_2\exp\left(-\frac{x}{L_B}\right)=\Delta p_C \tag{A4.7.6}$$

求解完这些方程后，得到

$$K_1=\frac{\Delta p_C-\Delta p_E\exp(-W/L_B)}{\exp(W/L_B)-\exp(-W/L_B)} \tag{A4.7.7}$$

$$K_2=\frac{\Delta p_E\exp(W/L_B)-\Delta p_C}{\exp(W/L_B)-\exp(-W/L_B)} \tag{A4.7.8}$$

将K_1和K_2的式（A4.7.7）和式（A4.7.8）代入式（A4.7.2），得到

$$\Delta p=\frac{\Delta p_C-\Delta p_E\exp(-W/L_B)}{\exp(W/L_B)-\exp(-W/L_B)}\exp\left(\frac{x}{L_B}\right)+\frac{\Delta p_E\exp(W/L_B)-\Delta p_C}{\exp(W/L_B)-\exp(-W/L_B)}\exp\left(-\frac{x}{L_B}\right) \tag{A4.7.9}$$

求解出基区中的过剩空穴分布之后，发射极和集电极电流由发射区和集电区耗尽区边缘处的空穴浓度的梯度确定。

现在空穴电流表示为

$$I_p=-qAD_p\frac{d\Delta p}{dx}=-qAD_B\frac{d\Delta p}{dx} \tag{A4.7.10}$$

$$
\begin{aligned}
I_p &= -qAD_B \frac{d\Delta p}{dx} \\
&= -qAD_B \frac{d}{dx}\left[\frac{\Delta p_C - \Delta p_E \exp(-W/L_B)}{\exp(W/L_B) - \exp(-W/L_B)}\exp\left(\frac{x}{L_B}\right) + \frac{\Delta p_E \exp(W/L_B) - \Delta p_C}{\exp(W/L_B) - \exp(-W/L_B)}\exp\left(-\frac{x}{L_B}\right)\right] \\
&= -qAD_B \left[\frac{\Delta p_C - \Delta p_E \exp(-W/L_B)}{\exp(W/L_B) - \exp(-W/L_B)}\exp\left(\frac{x}{L_B}\right)\left(\frac{1}{L_B}\right) + \frac{\Delta p_E \exp(W/L_B) - \Delta p_C}{\exp(W/L_B) - \exp(-W/L_B)}\exp\left(-\frac{x}{L_B}\right)\left(-\frac{1}{L_B}\right)\right] \\
&= \frac{-qAD_B}{L_B}\left[\frac{\Delta p_C \exp(x/L_B) - \Delta p_E \exp(-W/L_B)\exp(x/L_B)}{\exp(W/L_B) - \exp(-W/L_B)}\right. \\
&\quad \left. - \frac{\Delta p_E \exp(W/L_B)\exp(-x/L_B) - \Delta p_C \exp(-x/L_B)}{\exp(W/L_B) - \exp(-W/L_B)}\right] \\
&= \frac{-qAD_B}{L_B} \cdot \frac{1}{\exp(W/L_B) - \exp(-W/L_B)} \cdot [\Delta p_C \exp(x/L_B) - \Delta p_E \exp(-W/L_B)\exp(x/L_B) + \\
&\quad \Delta p_E \exp(W/L_B)\exp(-x/L_B) - \Delta p_C \exp(-x/L_B)] \\
&= \frac{-qAD_B}{L_B} \cdot \frac{1}{\exp(W/L_B) - \exp(-W/L_B)} \cdot \{\Delta p_E [\exp(-W/L_B)\exp(x/L_B) + \exp(W/L_B)\exp(-x/L_B)] - \\
&\quad \Delta p_C [\exp(x/L_B) - \exp(-x/L_B)]\} \\
&= \frac{qAD_B}{2L_B \sinh(W/L_B)}\{\Delta p_E [\exp(-W/L_B)\exp(x/L_B) + \exp(W/L_B)\exp(-x/L_B)] - \Delta p_C [2\cosh(x/L_B)]\}
\end{aligned}
\tag{A4.7.11}
$$

其中，采用了公式 $\exp(z) - \exp(z) = 2\sinh(z)$。

$$
\begin{aligned}
I_p|_{x=0} &= I_{pE} \\
&= \frac{qAD_B}{2L_B \sinh(W/L_B)}\{\Delta p_E [\exp(-W/L_B) + \exp(W/L_B)] - \Delta p_C\} \\
&= \frac{qAD_B}{2L_B \sinh(W/L_B)}[\Delta p_E \times 2\cosh(W/L_B) - 2\Delta p_C] \\
&= \left(\frac{qAD_B}{L_B}\right)[\coth(W/L_B)\Delta p_E - \Delta p_C \operatorname{cosech}(W/L_B)]
\end{aligned}
\tag{A4.7.12}
$$

式中，I_{pE} 为发射极电流的空穴分量。

在 $x = W$ 处

$$
\begin{aligned}
I_p|_{x=W} = I_{pC} &= \frac{qAD_B}{2L_B \sinh(W/L_B)}\{\Delta p_E [\exp(-W/L_B)\exp(W/L_B) + \exp(W/L_B) + \\
&\quad \exp(-W/L_B)] - \Delta p_C [2\cosh(W/L_B)]\} \\
&= \frac{qAD_B}{2L_B \sinh(W/L_B)}[2\Delta p_E - 2\Delta p_C \cosh(W/L_B)] \\
&= \left(\frac{qAD_B}{L_B}\right)\frac{1}{\sinh(W/L_B)}[\Delta p_E - \Delta p_C \cosh(W/L_B)]
\end{aligned}
\tag{A4.7.13}
$$

式中，I_{pC} 为集电极电流的空穴分量。

现在，在发射区 - 基区耗尽区的基区一侧边缘处的过剩空穴浓度 Δp_E 由式（A4.7.14）给出

$$\Delta p_E = p(0) - p_B = p_B\left[\exp\left(\frac{qV_{EB}}{kT}\right) - 1\right] \tag{A4.7.14}$$

其中 p_B 是基区中的平衡空穴密度而 V_{EB} 是发射极 - 基极偏置。类似地，在基极侧的集电区 - 基区耗尽区基区一侧边缘处的过剩空穴浓度 Δp_C 是

$$\Delta p_C = p(W) - p_B = p_B\left\{\exp\left(\frac{qV_{CB}}{kT}\right) - 1\right\} \tag{A4.7.15}$$

式中，V_{CB} 为集电极 - 基极的偏置。

将 Δp_E 的公式（A4.7.14）和 Δp_C 的公式（A4.7.15）分别代入式（A4.7.12）和式（A4.7.13），得到

$$\begin{aligned} I_{pE} &= \left(\frac{qAD_B}{L_B}\right)\left\{\coth(W/L_B)p_B\left[\exp\left(\frac{qV_{EB}}{kT}\right) - 1\right] - p_B\left[\exp\left(\frac{qV_{CB}}{kT}\right) - 1\right]\mathrm{cosech}(W/L_B)\right\} \\ &= \left(\frac{qAD_Bp_B}{L_B}\right)\coth(W/L_B)\left\{\left[\exp\left(\frac{qV_{EB}}{kT}\right) - 1\right] - \mathrm{sech}(W/L_B)\left[\exp\left(\frac{qV_{CB}}{kT}\right) - 1\right]\right\} \end{aligned} \tag{A4.7.16}$$

$$\begin{aligned} I_{pC} &= \left(\frac{qAD_B}{L_B}\right)\left\{p_B\left[\exp\left(\frac{qV_{EB}}{kT}\right) - 1\right] - p_B\left[\exp\left(\frac{qV_{CB}}{kT}\right) - 1\right]\cosh(W/L_B)\right\} \\ &= \left(\frac{qAD_Bp_B}{L_B}\right)\frac{1}{\sinh(W/L_B)}\left\{\left[\exp\left(\frac{qV_{EB}}{kT}\right) - 1\right] - \cosh(W/L_B)\left[\exp\left(\frac{qV_{CB}}{kT}\right) - 1\right]\right\} \end{aligned} \tag{A4.7.17}$$

在发射区侧 $x = -x_E$ 处的耗尽区边缘，从基区进入发射区的电子电流为

$$I_{nE}\big|_{x=-x_E} = \left(\frac{qAD_E\Delta n_E}{L_E}\right) \tag{A4.7.18}$$

式中，D_{nE} 和 L_E 分别为发射区的电子扩散系数和扩散长度；Δn_E 为发射区的过剩电子浓度，为

$$\Delta n_E = n(-x_E) - n_E = n_E\left[\exp\left(\frac{qV_{EB}}{kT}\right) - 1\right] \tag{A4.7.19}$$

由式（A4.7.18）和式（A4.7.19），得到

$$I_{nE}\big|_{x=-x_E} = \left(\frac{qAD_En_E}{L_E}\right)\left[\exp\left(\frac{qV_{EB}}{kT}\right) - 1\right] \tag{A4.7.20}$$

以类似的方式，在集电区侧 $x = x_C$ 处的耗尽区边缘，从基区进入集电区的电子电流是

$$I_{nC}\big|_{x=x_C} = -\left(\frac{qAD_C\Delta n_C}{L_C}\right) \tag{A4.7.21}$$

式中，D_{nC} 和 L_C 分别为集电区的电子扩散系数和扩散长度；Δn_C 为集电区的过剩电子浓度，为

$$\Delta n_C = n(x_C) - n_C = n_C\left[\exp\left(\frac{qV_{CB}}{kT}\right) - 1\right] \tag{A4.7.22}$$

由式（A4.7.21）和式（A4.7.22）得到

$$I_{nC}\big|_{x=x_C} = -\left(\frac{qAD_C n_C}{L_C}\right)\left[\exp\left(\frac{qV_{CB}}{kT}\right)-1\right] \tag{A4.7.23}$$

式（A4.7.16）和式（A4.7.20）相加给出总发射极电流为

$$\begin{aligned} I_E &= I_{pE} + I_{nE} = \left(\frac{qAD_B p_B}{L_C}\right)\coth(W/L_B) \\ &\cdot \left\{\left[\exp\left(\frac{qV_{EB}}{kT}\right)-1\right] - \mathrm{sech}(W/L_B)\left[\exp\left(\frac{qV_{CB}}{kT}\right)-1\right]\right\} \\ &+ \left(\frac{qAD_E n_E}{I_E}\right)\left[\exp\left(\frac{qV_{EB}}{kT}\right)-1\right] \end{aligned} \tag{A4.7.24}$$

同样地，总的集电极电流通过式（A4.7.17）和式（A4.7.23）相加得到

$$\begin{aligned} I_C &= I_{pC} + I_{nC} = \left(\frac{qAD_B p_B}{L_C}\right)\frac{1}{\sinh(W/L_B)}\left\{\left[\exp\left(\frac{qV_{EB}}{kT}\right)-1\right]\right. \\ &\left. -\cosh(W/L_B)\left[\exp\left(\frac{qV_{CB}}{kT}\right)-1\right]\right\} - \left(\frac{qAD_C n_C}{L_C}\right)\left[\exp\left(\frac{qV_{CB}}{kT}\right)-1\right] \end{aligned} \tag{A4.7.25}$$

附录4.8 共基极电流增益 α_T ［式（4.63）］

考虑一个PNP型晶体管的发射区和基区构成的PN结二极管。描述N型区注入的过剩空穴浓度的微分方程为

$$D_p \frac{d^2\hat{p}}{dx^2} = \frac{\hat{p}}{\tau_p} \tag{A4.8.1}$$

式中，D_p为空穴扩散系数；τ_p为空穴寿命，并且由于$p = \overline{p} + \hat{p}$而热平衡空穴浓度$\overline{p}$不随距离而变化，一般空穴浓度$p$被过剩空穴浓度$\hat{p}$代替。于是式（A4.8.1）可以改写为

$$\frac{d^2\hat{p}}{dx^2} = \frac{\hat{p}}{D_p\tau_p} \tag{A4.8.2}$$

这是描述N型区域中注入的过剩空穴浓度的简单微分方程。这个公式的解是两个指数的和

$$\hat{p} = C_1\exp\left(\frac{x}{\sqrt{D_p\tau_p}}\right) + C_2\exp\left(-\frac{x}{\sqrt{D_p\tau_p}}\right) \tag{A4.8.3}$$

式中，C_1和C_2由边界条件确定的常数。因子$\sqrt{D_p\tau_p}$具有长度量纲并被称为扩散长度L_p（在$x = L_p$时，过剩的空穴浓度为$\hat{p}_0/e$，因此L_p是N型区域中过剩空穴走过的平均距离）。根据空穴扩散长度$L_p = \sqrt{D_p\tau_p}$，式（A4.8.3）改为以下形式：

$$\hat{p} = C_1\exp\left(\frac{x}{L_p}\right) + C_2\exp\left(-\frac{x}{L_p}\right) \tag{A4.8.4}$$

其中一个边界条件是在$x = W$ = 基区宽度时$\hat{p} = 0$。那么

$$0 = C_1 \exp\left(\frac{W}{L_p}\right) + C_2 \exp\left(-\frac{W}{L_p}\right) \tag{A4.8.5}$$

从中

$$C_1 = -\frac{C_2 \exp(-W/L_p)}{\exp(W/L_p)} = -C_2 \exp(-2W/L_p) \tag{A4.8.6}$$

第二个边界条件如下：在 $x=0$ 时，$\hat{p} = \hat{p}_0$ = 耗尽层边界处过剩的空穴浓度，即在 $x=0$ 时 $\hat{p} = \hat{p}_0$。因此，式（A4.8.4）给出

$$\hat{p}_0 = C_1 + C_2 \tag{A4.8.7}$$

将式（A4.8.6）C_1的值代入式（A4.8.7），得到

$$\hat{p}_0 = -C_2 \exp(-2W/L_p) + C_2 \tag{A4.8.8}$$

解出

$$C_2 = \frac{\hat{p}_0}{1-\exp(-2W/L_p)} \tag{A4.8.9}$$

由式（A4.8.6）和式（A4.8.9），有

$$C_1 = -\frac{\hat{p}_0}{1-\exp(-2W/L_p)}\exp(-2W/L_p) \tag{A4.8.10}$$

将式（A4.8.10）和式（A4.8.9）表示的常数 C_1 和 C_2 的值代入公式（A4.8.4），我们得到

$$\hat{p} = -\frac{\hat{p}_0}{1-\exp(-2W/L_p)}\exp(-2W/L_p)\exp\left(\frac{x}{L_p}\right) + \frac{\hat{p}_0}{1-\exp(-2W/L_p)}\exp\left(-\frac{x}{L_p}\right) \tag{A4.8.11}$$

重新排列为

$$\hat{p} = \hat{p}_0\left[\frac{-\exp(x/L_p)\exp(-2W/L_p) + \exp(-x/L_p)}{1-\exp(-2W/L_p)}\right] \tag{A4.8.12}$$

其表示耗尽层和欧姆接触之间的空穴分布。

现在，基本传输因子 α_T 表示为

$$\alpha_T = \frac{\text{在 } W \text{ 处的空穴电流}}{\text{在发射区的空穴电流}} = \frac{\left.\dfrac{d\hat{p}}{dx}\right|_{x=W}}{\left.\dfrac{d\hat{p}}{dx}\right|_{\text{在发射区}}} \tag{A4.8.13}$$

对式（A4.8.12）求微分

$$\frac{d\hat{p}}{dx} = -\frac{\hat{p}_0}{[1-\exp(2W/L_p)]}\left[-\exp(-2W/L_p)\exp(x/L_p)\frac{1}{L_p} + \exp(-x/L_p)\left(-\frac{1}{L_p}\right)\right]$$

$$\frac{d\hat{p}}{dx} = -\frac{\hat{p}_0}{L_p[1-\exp(2W/L_p)]}[\exp(-2W/L_p)\exp(x/L_p) + \exp(-x/L_p)] \tag{A4.8.14}$$

在 $x=0$ 时，

$$\left.\frac{\mathrm{d}\hat{p}}{\mathrm{d}x}\right|_{x=0}=\frac{\hat{p}_0}{L_\mathrm{p}[1-\exp(2W/L_\mathrm{p})]}[\exp(-2W/L_\mathrm{p})\times 1+1] \tag{A4.8.15}$$

在 $x=W$ 时，

$$\begin{aligned}\left.\frac{\mathrm{d}\hat{p}}{\mathrm{d}x}\right|_{x=W}&=\frac{\hat{p}_0}{L_\mathrm{p}[1-\exp(2W/L_\mathrm{p})]}[\exp(-2W/L_\mathrm{p})\exp(W/L_\mathrm{p})+\exp(-W/L_\mathrm{p})]\\&=\frac{\hat{p}_0}{L_\mathrm{p}[1-\exp(2W/L_\mathrm{p})]}[\exp(-W/L_\mathrm{p})+\exp(-W/L_\mathrm{p})]\\&=\frac{\hat{p}_0}{L_\mathrm{p}[1-\exp(2W/L_\mathrm{p})]}\times 2\exp(-W/L_\mathrm{p})\end{aligned} \tag{A4.8.16}$$

在 $x=0$ 和 $x=W$ 处将 $\mathrm{d}\hat{p}/\mathrm{d}x$ 的值代入式（A4.8.13），得到

$$\begin{aligned}\alpha_\mathrm{T}&=\frac{2\exp(-W/L_\mathrm{p})}{1+\exp(-2W/L_\mathrm{p})}=\frac{1}{\dfrac{1+\exp(-2W/L_\mathrm{p})}{2\exp(-W/L_\mathrm{p})}}\\&=\frac{1}{\dfrac{\exp(W/L_\mathrm{p})+\exp(-W/L_\mathrm{p})}{2}}=\frac{1}{\cosh(W/L_\mathrm{p})}\end{aligned} \tag{A4.8.17}$$

现在

$$\cosh x=1+\frac{x^2}{2!}+\frac{x^4}{4!}+\cdots \tag{A4.8.18}$$

因此

$$\frac{1}{\cosh x}=(\cosh x)^{-1}=\left(1+\frac{x^2}{2!}+\frac{x^4}{4!}+\cdots\right)^{-1}\approx 1-\frac{x^2}{2!} \tag{A4.8.19}$$

因为

$$(1+x)^{-1}=1-x+x^2-x^3+x^4-\cdots\approx 1-x \tag{A4.8.20}$$

由式（A4.8.17）和式（A4.8.19），得到

$$\alpha_\mathrm{T}=1-\frac{W^2}{2L_\mathrm{p}^2} \tag{A4.8.21}$$

L_p可以由 L_B代替，因为它们代表相同的量。于是

$$\alpha_\mathrm{T}=1-\frac{W^2}{2L_\mathrm{B}^2} \tag{A4.8.22}$$

第 5 章 Chapter 5

IGBT的物理建模

IGBT 模型必须能够在合理的计算时间内以足够的准确度仿真 IGBT 或使用该器件的电路。IGBT 建模可以采用三种不同的方法：①分析器件和电路仿真：IGBT 被认为是一个分立器件（PIN 二极管和 MOSFET 或 MOSFET 和双极型晶体管）的特殊连接，应用这些器件的适当参数来计算输出特性。作为第一步，该方法提供了对器件行为的物理理解。它对于器件仿真工作很有用，但对于使用器件仿真 IGBT 曲线的电路构造却没有用。为了将 IGBT 作为电路器件研究，有必要对基本的器件模型进行扩展，以包括 IGBT 在一般负载条件下的器件－电路相互作用，还必须分析缓冲保护电路的作用。②器件数值仿真：器件的物理工作用漂移和扩散方程来描述，这些被称为等温仿真。与热流方程一起，进行电热、非等温或热力学仿真。需要精确了解器件结构参数、掺杂分布、载流子寿命等，以及大量的计算能力。上述方程在一维、二维或三维中求解。获得的显著优势是结果的准确性，但仿真通常是漫长而耗时的，需要耐心和毅力。③外部行为建模：这里只关注器件的输入和输出特性，而不关心其内部结构和相关效应。这种模型由控制的电压源和电流源构成，这种方法更适合复杂的电路计算。

5.1 IGBT 的 PIN 整流器－DMOSFET 模型

首先回顾 1.5 节和 1.7 节中介绍的 IGBT 等效电路和电路模型。

5.1.1 基本模型公式

在这个模型中（见图 5.1），IGBT 被认为是 PIN 整流器和 MOSFET [1] 的串联，IGBT 的电流－电压特性通过使用 PIN 二极管和在前面的章节中推导的 MOSFET 电流传导方程来计算。为了应用这些方程，在结构中的 R 区域使用这些器件的共同电位。通过 PIN 整流器的电流密度 J_F 和两端的压降 V_F 关系如下［见式（4.55）］：

$$J_F = \frac{2qD_a n_i}{d} F\left(\frac{d}{L_a}\right) \exp\left(\frac{qV_F}{2kT}\right) \tag{5.1}$$

由 P^+ 衬底注入并从底部进入漂移区的电流，在通过器件截面的漂移区的相当大的部分内均匀分布。设 Z 表示垂直于线性 IGBT 单元的横截面的长度。电流密度 J_F 用电流 I_{CE} 表示

$$J_F = \frac{I_{CE}}{W_R Z} \tag{5.2}$$

结合式（5.1）和式（5.2），可以得到

$$V_F = \left(\frac{2kT}{q}\right)\ln\frac{I_{CE}d}{2qW_R Z D_a n_i F(d/L_a)} \tag{5.3}$$

由于该电流被限制流过 MOSFET 沟道，所以 MOSFET 的输出电流 I_{CE} 可以由 MOSFET 的正向压降 $V_{F,MOS}$ 和 IGBT 的栅极－发射极电压 V_{GE}［见式（3.22）］表示

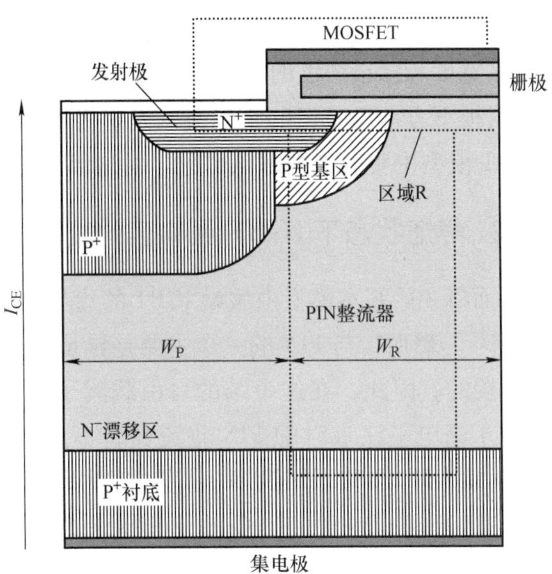

图 5.1 作为 PIN 整流器和 MOSFET 组合的 IGBT 示意图

$$I_{CE} = \frac{\mu_{ox} C_{ox} Z}{L_{Ch}}(V_{GE} - V_{Th})V_{F,MOS} \tag{5.4}$$

式中，$V_{F,MOS}$ 用于 V_{DS}；L_{Ch} 是沟道长度。通过式（5.4）可以看出在正向导通模式，施加的栅极－发射极电压足够高以使器件上的正向压降降低，即 $V_{GE} - V_{Th} >> V_{F,MOS}$。因此，IGBT 的 MOSFET 部分处于线性工作区。对 I_{CE} 公式的代数处理给出了 MOSFET 部分的电压降为

$$V_{F,MOS} = \frac{I_{CE} L_{Ch}}{\mu_{ns} C_{ox} Z(V_{GE} - V_{Th})} \tag{5.5}$$

通过增加在 PIN 整流器和 MOSFET 部分上的压降，可得到 IGBT 的正向压降为

$$V_{CE} = \left(\frac{2kT}{q}\right)\ln\left[\frac{I_{CE}d}{2qW_R D_a n_i F(d/L_a)}\right] + \frac{I_{CE} L_{Ch}}{\mu_{ns} C_{ox} Z(V_{GE} - V_{Th})} \tag{5.6}$$

式（5.6）允许计算不同栅极偏置电压 V_{GE} 下 IGBT 的 $I_{CE} - V_{CE}$ 输出特性曲线。因为没有来自 P^+ 衬底的注入，所以这些特性显示出一个独特的二极管膝点或拐点，低于该点时电流可忽略不计。这表明在低于 0.7V 的正向压降的应用中，不适合采用 IGBT。高于 0.7V 时，该公式预测正向电流随着电压呈指数增加，如在 PIN 整流器中一样。此外，特性曲线间隔是均匀的，但实际上由于在高电场下的沟道迁移率降低，因此在较高的栅极电压下它们倾向于聚集在一起。

在栅极偏置值 V_{GE} 较低时，沟道中会出现明显的电压降，而 IGBT 的 MOSFET 部分会限制电流。因此，集电极电流饱和会发生在

$$I_{CE} = \frac{\mu_{ns} C_{ox} Z}{2L_{Ch}}(V_{GE} - V_{Th})^2 \tag{5.7}$$

IGBT 的 PIN 整流器－DMOSFET 模型能够解释随着载流子寿命变化的 IGBT 行为模式，

这在分析L_a对 PIN 整流器特性的影响时变得很明显。它还可以研究通过 PIN 整流器特性对N^-基区宽度和掺杂浓度的依赖性来增加击穿电压的影响。该模型的主要缺点是忽略了流入N^+发射极下方 P 型基区的集电极 - 发射极电流I_{CE}的空穴分量。在 IGBT 的双极型晶体管 - MOSFET 模型中要适当考虑该部分，对这部分的处理将在随后的章节中讨论。

5.1.2 导通状态下 IGBT 漂移区的载流子分布

上面概述的基本模型中假设 IGBT 的边界条件与正向导通状态下的 PIN 整流器的边界条件类似[1]。然而，与 PIN 的一个主要差异是由于 IGBT 的N^-漂移区和 P 型基区之间的结是反向偏置的。因此，在这个结的自由载流子浓度必须降至零。所以 IGBT 中普遍存在的条件类似于高电平注入时的 PIN 整流器，不同之处在于结处的自由载流子浓度为零。通过对P^+衬底/N^-漂移区结到N^-漂移区/P 型基区结进行一维分析，得到 IGBT 中的自由载流子的分布。这涉及在稳定态条件下（附录 5.1）求解连续性方程［见式（4.28）］，这个公式为

$$\frac{d^2p}{dx^2}=\frac{p}{L_{HL}^2} \tag{5.8}$$

而边界条件为$p(0)$=在P^+衬底和N^-之间结处N^-漂移区中的空穴浓度，$p(d)$=在N^-漂移区与 P 型基区$=p_0$之间结处N^-漂移区中的空穴浓度。然后解由式（5.9）给出（附录 5.1）

$$p(x)=\frac{p_0\sinh[(d-x)/L_a]}{\sinh(d/L_a)} \tag{5.9}$$

在这个解中，必须确定p_0。利用空穴和电子电流的边界条件可以得到p_0。对于集电极电流密度J，这些边界条件指定为在$x=0$时，$J_n(x)=0$和在$x=0$时，$J_p(x)=J$。采用这些条件，得到p_0的公式为

$$p_0=\frac{JL_a}{2qD_p}\tanh\left(\frac{d}{L_a}\right) \tag{5.10}$$

因此从式（5.9），漂移区中载流子分布的表达式为

$$p(x)=\frac{JL_a}{2qD_p}\frac{\sinh\left(\frac{d-x}{L_a}\right)}{\cosh(d/L_a)} \tag{5.11}$$

将 IGBT 的载流子分布与 PIN 整流器的悬链线状载流子分布进行比较，如图 5.2 所示。在N^-漂移区/P^+衬底之间的结附近，两个的载流子分布是相同的。但在N^-漂移区/P 型基区之间的结附近，它们有很大的不同。在该结处，IGBT 中的载流子分布降至零，但 PIN 整流器中的载流子分布仍然很高。因此，自然地，靠近这个结的地方，IGBT 中的电导率调制效应很小，但 PIN 整流器中的电导率调制效应明显很大。因此，IGBT 的正向电压大于 PIN 整流器的正向电压，并且 IGBT 中的 JFET 区域对这个电压的下降有极大的作用。

例 5.1 制造的 IGBT 具有 100μm 的漂移区厚度（不包括 P 型基区和N^+层），在N^-漂移区的载流子寿命为 1μs，IGBT 的工作电流密度为 200A/cm²。在工作期间，耗尽层延伸到

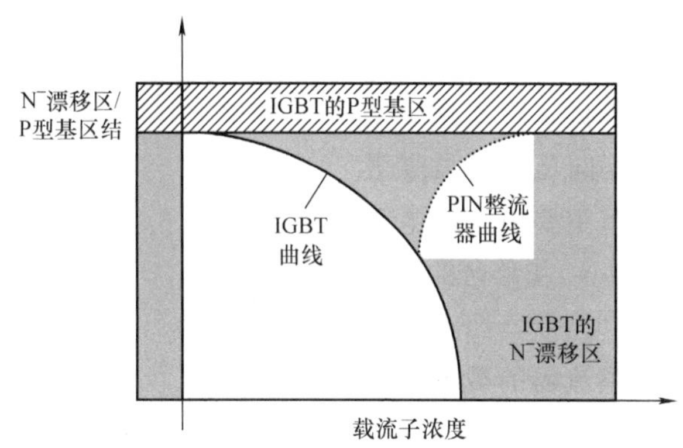

图 5.2 PIN 整流器和 IGBT 导通状态载流子分布的差异

漂移区中达到 3μm。画出 IGBT 中的空穴分布曲线。

IGBT 结构如图 E5.1.1 所示。这里，$J=200\text{A/cm}^2$，$d=100\times10^{-4}\text{cm}$，$L_a=\sqrt{D_a\tau_a}=\sqrt{18.34\times1\times10^{-6}}=4.283\times10^{-3}\text{cm}$。由于 $D_p=12.43\text{cm}^2/\text{s}$，对于 $x=0$，由式（5.11）得到 $p(x)=[(200\times4.283\times10^{-3})/(2\times1.6\times10^{-19}\times12.43)]\{\sinh[(100-3)\times10^{-4}-0]/(4.283\times10^{-3})/[\cosh[(100-3)\times10^{-4}-0]/(4.283\times10^{-3})\}=2.1\times10^{17}/\text{cm}^3$。代入 $x=10\mu\text{m}$，得到 $p(x)=1.62\times10^{17}/\text{cm}^3$。类似地，依次代入 $x=(20, 30, 40, 50, 60, 70, 80, 90, 95, 96.5, 96.8, 97)\ \mu\text{m}$，可以得到相应的 $p(x)$ 值列于表 E5.1.1 中。载流子分布曲线如图 E5.1.2 所示。

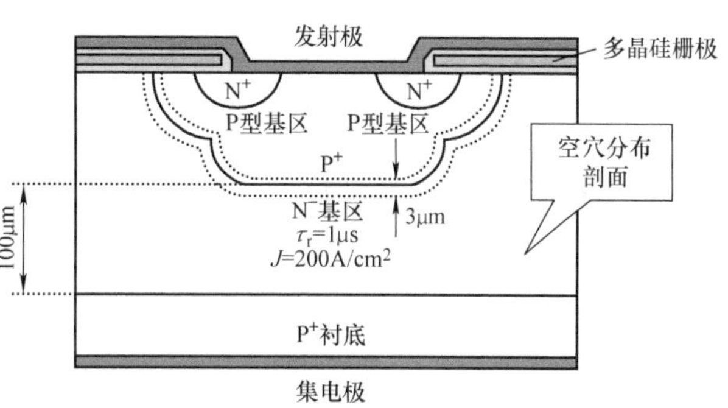

图 E5.1.1 例 5.1 中的 IGBT

表 E5.1.1 在 IGBT 的 N⁻漂移区不同距离处的空穴分布

序号	距离 x/μm	空穴浓度 $p(x)$ /(1/cm³)	序号	距离 x/μm	空穴浓度 $p(x)$/(1/cm³)
1	0	2.1×10^{17}	9	80	1.758×10^{16}
2	10	1.62×10^{17}	10	90	7.084×10^{15}
3	20	1.267×10^{17}	11	95	2.016×10^{15}
4	30	9.86×10^{17}	12	96.5	5.04×10^{14}
5	40	7.595×10^{16}	13	96.8	2.015×10^{14}
6	50	5.745×10^{16}	14	96.9	1.0075×10^{14}
7	60	4.192×10^{16}	15	96.99	1.0075×10^{13}
8	70	2.904×10^{16}			

这个例子的意义：这个例子说明了在导通态期间 IGBT 的 N⁻漂移区中的载流子（空穴）分布。这个电荷分布决定了 N⁻漂移区的电导率调制，从而确定了 IGBT 上的正向压降。很

明显，注入的空穴浓度的峰值出现在 P^+ 衬底和 N^- 漂移区之间的结附近。这个浓度随着与结的逐渐远离而下降。因此，距离这个结最近的 N^- 漂移区部分对正向压降的贡献最大。此外，注入的空穴分布主要由工作电流密度 J、双极扩散长度 L_a 和 N^- 漂移区的厚度控制。

在处于导通态的 PIN 整流器的载流子分布曲线中，注入的载流子浓度首先像 IGBT 中那样下降，但随着接近 N 型层而开始再次上升，这是因为载流子从 PIN 整流器的 P 端和 N 端区域注入到本征层中。这个特性将 IGBT 与 PIN 整流器区分开来，并解释了使用 PIN 整流器比 IGBT 的正向压降更小的原因。

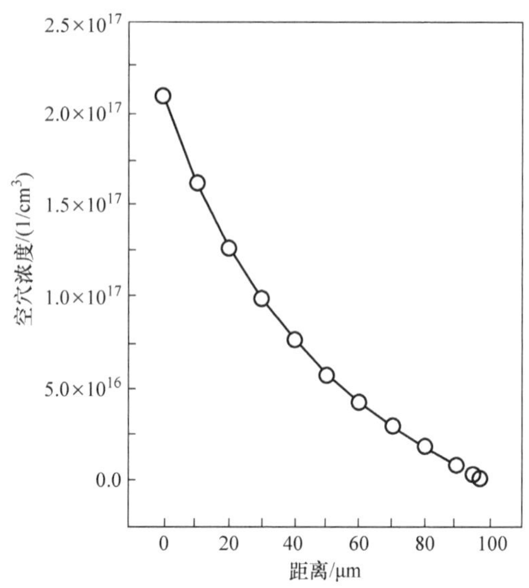

图 E5.1.2　空穴浓度分布

5.1.3 IGBT 的正向压降

利用 IGBT 漂移区中的导通态载流子分布，通过对来自 N^- 漂移区和 P^+ 衬底之间的结，N^- 漂移区本身的贡献和 MOSFET 组件（沟道、JFET 区域和累积区）总的贡献得到 IGBT 的正向压降。在这里将考虑结和 N^- 漂移区部分，MOSFET 部分将在 5.2.2 节中讨论。

（1）正向偏置 P^+ 衬底/N^- 漂移区结上的电势差　在 N^- 漂移区的平衡空穴浓度为 $p_{0N}=n_i^2/N_D$。那么，P^+ 衬底和 N^- 漂移区之间正向偏置结上的电压降表示为［见式（4.6）］

$$V_{P^+N}=\frac{kT}{q}\ln\left(\frac{p_0}{p_{0N^-}}\right) \tag{5.12}$$

使用式（5.10），得到

$$V_{P^+N}=\frac{kT}{q}\ln\left[\frac{JL_aN_D}{2qD_pn_i^2}\tanh\left(\frac{d}{L_a}\right)\right] \tag{5.13}$$

（2）N^- 漂移区上的电势差　通过对漂移区的电场分布的积分推导出 IGBT 的 N^- 漂移区上的电压降。为了获得电场分布，高注入水平条件 $n(x)=p(x)$ 与电流传输方程（附录 4.1 和 4.2）一起使用

$$J_p=q\mu_p\left(pE-\frac{kT}{q}\frac{\mathrm{d}p}{\mathrm{d}x}\right) \tag{5.14}$$

和

$$J_n=q\mu_n\left(nE+\frac{kT}{q}\frac{\mathrm{d}n}{\mathrm{d}x}\right) \tag{5.15}$$

在漂移层中，总电流密度表示为

$$J=J_n(x)+J_p(x)=常数 \tag{5.16}$$

基于式（5.16），电场分布表示为

$$E(x)=\frac{J}{qp(\mu_n+\mu_p)}-\frac{kT}{q}\left(\frac{\mu_n-\mu_p}{\mu_n+\mu_p}\right)\left(\frac{1}{p}\right)\left(\frac{dp}{dx}\right) \tag{5.17}$$

代入 $p(x)$ 的表达式（5.11），得到

$$E(x)=\frac{kT}{qL_a}\left\{\frac{2\mu_p}{(\mu_n+\mu_p)}\frac{\cosh(d/L_a)}{\sinh[(d-x)/L_a]}+\frac{\mu_n-\mu_p}{\mu_n+\mu_p}\frac{1}{\tanh[(d-x)/L_a]}\right\} \tag{5.18}$$

通过将该等式从 $x=0$ 到 $x=d$ 积分，N 型漂移区中的压降为

$$V_M=\frac{kT}{q}\left\{\frac{2\mu_p}{\mu_n+\mu_p}\cosh(d/L_a)\ln[\tanh(d/2L_a)]+\frac{\mu_n-\mu_p}{\mu_n+\mu_p}\ln[\sinh(d/L_a)]\right\} \tag{5.19}$$

例 5.2 在一个 IGBT 中，N^-漂移区的电阻率为 $30\Omega\cdot cm$，其厚度为 $50\mu m$，并且该区域的双极扩散长度为 $30\mu m$。假设 P 型基区结深度 $X_{jP}=3\mu m$，计算在正向 2V 电压和 $100A/cm^2$电流密度下工作的 IGBT 的 P^+N 结和 N^-漂移区的总电势差。

图 E5.2.1 所示为 IGBT 单元。由于 $\rho=30\Omega\cdot cm$，所以 $N_D=1/(\rho e\mu)=1/(30\times1.6\times10^{-19}\times1350)=1.54\times10^{14}/cm^3$。对于工作在 2V，$N^-$漂移区的准中性宽度 $=50\times10^{-4}-3\times10^{-4}-\sqrt{[2\varepsilon_0\varepsilon_s(V-\varphi_0)]/(qN_D)}=47\times10^{-4}-\sqrt{[2\times8.854\times10^{-14}\times11.9\times(2-0.7)]/(1.6\times10^{-19}\times1.54\times10^{14})}=43.67\times10^{-4}$ cm。现在，正向偏置 P^+N 结上的电压降是 $V_{P^+N}=0.0259\ln[(100\times30\times10^{-4}\times1.54\times10^{14})/(2\times1.6\times10^{-19}\times12.43)(1.45\times10^{14})^2]\tanh[(43.67\times10^{-4})/(30\times10^{-4})]=0.63781V$。$N^-$漂移区的电压降为 $V_M=0.0259\{(2\times480)/(1350+480)\cosh(43.67/30)\ln[\tanh(43.67/60)]+(1350-480)/(1350+480)\ln[\sinh(43.67/30)]\}=-0.005895V$。因此总的压降为 $0.63781-0.005895=0.6319V$。

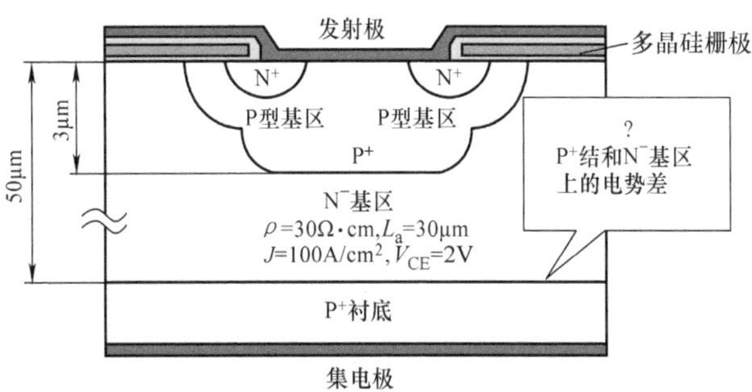

图 E5.2.1 例 5.2 中的 IBGT

5.1.4 导通状态下载流子分布的二维模型

在 IGBT 的 N^-基区中的载流子分布直接来自二维电流[2]。对图 5.3 中 IGBT 半单元的电流检测表明，在半单元的 Ⅰ 和 Ⅱ 部分，电子和空穴电流 J_{ny} 和 J_{py} 在 $y=d_B$ 处沿 y 方向的反方向均匀地流入 P^+衬底/N^-基区结的 N^-基区。反向偏置的 P 型基区/N^-基区结收集空穴，使得在 $y=d_B$ 处空穴进入 ⅠB 部分，而在 $y=d_C$ 处离开 P 型基区/N^-基区结，但是进入 ⅡB 部分并且流入 ⅡA 部分的空穴不能穿过在栅极的积累层（$d_C\geqslant y\geqslant0$），因此它们在 x 方向的

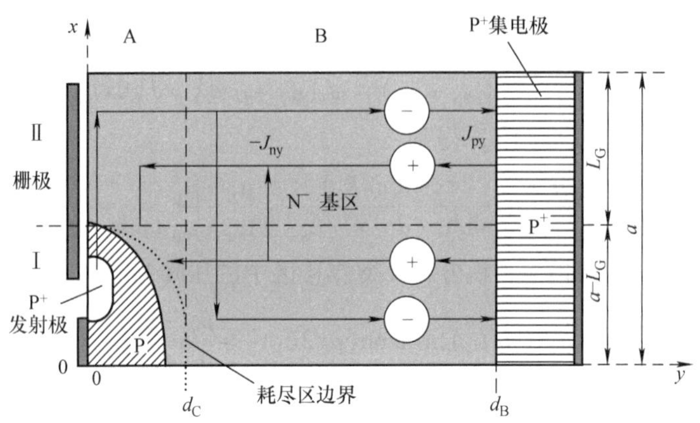

图 5.3 在一个常规 IGBT 半单元中的二维电流

反方向上横向移动。同时，在 P 型基极/ N^- 基区结的电场影响下，ⅠB 部分的电子被迫横向流入ⅡB 部分，然后进入ⅡA，导致该区域电流密度较高。由于电子浓度的升高，以及高的电流密度区，在结构的Ⅱ部分中具有较小的电导率调制，因此会产生大的电压降。通过在给定的半单元宽度 a 增加栅极长度 L_G，可以减小这个电压降。这种几何形状修改的结果是在栅极下方的区域中电流的拥挤减弱了。因此，降低了熟知的、产生大部分导通电阻的 JFET 效应，同时也增强了这个高电流密度区域的电导率调制。这两个因素共同作用以降低传导压降。

为了从根本上了解这个电子和空穴电流在栅极附近的耦合，已经提出了基于两种方法的各种模型。在第一种方法中，通过在 N^+ 发射区前面的横向电子流和随后的横向空穴流开发了两个一维模型。在第二种方法中，在 IGBT 的 N 型基区中的拉普拉斯方程的解在通过共形映射简化几何形状之后得到一个二维（2D）模型。2D 模型给出了在 P 型基区附近的载流子浓度与 L_G/a 比例和栅极处的实际载流子密度的精确相关性。IGBT 半单元被转移到复平面 $z = x + jy$。通过应用 Schwarz - Christoffel 变换[3,4]，将 z 平面中的适当区域映射到图像平面 $w = u + jv$ 的上半部分。进一步的变换将 w 平面的上半部分映射到图 5.4a 中所示的图像平面 $t = r + js$ 的区域。感兴趣的读者可参考文献［2］以理解映射过程。这个排列被解释为单元宽度为 1，基区宽度为 s_B，栅极长度为 r_G 的沟槽 IGBT。在 t 平面上一点（假设 X）的载流子分布包括两个部分：第一部分与立体角的总和成正比，在该立体角下，周期性重复的沟槽单元的栅极出现在 X。第二部分与 X 和实 r 轴之间的距离 s 线性变化，其中沟槽 IGBT 的栅极和发射极位于该实轴 r 上。它具有正号还是负号取决于 N^- 基区中的载流子浓度。明显的含义是可以在基区的主要部分得到水平的载流子分布。还可以得到载流子浓度随着 s 值增加而减小的分布，这将在电流密度大的区域中提供更高的电导率调制。这将使正向压降最小化，从而改善导通态特性。例如，通过增加 Ω_i，增强了 N^- 基区的电导率调制。由于 Ω_i 与 r_G 成正比，因此最好选择较大的栅极长度。这允许通过用于传统 IGBT 的归一化长度参数 L_G/a 和用于沟槽 IGBT 的 r_G 来调整 N 型基区中的载流子分布。图 5.4b 中显示的沟槽 IGBT 结构具有极短的发射极长度。数值仿真表明，栅区附近的载流子浓度远高于 P^+ 集电区。而且，它在栅极附近是大致恒定的，并且在发射区附近呈现出明显的下降。因此，对 P^+ 集电极的 h 参数 h_E 和栅极长度的控制，提供了调节 N^- 基区载流子分布以及两种类型 IGBT 的静态和动态特性的一种便利方式。参数值 $a=25\mu m$，$d_B=250\mu m$，$d_C=5\mu m$，$L_G/a=0.25$ 的一个传统 IGBT 在 $100A/cm^2$ 时的导通压降为 2.12V，但同样地通过使用 $L_G/a=0.75$ 而不改变其余的器件参数[2]时，导通压降会降低到 1.58V。如前所述，电势差较小的原因是导通态下载流子分布的重新调整，降低了 JFET 效应并增加了在 IGBT 单元高电流密度区域的电导率调制。

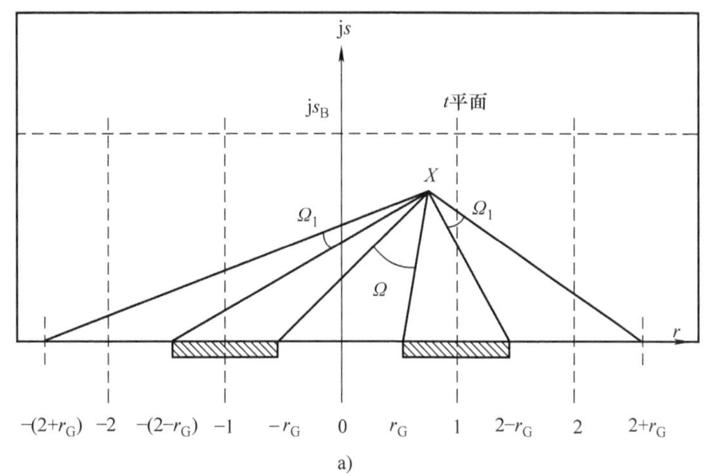

a)

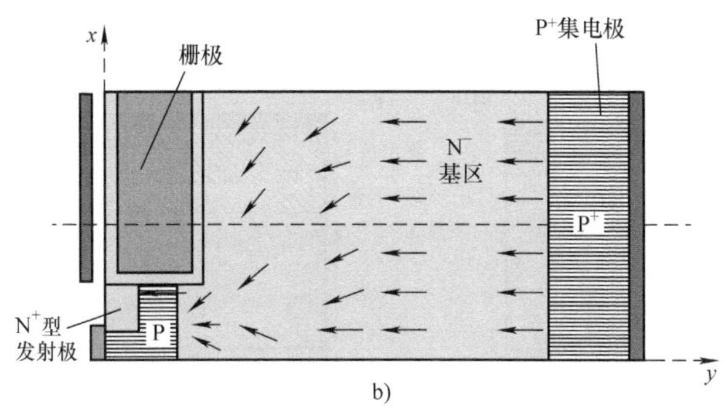

b)

图 5.4 分析在复数 t 平面 X 点载流子的分布（绘制的边界出现在立体角 Ω_i 下面）

符号：$t=r+js$ = 镜像平面；r_G = 栅极长度；s_B = 基区宽度；

s = X 与实轴之间的距离；Ω_i = 在 X 点下沟槽栅单元的立体角

如果忽略 2D 效应，则对 IGBT 基区压降的总体过高估计会导致错误地预测导通态电压。已经提出了用于改善导通态特性预测的分析模型[5]，其考虑了正向传导中的 2D 效应以及温度效应。该模型的结果与 3D 仿真和实验的结果非常一致，该模型可用于 IGBT 结构优化和电路仿真。

5.2 通过PIN整流器-DMOSFET模型扩展的IGBT双极型晶体管-DMOSFET模型

5.2.1 正向传导特性

该模型将IGBT视为一个MOSFET以达林顿结构的形式驱动一个宽基区的PNP型晶体管[1-6]。因此，BJT方程与MOSFET方程结合使用来描述$I-V$特性。仔细观察IGBT结构（见图5.5a），记住其MOSFET和PNP型晶体管器件显示PNP型晶体管的发射区是IGBT的集电区，而PNP型晶体管的集电区是IGBT的P型基区。因此，在随后的讨论中，发射极、基极和集电极端必须与涉及的晶体管（PNP型晶体管或IGBT）相关。在PNP型晶体管中，集电极代表MOSFET的漏极。在PNP型晶体管的集电极，由MOSFET沟道提供的电子电流进入这个晶体管的N^-基区。因此，PNP型晶体管的集电区和基区之间的黑色边界代表MOSFET的漏极和PNP型晶体管的基极之间的连接。在IGBT的正向导通期间，这个结是反向偏置的，过剩载流子浓度为零。黑色边界称为PNP型晶体管的虚拟基区接触（见图5.5b）。进入PNP型晶体管基区的电子电流=该晶体管的基极电流=MOSFET漏极电流，而进入PNP型晶体管集电区的空穴电流=该晶体管的集电极电流。因此，流过IGBT的MOSFET沟道的电子电流I_n（即PNP型晶体管的基极电流）与流过PNP型晶体管的空穴电流I_p（该晶体管的集电极电流）关系如下［见式（4.64）］：

$$I_p=\beta_{PNP}I_n=\left(\frac{\alpha_{PNP}}{1-\alpha_{PNP}}\right)I_n \tag{5.20}$$

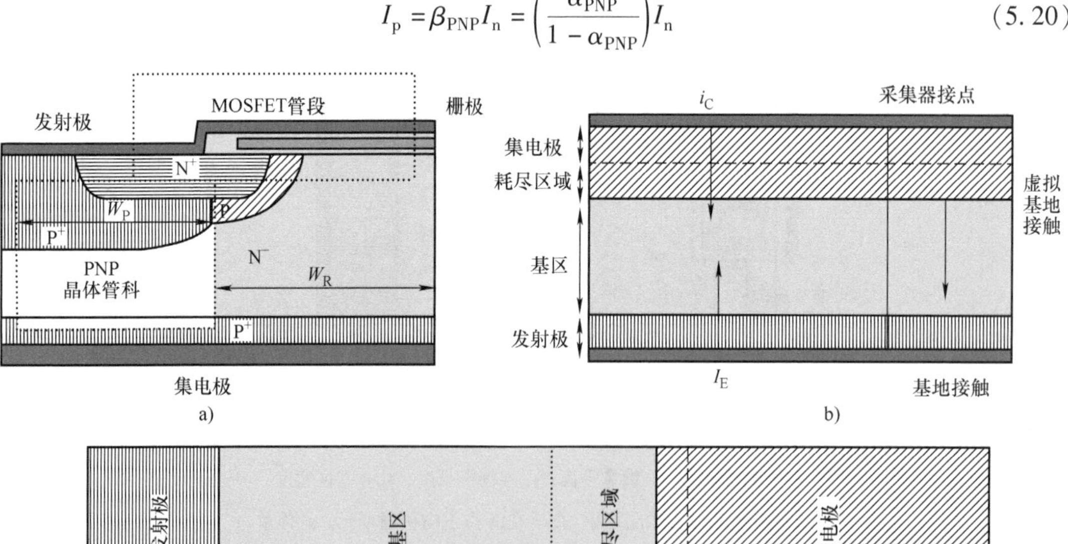

图5.5 a）显示双极型晶体管和DMOSFET部分的IGBT横截面图 b）表示虚拟基区接触位置的IGBT的双极型晶体管中的载流子流动 c）用于分析的坐标系统

式中，β_{PNP}为 PNP 型晶体管的共射极电流增益并且等于 $\alpha/(1-\alpha)$。发射极电流 I_E是通过将电子和空穴贡献相加得到的

$$I_E = I_n + I_p = \frac{I_n}{1-\alpha_{PNP}} \tag{5.21}$$

由于 IGBT 中 MOS 结构的高输入阻抗，栅极电流 I_G为零，发射极电流 I_E近似等于集电极电流 I_C。为了得到 IGBT 的正向传导特性，在 PIN 整流器－DMOSFET 模型基础上用 I_n代替 I_{CE}，修改正向压降公式（5.6）得到

$$V_{CE} = \left(\frac{2kT}{q}\right)\ln\frac{I_{CE}d}{2qW_R ZD_a n_i F(d/L_a)} + \frac{(1-\alpha_{PNP})I_{CE}L_{Ch}}{\mu_{ns}C_{ox}Z(V_{GE}-V_{Th})} \tag{5.22}$$

为了检查式（5.22）是如何得到的，从式（5.21）中看到 $I_n=(1-\alpha_{PNP})I_E$。由于高输入阻抗 MOS 结构中没有栅极电流分量，集电极电流等于发射极电流，因此在式（5.6）的第二项中用 $(1-\alpha_{PNP})I_{CE}$代替 I_{CE}。总体影响是 MOSFET 沟道电流是总的集电极－发射极电流的一部分。PIN 整流器－MOSFET 模型的缺点在这里变得明显，因为它假设全部的集电极－发射极电流流过 MOSFET 沟道。但是，在式（5.6）的第一项中，上述 $(1-\alpha_{PNP})I_{CE}$代替 I_{CE}的替换不是必需的，因为 N^-漂移区上的电压降由流过电流大小为 I_{CE}的 PIN 整流器来近似。一个值得注意的观察结果是：根据该公式计算的 IGBT 上的正向压降小于从 IGBT 的 PIN 整流器－DMOSFET 模型得到的正向压降。正如所指出的，这是由于集电极电流分流到 MOSFET 沟道和 P 型基区造成的。

除了正向电势差以外，由 IGBT 的双极型晶体管－DMOSFET 模型计算出的 IGBT 饱和漏极电流 $I_{CE\ sat}$和跨导与 PIN 整流器－DMOSFET 模型给出的不同。在将栅极－发射极偏置降低到使得沟道中的压降限制电流流动的值时，电子电流 I_n可以表示为［见式（3.26）］

$$I_n = \frac{\mu_{ns}C_{ox}Z}{2L_{Ch}}(V_{GE}-V_{Th})^2 \tag{5.23}$$

然后由式（5.23）和式（5.21）得到

$$I_E \approx I_{CE} = \frac{1}{1-\alpha_{PNP}}\frac{\mu_{ns}C_{ox}Z}{2L_{Ch}}(V_{GE}-V_{Th})^2$$

这是饱和集电极电流

$$I_{CE,sat} = \frac{1}{1-\alpha_{PNP}}\frac{\mu_{ns}C_{ox}Z}{2L_{Ch}}(V_{GE}-V_{Th})^2 \tag{5.24}$$

而饱和区跨导表示为

$$\begin{aligned} g_{ms} &= \left.\frac{\partial I_{CE,sat}}{\partial V_{GE}}\right|_{V_{DS}=\text{常数}} = \frac{1}{1-\alpha_{PNP}}\frac{\mu_{ns}C_{ox}Z}{2L_{Ch}}\times 2(V_{GE}-V_{Th}) \\ &= \frac{1}{1-\alpha_{PNP}}\frac{\mu_{ns}C_{ox}Z}{L_{Ch}}(V_{GE}-V_{Th}) \end{aligned} \tag{5.25}$$

从式（5.25）可以明显看出，由于乘以因子 $1/(1-\alpha_{PNP})$，所以 IGBT 跨导比相同宽长比的 MOSFET 跨导高得多。由于 $\alpha_{PNP}\approx 0.5$，因此两个跨导值之比为 2 是很常见的。

例 5.3 采用 IGBT 的一阶 PIN 整流器 - DMOSFET 和双极型晶体管 - MOSFET 模型，计算电流密度为 0.1，1，10，100 和 1000 A/cm^2时的导通电压，并绘制出 IGBT 的正向导通特性（电流密度 - 电压），其中 N^-漂移区的宽度 d 为 50μm，沟道长度 L_{ch}为 2μm，栅氧厚度 t_{ox}为 1000Å，栅极偏置为 10V。IGBT 单元具有线性几何形状，其阈值电压为 4V。相邻的 P 型基区阱 W_R之间的距离为 6μm，总单元宽度 $W_R + W_P$为 30μm。$D_a = 18.34cm^2/s$，$F(d/L_a) = 0.25$，$\mu_{ns} = 500cm^2/V \cdot s$ 而 $\alpha_{PNP} = 0.5$。

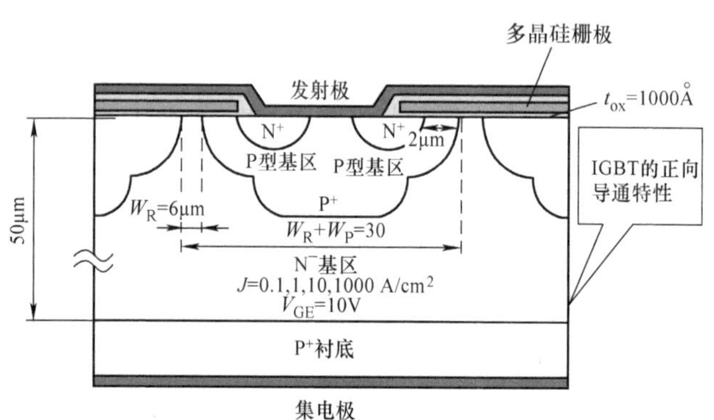

图 E5.3.1　例 5.3 的 IGBT

IGBT 单元的原理图如图 E5.3.1 所示。对 1cm 长度，单元数 $= 1/(30 \times 10^{-4}) = 333.3$。对于尺寸为 $1cm^2$的单元，Z 值为 $333.3 \times 1cm = 333.3cm$。因此，$W_R = 333.3 \times 6 \times 10^{-4}cm$。此外，$C_{ox} = 8.854 \times 10^{-14} \times 3.9/(1000 \times 10^{-8}) = 3.45306 \times 10^{-8} F/cm$。替换式（5.6）中的值 $J_{CE} = 0.1A$，得到 $V_F = 2 \times 0.0259\ln[(0.1 \times 50 \times 10^{-4})/(2 \times 1.6 \times 10^{-19} \times 6 \times 10^{-4} \times 333.3 \times 333.3 \times 18.34 \times 1.45 \times 10^{10} \times 0.25)] + (0.1 \times 2 \times 10^{-4})/(500 \times 3.45306 \times 10^{-8} \times 333.3 \times 6) = 0.3044V$。以这种方式确定了 $I_C = 1$，10，100 和 1000A 时的 V_F。然后通过应用式（5.22）重复上述计算。由此获得的值列于表 E5.3.1 中。

表 E5.3.1　不同电流密度下 IGBT 的正向压降

序号	$J_{CE}/(A/cm^2)$	V_F/V	
		PIN 整流器 - DMOSFET 模型	双极型晶体管 - MOSFET 模型
1	0.1	0.3044	0.3041
2	1.0	0.429	0.426
3	10	0.6	0.57
4	100	1.24	0.95
5	1000	6.57	3.68

根据上述数据绘制沿纵坐标的 IGBT 的 V_F随沿横坐标 J_{CE}的特性曲线。然后交换 X 轴和 Y 轴，转换为电流密度 - 正向电压（$J_{CE} - V_F$）特性曲线，如图 E5.3.2 所示。

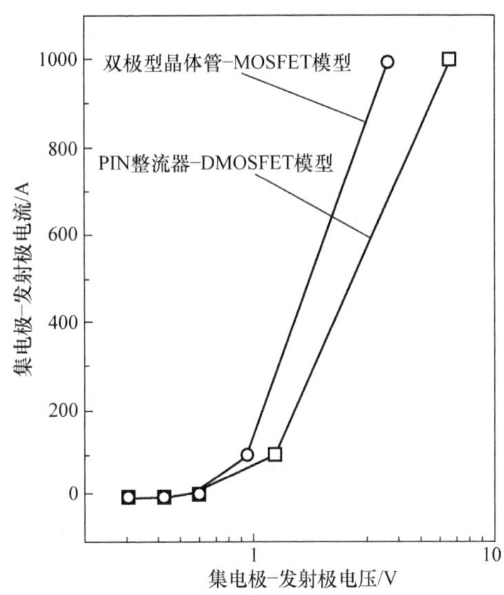

图 E5.3.2 从两种模型计算的 IGBT 的 $I-V$ 特性比较

例 5.4 （a）一个沟道长度为 1μm，沟道宽度为 150μm，漂移区厚度为 60μm，载流子寿命为 0.9μs，阈值电压为 4.6V，单位面积氧化物电容为 $1\times10^{-8}\ \mathrm{F/cm^2}$ 的 IGBT 在饱和区域工作。假定反型层中的电子迁移率为 $400\mathrm{cm^2/V\cdot s}$，双极型扩散系数为 $18.34\mathrm{cm^2/s}$，计算栅极驱动为 11V 时的集电极电流和跨导。

（b）如果在上述（a）中，芯片温度为 125°C，静态条件下对 $r_{CE,sat}$ 和 g_{ms} 有什么影响？

图 E5.4.1 给出了 IGBT 单元的横截面图。

假设注入效率 = 1，$\alpha_{PNP}=\alpha_T=1/\cosh(W/L_a)=1/\cosh(W/\sqrt{D_a\tau_a})=1/[\cosh(60\times10^{-4})/\sqrt{18.34\times0.9\times10^{-6}}]=0.4341$。应用式（5.24），得到 $I_{CE,sat}=[1/(1-0.4341)]\times400\times1\times10^{-8}\times150/(2\times10^{-4})\times(11-4.6)^2=217.14\mathrm{A}$。由式（5.25），$g_{ms}=1/(1-0.4341)\times400\times1\times10^{-8}\times150/(1\times10^{-4})\times(11-4.6)=67.86/\Omega$。

（c）通过应用以下 Si 的与温度相关的特性参数进行热分析（见表 E5.4.1）。

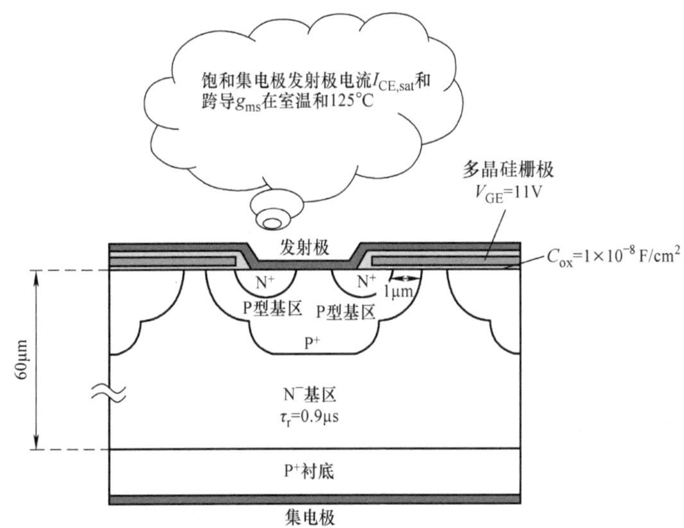

图 E5.4.1 例 5.4 的 IGBT

使用上述数据，由式（5.24）得到 $I_{CE,sat}=1/(1-0.4273)\times197.31\times1\times10^{-8}\times150/(2\times10^{-4})\times(11-3.718)^2=137.02A$。由式（5.25），$g_{ms}=1/(1-0.4273)\times197.31\times1\times10^{-8}\times150/(1\times10^{-4})\times(11-3.718)=37.63/\Omega$。

表 E5.4.1　随温度变化的 Si 的特性参数

序号	电学参数	采用的公式	应用	125℃的参数值
1	电子迁移率	$\mu_n(T_j)=1500(300/T_j)^{2.5}$	$\mu_n(398)=1500\times(300/398)^{2.5}$	$739.92cm^2/V\cdot s$
2	空穴迁移率	$\mu_p(T_j)=450(300/T_j)^{2.5}$	$\mu_p(398)=450\times(300/398)^{2.5}$	$221.98cm^2/V\cdot s$
3	在反型层的电子迁移率	$\mu_{ns}(T_j)=400(300/T_j)^{2.5}$	$\mu_{ns}(398)=400\times(300/398)^{2.5}$	$197.31cm^2/V\cdot s$
4	电子扩散系数	$D_n(T_j)=\mu_n kT_j/q$	$D_n(398)=739.92\times1.38\times10^{-23}$ $\times398/(1.6\times10^{-19})$	$25.4cm^2/s$
5	空穴扩散系数	$D_p(T_j)=\mu_p kT_j/q$	$D_p(398)=221.98\times1.38\times10^{-23}$ $\times398/(1.6\times10^{-19})$	$7.62cm^2/s$
6	双极型扩散系数	$D_a(T_j)=2D_n(T_j)$ $D_p(T_j)/[D_n(T_j)+D_p(T_j)]$	$D_a(398)=2\times25.4$ $\times7.62/(25.4+7.62)$	$11.72cm^2/s$
7	双极寿命(高注入水平)	$\tau_{HL}(T_j)=\tau_{HL0}(T_j/T_0)^{\tau_{HL1}}$ 其中 $\tau_{HL1}=1.5$	$\tau_{HL}(398)=0.9\times10^{-6}$ $\times(398/300)^{1.5}$	$1.375\times10^{-6}s$
8	阈值电压	$V_T(T_j)=V_{T0}+V_{T1}$ $\cdot(T-T_0)$ 其中 $V_{T1}=-9mV/K$	$V_T(398)=4.6+(-9\times10^{-3})$ $\times(398/300)$	3.718V
9	双极型扩散长度(L_a)	$L_a=\sqrt{D_a\tau_a}$	$L_a=\sqrt{(11.72\times1.375\times10^{-6})}$ $=4.015\times10^{-3}$	$=40.15\mu m$
10	W/L_a比		$W/L_a=60/40.15$	1.4943
11	PNP 晶体管的电流增益	$\alpha_{PNP}=1/\cosh(W/L_a)$	$1/\cosh(W/L_a)=1/\cosh(1.4943)$	0.4273

5.2.2 IGBT 中 MOSFET 的正向压降

IGBT 结构中 MOSFET 两端的压降是沿沟道(V_{Ch})、JEFET 区域(V_{JFET})和积累层(V_{Acc})上的电压降之和

$$V_{MOSFET}=V_{Ch}+V_{JFET}+V_{ACC} \tag{5.26}$$

沟道压降为

$$V_{Ch}=\frac{(1-\alpha_{PNP})JL_{Ch}W_{Cell}}{\mu_{ns}C_{ox}(V_{GE}-V_{Th})} \tag{5.27}$$

沿 JFET 区域的电压降为

$$V_{JFET}=\frac{\rho_{JFET}(1-\alpha_{PNP})J(x_p+W_0)W_{Cell}}{L_G-2x_p-2W_0} \tag{5.28}$$

式中，ρ_{JFET}为 JFET 区域的电阻率；L_G为栅极长度；x_P为 P 型基区的深度；W_0为零偏置耗尽区宽度。对于具有低漂移区掺杂浓度的 IGBT，W_0很大，从而导致一个高的V_{JFET}值。积累层上的电压降为

$$V_{ACC}=\frac{K(1-\alpha_{PNP})J(L_G-2x_p-2W_0)W_{Cell}}{2q\mu_{nA}C_{ox}V_{GE}} \tag{5.29}$$

读者可能会注意到这些方程与3.4.1节中给出的MOSFET相应的方程［式（3.33）~式（3.35）］相似。

例5.5 在一个IGBT中，DMOSFET单元参数为：半多晶硅栅极长度 =7μm，半单元宽度 =15μm，沟道长度 =0.96μm，P型基区深度 =2.2μm，栅氧厚度 =800Å，阈值电压 =4V，$\alpha_{PNP}=0.55$，$\rho_D=30\Omega\cdot cm$。如果零偏压耗尽层为3μm，则栅极偏置为15V，电流密度为$100A/cm^2$，比较①沟道、②JFET和③积累区的电压降。反型层中的载流子迁移率为$400cm^2/V\cdot s$，累积层中的载流子迁移率为$800cm^2/V\cdot s$。

IGBT半单元如图E5.5.1所示。每单位面积的氧化物电容为$8.854\times10^{-14}\times11.9/(800\times10^{-8})=1.317\times10^{-7}F/cm^2$。所需的电势差根据下列条件确定：①$V_{Ch}=(1-0.55)\times100\times0.96\times10^{-4}\times30\times10^{-4}/[400\times1.317\times10^{-7}\times(15-4)]=0.0224V$。②$V_{JFET}=30\times(1-0.55)\times100\times(2.2+3)\times10^{-4}\times30\times10^{-4}/[(14-2\times2.2-2\times3)\times10^{-4}]=5.85V$。③$V_{ACC}=0.6\times(1-0.55)\times100\times(14-2\times2.2-2\times3)\times10^{-4}\times30\times10^{-4}/[2\times800\times1.317\times10^{-7}\times(15-4)]=0.01258V$。

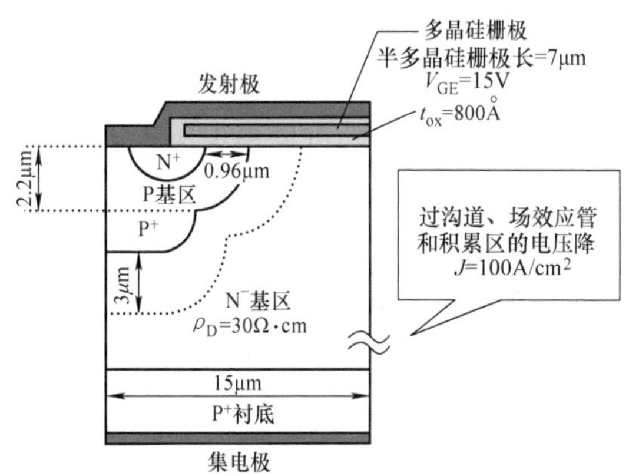

图E5.5.1 例5.5中的IGBT

5.2.3 IGBT的有限集电极输出电阻

当MOSFET沟道上的电位降 >（$V_{GE}-V_{Th}$）时，集电极－发射极电流I_{CE}将饱和并变得恒定，不随V_{CE}变化而变化。实际上并没有观察到I_{CE}的这种饱和，相反，在高的V_{CE}值时，I_{CE}随着V_{CE}略微增加。因此，集电极输出电阻不会变为无穷大，而是一个有限的值。这种预期行为的形成有两个原因，一个是由IGBT中的MOSFET器件引起的，另一个是由IGBT中的双极型器件引起的。随着V_{CB}增加，MOSFET的沟道长度减小。这伴随着沟道电阻的降低和I_{CE}随V_{CE}的升高。此外，V_{CE}的上升导致PNP型晶体管集电区－基区结的耗尽区扩展，从而该晶体管未耗尽的基区宽度减小，因此电流增益α_{PNP}增加。电流增益α_{PNP}的上升是由于未耗尽的基区宽度W的减少引起的。造成这种效应的α_{PNP}部分是由于（附录4.8）式（5.30）给出的基区传输因子α_T

$$\alpha_T=1\Big/\cosh\left(\frac{W}{L_a}\right) \tag{5.30}$$

式中，L_a为N^-漂移区的双极型扩散长度。在给定的集电极－发射极电压V_{CE}下，未耗尽的基区宽度为

$$W=d-\sqrt{\frac{2\varepsilon_0\varepsilon_s V_{CE}}{qN_D}} \tag{5.31}$$

式中，ε_0和ε_s为真空和Si的介电常数；N_D为IGBT的N^-漂移区的掺杂浓度。最终，电流增益的这种增加导致I_{CE}随V_{CE}增加，赋予IGBT一个有限的集电极输出电阻值。在低V_{CE}值时，W很大并且其随V_{CE}的变化是不明显的。因此，在这部分的$I_{CE}-V_{CE}$特性中，V_{CE}对W的影响是微不足道的。但是在高的V_{CE}值时，W变小并且随V_{CE}变化很快。因此，V_{CB}对W的影响更明显。

忽略沟道长度减小的影响并仅考虑PNP型晶体管的电流增益的增加，IGBT的集电极输出电阻由式（5.32）给出

$$r_C^{-1}=\frac{dI_{CE}}{dV_{CE}}=\frac{1}{2\sqrt{2}}\sqrt{\frac{2\varepsilon_0\varepsilon_s}{qN_DV_{CE}}}\frac{\mu_{ns}C_{ox}Z(V_{GE}-V_{Th})^2\sinh(W/L_a)}{L_{Ch}L_a[\cosh(W/L_a)-1]^2} \tag{5.32}$$

对式（5.24）微分并使用式（5.31）得到式（5.32），如下面的例5.6所示。

例5.6 如果在例5.3中，N^-基区的掺杂浓度$=1.54\times10^{14}/cm^3$，P型基区结深度$=3\mu m$，双极型扩散长度$=30\mu m$，在$V_{CE}=20$，50，75，100，150和200V时计算并绘制作为集电极－发射极电压V_{CE}函数的IGBT的集电极输出电阻。确定电流增益α_{PNP}随V_{CE}的变化。

取式（5.24）对V_{CE}的微分系数，得到

$$\begin{aligned}r_{CE}^{-1}&=[(d/dV_{CE})\alpha_{PNP}/(1-\alpha_{PNP})^2]\mu_{ns}C_{ox}[Z/(2L_{Ch})](V_{GE}-V_{Th})^2\\&=-(1/L_a)\sinh(W/L_a)/\cosh(W/L_a)^2\cdot\cosh(W/L_a)^2/[\cosh(W/L_a)-1]^2\cdot\\&\quad-\left[\frac{1}{2}\sqrt{qN_D/(2\varepsilon_0\varepsilon_sV_{CE})}2\varepsilon_0\varepsilon_s/(qN_D)\mu_{ns}C_{ox}Z/2L_{Ch}\right]\\&\quad\cdot(V_{GE}-V_{Th})^2=\frac{1}{2\sqrt{2}}\sqrt{\varepsilon_0\varepsilon_s/(qN_DV_{CE})}\mu_{ns}C_{ox}Z/L_{Ch}(V_{GE}-V_{Th})^2\end{aligned}$$

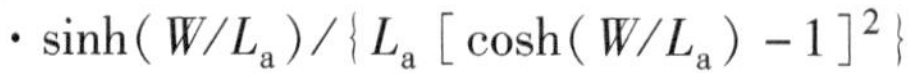

$$\cdot\sinh(W/L_a)/\{L_a[\cosh(W/L_a)-1]^2\}$$

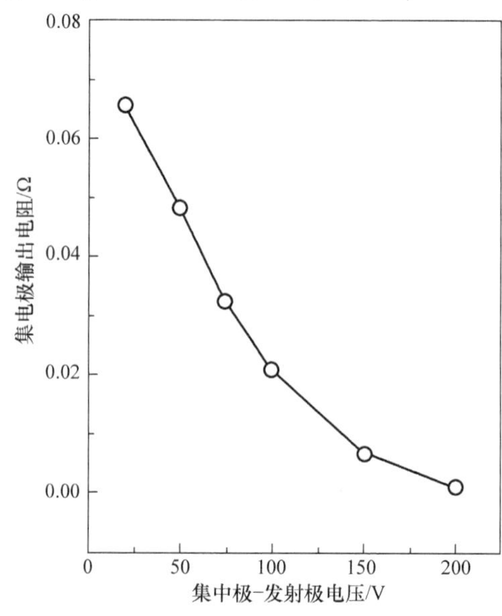

图E5.6.1 IGBT集电极输出电阻与集电极－发射极电压的关系

现在，在 $V_{CE}=20V$ 时，耗尽层深度为 20.847μm，未耗尽基区宽度 W 为 34.153μm 而 $W/L_a=34.153/30=1.138$。应用式（5.32），得到

$$r_c^{-1}=1/(2\times1.414)\sqrt{8.854\times10^{-14}\times11.9/(8\times1.6\times10^{-19}\times1.54\times10^{14}\times20)}$$
$$\times500\times3.45306\times10^{-8}\times333.3\times(20-4)^2\times\sinh(1.138)/$$
$$\{2\times10^{-4}\times30\times10^{-4}\times[\cosh(1.138)-1]^2\}=15.2228/\Omega$$

因此 $r_c=6.569\times10^{-2}\Omega$。假设注入效率为 1，电流增益 $=1/\cosh(W/L_a)=1/\cosh1.138=0.581$。对于其他 V_{CE} 值，遵循完全相同的系列步骤重新计算上述参数。这些计算的结果见表 E5.6.1，集电极输出电阻的依赖关系如图 E5.6.1 所示。

表 E5.6.1 不同集电极－发射极电压下 IGBT 中 PNP 晶体管的电流增益和集电极输出电阻

序列号	V_{CE}/V	耗尽层宽度 W_d/μm	未耗尽基区宽度 $W=(50-3-W_d)$/μm	W/L_a	r_c/Ω	α_{PNP}
1	20	12.85	34.15	1.138	6.569×10^{-2}	0.581
2	50	20.53	26.47	0.882	4.82×10^{-2}	0.7066
3	75	25.33	21.67	0.7223	3.236×10^{-2}	0.7859
4	100	29.14	17.86	0.595	2.09×10^{-2}	0.8457
5	150	35.73	11.27	0.376	6.433×10^{-3}	0.933
6	200	41.28	5.72	0.191	9.683×10^{-4}	0.982

5.3 包含器件－电路相互作用的 IGBT 的双极型晶体管－DMOSFET 模型

在该模型[6-10]中，分析 IGBT 的稳态和瞬态工作，将其视为一个电路器件。分析模型，混合模式器件电路仿真或电路仿真器的网络模型用于研究 IGBT 在电源电路中的电学行为。

5.3.1 稳态正向传导状态

（1）用于分析的双极型载流子传输方程和坐标系统 IGBT 中的 BJT 是一个轻掺杂、宽基区、低增益器件，在适用于实际电流密度的高注入水平条件下工作。因此，对于稳态和瞬态分析，双极型传输方程用于描述载流子的传输。电子电流 I_n 和空穴电流 I_h 表示为（附录 5.2）

$$I_n=\frac{b}{1+b}I_{CEI}+qAD_a\frac{\partial p}{\partial x} \tag{5.33}$$

和

$$I_h=\frac{b}{1+b}I_{CEI}+qAD_a\frac{\partial p}{\partial x} \tag{5.34}$$

式中，b 为双极型迁移率比 $=\mu_n/\mu_p$；I_{CEI} 为集电极－发射极总电流；q 为电子电荷；A 为器件的有效区面积；D_a 为双极型扩散系数；p 为空穴浓度。时间相关的双极型扩散方程表示为（附录 5.3）

$$\frac{\partial^2\Delta p}{\partial x^2}=\frac{\Delta p}{L_a^2}+\frac{1}{D_a}\frac{\partial\Delta p}{\partial t} \tag{5.35}$$

式中，Δp 为过剩空穴浓度；L_a 为双极型扩散长度。

图5.5c显示了用于分析PNP型晶体管的矩形笛卡尔坐标系。该晶体管的发射区在 $x=0$ 处结束。其基区从 $x=0$ 延伸到 $x=d$，并且在给定的偏置电压下，未耗尽或准中性的基区宽度从 $x=0$ 延伸到 $x=W$。因此，I_n（W）描述了PNP型晶体管的基极电流，而 I_p（W）描述了其集电极电流。

（2）过剩载流子浓度 Δp（x）和基区过剩载流子电荷 Q_B 在正向工作期间，PNP型晶体管的反向偏置集电区－基区结上的耗尽层宽度 W_d 由式（5.36）给出

$$W_d=\sqrt{\frac{2\varepsilon_0\varepsilon_s(V_a+\phi_0)}{qN_D}} \tag{5.36}$$

式中，V_a 为施加的电压；ϕ_0 为内建电势；N_D 为 N^- 基区掺杂浓度。从式（4.11）中可以明显看出这个等式。准中性基区宽可以由式（5.37）给出

$$W=d-W_d \tag{5.37}$$

注意到在 $x=W$ 时，$\Delta p(x)=0$，并用 $\partial\Delta p(x)/\partial t=0$ 得到稳态双极型扩散方程（附录5.4）

$$\Delta p(x)=p_0\sinh\left(\frac{W-x}{L_a}\right)\Big/\sinh\left(\frac{W}{L_a}\right) \tag{5.38}$$

其中，在 $x=0$ 时，$p_0=\Delta p(x)$，即 p_0 = PNP型晶体管的发射区－基区结的基区边缘处的过剩载流子浓度。通过对基区过剩载流子浓度积分给出基区中总的过剩载流子 Q_B 为

$$\begin{aligned}
\int_0^W\Delta p(x)\mathrm{d}x &= \frac{Q_B}{qA}=\frac{p_0}{\sinh\left(\frac{W}{L_a}\right)}\int_0^W\sinh\left(\frac{W-x}{L_a}\right)\mathrm{d}x\\
&=\frac{p_0}{\sinh\left(\frac{W}{L_a}\right)}\int_0^W\left[\sinh\left(\frac{W}{L_a}\right)\cosh\left(\frac{x}{L_a}\right)-\cosh\left(\frac{W}{L_a}\right)\sinh\left(\frac{x}{L_a}\right)\right]\mathrm{d}x\\
&=\frac{p_0}{\sinh\left(\frac{W}{L_a}\right)}\left[\sinh\left(\frac{W}{L_a}\right)\sinh\left(\frac{x}{L_a}\right)\cdot\frac{1}{1/L_a}-\cosh\left(\frac{W}{L_a}\right)\cosh\left(\frac{x}{L_a}\right)\cdot\frac{1}{1/L_a}\right]_{x=0}^{x=W}\\
&=\frac{p_0L_a}{\sinh\left(\frac{W}{L_a}\right)}\left[-\cosh\left(\frac{W-x}{L_a}\right)\right]_0^W=\frac{p_0L_a}{\sinh\left(\frac{W}{L_a}\right)}\left[-1+\cosh\left(\frac{W}{L_a}\right)\right]\\
&=\frac{p_0L_a}{\sinh\left(\frac{W}{L_a}\right)}\left[\sinh^2\left(\frac{W}{2L_a}\right)-\cosh^2\left(\frac{W}{2L_a}\right)+\sinh^2\left(\frac{W}{2L_a}\right)+\cosh^2\left(\frac{W}{2L_a}\right)\right\}\\
&=\frac{p_0L_a\times2\sinh^2\left(\frac{W}{2L_a}\right)}{2\sinh\left(\frac{W}{2L_a}\right)\cosh\left(\frac{W}{2L_a}\right)}
\end{aligned}$$

其中，采用公式 $\sinh(A-B)=\sinh A\cosh B-\cosh A\sinh B$，$\cosh(A-B)=\cosh A\cosh B-\sinh A\sinh B$，$\int\sinh(au)\mathrm{d}u=(1/a)\cosh(au)$，$\sinh^2(A/2)+\cosh^2(A/2)=1$，$\cosh A=\sinh^2(A/2)-\cosh^2(A/2)$，$\sinh A=2\sinh(A/2)\cosh(A/2)$。

因此

$$Q_B = qp_0AL_a\tanh\left(\frac{W}{2L_a}\right) \tag{5.39}$$

该公式用于动态分析的初始条件。

(3) PNP型晶体管的基极和集电极电流 基于准平衡近似和在基区的高注入条件，注入发射区的电子电流可以简单表示为（附录5.5）

$$I_n\big|_{x=0} = I_s\left(\frac{p_0^2}{n_i^2}\right) \tag{5.40}$$

式中，I_s为发射极电子饱和电流。利用双极型输运方程［式（5.33）和式（5.34）］，$\Delta p(x)$的公式［式（5.38）］和I_n（$x=0$）［式（5.40）］，得到了PNP型晶体管的基极电流$I_n(x=W)$和集电极电流I_p（$x=W$）方程（附录5.5）

$$I_B = I_s\left(\frac{p_0^2}{n_i^2}\right) + \left(\frac{qp_0AD}{L_a}\right)\left[\coth\left(\frac{W}{L_a}\right) - \frac{1}{\sinh(W/L_a)}\right] \tag{5.41}$$

和

$$I_C = I_s\left(\frac{p_0^2}{bn_i^2}\right) + \left(\frac{qp_0AD}{L_a}\right)\left[\frac{\coth(W/L_a)}{b} + \frac{1}{\sinh(W/L_a)}\right] \tag{5.42}$$

IGBT的总集电极电流为$I_{CEI} = I_B + I_C$，这是瞬态分析的初始条件。

(4) PNP型晶体管的发射极－基极电压降 V_{EB} 它是三部分的总和：①高注入水平时该晶体管的发射区－基区结的电压降；②电导率调制的基区电阻压降；③基极上载流子分布产生的扩散电势，即

$$V_{EB} = \left(\frac{kT}{q}\right)\ln\left(\frac{p_0^2}{n_i^2}\right) + \frac{I_{CEI}W}{(1+1/b)\mu_n Aqn_{eff}} - \frac{D_a}{\mu_n}\ln\left(\frac{p_0+N_D}{N_D}\right) \tag{5.43}$$

式中，n_{eff} = 有效的低掺杂基区的掺杂浓度（附录5.6）

$$n_{eff} = \frac{W}{2L_a}\frac{\sqrt{N_D^2+p_0^2\,\mathrm{cosech}^2(W/L_a)}}{\tanh^{-1}\dfrac{\sqrt{N_D^2+p_0^2\,\mathrm{cosech}^2(W/L_a)}\tanh(W/2L_a)}{N_D+p_0\mathrm{cosech}(W/L_a)\tanh(W/2L_a)}} \tag{5.44}$$

例5.7 对于例5.2中描述的IGBT，应用式（5.43）求出发射极－基极电压V_{EB}。

通过式（5.10），$p_0 = [(100\times30\times10^{-4})/(2\times1.6\times10^{-19}\times1.43)][\sinh(43.67/30)/\cosh(43.67/30)] = 6.764\times10^{16}/\mathrm{cm}^3$。现在，式（5.43）的第一项是$0.0259\ln[(6.764\times10^{16})^2/(1.45\times10^{10})^2] = 0.7954\mathrm{V}$。第三项是$(18.34/1350)\ln[(6.764\times10^{16}+1.54\times10^{14})/(1.54\times10^{14})] = 0.082697\mathrm{V}$。第二项的估算需要确定$n_{eff}$。注意到$W/L_a = 43.67/30 = 1.456$和$W/(2L_a) = 43.67/60 = 0.7278$。所以，$n_{eff} = [0.7278\sqrt{(1.54\times10^{14})^2+(6.764\times10^{16})^2\times\mathrm{cosech}^2 1.456}]/\mathrm{arctanh}[\sqrt{(1.54\times10^{14})^2+(6.764\times10^{16})^2\times\mathrm{cosech}^2 1.456}\times\tanh 0.7278(1.54\times10^{14}+6.764\times10^{16}\cdot\tanh(0.7278)] = 8.42\times10^{15}/\mathrm{cm}^3$。所以，第二项$=100\times43.67\times10^{-4}/(1.33\times1350\times1.6\times10^{-19}\times8.42\times10^{15}) = 0.18054\mathrm{V}$。因此总电压降$V_{EB} = 0.7954+0.18054-0.082697 = 0.8932\mathrm{V}$。

（5）MOSFET 两端的漏源电压降 V_{DS}和 IGBT 的正向压降 V_{CEI} V_{CEI} = PNP 型晶体管的发射区 - 基区压降 V_{EB} + 该晶体管（KCB）上的集电区 - 基区压降 V_{CB}，或

$$V_{CEI} = V_{EB} + V_{CB} \tag{5.45}$$

电压 V_{CB}是 MOSFET 两端的漏源电压 V_{DS}。因为 $I_B = I_{MOSFET}$且 MOSFET 工作在线性区［见式（3.22）］，所以得到

$$V_{CB} = \frac{I_B}{K(V_{GS} - V_{Th})} \tag{5.46}$$

其中

$$K = C_{ox}\mu_{ns}\left(\frac{Z}{L_{Ch}}\right) \tag{5.47}$$

式中，C_{ox}为单位面积的氧化物电容；μ_{ns}为表面电子迁移率；Z 为沟道宽度；L_{Ch}为沟道长度。因此，假设 $V_{CB} = 0$，IGBT 导通态电压 V_{CEI}可以根据集电极 - 发射极电流 $I_{CEI} = I_B + I_C$和栅极电压 $V_{GEI} = V_{GS}$明确表示。V_{CEI}的公式是研究开关瞬态的另一个初始条件。

5.3.2 IGBT 的动态模型及其开关行为

将栅极 - 发射极电压 V_{GEI}降低到阈值以下会关断 IGBT。于是，MOSFET 沟道消失，而提供给 PNP 型晶体管的基极电流 I_B停止，即 I_B变为零。PNP 型晶体管的集电极电流 I_C通过基极开路的双极型晶体管中的载流子衰减而开始下降。基区过剩载流子电荷 Q 和 IGBT 集电极电压 V_{CI}都是时变量。在序列中，时变量将由素数标记，以将它们与稳态参数区分开。

图 5.6 描述了与 IGBT 相关的主要电容，符号解释如下。对于 PNP 型晶体管，C_{CER}是集电区 - 发射区分布电容

$$C_{CER} = \frac{W^2}{W_{eff}^2}\frac{C_{BCJ}Q}{3qAWN_{sc}} \tag{5.48}$$

式中，W_{eff}为基区传输的有效宽度；N_{sc}为集电区 - 基区的空间电荷浓度。C_{EBJ}和 C_{EBD}是发极区 - 基区结电容和扩散电容；R_B为 PNP 型晶体管的电导率调制的基区电阻，由式（5.49）给出

$$R_B = \frac{W}{(1+1/b)\mu_n Aqn_{eff}} \tag{5.49}$$

对于 VDMOSFET，C_{GDJ}是栅漏交叠耗尽电容

$$C_{GDJ} = \frac{\varepsilon_0\varepsilon_s A_{GD}}{W_{GDJ}} \tag{5.50}$$

C_{DSJ}是漏源交叠耗尽电容

$$C_{DSJ} = \frac{\varepsilon_0\varepsilon_s(A - A_{GD})}{W_{DSJ}} \tag{5.51}$$

式中，C_{OXS}为源极交叠的栅极氧化物电容；C_M为源极金属化电容，C_{OXS}和 C_M是栅 - 源电容 C_{GS}的主要组成部分；C_{OXD}为漏极交叠的栅极氧化物电容，是栅 - 漏电容 C_{GD}的主要部分。

值得注意的是，在瞬态条件下，准静态（QS）近似对 IGBT 无效。尽管在 PNP 型晶体

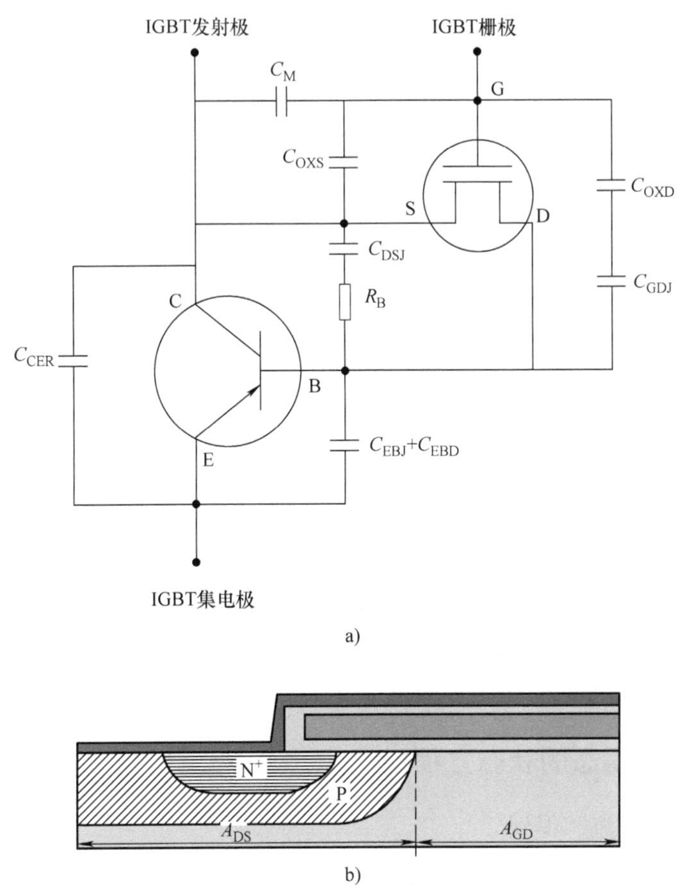

图5.6 a）动态IGBT模型的双极和MOSFET元件 b）IGBT截面的一部分，显示 A_{DS} 和 A_{GD} 所涵盖的区域

管的基区中电荷变化率不是很快，但事实却是如此，违反准静态近似是源于电子和空穴电流在瞬态和稳态时边界条件的差异。因此，在这些状态之间，过剩载流子分布的形状以及电流和基区总过剩载流子电荷之间的关系不同。这与准静态近似中的假设相矛盾，即在瞬态和稳态期间，基区中的电流和总过剩载流子电荷之间的关系保持不变。总集电极电流 I_C 的低增益、高注入条件而产生的不相似性是由于电子和空穴传输的耦合引起的，使得两者都不能被独立地处理。在这些条件下，电子和空穴浓度的大小几乎相等。从PNP型晶体管基区的集电区一侧流向发射区的电子和从发射区向基区的集电区一侧移动的空穴之间发生相互作用。由于耦合效应，所收集的空穴电流在从MOSFET电子电流中退出时发生改变。然而，这种耦合对于高增益或低注入水平情况是不利的。此外，在常见的负载情况下，在IGBT的集电极－发射极电压的转变期间，PNP型晶体管的集电区－基区结上的耗尽层宽度以比通过基区的过剩载流子的渡越时间更快的速率变化。因此，准中性基区宽度的变化率比基区渡越速度更快，这就需要大部分电流进入变化的基区宽度，进行载流子的重新分布。

集电区－基区耗尽宽度随时间衰减，导致准中性基区宽度的瞬时变化。准中性基区宽度

随时间的变化率用集电极－基极电压的时间变化率表示为

$$\frac{\mathrm{d}W}{\mathrm{d}t}=-\frac{C_{\mathrm{D}}}{qN_{\mathrm{D}}A}\frac{\mathrm{d}V_{\mathrm{BC}}}{\mathrm{d}t} \tag{5.52}$$

式中，$C_{\mathrm{D}}=\varepsilon_0\varepsilon_{\mathrm{s}}A/W_{\mathrm{d}}$为瞬时集电区－基区耗尽电容。因此，基区过剩载流子电荷 Q 被赶到一个准中性基区，该区域随着电压的增加而收缩。这意味着必须针对移动的准中性基区宽度边界条件求解双极型扩散方程，从而得到方程

$$\Delta p'(x)=p'_0(x)\left(1-\frac{x}{W'}\right)-\left(\frac{p'_0}{W'D_{\mathrm{a}}}\right)\left(\frac{x^2}{2}-\frac{W'x}{6}-\frac{x^3}{3W'}\right)\frac{\mathrm{d}W'}{\mathrm{d}t} \tag{5.53}$$

通过基区对该方程积分得到瞬态条件下的总的基区电荷为 $Q'=qp_0AW'/2$，并给出在 $x=W'$处的瞬态集电极电流为

$$I'_{\mathrm{p}}(W')=\left(\frac{1}{1+b}\right)I'_{\mathrm{CEI}}+\left(\frac{1}{1+b}\right)\frac{4D_{\mathrm{p}}Q'}{W'^2}-\frac{Q'}{3W'}\frac{\mathrm{d}W'}{\mathrm{d}t} \tag{5.54}$$

下面给出了该公式中三个项的物理解释：第一项是非准静态项，表示 IGBT 的集电极电流随电子和空穴传输耦合引起的瞬时总电流的变化；因为第二项与剩余基区电荷和施加的集电极－基极电压有关，所以它是电流的电荷控制分量；第三项中性基区宽度边界随边界条件移动，导致载流子重新分布。

5.3.3 IGBT 关断瞬态的状态方程

对于零 MOSFET 电流，得到

$$I_{\mathrm{n}}\big|_{x=W}=C_{\mathrm{BCJ}}\frac{\mathrm{d}V_{\mathrm{BC}}}{\mathrm{d}t} \tag{5.55}$$

由于在 $x=W$ 处的总电流是电子和空穴电流的总和，所以有

$$C'_{\mathrm{BCJ}}\left(\frac{\mathrm{d}V'_{\mathrm{BC}}}{\mathrm{d}t}\right)=I'_{\mathrm{CEI}}-I'_{\mathrm{p}}(W') \tag{5.56}$$

此外，由于基区过剩载流子电荷通过基区中的复合和电子电流注入发射区而衰减，因此

$$\frac{\mathrm{d}Q'}{\mathrm{d}t}=-\frac{Q'}{\tau_{\mathrm{HL}}}-I_{\mathrm{s}}\left(\frac{p'^2_0}{n_{\mathrm{i}}^2}\right) \tag{5.57}$$

利用这些方程，可以获得 I_{CEI}，Q 和 V_{BC}的瞬时值 $\mathrm{d}V_{\mathrm{BC}}/\mathrm{d}t$ 和 $\mathrm{d}Q_{\mathrm{B}}/\mathrm{d}t$。分析得出非准静态电压状态和电荷状态方程如下：

$$\frac{\mathrm{d}V'_{\mathrm{BC}}}{\mathrm{d}t}=\frac{I'_{\mathrm{CEI}}-\dfrac{4D_{\mathrm{p}}Q'}{W'^2}}{C'_{\mathrm{BCJ}}(1+1/b)\left(1+\dfrac{Q'}{3qAN_{\mathrm{D}}W'}\right)} \tag{5.58}$$

和

$$\frac{\mathrm{d}Q'}{\mathrm{d}t}=-\frac{Q'}{\tau_{\mathrm{HL}}}-\frac{4Q'I_{\mathrm{s}}}{W'^2A^2q^2n_{\mathrm{i}}^2} \tag{5.59}$$

注 1　为了得到式（5.59），在基区从 $x=0$ 到 $x=W$ 对式（5.53）进行积分，记住对于

恒定的集电极电压，式（5.53）中的第二项为零。根据基区总的过剩载流子电荷 Q'，给出了 p'_0

$$\int_0^{W'} \Delta p' \mathrm{d}x = \frac{Q'}{qA} = p'_0 \int_0^{W'} \mathrm{d}x - \frac{p'_0}{W'} \int_0^{W'} x \mathrm{d}x = p'_0 W' - \frac{p'_0}{W'} \left[\frac{x^2}{2} \right]_0^{W'}$$

$$= p'_0 W' - \frac{p'_0}{W'} \cdot \frac{W'^2}{2} = \frac{1}{2} p'_0 W'$$

因此

$$p'_0 = \frac{2Q'}{qAW'}$$

在式（5.57）中代入 p'_0，得到式（5.59）

$$\frac{\mathrm{d}Q'}{\mathrm{d}t} = -\frac{Q'}{\tau_{\mathrm{HL}}} - I_{\mathrm{s}} \left(\frac{2Q}{qAW'} \right)^2 \left(\frac{1}{n_{\mathrm{i}}^2} \right) = -\frac{Q'}{\tau_{\mathrm{HL}}} - \frac{4Q'I_{\mathrm{s}}}{W'^2 A^2 q^2 n_{\mathrm{i}}^2}$$

注2 为了得到式（5.58），首先对式（5.53）微分，给出

$$\frac{\mathrm{d}}{\mathrm{d}x}[\Delta p'(x)] = p'_0 \left(0 - \frac{1}{W'} \right) - \left(\frac{p'_0}{W' D_{\mathrm{a}}} \right) \left(\frac{2x}{2} - \frac{W'}{6} - \frac{3x^2}{3W'} \right) \frac{\mathrm{d}W'}{\mathrm{d}t}$$

在 $x = W'$ 处

$$\frac{\mathrm{d}}{\mathrm{d}x}[\Delta p'(x)] \bigg|_{x=W'} = -\frac{p'_0}{W'} - \left(\frac{p'_0}{W' D_{\mathrm{a}}} \right) \left(\frac{2W'}{2} - \frac{W'}{6} - \frac{3W'^2}{3W'} \right) \frac{\mathrm{d}W'}{\mathrm{d}t}$$

$$= -\frac{p'_0}{W'} - \left(\frac{p'_0}{W' D_{\mathrm{a}}} \right) \left(W' - \frac{W'}{6} - W' \right) \frac{\mathrm{d}W'}{\mathrm{d}t}$$

$$= -\frac{p'_0}{W'} + \left(\frac{p'_0}{6D_{\mathrm{a}}} \right) \frac{\mathrm{d}W'}{\mathrm{d}t} = -\frac{\frac{2Q'}{qAW'}}{W'} \left(\frac{\frac{2Q'}{qAW'}}{6D_{\mathrm{a}}} \right) \frac{\mathrm{d}W'}{\mathrm{d}t}$$

$$= -\frac{2Q'}{qAW'^2} + \frac{Q'}{3qAD_{\mathrm{a}} W'} \frac{\mathrm{d}W'}{\mathrm{d}t}$$

将 $(\mathrm{d}/\mathrm{d}x)[\Delta p'(x)]$ 代入式（5.34），有

$$I_{\mathrm{h}} = \frac{1}{1+b} I_{\mathrm{CEI}} - qAD_{\mathrm{a}} \left(-\frac{2Q'}{qAW'^2} + \frac{Q'}{3qAD_{\mathrm{a}} W'} \frac{\mathrm{d}W'}{\mathrm{d}t} \right)$$

$$= \frac{1}{1+b} I_{\mathrm{CEI}} + 2\frac{D_{\mathrm{a}} Q'}{W'^2} - \frac{Q'}{3W'} \cdot \frac{\mathrm{d}W'}{\mathrm{d}t}$$

双极型扩散系数为

$$D_{\mathrm{a}} = \frac{2D_{\mathrm{n}} D_{\mathrm{p}}}{D_{\mathrm{n}} + D_{\mathrm{p}}}$$

从而得到

$$\frac{D_{\mathrm{a}}}{D_{\mathrm{p}}} = \frac{2D_{\mathrm{n}}}{D_{\mathrm{n}} + D_{\mathrm{p}}} = \frac{2}{1 + \frac{D_{\mathrm{p}}}{D_{\mathrm{n}}}} = 2\frac{1}{1 + \frac{1}{b}} = 2\frac{b}{1+b} \quad \text{或} \quad D_{\mathrm{a}} = 2\frac{b}{1+b} D_{\mathrm{p}}$$

将 D_a代入 I_h的方程并注意到 $I_h=I_p'(W')$，得到式（5.54）

$$I_p'(W')=I_h=\frac{1}{1+b}I_{CEI}+2\frac{2\frac{b}{1+b}Q'}{W'^2}-\frac{Q'}{3W'}\cdot\frac{dW'}{dt}$$

$$=\frac{1}{1+b}I_{CEI}+\left(\frac{b}{1+b}\right)\frac{4D_pQ'}{W'^2}-\frac{Q'}{3W'}\cdot\frac{dW'}{dt}$$

将 $I_p'(W')$ 代入式（5.56），得到

$$C'_{BCJ}\left(\frac{dV'_{BC}}{dt}\right)=I'_{CEI}-\frac{1}{1+b}I_{CEI}-\left(\frac{b}{1+b}\right)\frac{4D_pQ'}{W'^2}+\frac{Q'}{3W'}\cdot\frac{dW'}{dt}$$

$$=\frac{1}{1+b}I'_{CEI}-\left(\frac{b}{1+b}\right)\frac{4D_pQ'}{W'^2}+\frac{Q'}{3W'}\cdot\frac{dW'}{dt}$$

采用式（5.52），dW'/dt 可以用 dV_{BC}/dt 表示并代入 $C_D=C'_{BCJ}$

$$C'_{BCJ}\left(\frac{dV'_{BC}}{dt}\right)+\frac{1}{1+b}I'_{CEI}-\left(\frac{b}{1+b}\right)\frac{4D_pQ'}{W'^2}-\frac{Q'}{3W'}\cdot\frac{C_{BCJ}}{qN_DA}\cdot\frac{dV'_{BC}}{dt}$$

或

$$C'_{BCJ}\left(\frac{dV'_{BC}}{dt}\right)+\frac{Q'}{3W'}\cdot\frac{C'_{BCJ}}{qN_DA}\cdot\frac{dV'_{BC}}{dt}=\frac{1}{1+b}I'_{CEI}-\left(\frac{b}{1+b}\right)\frac{4D_pQ'}{W'^2}$$

$$=\frac{1}{1+\frac{1}{b}}\left(I'_{CEI}-\frac{4D_pQ'}{W'^2}\right)$$

dV'_{BC}/dt 可以表示为

$$\frac{dV'_{BC}}{dt}=\frac{I'_{CEI}-\frac{4D_pQ'}{W'^2}}{C'_{BCJ}\left(\frac{b}{1+b}\right)\left(1+\frac{Q'}{3qAN_DW'}\right)}$$

即式（5.58）。

图5.7所示为串联电阻－电感负载开关分析电路的原理图。在这个电路中，I_{CEI}是总的集电极－发射极电流，R是串联负载电阻，LL是串联负载电感，V_{AA}是集电极电源电压。这个电路的状态方程为

$$\frac{dI'_{CEI}}{dt}=\frac{1}{L}(V_{AA}-I'_{CEI}R-V'_A) \tag{5.60}$$

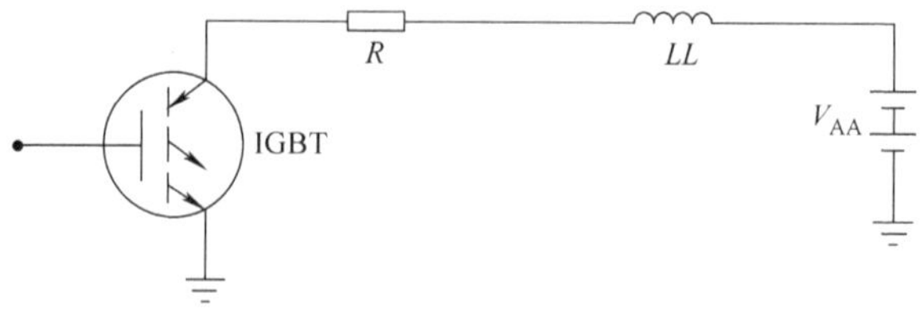

图5.7　串联电阻－电感负载开关分析电路

式中，V_A为器件集电极电压≈用于高压工作的V_{BC}（双极型晶体管施加的集电极 - 基极电压）。通过将上述等式与IGBT状态方程式（5.58）和式（5.59）同时积分，导出电流和电压的关断波形[9]。初始条件通过稳态分析得到。使用特定R值和基区寿命，计算不同电感值时的关断电压波形。与实测波形比较表明，该模型较好地描述了一般开关条件下的瞬态波形。进一步的细节可以在本章参考文献［9］中找到。

5.3.4 电感负载关断期间 dV/dt 的简化模型

上述模型是再分布和位移电容的复函数，不易于计算，现在已经提出了一种简单的模型[11-13]用于预测IGBT在电流边界相位期间的dV/dt，其中器件承载全额定电流并且其上的电压上升到总线电压。图5.8所示为对于不同寿命，电感负载的IGBT关断期间电流边界相位的电压波形。对于非对称IGBT结构，瞬态期间的载波分布近似为线性分布

$$p(W_d)=p_0\left(1-\frac{W_d}{d}\right) \tag{5.61}$$

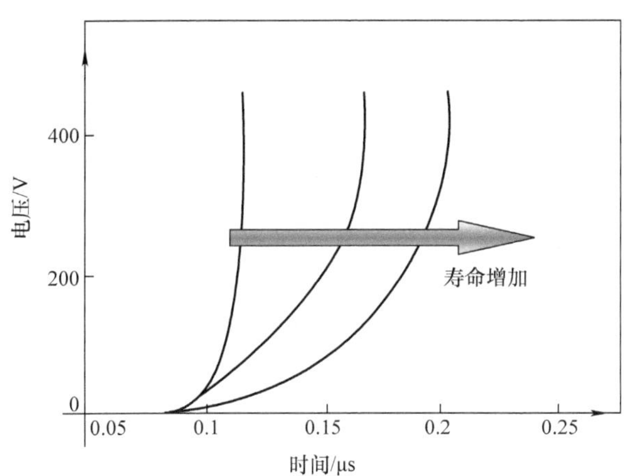

图5.8 在电流边界相位期间IGBT的典型关断波形

式中，p（W_d）为耗尽层边缘处漂移区中的电荷；p_0为初始稳态载流子分布；W_d为耗尽层的宽度；d为漂移区厚度。随着耗尽边界延伸以支持电压，漂移区中存在的过剩载流子被扫出，从而产生电流

$$I_T=qAp(W_d)\left(\frac{dW_d}{dt}\right) \tag{5.62}$$

式中，dW_d/dt为耗尽边界的移动速率。它以耗尽层所支持的电压表示为

$$\frac{dW_d}{dt}=\sqrt{\frac{\varepsilon_0\varepsilon_s}{2qN_DV(t)}}\left(\frac{dV}{dt}\right) \tag{5.63}$$

式中，N_D为漂移区的掺杂密度；V（t）为在t时刻耗尽层上的电压。结合式（5.62）和式（5.63），有

$$\frac{dV}{dt}=\frac{J_T}{qp(W_d)}\sqrt{\frac{2qN_DV(t)}{\varepsilon_0\varepsilon_s}} \tag{5.64}$$

借助式（5.61），简化为方程

$$\frac{\mathrm{d}V}{\mathrm{d}t}=\frac{J_{\mathrm{T}}N_{\mathrm{D}}d}{\varepsilon_0\varepsilon_{\mathrm{s}}p_0} \tag{5.65}$$

式（5.65）表明在电流边界相位期间，电压随时间的变化是线性的。很容易看出 dV/dt 随着寿命而变化，因为 p_0 与寿命有关，如图 5.8 所示。

例 5.8 在 IGBT 中，N^- 型漂移区的掺杂浓度为 $1\times10^{14}/\mathrm{cm}^3$，其厚度为 50μm。P 型基区结深度为 3μm，耗尽层向漂移区延伸了 3μm。工作电流密度为 $300\mathrm{A/cm}^2$。对于双极型寿命值为 2μs，5μs 和 10μs 时，确定电感负载关断期间的电压 - 时间波形。

表 E5.8.1 关断电压随时间的变化

序号	时间/μs	τ_a =2μs 时的电压	τ_a =5μs 时的电压	τ_a =10μs 时的电压
1	0	0	0	0
2	0.05	22.06	20.21	19.58
3	0.1	44.11	40.41	39.15
4	0.15	66.17	60.62	58.73
5	0.2	88.23	80.83	78.3
6	0.25	110.28	101.03	97.88
7	0.3	132.34	121.24	117.45
8	0.35	154.4	141.44	137.03
9	0.5	220.57	202.1	195.8
10	0.75	330.85	303.1	293.63
11	1.0	441.13	404.13	391.51

对于 $\tau_a=2\mu\mathrm{s}$, $L_a=\sqrt{18.34\times2\times10^{-6}}=6.0564\times10^{-3}\mathrm{cm}$。在 P^+ 衬底和 N^- 漂移区之间的结处的 N^- 漂移区中的空穴浓度为 $p_0=300\times6.0564\times10^{-3}/(2\times1.6\times10^{-19}\times12.43)\{\sinh[(50-3-3)\times10^{-4}/(6.0564\times10^{-3})]\}/\{\cosh[(50-3-3)\times10^{-4}/(6.0564\times10^{-3})]\}=2.84\times10^{17}/\mathrm{cm}^3$。对于 $\tau_a=5\mu\mathrm{s}$，以完全相同的方式得到 $L_a=9.576\times10^{-3}\mathrm{cm}$ 和 $p_0=3.1\times10^{17}/\mathrm{cm}^3$。对于 $\tau_a=10\mu\mathrm{s}$，得到 $L_a=0.01354\mathrm{cm}$，并且 $p_0=3.2\times10^{17}/\mathrm{cm}^3$。现在，对于 $\tau_a=2\mu\mathrm{s}$，得到 $\mathrm{d}V/\mathrm{d}t=300\times1\times10^{14}\times44\times10^{-4}/(8.854\times10^{-14}\times11.9\times2.84\times10^{17}\times1\times10^6)\mathrm{V}/\mu\mathrm{s}=441.13\mathrm{V}/\mu\mathrm{s}$。同样地，对于 $\tau_a=5\mu\mathrm{s}$，得到 $\mathrm{d}V/\mathrm{d}t=404.13\mathrm{V}/\mu\mathrm{s}$，并且对于 $\tau_a=10\mu\mathrm{s}$，得到 $\mathrm{d}V/\mathrm{d}t=391.51\mathrm{V}/\mu\mathrm{s}$。不同时刻计算的电压值列于表 E5.8.1，并绘制在图 E5.8.1 中。

提出的一维非准静态分析模型[12]描述了在 N^- 基区中存储的电子 - 空穴等离子体的准平稳条件下，具有钳位电感负载的斩波电路中驱动的非穿通 IGBT（NPT - IGBT）的关断特性（见图 5.9）。通过求解双极型扩散方程和双极型电流方程来分析关断的过程，忽略复合效应，因为所观察的时间间隔仅为 N^- 基区中载流子寿命的百分之几，所以通过积分方法求解双极型扩散方程。在载流子浓度随时间快速变化的准中性基区中，载流子分布表示为具有时间相关系数的空间变量的 n 次多项式。这些区域被称为边界层，而系数通过应用电荷守恒原理和在 N^- 基区的剩余准中性部分中载流子分布的物理考虑，在边界层上对扩散方程进行积分得到。在关断的起始阶段，由于场驱动电流的作用，栅极附近的积累层消失。这个场驱动电流叠加在由负载电流引起的电流分量上。附加电流从半导体表面抽取电子并向其传输空

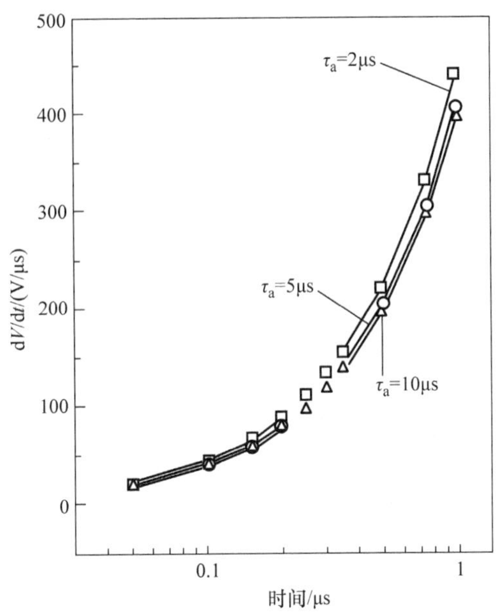

图 E5.8.1　计算出的电感负载关断的 dV/dt 时间波形

穴。在该抽取阶段，集电极 - 发射极电流保持恒定，但集电极 - 发射极电压上升。在这个时域之后，尾部阶段开始，集电极 - 发射极电流衰减而负载电流越来越强地通过二极管。离开 N^- 基区的电子从集电区空间电荷区域的边界移除，其随着集电极 - 发射极电压的升高而扩展。准中性 N^- 基区分为两部分，即发生载流子抽取的层和载流子浓度保持恒定的层。在抽取阶段和早期尾部阶段，导出载流子分布的解析表达式，获得了 IGBT 的集电极 - 发射极电压和抽取阶段的功耗的瞬态依赖性，证明了电流衰减主要是由于载流子从集电区的耗尽区的边界退出引起的，并且在早期尾部阶段中的集电极 - 发射极电流主要由电子流引起。

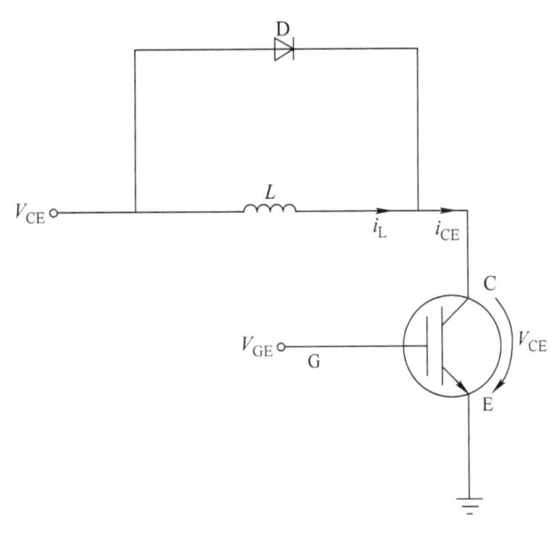

图 5.9　具有钳位电感负载的 IGBT 斩波电路

考虑到电感负载作用期间的抽取阶段（见图 5.10a），集电极 - 发射极电流保持在恒定值 $i_{CE}=i_L$，因为通过二极管的位移电流可忽略不计。此外，P^+ 集电区/N^- 基区结处的电子和空穴电流之间的比例保持不变。同时，没有了 v_{GE}，导致了 IGBT 的 MOS 部分电子支持的缺失。最终结果是离开 N^- 基区的电子被从集电区 - 发射区耗尽区的边界中抽取出来。伴随着耗尽区的扩大，引起集电极 - 发射极电压 v_{CE} 的上升。如图 5.10a 所示，N^- 基区的准中性部分被分为两部分，即进行载流子抽取的边界层 $\varepsilon(t)$，以及载流子分布保持不变的其余部分。符号 $y_0(t)$ 表示在时间 $t>0$ 时耗尽区 DR 的位置；y_{0T} 是其在抽取阶段结束，即 $t=t_{T0}$ 时的位置；p_ε表示边界层中的载流子分布。虚线$[p_0+s_0(y-w)]$表示对于$y<y_0(t)+\varepsilon(t)$，在$t=0$时的初始载流子分布。s_0的方程为[12]

$$s_0=\left.\frac{\partial p_\varepsilon}{\partial y}\right|_{y_0(t)+\varepsilon(t)} \tag{5.66}$$

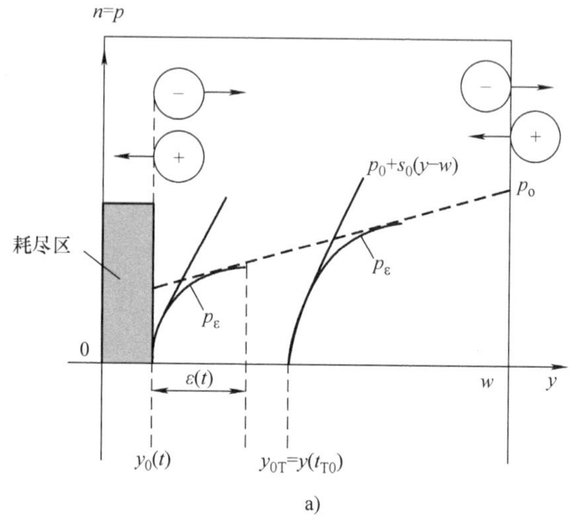

a)

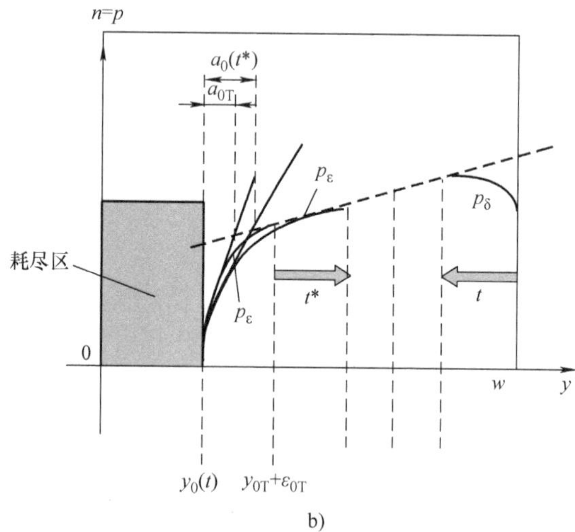

b)

图5.10　IGBT的N^-基区中的载流子分布和边界层

a）抽取阶段　b）早期尾部阶段

符号：$\varepsilon(t)$＝N型基区的准中性部分的边界层，载流子被除去；$\varepsilon(t*)$和$\delta(t*)$＝边界层；p_ε＝在$\varepsilon(t)$层载流子的分布；$p_0+s_0(y-w)$＝对$y<y_0(t)+\varepsilon(t)$在$t=0$时的初始载流子分布；$y_0(t)$＝在$t=0$时耗尽区的位置；y_{0T}＝在$t=t_{T0}$瞬间耗尽区的位置；t_{T0}＝早期尾部阶段开始的瞬间；t^*＝时间尺度（$t^*=t-t_{T0}$）

该公式由位于$y(t)+\varepsilon(t)$处载流子分布连续性的要求以及相对于y的导数的存在产生。它是在$t>0$时，$y\geqslant y_0(t)+\varepsilon(t)$区域不受载流子抽取影响的准中性基区中的实际载流子分布。因此，参数 $y_0(t)$，$\varepsilon(t)$ 和 $p_\varepsilon(t)$ 描述了抽取阶段中的器件行为。假设初始电压降 v_{CE} 为零，则电压降随时间的关系可以表示为

$$v_{CE}(t)=\frac{qN_D^* y_0^2(t)}{2\varepsilon_0\varepsilon_s} \tag{5.67}$$

式中，qN_D^* 为耗尽区 DR 中的电荷密度，由本身的掺杂浓度 N_D 和传输电流密度 j_0 的空穴浓度组成，因此

$$N_D^*=N_D-\frac{j_0}{qv_{psat}} \tag{5.68}$$

式中，v_{psat} 为空穴饱和速度。

在随后的尾部开始阶段（见图 5.10b），从时间 $t=t_{T0}$ 或在时间尺度 $t^*=t-t_{T0}$ 的 $t^*=0$ 开始，当迫使更多的负载电流通过二极管时，集电极－发射极电流 i_{CE} 有一个急剧的衰减，但电压 v_{CE} 是恒定的。IGBT 的行为由两种现象的同时作用决定：①集电极－发射极电流密度 $j_{CE}(t^*)$ 的衰减，主要受耗尽区 DR 边界处的载流子抽取的影响。②集电区上电子和空穴电流的时变比例，与从 N^- 基区/P^+ 集电区结附近的 N^- 基区中抽取载流子有关。因此，两个边界层 $\varepsilon(t^*)$ 和 $\delta_\varepsilon(t^*)$ 随着 t^* 的增加而彼此接近，直到它们最终彼此合并，如图 5.10b 所示。

通过简单的公式描述了早期尾部阶段中电流 $j_{CE}(t^*)$ 的急剧衰减

$$\frac{j_0(t^*)}{2qD_p s_0}=\frac{j_0/(2qD_p s_0)}{\varepsilon(t^*)/\varepsilon_{0T}}-1 \tag{5.69}$$

其中

$$\varepsilon(t^*)/\varepsilon_{0T}=\sqrt{1+3.33\frac{b}{1+b}\frac{t}{a_{0T}^2/2D_p}} \tag{5.70}$$

分析集电区的电子，空穴和总电流密度的瞬态变化表明在早期尾部阶段，传输电流的主要是电子。此外，在早期尾部阶段，有可能从 P^+ 集电极上的 N^- 基区中抽取空穴，产生一个正的空穴电流密度。从集电区－发射区的耗尽区 DR 内的电场方向，电子电流密度在 DR 的边界处变为零。因此，电子可以在 N^- 基区和 P^+ 集电区之间的冶金结处离开 N^- 基区，从而产生与时间相关的电子电流密度。另一方面，作为纯空穴电流在集电区－发射区 DR 边界处流动的总电流密度 j 主要从 N^- 基区抽取空穴。如果空穴抽取与电子抽取不同，则空穴电流必须流过上述冶金结以保持准中性。该空穴电流的符号由结处的 j_n/j_p 比例确定。在早期尾部阶段，在冶金结处确实发生空穴的提取，而对于较大的时间间隔 t^*，集电极－发射极电流越来越多地通过空穴传导。

5.3.5 IGBT 的动态电热模型

该模型[14-23]包含四个端，即三个电学端和一个热学端（见图 5.11）。电学端连接到电学网络的组件模型，类似地，热学端连接到热学网络组件模型。电学模型是一个与温度有关的模型，它根据当时的 IGBT 芯片表面温度计算瞬时的器件参数，它基于 IGBT 模型参数的

温度依赖性以及 Si 随温度变化的特性。热模型确定热网络中温度分布的演变，从而计算提供给电学模型的瞬时 Si 表面温度值。以这种方式，考虑电热相互作用的动力学。这些仿真描述了 IGBT 芯片表面温度和器件加热时电学特性的变化。

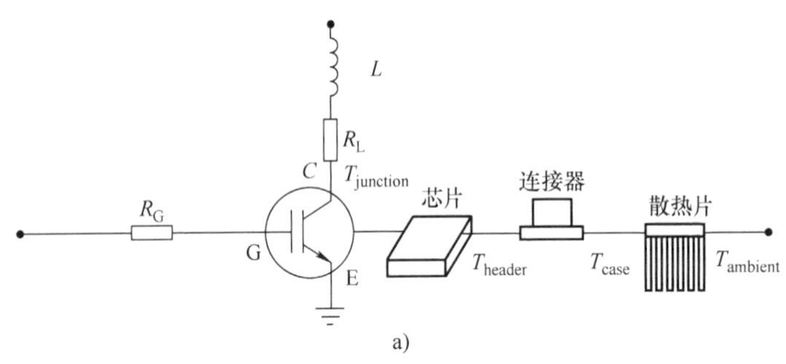

a)

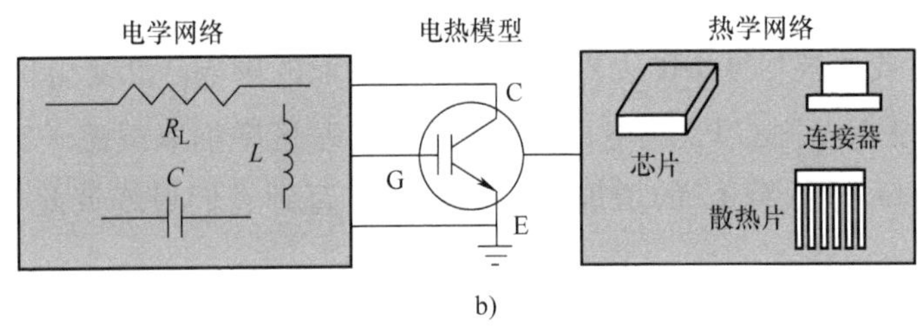

b)

图 5.11　通过 IGBT 的电热模型实现电学网络和热学网络的相互作用

从热扩散方程出发，利用元件的几何形状、材料特性等，得到热网络元件的模型。为了确定介质中的热场（即温度分布），矩形笛卡尔坐标系中的热扩散方程表示为[24]

$$\frac{\partial}{\partial x}\left(k\frac{\partial T}{\partial x}\right)+\frac{\partial}{\partial y}\left(k\frac{\partial T}{\partial y}\right)+\frac{\partial}{\partial z}\left(k\frac{\partial T}{\partial z}\right)+\dot{q}=\rho c_{\mathrm{p}}\frac{\partial T}{\partial t} \tag{5.71}$$

式中，k 为由 $k(T)=1.5486\ (300/T)^{4/3}$ 给出的 Si 的热导率；q 为单位体积介质的能量产生率，单位为 $\mathrm{W/m^3}$；ρ 为介质的质量密度；c_{p} 为其比热。乘积 ρc_{p} ［单位为 $\mathrm{J/(m^3\cdot K)}$］是材料储存热能能力的指标，它被称为体积热容。

热扩散方程是能量守恒定律的表述。图 5.12 所示为用于传导分析的微分控制体积 $\mathrm{d}x\mathrm{d}y\mathrm{d}z$。传导速率 q_{x}，q_{y} 和 q_{z} 是在 x，y 和 z 坐标位置垂直于控制表面的导热率。$(\partial/\partial y)[k(\partial T/\partial y)]$ = 进入 y 坐标的控制体积的总传导热通量。因此

$$\frac{\partial}{\partial y}\left(k\frac{\partial T}{\partial y}\right)\mathrm{d}y=q''_{\mathrm{y}}-q''_{\mathrm{y+dy}} \tag{5.72}$$

式中，q''为热通量。根据这种解释，可以如下阐述热扩散方程：在介质中的任何一点，通过传导进入单位体积的能量传递速率以及体积热产生率等于储存在体积内的热能变化率。

半导体器件中产生的热量主要来自电场 E 和电流密度 J 的标量积。在 IGBT 中，功耗由三部分组成：

① 在电导率调制的基区电阻 R_{B} 和发射区 - 基区的耗尽区通过载流子 - 晶格结构碰撞产生的功耗为

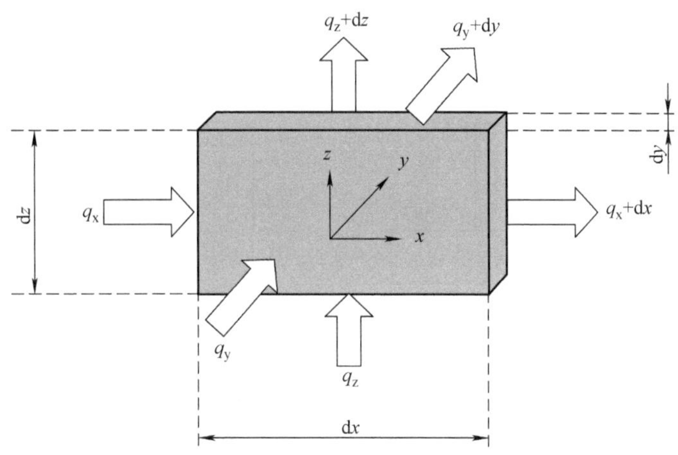

图 5.12 用于传导分析的微分控制体积

$$P_{BC} = V_{EB0}I_{CEI} + R_B I_{CEI}^2 \tag{5.73}$$

式中，V_{EB0}为发射区－基区扩散的耗尽电势。

② 流过集电区－基区的耗尽区的空穴产生的功耗为

$$P_{BC} = V_{BC}(I_{CEI} - I_{MOS}) \tag{5.74}$$

式中，I_{MOS}为 MOSFET 电流。

③ 由于与晶格原子碰撞而流过集电区－基区结的电子产生的功耗

$$P_{MOS} = V_{BC}I_{MOS} \tag{5.75}$$

将三个部分加在一起总的功耗为

$$P_T = P_B + P_{BC} + P_{MOS} \tag{5.76}$$

电学模型用于计算此功耗。然后，应用热学模型确定 IGBT 中各个区域的温度。在通常的实际应用中，顶部 Si 表面产生的热量被认为沿垂直的 y 轴均匀流动（见图 5.13a）。在该结构中，顶表面是器件在 $y=0$ 时的几何边界，其中输入功率 P_{in}（t）被均匀地耗散。在 $y=l$ 的底面是冷却边界，其中温度被假定为输入温度 T_{in}。忽略对流和辐射损失，可以考虑单向热流，给出

$$\frac{\partial}{\partial y}\left[k(T)\frac{\partial T(x,y)}{\partial y}\right] = \rho c\frac{\partial T(x,y)}{\partial t} \tag{5.77}$$

以及边界条件

$$Ak\left.\frac{\partial T}{\partial y}\right|_{y=0} = -P_{in}(t) \tag{5.78}$$

和

$$T(t,y=l) = T_{in}(t) \tag{5.79}$$

式中，A 为半导体器件的有效面积。由于半导体器件模型是在电路仿真器中实现的，因此热电路网络是这些仿真的实用模型。通过使用类似的电学方法简化热流，并通过由电阻和电容组成的集总电路近似的电学传输线中的电流来表示热流问题（见表 5.1）。

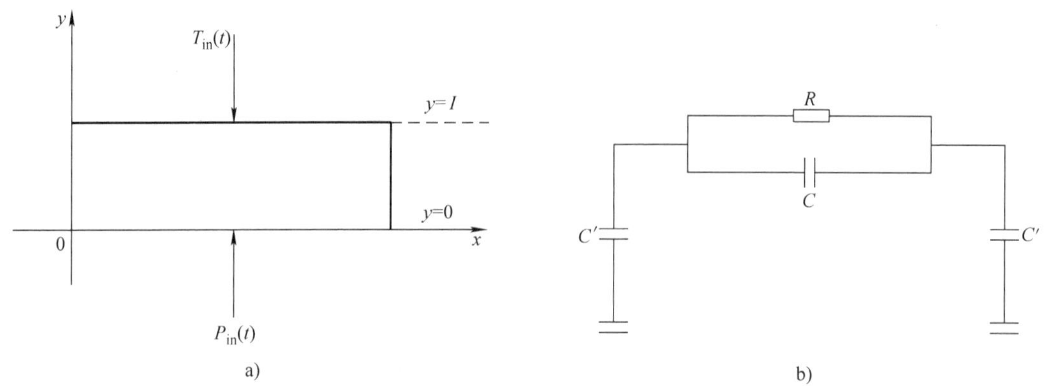

图 5.13　a）用于热建模的一维芯片表示　b）两个节点之间的单向热网络

表 5.1　电学量和热学量之间的关系

序号	电学量	相应的热学量
1	电流源	热发生器
2	电流（A）	功耗（W）
3	电阻（Ω）	热阻（℃/W）
4	电容（C/V 或 F）	热容（W·s/℃）
5	电势差（V）	温差（℃）
6	电阻抗（V/A 或 Ω）	热阻抗（℃/W）

热网络基于有限元技术构建，相当于热方程的离散元。有限元方法的一些优点如下：①粗略近似完全满足守恒定律；②不规则几何形状适合于简单分析；③局部网格细化的实现是直接的；④构建高阶近似很容易。该方法的缺点是编程复杂性更高。

假设温度梯度和热导率在相邻点之间变化不显著，对于一维热流的偏微分方程被分解为一个有限数量的一阶微分方程。分析的器件划分为小的区域，参考点被称为节点，而点的集合构成节点网络、格子或网格。因此，每个节点代表一个特定区域，其温度是该区域的平均温度。组件内热节点的数量和位置决定了热模型的准确性。如果数量很大或网格很细，则计算的数值精度很高。对于稳态问题，热平衡要求进入每个节点的热量必须等于离开节点的热量。

由 Galerkin 有限元投影得到的半离散方程由式（5.80）给出[20]

$$\boldsymbol{M}\dot{d} + K\boldsymbol{d} = \boldsymbol{F} \tag{5.80}$$

式中，$\boldsymbol{M}$ 为质量矩阵；K 为刚度矩阵；$\boldsymbol{F}$ 为力矢量；$\boldsymbol{d}(t)$ 为包含所有节点温度 d_i 的矢量；$d(t)$ 为相对于时间的导数。$\boldsymbol{M}$ 由电容元件实现，$\boldsymbol{K}$ 由电阻实现，而 $\boldsymbol{F}$ 由电流源实现。这样，热效应被包含在电路仿真器中。一维热网络如图 5.13b 所示。这里的参数如下（附录 5.7）：

$$R = \frac{\delta_x}{kA},\ C = \frac{A\delta_x\rho c_p}{2},\ C' = \frac{A\delta_x\rho c_p}{6} \tag{5.81}$$

式中，δ_x 为离散化步长；k 为 Si 的导热率；ρ 为密度；c_p 为比热；A 为横截面积。

热容是材料质量和比热的乘积。如果吸收一定量的热量 Δq，则试样的温度上升 ΔT，其热容 $C=\Delta q/\Delta T$。任何热容的增加都会使相关区域对环境温度变化的响应更慢，从而增加达到平衡所需的时间。热容考虑到随时间或瞬态变化的影响。对于瞬态问题，进入节点的热量减去在一小段时间内离开节点的热量应该等于节点的热容×在所考虑的时间间隔内节点温度的上升。

现在通过应用电学模型，可以得到在估算温度下的不同物理和电学参数。几种竞争机制开始发挥作用，产生观察到的 IGBT 的电学特性的温度依赖性。例如，考虑到随着温度升高饱和电流的下降，可以注意到其根本原因是阈值电压的降低和 MOSFET 跨导参数随着温度的升高。MOSFET 沟道的温度 T_{Ch} 给出 V_{Th} 和 μ_{ns}。随着温度的升高，双极型晶体管电流增益的边际减少带来了额外的贡献。由于载流子寿命和扩散系数相反方向的变化，基区输运因子不受温度的显著影响。然而，随着温度的升高，发射极注入效率略有降低，是因为 I_s/n_i 的比例降低不如扩散率那么大。在器件中使用温度分布的其他例子如下：集电区－基区耗尽层中的温度带来了用于热产生的电流值，基区温度导致电导率调制的基区电阻 R_B，发射区－基区耗尽层中的温度用于计算发射区－基区扩散耗尽电势。表 5.2 汇总了热模型中参数的温度依赖性的常用公式。

表 5.2 在电热仿真中所选参数的温度依赖性

序号	物理参数	符号	公式	单位
1	热力学电压	ϕ_0	$\phi_0=\dfrac{kT}{q}$	V
2	本征载流子浓度	$n_i(T)$	$n_i(T)=3.87\times10^{16}T^{3/2}\cdot\exp\left(-\dfrac{7.02\times10^3}{T}\right)$	$1/cm^3$
3	电子迁移率	$\mu_n(T,N_D)$	$\mu_n(T,N_D)=88(T/300)^{-0.57}+\dfrac{7.4\times10^8T^{-2.33}}{1+\left[\dfrac{N_D}{1.26\times10^{17}(T/300)^{2.4}}\right]^{0.88}(T/300)^{-0.146}}$	$cm^2/V\cdot s$
4	空穴迁移率	$\mu_p(T,N_A)$	$\mu_p(T,N_A)=54.3(T/300)^{-0.57}+\dfrac{1.36\times10^8T^{-2.33}}{1+\left[\dfrac{N_A}{2.35\times10^{17}(T/300)^{2.4}}\right]^{0.88}(T/300)^{-0.146}}$	$cm^2/V\cdot s$
5	电子饱和速度	$v_{n,sat}(T)$	$v_{n,sat}(T)=1.434\times10^9T^{-0.87}$	cm/s
6	空穴饱和速度	$v_{p,sat}(T)$	$v_{p,sat}(T)=1.624\times10^8T^{-0.52}$	cm/s
7	电子和空穴寿命	$\tau_{n,p}(T)$	$\tau_{n,p}(T)=\tau_{n,p}(300)(T/300)^{1.7}$	s
8	阈值电压	$V_{Th}(T)$	$V_{Th}(T)=V_{FB}+2\psi_B(T)+\sqrt{\dfrac{4\varepsilon_0\varepsilon_sN_A\psi_B(T)}{C_{ox}}}$，其中温度敏感参数为 $\psi_B(T)=\dfrac{kT}{q}\ln\left[\dfrac{N_A}{n_i(T)}\right]$	V

（续）

序号	物理参数	符号	公式	单位
9	MOSFET 电流	$I_{MOS}(T)$	$$I_{MOS}(T)=\begin{cases}0, V_{GS}<V_{Th}\\ K_{plin}\dfrac{(V_{GS}-V_{Th})V_{DS}-\dfrac{K_{plin}}{2K_{psat}}V_{DS}^2}{1+\theta(V_{GS}-V_{Th})}\\ V_{DS}\leqslant(V_{GS}-V_{Th})\dfrac{K_{psat}}{K_{plin}}\\ K_{psat}\dfrac{(V_{GS}-V_{Th})^2}{2[1+\theta(V_{GS}-V_{Th})]}\\ V_{DS}\geqslant(V_{GS}-V_{Th})\dfrac{K_{psat}}{K_{plin}}\end{cases}$$ 式中，θ 为横向电场跨导因子（用1/V来衡量），K_{plin} 为 MOSFET 线性区跨导参数（A/V^2），K_{psat} 为 MOSFET 饱和区跨导参数，并且 $\dfrac{K_{plin}}{K_{psat}}=1+\sqrt{\dfrac{q\varepsilon_0\varepsilon_s N_A}{\psi_B}}/C_{ox}$ $K_{plin}=K_{plin\,300}\left[\dfrac{\mu_n(T)}{\mu_n(300)}\right]$	A

例 5.9 写出并求解两侧有空气的平面壁的热传导速率方程。绘制热等效电路并确定总电阻。

将 1cm×1cm 的 IGBT 芯片焊接在相同面积的 2mm 厚的铜基板上。焊点厚度为 0.1 mm。芯片和基板表面都是空气冷却的。环境温度为 25℃，空气对流系数为 $100W/m^2$。Cu 的导热率为 401W/(m·K)，固体（Si）/固体（Cu）界面的最大热阻为 $0.9\times10^{-4}m^2K/W$。推导出芯片的能量平衡方程。如果芯片在正常条件下消耗 $10^4W/m^2$，那么芯片的工作温度是否会低于 125℃的最高允许温度？

热传导（能量扩散）率方程遵循傅里叶定律，对于一维平面壁，图 E5.9.1a 中温度分布 $T(y)$ 表示为 $q''_y=-k(dT/dy)$，其中 q''_y 是热通量（单位 W/m^2）=垂直于转移方向的 y 方向上单位面积的传热率；比例常数 k 是壁材料的导热率；负号表示热传递发生在温度降低的方向上。

热传导分析的基本工具是热扩散方程。在没有能量产生的一维稳态条件下，在热流方向上的热通量是恒定的，因此 $(d/dy)(kdT/dy)=0$。对这个方程积分两次，通解是 $T(y)=C_1y+C_2$，其中常数 C_1 和 C_2 由边界条件确定：在 $y=0$ 时，$T(0)=T_1$；在 $y=L$ 时，$T(L)=T_2$。然后 $T(y)=(T_2-T_1)y/L+T_1$。这给出了 $dT/dy=kA(T_2-T_1)/L$ 并应用傅里叶定律，$q_y=kA(T_2-T_1)/L$。这个公式表明热耗率 q_y 是一个常数，与 y 无关。因此 q_y 在整个网络中是常数。

对于传热问题的概念化和量化，平面壁的等效热电路如图 E5.9.1b 所示。从电阻与电传导的关联类比来看，热阻与热传导相关联。类似地，热阻也可以用来表示通过对流的热传递。由于传导和对流现象是顺序发生的，传导和对流热阻是串联连接的，所以可以简单地相加以得到总的电阻。

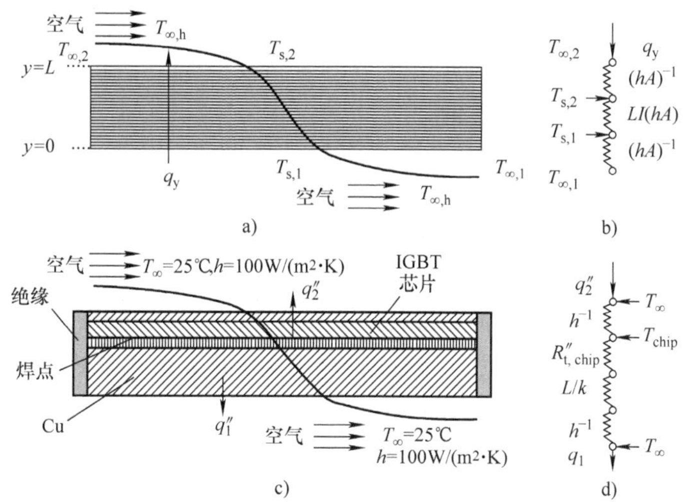

图 E5.9.1 a）穿过平面壁的传导 b）其等效热电路图
c）通过 IGBT 芯片进行传导分析 d）该系统的等效热电路

传热速率由网络中的每个组件单独确定。因为 q_y 在整个网络中是恒定的，如上所示，可以得到 $q_y=(T_\infty-T_1)/[1/(hA)]=(T_1-T_2)/[1/(hA)]=(T_2-T_\infty)/[1/(hA)]$。由于传导和对流电阻的串联，如上所述，总电阻为 $R_{tot}=1/(hA)+L/(kA)+1/(hA)=2/(hA)+L/(kA)$。

图 E5.9.1c 所示为 IGBT 芯片的原理图，图 E5.9.1d 给出了其等效热电路。假设芯片的热阻可以忽略，因此芯片中存在等温条件。此外，芯片装配与侧面绝缘，使得热传递仅沿 y 方向发生，而且与周围环境的辐射交换非常小。因此，IGBT 芯片中散发的热量从暴露表面直接传递到空气，并间接地通过焊点和 Cu 基板传递。执行能量平衡分析，有 $q''_{chip}=q''_1+q''_2$ 或 $q''_{chip}=(T_{chip}-T_\infty)/(1/h)(T_{chip}-T_\infty)/[R''_{t,Chip}+(L/k)+(1/h)]^{-1}$。对于 T_{chip} 的最坏情况估计，取最大可能值 0.9×10^{-4} K/W。然后 $T_{chip}=T_\infty+q''_{chip}[h+1/(R''_{t,Chip}+L/k+1/h)]^{-1}=25℃+10^4\text{W/m}^2\times\{100+1/[(0.9+0.05+100)\times10^{-4}]\}^{-1}\text{m}^2\cdot\text{K/W}=25℃+50.24℃=75.24℃$。因此芯片将在其最大允许的温度下运行。

值得指出的是，与任何功率半导体器件一样，IGBT 有两种损坏模式，即热和电的[25,26]。热损坏由 IGBT 中集成 DMOSFET 的 N^+ 发射区和 P 型基区之间的内建电势触发。这个电势随温度的变化而消失，系数为 2mV/K。从 300 K 时 0.65V 的值开始，该电势在 650K 时消失，因为在此温度下内建电势减少量 $=325\times2=650$mV。结果导致热失控和器件损坏。因此，一旦上述电势降至零，热损坏就会在 650K 的温度下发生。数值分析和实验研究证实了这一事实。

当 IGBT 芯片的功耗超过临界值（约 2000kW/cm^2）时，会发生电学损坏。这种类型的损坏是通过横穿 IGBT 的 N^- 漂移区/N^+ 缓冲层以及 N^- 漂移区/P 型基区结的碰撞电离和雪崩注入引发的。由此产生的增加 PNP 晶体管电流的再生反馈机制是通过失去栅极控制而损坏器件的原因。IGBT 的 2000 kW/cm^2 的临界功耗比双极型晶体管高一个数量级，它还取决于 PNP 型晶体管的 h_{FE}。

5.3.6 电路分析模型参数的提取

基于物理的静态和动态行为的 IGBT 模型已在 IG－Spice 或 Saber 电路仿真软件中实现[27－29]。应用基于物理的 IGBT 模型进行电路分析的第一步是通过一系列静态和动态测量，即输出特性（不同 V_{GE} 下的 $I_{CE}-V_{CE}$）、转移特性（不同 V_{CE} 下的 $I_{CE}-V_{GE}$）、栅极充电波形（V_{CE} 和 V_{GE} 与时间的关系）、瞬态研究和电容－电压（$C-V$）记录来表征电路中使用的实际 IGBT。测量结果被送入一个软件包中，该软件包采用优化算法在实验数据和 IGBT 参数之间进行最佳拟合，从而在不知道任何 IGBT 内部细节知识的情况下从测量中重构参数[30]。

5.4 小结

二维效应显著影响器件的导通状态特性，因此在 IGBT 建模中必须适当地关注它们。再次强调，对 IGBT 工作的物理理解和器件电学行为的建模将为成功的 IGBT 设计铺平道路。对本章主要内容彻底掌握将确保 IGBT 研究设计的顺利进行。接下来的章节将解决防止 IGBT 闩锁的重要问题，以提供可靠的器件工作。

练 习 题

5.1 在 IGBT 的横截面图中，确定 MOSFET 和 PIN 整流器部分，从而可以将 IGBT 视为一个与 MOSFET 串联的 PIN 整流器。

5.2 为什么 IGBT 的 PIN 整流器中的电流密度近似地等于集电极电流密度？

5.3 将 IGBT 沟道中流动的电流 I_{MOSFET}、集电极电流密度 J_C、横截面的单元宽度 W 和垂直于横截面的单元宽度 Z 相互关联。

5.4 在正向导通模式下工作的 IGBT 中，为了使 IGBT 上的压降更低，需要施加足够的栅极偏置。解释在这种情况下 IGBT 的 MOSFET 部分是在线性区域还是饱和区域工作？

5.5 IGBT 的正向传导电流密度随正向偏置电压呈线性还是指数增长？正向偏置电压对 IGBT 的正向导通电流密度是否呈线性上升或指数上升？解释并给出必要的公式。

5.6 使用导通态电流密度和电压降作为决定因素，解释为什么与功率 MOSFET 和双极型晶体管相比，IGBT 使用更小的芯片尺寸？

5.7 为什么 IGBT 的跨导高于具有相同单元尺寸和沟道长度的 MOSFET 的跨导？对于一个典型的共基极电流增益值 $\alpha_{PNP}=0.5$，具有相同沟道宽长比的 IGBT 和 MOSFET 的跨导比是多少？

5.8 为什么 IGBT 的 N^- 漂移区中的载流子分布与 PIN 整流器中的载流子分布不同？这种差异如何改变分析 IGBT 结构的边界条件？说说 IGBT 的适当边界条件。

5.9 用图表说明 PIN 整流器和 IGBT 之间自由载流子分布的差异。这种差异如何影响 IGBT 中的电导率调制，从而在其 JFET 区域产生大的电压降？

5.10 讨论 IGBT 的 PIN 整流器 - DMOSFET 模型对理解线性和饱和区工作的 IGBT 有何帮助？该模型如何帮助描述 IGBT 的正向传导特性与漂移区中载流子寿命的函数关系？增加击穿电压对 IGBT 正向特性有何影响？

5.11 IGBT 的 PIN 整流器 - DMOSFET 模型是否考虑了流入器件 P 型基区电流的空穴部分？如何在 IGBT 的双极型晶体管 - DMOSFET 模型中考虑该部分？写出 IGBT 中 PNP 型晶体管的电子和空穴部分（I_n 和 I_p）与电流增益 α_{PNP} 之间的关系。

5.12 给出 IGBT 正向传导特性公式，说明它如何解释 PNP 型晶体管对输出电流的放大。

5.13 在高注入条件下的 IGBT 分析中，为什么必须使用寿命和扩散长度的双极型参数？

5.14 给出描述 IGBT 的瞬态电流和电压波形所需的非准静态分析的两个原因。非准静态效应对信号晶体管的高增益，低注入工作是否重要？

5.15 写出 IGBT 的与时间相关的双极型扩散方程。在准中性基区（$x=0$，W）的发射区和集电区边缘的过剩载流子浓度的边界条件是什么？

5.16 根据集电极基极电压的变化率（$\mathrm{d}V_{BC}/\mathrm{d}t$），给出表示准中性基区宽度（$\mathrm{d}W/\mathrm{d}t$）随时间变化率的公式。移动的准中性基区宽度边界条件是否会产生非准静态电流？

5.17 描述如何将 IGBT 解析模型与负载电路方程结合起来对 IGBT 的器件 - 电路相互作用进行建模。

5.18 为什么在 IGBT 的正向导通分析期间必须考虑二维效应？2D 分析如何帮助实现良好的导通态特性？

5.19 在电感负载关断期间，对 IGBT 的 $\mathrm{d}V/\mathrm{d}t$ 开发一个简单的分析模型。该模型如何显示漂移区中 $\mathrm{d}V/\mathrm{d}t$ 随载流子寿命的变化？

5.20 写出从有限元投影得到的半离散热方程。解释使用的不同符号。

5.21 列出 IGBT 的主要功耗源。给出描述它们的数学方程式。

5.22 IGBT 芯片如何在一维热建模中表示？绘制并解释一维热网络。热容量是什么意思？

5.23 举出 IGBT 中一些对温度变化很敏感的电学参数。写出两个这样的参数的热行为方程。

5.24 解释在 IGBT 建模中如何将电热相互作用考虑在内？基于物理的 IGBT 模型是否

已在电路仿真软件中实现?

5.25 IGBT 中 N 型漂移区的电阻率为 28Ω·cm。其厚度为 40μm 而 P 型基区结深度 X_{jP} 为 2.5μm。如果该区域的双极型扩散长度为 27μm，确定 IGBT 正向电压为 1.9 V 而电流密度为 $90A/cm^2$ 下工作时，P^+N 结和 N^- 漂移区的压降之和。

5.26 线性单元的 IGBT 结构参数如下：N^- 漂移区宽度 d 为 45μm，沟道长度 L_{Ch} 为 1μm，栅氧厚度 t_{ox} 为 500Å，相邻的 P 型基区阱之间的距离 W_R 为 5μm，总单元宽度 W_R+W_P 为 27μm。其阈值电压为 3.8 V，工作栅极偏置为 15V，PNP 晶体管的电流增益为 $\alpha_{PNP}=0.48$。此外，双极型扩散系数 D_a 为 $18cm^2/s$，函数 $F(d/L_a)$ 为 0.2，并且表面反转层中的电子迁移率 μ_{ns} 为 $400cm^2/V·s$。应用 IGBT 的一阶 PIN 整流器 - DMOSFET 和双极型晶体管 - DMOSFET 模型，确定电流密度为 0.5，5，50 和 $500A/cm^2$ 时的正向压降，并绘制 IGBT 的集电极 - 发射极电流密度与电压的特性曲线。

5.27 IGBT 的沟道长度为 0.8μm，沟道宽度为 152μm。漂移区厚度为 158μm。载流子寿命为 0.7μs，阈值电压为 4.3V，每单位面积的氧化物电容为 $1.25\times10^{-8}F/cm^2$。IGBT 工作在饱和区。在 10.5V 的栅压下求出器件的集电极电流和跨导。在反型层中的电子迁移率为 $500cm^2/V·s$，双极型扩散系数为 $18cm^2/sec$。

参考文献

1. B. J. Baliga, *Power Semiconductor Devices*, PWS Publishing Co., Boston, 1996.
2. W. Feiler, W. Gerlach, and U. Wiese, Two-Dimensional Models of the Carrier Distribution in the ON-State of the IGBT, *Solid State Electron.*, Vol. 38, No. 10, October 1995, pp. 1781–1790.
3. K. J. Binns and P. J. Lawrenson, *Analysis and Computation of Electric and Magnetic Field Problems*, 2nd edition, Pergamon Press, Oxford, 1973, p. 117.
4. E. Weber, *Electromagnetic Fields—Theory and Applications*, Vol. I, *Mapping of Fields*, Wiley, New York, 1960.
5. K. Sheng, S. J. Finney, and B. W. Williams, A New Analytical IGBT Model with Improved Electrical Characteristics, *IEEE Trans. Power Electron.*, New York, Vol. 14, No. 1, January 1999, pp. 98–107.
6. A. R. Hefner, Jr., and D. L. Blackburn, A Performance Trade-off for the Insulated Gate Bipolar Transistor: Buffer Layer versus Base Lifetime Reduction, *IEEE Trans. Power Electron.*, Vol. PE-2, No. 3, July 1987, pp. 194–207.
7. A. R. Hefner, Jr., and D. Blackburn, An Analytical Model for the Steady State and Transient Characteristics of the Power Insulated Gate Bipolar Transistor, *Solid State Electron.*, Vol. 31, No. 10, October 1988, pp. 1513–1532.
8. A. R. Hefner, Jr., Analytical Modelling of Device-Circuit Interactions for the Power Insulated Gate Bipolar Transistor (IGBT), *IEEE Trans. Industrial Applications*, Vol. 26, No. 6, November/December 1990, pp. 995–1005.
9. A. R. Hefner, Jr., An Improved Understanding for the Transient Operation of the Power Insulated Gate Bipolar Transistor (IGBT), *IEEE Trans. Power Electronics*, Vol. 5, No. 4, October 1990, pp. 459–468.
10. A. R. Hefner, An Investigation of the Drive Circuit Requirements for the Power Insulated Gate Bipolar Transistor, *IEEE Trans. Power Electron.*, Vol. 6, March 1991, pp. 208–219.
11. A. Ramamurthy, S. Sawant, and B. J. Baliga, Modelling the *dV/dt* of the IGBT During Inductive Turn-off, *IEEE Trans. Power Electron.*, Vol. 14, No. 4, July 1999, pp. 601–606.

12. W. Feiler, W. Gerlach, and U. Wiese, On the Turn-off Behaviour of the NPT-IGBT under Clamped Inductive Loads, *Solid State Electronics*, Vol. 39, No. 1, January 1996, pp. 59–67.
13. M. Trivedi and K. Shenai, Modelling the Turn-off of IGBTs in Hard- and Soft-Switching Power Converters, *IEEE Trans. Electron Devices*, Vol. 44, No. 5, May 1997, pp. 887–893.
14. A. R. Hefner, Jr., A Dynamic Electro-Thermal Model for the IGBT, *Conference Record of the IEEE Industry Applications Society (IEEE-IAS) Annual Meeting*, October 4–9, 1992, Houston, Texas, IEEE, New York, pp. 1094–1104.
15. V. Axelrad and R. Klein, Electrothermal Simulation of an IGBT, in *Proceedings 1992 International Symposium on Power Semiconductor Devices and ICs (ISPSD'92)*, Tokyo, Japan, IEEE, New York, 1992, pp. 158–169.
16. A. R. Hefner and D. L. Blackburn, Simulating the Dynamic Electrothermal Behaviour of Power Electronic Circuits and Systems, *IEEE Trans. Power Electron.*, Vol. 8, No. 4, October 1993, pp. 376–385.
17. P. Turkes, W. Kiffe, and R. Kuhnert, Critical Switching Conditions of a Non-punchthrough IGBT Investigated by Electrothermal Circuit Simulation, in *Proceedings of the 6th International Symposium on Power Semiconductor Devices and ICs, ISPSD'94, Davos, Switzerland*, May 31, June 2, 1994, IEEE, New York, pp. 51–55.
18. B. Fatemizadeh, D. Silber, M. Fullmann, and J. Serefin, Modelling of LDMOS and LIGBT Structures at High Temperatures, *Proceedings of the 6th International Symposium on Power Semiconductor Devices and ICs, ISPSD'94, Davos, Switzerland*, May 31, June 2, 1994, IEEE, New York, pp. 137–142.
19. A. Amimi, R. Bouchakour, and T. Maurel, Modelling and Simulation of Self-Heating and/or Degradation Effects for the IGBT Transistor, in *Proceedings of the PESA'96, Symposium on Modelling, Analysis, and Simulation*, Lille, France, July 9–12, 1996, pp. 855–860.
20. J. T. Hsu and L. Vu-Quoc, A Rational Formulation of Thermal Circuit Models for Electrothermal Simulation—Part I: Finite Element Method, *IEEE Trans. Circuits & Systems—I: Fundamental Theory and Applications*, Vol. 43, No. 9, September 1996, pp.721–732.
21. A. Ammous, B. Allard and H. Morel, Transient Temperature Measurements and Modelling of IGBTs Under Short-Circuit, *IEEE Trans. Power Electron.*, Vol. 13, No. 1, January 1998, pp. 12–25.
22. A. Ammous, K. Ammous, H. Morel, B. Allard, D. Bergogne, F. Sellami, and J. P. Chante, Electrothermal Modelling of IGBTs: Application to Short-Circuit Conditions, *IEEE Trans. Power Electron.*, Vol. 15, No. 4, July 2000, pp. 778–790.
23. R. Kraus, K. Hoffmann, and P. Turkes, Analysis and Modelling of the Technology-Dependent Electrothermal IGBT Characteristics, *Proceedings of the IPEC'95*, Yokohama, Japan, pp. 1128–1133.
24. F. P. Incropera and D. P. DeWitt, *Fundamentals of Heat and Mass Transfer*, fourth edition, John Wiley & Sons, New York, 1996, pp. 52–55, 74–77.
25. N. Iwamuro, A. Okamoto, S. Tagami, and H. Motoyama, Numerical Analysis of Short-Circuit Safe Operating Area for P-Channel and N-Channel IGBTs, *IEEE Trans. Electron Devices*, Vol. 38, No. 2, February 1991, pp. 303–309.
26. H. Hagino, J. Yamashita, A. Uenishi, and H. Haruguchi, An Experimental and Numerical Study of the Forward-Biased SOA of IGBTs, *IEEE Trans. Electron Devices*, Vol. 43, No. 3, March 1996, pp. 490–500.
27. F. F. Protiwa, O. Apeldoorn, and N. Gross, New IGBT Model for PSPICE, in *Proceedings of the 5th European Conference on Power Electronics and Applications EPE'93*, 13–16 September 1993, Brighton, U.K., IEE, London, pp. 226–231.
28. C. S. Mitter, A. R. Hefner, D. Y. Chen, and F. C. Lee, Insulated Gate Bipolar Transistor (IGBT) Modelling Using IG-SPICE, *EEE Trans. Ind. Appl.*, Vol. 30, No.1, January/February 1994, pp. 24–33.
29. A. R. Hefner, Jr., and D. M. Diebolt, An Experimentally Verified IGBT Model Implemented in the Saber Circuit Simulator, *IEEE Trans. Power Electron.*, Vol. 9, No. 5, September 1994, pp. 532–542.
30. A. N. Githiari, B. M. Gordon, R. A. McMahon, Z.-M. Li, and P. A. Mawby, A Comparison of IGBT Models for Use in Circuit Design, *IEEE Trans. Power Electron.*, Vol. 4, No. 4, July 1999, pp. 607–614.

附录5.1 式（5.8）的解

以下微分方程的解：

$$\frac{\mathrm{d}^2y}{\mathrm{d}x^2}+a\frac{\mathrm{d}y}{\mathrm{d}x}+by=f(x) \tag{A5.1.1}$$

是两个组成部分的和。

1）由式（A5.1.2）给出互补函数（C.F.）

$$\text{C.F.}=A\exp\lambda_1x+B\exp\lambda_2x \tag{A5.1.2}$$

式中，A，B 为常数；λ_1，λ_2为方程的根。

$$\lambda^2+a\lambda+b=0 \tag{A5.1.3}$$

2）特解

$$p(x)=A\exp\left(+\frac{d-x}{L_\mathrm{a}}\right)+B\exp\left(-\frac{d-x}{L_\mathrm{a}}\right) \tag{A5.1.4}$$

通过类比，式（5.8）的解是

$$\lambda^2-\frac{1}{L_\mathrm{HL}^2}=0 \tag{A5.1.5}$$

其中，高注入水平扩散长度作为双极型扩散长度，即 $L_\mathrm{HL}=L_\mathrm{a}$。这个解从式（A5.1.6）得到

$$\lambda=\pm\frac{1}{L_\mathrm{HL}} \tag{A5.1.6}$$

并且特解显然为零。

应用边界条件 $x=0$，$p(x)=p_0$，得到

$$p_0=A\exp(d/L_\mathrm{a})+B\exp(-d/L_\mathrm{a}) \tag{A5.1.7}$$

此外，在 $x=d$ 时，$p(d)=0$。因此

$$A+B=0 \tag{A5.1.8}$$

在式（A5.1.7）中，将从式（A5.1.8）得到的 $B=-A$ 和用双曲余弦和双曲正弦表示的指数展开 $\exp(z)=\cosh z+\sinh z$ 和 $\exp(-z)=\cosh z-\sinh z$ 代入，得到

$$\begin{aligned}p_0&=A[\cosh(d/L_\mathrm{a})+\sinh(d/L_\mathrm{a})]+B[\cosh(d/L_\mathrm{a})-\sinh(d/L_\mathrm{a})]\\&=2A\sinh(d/L_\mathrm{a})\end{aligned} \tag{A5.1.9}$$

得出

$$A=\frac{p_0}{2\sinh(d/L_\mathrm{a})} \tag{A5.1.10}$$

将式（A5.1.8）中 A 的值代入，得到

$$B=\frac{p_0}{2\sinh(d/L_\mathrm{a})} \tag{A5.1.11}$$

然后将式（A5.1.10）和式（A5.1.11）的 A 和 B 的值代入式（A5.1.4）并将式（A5.1.4）中指数项展开为双曲余弦和双曲正弦，得到

$$
\begin{aligned}
p(x) &= \frac{p_0}{2\sinh(d/L_a)}\left[\cosh\left(\frac{d-x}{L_a}\right)+\sinh\left(\frac{d-x}{L_a}\right)\right] \\
&\quad -\frac{p_0}{2\sinh(d/L_a)}\left[\cosh\left(\frac{d-x}{L_a}\right)-\sinh\left(\frac{d-x}{L_a}\right)\right] \\
&= p_0\frac{\sinh[(d-x)/L_a]}{\sinh(d/L_a)}
\end{aligned} \tag{A5.1.12}
$$

这是式（5.9）。

附录5.2 式（5.33）和式（5.34）的推导

电子和空穴的连续性方程为[1]

$$\frac{\partial n}{\partial t}=\frac{1}{q}\frac{\partial J_n}{\partial t}-\left(\frac{n}{\tau_n}-G_0\right) \tag{A5.2.1}$$

$$\frac{\partial p}{\partial t}=-\frac{1}{q}\frac{\partial J_p}{\partial t}-\left(\frac{p}{\tau_p}-G_0\right) \tag{A5.2.2}$$

式中，n 和 p 为过剩的电子和空穴浓度；τ_n 和 τ_p 分别为电子和空穴的平均寿命；G_0 为热产生速率。在电场 E 中，电子和空穴的电流密度 J_n 和 J_p 表示为

$$J_n=\sigma_n E+qD_n\frac{\partial n}{\partial x} \tag{A5.2.3}$$

$$J_p=\sigma_p E-qD_p\frac{\partial p}{\partial x} \tag{A5.2.4}$$

总电流密度由式（A5.2.5）给出

$$J_{CEI}=J_n+J_p \tag{A5.2.5}$$

它是无散的，所以

$$\frac{\partial J}{\partial x}=0 \tag{A5.2.6}$$

σ_n 和 σ_p 表示电子和空穴对总电导率 σ 的贡献

$$\sigma_n=q\mu_n n,\quad \sigma_p=q\mu_p p,\quad \sigma=\sigma_n+\sigma_p \tag{A5.2.7}$$

D_n 和 D_p 分别是电子和空穴的扩散系数。对于附加的载流子 n 或 p 的双极型传输，电中性条件要求

$$n=p \tag{A5.2.8}$$

由于 $J=\sigma E$，使用式（A5.2.5）和式（A5.2.7），电场 E 从式（A5.2.3）和式（A5.2.4）中消除。根据电子和空穴电流 I_n，I_p 和总电流 I_{CEI}，式（A5.2.3）和式（A5.2.4）表示为

$$I_n=\frac{\sigma_n}{\sigma}I_{CEI}+qAD\frac{\partial n}{\partial x} \tag{A5.2.9}$$

$$I_p=\frac{\sigma_p}{\sigma}I_{CEI}-qAD\frac{\partial p}{\partial x} \tag{A5.2.10}$$

式中，A 为器件面积，并且引入常规浓度的载流子扩散系数 D_a

$$D_a = \frac{\sigma_n D_p + \sigma_p D_n}{\sigma} = \frac{n+p}{n/D_p + p/D_n} \tag{A5.2.11}$$

它被称为双极型扩散系数。根据式（A5.2.7），得到

$$\frac{\sigma_n}{\sigma} = \frac{1}{1+(1/b)(p/n)} \tag{A5.2.12}$$

$$\frac{\sigma_p}{\sigma} = \frac{1}{1+b(n/p)} \tag{A5.2.13}$$

式中，b 为双极迁移率比 $=\mu_n/\mu_p$。通过式（A5.2.8）、式（A5.2.12）和式（A5.2.13）简化为以下形式：

$$\frac{\sigma_n}{\sigma} = \frac{1}{1+(1/b)} = \frac{b}{1+b} \tag{A5.2.14}$$

$$\frac{\sigma_p}{\sigma} = \frac{1}{1+b} \tag{A5.2.15}$$

在式（A5.2.9）和式（A5.2.10）中代入 σ_n/σ 和 σ_p/σ，得到

$$I_n = \frac{b}{1+b} I_{CEI} + qAD\frac{\partial n}{\partial x} \tag{A5.2.16}$$

$$I_p = \frac{1}{1+b} I_{CEI} - qAD\frac{\partial p}{\partial x} \tag{A5.2.17}$$

参考文献

1. W. Van Roosbroeck, The Transport of Added Carriers in a Homogeneous Semiconductor, *Phys. Rev.*, Vol. 91, No. 2, July 15, 1953, pp. 282–289.

附录 5.3 式（5.35）的推导

在半导体中，少数载流子电流和密度的推导基于以下假设：①普遍性的空间电荷中性条件；②少数载流子作为存在的唯一类型的载流子。这些少数载流子通过扩散机制传输，称为扩散近似。通过在传输方程中设置电场 $\xi=0$ 来获得 N 型半导体中的空穴电流

$$I_p = qA\mu_p \Delta p\xi - qAD_p\frac{\mathrm{d}\Delta p}{\mathrm{d}x} = -qAD_p\frac{\mathrm{d}\Delta p}{\mathrm{d}x} \tag{A5.3.1}$$

式中，q 为电子电荷；A 为面积；Δp 为过剩的空穴浓度；D_p 为空穴的扩散系数。那么空穴的连续性方程为

$$\frac{1}{qA}\frac{\partial I_p}{\partial x} + \frac{\Delta p}{\tau_p} = -\frac{\partial \Delta p}{\partial t} \tag{A5.3.2}$$

变为

$$-D_p\frac{\partial^2 \Delta p}{\partial x^2} + \frac{\Delta p}{\tau_p} = -\frac{\partial \Delta p}{\partial t} \tag{A5.3.3}$$

可以改写为

$$\frac{\partial^2 \Delta p}{\partial x^2}=\frac{\Delta p}{D_p \tau_p}+\frac{1}{D_p}\frac{\partial \Delta p}{\partial t} \tag{A5.3.4}$$

如果 L_p 表示空穴的扩散长度，那么 $L_p = \sqrt{(D_p \tau_p)}$，而式（A5.3.4）变为

$$\frac{\partial^2 \Delta p}{\partial x^2}=\frac{\Delta p}{L_p^2}+\frac{1}{D_p}\frac{\partial \Delta p}{\partial t} \tag{A5.3.5}$$

在高注入水平条件下，计算电流时必须考虑电子和空穴的影响，并且少数载流子（或空穴）传输用以下形式表示：

$$\frac{\partial^2 \Delta p}{\partial x^2}=\frac{\Delta p}{L_a^2}+\frac{1}{D_a}\frac{\partial \Delta p}{\partial t} \tag{A5.3.6}$$

式中，D_a 和 L_a 分别为双极型扩散系数和双极型扩散长度。D_a 由式（A5.3.7）给出

$$D_a=\frac{(n+p)D_n D_p}{nD_n+pD_p} \tag{A5.3.7}$$

式中，n 和 p 分别为电子和空穴浓度；D_n 和 D_p 分别为相应的扩散系数。

附录5.4 式（5.38）的推导［式（5.35）的解］

稳态双极扩散方程式（5.35）为

$$\frac{\partial^2 \Delta p(x)}{\partial x^2}=\frac{\Delta p(x)}{L_a^2} \tag{A5.4.1}$$

在 $(\partial/\partial t)\Delta p(x)=0$ 的解为

$$\Delta p(x)=A\cosh(x/L_a)+B\sinh(x/L_a) \tag{A5.4.2}$$

式中，积分常数 A 和 B 从边界条件求出

$$\Delta p(x)\big|_{x=0}=p_0 \tag{A5.4.3}$$

$$\Delta p(x)\big|_{x=W}=0 \tag{A5.4.4}$$

将边界条件式（A5.4.3）应用于式（5.4.2），得到

$$p_0=A \tag{A5.4.5}$$

将边界条件式（A5.4.4）应用于式（A5.4.2），有

$$0=A\cosh(W/L_a)+B\sinh(W/L_a) \tag{A5.4.6}$$

给出

$$B=-\frac{p_0\cosh(W/L_a)}{\sinh(W/L_a)} \tag{A5.4.7}$$

将式（A5.4.5）和式（A5.4.7）中 A 和 B 的值代入式（A5.4.2），得到

$$\Delta p(x)=p_0\cosh(x/L_a)-\frac{p_0\cosh(W/L_a)}{\sinh(W/L_a)}\sinh(x/L_a)$$

$$=\frac{p_0[\sinh(W/L_a)\cosh(x/L_a)-\cosh(W/L_a)\sinh(x/L_a)]}{\sinh(W/L_a)}$$

或

$$\Delta p(x)=p_0\frac{\sinh\left(\frac{W-x}{L_a}\right)}{\sinh(W/L_a)} \tag{A5.4.8}$$

附录 5.5 式（5.40）~式(5.42）的推导

现在将注意力转向 IGBT 中 PNP 型晶体管正向偏置的 P^+ 发射区/N^- 基区二极管。假定准平衡近似是有效的，这意味着在二极管的整个空间电荷区乘积 pn = 常数。注入发射区的电子电流的表达式为

$$I_n|_{x=0}=\frac{qAD_n n_{p0}}{L_n}\left[\exp\left(\frac{qV}{kT}\right)-1\right]\approx I_{sn}\left[\exp\left(\frac{qV}{kT}\right)\right] \tag{A5.5.1}$$

式中，q 为电子电荷；A 为结面积；D_n为电子扩散系数；L_n为电子的扩散长度；n_{p0}为 P 侧的平衡电子密度；V 为施加的正向电压；k 为玻尔兹曼常数；T 为绝对温度。$qAD_n n_{p0}/L_n$是发射区电子饱和电流。

但是在发射区－基区的空间电荷区（$x=0$）边缘处的过剩空穴浓度由式（A5.5.2）给出

$$p_0=p_{n0}\exp\left(\frac{qV}{kT}\right)=\frac{n_i^2}{N_D}\exp\left(\frac{qV}{kT}\right) \tag{A5.5.2}$$

式中，p_{n0}为 N 侧的平衡空穴浓度 = n_i^2/N_D，其中 n_i = 本征载流子浓度，N_D = N 侧施主浓度。这个公式给出

$$\exp\left(\frac{qV}{kT}\right)=\frac{p_0N_D}{n_i^2} \tag{A5.5.3}$$

在高注入水平下，在 N^- 基区的载流子浓度等于 p_0+N_D，其中 $p_0>N_D$。那么式（A5.5.3）变为

$$\exp\left(\frac{qV}{kT}\right)=\frac{p_0(p_0+N_D)}{n_i^2} \tag{A5.5.4}$$

忽略 N_D，式（A5.5.4）简化为

$$\exp\left(\frac{qV}{kT}\right)=\frac{p_0^2}{n_i^2} \tag{A5.5.5}$$

使用式（A5.5.1）和式（A5.5.5），得到

$$I_n|_{x=0}=I_{sn}\frac{p_0^2}{n_i^2} \tag{A5.5.6}$$

式（5.38）对 x 求微分，得到

$$\frac{\mathrm{d}\Delta p(x)}{\mathrm{d}x}=-\frac{p_0}{L_a}\frac{\cosh\left(\frac{W-x}{L_a}\right)}{\sinh(W/L_a)} \tag{A5.5.7}$$

代替式（5.33）和式（5.34）中的 $\mathrm{d}\Delta p/\mathrm{d}x$。得到

$$I_{\mathrm{n}}(x)=\frac{b}{1+b}I_{\mathrm{CEI}}-\frac{qAp_0D_{\mathrm{a}}}{L_{\mathrm{a}}}\frac{\cosh\left(\frac{W-x}{L_{\mathrm{a}}}\right)}{\sinh(W/L_{\mathrm{a}})} \tag{A5.5.8}$$

$$I_{\mathrm{p}}(x)=\frac{1}{1+b}I_{\mathrm{CEI}}+\frac{qAp_0D_{\mathrm{a}}}{L_{\mathrm{a}}}\frac{\cosh\left(\frac{W-x}{L_{\mathrm{a}}}\right)}{\sinh(W/L_{\mathrm{a}})} \tag{A5.5.9}$$

在式（A5.5.8）中代入 $x=W$ 和0，得到

$$I_{\mathrm{n}}(W)=\frac{b}{1+b}I_{\mathrm{CEI}}-\frac{qAp_0D_{\mathrm{a}}}{L_{\mathrm{a}}}\frac{1}{\sinh(W/L_{\mathrm{a}})} \tag{A5.5.10}$$

$$I_{\mathrm{n}}(0)=\frac{b}{1+b}I_{\mathrm{CEI}}-\frac{qAp_0D_{\mathrm{a}}}{L_{\mathrm{a}}}\frac{1}{\coth(W/L_{\mathrm{a}})} \tag{A5.5.11}$$

式（A5.5.10）减去式（A5.5.11），得到

$$I_{\mathrm{n}}(W)-I_{\mathrm{n}}(0)=\frac{qAp_0D_{\mathrm{a}}}{L_{\mathrm{a}}}\left\{\coth(W/L_{\mathrm{a}})-\frac{1}{\sinh(W/L_{\mathrm{a}})}\right\} \tag{A5.5.12}$$

从式（5.40）减去 $I_{\mathrm{n}}(0)$，得到

$$I_{\mathrm{n}}(W)=\frac{p_0^2I_{\mathrm{s}}}{n_{\mathrm{i}}^2}+\frac{qAp_0D_{\mathrm{a}}}{L_{\mathrm{a}}}\left\{\coth(W/L_{\mathrm{a}})-\frac{1}{\sinh(W/L_{\mathrm{a}})}\right\} \tag{A5.5.13}$$

现在，在式（5.5.9）中代入 $x=W$，得到

$$I_{\mathrm{p}}(W)=\frac{1}{1+b}I_{\mathrm{CEI}}+\frac{qAp_0D_{\mathrm{a}}}{L_{\mathrm{a}}}\frac{1}{\sinh(W/L_{\mathrm{a}})} \tag{A5.5.14}$$

另外，将式（A5.5.11）的两边除以 b，得到

$$\frac{I_{\mathrm{n}}(0)}{b}=\frac{1}{1+b}I_{\mathrm{CEI}}-\frac{qAp_0D_{\mathrm{a}}}{L_{\mathrm{a}}}\frac{\coth(W/L_{\mathrm{a}})}{b} \tag{A5.5.15}$$

式（A5.5.14）减去式（A5.5.15），得到

$$I_{\mathrm{p}}(W)-\frac{I_{\mathrm{n}}(0)}{b}=\frac{qAp_0D_{\mathrm{a}}}{L_{\mathrm{a}}}\left[\frac{\coth(W/L_{\mathrm{a}})}{b}-\frac{1}{\sinh(W/L_{\mathrm{a}})}\right] \tag{A5.5.16}$$

或

$$I_{\mathrm{p}}(W)=\frac{p_0I_{\mathrm{s}}}{bn_{\mathrm{i}}^2}+\frac{qAp_0D_{\mathrm{a}}}{L_{\mathrm{a}}}\left[\frac{\coth(W/L_{\mathrm{a}})}{b}-\frac{1}{\sinh(W/L_{\mathrm{a}})}\right] \tag{A5.5.17}$$

附录5.6 式（5.44）的推导

沿N型基区的电压降 V_{N^-} 通过对以下公式的积分确定：

$$\frac{\mathrm{d}V_{\mathrm{N}^-}}{\mathrm{d}x}=-\frac{I_{\mathrm{n}}(x)}{qA\mu_{\mathrm{n}}n(x)} \tag{A5.6.1}$$

从 $x=0$ 到 $x=W$ 积分，I_{n} 由式（5.33）给出，$n(x)=N_{\mathrm{D}}+\Delta p(x)$，其中 $\Delta p(x)$ 由式

(5.38) 表示。考虑到式 (5.33) 的第一项，得到

$$V_{N-} = -\int_0^W \frac{b}{1+b}\frac{I_{CEI}(x)\mathrm{d}x}{qA\mu_n n(x)} = -\frac{I_{CEI}(x)}{(b+1/b)}\frac{1}{\mu_n Aq}\int_0^W \frac{\mathrm{d}n}{n(x)}$$

$$= -\frac{I_{CEI}(x)}{(b+1/b)}\frac{1}{\mu_n Aq}\int_0^W \frac{\mathrm{d}x}{N_D + p_0\sinh\left(\frac{W-x}{L_a}\right)\mathrm{cosech}(W/L_a)} \quad (A5.6.2)$$

这个积分转换成 $\int \mathrm{d}z/(a^2-z^2) = [1/(2a)]\ln[(a+z)/(a-z)]$ + 积分常数，通过代入 $\tanh[(W-x)/2L_a] = t$ 进行变量变换。那么 $\mathrm{cosech}^2[(W-x)/2L_a] = \coth^2[(W-x)/2L_a] - 1 = 1/\tanh^2[(W-x)/2L_a] - 1 = 1/t^2 - 1 = (1-t^2)/t^2$。∴ $\sinh[(W-x)/2L_a] = t/\sqrt{1-t^2}$。同时，$\cosh^2\{(W-x)/2L_a\} - \sinh^2[(W-x)/2L_a] = 1$。∴ $\cosh^2[(W-x)/2L_a] = 1 + \sinh^2[(W-x)/2L_a] = 1 + t^2/(1-t^2) = (1-t^{2+}t^2)/(1-t^2) = 1/(1-t^2)$。∴ $\cosh[(W-x)/L_a] = 1/\sqrt{1-t^2}$。∴ $\sinh[(W-x)/L_a] = 2\sinh[(W-x)/2L_a]\cdot\cosh[(W-x)/2L_a] = 2t/\sqrt{1-t^2} \times 1/\sqrt{1-t^2} = 2t/(1-t^2)$。同时，$\mathrm{d}t/\mathrm{d}x = (\mathrm{d}/\mathrm{d}x)\{\tanh[(W-x)/2L_a]\} = 1/(2L_a)\,\mathrm{sech}^2[(W-x)/2L_a] = 1/(2L_a)\{1-\tanh^2[(W-x)/2L_a]\} = [1/(2L_a)](1-t^2)$。∴ $\mathrm{d}x/\mathrm{d}t = 2L_a/(1-t^2)$，而 $\mathrm{d}x = 2L_a\mathrm{d}t/(1-t^2)$。因此，式 (5.6.2) 变为

$$V_{N-} = -\frac{I_{CEI}(x)}{b+1/b}\frac{2L_a}{\mu_n Aq}\int_0^W \frac{\frac{\mathrm{d}t}{1-t^2}}{N_D + p_0\frac{2t}{1-t^2}\mathrm{cosech}\left(\frac{W}{L_a}\right)}$$

$$= -\frac{I_{CEI}(x)}{b+1/b}\frac{2L_a}{\mu_n Aq}\int_0^W \frac{\mathrm{d}t}{N_D(1-t^2) + 2p_0 t\cdot\mathrm{cosech}\left(\frac{W}{L_a}\right)}$$

$$= -\frac{I_{CEI}(x)}{b+1/b}\frac{2L_a}{\mu_n AqN_D}\int_0^W \frac{\mathrm{d}t}{(1-t^2) + \frac{2p_0 t}{N_D}\cdot\mathrm{cosech}\left(\frac{W}{L_a}\right)}$$

$$= -\frac{I_{CEI}(x)}{b+1/b}\frac{2L_a}{\mu_n AqN_D}\int_0^W \frac{\mathrm{d}t}{-\left[\begin{array}{c} t^2 - 2t\cdot\frac{p_0}{N_D}\mathrm{cosech}\left(\frac{W}{L_a}\right) \\ + \frac{p_0^2}{N_D^2}\mathrm{cosech}^2\left(\frac{W}{L_a}\right)\end{array}\right] + 1 + \frac{p_0^2}{{N_D}^2}\mathrm{cosech}^2\left(\frac{W}{L_a}\right)}$$

$$= -\frac{I_{CEI}(x)}{b+1/b}\frac{2L_a}{\mu_n AqN_D}\int_0^W \frac{\mathrm{d}t}{\left[\sqrt{1+\frac{p_0^2}{{N_D}^2}\mathrm{cosech}^2\left(\frac{W}{L_a}\right)}\right]^2 - \left[t - \frac{p_0}{N_D}\mathrm{cosech}\left(\frac{W}{L_a}\right)\right]^2}$$

$$= -\frac{I_{\text{CEI}}(x)}{b+1/b}\frac{2L_a}{\mu_n AqN_D}\frac{1}{2\sqrt{1+\frac{{p_0}^2}{{N_D}^2}\text{cosech}^2\left(\frac{W}{L_a}\right)}}$$

$$\cdot\ln\left[\frac{\sqrt{1+\frac{{p_0}^2}{{N_D}^2}\text{cosech}^2\left(\frac{W}{L_a}\right)}+t-\frac{p_0}{N_D}\text{cosech}\left(\frac{W}{L_a}\right)}{\sqrt{1+\frac{{p_0}^2}{{N_D}^2}\text{cosech}^2\left(\frac{W}{L_a}\right)}-t+\frac{p_0}{N_D}\text{cosech}\left(\frac{W}{L_a}\right)}\right]_0^W$$

$$= -\frac{I_{\text{CEI}}(x)}{(b+1/b)}\frac{2L_a}{\mu_n AqN_D}\frac{N_D}{2\sqrt{{N_D}^2+{p_0}^2\text{cosch}^2\left(\frac{W}{L_a}\right)}}$$

$$\cdot\ln\left[\frac{\frac{\sqrt{{N_D}^2+{p_0}^2\text{cosech}^2\left(\frac{W}{L_a}\right)}+N_Dt-p_0\text{cosech}\left(\frac{W}{L_a}\right)}{N_D}}{\frac{\sqrt{{N_D}^2+{p_0}^2\text{cosech}^2\left(\frac{W}{L_a}\right)}-N_Dt+p_0\text{cosech}\left(\frac{W}{L_a}\right)}{N_D}}\right]_0^W$$

$$= -\frac{I_{\text{CEI}}(x)}{(b+1/b)}\frac{L_a}{\mu_n Aq}\frac{1}{\sqrt{{N_D}^2+{p_0}^2\text{cosech}^2\left(\frac{W}{L_a}\right)}}$$

$$\cdot\ln\left[\frac{\left[\sqrt{{N_D}^2+{p_0}^2\text{cosech}^2\left(\frac{W}{L_a}\right)}\right]+\left[N_Dt-p_0\text{cosech}\left(\frac{W}{L_a}\right)\right]}{\left[\sqrt{{N_D}^2+{p_0}^2\text{cosech}^2\left(\frac{W}{L_a}\right)}\right]-\left[N_Dt-p_0\text{cosech}\left(\frac{W}{L_a}\right)\right]}\right]_0^W$$

$$= -\frac{I_{\text{CEI}}(x)}{(b+1/b)}\frac{L_a}{\mu_n Aq}\frac{1}{\sqrt{{N_D}^2+{p_0}^2\text{cosech}^2\left(\frac{W}{L_a}\right)}}$$

$$\cdot\ln\left[\frac{1+\frac{N_Dt-p_0\text{cosech}\left(\frac{W}{L_a}\right)}{\sqrt{{N_D}^2+{p_0}^2\text{cosech}^2\left(\frac{W}{L_a}\right)}}}{1-\frac{N_Dt-p_0\text{cosech}\left(\frac{W}{L_a}\right)}{\sqrt{{N_D}^2+{p_0}^2\text{cosech}^2\left(\frac{W}{L_a}\right)}}}\right]_0^W$$

$$= -\frac{I_{\text{CEI}}(x)}{(b+1/b)}\frac{L_a}{\mu_n Aq}\frac{1}{\sqrt{{N_D}^2+{p_0}^2\text{cosech}^2\left(\frac{W}{L_a}\right)}}$$

$$\cdot\left[2\operatorname{arctanh}^{-1}\frac{N_{\mathrm{D}}t-p_0\operatorname{cosech}\left(\frac{W}{L_{\mathrm{a}}}\right)}{\sqrt{N_{\mathrm{D}}{}^2+p_0{}^2\operatorname{cosech}^2\left(\frac{W}{L_{\mathrm{a}}}\right)}}\right]_0^W$$

$$=-\frac{I_{\mathrm{CEI}}(x)}{(b+1/b)}\frac{L_{\mathrm{a}}}{\mu_{\mathrm{n}}Aq}\frac{2}{\sqrt{N_{\mathrm{D}}{}^2+p_0{}^2\operatorname{cosech}^2\left(\frac{W}{L_{\mathrm{a}}}\right)}}$$

$$\cdot\left[\operatorname{arctanh}^{-1}\frac{N_{\mathrm{D}}\tanh\left(\frac{W-x}{2L_{\mathrm{a}}}\right)-p_0\operatorname{cosech}\left(\frac{W}{L_{\mathrm{a}}}\right)}{\sqrt{N_{\mathrm{D}}{}^2+p_0{}^2\operatorname{cosech}^2\left(\frac{W}{L_{\mathrm{a}}}\right)}}\right]_0^W \tag{A5.6.3}$$

其中，采用了公式（1/2）$\ln[(1+x)/(1-x)]=\tanh^{-1}x$ 或者应用 $\ln[(1+x)/(1-x)]=2\tanh^{-1}x$。因为 $\tanh^{-1}A-\tanh^{-1}B=\tanh^{-1}[(A+B)/(1-AB)]$，所以在式（A5.6.3）中的方括号项简化为

$$=\operatorname{arctanh}^{-1}\frac{-p_0\operatorname{cosech}\left(\frac{W}{L_{\mathrm{a}}}\right)}{\sqrt{N_{\mathrm{D}}{}^2+p_0{}^2\operatorname{cosech}^2\left(\frac{W}{L_{\mathrm{a}}}\right)}}$$

$$-\operatorname{arctanh}^{-1}\frac{N_{\mathrm{D}}\tanh\left(\frac{W}{2L_{\mathrm{a}}}\right)-p_0\operatorname{cosech}\left(\frac{W}{L_{\mathrm{a}}}\right)}{\sqrt{N_D{}^2+p_0{}^2\operatorname{cosech}^2\left(\frac{W}{L_{\mathrm{a}}}\right)}}$$

$$=\operatorname{arctanh}^{-1}\frac{\dfrac{-p_0\operatorname{cosech}\left(\frac{W}{L_{\mathrm{a}}}\right)-\left[N_{\mathrm{D}}\tanh\left(\frac{W}{2L_{\mathrm{a}}}\right)-p_0\operatorname{cosech}\left(\frac{W}{L_{\mathrm{a}}}\right)\right]}{\sqrt{N_{\mathrm{D}}{}^2+p_0{}^2\operatorname{cosech}^2\left(\frac{W}{L_{\mathrm{a}}}\right)}}}{1-\dfrac{-p_0\operatorname{cosech}\left(\frac{W}{L_{\mathrm{a}}}\right)\left[N_{\mathrm{D}}\tanh\left(\frac{W}{2L_{\mathrm{a}}}\right)-p_0\operatorname{cosech}\left(\frac{W}{L_{\mathrm{a}}}\right)\right]}{N_{\mathrm{D}}^2+p_0{}^2\operatorname{cosech}^2\left(\frac{W}{L_{\mathrm{a}}}\right)}}$$

$$=\operatorname{arctanh}^{-1}\frac{\begin{array}{c}-p_0\operatorname{cosech}\left(\frac{W}{L_{\mathrm{a}}}\right)-\left[N_{\mathrm{D}}\tanh\left(\frac{W}{2L_{\mathrm{a}}}\right)-p_0\operatorname{cosech}\left(\frac{W}{L_{\mathrm{a}}}\right)\right]\\ \cdot\left[N_{\mathrm{D}}^2+p_0{}^2\operatorname{cosech}^2\left(\frac{W}{L_{\mathrm{a}}}\right)\right]\\ \hline \sqrt{N_{\mathrm{D}}^2+p_0{}^2\operatorname{cosech}^2\left(\frac{W}{L_{\mathrm{a}}}\right)}\end{array}}{\begin{array}{c}N_{\mathrm{D}}^2+p_0{}^2\operatorname{cosech}^2\left(\frac{W}{L_{\mathrm{a}}}\right)-\left[-p_0\operatorname{cosech}\left(\frac{W}{L_{\mathrm{a}}}\right)\right]\\ \cdot\left[N_{\mathrm{D}}\tanh\left(\frac{W}{2L_{\mathrm{a}}}\right)-p_0\operatorname{cosech}\left(\frac{W}{L_{\mathrm{a}}}\right)\right]\end{array}}$$

$$\left\{-p_0\operatorname{cosech}\left(\frac{W}{L_a}\right)-\left[N_D\tanh\left(\frac{W}{2L_a}\right)-p_0\operatorname{cosech}\left(\frac{W}{L_a}\right)\right]\right\}$$

$$=\operatorname{arctanh}^{-1}\frac{\cdot\sqrt{N_D^2+p_0{}^2\operatorname{cosech}^2\left(\frac{W}{L_a}\right)}}{N_D^2+p_0{}^2\operatorname{cosech}^2\left(\frac{W}{L_a}\right)-\left[-p_0\operatorname{cosech}\left(\frac{W}{L_a}\right)\right]}$$

$$\cdot\left[N_D\tanh\left(\frac{W}{2L_a}\right)-p_0\operatorname{cosech}\left(\frac{W}{L_a}\right)\right]$$

$$=\operatorname{arctanh}^{-1}\frac{-N_D\tanh\left(\frac{W}{L_a}\right)\sqrt{N_D^2+p_0{}^2\operatorname{cosech}^2\left(\frac{W}{L_a}\right)}}{N_D{}^2-\left[-p_0\operatorname{cosech}\left(\frac{W}{L_a}\right)\right]N_D\tanh\left(\frac{W}{2L_a}\right)}$$

$$=\operatorname{arctanh}^{-1}\frac{\tanh\left(\frac{W}{L_a}\right)\sqrt{N_D^2+p_0{}^2\operatorname{cosech}^2\left(\frac{W}{L_a}\right)}}{N_D+p_0\operatorname{cosech}\left(\frac{W}{L_a}\right)\tanh\left(\frac{W}{2L_a}\right)} \tag{A5.6.4}$$

因为 $\tanh^{-1}(x)=-\tan^{-1}(x)$。

附录5.7 式（5.81）的推导和1-D线性元件等效导电网络的构建

考虑半离散热方程式（5.80），温度 $T(x,t)=\sum_i^n d_i(t)N_i(x)$，其中 d_i 是节点 i 处的温度，N_i 是相应的有限元基函数。全局矩阵 $\boldsymbol{M}$，$\boldsymbol{K}$ 和 $\boldsymbol{F}$ 是由元素矩阵 $\boldsymbol{m}_e$，$\boldsymbol{k}_e$ 和 $\boldsymbol{f}_e$ 构成的，表示为[1]

$$\boldsymbol{M}=\bigoplus_{e=1}^{\text{ncl}}\boldsymbol{m}_e \quad \boldsymbol{m}_e=[(m_e)_{ij}],\ \text{其中}\ (m_e)_{ij}=\rho c_p A\int_{\Omega_e}N_iN_j\mathrm{d}\Omega_e \tag{A5.7.1}$$

$$\boldsymbol{K}=\bigoplus_{e=1}^{\text{ncl}}\boldsymbol{k}_e \quad \boldsymbol{k}_e=[(k_e)_{ij}],\ \text{其中}\ (m_e)_{ij}=kA\int_{\Omega_e}\nabla N_i\cdot\nabla N_j\mathrm{d}\Omega_e+hA\int_{\Gamma_2}N_iN_j\mathrm{d}\Gamma_2 \tag{A5.7.2}$$

$$\boldsymbol{F}=\bigoplus_{e=1}^{\text{ncl}}\boldsymbol{f}_e \quad \boldsymbol{f}_e=[(f_e)_{ij}],\ \text{其中}\ (m_e)_{ij}=P\int_{\Gamma_1}N_i\mathrm{d}\Gamma_1+hAT_a\int_{\Gamma_2}N_i\mathrm{d}\Gamma_2+A\int_{\Omega_e}gN_i\mathrm{d}\Omega_e \tag{A5.7.3}$$

式中，Ω_e，Γ_1 和 Γ_2 分别为半导体自热、电学和热系统问题的数学领域中定义的界限（见图A5.7.1a）；ρ 为质量密度；c_p 为比热，A 为输入功率的横截面积；k 为热导率；h 为对流系数；P 是从边界 Γ_1 的输入功率；g 为产生的热；T_a 为环境温度。在这些公式中，式（A5.7.1）和式（A5.7.2）的第一项表示传导现象，式（A5.7.2）和式（A5.7.3）的第二项表示对流效应，而式（A5.7.3）的第一和第三项分别为输入功率和发热效应。

为了得到一维等效热网络，使用以下长度坐标（见图A5.7.1b）：

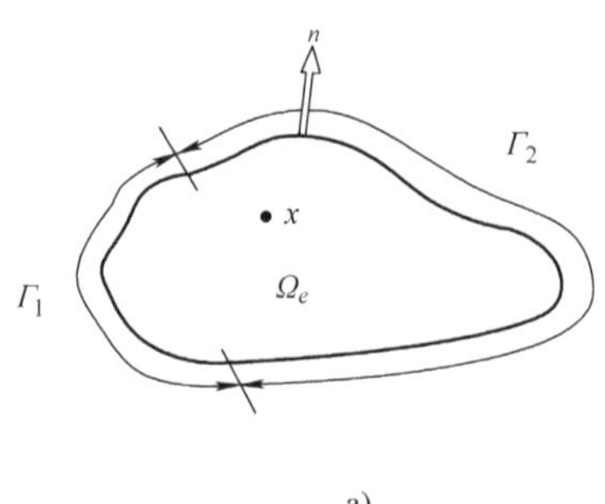

a)

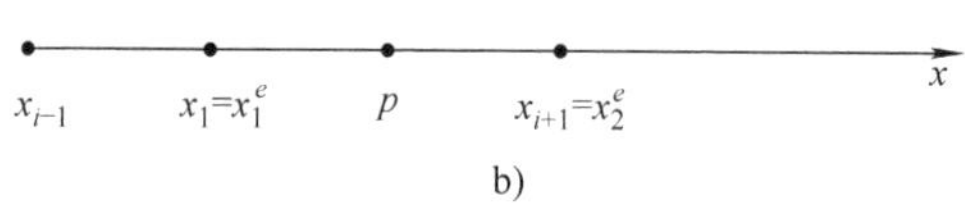

b)

图 A5.7.1 a）问题的数学域 b）长度坐标

$$L_1=\frac{距离(px_2^e)}{距离(x_1^e x_2^e)}=\frac{x_2^e-x}{\delta_x},\quad L_2=\frac{距离(px_1^e)}{距离(x_1^e x_2^e)}=\frac{x-x_1^e}{\delta_x} \tag{A5.7.4}$$

式中，$\delta_x=x_2^e-x_1^e$，在 $x=x_1^e$ 时，$(L_1, L_2)=(1, 0)$；在 $x=x_2^e$ 时，$(L_1, L_2)=(0, 1)$。通过应用式（A5.7.5）[2]计算公式（A5.7.1）~式（A5.7.3）

$$\int L_1^a L_2^b d\Omega_e=\frac{a!b!}{(a+b+1)!}\delta_x \tag{A5.7.5}$$

一维线性元素的基函数是

$$N_1(x)=L_1,\ N_2(x)=L_2 \tag{A5.7.6}$$

它们的导数为

$$\nabla N_1(x)=\frac{\mathrm{d}L_1}{\mathrm{d}x}=\frac{\mathrm{d}}{\mathrm{d}x}\left(\frac{x_2^e-x}{\delta_x}\right)=\frac{0-1}{\delta_x}=-\frac{1}{\delta_x} \tag{A5.7.7}$$

$$\nabla N_2(x)=\frac{\mathrm{d}L_2}{\mathrm{d}x}=\frac{\mathrm{d}}{\mathrm{d}x}\left(\frac{x-x_1^e}{\delta_x}\right)=\frac{1-0}{\delta_x}=\frac{1}{\delta_x} \tag{A5.7.8}$$

用上标 e 表示导电项，矩阵 $\boldsymbol{m}_e$的元素从式（A5.7.5）获得

$$\begin{aligned}(m_e^d)_{11}&=\rho c_p A\int_{\Omega_e}N_1N_2\mathrm{d}\Omega_e=\rho c_p A\int_{\Omega_e}L_1L_2\mathrm{d}\Omega_e=\rho c_p A\int_{\Omega_e}L_1L_1\mathrm{d}\Omega_e\\&=\rho c_p A\int_{\Omega_e}L_1^2\mathrm{d}\Omega_e=\rho c_p A\int_{\Omega_e}L_1^2L_2^0\mathrm{d}\Omega_e=\rho c_p A\frac{2!0!}{(2+0+1)!}\delta_x\\&=\rho c_p A\times\frac{2!}{3!}=\frac{1}{3}\rho c_p A\delta_x\end{aligned} \tag{A5.7.9}$$

$$\begin{aligned}(m_e^d)_{12}&=\rho c_p A\int_{\Omega_e}N_1N_2\mathrm{d}\Omega_e=\rho c_p A\int_{\Omega_e}L_1L_2\mathrm{d}\Omega_e=\rho c_p A\int_{\Omega_e}L_1^1L_2^1\mathrm{d}\Omega_e\\&=\rho c_p A\frac{1!1!}{(1+1+1)!}\delta_x=\frac{1}{3!}\rho c_p A\delta_x=\frac{1}{3\times2\times1}\rho c_p A\delta_x=\frac{1}{6}\rho c_p A\delta_x\end{aligned} \tag{A5.7.10}$$

$$(m_e^d)_{21} = \rho c_p A\int_{\Omega_e} N_2 N_1 \mathrm{d}\Omega_e = \rho c_p A\int_{\Omega_e} L_2 L_1 \mathrm{d}\Omega_e = \rho c_p A\int_{\Omega_e} L_2^1 L_1^1 \mathrm{d}\Omega_e$$

$$=\rho c_p A\frac{1!1!}{(1+1+1)!}\delta_x = \frac{1}{3!}\rho c_p A\delta_x = \frac{1}{3\times2\times1}\rho c_p A\delta_x = \frac{1}{6}\rho c_p A\delta_x \tag{A5.7.11}$$

$$(m_e^d)_{22} = \rho c_p A\int_{\Omega_e} N_1 N_2 \mathrm{d}\Omega_e = \rho c_p A\int_{\Omega_e} L_1 L_2 \mathrm{d}\Omega_e = \rho c_p A\int_{\Omega_e} L_2 L_2 \mathrm{d}\Omega_e$$

$$=\rho c_p A\int_{\Omega_e} L_2^2 \mathrm{d}\Omega_e = \rho c_p A\int_{\Omega_e} L_2^2 L_1^0 \mathrm{d}\Omega_e \tag{A5.7.12}$$

$$=\rho c_p A\frac{2!0!}{(2+0+1)!}\delta_x = \rho c_p A\times\frac{2!}{3!} = \frac{1}{3}\rho c_p A\delta_x$$

将式（A5.7.9）~式（A5.7.12）中给出的矩阵 $\boldsymbol{m}_e^d$ 的元素组合在一起，得到

$$\boldsymbol{m}_e^d = \begin{bmatrix} (m_e^d)_{11} & (m_e^d)_{12} \\ (m_e^d)_{21} & (m_e^d)_{22} \end{bmatrix} = \begin{bmatrix} \frac{1}{3}\rho c_p A\delta_x & \frac{1}{6}\rho c_p A\delta_x \\ \frac{1}{6}\rho c_p A\delta_x & \frac{1}{3}\rho c_p A\delta_x \end{bmatrix} = \rho c_p A\delta_x \begin{bmatrix} \frac{1}{3} & \frac{1}{6} \\ \frac{1}{6} & \frac{1}{3} \end{bmatrix} \tag{A5.7.13}$$

类似地，矩阵 $\boldsymbol{k}_e$ 的元素计算如下：

$$(k_e^d)_{11} = kA\int_{\Omega_e} \nabla N_1 \cdot \nabla N_1 \mathrm{d}\Omega_e = kA\int_{\Omega_e}\left(-\frac{1}{\delta_x}\right)\cdot\left(-\frac{1}{\delta_x}\right)\mathrm{d}\Omega_e$$
$$= \frac{kA}{(\delta_x)^2}\int_{\Omega_e} L_1^0 L_2^0 \mathrm{d}\Omega_e = \frac{kA}{(\delta_x)^2}\frac{0!0!}{(0+0+1)!}\delta_x = \frac{kA}{\delta_x} \tag{A5.7.14}$$

$$(k_e^d)_{12} = kA\int_{\Omega_e} \nabla N_1 \cdot \nabla N_2 \mathrm{d}\Omega_e = kA\int_{\Omega_e}\left(-\frac{1}{\delta_x}\right)\cdot\left(\frac{1}{\delta_x}\right)\mathrm{d}\Omega_e$$
$$= \frac{kA}{(\delta_x)^2}\int_{\Omega_e} L_1^0 L_2^0 \mathrm{d}\Omega_e = -\frac{kA}{(\delta_x)^2}\frac{0!0!}{(0+0+1)!}\delta_x = -\frac{kA}{\delta_x} \tag{A5.7.15}$$

$$(k_e^d)_{21} = kA\int_{\Omega_e} \nabla N_2 \cdot \nabla N_1 \mathrm{d}\Omega_e = kA\int_{\Omega_e}\left(\frac{1}{\delta_x}\right)\cdot\left(-\frac{1}{\delta_x}\right)\mathrm{d}\Omega_e$$
$$= \frac{kA}{(\delta_x)^2}\int_{\Omega_e} L_1^0 L_2^0 \mathrm{d}\Omega_e = \frac{kA}{(\delta_x)^2}\frac{0!0!}{(0+0+1)!}\delta_x = -\frac{kA}{\delta_x} \tag{A5.7.16}$$

$$(k_e^d)_{22} = kA\int_{\Omega_e} \nabla N_2 \cdot \nabla N_2 \mathrm{d}\Omega_e = kA\int_{\Omega_e}\left(\frac{1}{\delta_x}\right)\cdot\left(\frac{1}{\delta_x}\right)\mathrm{d}\Omega_e$$
$$= \frac{kA}{(\delta_x)^2}\int_{\Omega_e} L_1^0 L_2^0 \mathrm{d}\Omega_e = \frac{kA}{(\delta_x)^2}\frac{0!0!}{(0+0+1)!}\delta_x = \frac{kA}{\delta_x} \tag{A5.7.17}$$

将式（A5.7.14）~式（A5.7.17）中给出的矩阵 $\boldsymbol{k}_e^d$ 的元素组合在一起，得到

$$\boldsymbol{k}_e^d = \begin{bmatrix} (k_e^d)_{11} & (k_e^d)_{12} \\ (k_e^d)_{21} & (k_e^d)_{22} \end{bmatrix} = \begin{bmatrix} \frac{kA}{\delta_x} & -\frac{kA}{\delta_x} \\ -\frac{kA}{\delta_x} & \frac{kA}{\delta_x} \end{bmatrix} = \frac{kA}{\delta_x}\begin{bmatrix} 1 & -1 \\ -1 & 1 \end{bmatrix} \tag{A5.7.18}$$

矩阵 $\boldsymbol{m}_e^d$ 是通过三个电容器实现的，如下所示[1]：

$$C_1^d = C' = (m_e^d)_{11} + (m_e^d)_{12} = \frac{1}{3}\rho c_p A\delta_x + \frac{1}{6}\rho c_p A\delta_x = \frac{1}{2}\rho c_p A\delta_x \tag{A5.7.19}$$

$$C_2^d = C = -(m_e^d)_{12} = -\frac{1}{6}\rho c_p A\delta_x \tag{A5.7.20}$$

$$C_3^d = C' = (m_e^d)_{21} + (m_e^d)_{22} = \frac{1}{6}\rho c_p A\delta_x + \frac{1}{3}\rho c_p A\delta_x = \frac{1}{2}\rho c_p A\delta_x \tag{A5.7.21}$$

同样，矩阵 $\boldsymbol{k}_e^d$ 是通过电阻实现的[1]

$$R^d = R = -\frac{1}{(k_e^d)_{12}} = \frac{\delta_x}{kA} \tag{A5.7.22}$$

而且，因为

$$\frac{1}{(k_e^d)_{11} + (k_e^d)_{12}} = \frac{1}{\dfrac{kA}{\delta_x} + \left(-\dfrac{kA}{\delta_x}\right)} = \frac{1}{0} = \infty \tag{A5.7.23}$$

$$\frac{1}{(k_e^d)_{21} + (k_e^d)_{22}} = \frac{1}{\left(-\dfrac{kA}{\delta_x}\right) + \dfrac{kA}{\delta_x}} = \frac{1}{0} = \infty \tag{A5.7.24}$$

两个元件节点和地之间没有连接电阻。因此，构造了用于一维线性元件的等效导电电路网络。

参考文献

1. J. T. Hsu and L. Vu-Quoc, A Rational Formulation of Thermal Circuit Models for Electrothermal Simulation—Part I: Finite Element Method, *IEEE Trans. Circuits & Systems—I: Fundamental Theory and Applications*, Vol. 43, No. 9, September 1996, pp. 721-732.
2. O. C. Zienkiewicz and R. L. Taylor, *The Finite Element Method*, Vol. 1, 4th Edition, McGraw Hill, New York, 1989.

第 6 章 Chapter 6

IGBT中寄生晶闸管的闩锁

6.1 引言

“闩锁”是一个闸门或门的固定物。当闩锁发生时，IGBT 与连续电流传导状态相关联。因此，施加的栅极电压对输出集电极电流没有影响。不同栅极电压下，IGBT 的输出集电极电流特性变为一条与栅极电压无关的曲线，观察到的现象是 IGBT 的正向电压下降。因此，可以将其定义为 IGBT 的高电流状态，并伴有崩塌或低压状态，只有通过集电极电压的极性反转或关断该电压才能使闩锁停止。在 DC 或 AC 应用中，器件中产生的热量可能是巨大的，从而导致其烧毁。

已经明确了两种不同的 IGBT 闩锁模式，即静态和动态。当 IGBT 处于正向导通状态时发生静态闩锁，当电流密度超过极限临界值时会发生这种情况，因此在这种模式下，集电极电压很低而集电极电流很大。对 IGBT 的无损检测表明闩锁过程并不局限于 IGBT 中的局部区域，而是扩散到其大部分有源区域。当集电极电流和集电极电压都很高时，在开关期间会发生动态闩锁。但动态闩锁所需的电流密度低于静态模式。在如图 6.1 所示 AC 电路中，在集电极 - 发射极电压波形的正半周期内施加栅极 - 发射极电压使 IGBT 开启。现在，为了关断 IGBT，没有必要去除栅极 - 发射极电压，因为在集电极 - 发射极电压的负半周期，该电压的方向反转并且 IGBT 经历反向恢复。以这种方式关断 IGBT，在不撤销栅极 - 发射极电压的情况下，动态闩锁电流密度等于静态闩锁电流密度。如果现在在 IGBT 关断期间去除栅极 - 发射极电压，则闩锁的动态电流密度将小于静态的情况。在动态工作期间由栅极控制的关断引起的闩锁电流密度的降低与在器件的稳态工作期间遇到的闩锁明显不同。

在 IGBT 关断期间，快速消失的内部 MOSFET 动作导致在基极电阻 R_b 反方向上会产生大量的空穴流，从而形成电压降。当该电压降超过 0.7V 时，从 N^+ 发射区向 P 型基区注入大量电子。因此，在动态模式中，由于过量的空穴流，闩锁发生在集电极电流值较低时。在要求强制栅极关断的电路中，IGBT 通常用于确保动态闩锁电流远远大于最大的工作电流。由于静态闩锁电流小于动态闩锁电流，因此施加此设计约束将有助于避免静态闩锁。因此，它可以被视为最坏情况的设计标准，如果满足该标准，则将保证器件在所有工作条件下非闩锁地工作。

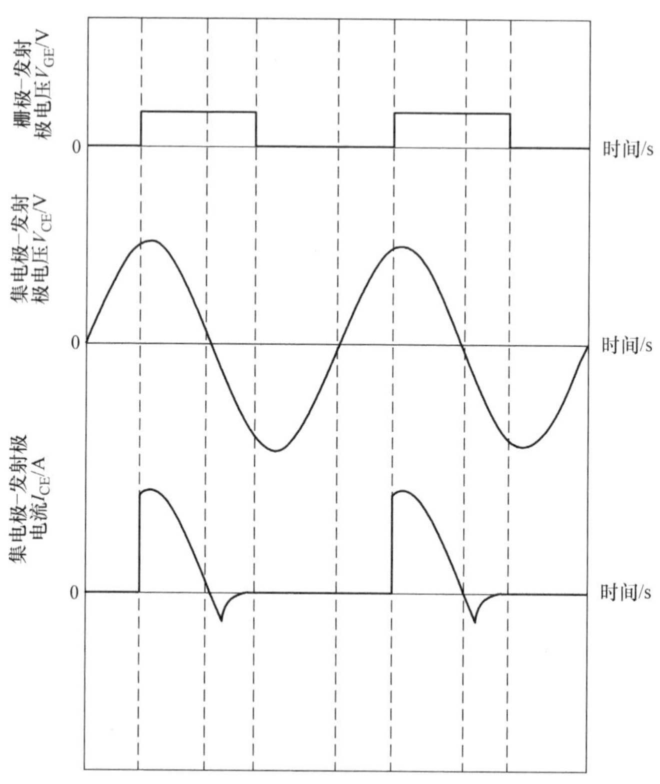

图 6.1　通过集电极-发射极电压的作用（即没有强制栅极-发射极电压关断）进行反向恢复的 IGBT 的栅极和集电极-发射极电压/集电极-发射极电流开关波形

这里要指出的是，如果关断过程可以减慢，则大部分涌入的空穴将在漂移区中重新复合，那么闩锁的可能性相对较小。这个问题的一个简单的电路解决方案是使用更大的栅极-发射极串联电阻 R_{GB} 来降低关断速度（见图 6.2）。此外，一个较小的栅极-发射极电压（15V）

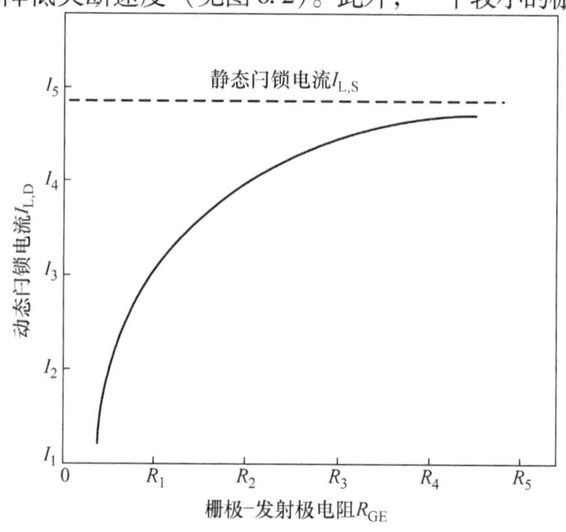

图 6.2　IGBT 的动态闩锁电流随栅极-发射极串联电阻的增加而增加（$R_5 > R_4 > R_3$，…，），对于较高的 R_{GE} 值，动态闩锁电流接近静态极限

可将集电极电流保持在合理范围内，并降低闩锁的可能性。其他预防闩锁的技术要求在器件设计时对掺杂分布进行适当的修改，并对图形和尺寸进行调整[1]。这些将在第6.4节中进行讨论。

6.2 静态闩锁

在静态闩锁情况下，IGBT中上面的NPN型晶体管不再处于有源状态。横向流入P型基区的空穴流 I_p 穿过 N^+ 发射区下方的路径，并被发射区/P型基区短路处的发射极金属收集（见图6.3）。这个横向流动的空穴流在X点使 N^+ 发射区/P型基区结正向偏置。尽管空穴收集是沿着P型基区的整个长度发生的，但是为了计算 N^+P 结上的正向压降，可以使用在整个发射极长度 L_E 下移动的有效空穴流。如果 R_p 是 N^+ 发射区下的P型基区的电阻，则可以得到

$$V_X = R_P I_p \tag{6.1}$$

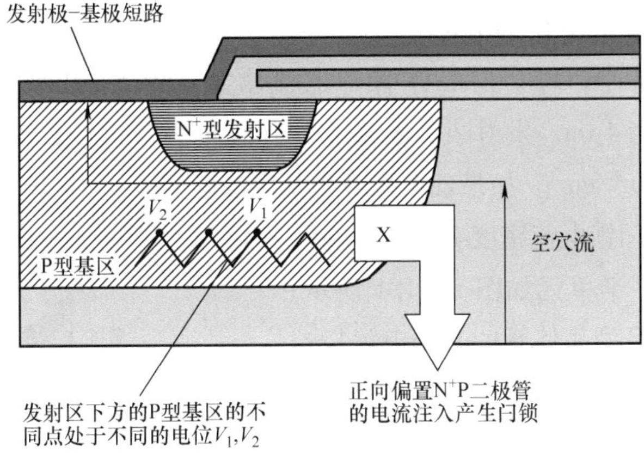

图6.3 导致闩锁产生的IGBT区域

但空穴电流 I_p［见式（5.20）］与流过MOSFET沟道的电子电流 I_n 有关

$$I_p = \frac{\alpha_{PNP} I_n}{1 - \alpha_{PNP}} \tag{6.2}$$

式中，α_{PNP} 为PNP型晶体管的电流增益。此外，发射极电流由式（6.3）给出

$$I_E = I_p + I_n = \frac{I_n}{1 - \alpha_{PNP}} \tag{6.3}$$

将式（6.2）和式（6.3）代入式（6.1），得到

$$V_X = \alpha_{PNP} R_P I_{CE} \tag{6.4}$$

当组成晶体管的电流增益总和（$\alpha_{NPN} + \alpha_{PNP}$）等于1时［见式（4.70）］，发生闩

锁，即

$$\alpha_{\mathrm{NPN}} + \alpha_{\mathrm{PNP}} = 1 \tag{6.5}$$

为了增加 NPN 型晶体管的电流增益，使其达到该条件的有效值，N^+P 结上的正向偏置必须等于该结的内建电势（$V_{\mathrm{bi}} = 0.7\mathrm{V}$）。因此，稳态闩锁电流表示为

$$I_{\mathrm{L,SS}} = \frac{V_{\mathrm{bi}}}{\alpha_{\mathrm{PNP}} R_{\mathrm{P}}} \tag{6.6}$$

但

$$R_{\mathrm{P}} \propto \rho_{\mathrm{sp}} L_{\mathrm{E}} \tag{6.7}$$

式中，ρ_{sp}为 P 型基区的方块电阻。因此

$$I_{\mathrm{L,SS}} \propto \frac{V_{\mathrm{bi}}}{\alpha_{\mathrm{PNP}} \rho_{\mathrm{sp}} L_{\mathrm{E}}} \tag{6.8}$$

或者简单地说，IGBT 稳态闩锁的必要条件是 $\alpha_{\mathrm{NPN}} + \alpha_{\mathrm{PNP}} \geqslant 1$，其中 IGBT 可以像晶闸管一样进行闩锁。式（6.8）提出了闩锁问题的解决方案。通过以下方式可以提高闩锁电流：①降低 PNP 型晶体管的电流增益 α_{PNP}；②降低 P 型基区的方块电阻 ρ_{sp}；③使用更短的总发射区长度 L_{E}；④以上三种方法的组合。

例 6.1 在 IGBT 中，PNP 型晶体管的电流增益为 0.5。P 型基区掺杂浓度为 $9 \times 10^{16}/\mathrm{cm}^3$，扩散深度为 4μm。发射区扩散通过一个 5μm 窗口进行，深度为 1μm。测得器件的闩锁电流密度为 $900\mathrm{A/cm}^2$。如果现在将 P 型基区浓度变为 $1.5 \times 10^{17}/\mathrm{cm}^3$ 并且发射区扩散窗口取 2μm，那么对闩锁电流密度有什么影响？

这个例子中 IGBT 半单元如图 E6.1.1 所示。在第一种情况下，PNP 型晶体管的共基电流增益 α_{PNP}为 0.5，P 型基区的方块电阻$\rho_{\mathrm{s,p}}$表示为电阻率/结深度 = [1/(载流子浓度 × 电子电荷 × 迁移率)]/结深度 = $[1/(9 \times 10^{16} \times 1.6 \times 10^{-19} \times 480)]/4 \times 10^{-4} = 361.69\Omega/\square$。考虑到横向扩散是垂直结深度的 80%，故发射区长度 $L_{\mathrm{E}} = 5 + 2 \times 0.8 = 6.6\mu\mathrm{m}$。静态的闩锁电流密度 $J_{\mathrm{L,SS}}$为 $900\ \mathrm{A/cm}^2$。由式（6.8），$900 = k/0.5 \times 361.69 \times 6.6 \times 10^{-4}$，其中 k 是包含 V_{bi}的比例常数。这个公式给出 $k = 107.42$。在第二种情况下，$\rho_{\mathrm{s,p}} = [1/(1.5 \times 10^{17} \times 1.6 \times 10^{-19} \times 480)]/4 \times 10^{-4} = 217\Omega/\square$。$L_{\mathrm{E}} = 2 + 2 \times 0.8 = 3.6\mu\mathrm{m} = 3.6 \times 10^{-4}\mathrm{cm}$。因此，$J_{\mathrm{L,SS}} = 107.42/0.5 \times 217 \times 3.6 \times 10^{-4} = 2750.12\mathrm{A/cm}^2$。

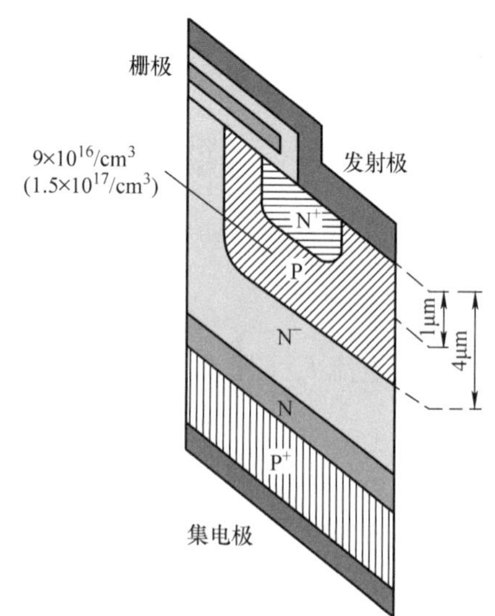

图 E6.1.1 例 6.1 中的 IGBT

6.3 动态闩锁

6.3.1 具有电阻负载的对称 IGBT 的闩锁

回顾2.1.2节中关于对称和非对称IGBT的讨论。在一个对称的IGBT中，N型基区中的掺杂浓度分布是均匀的。它具有层结构：P^+衬底/N^-基区/P型基区/N^+发射区。对于小的栅极-发射极电阻 R_{GE}，在一个DC电路（见图6.4a）中的电阻性负载关断的电流和电压波形如图6.4b所示。在 $t=t_1$ 时刻，集电极-发射极电压 V_{CE} 从IGBT的正向压降 V_F 急剧增加到由集电极-发射极电流下降 ΔI_{CE} 确定的值 V_1。由于 $V_F \ll$ 电源电压 V_s，可以得到

$$V_1 = \Delta I_{CE} R_L \tag{6.9}$$

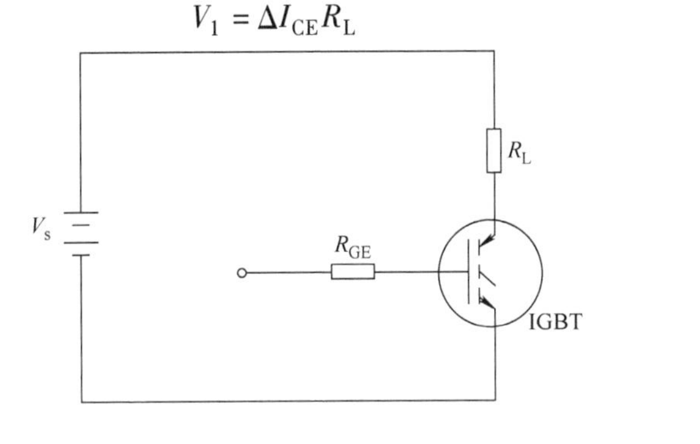

a)

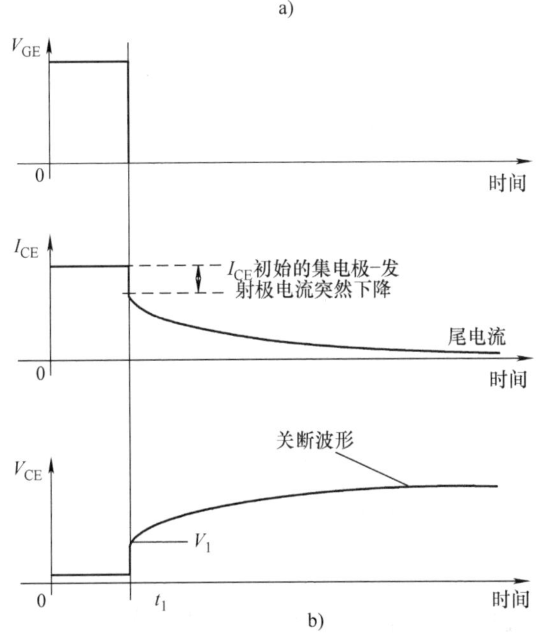

b)

图6.4 带有电阻负载的IGBT的强制的关断

a) 电路 b) 波形

当这个电压施加在P型基区和N型基区结的耗尽区时，耗尽区主要扩展到低掺杂的N^-基区中。这缩短了IGBT中PNP型晶体管未耗尽的基区宽度，从而增加了在关断时刻 t_1 时的

电流增益 α_{PNP}。因此，在 $t=t_1$ 发生关断时，电流增益为［附录4.8，式（A4.8.17）］

$$\alpha_{PNP,DR}=\frac{1}{\cosh(W_{DR}/L_a)} \tag{6.10}$$

式中，下标中的 D 表示动态关断，R 表示电阻性负载。在这个晶体管中未耗尽的基区宽度为

$$W_{DR}=2d-\sqrt{\frac{2\varepsilon_0\varepsilon_s V_1}{qN_D}} \tag{6.11}$$

式中，$2d$ 为 N^- 基区厚度。这是因为未耗尽的基区宽度 W_{DR} = 总基区厚度 - 耗尽区宽度。

因此，应用式（4.13），得到

$$W_{DR}=2d-\sqrt{\frac{2\varepsilon_0\varepsilon_s(\phi_0-v_a)(N_A+N_D)}{qN_AN_D}}\approx 2d-\sqrt{\frac{2\varepsilon_0\varepsilon_s V_1(N_A+N_D)}{qN_AN_D}}$$

$$=2d-\sqrt{\frac{2\varepsilon_0\varepsilon_s V_1\left(\frac{1}{N_D}+\frac{1}{N_A}\right)}{q}}\approx 2d-\sqrt{\frac{2\varepsilon_0\varepsilon_s V_1\cdot\frac{1}{N_D}}{q}}$$

式中，ϕ_0-v_a 被 V_1 取代，并且分子和分母都除以 N_AN_D。此外，由于 $N_D \ll N_A$，故 P^+N 二极管的 $(1/N_D)\gg(1/N_A)$。

然而，在 $t<t_1$ 关断之前，PNP 型晶体管的电流增益为

$$\alpha_{PNP}=\frac{1}{\cosh(2d/L_a)}=2\exp(-2d/L_a) \tag{6.12}$$

因为 IGBT 处于正向偏置的导通状态。因此，在小的正向偏置的耗尽层宽度是不显著的。式（6.12）成立的理由如下：

$$\frac{1}{\cosh(2d/L_a)}=\frac{1}{\dfrac{\exp(2d/L_a)+\exp(-2d/L_a)}{2}}$$

$$=\frac{2}{\exp(2d/L_a)+\exp(-2d/L_a)}$$

取参数的典型值，如 $d=100\mu m$，$D_n=34.96cm^2/s$，$D_p=12.43cm^2/s$，$D_a=2\times34.96\times12.43/(34.96+12.43)=18.34cm^2/s$，得到载流子寿命 $\tau_a=5\mu s$，$L_a=\sqrt{D_a\tau_a}=\sqrt{18.34\times5\times10^{-6}}=0.0096cm$。那么 $\exp(2d/L_a)=\exp(2\times100\times10^{-4}/0.0096)=8.03$，而 $\exp(-2d/L_a)=0.12$。但是对于 $\tau_a=10\mu s$，$L_a=0.01354\mu m$。因此，$\exp(2d/L_a)=4.38$，而 $\exp(-2d/L_a)=0.228$。然而，$\exp(2d/L_a)/\exp(-2d/L_a)$ 从 66.91 减少到 19.21，寿命从 $5\mu s$ 增加到 $10\mu s$，但 $\exp(2d/L_a)$ 仍然比 $\exp(-2d/L_a)$ 大得多。因此

$$\frac{1}{\cosh(2d/L_a)}\approx\frac{2}{\exp(2d/L_a)}=2\exp(-2d/L_a)$$

现在式（6.10）表示关断后（$t>t_1$）增加的电流增益，而式（6.12）给出关断前（$t<t_1$）较低的电流增益。尽管在 $t\geqslant t_1$ 时电流增益突然上升，但关断后在 P 型基区中流动的空穴电流仍然与关断前相同。当满足以下条件时发生闩锁：

$$\alpha_{NPN,DR}+\alpha_{PNP,DR}\geqslant 1 \tag{6.13}$$

或

$$\alpha_{NPN,DR} = 1 - \alpha_{PNP,DR} \tag{6.14}$$

因为 $\alpha_{PNP,DR} > \alpha_{PNP,SS}$，发生闩锁时空穴电流 I_h 很明显，所以关断前的稳态集电极电流 I_{CE} 小于静态闩锁时，这就是动态闩锁发生在较低的集电极 - 发射极电流值的原因。假设 α_{PNP} 和 I_h 是线性相关的，可以立即得到动态和静态闩锁电流的比为

$$\begin{aligned} I_{L,DR}/I_{L,SS} &= I_{p,DR}/I_{p,SS} = \alpha_{NPN,DR}/\alpha_{NPN,SS} = (1 - \alpha_{PNP,DR})(1 - \alpha_{PNP,SS}) \\ &= \frac{\exp(2d/L_a) - 2\exp(\sqrt{2\varepsilon_0\varepsilon_s V_1/qN_D L_a^2})}{\exp(2d/L_a) - 2} \\ &= \frac{\exp(2d/L_a) - 2\exp(\sqrt{2\varepsilon_0\varepsilon_s \Delta I_{CE} R_L/qN_D L_a^2})}{\exp(2d/L_a) - 2} \end{aligned} \tag{6.15}$$

代入 V_1 的表达式（6.9）。式（6.15）推导见附录6.1。

注意到在稳态正向传导期间 ΔI_{CE} 取决于 α_{PNP}，有

$$\Delta I_{CE} = I_n = (1 - \alpha_{PNP,SS}) I_{CE} \tag{6.16}$$

从式（5.13）中可以明显看出这个等式，因为 $I_{CE} \approx I_E$。此外，忽略 IGBT 上的正向压降，可以得到

$$V_s = I_{CE} R_L \tag{6.17}$$

考虑到这些修改，闩锁电流比变为

$$\frac{I_{L,DR}}{I_{L,SS}} = \frac{\exp(2d/L_a) - 2\exp[\sqrt{2\varepsilon_0\varepsilon_s(1 - \alpha_{PNP,SS})V_s/qN_D L_a^2}]}{\exp(2d/L_a) - 2} \tag{6.18}$$

随着 DC 电源电压 V_s 增加，闩锁电流比增加。因此，对于更高的电源电压，IGBT 将更容易发生动态闩锁。降低 PNP 型晶体管的电流增益，如在电子辐射过程中增加开关速度一样，具有增加对动态电流闩锁的敏感性的效果。这与任何降低双极型晶体管的电流增益将有利于闩锁控制的想法相反。实际上，在 IGBT 经过寿命终止技术处理后，动态闩锁电流将会降低。实验研究证实了这一点。

例 6.2 在使用 400V 电源电压的一个电阻性负载的 DC 电路中，计算一个 NPT - IGBT 的动态闩锁电流与静态闩锁电流的比，假设 N^- 型基区掺杂浓度为 $1\times10^{14}/cm^3$，宽度为 200μm，N^- 基区中的双极型寿命为 10μs，电子和空穴的扩散系数为 $35cm^2/s$ 和 $12.4cm^2/s$。如果 DC 电源电压为 600V，会发生什么？如果将双极型寿命降至 1μs 但电源电压保持在 400V，会产生什么影响？

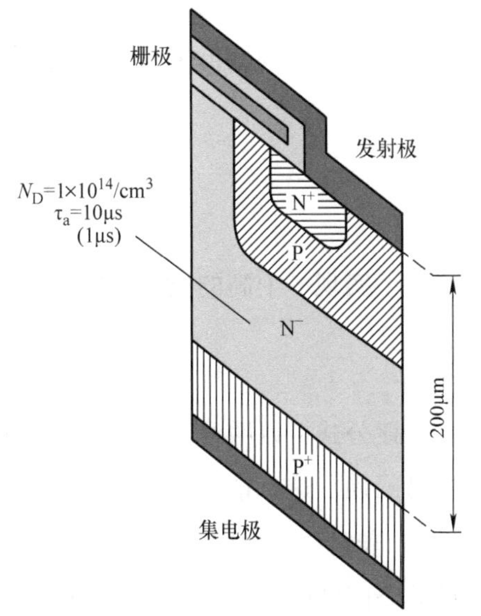

图 E6.2.1 例 6.2 中的 IGBT

图 E6.2.1 显示了 IGBT 的半单元。双极型扩散系数 D_a 为

$$D_a = 2D_n D_p/(D_n + D_p) \tag{E6.2.1}$$

式中，D_n 和 D_p 为电子和空穴的扩散系数。该等式给

出 $D_a = 18.3\text{cm}^2/\text{s}$。因此，双极型扩散长度 L_a 可以表示为

$$L_a = \sqrt{D_a \tau_a} \tag{E6.2.2}$$

式中，τ_a 为载流子寿命。因此，$L_a = \sqrt{18.3 \times 10 \times 10^{-6}} = 0.01353\text{cm}$。PNP 型晶体管电流增益 α_{PNP} 由式（E6.2.3）给出

$$\alpha_{PNP} = 1/\cosh(2d/L_a) \tag{E6.2.3}$$

式中，$2d$ 为 N 型基区宽度。这里假设发射极注入效率是 1。对于所讨论的 IGBT，得到 $\alpha_{PNP} = 1/\cosh(200 \times 10^{-4}/0.01353) = 0.4335$。另外，假定 $V_s = 400\text{V}$，在式（6.18）中代入上述值得到 $I_{L,DR}/I_{L,SS} = [\exp(200 \times 10^{-4}/0.01353) - 2\exp\sqrt{2 \times 8.854 \times 10^{-14} \times 11.9 \times (1-0.4335) \times 400/(1.6 \times 10^{-19} \times 1 \times 10^{14} \times 0.01353^2)}]/[\exp(200 \times 10^{-4}/0.01353) - 2] = (4.385 - 2.9949)/(4.385 - 2) = 1.3901/2.385 = 0.583$。

当 $V_s = 600\text{V}$ 时，有 $I_{L,DR}/I_{L,SS} = (4.385 - 3.2794)/2.385 = 0.4636$。使用 600V 电源电压与使用 400V 时相比，闩锁比恶化，动态闩锁发生在较低的电流密度。

如果载流子寿命减少到 1μs，则 $L_a = 4.28 \times 10^{-3}\text{cm}$，$\alpha_{PNP} = 0.0187$，$I_{L,DR}/I_{L,SS} = (107.007 - 10.73)/(107.007 - 2) = 0.9168$。由于 PNP 型晶体管的增益下降，故寿命终止使得动态闩锁电流密度的下降不那么严重。

6.3.2 具有电阻负载的非对称 IGBT 的闩锁

一个非对称 IGBT 具有以下层结构：P^+ 衬底/N^+ 缓冲层/N^- 基区/P 型基区/N^+ 发射区。这里，N^- 基区包括两个部分，即厚度为 d_{N-} 的较高电阻率的 N^- 层和厚度为 d_N 的较低电阻率的 N 型缓冲层。参考图 6.4，在电压 V_1 的任何值下，N^- 层完全耗尽而 N 型缓冲层也部分耗尽。假设稳态正向传导时的耗尽层宽度可以忽略不计，参照对称 IGBT 的程序推导出动态闩锁电流与静态闩锁电流之比。由该分析得出以下公式：

$$\frac{I_{L,DR}}{I_{L,SS}} = \frac{1 - \dfrac{1}{\cosh(d_N/L_a)}}{1 - \dfrac{1}{\cosh[(d_{N-} + d_N)/L_a]}} \tag{6.19}$$

为了实现一个高的正向击穿电压，d_N 和 d_{N-} 远大于扩散长度。那么（附录 6.2）

$$\frac{I_{L,DR}}{I_{L,SS}} = \frac{\exp(d_N/L_a) - 2}{\exp(d_N/L_a) - 2\exp(-d_{N-}/L_a)} \tag{6.20}$$

从该公式可以明显看出，使用带有电阻负载的不对称 IGBT 的强制栅极关断比对称结构更容易闩锁。这一推论来自以下观察：即使对于 V_1（在 t_1 时刻的集电极电压）$= V_s$（电源电压），非对称 IGBT 的 N^- 层厚度 d_{N-} 也小于对称 IGBT 的未耗尽基区宽度，使得非对称结构的动态闩锁电流减小得更多。因此，非对称 IGBT 更容易闩锁。

例 6.3 PT－IGBT 包括厚度为 40μm 的 N^- 基区和厚度为 10μm 的 N 型缓冲层。如果双

极型扩散长度为135.3μm（与例6.2相同），估算该结构的动态与静态闩锁电流比。将此结果与例6.2比较并进行解释，扩散长度=35μm时会发生什么。

PT-IGBT的半单元如图E6.3.1所示。这里 $d_{N^-}=40\times10^{-4}$ cm，而 $d_N=10\times10^{-4}$ cm，$L_a=135.3\times10^{-4}$ cm。采用式（6.19），得到 $I_{L,DR}/I_{L,SS}=\{1-1/[\cosh(10\times10^{-4}/135.3\times10^{-4})]\}/\{1-1/\cosh[(40\times10^{-4}+10\times10^{-4})/135.3\times10^{-4}]\}=2.725\times10^{-3}/0.065=0.0419$。将该比值与例6.2中对称结构的比值进行比较，可以发现，对于非对称情况，动态闩锁电流密度相对于静态模式的降低非常严重。对于 $L_a=35\times10^{-4}$ cm，有 $I_{L,DR}/I_{L,SS}=0.03947/0.547=0.072$。

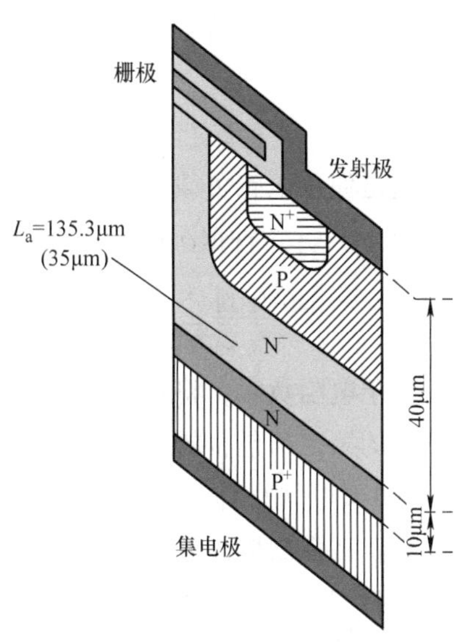

图E6.3.1 例6.3中的IGBT

6.3.3 具有电感负载的对称IGBT的闩锁

图6.5a所示为电感负载关断电路，相关波形如图6.5b所示。在 $t=t_1$ 时刻，集电极-发射极电压急剧上升到电源电压 V_s，略微超过该电压。因此，在关断之后，PNP型晶体管的电流增益增加到对应于电压 $V_1=V_s$ 的值，从而

$$\alpha_{PNP,DI}=\frac{1}{\cosh(W_{DI}/L_a)} \tag{6.21}$$

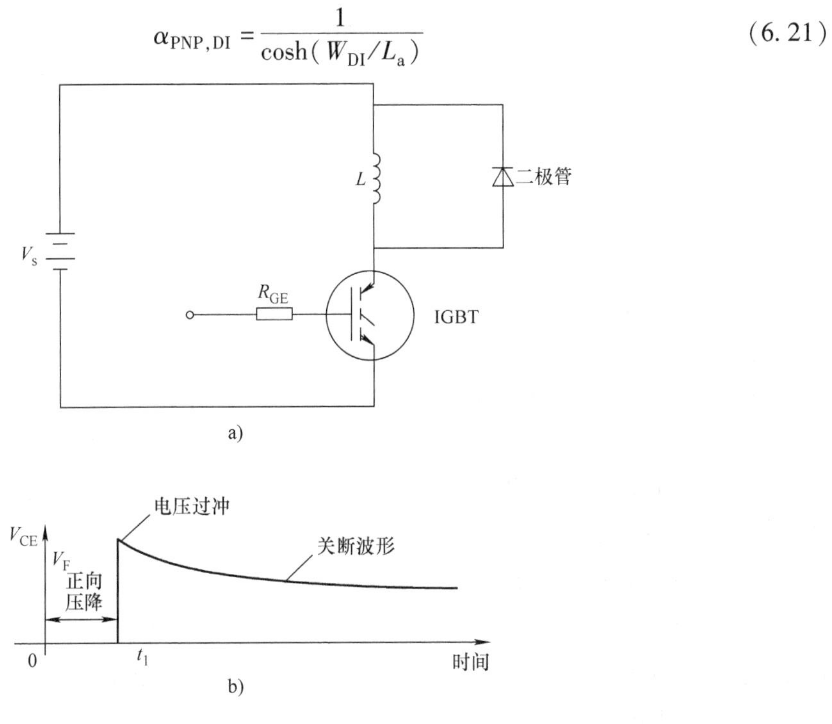

图6.5 IGBT的感性负载关断

a）电路 b）波形

式中，如前所述，符号 D 表示动态，而 I 表示电感负载。

$$W_{DI}=2d-\sqrt{\frac{\varepsilon_0\varepsilon_s V_s}{qN_D}} \tag{6.22}$$

这是使用电感负载进行动态关断的未耗尽基区宽度。式（6.22）类似于式（6.11），将 V_1 替换为 V_s。这种情况的分析与对称 IGBT 相同，电阻负载给出闩锁电流比为

$$\frac{I_{L,DI}}{I_{L,SS}}=\frac{1-\alpha_{PNP,DI}}{1-\alpha_{PNP,SS}}=\frac{\exp(2d/L_a)-2\exp\left[2\varepsilon_0\varepsilon_s V_s/(qN_D L_a^2)\right]^{0.5}}{\exp(2d/L_a)-2} \tag{6.23}$$

对于电阻负载，将式（6.23）与式（6.18）进行比较可以很容易地看到，式（6.18）中分子的第二项包含的附加因子（$1-\alpha_{PNP}$）小于1。因此，式（6.18）中分子的第二项小于式（6.23）中相同项的值。因此，电感负载的闩锁电流比更大，导致闩锁的倾向增加。这意味着在强制栅极电感负载关断时，IGBT 将在比电阻负载关断时更低的电流下闩锁。对于两种类型的负载，载流子寿命对动态条件的影响也不同。必须指出的是，对于电阻负载，与静态闩锁电流相比，寿命终止降低了动态闩锁电流。这意味着对于电阻负载，IGBT 在寿命降低后更有可能在动态条件下闩锁。对于电感负载，适用相反的结论，也就是说，在寿命降低之后动态闩锁的可能性变小。发生这个现象是因为闩锁电流比对包含寿命的参数 L_a 的依赖性变弱。但是寿命终止会降低空穴电流 I_h 与集电极 - 发射极电流 I_{CE} 之比，从而增加静态闩锁电流和动态闩锁电流的绝对值。

必须明确指出，在上述的闩锁电流分析中，忽略了集电极 - 发射极电压对 P 型基区电阻的影响。实际上，耗尽层也扩展到 P 型基区，尽管距离较短，这提高了 P 型基区的方块电阻以及电阻 R_p。在较高的集电极 - 发射极电压下，这种效应变得更加严重。因此，动态闩锁将在比上述简化分析中所建议的电流更小的情况下发生。这种效应可以使用数值分析解释。

6.4 闩锁的预防措施

增加闩锁电流密度的关键在于降低 PNP 型晶体管或 NPN 型晶体管或同时降低两个晶体管的电流增益。由于 PNP 型晶体管放大 MOSFET 沟道电流，所以其电流增益的降低会导致 IGBT 正向压降升高的不良影响。为了使 IGBT 正常工作，不考虑其他因素，都必须降低 NPN 型晶体管的增益。因此，通过调整 NPN 型晶体管的工作参数找到闩锁问题的解决方案。

首先考虑 PNP 型晶体管，通过降低其基区传输因子 α_T 或发射区注入效率 γ 来降低该晶体管的电流增益。在 IGBT 的电子辐射期间，基区传输因子 α_T 下降，这对于减少关断时间是必要的。在电子辐射[2]期间，双极型寿命 τ_a 下降，因此在 N^- 漂移区中的双极型扩散长度 L_a 减小，导致基区传输因子 $\alpha_T=1/\cosh(W/L_a)$ 下降。通过增加 N^- 漂移区的掺杂浓度来实现发射区注入效率 γ 的降低。然而，这对 IGBT 的正向和反向阻断能力具有不利的影响。或者，在 IGBT 结构[3]中加入 N 型缓冲层（掺杂浓度 $=1\times10^{16}\sim1\times10^{17}/cm^3$，厚度 $=10^{-15}\mu m$），具有缓冲层的 IGBT 与没有缓冲层的 IGBT 具有类似的正向阻断能力，但反向阻断电压会降低。它还会增加导通压降，使 IGBT 更快地开关。

对于 NPN 型晶体管，闩锁的控制受到更多关注，常用的方法总结如下：

1. 在 IGBT 结构中添加深的重掺杂（P^+）区域

为降低空穴电流的电阻，P 型基区的掺杂浓度必须为 $10^{19}/cm^3$。另一方面，对于 2～3V 的阈值电压，P 型基区的峰值掺杂浓度必须约为 $10^{17}/cm^3$。为了在不过度增加阈值电压的情况下满足降低空穴电流阻抗的这些相互矛盾的要求，通过向 MOSFET 沟道额外的 P^+ 扩散[4] 扩展直到沟道掺杂不超过 $1\times10^{17}/cm^3$，使发射区下的 P 型基区更容易导电。图 6.6a 所示为一个 IGBT，其中发射极下没有 P^+ 扩散区。在发射极下方具有 P^+ 扩散区的 IGBT 如图 6.6b 所示。参考图 6.6b，在 N^+ 发射区下面有两个部分：①在一个具有高方块电阻 ρ_{SB} 的 P 型基区上，包含长度为 L_{E1} 的 N^+ 发射区部分；②在一个具有低方块电阻 ρ_{SP+} 的 P^+ 扩散区上，包含长度为 L_{E2} 的 N^+ 发射区部分。如果 Z 是在垂直于所示横截面的方向上 IGBT 单元的宽度，则分流电阻 R_s 表示为

$$R_s=(1/Z)(\rho_{sB}L_{E1}+\rho_{sP+}L_{E2}) \tag{6.24}$$

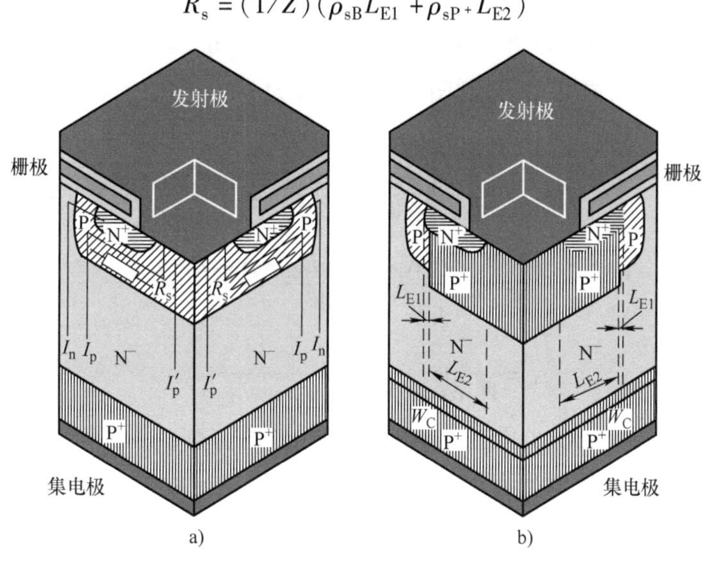

图 6.6 IGBT 单元

a）没有深 P^+ 扩散 b）有深 P^+ 扩散

这个公式如下获得：由 P 型基区产生的电阻 R_s 的分量 = P 型基区的电阻率 $\rho_B\times$ 在发射区下穿过的距离 L_{E1}/电流的横截面积 $=(\rho_B\times L_{E1})/(X_{jP}\times Z)$，其中 X_{jP} 是 P 型基区的结深。那么由于 P 型基区形成的 R_s 分量 $=(\rho_B/X_{jP})(L_{E1}/Z)=\rho_{sB}(L_{E1}/Z)=(1/Z)\rho_{sB}L_{E1}$，因为 P 型区域的方块电阻率 ρ_{sB} = 体电阻率(ρ_B)/结深 X_{jP}。类似地，由于在 P 型基区中 P^+ 深扩散，R_s 分量为 $(1/Z)\rho_{sP+}L_{E2}$。式（6.24）表示两个分量之和。

当在 N^+ 发射区下方流动的空穴电流分量 I_p 达到以下值时发生闩锁：

$$I_p=\frac{V_{bi}}{R_s} \tag{6.25}$$

式中，V_{bi} 为 N^+ 发射区/P 型基区结的内建电势。这个 I_p 水平决定了闩锁的开始，因为在此

电流下电压降 I_pR_s 等于 N^+P 二极管的势垒或内建电势 V_{bi}，使其正向偏置（见 4.1.1 节）。正向偏置的二极管将电子注入 N^- 基区，从而激活 IGBT 的 NPN 型晶体管并增加其电流增益，直至满足式（6.5）表示的闩锁条件。忽略直接流向 N^+ 发射区/P 型基极短路区域（如图 6.3 所示的金属短路区域）而不穿过发射极下方路径的空穴电流分量 I_p，可以给出集电极－发射极电流 I_{CE} 与空穴电流 I_p 之间的关系为

$$I_{CE}=\frac{I_p}{\alpha_{PNP}} \tag{6.26}$$

式中，α_{PNP} 为 PNP 型晶体管的电流增益。考虑到由 IGBT 的 P^+ 衬底、N 型基区和 P 型基区构成的 IGBT 单元的 PNP 型晶体管，很容易推导出这个公式，并且记住该晶体管的发射极是 IGBT 的集电极，可以发现 PNP 型晶体管的电流增益 = α_{PNP} = PNP 型晶体管的集电极电流（或 IGBT 的发射极电流 I_E）/PNP 型晶体管的发射极电流（或 IGBT 的集电极电流）$=I_E/I_{CE}$，或 $I_{CE}=I_E/\alpha_{PNP}=I_p/\alpha_{PNP}$，因为 I_p 是总发射极电流。

结合 I_p 和 I_{CE} 式（6.25）和式（6.26），使用 R_s 式（6.24），并注意到电流的横截面积为 ZW_C（其中 W_C 是单元宽度），得到闩锁电流密度为

$$\begin{aligned}J_{CEL}&=\frac{I_{CEL}}{ZW_C}=\frac{\frac{I_p}{\alpha_{PNP}}}{ZW_C}=\frac{\frac{V_{bi}/R_s}{\alpha_{PNP}}}{ZW_C}=\frac{V_{bi}/(\alpha_{PNP}R_s)}{ZW_C}\\&=\frac{V_{bi}Z/[\alpha_{PNP}(\rho_{sB}L_{E1}+\rho_{sP^+}L_{E2})]}{ZW_C}\\&=\frac{V_{bi}}{W_C\alpha_{PNP}(\rho_{sB}L_{E1}+\rho_{sP^+}L_{E2})}\end{aligned} \tag{6.27}$$

例 6.4 （a）在一个 IGBT 中，发射区的总长度 L_E 为 6.6μm，在单元结构中没有深 P^+ 扩散。如果 P 型基区的方块电阻为 2500Ω /□并且与横截面成直角的单元宽度为 25μm，那么分流电阻 R_s 是多少？

（b）假设在结构中构建一个 P^+ 区域，使得 $L_{E1}=1.2\mu m$ 的 N^+ 发射区包含在 P 型基区，而 $L_{E2}=5.4\mu m$ 的 N^+ 发射区包含在 P^+ 扩散区。如果 P^+ 扩散的方块电阻为 40Ω /□，那么 P 和 P^+ 复合区域的分流电阻是多少？

（c）假设半单元宽度 W_C 为 12.5μm，内建电势 V_{bi} 为 0.8V，PNP 型晶体管的电流增益为 0.49，计算两种情况下的闩锁电流密度及其比值。

（d）如果 P^+ 扩散掩膜以连续的方式改变 L_{E1} 部分长度依次为 1.2，2.5，3.8，5.1 和 6.6μm，计算每种情况下的闩锁电流密度，并绘制闩锁电流密度随 L_{E1} 部分长度变化的曲线。

图 E6.4.1 显示了本例中的 IGBT 半单元。

（a）$R_s|_P=(1/Z)\rho_{sB}L_E=1/(25\times10^{-4})\times2500\times6.6\times10^{-4}=660\Omega$。

（b）$R_s|_{P和P^+}=(1/Z)(\rho_{sB}L_{E1}+\rho_{sB}L_{E2})=1/(25\times10^{-4})\times(2500\times1.2\times10^{-4}+40\times5.4\times10^{-4})=128.64\Omega$。

（c）$J_{CEL}|_P=V_{bi}/(W_C\,\alpha_{PNP}\,\rho_{sB}\,L_E)=0.8/(12.5\times10^{-4}\times0.49\times2500\times6.6\times$

10^{-4}）= 791.589A。

$J_{CEL}|_{P和P^+} = V_{bi}/[W_C\alpha_{PNP}(\rho_{sB}L_{E1}+\rho_{sB}L_{E2})] = 0.8/[12.5\times10^{-4}\times0.49\times(2500\times1.2\times10^{-4}+40\times5.4\times10^{-4})] = 4061.326A$。

$$\frac{J_{CEL|P和P^+}}{J_{CEL|P}} = \frac{4061.326}{791.589} = 5.1306$$

（d）可以得到

$$J_{CEL}|_{P和P^+} = \frac{K}{\rho_{sB}L_{E1}+\rho_{sP^+}L_{E2}}$$

式中，$K = V_{bi}/(W_C\alpha_{PNP}) = 0.8/(12.5\times10^{-4}\times0.49) = 1306.12V/cm$。计算结果见表E6.4.1。

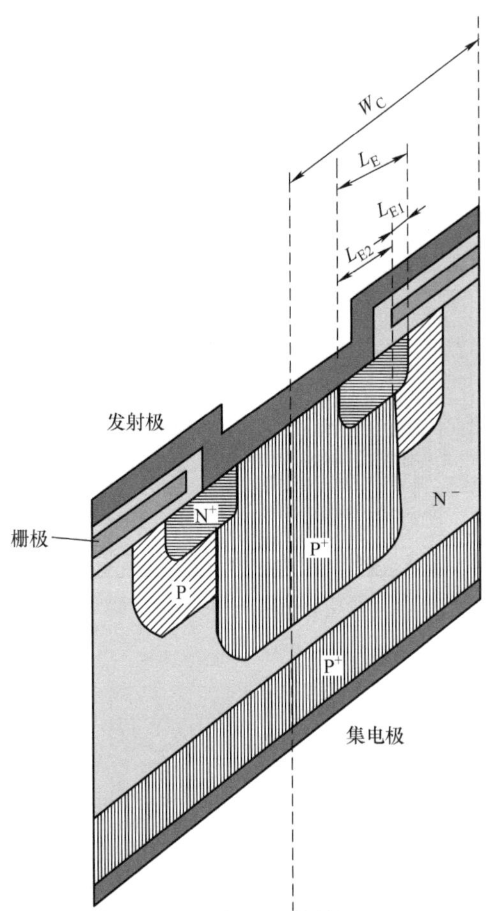

图 E6.4.1 例6.4中的IGBT

表 E6.4.1 计算结果

序号	L_{E1}部分长度/cm	L_{E2}部分长度/cm	$\rho_{sB}L_{E1}+\rho_{sP^+}L_{E2}$	$J_{CEL}/(A/cm^2)$
1	1.2×10^{-4}	5.4×10^{-4}	0.3216	4061.32
2	2.5×10^{-4}	4.1×10^{-4}	0.6414	2036.36
3	3.8×10^{-4}	2.8×10^{-4}	0.9612	1358.84
4	5.1×10^{-4}	1.5×10^{-4}	1.281	1019.61
5	6.6×10^{-4}	0	1.65	791.588

图 E6.4.2 所示为闩锁电流密度与发射区部分长度 L_{E1} 的关系图。

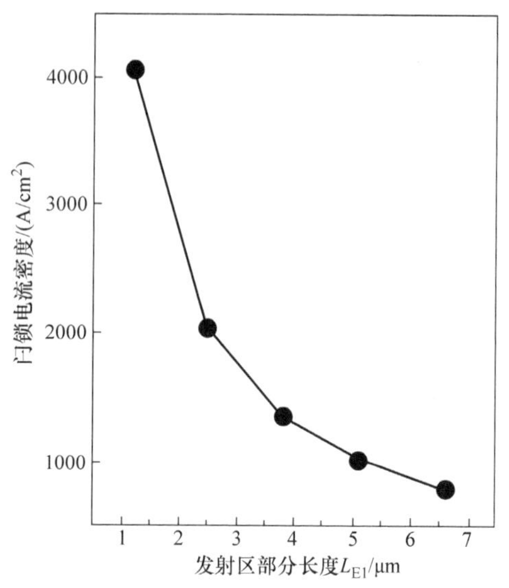

图 E6.4.2 闩锁电流密度随发射区部分长度的变化

2. 在 IGBT 单元中引入一个浅 P$^+$ 扩散

对于较短的发射区长度 L_{E1}，深 P$^+$ 扩散相对于多晶硅栅边缘的对准变得至关重要，因为它对可实现的最小长度 L_{E1} 施加约束。在 IGBT 单元结构中注入一个 P$^+$ 区（见图 6.7）解决了这个问题[5]。这个浅的 P$^+$ 区与多晶硅栅边缘是自对准的。而且，它的深度超过了 N$^+$ 发射区的深度。这些要求带来了实际的问题并使工艺复杂化。为了产生一个深度为 1μm 的深 P$^+$ 区域，需要的硼注入能量为 450keV。在这个高能量值下，多晶硅栅和栅氧可能无法掩蔽注入，从而可能破坏 IGBT 结构。此外，为了形成低的方块电阻区，注入剂

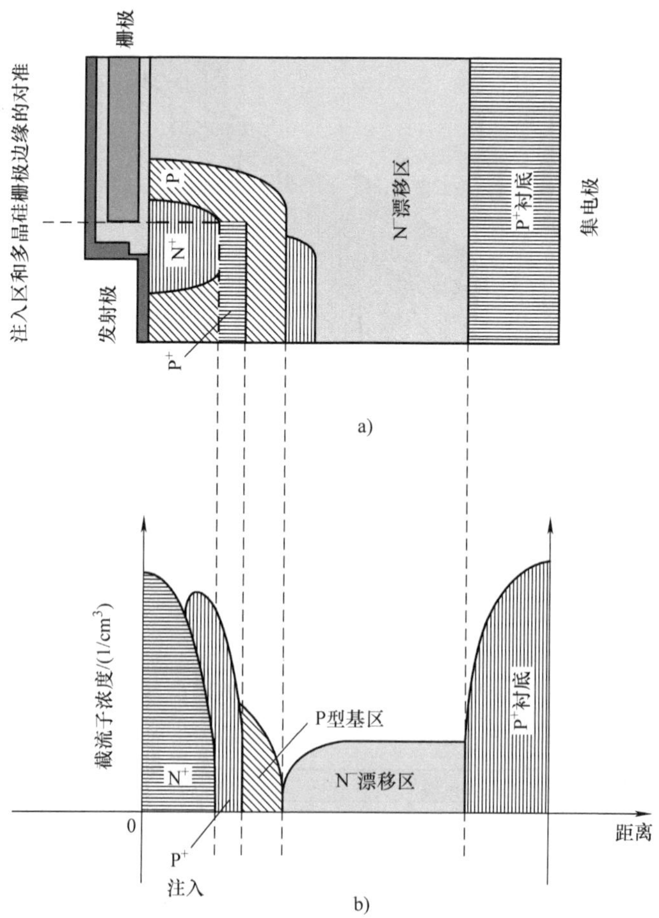

图 6.7 a）在 IGBT 单元结构中引入浅 P$^+$ 注入区域 b）具有浅 P$^+$ 注入的 IGBT 单元的掺杂分布

量必须非常大。通过 P^+ 注入补偿 N^+ 发射区掺杂将会增加 N^+ 区的电阻，从而增加 IGBT 的正向电压。将发射区深度减小到 0.2μm，避免了高能量和高剂量注入产生的困难。当发射区深度较小时，120keV 的注入能量和 $1\times10^{14}/cm^2$ 的剂量足以产生浅的 P^+ 区域，使器件闩锁电流密度加倍。

3. 少数载流子旁路单元设计

传统的 IGBT 单元设计包含两个 N^+ 发射区，在多晶硅栅极窗口的每一侧各有一个。与传统设计不同，图 6.8 所示的少数载流子旁路[6]设计在多晶硅栅极窗口的一侧仅包含一个 N^+ 发射区。空穴电流分成两条路径。在一条路径中，N^+ 发射区下方标记为 I_{h1} 的空穴电流

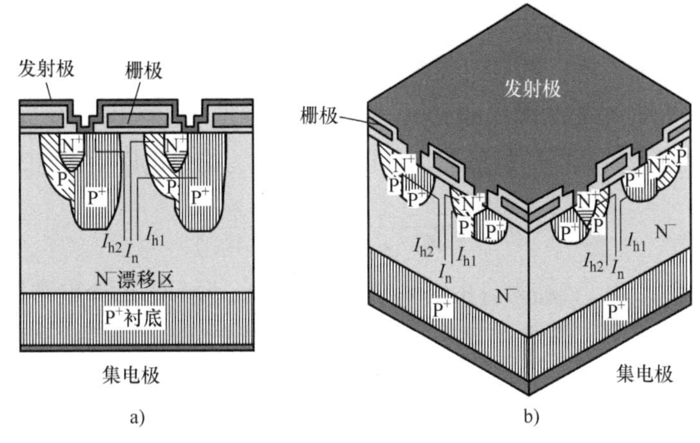

图 6.8 少数载流子旁路 IGBT 单元设计

a）横截面 b）三维视图

流过 P 型基区，类似于传统的 IGBT。在标记为 I_{h2} 的第二条路径中，空穴电流流过深 P^+ 区域而不在 N^+ 发射区下方流动。因此，与正常的 IGBT 工作相比，在 N^+ 发射区下方通过的空穴电流的大小减小到 50%。因此，自然地，闩锁电流密度增加了两倍。这种结构的明显缺点是 MOSFET 沟道密度也减半，从而增加了正向压降。为了克服少数载流子旁路设计的这个缺点，可以通过沿着与横截面成直角的单元长度上周期性地中断 N^+ 发射区来实现。旁路的程度随着导通压降的上升而折中。

4. 通过 N 型离子注入对沟道补偿掺杂

使用大剂量离子注入进行硼掺杂，降低 P 型基区的方块电阻。然后，为了获得一个可接受的低的阈值电压，优选一个额外的砷的浅 N 型离子注入以补偿表面处较高的硼掺杂（见图 6.9）。这种补偿掺杂[7]在沟道区是必要的，可以在整个单元区域上完

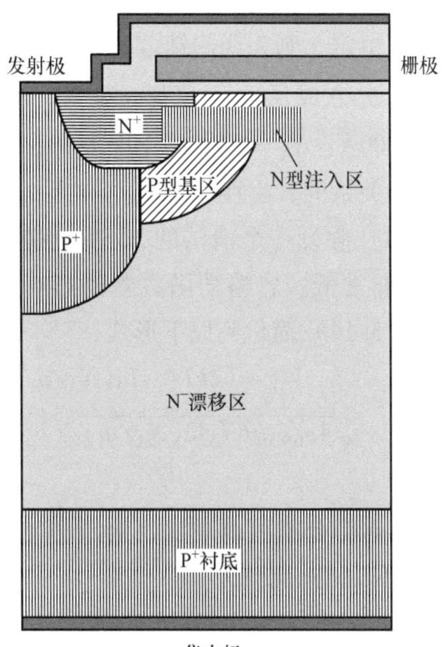

图 6.9 用 N 型离子注入对 IGBT 沟道区进行补偿掺杂

成，避免了额外的光刻步骤。精确了解硼扩散分布对于进行这种补偿掺杂至关重要，因为过量的掺杂会在没有任何栅极偏置的情况下引发 IGBT 的假的开启。补偿掺杂技术的缺点是沟道区中的总掺杂浓度是 P 型基区掺杂浓度和 N 型补偿掺杂浓度的总和。因为沟道迁移率取决于反型层中总的掺杂浓度，所以通过补偿掺杂会导致沟道迁移率降低而增加正向的压降。

5. 栅氧厚度的减小

根据式（3.14），阈值电压 V_{Th}近似与栅氧厚度 t_{ox}和 P 型基区掺杂浓度 N_A的二次方根成正比，即 $V_{Th} \propto t_{ox}\sqrt{N_A}$。$V_{Th}$的这种依赖性允许增加 N_A，从而增加闩锁电流密度[8,9]。同时，通过按比例减小 t_{ox}来保持低的阈值电压。例如，为了确保闩锁发生在更高的电流密度，N_A可以提高四倍。但是由于 $V_{Th} \propto \sqrt{N_A}$，通过这个 N_A的改变，阈值电压将加倍。由于高阈值电压是不符合需要的，所以必须通过降低 t_{ox}来抵消这种阈值电压的增加。为了估算保持相同的阈值电压情况下 t_{ox}必须降低的比例，观察 $V_{Th} \propto t_{ox}$，而为此目的 t_{ox}必须减小一半。t_{ox}减少的附加优点是降低了所需的栅极驱动电压 V_{GE}，因为沟道电阻由式（3.23）给出。

$$R_{CH} = \frac{L_{CH} t_{ox}}{Z\mu_{ns}\varepsilon_0\varepsilon_{ox}(V_{GE} - V_{Th})} \tag{6.28}$$

式中，取代 $C_{ox} = \varepsilon_0\varepsilon_{ox}/t_{ox}$；$\varepsilon_0$为自由空间介电常数；$\varepsilon_{ox}$为 SiO_2的介电常数。其余符号与公式（3.23）中的定义相同。因此，如果减小 t_{ox}，则较小的 V_{GE}值可用于相同的 R_{CH}。

例 6.5　(a) 为了使功率 IGBT 免受闩锁的影响，需要提高 P 型基区的浓度 N_A，但是这个分布的改变会将 IGBT 的阈值电压 V_{Th}增加到不可接受的程度。如果栅氧厚度 t_{ox}以合适的比例减小以保持阈值电压恒定，则表明闩锁电流密度 J_L近似与栅氧厚度的二次方成反比，(b) 对 $N_A = 1\times10^{17}/cm^3$，$t_{ox} = 1000Å$；$N_A = 1.414\times10^{17}/cm^3$，$t_{ox} = 500Å$，验证这种关系的真实性。

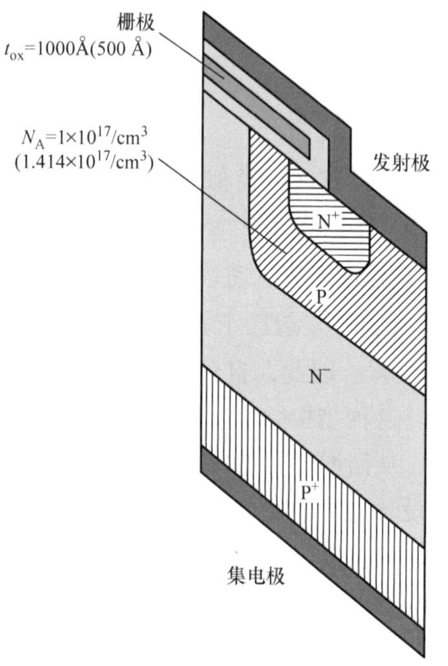

图 E6.5.1　例 6.5 中的 IGBT

(a) 假设一个清洁的 IGBT 制造中，界面态密度 Q_{ss}非常低。忽略功函数差的影响，阈值电压方程式（3.14）简化到以下形式：

$$V_{Th} \approx (2kT/q)\ln(N_A/n_i) + \sqrt{4\varepsilon_0\varepsilon_s kTN_A\ln(N_A/n_i)}/(\varepsilon_0\varepsilon_{ox}/t_{ox}) \tag{E6.5.1}$$

从这个公式可以看出，对于恒定的 V_{Th}值，N_A和 t_{ox}可以相互调整为

$$N_A \propto 1/t_{ox}^2 \tag{E6.5.2}$$

由于横向 P 型基区电阻 R_p与 P 型基区掺杂浓度变化成反比，因此得到

$$R_p \propto 1/N_A \propto t_{ox}^2 \tag{E6.5.3}$$

然后根据闩锁电流表达式（6.6），得到闩锁电流密度为

$$J_{\mathrm{L}} \propto 1/R_{\mathrm{p}} \propto 1/t_{\mathrm{ox}}^{2} \tag{E6.5.4}$$

因此，对于给定的阈值电压，闩锁电流密度与栅氧厚度的二次方成反比关系。

(b) IGBT 半单元如图 E6.5.1 所示。对于 $N_{\mathrm{A}} = 1 \times 10^{17}/\mathrm{cm}^3$ 和 $t_{\mathrm{ox}} = 1000\text{Å}$，得到 $V_{\mathrm{Th}} \approx (2 \times 0.0259)\ln(1 \times 10^{17}/1.45 \times 10^{10}) + [4 \times 8.854 \times 10^{-14} \times 11.9 \times 1.38 \times 10^{-23} \times 1 \times 10^{17} \times \ln(1 \times 10^{17}/1.45 \times 10^{10})]^{1/2}/(8.854 \times 10^{-14} \times 3.9/1000 \times 10^{-8}) = 0.81567 + 0.27714 = 1.0928\mathrm{V}$。

类似地，对于 $N_{\mathrm{A}} = 1.414 \times 10^{17}/\mathrm{cm}^3$ 和 $t_{\mathrm{ox}} = 500\text{Å}$，得到 $V_{\mathrm{Th}} \approx (2 \times 0.0259)\ln(1.414 \times 10^{17}/1.45 \times 10^{10}) + [4 \times 8.854 \times 10^{-14} \times 11.9 \times 1.38 \times 10^{-23} \times 1.414 \times 10^{17} \times \ln(1.414 \times 10^{17}/1.45 \times 10^{10})]^{1/2}/(8.854 \times 10^{-14} \times 3.9/500 \times 10^{-8}) = 0.8336 + 0.166579 = 1.000179\mathrm{V}$。

因此，两种情况下的阈值电压大致相等（1.0928V 和 1.000179V）。但是这些情况下的栅氧厚度比 = 500Å/1000Å = 1/2。所以从式（E6.5.4）可以看出，在保持相同的阈值电压情况下，栅氧厚度 500Å 的 IGBT 的闩锁电流密度为具有 1000Å 的栅氧厚度的 IGBT 的 $1/(1/2)^2 = 4$ 倍。在物理上，这是因为当栅氧厚度减半时，必须增加 P 型基区掺杂以保持阈值电压相同。但是，P 型基区掺杂会影响 P 型基区的电阻，因此在临界电流密度，发射极下面的空穴流动引起的电压降等于 N^+ 发射区/P 型基区结的内建电势。

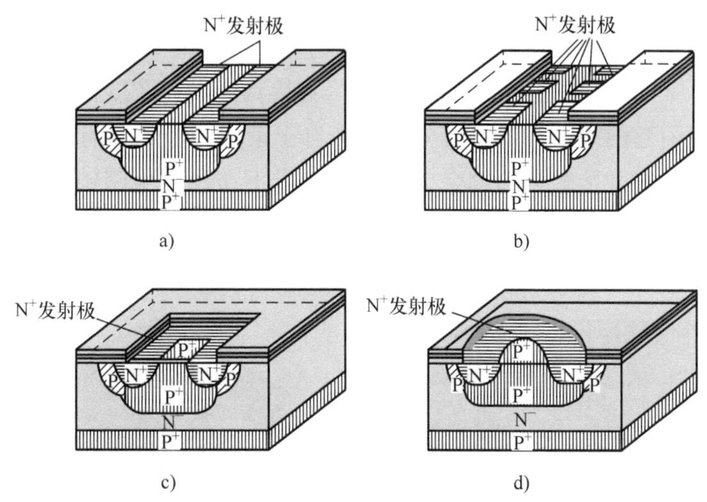

图 6.10 IGBT 单元的三维可视化结构图

a）条型或线性单元 b）多表面短路（MSS）单元 c）方形单元 d）圆形单元

6. IGBT 单元设计的选择

IGBT 单元的几何形状决定了集电极 - 发射极电流 I_{CE} 分成两个部分：

① 从多晶硅栅下方的区域流入到 P 型基区并引起寄生晶闸管的闩锁的空穴电流 I_{h}；

② 直接穿过 N^- 漂移区域，通过 P 型基区到发射极的接触而不引起闩锁的空穴电流 I_{h}'。根据这些空穴电流分量的相对比例，闩锁电流密度随单元拓扑设计而变化。

为了研究单元的几何结构对 IGBT 闩锁的影响，比较了四种不同的 IGBT 单元几何结构

（见图 6.10），即条形或线性单元、多表面短路（Multiple Surface Shorts，MSS）单元、方形单元和圆形单元[10]。这些比较表明 MSS 单元具有最高的闩锁电流密度。然而，这个代价是 MSS 单元的最大正向电压降在这四种单元类型中最高。在降低闩锁电流密度顺序上，MSS 单元之后是条形单元，然后是圆形单元，最后是方形单元（例 6.6 对 MSS、条形和圆形单元进行了比较分析，在这个例子中，对这些单元的闩锁电流密度进行了列表）。这些单元以降低导通电压相反的顺序放置，其中方形单元位于顶部，MSS 单元位于底部。在 IGBT 设计期间，对于单元几何形状的选择，需要在所需的正向压降和闩锁电流密度之间进行折中。在下面的讨论中，将根据空穴电流的分流电阻和 IGBT 单元的相关结构参数，推导出不同单元几何形状的闩锁电流密度的公式。

（1）条形或线性 IGBT 单元 图 6.11 所示为 IGBT 线性单元几何结构中的空穴电流分布。引起闩锁的空穴电流分量由电流矢量 I_p表示。如果 L_G表示半多晶硅栅宽度，L_w表示多晶硅窗口的半宽度，则可以给出

$$I_p = I_{CE}\alpha_{PNP}\left(\frac{L_G}{L_G + L_W}\right) \tag{6.29}$$

回顾前面关于式（6.26）的讨论，注意到 IGBT 的总集电极电流 I_{CE}的一部分 $I_{CE}\alpha_{PNP}$到达其发射极，从而得到这个公式。同样，集电极电流 I_{CE}与 IGBT 单元的整个区域有关，即 $2(L_W + L_G)Z$，其中 Z 是线性单元的宽度。这里引入因子 2 是因为参数 L_G和 L_W对应的是半单元。现在，设想两个空穴电流流动路径，即一个从 IGBT 的 N^+发射区下方移动到发射区接触点，另一个从 P^+衬底垂直向上流过 N^-基区直接到达发射区接触点而不在 N^+发射区下方移动，很明显，引起闩锁的空穴电流分量仅来自于第一路径的具有面积 $=2L_GZ$ 的单元部分。由于直接到达发射区接触点的剩余空穴电流分量不涉及产生闩锁，因此通过将 $I_{CE}\alpha_{PNP}$乘以 $2L_GZ/[2(L_W + L_G)Z]$来获得产生闩锁的空穴电流部分，其中$[2(L_W + L_G)Z]$是单元面积。因此，这个空穴电流为 $=I_{CE}\alpha_{PNP} \times 2L_GZ/[2(L_W + L_G)Z]I_{CE}\alpha_{PNP}[L_G/(L_W + L_G)]$。

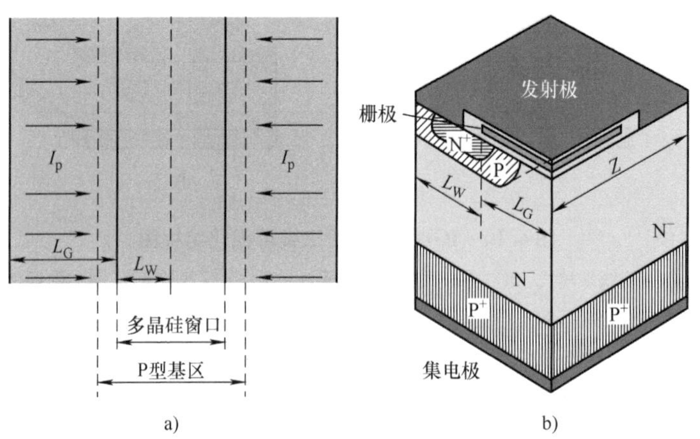

图 6.11 a）线性 IGBT 单元中的空穴电流分布 b）线性单元的透视图

分流电阻由式（6.30）给出

$$R_s = \frac{\text{P 型基区电阻率}\,\rho_B \times \text{电流流过的距离}\,L_{E1}}{\text{横截面积}\,A}$$

$$= \frac{\rho_B L_{E1}}{X_{jP} Z} = \frac{\rho_B}{X_{jP}} \frac{L_{E1}}{Z} = \rho_{sB} L_{E1}/Z \tag{6.30}$$

式中，X_{jP}为P型基区结深度；ρ_{sB}（其方块电阻率）$=\rho/X_{jP}$为P型基区的方块电阻率。闩锁的条件是分流电阻R_s上的电压降必须等于二极管的内建电势。因此，应用式（6.29）、式（6.25）和式（6.30），在线性单元中发生闩锁时的集电极-发射极电流为

$$I_{CEL}\big|_{LIN} = \frac{I_p}{\alpha_{PNP}}\left(\frac{L_G + L_W}{L_G}\right) = \frac{V_{bi}/R_s}{\alpha_{PNP}}\left(\frac{L_G + L_W}{L_G}\right)$$

$$= \frac{V_{bi}}{R_s \alpha_{PNP}}\left(\frac{L_G + L_W}{L_G}\right) = \frac{V_{bi} Z}{\rho_{sB} L_{E1} \alpha_{PNP}}\left(\frac{L_G + L_W}{L_G}\right)$$

$$= \frac{V_{bi} Z}{\alpha_{PNP} \rho_{sB} L_{E1}}\left(\frac{L_G + L_W}{L_G}\right) \tag{6.31}$$

而相应的集电极-发射极电流密度为

$$J_{CEL}\big|_{LIN} = \frac{I_{CEL}\big|_{LIN}}{Z(L_W + L_G)} = \frac{\dfrac{V_{bi} Z}{\alpha_{PNP} \rho_{sB} L_{E1}}\left(\dfrac{L_G + L_W}{L_G}\right)}{Z(L_W + L_G)} = \frac{V_{bi} Z}{\alpha_{PNP} \rho_{sB} L_{E1} L_G} \tag{6.32}$$

因为单元面积$=Z(L_W+L_G)$。

（2）圆形 IGBT 单元 从多晶硅栅极下方的所有边缘汇聚到P型基区的空穴电流分量I_p由图6.12中的电流矢量表示。为了确定有助于引起闩锁的空穴电流的IGBT单元部分，注意到IGBT单元的总面积等于$[2(L_W+L_G)]^2$，并且多晶硅中的窗口面积等于πL_W^2。因此，产生闩锁的空穴电流的环形区域的面积是$4(L_W+L_G)^2-\pi L_W{}^2$。这个区域表示单元面积$4(L_W+L_G)^2$的一部分$[4(L_W+L_G)^2-\pi L_W{}^2]/[4(L_W+L_G)^2]$。因此，集电极电流$I_{CE}\,\alpha_{PNP}$乘以这个部分面积以获得引起闩锁的有效集电极电流。产生闩锁的空穴电流的大小是

$$I_p = I_{CE}\alpha_{PNP}\frac{4(L_W + L_G)^2 - \pi L_W^2}{4(L_W + L_G)^2} \tag{6.33}$$

通过考虑半径r和高度X_{jP}（P型基区的深度）的适当圆柱来推导分流电阻的表达式。假设ρ_B是P型基区的体电阻率，ρ_{sB}（其方块电阻率）$=\rho_B/X_{jP}$。那么

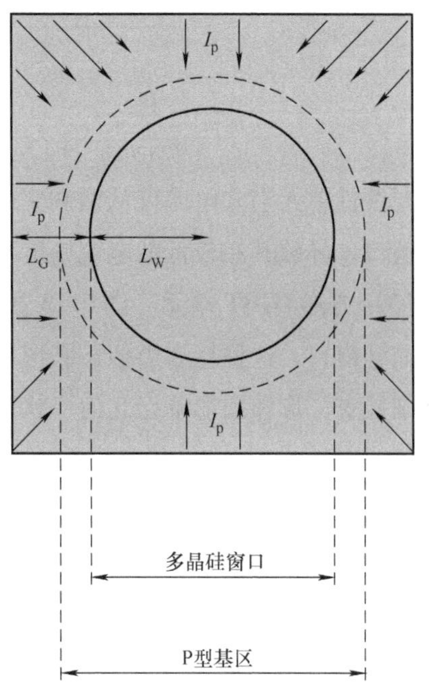

图6.12 显示空穴电流分布的圆形IGBT单元

$$R_s = \int_{L_W - L_{E1}}^{L_W} \frac{\rho_B \mathrm{d}r}{A} = \int_{L_W - L_{E1}}^{L_W} \frac{\rho_B \mathrm{d}r}{2\pi r X_{jP}} = \int_{L_W - L_{E1}}^{L_W} \frac{\rho_B}{X_{jP}} \frac{\mathrm{d}r}{2\pi r}$$

$$= \int_{L_W - L_{E1}}^{L_W} \frac{\rho_{sB}}{2\pi} \frac{\mathrm{d}r}{r} = \frac{\rho_{sB}}{2\pi} [\ln r]_{L_W - L_{E1}}^{L_W}$$

$$= \frac{\rho_{sB}}{2\pi}[\ln(L_W) - \ln(L_W - L_{E1})] = \frac{\rho_{sB}}{2\pi} \ln\left(\frac{L_W}{L_W - L_{E1}}\right) \tag{6.34}$$

当 R_s 上的压降足以使 N^+ 发射区/P 型基区二极管正向偏置时，发生闩锁。所以，由式（6.33）、式（6.25）和式（6.34），得到在圆形单元开始闩锁时的集电极－发射极电流为

$$I_{CEI}|_{CIR} = \frac{I_p}{\alpha_{PNP}} \frac{4(L_W + L_G)^2}{4(L_W + L_G)^2 - \pi L_W^2}$$

$$= \frac{V_{bi}/R_s}{\alpha_{PNP}} \frac{4(L_W + L_G)^2}{4(L_W + L_G)^2 - \pi L_W^2}$$

$$= \frac{V_{bi}}{\alpha_{PNP}\rho_{SB}} \frac{8\pi(L_G + L_W)^2}{[4(L_W + L_G)^2 - \pi L_W^2]\ln[L_W/(L_W - L_{E1})]} \tag{6.35}$$

那么圆形单元设计的闩锁电流密度为

$$J_{CEI}|_{CIR} = \frac{I_{CEI}|_{CIR}}{4(L_W + L_G)^2}$$

$$= \frac{\dfrac{V_{bi}}{\alpha_{PNP}\rho_{sB}} \dfrac{8\pi(L_G + L_W)^2}{[4(L_W + L_G)^2 - \pi L_W^2]\ln[L_W/(L_W - L_{E1})]}}{4(L_W + L_G)^2}$$

$$= \frac{V_{bi}}{\alpha_{PNP}\rho_{sB}} \frac{2\pi}{[4(L_W + L_G)^2 - \pi L_W^2]\ln[L_W/(L_W - L_{E1})]} \tag{6.36}$$

与线性单元空穴电流仅从两侧集中相比，圆形单元空穴电流从周围区域集中到中心的多晶硅窗口，导致其在较低的电流密度下发生闩锁。

（3）方形 IGBT 单元 图 6.13 显示了空穴电流如何从多晶硅下方的所有侧面区域汇聚到多晶硅窗口。这种行为类似于圆形单元，但是方形单元的闩锁电流密度低于圆形单元。通过仔细检查方形和圆形单元几何形状可以找到原因。这表明在 P 型基区上 N^+ 发射区的扩展长度 L_{E1} 更大，在方形单元拐角处比圆形单元情况下大 $\sqrt{2}$ 倍。方形单元拐角处的较大的发射区长度产生额外的压降，使得方形单元易于在较低的电流密度下发生闩锁。由于圆形单元的闩锁电流密度比线性单元的更小，因此很明显闩锁电流密度大小按照线性单元 > 圆形单元 > 方形单元的顺序排列。

（4）原子晶格布局（A－L－L）IGBT 单元 如图 6.14 所示，在 A－L－L IGBT 单元几何结构中的空穴电流 I_p 从多晶硅栅极下方的区域向多晶硅窗口扩展[11]。在空穴旁路区域，多晶硅条与圆形多晶硅压焊点互连。

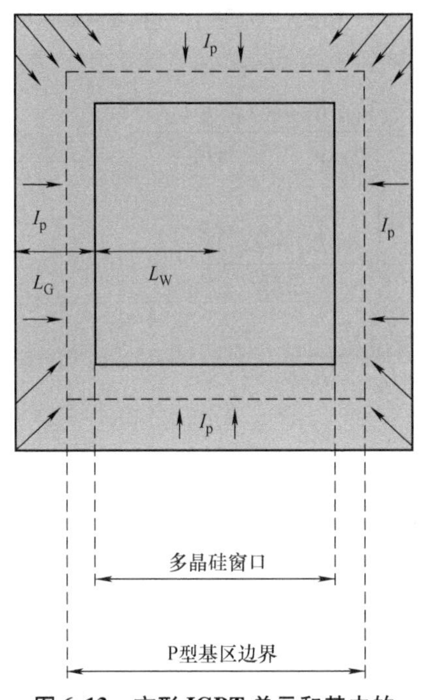

图 6.13 方形 IGBT 单元和其中的空穴电流分布

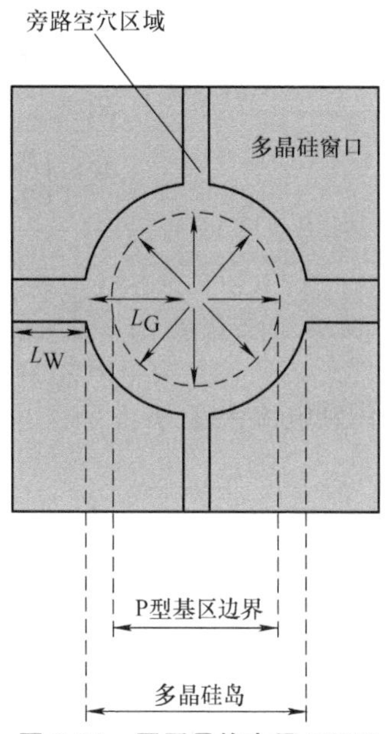

图 6.14 原子晶格布局 IGBT 单元中的空穴电流分布

为了将 A－L－L 单元设计与线性单元中的多个表面短路进行比较，可以发现在 A－L－L 单元中，多晶硅条不会产生明显的 N^+ 发射极面积或 MOSFET 沟道宽度的减少。原因是多晶硅条是制造具有单个多晶硅层的 A－L－L 几何形状所必需的。空穴旁路区域的嵌入对提高闩锁电流密度具有有利的影响。此外，与线性单元相比，A－L－L 单元具有更好的正向和反向偏置的安全工作区域（FBSOA 和 RBSOA），这主要是由于在这种情况下较小的电场增强。A－L－L 单元产生与圆形单元反向旋转的圆柱形结，在多晶硅栅极下方形成马鞍形结。还注意到，圆形单元的电场增强比具有圆角的线性单元更差，但是小于锐角的线性单元。

寄生双极晶闸管的闩锁由总的空穴电流控制，表示为

$$I_p = I_{CE}\alpha_{PNP}\frac{\pi L_G^2}{4\ (L_W + L_G)^2} \tag{6.37}$$

为了得到这个公式，多晶硅栅极下导致闩锁的空穴电流扩展的区域是 πL_G^2。A－L－L 单元的总面积为 $4(L_G+L_W)^2$。因此，产生闩锁的空穴电流从单元区域的 $\pi L_G^2/4(L_G+L_W)^2$ 部分流出。

在这种情况下，遵循与式（6.34）类似的过程，分流电阻 R_s 为

$$\begin{aligned}R_s &= \int_{L_G}^{L_G+L_{E1}}\frac{\rho_B \mathrm{d}r}{A} = \int_{L_G}^{L_G+L_{E1}}\frac{\rho_B \mathrm{d}r}{2\pi r X_{jP}} = \int_{L_G}^{L_G+L_{E1}}\frac{\rho_B}{X_{jP}}\ \frac{\mathrm{d}r}{2\pi r}\\ &= \int_{L_G}^{L_G+L_{E1}}\frac{\rho_{sB}}{2\pi}\ \frac{\mathrm{d}r}{r} = \frac{\rho_{sB}}{2\pi}\left[\ln r\right]_{L_G}^{L_G+L_{E1}}\\ &= \frac{\rho_{sB}}{2\pi}\left[\ln(L_G+L_{E1}) - \ln(L_G)\right] = \frac{\rho_{sB}}{2\pi}\ln\left(\frac{L_G+L_{E1}}{L_G}\right)\end{aligned} \tag{6.38}$$

然后应用闩锁条件。根据式（6.37）、式（6.25）和式（6.38），在 A－L－L 单元中开始闩锁的集电极－发射极电流由式（6.39）给出

$$
\begin{aligned}
I_{CEI}|_{ALL} &= \frac{I_p}{\alpha_{PNP}}\frac{4(L_G+L_W)^2}{\pi L_G^2} = \frac{V_{bi}/R_s}{\alpha_{PNP}}\frac{4(L_G+L_W)^2}{\pi L_G^2} \\
&= \frac{V_{bi}\Big/\left[\frac{\rho_{sB}}{2\pi}\ln\left(\frac{L_G+L_{E1}}{L_G}\right)\right]}{\alpha_{PNP}}\frac{4(L_G+L_W)^2}{\pi L_G^2} \\
&= \frac{V_{bi}}{\alpha_{PNP}\rho_{sB}}\frac{8(L_W+L_G)^2}{L_G^2\ln[(L_G+L_{E1})/L_G]}
\end{aligned}
\tag{6.39}
$$

产生的闩锁电流密度为

$$
\begin{aligned}
J_{CEI}|_{ALL} &= \frac{I_{CEI}|_{ALL}}{4(L_G+L_W)^2} = \frac{\dfrac{V_{bi}}{\alpha_{PNP}\rho_{sB}}\dfrac{8(L_W+L_G)^2}{L_G^2\ln[(L_G+L_{E1})/L_G]}}{4(L_G+L_W)^2} \\
&= \frac{2V_{bi}}{\alpha_{PNP}\rho_{sB}L_G^2\ln[(L_G+L_{E1})/L_G]}
\end{aligned}
\tag{6.40}
$$

例 6.6 对于参数 $L_W=7\mu m$，$L_G=8\mu m$，$L_{E1}=0.9\mu m$ 的 IGBT 单元，计算线性、圆形和 A－L－L设计的闩锁电流密度，假设 $\alpha_{PNP}=0.52$，$V_{bi}=0.95V$，$W_C=17\mu m$，$\rho_{sB}=3000\Omega/\square$［欧姆每方块是方块电阻率（符号 ρ_s）的单位，定义为正方形片状材形样品的电阻，材料的方块电阻率 ρ_s 与体电阻率 ρ 之间的关系为 $\rho_s=\rho/t$］。

图 E6.6.1 显示了三种几何结构设计的相关 L_w 和 L_G 参数。常数 $K=V_{bi}/(\alpha_{PNP}\rho_{sB})=0.95/(0.52\times3000)=6.0897\times10^{-4}V\cdot\square/\Omega$。表 E6.6.1 列出了各种设计的闩锁电流密度 J_{CEL}。

表 E6.6.1 各设计的闩锁电流密度 J_{CEL}

序号	单元拓扑结构	数量	$J_{CEL}/(A/cm^2)$
1	线性单元	$\frac{1}{L_{E1}L_G}=1/(0.9\times10^{-4}\times8\times10^{-4})$ $=1.389\times10^7$	8.4579×10^3
2	圆形单元	$\frac{2\pi}{\{4(L_G+L_W)^2-\pi L_W^2\}\ln\{\frac{L_W}{(L_W-L_{E1})}\}}$ $=2\times3.14/[4\{(8+7)\times10^{-4}\}^2-3.14\times(7\times10^{-4})^2]=4.009\times10^6$	2.4414×10^3
3	原子晶格布局单元	$\frac{2}{L_G^2\ln\left\{\frac{(L_G+L_{E1})}{L_G}\right\}}$ $=2/\{(8\times10^{-4})^2\ln[(8+0.9)\times10^{-4}/(8\times10^{-4})]\}$ $=2.931253\times10^7$	17.85×10^3

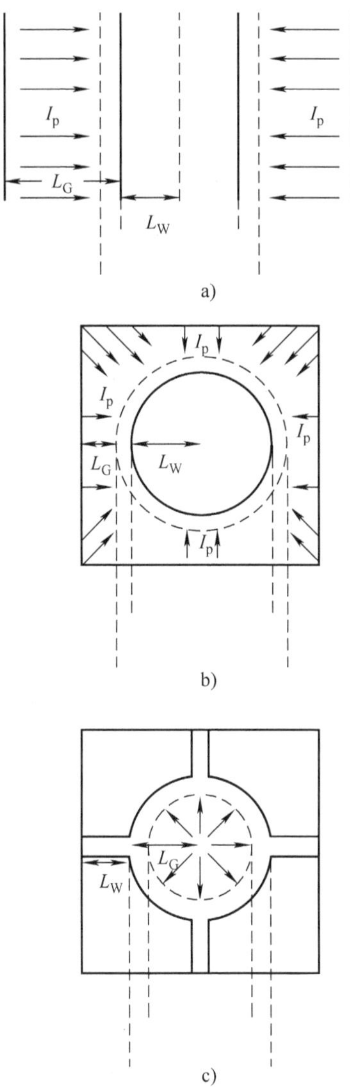

图 E. 6. 6. 1　显示 L_w，L_G 的三种几何形状

a）条形单元　b）圆形单元　c）原子晶格布局

7. 具有分流区域的 IGBT 单元结构（见图 6. 15）

到目前为止，已经看到总空穴电流有两个分量 I_p 和 I'_p。在具有分流区域[12]的线性 IGBT 中，P^+ 分流区和 N 型漂移区之间的结引入了第三条路径 I''_p（见图 6. 15）。这个分流区连接到发射极金属，因此 P^+ 分流区/N^- 漂移区结是反向偏置的，分流区包含在任何上述单元几何结构中。对于线性单元的拓扑结构，假设引起闩锁的空穴电流 I_p 从多晶硅栅极下面的一半区域流出而多晶硅栅极下剩余区域的空穴电流流入分流区，然后产生晶闸管闩锁的空穴电流为

$$I_p = I_{CE}\alpha_{PNP}\frac{L_G}{2(L_G + L_W + L_D)} \tag{6.41}$$

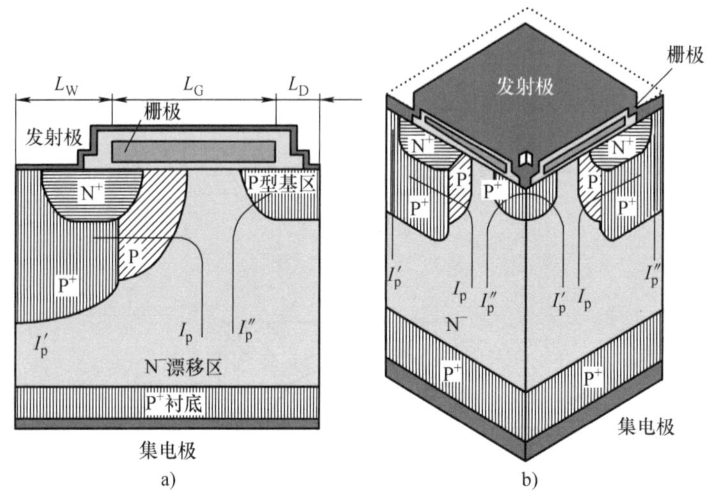

图 6.15　在 IGBT 单元中增加深 P^+ 分流区域

a）横截面图　b）等距图

式中，L_D是转向区域的半宽度。可以注意到，使空穴电流产生闩锁的单元面积表示如下：多晶硅下面的面积/2 $=(1/2)L_GZ$，其中 Z 是单元的宽度。总的单元面积 $=(L_G+L_W+L_D)Z$。因此，空穴电流 $I_{CE}\alpha_{PNP}$乘以$(1/2)L_G\,Z/[(L_G+L_w+L_D)Z]=L_G/[2(L_G+L_w+L_D)]$来计算闩锁的空穴电流。

这个单元的分流电阻与式（6.30）中给出的线性单元相同

$$R_s=\frac{\rho_{sB}L_{E1}}{Z} \tag{6.42}$$

闩锁发生时

$$\begin{aligned}I_{CEI}\big|_{DIV}&=\frac{I_p}{\alpha_{PNP}}\frac{2(L_G+L_W+L_D)}{L_G}=\frac{V_{bi}/R_s}{\alpha_{PNP}}\frac{2(L_G+L_W+L_D)}{L_G}\\&=\frac{V_{bi}/\left(\dfrac{\rho_{sB}L_{E1}}{Z}\right)}{\alpha_{PNP}}\frac{2(L_G+L_W+L_D)}{L_G}\\&=\frac{V_{bi}Z}{\alpha_{PNP}\rho_{sB}}\left[\frac{2(L_G+L_W+L_D)}{L_GL_{E1}}\right]\end{aligned} \tag{6.43}$$

其中采用了式（6.42）、式（6.25）和式（6.43）。

集电极 - 发射极闩锁电流密度为

$$\begin{aligned}J_{CEI}\big|_{DIV}&=\frac{I_{CEI}\big|_{DIV}}{Z(L_G+L_W+L_D)}=\frac{\dfrac{V_{bi}Z}{\alpha_{PNP}\rho_{SB}}\left[\dfrac{2(L_G+L_W+L_D)}{L_GL_{E1}}\right]}{Z(L_G+L_W+L_D)}\\&=\frac{2V_{bi}}{\alpha_{PNP}\rho_{sB}L_{E1}L_G}\end{aligned} \tag{6.44}$$

由于单元面积 $=Z(L_G+L_W+L_D)$，将该公式与简单的线性 IGBT 单元的式（6.32）进行比较发现，具有分流区的线性单元的闩锁电流密度是简单的线性单元的两倍。除此之外，分流区用作 P 型基区和 N 型漂移区之间的结的保护环，改善了正向偏置的 IGBT 的安全工作区（FBSOA）。与分流区相关的缺点在于，由于 JFET 的作用，来自沟道的电子流的电阻增加，IGBT 的正向压降不期望地升高了，这尤其会出现在 P 型基区和分流结之间小的间距以及当分流的结深度等于 P 型基区深度的情况下。通过使用较小结深度的分流区以及与 P 型基区较大的间隔，可以减小压降的降低。

6.5 沟槽栅极 IGBT 的闩锁电流密度

与 DMOS 结构相比，沟槽栅极 UMOS IGBT 结构在闩锁电流性能上有显著改善。原因是两种情况下的空穴电流流动路径的差异。在 DMOS 结构中，空穴电流主要在 N^+ 发射区下方水平流动，导致大的电压降，这导致在较低的集电极 - 发射极电流下发生闩锁。在 UMOS IGBT（见图 6.16）中，空穴电流垂直流动，空穴电流的电阻取决于 N^+ 发射区的深度。通过使用浅 P^+ 区域，如图 6.16 所示，可以明显降低该电阻，从而使 IGBT 更具抗闩锁性。该 P^+ 区域与通常用于防止闩锁的图 6.6b 的深 P^+ 阱起着相同的作用，它降低了空穴电流的电阻。然而，它与图 6.15 的 P^+ 分流器方法不同，原因是后者不会降低空穴电流的电阻路径，而是减少流入 P 型基区的空穴电流分量。

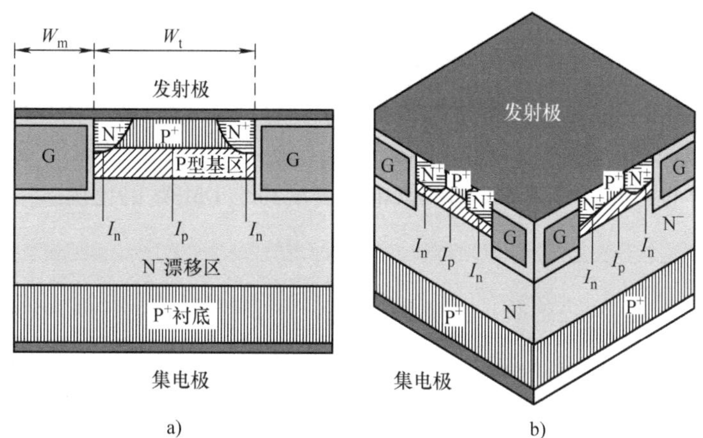

图 6.16 用于分析沟槽栅极 IGBT 的闩锁电流密度的几何参数

a）横截面 b）等距图

沟槽栅极 IGBT 的闩锁电流密度通过遵循与 DMOS IGBT 相同的程序来确定。如上所述，导致 N^+ 发射区/P 型基区结正向偏置的空穴电流分量 I_p 由 N^+ 发射区的结深度 x_{N^+} 和 P^+ 层的电阻率 ρ_{P^+} 控制。分流电阻 R_s 可以表示为

$$R_s = \frac{\rho_{P^+} \times \text{流过的长度}}{\text{面积}} = \frac{\rho_{P^+}}{Z} \frac{2x_{N^+}}{W_m - 2x_{N^+}} \tag{6.45}$$

式中，W_m 为相邻槽之间的距离。由于空穴电流的垂直流动，此处不使用 P^+ 层的方块电阻

率。闩锁的条件由式（6.25）给出

$$I_p R_s = V_{bi} \tag{6.46}$$

其中，空穴电流 I_p表示为

$$I_p = \alpha_{PNP} Z \frac{W_m + W_t}{2} J_{CE} \tag{6.47}$$

闩锁电流密度 $(J_{CEL})_{Trench}$为

$$\begin{aligned}(J_{CEL})_{Trench} &= \frac{I_p}{\alpha_{PNP}} \cdot \frac{2}{Z(W_m + W_t)} = \frac{V_{bi}/R_s}{\alpha_{PNP}} \cdot \frac{2}{Z(W_m + W_1)} \\ &= \frac{V_{bi}\Big/\left(\frac{\rho_{P^+}}{Z}\frac{2x_{N^+}}{W_m - x_{N^+}}\right)}{\alpha_{PNP}} \cdot \frac{2}{Z(W_m + W_1)} \\ &= \frac{V_{bi}}{\alpha_{PNP}\rho_{P^+}x_{N^+}} \frac{W_m - 2x_{N^+}}{W_m + W_1}\end{aligned} \tag{6.48}$$

其中采用了式（6.45）~式（6.47）。

现在使用式（6.27），得到

$$\begin{aligned}\frac{(J_{CEL})_{Trench}}{(J_{CEL})_{DMOS}} &= \frac{\dfrac{V_{bi}}{\alpha_{PNP}\rho_{P^+}x_{N^+}} \dfrac{W_m - 2x_{N^+}}{W_m + W_1}}{\dfrac{V_{bi}}{W_C \alpha_{PNP}(\rho_{SB}L_{E1} + \rho_{SP^+}L_{E2})}} \\ &= \frac{\rho_{SB}L_{E1} + \rho_{SP^+}L_{E2}}{\rho_{P^+}} \frac{W_m - 2x_{N^+}}{x_{N^+}} \frac{(W_{Cell})_{DMOS}}{(W_{CELL})_{Trench}}\end{aligned} \tag{6.49}$$

式中，$(W_{Cell})_{Trench} = W_m + W_t$；$(W_{Cell})_{DMOS} = W_C$。除了降低空穴电流的电阻外，槽栅 IGBT 中较小的单元尺寸也导致了该 IGBT 的闩锁电流密度高于 DMOS 的情况。

6.6 小结

在 IGBT 发展的早期阶段，闩锁是一个严重的威胁，但随着最近在闩锁抑制技术方面的创新以及新颖设计和结构的引入，IGBT 已经具有强大的抗闩锁能力，闩锁缺陷的控制是令人满意的。

练 习 题

6.1 解释 IGBT 中寄生晶闸管的闩锁是如何发生的？区分 IGBT 的静态和动态闩锁。

6.2 考虑一个没有深 P^+扩散的简单 IGBT 单元结构，建立静态闩锁电流 $I_{L,SS}$对 PNP 型晶体管的电流增益 α_{PNP}，P 型基区方块电阻 ρ_{SB}和发射极长度 L_E的依赖关系。

6.3 解释 N^+P 二极管的内建电势，NPN 型和 PNP 型晶体管的电流增益以及 P 型基区电阻如何受温度影响，从而加剧高温下 IGBT 的闩锁问题。

6.4 推导一个 DC 电路中具有电阻性负载的 IGBT 的动态闩锁电流与静态闩锁电流（$I_{L,DR}/I_{L,SS}$）之比的公式。讨论使用DC电源电压时闩锁电流的下降，以及PNP型晶体管的电流增益 α_{PNP}。

6.5 对非对称 IGBT 在 DC 电路中使用电阻性负载进行栅极控制关断时闩锁电流密度降低比对称 IGBT 情况更糟的事实进行论证。

6.6 说明在一个 DC 电路中具有电感负载的 IGBT 的动态闩锁电流的减小幅度将大于电阻负载。

6.7 现代 IGBT 是在 DMOS 单元中心构造一个深 P^+ 区。推导出 IGBT 单元的闩锁电流密度公式，其中方块电阻为 ρ_{SB} 的 P 型基区在方块电阻 ρ_{SP}^+ 的发射区下延伸长度为 L_{E1}，而深 P^+ 扩散在发射区下延伸长度为 L_{E2}。

6.8 如何在 IGBT 结构中引入深 P^+ 扩散对最小可能的发射极长度 L_{E1} 施加限制。如何通过采用浅离子注入的 P^+ 区域克服该问题。强调实现此技术时遇到的实际问题。

6.9 少数载流子旁路设计如何将 N^+ 发射区下方的空穴电流降低到普通 IGBT 结构的一半。介绍这种设计对 IGBT 导通压降的影响。

6.10 如何通过沟道的补偿掺杂提高 IGBT 的闩锁电流密度，使阈值电压保持在可接受的水平？这个方法需要一个额外的掩膜版吗？给出能够进行这种注入的掺杂剂名称。指出所面临的实际困难，并指出这种方法的一个缺点。

6.11 在 IGBT 中如何使用厚栅氧来实现更高的闩锁电流密度？较小的栅氧厚度能降低栅极驱动电压吗？为什么？

6.12 IGBT 单元拓扑设计在确定器件闩锁电流密度方面的作用是什么？为什么圆形和方形 IGBT 单元的闩锁电流密度低于线性单元？为什么方形 IGBT 单元的闩锁电流密度低于圆形单元？参考单元的闩锁电流密度的比较，给出关于原子晶格布局图形的评论。

6.13 绘制一个标记图，说明在一个线性 IGBT 单元中的空穴电流分布。根据扩展到在 P 型基区的发射区长度 L_{E1}，半多晶硅栅极宽度 L_G，N^+ 发射区和 P 型基区之间的内建电势 V_{bi}，PNP 型晶体管的电流增益 α_{PNP} 和 P 型基区的方块电阻，推导出该单元的闩锁电流密度公式。

6.14 以图形方式显示圆形、方形和原子晶格布局单元中的空穴电流分布。解释在 A－L－L几何图形的情况下，空穴浓度对多晶硅窗口的影响是如何分流的。

6.15 对于圆形和 A－L－L IGBT 单元的设计，写出（a）引起寄生晶闸管闩锁的空穴电流分量 I_h；（b）分流电阻 R_s 和（c）闩锁电流密度的方程。解释所用符号的含义。

6.16 可以将分流区域并入任何 IGBT 的单元拓扑结构吗？分析在线性单元的图形中分流区域对闩锁的影响，假设引起闩锁的空穴电流分量从栅电极下方 50% 的区域流出。

6.17 如何使用分流区域来改善 IGBT 的正向偏置的安全工作区域？指出它对 IGBT 正向压降的影响。

6.18 与 DMOS 结构相比，说明沟槽栅极 IGBT 闩锁电流密度更高的两个因素。

6.19 在一个 IGBT 中，PNP 型晶体管的电流增益为 0.4，P 型基区的掺杂浓度为 $8.5\times10^{16}/cm^3$，P 型基区的结深为 $3\mu m$，发射区扩散通过 $5\mu m$ 窗口进行，深度为 $0.9\mu m$，实验测量的 IGBT 闩锁电流密度为 1000A/cm^2。如果现在将 P 型基区浓度提高到 $2\times10^{17}/\text{cm}^3$ 并且发射区扩散窗口为 3μm，那么新的闩锁电流密度是多少？

6.20　确定电源电压为 400V 的一个具有电阻负载的 DC 电路中 NPT－IGBT 的比值（动态闩锁电流/静态闩锁电流）。N^- 基区的掺杂浓度为 $5\times10^{14}/\text{cm}^3$，厚度为 125μm。$N^-$ 基区的双极型寿命为 7μsec。电子和空穴的扩散常数分别为 35 和 $12\text{cm}^2/\text{s}$。

6.21　一个 PT－IGBT 具有 35μm 厚的 N^- 基区和 5μm 厚的 N 型缓冲层。如果双极型扩散长度为 140μm，计算该 PT－IGBT 的动态闩锁电流与静态闩锁电流的比。当扩散长度变为 40μm 时会发生什么？

6.22　为了防止 IGBT 中的闩锁，必须增加 P 型基区浓度。如果降低栅氧厚度以保持阈值电压恒定，则闩锁电流密度与（栅氧厚度）^{2} 成反比。对于 P 型基区掺杂浓度 $N_A=1\times10^{17}/\text{cm}^3$，栅氧厚度 $t_{ox}=900\text{Å}$，以及 $N_A=1.414\times10^{17}/\text{cm}^3$ 和 $t_{ox}=450\text{Å}$，证明这种关系是有效的。

参考文献

1. B. J. Baliga, *Revolutionary Innovations in Power Discrete Devices*, IEEE Tech. Digest IEDM, 1986, pp. 102–105.
2. B. J.Baliga, Switching Speed Enhancement in Insulated Gate Transistors by Electron Irradiation, *IEEE Trans. Electron Devices*, Vol. ED-31, No. 12, December 1984, pp. 1790–1795.
3. A. M. Goodman, J. P. Russell, L. A. Goodman, J. C. Nuese, and J. M. Neilson, Improved COMFETs with Fast Switching Speed and High Current Capability, in *International Electron Devices Meeting, IEDM Technical Digest, IEEE*, New York, Abstract 4.3, 1983, pp. 79–82.
4. B. J. Baliga, M. S. Adler, P. V. Gray, and R. P. Love, Suppressing Latch-up in Insulated Gate Transistors, *IEEE Electron Device Lett.*, Vol. EDL-5, No. 8, August 1984, pp. 323–325.
5. S. Eranen and M. Blomberg, The Vertical IGBT with an Implanted Buried Layer, in *IEEE International Symposium Power Semiconductor Devices & ICs (ISPSD91)*, IEEE, New York, 1991, p. 211.
6. A. Nakagawa, H. Ohashi, M. Kurata, H. Yamaguchi, and K. Watanabe, Non-latch-up, 1200 V Bipolar Mode MOSFET with Large SOA, in *International Electron Devices Meeting, IEDM Technical Digest, IEEE*, New York, Abstract 16.8, 1984, pp. 860–861.
7. T. P. Chow, B. J. Baliga and D. N. Pattanayak, Counter-Doping of MOS Channel (CDC)—A New Technique of Improving Suppression of Latching in Insulated Gate Bipolar Transistors, *IEEE Electron Device Lett.*, IEEE, New York, Vol. EDL-9, No. 1, January 1988, pp. 29–31.
8. T. P. Chow and B. J. Baliga, The Effect of MOS Channel Length on the Performance of Insulated Gate Transistors, *IEEE Electron Device Lett.*, IEEE, New York, Vol. EDL-6, No. 8, August 1985, pp. 413–415.
9. T. P. Chow and B. J. Baliga, The Effect of Channel Length and Gate Oxide Thickness on the Performance of Insulated Gate Transistors, *IEEE Trans.Electron Devices*, Vol. ED-32, No. 11, November 1985, p. 2554, Abstract VIB-4, 43rd Annual Device Research Conference, June 17-19, 1985, Boulder, CO.
10. H. Yilmaz, Cell Geometry Effect on IGBT Latch-Up, *IEEE Electron Device Lett.*, Vol. EDL-6, No. 8, August 1985, pp. 419–421.
11. B. J. Baliga, S. R. Chang, P. V. Gray, and T. P. Chow, New Cell Designs for Improving IGBT Safe Operating Area, in *International Electron Devices Meeting, IEDM Technical Dig.*, IEEE, New York, Abstract 34.5, 1988, pp. 809–812.
12. N. Thapar and B. J. Baliga, A New IGBT Structure with Wider Safe Operating Area (SOA), in *IEEE Symposium on Power Semiconductor Devices & ICs (ISPSD94)*, IEEE., New York, Abstract 4.3, 1994, p.177.

附录6.1 式（6.15）的推导

$$\frac{1-\alpha_{\mathrm{PNP,DR}}}{1-\alpha_{\mathrm{PNP,SS}}}=\frac{1-\dfrac{1}{\cosh(W_{\mathrm{DR}}/L_{\mathrm{a}})}}{1-\dfrac{1}{\cosh(2d/L_{\mathrm{a}})}}=\frac{\dfrac{\cosh(W_{\mathrm{DR}}/L_{\mathrm{a}})-1}{\cosh(W_{\mathrm{DR}}/L_{\mathrm{a}})}}{\dfrac{\cosh(2d/L_{\mathrm{a}})-1}{\cosh(2d/L_{\mathrm{a}})}}$$

$$=\frac{\cosh(W_{\mathrm{DR}}/L_{\mathrm{a}})-1}{\cosh(2d/L_{\mathrm{a}})-1}\frac{\cosh(2d/L_{\mathrm{a}})}{\cosh(W_{\mathrm{DR}}/L_{\mathrm{a}})} \tag{A6.1.1}$$

式（A6.1.1）中的第一个因子为

$$\frac{\cosh(W_{\mathrm{DR}}/L_{\mathrm{a}})-1}{\cosh(2d/L_{\mathrm{a}})-1}=\frac{\dfrac{\exp(W_{\mathrm{DR}}/L_{\mathrm{a}})+\exp(-W_{\mathrm{DR}}/L_{\mathrm{a}})}{2}-1}{\dfrac{\exp(2d/L_{\mathrm{a}})+\exp(-2d/L_{\mathrm{a}})}{2}-1}$$

$$=\frac{\exp(W_{\mathrm{DR}}/L_{\mathrm{a}})+\exp(-W_{\mathrm{DR}}/L_{\mathrm{a}})-2}{\exp(2d/L_{\mathrm{a}})+\exp(-2d/L_{\mathrm{a}})-2}$$

$$\approx\frac{\exp(W_{\mathrm{DR}}/L_{\mathrm{a}})-2}{\exp(2d/L_{\mathrm{a}})-2} \tag{A6.1.2}$$

因为 $\exp(-W_{\mathrm{DR}}/L_{\mathrm{a}})$ 比 $(W_{\mathrm{DR}}/L_{\mathrm{a}})$ 小得多，所以得到式（A6.1.2），同样，如6.3.1节中所述的 $\exp(-2d/L_{\mathrm{a}}) \ll \exp(2d/L_{\mathrm{a}})$ 并参照式（6.12）。将式（6.11）中的 W_{DR} 代入式（A6.1.2），得到

$$第一个因子=\frac{\exp\left(\dfrac{2d-\sqrt{\dfrac{2\varepsilon_0\varepsilon_{\mathrm{s}}V_1}{qN_{\mathrm{D}}}}}{L_{\mathrm{a}}}\right)-2}{\exp(2d/L_{\mathrm{a}})-2} \tag{A6.1.3}$$

现在式（A6.1.1）中的第二个因子为

$$\frac{\cosh(2d/L_{\mathrm{a}})}{\cosh(W_{\mathrm{DR}}/L_{\mathrm{a}})}=\frac{\dfrac{\exp(2d/L_{\mathrm{a}})+\exp(-2d/L_{\mathrm{a}})}{2}}{\dfrac{\exp(W_{\mathrm{DR}}/L_{\mathrm{a}})+\exp(-W_{\mathrm{DR}}/L_{\mathrm{a}})}{2}}$$

$$=\frac{\exp(2d/L_{\mathrm{a}})}{\exp(W_{\mathrm{DR}}/L_{\mathrm{a}})} \tag{A6.1.4}$$

与 $\exp(2d/L_{\mathrm{a}})$ 和 $\exp(W_{\mathrm{DR}}/L_{\mathrm{a}})$ 相比，忽略 $\exp(-2d/L_{\mathrm{a}})$ 和 $\exp(-W_{\mathrm{DR}}/L_{\mathrm{a}})$。将式（6.11）中的 W_{DR} 值代入式（A6.1.4），得到

$$第二个因子=\frac{\exp(2d/L_{\mathrm{a}})}{\exp\left(\dfrac{2d-\sqrt{\dfrac{2\varepsilon_0\varepsilon_{\mathrm{s}}V_1}{qN_{\mathrm{D}}}}}{L_{\mathrm{a}}}\right)} \tag{A6.1.5}$$

结合式（A6.1.1）中第一个和第二个因子的表达式（A6.1.3）和式（A6.1.5），得到

$$\frac{1-\alpha_{PNP,DR}}{1-\alpha_{PNP,SS}}=\frac{\exp\left(\frac{2d}{L_a}\right)}{\exp\left(\frac{2d}{L_a}\right)-2}\frac{\exp\left(\frac{2d-\sqrt{\frac{2\varepsilon_0\varepsilon_s V_1}{qN_D}}}{L_a}\right)-2}{\exp\left(\frac{2d-\sqrt{\frac{2\varepsilon_0\varepsilon_s V_1}{qN_D}}}{L_a}\right)}$$

$$=\frac{\exp\left(\frac{2d}{L_a}\right)}{\exp\left(\frac{2d}{L_a}\right)-2}\left[1-\frac{2}{\exp\left(\frac{2d-\sqrt{\frac{2\varepsilon_0\varepsilon_s V_1}{qN_D}}}{L_a}\right)}\right]$$

$$=\frac{1}{\exp\left(\frac{2d}{L_a}\right)-2}\left\{\exp\left(\frac{2d}{L_a}\right)-2\exp\left(\frac{2d}{L_a}\right)\exp\left[\left(-\frac{2d}{L_a}\right)+\frac{\sqrt{\frac{2\varepsilon_0\varepsilon_s V_1}{qN_D}}}{L_a}\right]\right\}$$

$$=\frac{1}{\exp\left(\frac{2d}{L_a}\right)-2}\left[\exp\left(\frac{2d}{L_a}\right)-2\exp\left(\frac{\sqrt{\frac{2\varepsilon_0\varepsilon_s V_1}{qN_D}}}{L_a}\right)\right]$$

$$=\frac{1}{\exp\left(\frac{2d}{L_a}\right)-2}\left[\exp\left(\frac{2d}{L_a}\right)-2\exp\left(\sqrt{\frac{2\varepsilon_0\varepsilon_s V_1}{qN_D L_a^2}}\right)\right]$$

$$=\frac{\exp\left(\frac{2d}{L_a}\right)-2\exp\sqrt{\frac{2\varepsilon_0\varepsilon_s V_1}{qN_D L_a^2}}}{\exp\left(\frac{2d}{L_a}\right)-2} \tag{A6.1.6}$$

附录 6.2 式（6.20）的推导

$$\frac{I_{L,DR}}{I_{L,SS}}=\frac{1-\frac{1}{\cosh(d_N/L_a)}}{1-\cosh[(d_{N^-}+d_N)/L_a]}=\frac{\frac{\cosh(d_N/L_a)-1}{\cosh(d_N/L_a)}}{\frac{\cosh[(d_{N^-}+d_N)/L_a]-1}{\cosh[(d_{N^-}+d_N)/L_a]}}$$

$$=\frac{\cosh(d_N/L_a)-1}{\cosh[(d_{N^-}+d_N)/L_a]-1}\frac{\cosh[(d_{N^-}+d_N)/L_a]}{\cosh(d_N/L_a)} \tag{A6.2.1}$$

$$\text{第一个因子}=\frac{\frac{\exp(d_N/L_a)+\exp(-d_N/L_a)}{2}-1}{\frac{\exp[(d_{N^-}+d_N)/L_a]+\exp[-(d_{N^-}+d_N)/L_a]}{2}-1}$$

$$=\frac{\exp(d_N/L_a)+\exp(-d_N/L_a)-2}{\exp[(d_{N^-}+d_N)/L_a]+\exp[-(d_{N^-}+d_N)/L_a]-2}$$

$$= \frac{\exp(d_N/L_a) - 2}{\exp[(d_{N^-} + d_N)/L_a] - 2} \tag{A6.2.2}$$

同样地，如6.3.1节所述，忽略与式（6.12）有关的负指数项

$$第二个因子 = \frac{\dfrac{\exp[(d_{N^-} + d_N)/L_a] + \exp[-(d_{N^-} + d_N)/L_a]}{2}}{\dfrac{\exp(d_N/L_a) + \exp(-d_N/L_a)}{2}}$$

$$= \frac{\dfrac{\exp[(d_{N^-} + d_N)/L_a]}{2}}{\dfrac{\exp(d_N/L_a)}{2}} = \frac{\exp[(d_{N^-} + d_N)/L_a]}{\exp(d_N/L_a)} \tag{A6.2.3}$$

像前面一样忽略负指数项。应用式（A6.2.3）和式（A6.2.2）并重新排列，式（A6.2.1）变为

$$\frac{I_{L,DR}}{I_{L,SS}} = \frac{\exp(d_N/L_a) - 2}{\exp(d_N/L_a)} \frac{\exp[(d_{N^-} + d_N)/L_a]}{\exp[(d_{N^-} + d_N)/L_a] - 2}$$

$$= \frac{\exp(d_N/L_a) - 2}{\exp(d_N/L_a)} \frac{1}{1 - 2\exp[-(d_{N^-} + d_N)/L_a]}$$

$$= \frac{\exp(d_N/L_a) - 2}{\exp(d_N/L_a) - 2\exp(-d_{N^-}/L_a)} \tag{A6.2.4}$$

第 7 章 Chapter 7

IGBT单元的设计考虑

7.1 半导体材料选择和垂直结构设计

7.1.1 起始材料

在所有 IGBT 设计的开始以及任何功率器件的设计中，都可以选择制造器件的基本原材料。如今用于制造 IGBT 的半导体材料是硅，更具体地说是掺磷（N 型）的 Si，Czochralski（CZ）或区熔（Float - Zone，FZ）品种。在 CZ 工艺中，石英坩埚中所含的多晶硅通过射频（RF）加热保持熔融，将悬浮在卡盘中的籽晶插入熔体中并取出，导致固 - 液界面处的单晶硅生长。在 FZ 工艺中，硅棒保持垂直，通过 RF 加热，硅棒的一个小区域熔化，籽晶保持在熔融区的起始点。由于单晶硅是无支持的，因此在减压环境中除去了挥发性杂质，在 FZ 硅中也不存在从坩埚壁引入的污染物。FZ 硅中较低的氧和碳含量消除了引起高压器件过早击穿的微沉淀物。

表 7.1　在 300K 时功率半导体材料的特性

材料	特性	Si	GaAs	4H - SiC
1	击穿电场/(V/cm)	约 3×10^5	约 4×10^5	约 3×10^6
2	相对介电常数	11.9	12.4	9.7
3	本征载流子浓度/(1/cm^3)	1.08×10^{10}	2.1×10^6	5×10^{-9}
4	带隙/eV	1.12	1.42	3.25
5	电子迁移率(漂移)/[(cm^2/(V·s)]	1500	8500	950
6	电子饱和速度/(cm/s)	1×10^7	4.4×10^7	2×10^7
7	少子寿命/μm	2500	约 10^{-2}	$0.5\sim10^{-3}$
8	导热系数/[W/(cm·K)]	1.5	0.46	4.9

权宜之计是研究选择用于 IGBT 制造的半导体材料，并探索未来的任何更好的替代方案。功率 IGBT 的材料要求如下：用于低导通压降的高载流子迁移率和高载流子寿命；体掺杂浓度均匀的高质量晶体；低掺杂浓度以获得高击穿电压；高导热率以快速散热；高熔点和

宽带隙以允许在高温下工作。表7.1列出了Si、GaAs和4H-SiC（最具吸引力的多型）三种适用于IGBT制造的半导体材料的相关特性[1,2]。SiC表现出一维多态型，SiC的多型，例如4H-SiC、6H-SiC和3C-SiC是其一维多态型或多晶型的变体。多晶型（同素异形体或同素异形的变化）本身是具有不同物理特性的物质、元素或化合物的各种晶体形式或结构，碳、硫和磷的多晶型是大家熟知的。

除了可用于先进的制造技术和通过中子嬗变掺杂磷而形成N型材料，Si具有适度宽的能隙和长的载流子寿命。Si中的电子迁移率低于GaAs但高于SiC。最大电场按照Si、GaAs、SiC的顺序增加，Si在最下端。

选择了起始材料和掺杂类型（N型或P型，N型用于N沟道的IGBT，P型用于P沟道的IGBT），第三个选择是关于Si晶体的优选晶向。在半导体晶圆制造期间，硅晶圆的表面被小心地预定向沿着特定的晶面，此方向直接影响器件特性。例如，由于Si中导电有效质量的各向异性，Si[3-5]的反型层中的有效电子迁移率以$\mu_e(100)>\mu_e(111)>\mu_e(110)$的顺序增加。晶体取向使用原子平面的米勒指数定义，晶体平面的米勒指数是通过在三个矩形轴上的晶格常数来求出平面的截距得到的，取这些数的倒数，将它们简化到具有相同比例的三个最小整数，并将结果包含在圆括号中（*hkl*）。举一个例子，（100）平面在笛卡尔坐标轴上截距为（1，∞，∞）。由于截距的倒数是（1，0，0），因此平面由米勒指数（100）指定。类似地，（111）平面具有截距（1，1，1），（110）平面在轴上的截距为（1，1，∞）。

当IGBT通过MOS栅极导通时，使用<100>晶向，因为该取向的表面态密度Q_{ss}（约$1\sim5\times10^{10}/cm^2$）远低于<111>晶向（$10^{11}\sim10^{12}/cm^2$），产生较低的阈值电压，所以当使用<100>晶向时，驱动损耗较小。为了理解Q_{ss}的含义，注意到硅晶体的周期晶格在表面被破坏。因此，大量的状态被引入禁带能隙，这些被称为快速的表面态，它们与表面态电荷有关。据说它们很快，因为它们可以快速地与下面的衬底半导体交换电荷。

从理论上讲，每个硅原子必须贡献一个快速状态。但由于硅总是被氧化物覆盖，无论是自然生长的氧化物还是本征的氧化物，或者是为制造器件而生长的氧化物，这些状态的数量通常为$10^{10}\sim10^{12}/cm^2$，按（111）>（110）>（100）顺序减少，比例为3∶2∶1。这是（100）取向是MOSFET和IGBT制造优选的原因之一，（100）情况下的最小Q_{ss}给出低的阈值电压。此外，发现这些电荷位于距$Si-SiO_2$界面200Å的范围内，它们的密度是氧化和氧化后退火条件的强函数，比如在H_2的环境中进行热处理或在400~500℃下形成气体，将表面态密度降低至$10^{10}/cm^2$，氢扩散到$Si-SiO_2$界面并填充“悬空”缺失的键。

最后的基本选择是Si掺杂浓度和厚度。通常指定电阻率而不是掺杂水平，因为它易于测量。电阻率的公式是

$$\rho=\frac{1}{q(N_D\mu_n+N_A\mu_p)} \tag{7.1}$$

可以注意到，在给定温度下，载流子浓度不一定等于杂质浓度，因为所有施主和受主杂质都不能被完全电离。

7.1.2 击穿电压

在共基极连接（α_{NPN}和α_{PNP}）中，IGBT的正向和反向击穿电压受到雪崩和穿通击穿现象以及组成晶体管部分的电流放大的限制。晶体管增益α_{NPN}和α_{PNP}取决于两个晶体管的有效基区宽度和完成器件的载流子寿命。实现规定的击穿电压的设计过程以及电阻率和厚度的明智选择，是基于击穿电压、雪崩倍增系数和基本传输因子的表达式。作为说明，为了确定用于正向阻断能力的N^-基区层的构造，分析基极开路的PNP型晶体管的击穿电压。首先假设N^-基区厚度非常大，使得在遇到最高的工作电压下形成的耗尽层没有接触到发射区。那么，该晶体管的击穿将仅由雪崩现象决定，雪崩击穿电压由N^-基区施主浓度或电阻率决定，N^-基区掺杂浓度的增加导致雪崩击穿电压降低。但在晶体管中，电流增益对击穿电压的影响是不容忽视的，因此忽略增益会导致过于简化。所以，必须包括N^-基区的有限厚度和晶体管的电流增益对该电压的影响，然后确定穿通标准。

对于任何扩散长度，当$M_p\alpha_T=1$时，基极开路的晶体管开始击穿，其中M_p是电子倍增系数，α_T是基区传输因子。根据关系，M_p随反向偏压而变化（附录7.1）

$$M_p = \frac{1}{1-(V/V_a)^n} \tag{7.2}$$

式中，V为施加的反向电压；V_a为雪崩击穿电压；对P^+N二极管$n=6$，对N^+P二极管$n=4$。基区传输因子表示为（附录4.8）

$$\alpha_T = \frac{1}{\cosh(W/\sqrt{D_p\tau_p})} \tag{7.3}$$

式中，W为未耗尽基区宽度；D_p和τ_p分别为空穴扩散系数和载流子寿命。因为反向击穿电压条件对应于$M_p=1/\alpha_T$，所以击穿电压为（附录7.2）

$$V_{BR} = V_B(1-\alpha_T)^{1/n} \tag{7.4}$$

对于突变结近似，V_B表示为（附录7.3）

$$V_B = 60\left(\frac{N_B}{10^{16}}\right)^{-0.75} \tag{7.5}$$

突变结是单侧或阶梯结，其中一侧的杂质浓度远高于另一侧的杂质浓度，例如通过浅扩散或低能离子注入形成。采用不同厚度的N^-基区，d_1，d_2，d_3，…。对于每个厚度，当耗尽层宽度接近P^+发射区（<扩散长度）时，将从发射区向集电区注入空穴而导致穿通击穿。如果载流子寿命的值较低，扩散长度L_p很短，则耗尽层将延伸到整个N^-基区。对$d_1=50\mu m$，$d_2=100\mu m$，$d_3=200\mu m$，采用以下公式计算穿通击穿电压（附录7.4）：

$$(V_B)_{PT} = \frac{(W_{N^-}-L_p)^2qN_D}{2\varepsilon_0\varepsilon_s} \tag{7.6}$$

式中，$W_{N^-}=d_1$，d_2，d_3，…。这个公式很容易从穿通击穿的条件中获得，有［见式(A7.4.2)］

$$W_{N^-} = \sqrt{\frac{2\varepsilon_0\varepsilon_s(V_B)_{PT}}{qN_D}} + L_p \tag{7.7}$$

对于任何厚度，IGBT 的击穿将由雪崩和穿通标准决定。可达到的最大击穿电压由相应厚度的雪崩极限线和穿通线的交点表示。IGBT 的工作必须限制在雪崩和穿通机制设定的极限之下。实际上，实现的击穿电压将主要取决于控制扩散长度的 N^- 基区中的载流子寿命 τ_p。这是因为 $L_p = \sqrt{D_p\tau_p}$，其中 D_p是空穴扩散系数。τ_p越高，L_p越大，因此根据式（7.6），穿通电压越低。

对于不同的 N^- 基区厚度，最终的击穿电压随 N^- 漂移区的掺杂浓度（以及电阻率）的变化如图7.1 ~ 图7.3 所示。在图7.1 显示一个 W_{N^-}（N^- 基区厚度）值为50μm 情况下最终的电压变化。它是通过考虑未耗尽的 N^- 基区宽度随电压而减小，以及雪崩击穿电压 V_a和穿通击穿电压（V_B）$_{PT}$对不同掺杂水平对应的空穴寿命值 τ_p：0.1，0.5 和 1μs 的依赖而得到的。通过选择符合雪崩和穿通限制的击穿电压的允许值来绘制这些图表，因此，它们代表了各种浓度下的最大允许电压。这个 50μm 小的 W_{N^-}厚度允许低的寿命值，因为可以进行适当的电导率调制，产生一个低的正向下降。从该分析可以明显看出，考虑到雪崩和穿通，IGBT 的击穿电压由 N^- 基区的掺杂和厚度，以及在 N^- 基区中后处理的载流子寿命决定。在图7.2 中，对 W_N = 100μm 进行了类似的分析。这里使用较高的寿命值（τ_p = 0.1，1 和 5μs）与图7.1 进行比较，因为在低的寿命值下，对于相当低的导通电压，电导率调制是不够的。在图7.3 中，对 W_N = 200μm 重复相同的分析，采用更高的寿命值（τ_p = 10，15 和 20μs）。

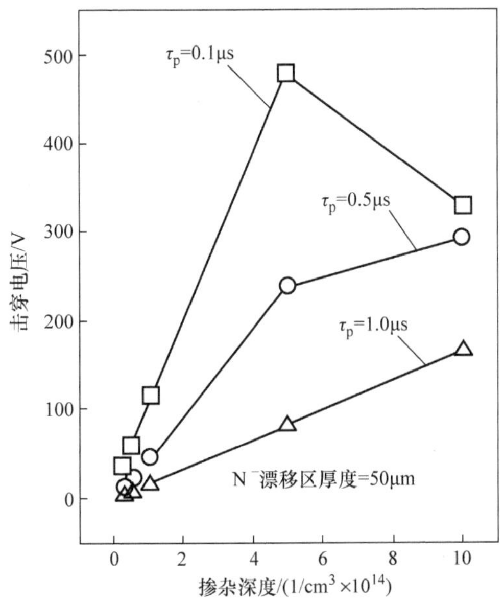

图7.1 击穿电压随掺杂浓度的变化，考虑了雪崩和穿通限制，N^- 漂移区的厚度为 50 μm，N^- 漂移区空穴寿命 τ_p为 0.1，0.5 和 1μs

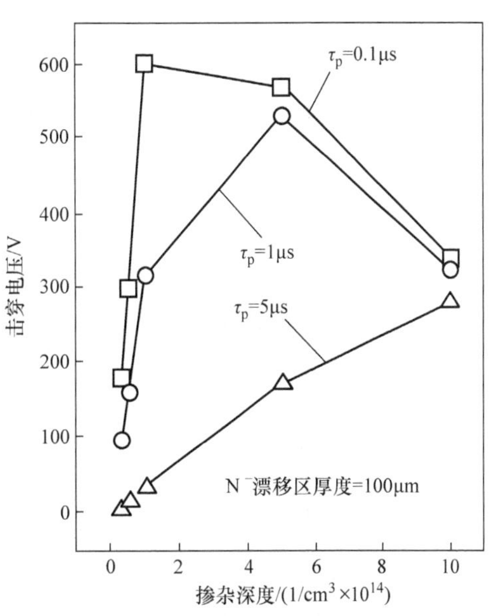

图7.2 掺杂浓度对最终的击穿电压的影响，包括雪崩和穿通现象，N^- 漂移区厚度为 100μm，N^- 漂移区的空穴寿命 τ_p为 0.1，1 和 5μs

考虑到上述参数（即 N⁻基区的电阻率和厚度）和 IGBT 漂移区中预期的最终载流子寿命，可以对给定的 N⁻基区结构产生的击穿电压进行合理估计。然后通过仔细调整这些参数，可以最终确定器件的 N⁻基区结构。

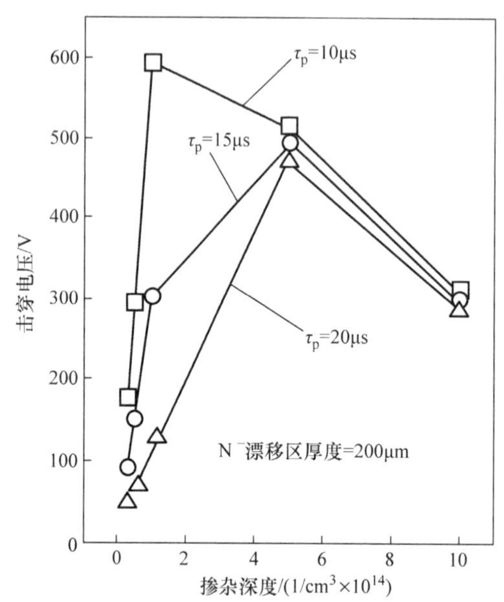

图 7.3　最终的击穿电压与掺杂浓度的关系，N⁻漂移区厚度为 200μm，N⁻漂移区空穴寿命 τ_p 分别为 10，15 和 20μs

例 7.1　(a) 如果成品器件中 N⁻基区的最终载流子寿命为 2μs，选择 IGBT 的 N⁻电阻率和厚度，以实现 600 V 的反向击穿电压。

(b) 如果在 N⁻基区中的最终载流子寿命为 10μs，将实现多大的穿通和雪崩击穿电压？计算额定 600V 值下电流增益的雪崩击穿电压并对结果进行评论。

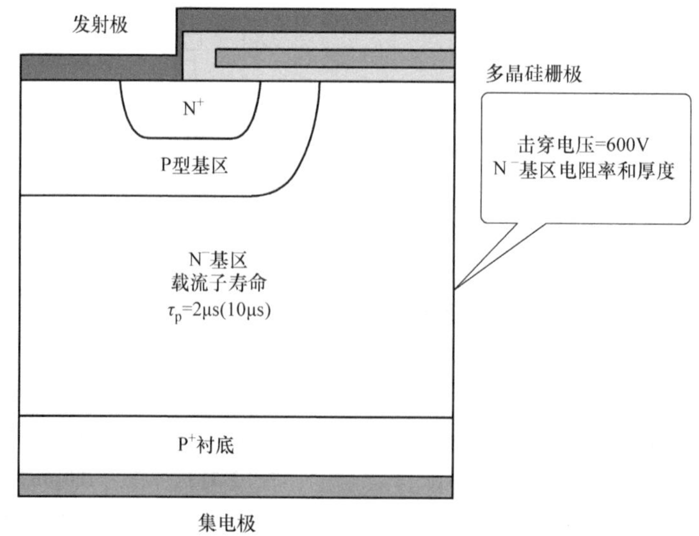

图 E7.1.1　说明这个问题的 IGBT 半单元

（a）由于击穿电压会因电流增益 α_{PNP} 而降低，所以选择更高的雪崩击穿电压初始值，假设为1200V。对于该雪崩击穿电压，从式（7.5）得到的 N^- 基区的掺杂浓度为 $1200=60(N_B/10^{16})^{-0.75}$，其中 $N_B=1.86\times10^{14}/cm^3$。对于 $\tau_p=2\mu s$，$L_p=\sqrt{12.432\times2\times10^{-6}}=49.86\mu m$。保持穿通击穿电压高于所需值，例如800V，由式（7.7）计算的 N^- 基区的厚度 $d=\sqrt{2\times8.854\times10^{-14}\times11.9\times800/(1.6\times10^{-19}\times1.86\times10^{14})}+49.86\times10^{-4}=125.12\mu m$。在800V时，未耗尽的基区宽度为49.86μm，其电流增益为 $\alpha_{PNP}=1/\cosh(49.86/49.86)=0.64805$，而雪崩击穿电压 $=1200\times(1-0.64805)^{1/6}=1007.96V$。因此，电流增益降低了雪崩击穿电压，而穿通电压（800V）高于规定值（600V）。因此，保持足够的安全裕度，所需的 N^- 基区厚度为125μm，掺杂浓度为 $1.86\times10^{14}/cm^3$。

（b）对 $\tau_p=10\mu s$，$L_p=1/(12.432\times5\times10^{-6})=78.84\mu m$。由式（7.6），穿通电压 $V_{PT}=(125.12-78.84)^2\times1.6\times10^{-19}\times600/(2\times8.854\times10^{-14}\times11.9)=302.46V$。在600V时，耗尽区宽度 $=[2\times8.854\times11.9\times600/(1.6\times10^{-19}\times1.86\times10^{14})]^{1/2}=65.18\mu m$。未耗尽基区宽度为 $125.12-65.18=59.94\mu m$。因此，$\alpha_{PNP}=1/\cosh(59.94/78.84)=0.767$，雪崩击穿电压降至 $1200\times(1-0.767)^{1/6}=940.63V$。

因此，将寿命从2μs增加到5μs会降低穿通和雪崩击穿电压，但穿通电压的降低更加突出。由此得出结论，设计者必须知道关断时间所需的 N^- 基区预期的最终载流子寿命。

7.1.3 击穿模型

半导体器件的雪崩击穿建模涉及由一组基本半导体方程（泊松和电子－空穴连续方程）中的碰撞电离而引入的载流子产生模型。通常，电子和空穴电流密度 J_n、J_p 在反向偏置的PN结中相对较小，因此作为静电势的函数，推导出电子和空穴浓度的解析表达式。将这些表达式代入泊松方程，求解得到非线性泊松方程以确定整个器件的电势。通过使用耗尽近似进一步简化该模型。在耗尽近似中，假定空间电荷区域完全由电离的受主和施主电荷组成，因此电子和空穴浓度 n 和 p 明显小于电离的掺杂浓度。而且，准中性条件在器件的未耗尽区域中占优势。在符号形式中，PN结二极管耗尽区边界点为 $-x_P$ 和 $+x_N$：①当 $0\geqslant x\geqslant -x_P$ 时，电荷密度 $\rho=-qN_A^-$，因为受主浓度 N_A 远大于P型一侧的电子浓度 n_P 或P型一侧的空穴浓度 p_P。②当 $x_N\geqslant x\geqslant0$ 时，电荷密度 $\rho=+qN_D^+$，因为施主浓度 N_D 远大于N型一侧的电子浓度 n_N 或N型一侧的空穴浓度 p_N。③当 $x>x_N$ 而 $x<-x_P$ 时，电荷密度 ρ 为零。这意味着在P型和N型体区（即P型一侧和N型一侧的耗尽区域之外的区域），$\rho=0$。

网格定义文件通常分为两部分，即网格框架和网格细化标准。网格框架包含点、边和区域的层次结构声明。在括号内的两个坐标定义一个点，点定义边，而区域由边定义。网格细化标准指定节点之间的最大和最小间距，细化分区的数量以及细化的条件。

电场计算是通过迭代求解一组表示泊松方程近似的差分方程来进行的，并通过一种算法来发现器件的哪些区域具有空间电荷。在第一步中，假定电荷密度等于电离杂质的净电荷，就可以解出泊松差分方程。但是在反向偏置工作期间，触点附近的器件区域是中性的。PIN

二极管的阳极和阴极周围区域的静电势分别由阳极和阴极电势决定。根据结的侧面位置，这些区域的电势为零或等于所施加的电压。在第二步骤中，在网格点处计算的静电势的值不能小于零（阳极电势）或大于施加的电压（阴极电势）。它被钳位到适当的接触电势，这取决于它是大于阴极电势还是小于阳极电势。该钳位操作称为耗尽区逻辑，该逻辑考虑了可动载流子与电势分布的相互作用，并确定了具有空间电荷的器件区域。钳位实现了使用耗尽区中的电荷密度和该区域外的拉普拉斯方程的恒定电势的解来获得泊松方程解的目标。实际上，这个过程是在电荷密度由杂质浓度决定的耗尽区求解泊松方程而拉普拉斯方程在准中性体区中求解。一旦得到了方程的解，通过将器件在恒定电势下和在变化电势下的区域分隔开来的线来确定耗尽区边界。可以注意到，对求解施加的限制在位于零和施加的电压之间是有效的，因为局部或更高的电压将分别产生空穴或电子的局部电势极小值区域。然后，存在于器件中各处的自由载流子将移动到这些局部最小值，这将持续到电势重新调整到所施加的电压。

上述算法连续应用于仿真区域的每个网格点，该操作被称为“扫描”。只需要在扫描期间更新每个节点（仿真区域中的网格点），而节点的处理顺序是无关紧要的。每次扫描后，将最大电势变化与预定的准确度限制进行比较；如果最大变化超过此限制，则重复扫描动作。用这种方法，就可以精确地确定静电势。

击穿电压的求解遵循一个间接方法。它涉及对确定一个电子或空穴从耗尽区的一端横穿到另一端[6,7]时由碰撞电离产生的二次电子－空穴对的数量的电子和空穴倍增系数 M_e 和 M_h 的估算。在击穿时，要么 $M_e\to 0$ 要么 $M_h\to 0$。当分母中的积分接近 1 时，系数接近无穷大。这些积分称为电子和空穴的电离积分 I_e 和 I_h，由式（7.8）和式（7.9）给出

$$I_e = \int_{x_n}^{x_p} \alpha_n(x) \exp\left\{\int_{x_n}^{x_p} [\alpha_p(x') - \alpha_n(x')] dx'\right\} dx \tag{7.8}$$

$$I_h = \int_{x_n}^{x_p} \alpha_p(x) \exp\left\{\int_{x_n}^{x_p} [\alpha_n(x') - \alpha_p(x')] dx'\right\} dx \tag{7.9}$$

式中，α_n，α_p 为电子和空穴的电离系数，定义为电子或空穴沿着电场方向穿过耗尽区时单位距离产生的电子－空穴对的数量。

尽管可以沿着通过耗尽区的任何路径估算电离积分，但临界电离路径是给出最大电离积分值的电场线的轨迹。实际上，当沿着确定的临界电离路径时，通过电子或空穴电离积分变为 1 时测量击穿电压。此外不需要计算这两个积分。对于 P^+N 结，$I_h > I_e$，对于 N^+P 结则相反。击穿电压计算的准确度取决于电离积分计算的准确度，因此取决于电离积分模型。

例 7.2 对于平行平面突变 N^+P^- 结，求解泊松方程 $dE/dx = -qN_A/\varepsilon_0\varepsilon_s$，其中 E 是电场，x 是距离，ε_0 是自由空间介电常数，ε_s 是硅的介电常数，N_A 是 P^- 侧的掺杂浓度。使用公式 $\alpha = 1.8\times10^{-35}E^7$ 表示碰撞电离系数对电场 E 的依赖性，应用条件 $\int_0^{W_c}\alpha dx = 1$（$W_c$ = 击穿时耗尽区的宽度）来确定 W_c。因此推导出突变平行平面结的雪崩击穿电压的公式。

对泊松方程积分，得到

$$\int \frac{\mathrm{d}E}{\mathrm{d}x} = -\int \frac{qN_A}{\varepsilon_0\varepsilon_s} \quad 或 \quad \int \mathrm{d}E = -\frac{qN_A}{\varepsilon_0\varepsilon_s}\int \mathrm{d}x \quad 或 \quad E = -\frac{qN_A x}{\varepsilon_0\varepsilon_s} + 常数 \tag{E7.2.1}$$

由在 $x = W$ 处的边界条件 $E = 0$，有

$$E = -\frac{qN_A W}{\varepsilon_0\varepsilon_s} + 常数 \quad 或 \quad 常数 = \frac{qN_A W}{\varepsilon_0\varepsilon_s} \tag{E7.2.2}$$

将式（E7.2.2）中常数的值代入式（E7.2.1），得到

$$E(x) = \frac{qN_A}{\varepsilon_0\varepsilon_s}(W - x) \tag{E7.2.3}$$

由于 $E = -\mathrm{d}V/\mathrm{d}x$ 而 qN_A 为负，因此式（E7.2.3）用电势表示为

$$\frac{\mathrm{d}V}{\mathrm{d}x} = \frac{qN_A}{\varepsilon_0\varepsilon_s}(W - x) \tag{E7.2.4}$$

对式（E7.2.4）积分，得到

$$\int \mathrm{d}V = \frac{qN_A}{\varepsilon_0\varepsilon_s}\left(W\int \mathrm{d}x - \int x\mathrm{d}x\right) + 常数 \quad 或 \quad V = \frac{qN_A}{\varepsilon_0\varepsilon_s}\left(Wx - \frac{x^2}{2}\right) + 常数 \tag{E7.2.5}$$

由于在 N^+ 区域的电势为零（即在 $x = 0$ 时 $V = 0$），因此常数 $= 0$，式（E7.2.5）简化为

$$V = \frac{qN_A}{\varepsilon_0\varepsilon_s}\left(Wx - \frac{x^2}{2}\right) \tag{E7.2.6}$$

现在，电离系数 α 与电场 E 关系为

$$\alpha = 1.8 \times 10^{-35} E^7 \tag{E7.2.7}$$

将式（E7.2.3）中 E 的表达式代入式（E7.2.7），电离积分等于击穿的统一条件，即 $\int \alpha \mathrm{d}x = 1$ 为

$$\int_0^{W_c} \left\{1.8 \times 10^{-35}\left[\frac{qN_A}{\varepsilon_0\varepsilon_s}(W - x)\right]^7\right\}\mathrm{d}x = 1 \tag{E7.2.8}$$

式中，W_c 为击穿时的临界耗尽区宽度。式（E7.2.8）可以改写为

$$-1.8 \times 10^{-35}\frac{q^7 N_A^7}{(\varepsilon_0\varepsilon_s)^7}\int_0^{W_c}(W - x)^7 \mathrm{d}x = 1 \tag{E7.2.9}$$

或

$$\int_0^{W_c}(W - x)^7 \mathrm{d}x = -\frac{1 \times (8.854 \times 10^{-14} \times 11.9)^7}{1.8 \times 10^{-35} \times (1.6 \times 10^{-19})^7}\frac{1}{N_A^7}$$

$$= -2.9833 \times 10^{82} \times \frac{1}{N_A^7} \tag{E7.2.10}$$

由于 qN_A 的负号，利用二项式定理扩展表达式 $(W - x)^7$，得到

$$\int_0^{W_c}\left[W^7 - 7W^6 x + \frac{7(7-1)}{2!}W^5 x^2 - \frac{7(7-1)(7-2)}{3!}W^4 x^3 + \cdots - x^7\right]\mathrm{d}x$$

$$= -\frac{2.9833 \times 10^{82}}{N_A^7} \tag{E7.2.11}$$

忽略 x 的低次方，得到

$$\int_0^{W_c} x^7 \mathrm{d}x = \frac{2.9833 \times 10^{82}}{N_A^7} \tag{E7.2.12}$$

或

$$\left[\frac{x^8}{8}\right]_0^{W_c} = \frac{2.9833 \times 10^{82}}{N_A^7} \quad 或 \quad \frac{W_c^8}{8} - 0 = \frac{2.9833 \times 10^{82}}{N_A^7} \tag{E7.2.13}$$

$$\therefore W_c = (2.9833 \times 10^{82} \times 8)^{1/8} \times N_A^{-7/8} = 2.644 \times 10^{10} N_A^{-7/8} \tag{E7.2.14}$$

但由式（E7.2.6），在击穿时 $x = W_c$，因此

$$V = \frac{qN_A}{\varepsilon_0 \varepsilon_s}\left(W_c^2 - \frac{W_c^2}{2}\right) = \frac{qN_A W_c^2}{2\varepsilon_0 \varepsilon_s} \tag{E7.2.15}$$

将 W_c 的式（E7.2.14）代入式（E7.2.15），得到

$$V = \frac{qN_A\,(2.644 \times 10^{10} N_A^{-7/8})^2}{2\varepsilon_0 \varepsilon_s} = \frac{1.6 \times 10^{-19} \times (2.644 \times 10^{10})^2}{2 \times 8.854 \times 10^{-14} \times 11.9} N_A^{1-7/4}$$

$$= 5.31 \times 10^{13} N_A^{-3/4} \tag{E7.2.16}$$

因此，平行平面结的击穿电压为

$$BV_{pp} = 5.31 \times 10^{13} N_A^{-3/4} \tag{E7.2.17}$$

7.2 基于分析计算和数值仿真的IGBT设计

7.2.1 设计方法和CAD仿真层次结构

与击穿电压一样，IGBT的每个参数都需要引起注意。在设计之前需要进行广泛的分析计算和仿真研究，电学参数通过使用分析方程以及2D/3D仿真器来计算。

数据手册提供电压和电流额定值以及开关速度。IGBT的主要技术参数是绝对最大额定值，如集电极-发射极电压、连续和脉冲的集电极-发射极电流、功耗、工作和存储结温度范围，以及饱和电压；电学特性，如集电极-发射极击穿电压、栅极阈值电压、正向和反向栅极体泄漏电流、零栅极电压的集电极电流和正向跨导；电容，如输入、输出和反向传输电容；开关时间、如开启延迟时间、上升时间、关断延迟时间和下降时间；以及热特性，如结到壳体，壳体到散热片和结到环境的热阻。

IGBT的设计包括各种物理和工艺参数的优化，以实现所需的电学特性和要求。给定一组规范，器件设计旨在将IGBT的终端电学特性与其内部结构和其功能所涉及的物理机制相关联。IGBT设计包括：物理和电学参数的设计，用于几何布图的参数提取；掺杂分布、氧化物、沟道长度、多晶硅栅极厚度等的工艺仿真；使用CAD方法生成版图，以及IGBT设计验证。工艺仿真包括优化用于N型和P型杂质结深度和表面浓度的离子注入剂量和能量；栅极和场氧厚度的表征；根据表面态密度 Q_{ss} 对质量的表征和获得所需厚度的多晶硅淀积温度和时间。这里只讨论器件设计，而第9章将讨论工艺设计。

与超大规模集成电路一样，功率半导体器件，如 DMOSFET、IGBT 和 MCT 以及相关电路的设计都涉及采用科学工作站上运行的高级 CAD 工具。因此，功率器件设计类似于 VLSI 设计。此外，仿真在 IGBT 设计中起着至关重要的作用，使设计人员能够研究所设计芯片的可行性而无需采用昂贵的制造工艺。另外，可以在制造之前研究环境参数，如温度对芯片的影响。因此，仿真可以检查芯片的功能和性能以及环境对它的影响，然后采取必要的纠正措施对设计进行改进。

IGBT 和所有功率器件的仿真和设计层次如图 7.4 所示。起始输入是工艺流程图和掩膜版图数据，它们被输入到工艺仿真器，其他关键层次是器件和电路仿真。对于电路仿真，输入元件列表（网表），这些元件连接到一个或多个节点。用于执行计算的仿真器使用描述这些元件工作的模型，主要是电阻性元件（如电阻、电流和电压源）和能量存储元件（如电容和电感）。器件仿真依赖于半导体器件物理模型的质量。在所有器件和工艺仿真中，微分方程是以单维或多维方式进行数值求解的，这些仿真的目的是预测器件的电学特性和所需的优化工艺。

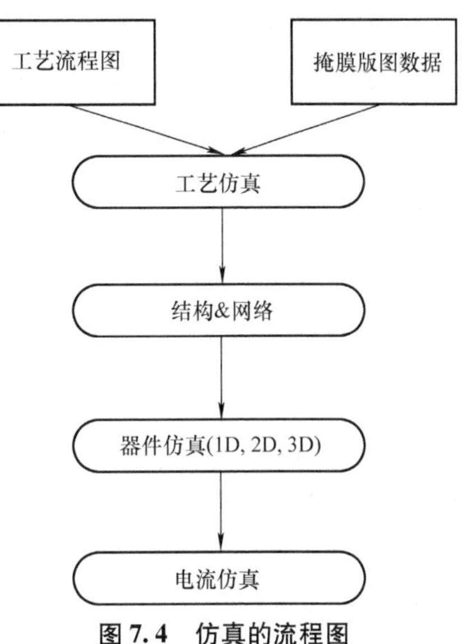

图 7.4　仿真的流程图

完成工艺仿真后，相关的几何数据和掺杂分布将传输到器件仿真器。器件方程的结构使得它必须应用符合某些限制的基于物理的有限元离散，因此使用工艺仿真重新网格化结果。器件仿真软件，如 PISCES[8,9]，BAMBI[10]，MEDICI[11]，DESSIS[12] 等被广泛应用于半导体工业中来仿真稳态和瞬态特性。通过电路仿真器，对栅极驱动电路、缓冲器和保护电路进行详尽的仿真。

IGBT 中使用的 DMOSFET 技术的主要优点是精确控制沟道长度和实现小的沟道长度，而与光刻约束无关。根据器件设计，对于给定的沟道宽度，小沟道长度可提供高的跨导 g_m、低的沟道电阻和高宽长比 [沟道宽度 W/沟道长度 L]，因此具有高的集电极电流。集电极电流也取决于宽长比（W/L）和 α_{PNP}。电流增益 α_{PNP} 应尽可能高，但也需要与击穿电压和闩锁电流密度进行折中。对于固定的 α_{PNP} 和沟道长度，可以改变沟道宽度以获得所需的电流。为了增加电流能力并降低导通电阻，应用单元阵列概念使数千个单元并联连接。所有单元并联连接，从而降低了导通电阻，单元数取决于一个单元的总电流和大小。优化单元结构以增加单元封装密度，从而提高电流能力。为了降低 IGBT 的驱动能量，必须增加其跨导 g_m，这需要小的沟道长度和高的 α_{PNP}。

首先，使用不同的外延层掺杂和厚度以及不同的场环间距来优化器件的漂移区域，以实现所需的击穿电压。当采用场环结构时，在主结和保护环之间共享反向电压。在对漂移区优化之后，对不同 P 型基区掺杂水平和厚度的沟道区进行计算。P 型基区的优化是至关重要的，因为它决定了阈值电压 V_{Th}、跨导 g_m、输入电容等。选择 P 型基区的掺杂水平高于漂移区域，以避免穿通。对于阈值电压，P 型基区中的表面浓度和栅氧厚度是主要的决定因素。针对不同的P 型基区表面浓度和栅氧厚度值进行阈值电压优化。然后计算其他器件参数，例如沟道电导、导通电阻、功耗、频率响应等。最后，对电子辐照工艺进行能量和剂量的评价和优化，以控制载流子的寿命。

7.2.2 设计软件

有几个软件包可用于实现真实和令人满意的设计，集成的系统工程技术计算机辅助设计（ISE－TCAD）工具就是这样一个包[13]。该软件包括几个模块，如用于网格生成的 MESH－ISE、DESSIS－ISE、1D、2D 和 3D 器件和电路仿真器，DIOS－ISE 用于工艺仿真，还有可视化工具，如 INSPECT 和 PICASSO。

在仿真包 ISE－TCAD 中，基本半导体方程（泊松和电子空穴连续性方程）在映射到所研究的器件结构上的网格点上进行数值求解。数值解根据定义的分析标准收敛。典型的输入包括器件的结构、网格尺寸、不同区域的杂质分布，以及用于执行仿真的物理效应和模型。输入以文件的形式给出，即 msh. bnd 或网格边界文件，用于定义研究的器件的几何形状；msh. cmd 或网格命令文件，用于结构中的杂质轮廓和网格细化，以聚焦器件的关键区域；des. cmd 或 dessis 命令文件，用于指定在器件电极上施加的电压/电流、在仿真中使用的物理模型、参数中允许的误差、要完成的迭代次数和求解泊松方程的方法（如使用完全牛顿方法和 Gummel 迭代插值的耦合），以及求解问题的方法、是否是准静态、瞬态等。“准静态命令”用于通过修改其边界条件（例如，接触点的电压增加）将器件从一个解决方案跳变到另一个解决方案。“瞬态命令”用于运行瞬态解决方案。

7.2.3 DESSIS－ISE 中的物理模型

在 ISE 包中，用于器件和电路仿真的模块是 DESSIS－ISE。在该模块中，提供了三种仿真模式：①用于在具有长有源区域的低功率密度器件中具有静态传输的等温仿真的漂移－扩散模型。“静态传输”是指只有载流子移动，而非任何导电介质。②考虑到具有长有源区域的高功率密度器件中的自热效应的热力学模型。③考虑自热和非静态传输的流体动力学模型，适用于具有小的有源区域的器件。“非静态传输”意味着介质的物理运动与载流子运动一起考虑。

在漂移－扩散模型中，控制电荷传输的三个方程是[12]

泊松方程：
$$\nabla\cdot\varepsilon_s\nabla\psi=-q(p-n+N_{D+}-N_{A-})\tag{7.10}$$

电子连续方程：
$$\nabla\cdot\overrightarrow{J_n}=qR+q\frac{\partial n}{\partial t}\tag{7.11}$$

空穴连续方程：
$$\nabla\cdot\overrightarrow{J_p}=qR+q\frac{\partial p}{\partial t}\tag{7.12}$$

式中，ε_s为 Si 的相对介电常数；ψ 为电势；q 为电荷；n 和 p 为电子和空穴浓度；N_{D+} 和 N_{A-} 为电离的施主和受主浓度；J_n和 J_p为电子和空穴电流密度；R 为净电子空穴复合率。考虑到载流子电荷与晶格处于热平衡状态下的电热效应，热力学模型是漂移–扩散方法的延伸，而流体动力学模型进一步包含了非静态效应。

有效本征载流子浓度n_{ie}对净杂质浓度N和温度T的依赖关系由式（7.13）描述[14]

$$n_{ie}^2(N,T) = n_{i0}^2(N)\exp\left[\frac{q\Delta V_{g0}(N)}{kT}\right] \tag{7.13}$$

式中，$n_{i0}(T)$为低浓度的本征载流子浓度，仅随温度变化。

$$n_{i0}^2(T) = C_1 T^3 \exp\left(-\frac{qV_{g0}}{kT}\right) \tag{7.14}$$

常数$C_1 = 9.61\times10^{32}$，$V_{g0} = 1.206\text{V}$。实验得出的由简并掺杂引起的带隙变窄$\Delta V_{g0}(N)$由以下经验公式拟合：

$$\Delta V_{g0}(N) = V_1\left(F + \sqrt{F^2 + C^2}\right) \tag{7.15}$$

式中，常数$V_1 = 9\times10^{-3}\text{ V}$；$F = \ln(N/N_0)$；$N_0 = 10^{17}/\text{cm}^3$；$C_2 = 0.5$。

带隙随温度的变化由式（7.16）给出[13]

$$E_g(T) = E_g(0) - \frac{\alpha T^2}{T+\beta} \tag{7.16}$$

式中，$\alpha = 4.73\times10^{-4}\text{eV/K}$；$\beta = 636\text{K}$；$E_{g(0)} = 1.15\sim1.16\text{eV}$。

迁移率以模块化方式建模，体迁移率是一个与温度相关的常数

$$\mu_{\text{const}} = \mu_L\left(\frac{T}{300}\right)^{-\xi} \tag{7.17}$$

对于电子，$\mu_L = 1417\text{cm}^2/(\text{V}\cdot\text{s})$，$\xi = 2.5$；对于空穴，$\mu_L = 470.5\text{cm}^2/(\text{V}\cdot\text{s})$，$\xi = 2.2$。下标L表示晶格，因此模型仅适用于未掺杂材料中的体迁移率。Masetti等人的模型描述了杂质散射，将Caughey–Thomas方程扩展到重掺杂范围[15–18]

$$\mu_{\text{dop}} = \mu_{\min1}\exp(-P_c/n_i) + \frac{\mu_{\text{const}} - \mu_{\min2}}{1+(n_i/C_r)^{\alpha}} - \frac{\mu_1}{1+(C_s/n_i)^{\beta}} \tag{7.18}$$

式中，对P，$\mu_{\min1} = 68.5\text{cm}^2/(\text{V}\cdot\text{s})$而对B为$44.9\text{cm}^2/(\text{V}\cdot\text{s})$；对P，$\mu_{\min2} = 68.5\text{cm}^2/(\text{V}\cdot\text{s})$而对B为0；对P，$\mu_1 = 56.1\text{cm}^2/(\text{V}\cdot\text{s})$而对B为$29.0\text{cm}^2/(\text{V}\cdot\text{s})$；对P，$C_r = 9.2\times10^{16}/\text{cm}^3$而对B为$2.23\times10^{17}/\text{cm}^3$；对P，$C_s = 3.41\times10^{20}/\text{cm}^3$而对B为$6.10\times10^{20}/\text{cm}^3$；对P，$\alpha = 0.711$而对B为0.719；对P，$\beta = 1.98$而对B为2.0；对P$P_c = 0$而对B为$9.23\times10^{16}/\text{cm}^3$。

为了在如IGBT沟道的界面包括迁移率的降低、结合体迁移率μ_b、表面声子散射μ_{ac}和表面粗糙度散射μ_{sr}，由Matthiessen规则定义的迁移率为

$$\frac{1}{\mu} = \frac{1}{\mu_b} + \frac{1}{\mu_{ac}} + \frac{1}{\mu_{sr}} \tag{7.19}$$

对载流子–载流子或电子–空穴散射μ_{eh}的迁移率也可以通过相同的规则添加。

通过深杂质能级的复合，称为Shockley–Read–Hall（SRH）复合，由以下熟悉的方程表示[19]

$$R_{\text{net}}^{\text{SRH}} = \frac{np - n_{\text{i,eff}}^2}{\tau_{\text{p}}(n + n_1) + \tau_{\text{n}}(p + p_1)} \tag{7.20}$$

式中，$n_1 = n_{\text{i,eff}}\exp[E_{\text{trap}}/(kT)]$；$p_1 = n_{\text{i,eff}}\exp[E_{\text{trap}}/(kT)]$；$E_{\text{trap}}$为缺陷能级和本征能级之间的能量差；少数载流子寿命$\tau_{\text{n}}$和$\tau_{\text{p}}$建模依赖掺杂、电场和温度因子的乘积。

对于击穿分析，求解泊松方程并获得电离积分，电离积分的检测用于识别由雪崩产生的结击穿，沿着电场线通过耗尽区计算电离积分。该输出给出了随逐步施加的电压增加，所有计算路径的电离积分的信息。当电离积分等于1时，认为发生雪崩击穿。因此，一旦最大电离积分为1，则准静态仿真终止。存储的电子和空穴电离积分以及平均电离积分值用于可视化。一个预先确定的算法对静电势ψ及电子和空穴的准费米势进行初始猜测。

对于仿真，器件在DESSIS输入文件中定义，在文件部分定义其网格和掺杂；其接触在电极和界面部分定义；选定的物理模型在物理部分定义；而要保存的结果在绘图部分中定义。

7.2.4 计算和仿真过程

功率IGBT本质上是由按拓扑布局排列的重复单元阵列组成的，提供了一个大的沟道宽长比。因此，为了理解器件的电学行为，有必要根据物理参数，例如几何形状、杂质分布等来仿真单元的性能[20,21]。为了便于说明，基于正向电流、阻断能力和工艺考虑，使用具有代表性的用于中电压和高电压工作的IGBT单元的典型尺寸和分布数据，这些数据已经从一阶分析计算中确定。

(1) 发射区和基区掺杂分布、沟道长度、正向压降和跨导 对于2.4μm沟道长度的高压IGBT单元（见图7.5），P型基区深度为4μm，N^+源深度为1μm，沟道长度为2.4μm。N^-外延层浓度为$6.61\times10^{13}/\text{cm}^3$（$\rho = 70\Omega\cdot\text{cm}$），厚度为150μm。2.4μm沟道长度的中压IGBT单元具有与高压单元相同的上部结构，两个单元之间的唯一区别在于外延层的电阻率和起始厚度。对于2.4μm沟道长度的中电压IGBT单元（见图7.6），起始外延层厚度为60μm，掺杂为$2\times10^{14}/\text{cm}^3$（$\rho = 25\Omega\cdot\text{cm}$）。

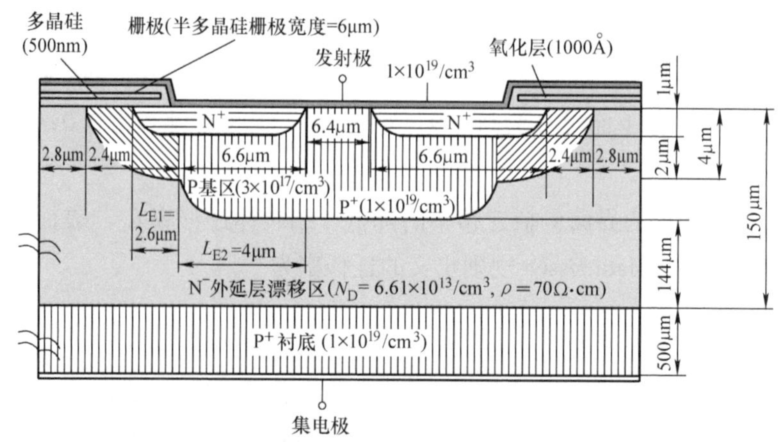

图7.5 2.4μm沟道长度的高电压IGBT单元的横截面图

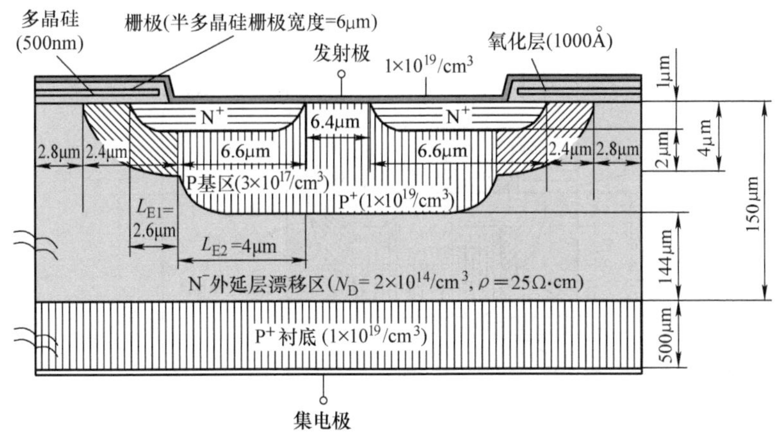

图7.6　2.4μm沟道长度的中电压IGBT单元的横截面图

已经仿真了一个沟道长度为0.96μm的IGBT单元，得到了一个低的正向压降。考虑到当IGBT受到辐射时电压降会增加，从而减少关断时间，因此实现低的初始正向压降是非常重要的。在0.96μm沟道长度的高电压IGBT单元（见图7.7）中，N^+区域深度为1μm，P型基区为2.2μm，导致沟道长度为0.96μm。P型基区的峰值掺杂浓度为$1.2\times10^{18}/cm^3$。IGBT半单元的P型基区中心有一个深P^+区域，峰值浓度为$1\times10^{19}/cm^3$，以防止寄生双极型晶闸管闩锁。在P型基区的中心P^+区域深度为3μm。因为考虑的单元是一个30μm×30μm的正方形单元，所以输出电流将乘以1.11×10^5以得到电流密度（A/cm^2）。这个电流密度乘以IGBT芯片的有效面积，就能得到特定器件的总电流。在这些仿真中的双极型寿命为10μs。2.4μm沟道长度的高电压和中电压IGBT单元的三维图如图7.8所示，而0.96μm沟道长度的高压IGBT单元的三维视图如图7.9所示。

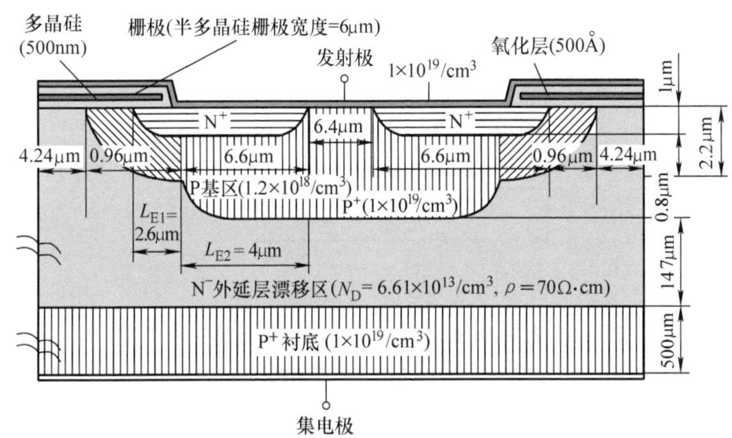

图7.7　0.96μm沟道长度的高电压IGBT单元的二维图

图7.10比较了在300K时0.96μm沟道长度的高电压IGBT单元与2.4μm沟道长度的中电压和高电压IGBT单元的正向特性。显而易见，0.96μm单元的正向压降是最低的（1.4V），而2.4μm中电压单元的正向压降（1.9V）要低于高电压单元的（3.7V）。所有这

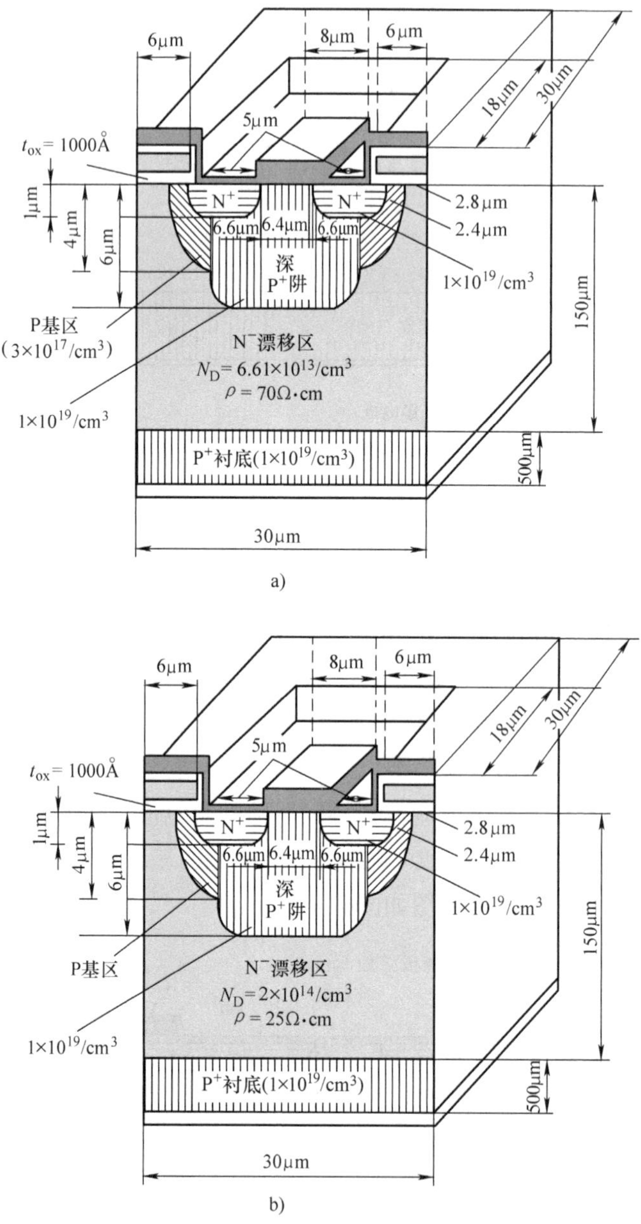

图 7.8　2.4μm 沟道长度的 IGBT 单元的三维视图

a）高电压单元　b）中电压单元

些电位降都是在集电极－发射极电流密度为 $100A/cm^2$ 时测量的，如图 7.10 所示。此外，0.96μm 沟道长度单元的饱和的集电极－发射极电流密度为 $780A/cm^2$，2.4μm 沟道长度的中电压单元为 $375A/cm^2$，而相同沟道长度的高电压单元为 $260A/cm^2$，以与正向压降相同的顺序下降。因此，为了实现低正向压降和高饱和集电极－发射极电流密度的 IGBT，理想情况下，IGBT 设计要求使用尽可能短的沟道长度来实现最低的沟道电阻。但是，沟道应足够长，与穿透电压要求的 P 型基区深度一致。

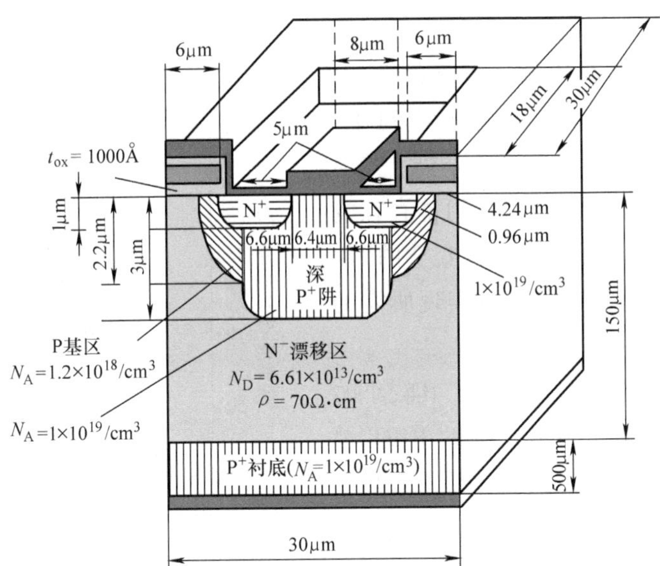

图 7.9　2.4μm 沟道长度的高压 IGBT 单元的三维图

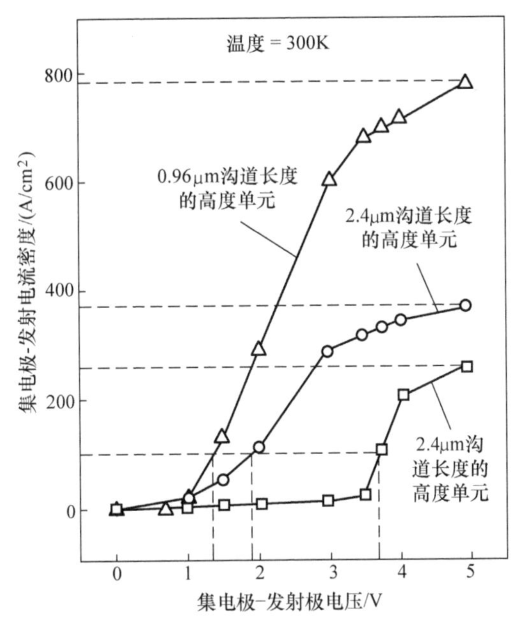

图 7.10　2.4μm 沟道长度的高电压 IGBT 单元、2.4μm 沟道长度的中电压 IGBT 单元和 0.96μm 沟道长度的高电压 IGBT 单元稳态正向传导特性比较，所有仿真均在室温（300 K）下进行

（2）沟道长度对闩锁电流密度的影响　不幸的是，对于所需的较短沟道长度，P 型基区的结深必须更小。对于不覆盖中心深 P^+ 区域的发射极部分，不利影响是增加了 P 型基区的横向电阻。同时，浅 P 型基区导致上面 NPN 型晶体管的电流增益增加。基区电荷较少而具有更高的注入效率，以及由于较窄的基区宽度而增加的基区输运系数，是造成电流增益增强的原因。因此，IGBT 在较低的电流密度下闩锁，变得热不稳定。因此，必须对器件结构和分布进行修改，使其在高温下发生闩锁。因此，进行全面的热分析可以评估器件的性能，可以通过各种方法实现热稳定。在此基础上，对IGBT的电流－电压特性进行了分析，其对器件参数的影响以及在制造过程中可能存在的工艺约束进行了比较。已经证明，安全的IGBT设计必须考虑热稳定性因素以实现所需的特性。

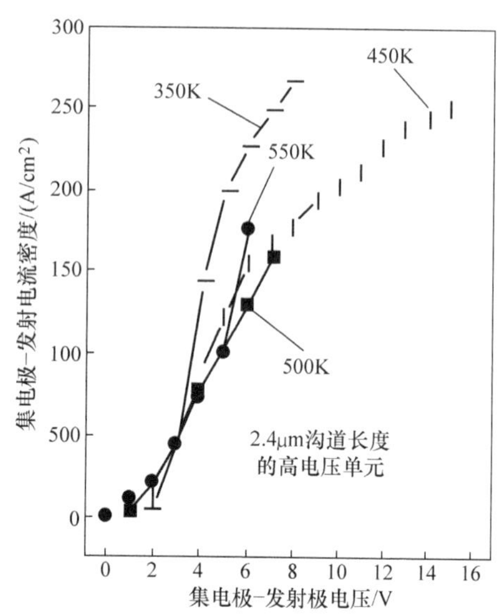

图7.11　2.4μm沟道长度的高电压IGBT单元在350～550K的正向特性与温度关系的仿真曲线

尽管0.96μm沟道长度单元由于其较小的正向压降而优于2.4μm沟道长度的IGBT单元，但发现前者更容易发生闩锁（见图7.11～图7.13）。显而易见，与2.4μm单元相比，0.96μm沟道长度的单元在低得多的电流密度以及更低的温度下发生闩锁。因此，减小沟道长度以最小化正向压降会使得IGBT易于闩锁。换句话说，通过减小沟道长度，减少了导通态损耗但是加剧了闩锁问题。这种易于闩锁的特性会使器件易受热失控的影响；因此，在工作过程中，必须远离最小的闩锁温度。根据预期的应用，设计人员必须为结温和电流密度定义足够的安全裕度，以避免出现最小的闩锁条件。

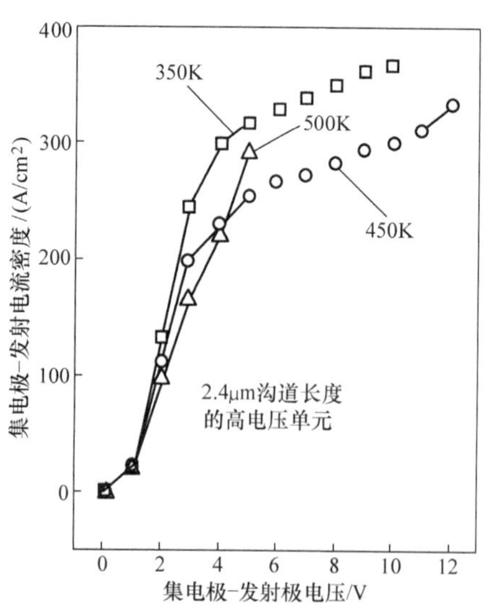

图7.12　2.4μm沟道长度中压IGBT单元在350～500K的正向特性与温度关系的仿真曲线

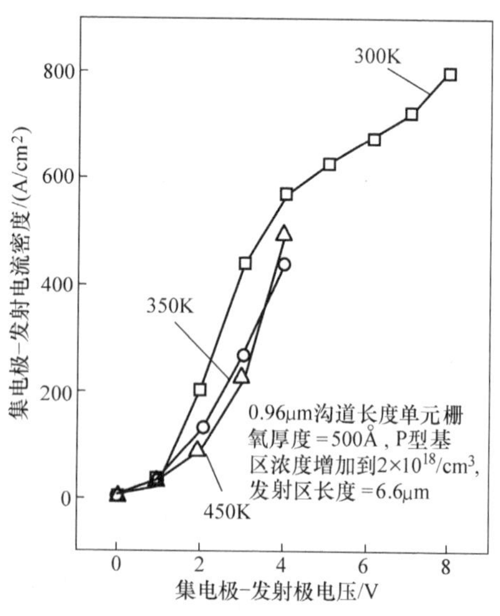

图7.13　0.96μm沟道长度高压IGBT单元在350～500K的正向特性与温度关系的仿真曲线

为了改善0.96μm沟道长度高压IGBT单元的热稳定性，已经使用了两种方法。首先，增加P型基区浓度（见图7.14），这降低了P型基区的横向电阻，P型基区浓度已增加到

$2\times10^{18}/cm^3$。该单元的正向特性更具有热稳定性。因此，在IGBT设计中，必须在沟道长度和热稳定性之间寻求一个折中，以获得所需的导通电压。如果能够以正确的比例同时减小栅氧厚度，则阈值电压和跨导都不会受到影响。因此，随着栅氧厚度按比例地减小到500Å，P型基区电阻的增加提供了一个可接受的解决方案，以确保栅氧在栅极驱动电压尖峰引起击穿时的安全性。

其次，发射区长度已降至3.6μm，发现发射区长度的减小可以在保持跨导的同时在高达550K的范围内避免闩锁。0.96μm的高电压单元如图7.15所示，然而，它需要更精细的几何形状（2μm），从而增加了光刻的约束。

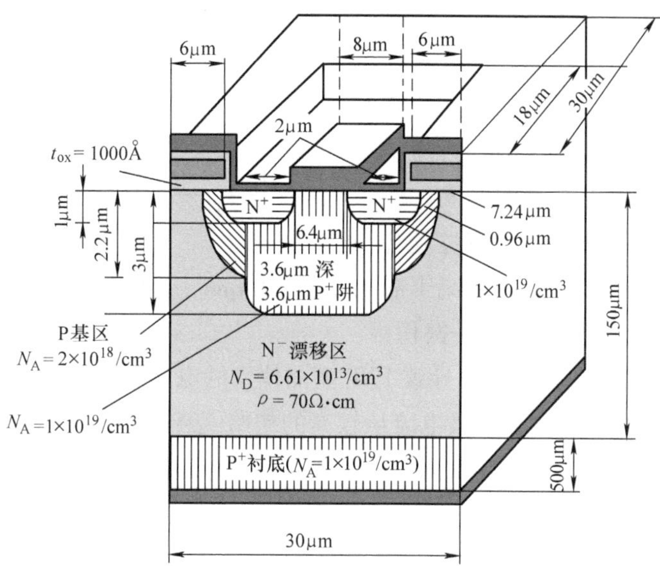

图7.14　改进的0.96μm沟道长度的高压IGBT单元的三维图

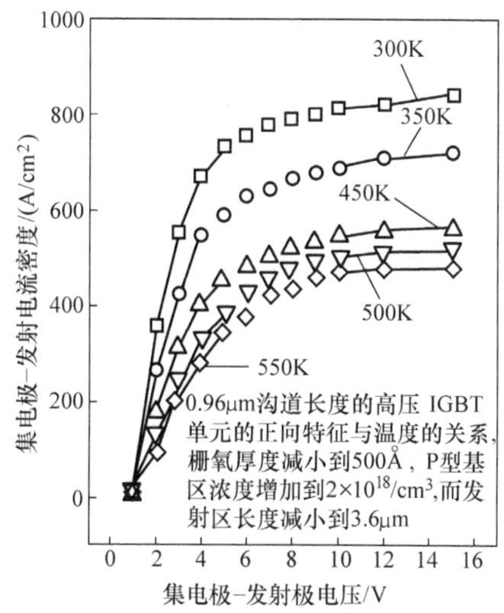

图7.15　0.96μm沟道长度的高压IGBT单元的正向特性与温度的关系，栅氧厚度减小到500Å，P型基区浓度增加到$2\times10^{18}cm^{-3}$，而发射区长度减小到3.6μm

(3) 传输、阻断和瞬态特性 IGBT单元转移特性（见图7.16）不像DMOS单元那样会出现饱和，因为IGBT中N型外延层的串联电阻非常低。这是由于从P^+衬底注入的空穴引起漂移区的电导率调制。图7.17显示了300 K时高电压IGBT单元的阻断特性。

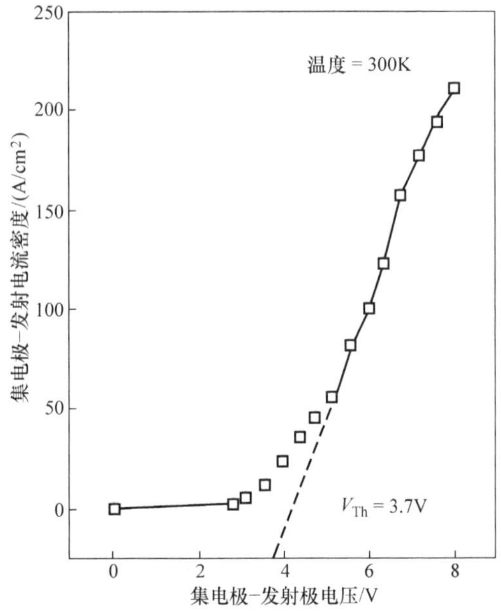

图7.16 2.4μm沟道长度的高压IGBT单元的传输特性

IGBT单元中的PIN整流器降低了其工作速度。通过施加幅度为0.8V且持续时间为$1\times10^{-2}\mu s$的集电极电压脉冲并观察关断时间（见图7.18），研究了该PIN整流器的开关特性。关断时间（20μs）随温度升高而增加，因为随着温度的升高，漂移外延层中的载流子寿命增加，通过复合减缓载流子的衰减。因此注入的载流子需要更长的时间才能衰减到它们的平衡值。另一个原因是IGBT单元的温度升高导致PNP型晶体管的电流增益α_{PNP}随之增加，从而导致在关断时间内的集电极电流因集电极电流从较高的初始值衰减而延长。集电极电流关断时间的增加延长了关断过程。这些效应共同增加了IGBT单元随温度的关断时间。

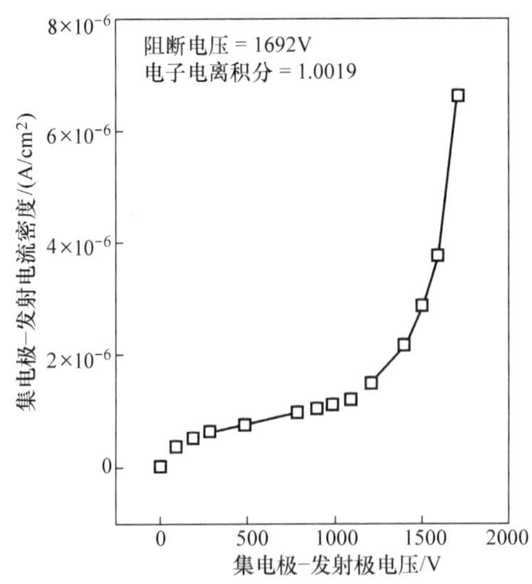

图7.17 在300K时，2.4μm沟道长度的高电压IGBT单元的阻断特性

(4) IGBT设计中MOS电容的降低 在IGBT设计和制造过程中，要特别注意限制结构中的MOS电容，因为它们限制了高频响应。高频工作的主要障碍是必须对输入栅极电容C_{iss}进行充电和放电

$$C_{iss} = C_{GE} + C_{M1} \tag{7.21}$$

式中，C_{GE}为栅极－发射极电容；C_{M1}为栅极在N^-漂移区域上交叠产生的电容。电容C_{GE}由三部分组成

$$C_{GE} = C_{N^+} + C_P + C_{M2} \tag{7.22}$$

在该公式中，C_{N^+}是由N^+发射区上的栅极交叠产生的电容。它表示为

$$C_{N^+} = \varepsilon_0\varepsilon_{ox}A_{N+o}/t_{ox} \tag{7.23}$$

式中，ε_{ox}为SiO_2的相对介电常数；t_{ox}为栅氧厚度；A_{N+o}为N^+发射区上的栅极交叠面积＝N^+发射区的结深度x_{N^+}×沟道宽度Z。C_P源自P型基区上的栅极延伸。它随栅极偏压而变化，并通过使用较小的沟道长度而减小。电容C_{M2}源自栅电极上的发射极金属的延伸。它表示为

$$C_{M2} = \varepsilon_0\varepsilon_{ox}A'/t' \tag{7.24}$$

式中，A'为发射极和栅极之间的交叠区域；t'为覆盖多晶硅栅极的氧化层的厚度。通过增加该氧化层的厚度，使C_{M2}最小化。通过将发射极金属限制在扩散窗口来进一步降低C_{M2}。

从式（7.21）可以看出，电容C_{M1}由式（7.25）给出

$$C_{M1} = (1 + g_m R_L)C_{GC} \tag{7.25}$$

表示通过米勒效应对栅极－集电极电容C_{GC}的放大。g_m是MOSFET跨导，而R_L是连接在集电极和发射极之间的负载电阻。通过米勒放大效应，C_{GC}严重抑制了IGBT的高频响应。在IGBT工作的导通态期间，N^-漂移区的表面处于积累状态。因此，C_{GC}具有很高的值。在截止态期间，随着集电极偏置的增加，C_{GC}下降。通过保持N漂移区域上很小的栅极交叠来减小C_{GC}。

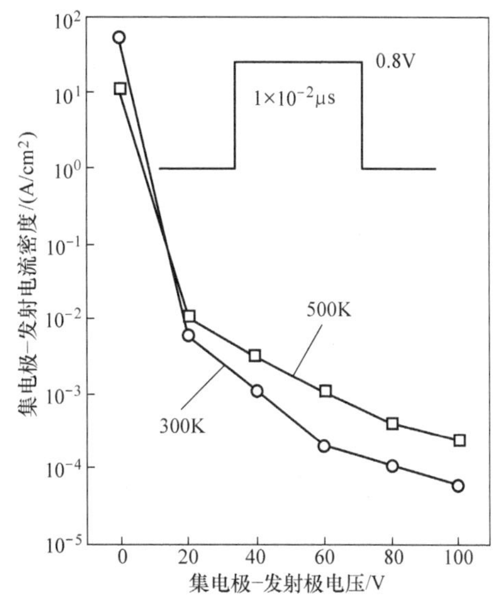

图7.18 在不同温度下2.4μm沟道长度的高电压IGBT单元中PIN整流器的瞬态特性，施加的集电极电压脉冲显示在插图中

IGBT关断时间t_{off}的存储分量是IGBT的输入和输出端之间的反馈电容C_{rss}以及分布的多晶硅电阻R的敏感函数，它们共同决定了延迟的RC时间常数。延迟时间常数τ_d通过应用传输线理论$\tau_d = 25L^2RC$得到[22]，其中L是方形IGBT单元的边长。通过采用梯形栅极结构代替传统的栅极结构，使反馈电容最小化。据报道，在$V_{CE} = 2V$时，这种结构可以将传统的栅极反馈电容从22pF减小到梯形的2pF。这两种结构在图7.19中进行了比较。

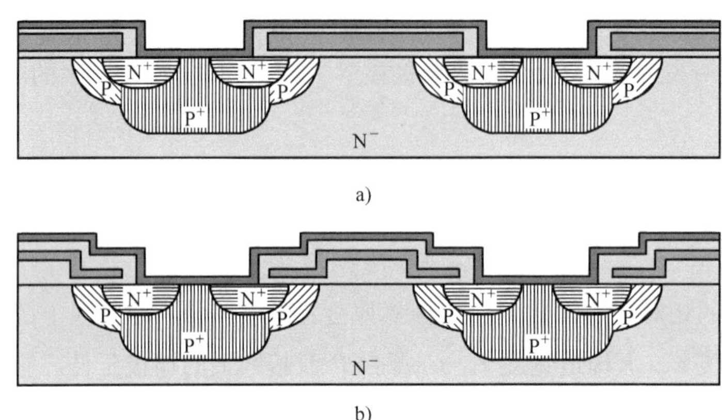

图 7.19 a）常规栅极结构 b）梯形栅极结构

7.3 N 型缓冲层结构的优化

N 型缓冲层的掺杂浓度和厚度在确定反向击穿电压、正向压降、饱和集电极 - 发射极电流、跨导、闩锁电流密度和穿通 IGBT 的关断时间方面起着至关重要的作用[23]。很自然地，与 N^- 漂移区相比，较高的 N 型缓冲层掺杂浓度会通过雪崩机制降低反向击穿电压。如上所列，其余参数因 PNP 型晶体管的电流增益 α_{PNP} 的减小而降低，该增益与 P^+ 发射区注入效率的下降相关。基于 IGBT 的双极型晶体管 - MOSFET 模型，这些参数随 N 型缓冲层浓度的变化在例 7.3 中进行了研究和验证。对于三个双极型寿命值为 0.6，1 和 10μs，N 型缓冲层厚度为 10μm 而 N^- 漂移区厚度为 90μm 的 0.96μm 沟长的 IGBT 单元，N 型缓冲层的掺杂浓度对电流增益 α_{PNP} 的影响在表 E7.3.1 中列出。前面已经详细说明了击穿电压和正向压降的计算，研究了缓冲层的掺杂浓度对 IGBT 单元的饱和集电极 - 发射极电流、跨导、闩锁电流密度和关断时间的影响。读者可以对这些参数进行计算，显示这些变化的曲线在图 E7.3.1 ~ 图 E7.3.4 中给出。

例 7.3 考虑 0.96μm 沟道长度的高电压 IGBT 单元，其中修改的 N 型漂移区厚度为 100μm，N 型缓冲层为 10μm。对于漂移区中的三个双极型寿命值（即 0.6，1.0 和 10μs），计算作为 N 型缓冲层浓度函数的 PNP 型晶体管的电流增益 α_{PNP} 的变化，将结果进行列表。绘制饱和集电极 - 发射极电流密度、每平方厘米跨导、闩锁电流密度和关断时间随 N 型缓冲层掺杂浓度的关系曲线，掺杂浓度范围在 1×10^{16} ~ $5\times10^{18}/cm^3$ 之间。在 IGBT 工作期间，在 N 型漂移区/P 型基区结上压降为 2.5V。此外，阈值电压为 4V 而栅极驱动电压为 10V。设反型层迁移率为 $300cm^2/(V\cdot s)$。对于闩锁电流密度计算，取发射极下 P 型基区的长度为 2.6μm，发射极下的 P^+ 槽的长度为 4μm。

由式（4.62），对于 N 缓冲层浓度为 $1\times10^{16}/cm^3$ 的 P^+ 衬底的注入效率为 $\gamma=1-(1/12.4)(1\times10^{16}/1\times10^{19})(10/1)=0.99919$。类似地，对不同缓冲层浓度值：$5\times10^{16}$，$1\times10^{17}$，$5\times10^{17}$，$1\times10^{18}$，$2\times10^{18}$ 和 $5\times10^{18}/cm^3$，计算注入效率。在 2.5V 时的耗尽层厚度

为7.06μm，因此未耗尽的N型区宽度为90－3－7.06＝79.94μm。对于双极型寿命$\tau_a=0.6\mu s$，双极型扩散长度$L_a=\sqrt{18.34\times0.6\times10^{-6}}=33.17\mu m$。同样，对应于$\tau_a=1$和$10\mu s$的扩散长度分别为42.83μm和135.43μm。对于$\tau_a=0.6\mu s$，基区传输因子$\alpha_T=1/[\cosh(79.94/33.17)]=0.1782$。以类似的方式，对于$\tau_a=1\mu s$，$\alpha_T=0.30206$而对于$\tau_a=10\mu s$，$\alpha_T=0.8479$。计算上述缓冲层浓度下的注入效率$\gamma$和电流增益$\alpha=\gamma\alpha_T$。结果列于表E7.3.1中。

现在$C_{ox}=8.854\times10^{-14}\times3.9/(500\times10^{-8})=6.906\times10^{-8}\ F/cm^2$。此外，$\mu_{ns}C_{ox}/L_C=300\times6.906\times10^{-8}\times75.84\times10^{-4}/(0.96\times10^{-4})=1.6367\times10^{-3}$。而$I_{CE,sat}=(\mu_{ns}C_{ox}Z/2L_C)(V_{GE}-V_{Th})^2[1/(1-\alpha_{PNP})]$。这里$V_{GE}-V_{Th}=10-4=6V$。通过使用相应的$\alpha_{PNP}$值计算缓冲层浓度下的饱和电流值。通过乘以$1.11\times10^5$将它们转换成电流密度，数据绘制在图E7.3.1中。以类似的方式，对不同缓冲层浓度的跨导g_{ms}从关系式$g_{ms}=(\mu_{ns}C_{ox}Z/L_C)(V_{GE}-V_{Th})[1/(1-\alpha_{PNP})]$获得。$g_{ms}$对缓冲层浓度的依赖关系如图E7.3.2所示。

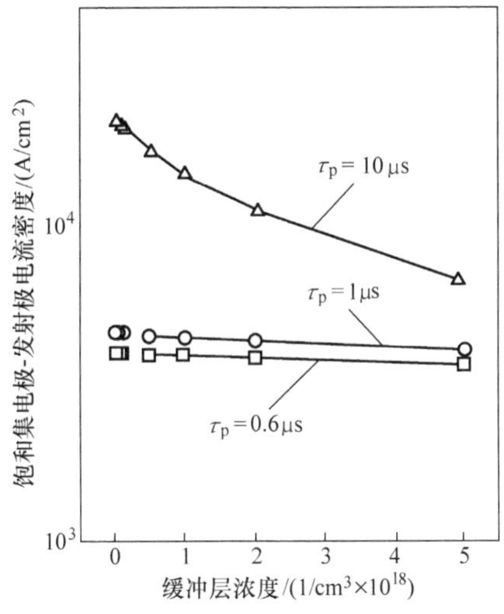

图E7.3.1 对0.6，1和10μs的三个载流子寿命τ_p，N型缓冲层浓度对IGBT的饱和集电极－发射极电流密度的影响

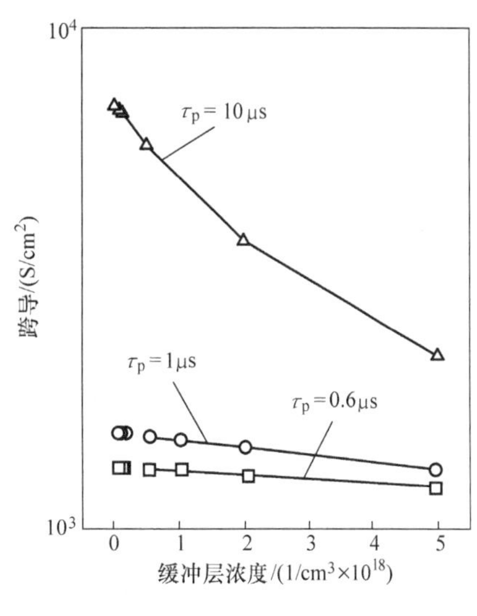

图E7.3.2 对0.6，1和10μs的三个载流子寿命τ_p，IGBT的跨导随N型缓冲层浓度的变化

表E7.3.1 缓冲层浓度对注入效率和电流增益的影响

序号	缓冲层浓度/(1/cm³)	注入效率	电流增益		
			$\tau_p=0.6\mu s$	$\tau_p=1.0\mu s$	$\tau_p=10\mu s$
1	1×10^{16}	0.9992	0.178	0.3018	0.847
2	5×10^{16}	0.996	0.1775	0.3008	0.8445
3	1×10^{17}	0.992	0.1768	0.2996	0.84115
4	5×10^{17}	0.96	0.1711	0.2899	0.814
5	1×10^{18}	0.92	0.164	0.2779	0.78
6	2×10^{18}	0.8387	0.1495	0.2533	0.711
7	5×10^{18}	0.597	0.1064	0.1803	0.5062

图E7.3.3和图E7.3.4分别描述了关断时间和闩锁电流密度随缓冲层掺杂浓度的变化。

用于计算关断时间的公式是 $t_{off}=\tau_{HL}\ln(10\alpha_{PNP})$，其中 τ_{HL} 是高注入水平寿命，等于双极型寿命 τ_a。对于闩锁电流密度计算，方程为 $J_{CL}=V_{bi}/W_C\alpha_{PNP}(\rho_{sB}L_{E1}+\rho_{sP^+}L_{E2})$，其中半单元宽度 W_c 为 15×10^{-4}cm，N^+ 发射极 L_{E1} 下的 P 型基区长度为 2.6μm，发射极 L_{E2} 下的 P^+ 区域为 4μm。为了计算发射区下 P^- 基区的方块电阻 ρ_{sB}，通过公式 $\exp(-x/x_j)\times$表面浓度 $=\exp(-1/2.2)\times1.2\times10^{18}=7.617\times10^{17}/cm^3$ 确定高斯杂质扩散分布的深度为 1μm 的掺杂浓度。类似地，对于在 1μm 深度处的方块电阻 ρ_{sP^+} 的计算，得到掺杂浓度 $=\exp(-1/3)\times1\times10^{19}/cm^3=7.165\times10^{18}/cm^3$。设这些区域中的空穴迁移率为 $100cm^2/(V\cdot s)$，得到 $\rho_{sB}=683.792$ 而 $\rho_{sP^+}=43.613\Omega/□$。另外，$V_{bi}=N^+$ 发射区（$1\times10^{19}/cm^3$）和 P 型基区（$1.2\times10^{18}/cm^3$）之间的内建电势，因此 $V_{bi}=0.999303$V。然后，闩锁电流密度从前述的等式获得，几个电流增益 α_{PNP} 值对应于不同的缓冲层浓度。

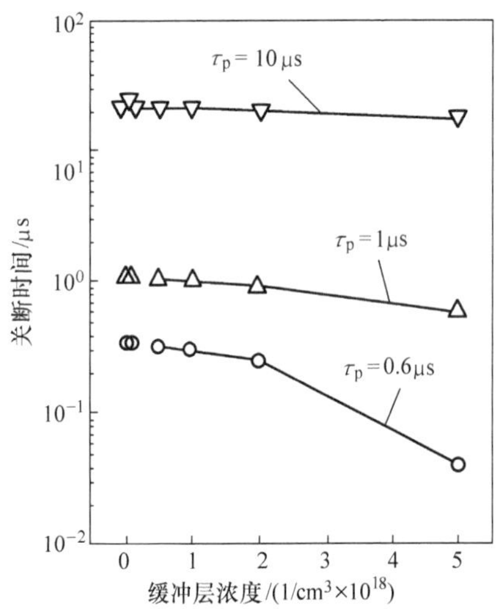

图 E7.3.3　对 0.6，1 和 10μs 的三个载流子寿命 τ_p，IGBT 的关断时间与 N 型缓冲层浓度的关系

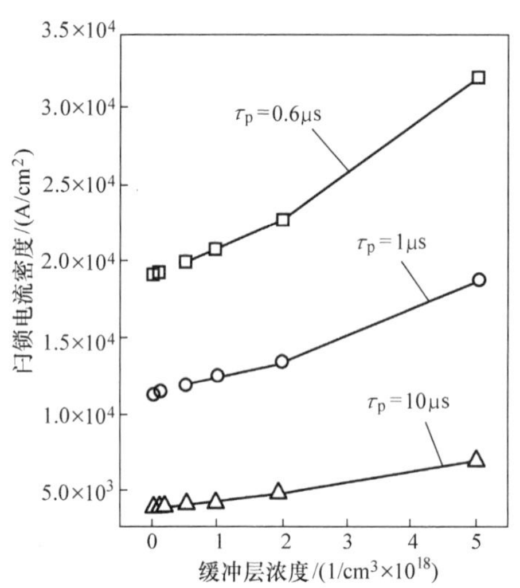

图 E7.3.4　对 0.6，1 和 10μs 的三个载流子寿命 τ_p，N 型缓冲层浓度对 IGBT 的闩锁电流密度的影响

7.4　场环和场板终端设计

高压平面 PN 结在反向偏置下产生的击穿电压低于简单一维理论所预测的击穿电压，因为结外围电场拥挤的三维效应。所以，专门的边缘终端结构对于增加平面结击穿电压以获得理想的值是必不可少的。浮动场环结构是有吸引力的，因为它与主结同时形成，因此节省了昂贵的工艺步骤。它通过将耗尽层扩展到称为场环的较低的电势结来降低主结处的电场拥挤强度，场环结构的设计优化要求在主结和场环之间电场均匀分布。

7.4.1 关键设计参数

场环有两个关键设计参数，即场环宽度和间距。如果场环太窄，则它将不会影响耗尽区的形状，从而失去其预期目的。在另一个极端情况下，太宽的场环将浪费不必要的硅面积。一个简单的设计规则是使环与耗尽层宽度一样宽。类似的说明适用于主结和第一场环之间的间距以及环与环之间的间距。例如，如果主结和第一环之间的间隔太大，则主结将在其耗尽区域穿过第一环之前发生击穿，从而环将无效（见图 7. 20a）。而与其相对，如果由于担心击穿而使间距太小，则无法充分利用环增加击穿电压的能力（见图 7. 20b），从而需要更多的环来达到给定的击穿电压额定值。

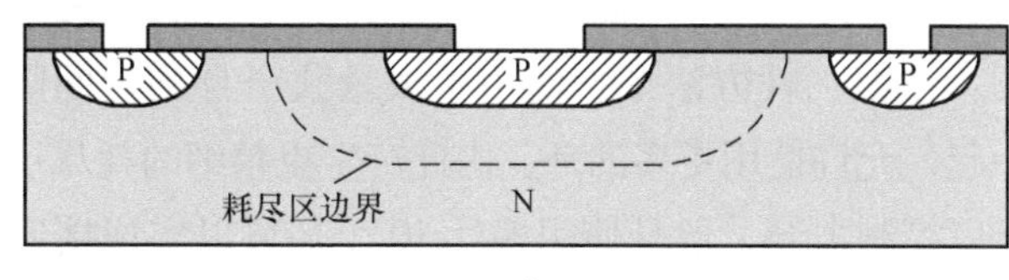

a)

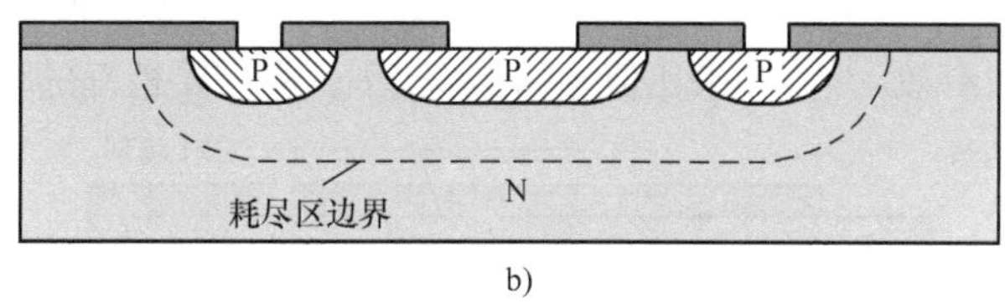

b)

图 7. 20 场环间距对防止电压击穿的影响

a）大间距 b）小间距

首先，主结的击穿电压从其结深处计算[24-28]，将其视为圆柱形结（附录 7. 5）：

$$\frac{(V_B)_{CYL}}{(V_B)_{PP}} = \frac{1}{2}\left[\left(\frac{r_j}{W_c}\right)^2 + 2\left(\frac{r_j}{W_c}\right)^{6/7}\right]\ln\left[1 + 2\left(\frac{W_c}{r_j}\right)^{8/7}\right] - \left(\frac{r_j}{W_c}\right)^{6/7} \tag{7.26}$$

式中，$(V_B)_{CYL}$和$(V_B)_{PP}$分别为圆柱形和平行平面结的击穿电压；r_j为圆柱形结的曲率半径；W_c为击穿时的耗尽层宽度。圆柱形结击穿电压$(V_B)_{CYL}$相对于平行平面结击穿电压$(V_B)_{PP}$的一个有用的经验表达式是

$$\frac{(V_B)_{CYL}}{(V_B)_{PP}} = \left[0.871 + 0.125\ln\left(\frac{r_j}{W_{cPP}}\right)\right]^2 \tag{7.27}$$

式中，W_c为平行平面结击穿时的耗尽层宽度，为

$$W_{c,PP} = 2.67 \times 10^{10} N_D^{-7/8} \tag{7.28}$$

参见图 7. 21，取横向扩散等于垂直深度r_j；掩膜长度W_m（浮动场环与主结的距离）从穿通电压$(V_B)_{PT}$计算得到[26]

$$W_m = 2x_j + W_s = 2x_j + \sqrt{\frac{2\varepsilon_0\varepsilon_s V_{PT}}{qN_D}} \tag{7.29}$$

式中，W_s为考虑到两侧的横向扩散情况下，主结与 Si 表面下方第一环之间的间距。

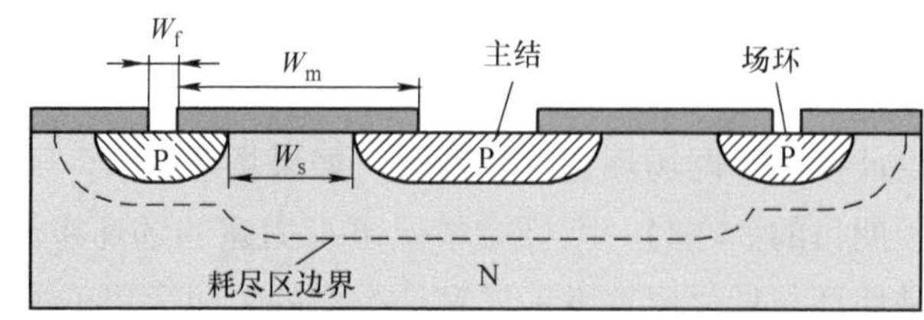

图 7.21　带有场环的二极管的横截面图，显示了分析中使用的几何参数和尺寸

7.4.2 场环的设计方法

场环有两种设计方法。在第一种方法中，当远离主结时，环宽度和间距都会减小（见图 7.22a）。因此，当远离主结时，耗尽层逐渐延伸，朝向器件外围，以较短距离放置的较窄的场环有助于减小芯片面积。在第二种方法中，使用了大量狭窄且均匀间隔的环（见图 7.22b）。较小宽度的场环放在一起，允许使用更多的环，由此产生更精细的耗尽层渐变。不管采用何种方法，通常三个场环足以控制击穿，但是使用多达 10 个环可以实现接近平行平面结的击穿电压。这里可以提到的是，对于通过杂质的深扩散形成的场环，会产生较大的圆柱形结半径 r_j（见图 7.23）。对远大于临界耗尽宽度 $W_{c,PP}$ 的 r_j，电场拥挤效应显著降低。此外，最佳环间距显著增加，等间距环更有效[28]。如果比值 $r_j/W_{c,PP}$ 较小，则需要精确的环间距。

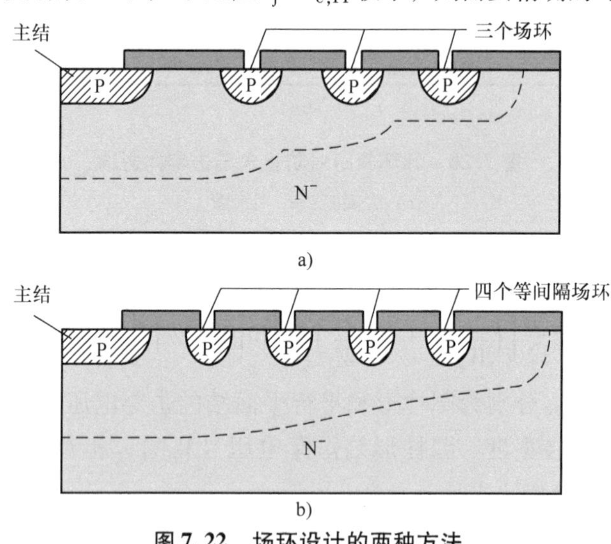

图 7.22　场环设计的两种方法

a）减小的间距　b）均匀间距

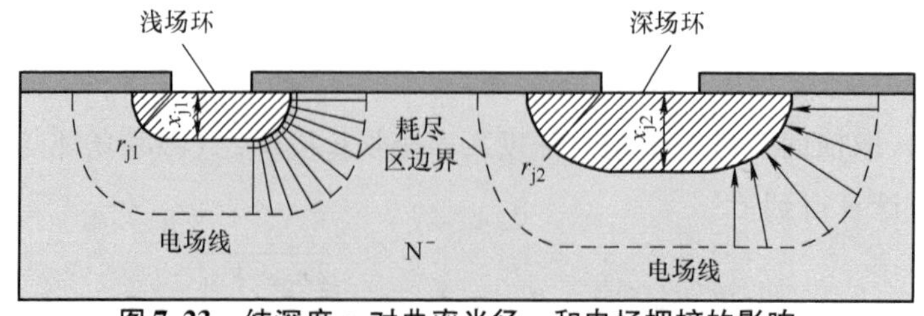

图 7.23　结深度 x_j 对曲率半径 r_j 和电场拥挤的影响，

$x_{j2}>x_{j1}$，$r_{j2}>r_{j1}$

例 7.4 在 IGBT 中，主结到环 1 的穿通电压为 225V，环 1 到环 2 的穿通电压为 175V。N 型基区电阻率为 30Ω · cm，P 型基区结深度为 3μm。

（a）这两个场环结构的击穿电压是多少？

（b）计算在掩膜版中主结和环 1 之间以及环 1 和环 2 之间的距离。

（a）具有两个浮动场环的结构的击穿电压（见图 E7.4.1）可以表示为

$$V_B = V_{PT01} + V_{PT12} + V_{CL2} \tag{E7.4.1}$$

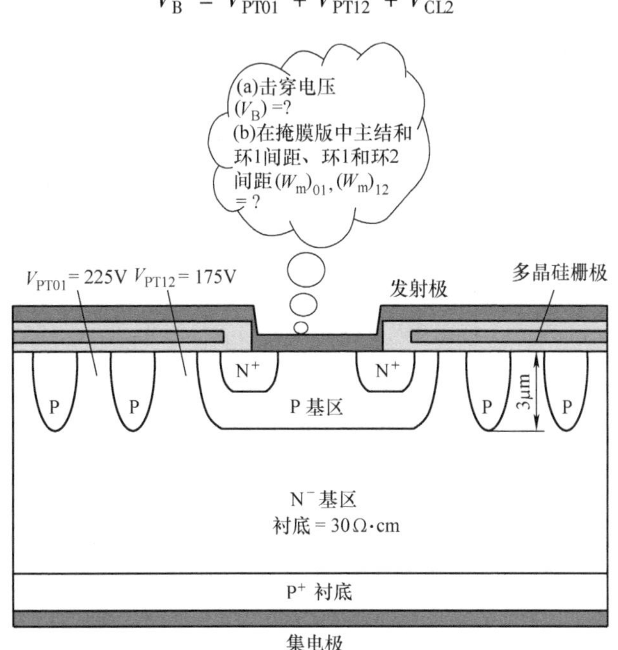

图 E7.4.1 例 7.4 的 IGBT 结构

式中，V_{PT01} 为主结到第一环的穿通电压；V_{PT12} 为第一环到第二环的穿通电压；V_{CL2} 为圆柱形结因结曲率引起的电场拥挤导致第二环的击穿电压。应用式（7.28），N_D 可以用式（E7.4.2）从 N^- 基区的电阻率 ρ 获得

$$N_D = 1/(\rho e \mu) \tag{E7.4.2}$$

式中，e 为电子电荷；μ 为电子迁移率。得到 $N_D = 1/(30 \times 1.6 \times 10^{-19} \times 1350) = 1.54 \times 10^{14}/\text{cm}^3$。此外，$r_j = 0.8 \times$ 结深度 $= 0.8 \times 3 = 2.4\mu\text{m} = 2.4 \times 10^{-4}\text{cm}$。现在由式（7.28），得到 $W_{c,PP} = 2.67 \times 10^{10} \times (1.54 \times 10^{14})^{-0.875} = 0.01029\text{cm}$。因此由式（7.27），$(V_B)_{CYL2}/(V_B)_{PP} = [0.871 + 0.125\ln(r_j/W_{c,PP})]^2 = [0.871 + 0.125\ln(2.4 \times 10^{-4}/0.01029)]^2 = 0.16097$。但是从式（4.22），$(V_B)_{PP} = 60 \times (E_g/1.1)^{3/2}(N_B/10^{16})^{-3/4} = 60 \times (1.54 \times 10^{14}/10^{16})^{-0.75} = 1372.49\text{V}$。所以，$(V_B)_{CYL2} = 0.7637(V_B)_{PP} = 0.16097 \times 1372.49 = 220.933 \approx 221\text{V}$。因此，从式（E7.3.1），结构所需的击穿电压为 $V_B = 225 + 175 + V_{CL2} = 400 + 221 = 621\text{V}$。

（b）主结和环 1 之间的掩膜间距是

$$(W_m)_{01} = 2\times3\times10^{-4} + [2\times8.854\times10^{-4}\times11.9\times225/(1.6\times10^{-19}\times1.54\times10^{14})]^{1/2} = 4.9866\times10^{-3}\text{cm}\approx50\mu\text{m}$$

类似地，环 1 和环 2 之间的掩膜间距是

$$(W_m)_{02} = 2\times3\times10^{-4} + [2\times8.854\times10^{-14}\times11.9\times175/(1.6\times10^{-19}\times1.54\times10^{14})]^{1/2} = 4.4686\times10^{-3}\text{cm}\approx45\mu\text{m}$$

例 7.5 在 IGBT 中，三个场环以等于 40μm 的距离放置在掩膜中，P 型基区结深度为 4μm，N^-基区浓度为 $2\times10^{14}/\text{cm}^3$。计算器件的击穿电压。

这里 $W_m=25\times10^{-4}$cm 而 $x_j=4\times10^{-4}$cm。式（7.29）可以改为以下形式：

$$V_{PT} = (W_m - 2x_j)qN_D/(2\varepsilon_0\varepsilon_s) \tag{E7.5.1}$$

从主结到环 1 的穿通电压是 $V_{PT01}=(40\times10^{-4}-2\times4\times10^{-4})^2\times1.6\times10^{-19}\times2\times10^{14}/(2\times8.854\times10^{-14}\times11.9)=155.5\text{V}$。类似地，$V_{PT12}=V_{PT23}=155.5\text{V}$。现在，$W_{c,PP}=2.67\times10^{10}(2\times10^{14})^{-0.875}=8.1867\times10^{-3}\text{cm}$，而由于圆柱形结效应引起的环 3 的击穿电压为$(V_B)_{CYL3}/(V_B)_{PP}=[0.871+0.125\ \ln(r_j/W_{c,PP})]^2=[0.871+0.125\ln(0.8\times4\times10^{-4}/8.1867\times10^{-3})]^2=0.2169$。但是由式（4.22），$(V_B)_{PP}=60(E_g/1.1)^{3/2}(N_B/10^{16})^{-3/4}=60(2\times10^{14}/10^{16})^{-0.75}=1128.181\text{V}$。因此，$(V_B)_{CYL3}=0.2169\times(V_B)_{PP}=0.16097\times1128.181=181.603\text{V}$。假设环宽度足够大以有效减少耗尽层曲率，具有三个场环结构的击穿电压为$V_B=V_{PT01}+V_{PT12}+V_{PT23}+(V_B)_{CYL3}=155.5\times3+181.6=648.1\text{V}$。

7.4.3 带场限环 PIN 二极管击穿电压的数值仿真

为了计算带场环的二极管的击穿电压，应用具有耗尽区逻辑的线性泊松模型。场环的边界条件是流入每个环的净电流为零。为了满足零净电流条件，场环结不能完全反向或正向偏置。每个环的电势等于沿其冶金环 - 衬底结的最低电压 V_{low}减去内建电势（0.85V）。该算法如下：①计算每个环 i 沿冶金环 - 衬底结的最低电压 $V_{low(i)}$。②观察每个节点j，通过求解该节点处的泊松方程得到该节点 $V_{new(j)}$ 的静电势。如果节点 j 是第 i 个环的一部分并且 $V_{new(j)}<V_{low(i)}-0.85\text{V}$，则 $V_{new(j)}$ 被钳位到 $V_{low(i)}-0.85\text{V}$。如果节点j 不是环的一部分，那么 $V_{new(j)}$必须在阳极和阴极电势的上方和下方界定。③当扫描结束时，将最大的电势变化ΔV_{max}与预定的变化进行比较。如果 ΔV_{max}足够小，则不需要进行另一次扫描。

在确定所需准确度的静电势后，沿临界路径计算空穴电离积分。当沿着一个临界路径的空穴电离积分为 1 时发生击穿。

7.4.4 环间距的迭代优化

假设主结和第一环之间的间距是 W_{s1}，第一环和第二环之间的间距是 W_{s2}，依此类推。一般来说，W_{si}是第（$i-1$）和第 i 个环之间的距离，而第 0 个环是主结。如果环的数量固定

为 n，则明智地选择环之间的间距可使击穿电压最大化，任何其他间距都会降低击穿电压。

考虑一个有单场环的 PIN 二极管。如果场环位于远离主结的位置，则主结处的电离积分将为1，而场环在击穿时的电离积分将近似为零。相反，如果场环太靠近主结，则在主结处电离积分将为零，而场环在击穿时电离积分将为1。对于优化设计的具有多个场环的 PIN 二极管，在击穿条件下沿着每个结的关键路径计算的电离积分同时为1。因此，相邻环的电离积分之间的差异指导确定环之间的最佳间距。主结被认为是第0个环，并且场环从第一个环开始连续编号。因此，$II(0)$ 是沿着主结附近的临界路径计算的电离积分，而 $II(i)$ 是沿着第 i 个环附近的临界路径计算的电离积分。那么 $\Delta II(i) = II(i+1) - II(i)$ = 第 i 和第 $i+1$ 个环之间的电离积分的差。如果 $\Delta II(i)$ 为正，则环就靠得很近，从而间距就应该增加。但如果 $\Delta II(i)$ 是负的，则环就会相距很远，从而应该靠近。

迭代方法的算法是：①对环之间的间隔进行初始猜想；②对 PIN 二极管进行仿真并计算主结和场环的电离积分；③调整环间距直到达到 $\Delta II(i) = 0$ 条件，从而给出最佳间距。

7.4.5 通过使电场分布均匀化的准三维仿真来设计场环

场环结构的优化非常复杂，因为结果是求解方法和网格调节的敏感函数[29]。为了仿真场环中的电动势，计算了每个包含泊松方程和电流连续性方程耦合解的环的电子准费米电势，以达到准确度要求。器件网格化决定了收敛的稳定性，通常以试探性方式获得合适的网格。浮动结附近的最小网格尺寸为0.1μm，可提供良好的收敛稳定性和准确的解。必须进一步指出的是，发现通常用于这项工作的二维仿真大大高估了平面结的击穿电压。为了有效地设计和实现场环终端，采用 MEDICI 软件包进行圆柱形对称的[2]准三维仿真，考虑了三维电场拥挤效应。

在所描述的方法中[2]，首先分析附加单个浮动场环的主平面结。针对主结和第一环之间的不同间距 S_1 计算击穿电压。随着间距从零逐渐增大到更高的值，击穿电压增大。然后它达到最大值，随后下降。假设从优化间距 $S_1 = x$ 处获得的最大击穿电压开始，并向任一侧移动。当间距大于 x 时，峰值电场转移到主结的边缘，击穿电压减小。同样，当间距减小到小于 x 的值时，峰值电场移动到环形边缘，而场环对主结的屏蔽效应降低，导致击穿电压下降。因此，必须在主结和场环处保持均匀的电场分布，以便充分利用结构的性能。在优化了带第一环的主结之后，在结构中加入与第一环间距为 S_2 的另一个环。可以理解，通过插入第二环完全改变了电场分布，使得先前的电场分布不再成立，这是因为耗尽层的扩展而获得了不同的形状。峰值电场向主结移动而必须减小第一环间距以使电场均匀，以相同的方式继续，添加更多的环并且针对每个额外的环优化结构。一般情况下，为了实现电场的均匀性，内环之间更靠近。在每种情况下，计算得到的击穿电压为理想平行平面情况的一部分。最终设计达到了平行平面情况的85%。优化的分布记录不同的场环间距以及环宽度（如5μm）情况。

7.4.6 表面电荷效应和场板附加结构

由于氧化物中带有固定的正电荷，一个与工艺有关的参数，故即使正确的场环放置和宽度也不能保证达到平行平面击穿电压。在加工过程中或工作时应力引入电荷时，带电类型对 Si 表面的污染会影响表面下的场分布和耗尽区扩散的性质，并且还会改变从主结到场环或任何两个连续环之间的穿通电压。表面电荷对击穿电压影响的性质和程度主要取决于它们的大小和极性。该正电荷吸引电子到 Si 表面，相当于在表面的 N^- 基区掺杂浓度的局部增加。结果，耗尽层在表面附近收缩（见图 7.24a），以这种方式产生的耗尽层的弯曲降低了击穿电压。在场板的帮助下抵消了这种效应[30]，这只是这个较高电子浓度区域上金属化的扩展（见图 7.24b）。施加到场板的负电势防止耗尽区域的这种边缘弯曲，但过高的负偏置可能会导致反型，通过放置一个称为沟道截止带的重掺杂 N^+ 区来抑制沟道的扩散（见图 7.25），从而消除反型。

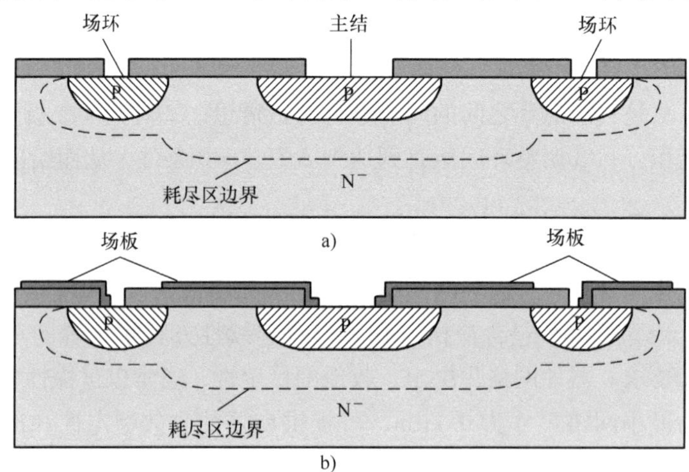

图 7.24　a）表面态电荷对耗尽层曲率的影响　b）使用场板来抵消表面电荷的影响

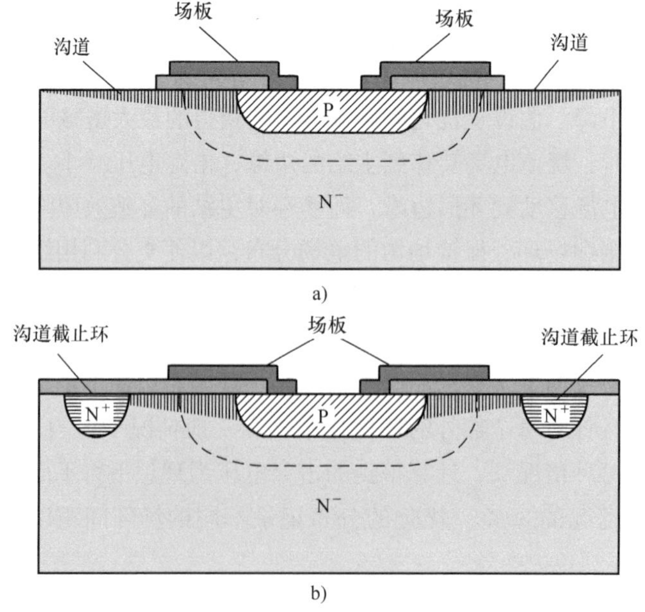

图 7.25　a）通过场板电势产生的反型层　b）通过沟道截止环中止

7.5 表面离子注入的终端结构

在这种方法中，通过使用离子注入[31,32]，在其边缘附近的结表面上引入精确控制的电荷量[31,32]，如图7.26所示。该方法的成功取决于所实现的准确度，优于1%的准确度是理想的。如果注入电荷的剂量非常低，则察觉不到对电场分布的影响且击穿电压也不受影响。相反，如果后者长度较短，则过高的剂量会使结延伸到注入区域的整个长度。但是扩展区域具有非常小的曲率半径并且会由于边缘的电场拥挤而击穿。为了有效地提高击穿电压，有必要：

1）在施加反向偏置时，注入区域完全耗尽。然后，所施加的电压将由整个离子注入区域支持。为了计算宽度 W 的耗尽层中的电荷 Q，注意到该电荷 Q 是在临界电场 $E_c=2\times10^5$ V/cm时，通过等式 $Q=qN_DW=\varepsilon_0\varepsilon_sE_c=1.3\times10^{12}/\text{cm}^3$ 获得的，其中 W 是耗尽层的宽度。

2）离子注入区域的长度应远大于体中的耗尽层厚度，这样才能避免过早的表面击穿。

尽管离子注入提供了足够的准确度，但是界面态电荷和分离进入氧化物中的掺杂剂引起了问题，要通过使用多个离子注入区域来消除这些困难。

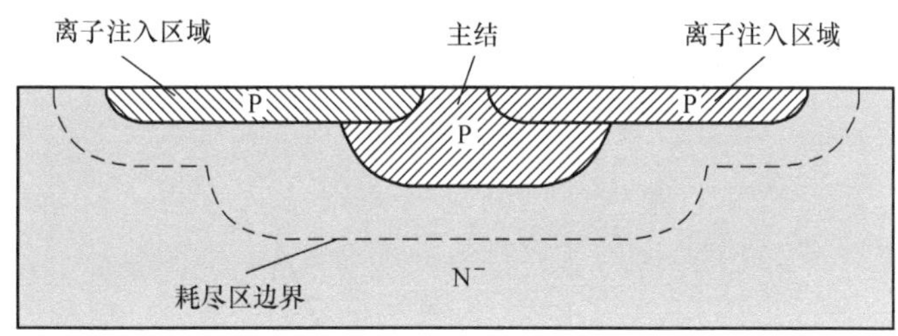

图7.26　离子注入区域作为高压终端的平面二极管的示意图

7.6 用于横向IGBT中击穿电压增强的减小的表面电场概念

RESURF技术的原理可以参考图7.27[33]所示的基本结构来介绍。该基本结构由高电阻率 P^- 衬底，其上生长的 N^- 外延层以及横向边界的 P^+ 扩散区域构成。因此它包括两个二极管，即水平 P^-N^- 结和垂直 P^+N^- 结。由于使用高电阻率的 P^- 衬底，水平 P^-N^- 结的击穿电压高，而垂直 P^+N^- 结的击穿电压低并且由 N^- 层的电阻率控制。在 N^+P^- 结施加反向偏置时，由 P^-N^- 和 P^+N^- 结形成的耗尽区扩展到半导体中。这些耗尽区彼此相互作用，将耗尽区进一步推进到 N^- 漂移区，从而减小 P^+N^- 结和表面的电场。

有三种情况需要关注：

（1）情况Ⅰ　对于厚外延层（见图7.27a），击穿电压由垂直 P^+N^- 结确定，因为表面的耗尽区不受水平 P^-N^- 结的影响。

（2）情况Ⅱ　对于薄外延层（见图7.27b），垂直 P^+N^- 结的耗尽区由水平 P^-N^- 结加强。因此，在给定的反向电压下，它沿着表面扩展很长的距离。因此，表面电场小于临界电场 E_{cr}。

（3）情况Ⅲ 低于某个外延层厚度（见图7.27c），即使在高电压下，减小的表面电场仍将小于 E_{cr}，从而消除了表面击穿。现在水平结 P^-N^- 决定击穿电压，从而实现理想的击穿值。但是由于 N^+ 接触的曲率，故在低于理想电压时会发生角击穿。

上述三种情况表明，为了实现理想的 RESURF 条件，随着耗尽区的变宽，电场线应终止于衬底中，因此仅对电场的垂直分量有贡献。所以，击穿将发生在体而不是表面，正确的 RESURF 要求优化 N^- 漂移区的浓度和厚度。在二维数值计算的帮助下，已经证明表面的电场分布将是对称的，N^- 漂移区的最佳电荷 Q_D 由其掺杂浓度 N_D 和厚度 t_D 的乘积给出

$$Q_D = N_D t_D = 1 \times 10^{12}\ \text{cm}^2 \tag{7.30}$$

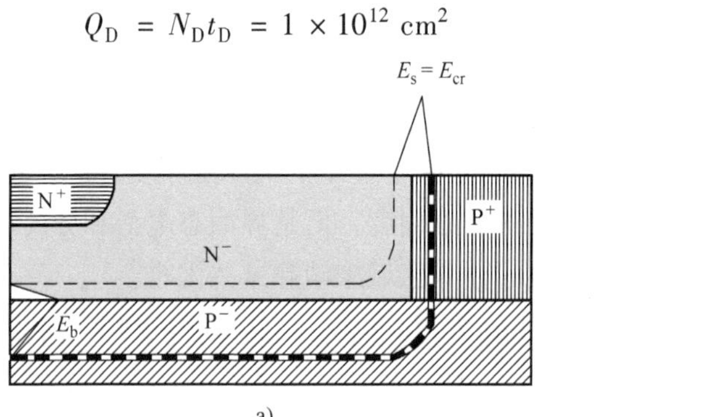

a)

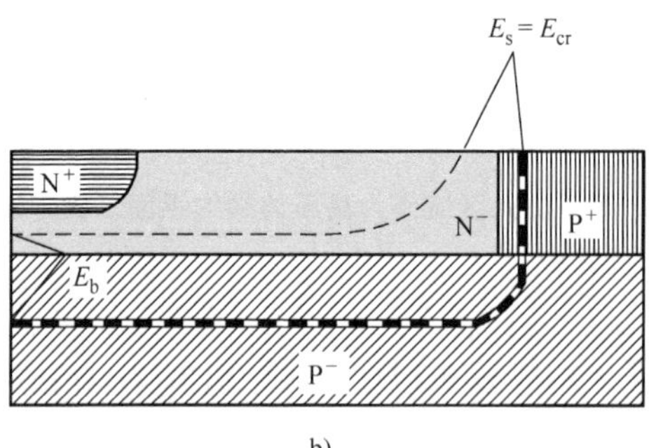

b)

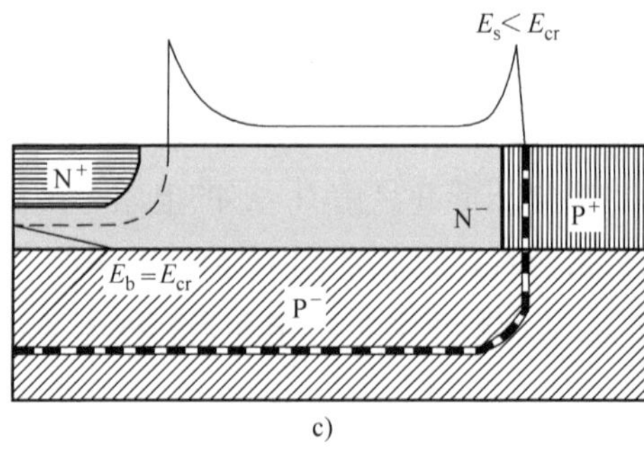

c)

图7.27 在不同厚度的 N^- 外延层中的电场分布

a）厚的 N^- 外延层（情况Ⅰ） b）在施加低电压下的薄 N^- 外延层（情况Ⅱ）

c）在施加高电压下的薄 N^- 外延层（情况Ⅲ）

因此，通过使用高欧姆衬底并在其上生长薄的外延层，并满足式（7.30）的标准，可以制造电场分布和工作状态与传统器件不同的高压器件。

图7.28所示为基于RESURF原理的横向IGBT的横截面[34]，它由一个水平的P^+N^-结以及一个垂直P^-N^-结构成，其中N^-层的浓度和厚度与式（7.30）一致。因此，要适当地分布电场以提供所需的阻断电压。

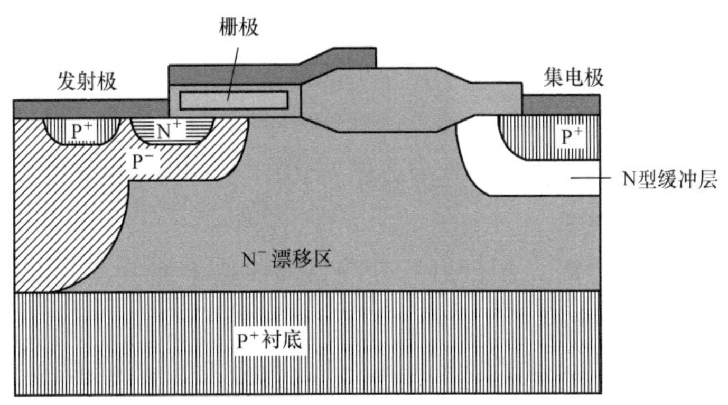

图7.28　采用RESURF原理的横向IGBT

7.7 小结

为了实现低正向电压降和高开关速度的折中，可以推荐一些通用的设计准则。减少IGBT的正向下降需要：①应使用穿通结构；②少数载流子寿命应该高；③N^-外延层应该很薄；④沟道电阻应该低，需要薄的栅氧；⑤通过优化的单元间隔或沟槽栅极结构，JFET电阻应该很小。为了提高IGBT的开关速度，必须降低少数载流子寿命（如通过电子辐射）且PNP型晶体管的电流增益必须很小。IGBT的安全工作区（SOA）性能受其整个宽基区BJT基极开路时的SOA限制。另外，多个发射极压焊点布局减少了发射极压焊点附近的电流拥挤，从而防止了由于局部热点和电迁移效应引起的局部的器件失效。

与任何功率半导体器件一样，IGBT设计寻求在电学和热规范的冲突要求之间达成最佳权衡或折中，以满足预期的应用。要设计出一种适用于所有应用的通用器件是不可能的，设计能力要通过掌握和实践控制一个特定参数的艺术并理解其对其他参数的影响时获得。成功的设计工程师是完全熟悉该技术的细节并且可以轻松操纵器件特性的人。

练　习　题

7.1　说明使用硅作为IGBT制造材料的一些优点和缺点。

7.2　什么特殊优点使得碳化硅成为一种有前途的高温功率半导体器件候选材料？

7.3　载流子的电离系数是什么意思？电离系数的单位值如何表示击穿的开始？

7.4　评论“IGBT的设计寻求正向导通能力和以下每个参数的折中：阻断电压、闩锁电流密度和开关速度。”

7.5　两个 IGBT 器件 A 和 B 在 N^- 漂移区的载流子寿命分别为 5μs 和 10μs。定性评估它们的正向压降，闩锁电流和关断时间。

7.6　解释为什么沟道长度减小会使 IGBT 更容易闩锁?

7.7　栅氧厚度影响 IGBT 的阈值电压，沟道电阻和跨导。类似地，哪些参数会产生以下影响：P 型基区浓度和厚度、N^- 漂移区浓度和厚度、P^+ 衬底浓度、N^- 漂移区的载流子寿命、缓冲层浓度和 N^+ 发射区浓度。引用尽可能多的例子，从而将器件的结构参数与其电学参数联系起来。

7.8　解释考虑到缩小指状发射极宽度以提高 IGBT 的闩锁电流密度，制造抗高温的 IGBT 需要精细分辨率的光刻技术。

7.9　描述给出的相关方程，表示依赖温度的硅物理特性的主要物理模型，如本征载流子浓度、迁移率、载流子寿命等。

7.10　解释在不考虑功率 IGBT 闩锁的情况下，热分析如何帮助设计坚固的 IGBT 用于高温工作?

7.11　简要描述采用何种特殊措施可以最大限度地减少或消除使 IGBT 运行减缓的 MOS 电容。

7.12　解释选择场环宽度的标准。如果场环过度缩小会发生什么? 指出过度加宽场环的缺点。可以通过考虑哪些因素来确定主结和场环之间的间距或任何两个相邻场环之间的间距?

7.13　(a) 如何通过数值仿真方法优化场环间距? (b) 氧化物电荷对场环终端性能的影响是什么?

7.14　在场环结构中加入场板如何有助于提高阻断电压能力? 为什么需要一个沟道截止环?

7.15　选择击穿电压为 500V 的 IGBT 的 N 型基区的电阻率和厚度，假设完成的器件中 N^- 基区的载流子寿命为 1μs。如果 N^- 基区中的最终载流子寿命为 5μs，确定穿通和雪崩击穿电压。计算在指定的 500V 下电流增益的雪崩击穿电压。

7.16　回顾在 7.2.4 节定义的如图 7.7 所示的 0.96μm 沟道长度的高电压 IGBT 单元。考虑到总的 N^- 漂移区厚度为 80μm，其中 6μm 是 N 型缓冲层。计算并在表格中显示 PNP 型晶体管的电流增益 α_{PNP} 随 N 型缓冲层浓度的变化。

7.17　一个 IGBT 设计有两个标记为 A 和 B 的场环。主结到环 A 的穿通电压为 215V，环 A 到环 B 的穿通电压为 165V。N 型基区的电阻率为 28Ω·cm，P 型基区结深为 2.5μm。求出该场环设计的击穿电压。计算在掩膜的主结和场环 A 之间的距离，以及场环 A 和场环 B 之间的距离。

7.18　在一个 IGBT 中，掩膜的四个场环以 30μm 的等距离放置。如果 P 型基区结深度为 3.7μm，N 型基区浓度为 $3\times10^{14}/cm^3$，确定器件的击穿电压。

参考文献

1. K. Chatty, S. Banerjee, T. P. Chow, and R. J. Gutmann, High-Voltage Lateral RESURF MOSFETs on 4H-SiC, *IEEE Electron Device Lett.*, Vol. 21, No. 7, July 2000, pp. 356–358.
2. D. C. Sheridan, G. Niu, J. N. Merrett, J. D. Cressler, C. Ellis, and C.-C. Tin, Design and Fabrication of Planar Guard Ring Termination for High-Voltage SiC Diodes, *Solid State Electron.*, Vol. 44, No. 8, August 2000, pp. 1367–1372.
3. A. Ohwada, H. Maeda, and T. Tanaka, Effect of the Crystal Orientation Upon Electron Mobility at the Si/SiO_2 Interface, *Jpn. J. Appl. Phys.*, Tokyo, Japan, Vol. 8, 1969, pp. 629–630.
4. O. Leistiko, A. S. Grove, and C. T .Sah, Electron and Hole Mobilities in Inversion Layers on Thermally Oxidized Silicon Surfaces, *IEEE Trans. Electron Devices*, Vol. ED-12, No. 5, May 1965, pp. 248–254.
5. J. Koga, S. Takagi, and A. Toriumi, A Comprehensive Study of MOSFET Electron Mobility in Both Weak and Strong Inversion Regimes, in *International Electron Devices Meeting, IEDM Technical Digest*, IEEE, New York, 1994, p. 475.
6. W. Fulop, Calculation of Avalanche Breakdown of Silicon P-N Junctions, *Solid State Electron.*, Vol. 10, No. 1, January 1967, pp. 39–43.
7. R. Van Overstraeten and H. DeMan, Measurements of the Ionisation Rates in Diffused Silicon P-N Junctions, *Solid State Electronics*, Vol. 13, No. 5, May 1970, pp. 583–608.
8. M. R. Pinto, C. S. Rafferty and R. W. Dutton, PISCES II: Poisson and Continuity Equation Solver, Technical Report, Stanford Electronics Laboratory, Department of Electrical Engineering, Stanford University, Palo Alto, 1984.
9. M. R. Pinto, C. S. Rafferty, H. R. Yeager, and R. W.Dutton, PISCES IIB: Supplementary Report, Technical Report, Stanford Electronics Laboratory, Department of Electrical Engineering, Stanford University, Palo Alto, 1985.
10. A. F. Franz, G. A. Franz, S. Selberherr, S. Ringhofer, and P. Markowich, Finite Boxes: A Generalization of the Finite Difference Method Suitable for Semiconductor Device Simulation, *IEEE Trans. Electron Devices*, Vol. ED-30, No.9, September 1983, pp. 1070–1082.
11. MEDICE, 2-D Semiconductor Device Simulator, Version 4.3, CA, Palo Alto, Avant Corp., 1999.
12. *DESSIS User's Guide*, ISE Integrated Systems Engineering AG, Zurich, Switzerland, 1994.
13. 1994–1998 Integrated Systems Engineering AG, Version 5.0, Zurich, Switzerland.
14. J. W. Slotboom and H. C. De Graff, Measurements of Bandgap Narrowing in Si Bipolar Transistor, *Solid State Electronics*, Vol. 19, No. 10, October 1976, pp. 857–862.
15. D. M. Caughey and R. F. Thomas, Carrier Mobilities in Silicon Empirically Related to Doping and Field, *Proc. IEEE*, Vol. 55, 1967, pp. 2192–2193.
16. G. Masetti, M. Severi, and S. Solmi, Modeling of Carrier Mobility Against Carrier Concentration in Arsenic-, Phosphorus-, and Boron-Doped Silicon, *IEEE Trans. Electron Devices*, Vol. ED-30, No.7, July 1983, pp. 764–769.
17. C. T. Sah, and H. C. Pao, The Effects of Fixed Bulk Charge on the Characteristics of Metal-Oxide-Semiconductor Transistors, *IEEE Trans. Electron Devices*, Vol. ED-13, No. 4, April 1966, pp. 393–409.
18. T. L. Chiu, and C. T. Sah, *Solid State Electronics*, Vol. 11, 1149, 1968.
19. K. M. Kramer, and W. N. G. Hitchon, *Semiconductor Devices: A Simulation Approach*, Prentice-Hall PTR, Englewood Cliffs, NJ, 1997.
20. V. K. Khanna, A. Kumar, B. Maj, A. Kostka, S. C. Sood, R. P. Gupta, and K. L. Jasuja, Physical Insight into Thermal Behaviour of Power DMOSFET and IGBT: A Two-

Dimensional Computer Simulation Study, *Physica Status Solidi* (*a*), Vol. 185, No. 2, June 2001, pp. 309–329.

21. V. K. Khanna, A. Kumar, B. Maj, A. Kostka, S. C. Sood, R. P. Gupta, and K. L. Jasuja, Power IGBT Design and Characterization by Two-Dimensional Thermal Simulation, *Proceedings of the XI-International Workshop on the Physics of Semiconductor Devices (IWPSD-2001)*, Dec. 11–15, 2001, SSPL, Delhi, Allied Publishers Ltd, New Delhi, pp. 436–439.
22. H. Yilmaz, K. O. Owyang, M. F. Chang, J. L. Benjamin, and W. R. V. Dell, Recent Advances in Insulated Gate Transistor Technology, *IEEE Trans. Ind. Appl.*, Vol. 26, No. 5, September/October 1990, pp. 831–834.
23. V. K. Khanna, A. Kumar, S. C. Sood, R. P. Gupta, K. L. Jasuja, B. Maj and A. Kostka, Investigation of Degeneracy of Current-Voltage Characteristics of Asymmetrical IGBT with N-Buffer Layer Concentration, *Solid State Electron.*, Vol. 45 , No. 10, October 2000, pp. 1859–1865.
24. Y. C. Kao and E. D. Wolley, High Voltage Planar P-N Junctions, *Proc. IEEE*, IEEE, Vol. 55, No. 8, August 1967, pp. 1409–1414.
25. V. A. K. Temple and M. S. Adler, Calculation of the Diffusion Curvature Related Avalanche Breakdown in High Voltage Planar P-N Junctions, *IEEE Trans. Electron Devices*, Vol. ED-22, No. 10, October 1975, pp. 910–916.
26. B. J. Baliga and S. K. Ghandhi, Analytical Solutions for the Breakdown Voltage of Abrupt Cylindrical and Spherical Junctions, *Solid State Electron.*, Vol. 19, No. 9, September 1976, pp. 739–744.
27. M. S. Adler, V. A. K. Temple, A. P. Ferro and R. C. Rustay, Theory and Breakdown Voltage for Planar Devices with a Single Field Limiting Ring, *IEEE Trans. Electron Devices*, Vol. ED-24, No. 2, February 1977, pp. 107–113.
28. D-. G. Bae and S-. K. Chung, An Analytical Model of Planar Junctions with Multiple Floating Field Limiting Rings, *Solid State Electron.*, Vol. 42, No. 3, March 1998, pp. 349–354.
29. V. Axelrad, Grid Quality and its Influence on Accuracy and Convergence in Device Simulation, *IEEE Trans. Comput.-Aided Des. Integr. Circuit Syst.*, Vol. 17, No. 2, February 1998, pp. 149–157.
30. F. Conti and M. Conti, Surface Breakdown in Silicon Planar Diodes Equipped with Field Plate, *Solid State Electron.*, Vol. 15, No. 1, January 1972, pp. 93–105.
31. A. S. Grove, O. Leistiko, and W. W. Hooper, Effect of Surface Fields on the Breakdown Voltage of Planar Silicon P-N Junctions, *IEEE Trans. Electron Devices*, Vol. ED-14, No. 3, March 1967, pp. 157–162.
32. V. A. K.Temple, Junction Termination Extension, A New Technique for Increasing Avalanche Breakdown Voltage and Controlling Surface Electric Fields in P-N Junctions, *International Electron Devices Meeting*, *IEDM Technical Digest*, IEEE, New York, Abstract 20.4, 1977, pp. 423–426.
33. J. A. Appels and H. M. J. Vaes, High Voltage Thin Layer Devices (RESURF Devices), International Electron Devices Meeting, Washington D.C., Dec 3–5, 1979, *Technical Digest*, IEEE, New York, pp. 238–241.
34. S. Hardikar, M. M. DeSouza and E. M. Sankara Narayanan, Advances in Devices and Technologies for Power and High Voltage Integrated Circuits, *Proceedings of the XI-International Workshop on the Physics of Semiconductor Devices (IWPSD-2001)*, Dec.11–15, 2001, SSPL, Delhi, Allied Publishers, New Delhi, pp. 422–431.

附录 7.1 倍增系数 *M*

如果耗尽区的宽度是 W，则载流子（电子或空穴）的倍增系数或因子 M 是在 $x=W$ 处离开空间电荷区单位体积的粒子数量与在 $x=0$ 处进入该区域单位体积的粒子数量之比。它由 $x=W$ 处的电流 $I(W)$ 与 $x=0$ 处的电流 $I(0)$ 的比来测量。它与电离系数 α（当沿电场方向上穿过单位距离的耗尽区时，由载流子产生的电子/空穴对的数量）的关系为

$$M = \frac{1}{1 - \int_0^W \alpha \mathrm{d}x} \tag{A.7.1.1}$$

α 随电场而变化，因此随空间电荷区域的位置而变化。由于空间电荷区域的宽度随着电压变化，因此 M 的近似经验关系是有用的

$$M = \frac{1}{1 - \left(\frac{V_R}{BV}\right)^n}, 2 < n < 6 \tag{A7.1.2}$$

式中，$V_R<0$ 为施加的反向电压而 BV 是击穿电压。

附录 7.2 V_{BR} 方程

V_{BR}是基极开路的晶体管集电极 - 发射极击穿电压 BV_{CEO}。当基极端浮空的 PNP 型晶体管的集电极和发射极之间施加负电压 V_{CE}时，基区获得发射极和集电极电势之间的中间电势，使得发射区 - 基区结稍微正向偏置。那么集电极电流 I_C = 集电区 - 基区结的反向偏置电流（发射极开路条件下集电区 - 基区结的漏电流 I_{CBO}） + 注入的到达集电区 - 基区结的载流子承载的电流 $\gamma\alpha_T I_E$。这里，γ 是发射区注入效率，α_T是基区输运因子，I_E是发射极电流。由于流过发射区 - 基区和集电区 - 基区结的电流必须相同，因此可以得到

$$I_E = I_C = \gamma\alpha_T I_E + I_{CBO} \tag{A7.2.1}$$

或

$$I_{CEO} = \gamma\alpha_T I_{CEO} + I_{CBO} \tag{A7.2.2}$$

接近击穿时，在反向偏置 PN 结中流动的电流由于雪崩引起的倍增因子 M 放大，式（A7.2.2）修改为

$$I_{CEO} = M(\gamma\alpha_T I_{CEO} + I_{CBO}) \tag{A7.2.3}$$

或

$$I_{CEO} = \frac{MI_{CBO}}{1 - \gamma\alpha_T M} \tag{A7.2.4}$$

因此，当 $\gamma\alpha_T M = 1$ 或 $M = 1/(\gamma\alpha_T)$时，I_{CEO}将迅速增加，这是击穿条件。

现在倍增因子的经验公式是

$$M = \frac{1}{1 - \left(\frac{BV_{CEO}}{BV_{CBO}}\right)^n} \tag{A7.2.5}$$

式中，BV_{CBO}为集电区 - 基区结的击穿电压。那么

$$M = \frac{1}{1 - \left(\frac{BV_{CEO}}{BV_{CBO}}\right)^n} = \frac{1}{\gamma\alpha_T} \quad 或 \quad 1 - \left(\frac{BV_{CEO}}{BV_{CBO}}\right)^n = \gamma\alpha_T \quad 或 \quad \left(\frac{BV_{CEO}}{BV_{CBO}}\right)^n = 1 - \gamma\alpha_T \tag{A7.2.6}$$

因此，如果 $\gamma=1$，则 $BV_{\rm CEO}$（或 $V_{\rm BR}$）为

$$BV_{\rm CEO} = (1-\gamma\alpha_{\rm T})^{1/n} \approx (1-\alpha_{\rm T})^{1/n} \tag{A7.2.7}$$

附录7.3 雪崩击穿电压 $V_{\rm B}$

PN 结的雪崩击穿电压被定义为雪崩倍增系数 M 变得无限大时的电压。这种情况发生在电离积分时（近似形式）

$$\int_0^W \alpha \mathrm{d}x = 1 \tag{A7.3.1}$$

式中，W 为空间电荷区的宽度；α 为随电场变化的电离率

$$\alpha = A\exp\left(-\frac{b}{E}\right)^m \tag{A7.3.2}$$

对于 Si 中的电子，$A=3.8\times10^6/\text{cm}^1$，$b=1.75\times10^6\text{V/cm}$；对于 Si 中的空穴，$A=2.25\times10^7/\text{cm}^1$，$b=3.26\times10^6\text{V/cm}$；对于 Si 中的电子和空穴，$m=1$。

对于突变的 $\rm P^+N$ 结，在 N 型区的泊松方程为

$$\frac{\mathrm{d}E}{\mathrm{d}x} = -\frac{qN_{\rm B}}{\varepsilon_0\varepsilon_{\rm s}} \tag{A7.3.3}$$

式中，E 为电场；q 为电荷；$N_{\rm B}$为半导体的体掺杂（$\rm N^-$区）；ε_0为自由空间的介电常数；$\varepsilon_{\rm s}$为 Si 的相对介电常数。

对式（A7.3.3）积分并且在耗尽区边缘（即在 $x=W$ 处）应用边界条件 $E=0$，得到

$$E(x) = \frac{qN_{\rm B}}{\varepsilon_0\varepsilon_{\rm s}}(W-x) \tag{A7.3.4}$$

如果 $V_{\rm a}$是施加的电压，则耗尽区厚度为

$$W = \sqrt{\frac{2\varepsilon_0\varepsilon_{\rm s}V_{\rm a}}{qN_{\rm B}}} \tag{A7.3.5}$$

现在，将 $x=0$ 代入式（A7.3.4）得到最大电场 $E_{\rm m}$，因为最大场出现在结处。应用这个条件，借助式（A7.3.5）得到

$$E_{\rm m} = \sqrt{\frac{2qN_{\rm B}V_{\rm a}}{\varepsilon_0\varepsilon_{\rm s}}} \tag{A7.3.6}$$

注意 $V_{\rm a}$ = 雪崩击穿电压 $V_{\rm B}$，从式（A7.3.6），有

$$V_{\rm B} = \frac{\varepsilon_0\varepsilon_{\rm s}E_{\rm m}^2}{2qN_{\rm B}} \tag{A7.3.7}$$

代入 $\varepsilon_0=8.854\times10^{-14}\text{F/cm}$，$q=1.6\times10^{-19}\text{C}$；对于 Si，$\varepsilon_{\rm s}=11.9$，$E_{\rm m}=3\times10^5\text{V/cm}$，式（A7.3.7）变为

$$V_{\rm B} = 2.9633\times10^{17}\left(\frac{1}{N_{\rm B}}\right) \tag{A7.3.8}$$

由于 α 对 E 的强烈依赖性，最大电场随着体掺杂逐渐变化。作为一级近似，假定 $E_{\rm m}$对

于特定的半导体具有一个固定值，那么 V_B 大致与 N_B^{-1} 成正比。而且，对于给定的体掺杂，击穿电压随着半导体的禁带 E_g 增加而增大。Sze 和 Gibbons[1] 提出了一个近似的突变结的通用表达式，对他们所研究的不同半导体（Si、Ge、GaAs 和 GaP）有效：

$$V_B = 60\left(\frac{E_g}{1.1}\right)^{3/2}\left(\frac{N_B}{10^{16}}\right)^{-3/4}\text{V} \tag{A7.3.9}$$

他们用数值方法计算了上述半导体 PN 结的雪崩击穿电压，得到了这个通用的表达式。

参考文献

1. S. M. Sze and G. Gibbons, Avalanche Breakdown Voltages of Abrupt and Linearly Graded P-N Junctions in Ge, Si, GaAs and GaP, *Appl. Phys. Lett.*, Vol. 8, March 1966, pp. 111–113.

附录 7.4 穿通电压 V_{PT}

对于突变的 P^+N 结，耗尽层变宽仅限于结的 N 型一侧。耗尽层宽度由式（A7.4.1）给出

$$W = \left(\frac{2\varepsilon_0\varepsilon_s V}{qN_D}\right)^{1/2} \tag{A7.4.1}$$

式中，V = 施加的反向电压 + 内建电势（约 0.7V）。假设 N 型一侧的宽度是 W_N 而耗尽层在该侧扩展，使得它比金属接触短一个扩散长度，即耗尽层在 N 型一侧穿过一段距离（$W_N - L_p$），那么产生这个扩展所必需的电压就是穿通电压（V_{PT}）。扩散长度 L_p 将从 N 型一侧的宽度中减去，因为它是载流子可以在不经过复合的情况下移动的距离，所以一旦耗尽层在 N 型一侧穿过的距离达到（$W_N - L_p$），穿通将被视为完成。因此，将式（A7.4.1）中 W 用（$W_N - L_p$）代替，V 用 V_{PT} 代替，得到

$$W_N - L_p = \left(\frac{2\varepsilon_0\varepsilon_s V_{PT}}{qN_D}\right)^{1/2} \tag{A7.4.2}$$

两边同时二次方，得到

$$(W_N - L_p)^2 = \frac{2\varepsilon_0\varepsilon_s V_{PT}}{qN_D} \tag{A7.4.3}$$

或

$$V_{PT} = \frac{(W_N - L_p)^2 qN_D}{2\varepsilon_0\varepsilon_s} \tag{A7.4.4}$$

附录 7.5 BV_{CYL}/BV_{PP} 公式

圆柱形结处的电势分布 $V(r)$ 表示为[1,2]

$$V(r) = \frac{qN_D}{2\varepsilon_0\varepsilon_s}\left[\left(\frac{r_j^2 - r^2}{2}\right) + r_d^2\ln\left(\frac{r}{r_j}\right)\right] \tag{A7.5.1}$$

式中，N_D为N型一侧的掺杂浓度；ε_0为自由空间的介电常数；ε_s为硅的相对介电常数；r_j为圆柱形结的曲率半径；r_d为耗尽区的曲率半径；r为径向距离。在击穿时，r = 击穿时的耗尽区宽度 = r_d；因此，圆柱形结的击穿电压为

$$BV_{CYL} = V(r_d) = \frac{qN_D}{2\varepsilon_0\varepsilon_s}\left[\left(\frac{r_j^2 - r_d^2}{2}\right) + r_d^2\ln\left(\frac{r_d}{r_j}\right)\right] \tag{A7.5.2}$$

另外，在击穿时，电场 $E = E_{pC}$ = 圆柱形结的峰值电场[2]

$$E_{pCYL} = \frac{qN_D}{2\varepsilon_0\varepsilon_s}\left(\frac{r_d^2 - r_j^2}{r_j}\right) \tag{A7.5.3}$$

或

$$N_D = \frac{2\varepsilon_0\varepsilon_s E_{pCYL} r_j}{q(r_d^2 - r_j^2)} \tag{A7.5.4}$$

把式（A7.5.4）的N_D代入式（A7.5.2）的第一项，得到

$$\text{第一项} = \frac{qN_D}{2\varepsilon_0\varepsilon_s}\left(\frac{r_j^2 - r_d^2}{2}\right)\frac{2\varepsilon_0\varepsilon_s E_{pCYL} r_j}{q(r_d^2 - r_j^2)} = -\frac{E_{pCYL} r_j}{2} \tag{A7.5.5}$$

因为[2]

$$E_{pCYL} = \left(\frac{3.25 \times 10^{35}}{r_j}\right)^{1/7} \tag{A7.5.6}$$

所以式（A7.5.5）变为

$$\begin{aligned}\text{第一项} &= \left(\frac{3.25 \times 10^{35}}{r_j}\right)^{1/7}\frac{r_j}{2} = \frac{(3.25 \times 10^{35})^{1/7}}{2} r_j^{1-1/7} \\ &= -\frac{(3.25 \times 10^{35})^{1/7}}{2} r_j^{6/7}\end{aligned} \tag{A7.5.7}$$

平行平面结的雪崩击穿电压是[2]

$$BV_{PP} = 5.34 \times 10^{13} N_D^{-3/4} \tag{A7.5.8}$$

在击穿点的临界耗尽区宽度为

$$W_c = 2.67 \times 10^{10} N_D^{-7/8} \tag{A7.5.9}$$

给出

$$N_D^{-7/8} = \frac{W_c}{2.67 \times 10^{10}} \quad \text{或} \quad N_D^{-1} = \left(\frac{W_c}{2.67 \times 10^{10}}\right)^{8/7}$$

因此

$$N_D^{-3/4} = \left(\frac{W_c}{2.67 \times 10^{10}}\right)^{6/7} \tag{A7.5.10}$$

将式（A7.5.10）中$N_D^{-3/4}$的值代入式（A7.5.8），得到

$$BV_{PP} = 5.34 \times 10^{13} \times \left(\frac{W_c}{2.67 \times 10^{10}}\right)^{6/7} = \frac{5.34 \times 10^{13} W_c^{6/7}}{(2.67 \times 10^{10})^{6/7}} \tag{A7.5.11}$$

由式（A7.5.7）给出的式（A7.5.2）的第一项除以式（A7.5.11）给出的 BV_{PP}，得到

$$\text{第一项}/BV_{\mathrm{PP}} = -\frac{(3.25\times10^{35})^{1/7}}{2}\times\frac{(2.67\times10^{10})^{6/7}}{5.34\times10^{13}}\left(\frac{r_{\mathrm{j}}}{W_{\mathrm{c}}}\right)^{6/7}$$
$$= -0.9663806\times\left(\frac{r_{\mathrm{j}}}{W_{\mathrm{c}}}\right)^{6/7} \approx -1\times\left(\frac{r_{\mathrm{j}}}{W_{\mathrm{c}}}\right)^{6/7} = -\left(\frac{r_{\mathrm{j}}}{W_{\mathrm{c}}}\right)^{6/7} \tag{A7.5.12}$$

现在，式（A7.5.2）第二项前对数因子为

$$\text{因子} = \frac{qN_{\mathrm{D}}}{2\varepsilon_0\varepsilon_{\mathrm{s}}}r_{\mathrm{d}}^2 \tag{A7.5.13}$$

应用式（A7.5.3），得到

$$\frac{r_{\mathrm{d}}^2 - r_{\mathrm{j}}^2}{r_{\mathrm{j}}} = \frac{2\varepsilon_0\varepsilon_{\mathrm{s}}E_{\mathrm{pCYL}}}{qN_{\mathrm{D}}} \quad \text{或} \quad \frac{r_{\mathrm{d}}^2}{r_{\mathrm{j}}} - r_{\mathrm{j}} = \frac{2\varepsilon_0\varepsilon_{\mathrm{s}}E_{\mathrm{pCYL}}}{qN_{\mathrm{D}}}$$
$$\text{或}\quad \frac{r_{\mathrm{d}}^2}{r_{\mathrm{j}}} = r_{\mathrm{j}} + \frac{2\varepsilon_0\varepsilon_{\mathrm{s}}E_{\mathrm{pCYL}}}{qN_{\mathrm{D}}} \quad \text{或} \quad \frac{r_{\mathrm{d}}}{\sqrt{r_{\mathrm{j}}}} = \sqrt{r_{\mathrm{j}} + \frac{2\varepsilon_0\varepsilon_{\mathrm{s}}E_{\mathrm{pCYL}}}{qN_{\mathrm{D}}}} \tag{A7.5.14}$$
$$\text{或}\quad r_{\mathrm{d}} = \sqrt{r_{\mathrm{j}}}\sqrt{r_{\mathrm{j}} + \frac{2\varepsilon_0\varepsilon_{\mathrm{s}}E_{\mathrm{pCYL}}}{qN_{\mathrm{D}}}} = \sqrt{r_{\mathrm{j}}}\sqrt{r_{\mathrm{j}}}\sqrt{1 + \frac{2\varepsilon_0\varepsilon_{\mathrm{s}}E_{\mathrm{pCYL}}}{qN_{\mathrm{D}}r_{\mathrm{j}}}}$$
$$= r_{\mathrm{j}}\sqrt{1 + \frac{2\varepsilon_0\varepsilon_{\mathrm{s}}E_{\mathrm{pCYL}}}{qN_{\mathrm{D}}r_{\mathrm{j}}}}$$

将式（A7.5.14）的 r_{d}代入式（A7.5.13），得到

$$\text{因子} = \frac{qN_{\mathrm{D}}}{2\varepsilon_0\varepsilon_{\mathrm{s}}}r_{\mathrm{j}}^2\left(1 + \frac{2\varepsilon_0\varepsilon_{\mathrm{s}}E_{\mathrm{pCYL}}}{qN_{\mathrm{D}}r_{\mathrm{j}}}\right) \tag{A7.5.15}$$

从电势分布获得平行平面击穿电压

$$V(x) = \frac{qN_{\mathrm{D}}}{2\varepsilon_0\varepsilon_{\mathrm{s}}}(2W_{\mathrm{c}}^2 - x^2) \tag{A7.5.16}$$

代入 $x = W_{\mathrm{c}}$ = 击穿时耗尽区宽度。那么式（A7.5.16）简化为

$$BV_{\mathrm{PP}} = \frac{qN_{\mathrm{D}}}{2\varepsilon_0\varepsilon_{\mathrm{s}}}(2W_{\mathrm{c}}^2 - W_{\mathrm{c}}^2) = \frac{qN_{\mathrm{D}}W_{\mathrm{c}}^2}{2\varepsilon_0\varepsilon_{\mathrm{s}}} \tag{A7.5.17}$$

式（A7.5.15）除以式（A7.5.17），得到

$$\text{归一化前对数因子} = \text{因子}/BV_{\mathrm{PP}} = \frac{r_{\mathrm{j}}^2}{W_{\mathrm{c}}^2}\left(1 + \frac{2\varepsilon_0\varepsilon_{\mathrm{s}}E_{\mathrm{pCYL}}}{qN_{\mathrm{D}}r_{\mathrm{j}}}\right)$$
$$= \frac{r_{\mathrm{j}}^2}{W_{\mathrm{c}}^2} + \frac{2\varepsilon_0\varepsilon_{\mathrm{s}}E_{\mathrm{pCYL}}}{qN_{\mathrm{D}}}\left(\frac{r_{\mathrm{j}}}{W_{\mathrm{c}}^2}\right) \tag{A7.5.18}$$

应用式（A7.5.10），得到

$$\frac{2\varepsilon_0\varepsilon_{\mathrm{s}}E_{\mathrm{pCYL}}}{qN_{\mathrm{D}}}\left(\frac{r_{\mathrm{j}}}{W_{\mathrm{c}}^2}\right) = \frac{2\varepsilon_0\varepsilon_{\mathrm{s}}}{q}\left(\frac{3.25\times10^{35}}{r_{\mathrm{j}}}\right)^{1/7}\frac{W_{\mathrm{c}}^{8/7}}{(2.67\times10^{10})^{8/7}}$$

$$= \frac{2 \times (8.854 \times 10^{-14})(11.9)}{1.6 \times 10^{-19}} \times \frac{(3.25 \times 10^{35})^{0.143}}{(2.67 \times 10^{10})^{1.143}} \times r_j^{1\ -1/7} \times W_c^{8/7-2}$$

$$= 1.90674 \left(\frac{r_j}{W_c}\right)^{6/7} \approx 2 \left(\frac{r_j}{W_c}\right)^{6/7} \tag{A7.5.19}$$

应用式（A7.5.14），式（7.5.2）的对数项变为

$$\ln\left(\frac{r_d}{r_j}\right) = \ln\sqrt{1 + \frac{2\varepsilon_0\varepsilon_s E_{pCYL}}{qN_D r_j}} = \frac{1}{2}\ln\left(1 + \frac{2\varepsilon_0\varepsilon_s E_{pCYL}}{qN_D r_j}\right) \tag{A7.5.20}$$

将式（A7.5.6）和式（A7.5.10）的 E_{pCYL} 和 N_D 的值代入，式（A7.5.20）简化为

$$\ln\left(\frac{r_d}{r_j}\right) = \frac{1}{2}\ln\left[1 + \frac{2\varepsilon_0\varepsilon_s\left(\frac{3.25 \times 10^{35}}{r_j}\right)^{1/7}}{q\left(\frac{2.67 \times 10^{10}}{W_c}\right)^{8/7} r_j}\right]$$

$$= \frac{1}{2}\ln\left[1 + \frac{2 \times 8.854 \times 10^{-14} \times 11.9 \times \left(\frac{3.25 \times 10^{35}}{r_j}\right)^{1/7}}{1.6 \times 10^{-19} \times \left(\frac{2.67 \times 10^{10}}{W_c}\right)^{8/7} r_j}\right]$$

$$= \frac{1}{2}\ln\left[1 + \frac{2 \times 8.854 \times 10^{-14} \times 11.9 \times \left(\frac{3.25 \times 10^{35}}{r_j}\right)^{1/7}}{1.6 \times 10^{-19} \times (2.67 \times 10^{10})^{8/7} r_j} \frac{W_c^{8/7}}{r_j^{1+1/7}}\right]$$

$$= \frac{1}{2}\ln\left[1 + 1.90675\left(\frac{W_c}{r_j}\right)^{8/7}\right] \approx \frac{1}{2}\ln\left[1 + 2\left(\frac{W_c}{r_j}\right)^{8/7}\right] \tag{A7.5.21}$$

最后，结合式（A7.5.12），式（A7.5.18），式（A7.5.19）和式（A7.5.21），得到期望的比例方程（圆柱形结击穿电压/平行平面结击穿电压）为

$$\frac{BV_{CYL}}{BV_{PP}} = \frac{1}{2}\left[\left(\frac{r_j}{W_c}\right)^2 + 2\left(\frac{r_j}{W_c}\right)^{6/7}\right]\ln\left[1 + 2\left(\frac{W_c}{r_j}\right)^{8/7}\right] - \left(\frac{r_j}{W_c}\right)^{6/7} \tag{A7.5.22}$$

参考文献

1. B. J. Baliga and S. K. Ghandhi, Analytical Solutions for the Breakdown Voltage of Abrupt Cylindrical and Spherical Junctions, *Solid State Electron.*, Vol. 19, No. 9, September 1976, pp. 739–744.
2. B. J. Baliga, *Power Semiconductor Devices*, PWS Publishing Co., Boston, 1996.

第 8 章 Chapter 8

IGBT工艺设计与制造技术

IGBT 是由数百万个并行工作的微器件组成的超大规模集成电路。诸如晶圆上电子束写入之类的技术用于 IGBT 工艺所需的精密公差和高分辨率。微电子是 IGBT 制造的技术载体。同时，来自大面积功率器件制造领域的诸如表面场控制等技术也用于 IGBT 的实现。IGBT 生产线的制造工艺不仅涉及 IC 和功率分立技术，还涉及 MOS 和双极型工艺步骤[1-7]。这些学科的边界正在随着它们的融合来生产组合器件而消失。

对于高性能 IGBT 制造，必须保持短的 MOS 沟道长度≤1μm。与晶闸管结构集成的亚微米沟道长度 MOS 器件的组合形成需要对几个复杂工艺参数进行折中分析，使用一维和多维数值工艺仿真研究的结果有助于指导高效和成功的工艺设计。为了满足 MOSFET 和双极型器件工艺的综合要求，必须在整个 IGBT 制造工艺中生长高质量、低 Q_{ss}（第 7.1.1 节）的 MOS 氧化物，同时必须对少数载流子寿命进行严格控制，使它保持在一个高的值，以确保厚的 N^- 基区的电导率调制。

8.1 工艺顺序定义

8.1.1 VDMOSFET IGBT 制造

器件结构设计和工艺设计是并行的，要充分考虑技术限制以及可行的解决方案。图 8.1 给出了一个穿通（PT）IGBT（第 2.1.2 节）制造工艺顺序的主要步骤。为了便于可视化，每个阶段的流程图如图 8.2 所示。起始材料是高纯度、无位错的 Czochralski（CZ）/浮区（FZ）硅（第 7.1.1 节），具有（100）晶向和重掺杂 P 型杂质以形成一个 P^+ 衬底［步骤 a)］。对于 NPT-IGBT，中子嬗变掺杂（NTD）的 N 型浮区 Si 为大面积 IGBT 芯片实现高制造良率所需的掺杂浓度波动提供严格的容差。在成品器件中，这个低掺杂衬底构成 N^- 基区层，当器件处于截止状态时，阻断高电压。在清洁和抛光 P^+ 衬底之后，通过外延生长两个 N 型层［步骤 b)］。第一层是 N 型缓冲层，在第二层中将形成器件，该外延层的掺杂浓度和厚度由额定电压预先决定。随着 IGBT 的额定电压升高，N^- 外延层的厚度和电阻率将增加。

对于第一个光刻步骤［步骤 d)］，表面进行热氧化（氧化物厚度约 1μm）［步骤 c)］。这定义了 P 型基区中心的 P^+ 区域。当产生深 P^+ 区时，在芯片外围高压终端结构的场环创建一个类似的 P^+ 区域。这里生长的厚氧化物称为场氧，可防止在施加任何电压时底层 Si 的反型。通过氧化物蚀刻窗口之后，生长大约 500Å 的薄散射氧化物［步骤 e)］。散射氧化物具有双重目的，如果离子束沿着一个方向撞击晶格，则离子可以深入到晶体硅中，这允许它们沿着包含少量原子的平面形成沟道。这种沟道效应是不希望出现的，因为它对离子束的入射角是敏感的。用薄的散射氧化物层覆盖硅表面有助于防止由于 SiO_2 的非晶态特性引起的沟道效应。散射入射离子束除了提供均匀的淀积外，它还有助于改变晶圆表面的峰值杂质浓度。这是因为在离子注入中，峰值杂质浓度在晶圆表面下方几百 Å 处。随着注入后散射氧化物的去除，该峰值最初位于表面下方，随后将移到表面。在 60keV 的低能量和高剂量（$10^{16}/cm^2$）下进行硼注入［步骤 f)］，以提供富含硼的预淀积层（剂量 = 掺杂剂原子数/cm^2）。然后在推进完成后，硼杂质将不会耗尽，并且该层将保持传导性。这是必须的，因为引入该步骤是为了降低 P 型基区的电阻以避免 IGBT 的闩锁。在退火和散射氧化物刻蚀之后［步骤 g)］，推进注入的硼［步骤 h)］，在最终器件中实现 6μm 的深度（假设）。这里可以注意到，掩膜 I 在步骤 d）中所示的场环边缘是圆形的（不是直的），因为尖角会导致电场拥挤而导致过早击穿。

接下来是用于定义有源区的第二次光刻［步骤 i)］。“有源区”是指单元的图形，正方形或六边形。这些单元以先前形成的 P^+ 区域为中心。在附图中，仅示出了一个单元。在一个实际器件中，每 cm^2 将有大约 10^5 个或更多个单元。接下来的两个阶段是栅极氧化和多晶硅淀积［步骤 j)］。栅极氧化物厚度为 500～1000Å，在洁净的氯气氛中生长，例如，干 O_2 使用三氯乙烯作为氯源。这是必要的，因为高表面态密度可能将阈值电压升高到不期望的量级。

然后进行第三次光刻［步骤 k)］，定义单元的 P 型基区。在刻蚀和屏蔽氧化之后［步骤 l)］，进行更高能量（约 80keV）和更低剂量（$10^{14}/cm^2$）的硼注入［步骤 m)］。然后将晶圆在氮气中退火并且蚀刻掉屏蔽氧化物［步骤 n)］。在最终器件中，硼推进深度为 4μm（例如）［步骤 o)］。

此后，进行第四次光刻［步骤 p)］，以在发射区中进行磷扩散。如前所述，在屏蔽氧化之后［步骤 q)］，在 50keV，$10^{15}/cm^2$ 下进行磷或砷注入［步骤 r)］。随后的步骤是退火，屏蔽氧化物的去除［步骤 s)］和磷推进［步骤 t)］，深度为 1μm。

两个 PN 结（N^+ 发射区/P 型基区和 P 型基区/N^- 基区）定义了 IGBT 沟道，每个结都接着栅极掩膜的边缘。因为沟道的两端都是借助于栅极结构作为掩膜来定义的，所以确保了栅极和沟道的精确对准。而且，沟道长度的控制非常精确，这是自对准工艺的优点。

在晶圆上 CVD 淀积 1μm 厚的，以重量计大约 2%～10% 的磷重掺杂的 SiO_2（因此称为磷硅酸盐玻璃或 PSG）。它用作中间电介质，在多晶硅和金属之间提供绝缘。玻璃内部存在的磷会降低其黏度，因此，玻璃在相对较低的温度（950～1050℃）下容易流动。这通过减小接触孔壁的锐度和出现在多晶硅边缘处的台阶来改善金属层的台阶覆盖。这个氧化物可以很容易地流动并在多晶硅的边缘上形成光滑的玻璃状轮廓。氧化物的保形涂层有助于平滑表面形貌，并且允许在工艺中接着前面步骤的金属化阶段的连续性。包含磷还可以保护器件免受移动的 Na^+ 离子和其他离子污染物的影响。该步骤未在图 8.2 中给出。

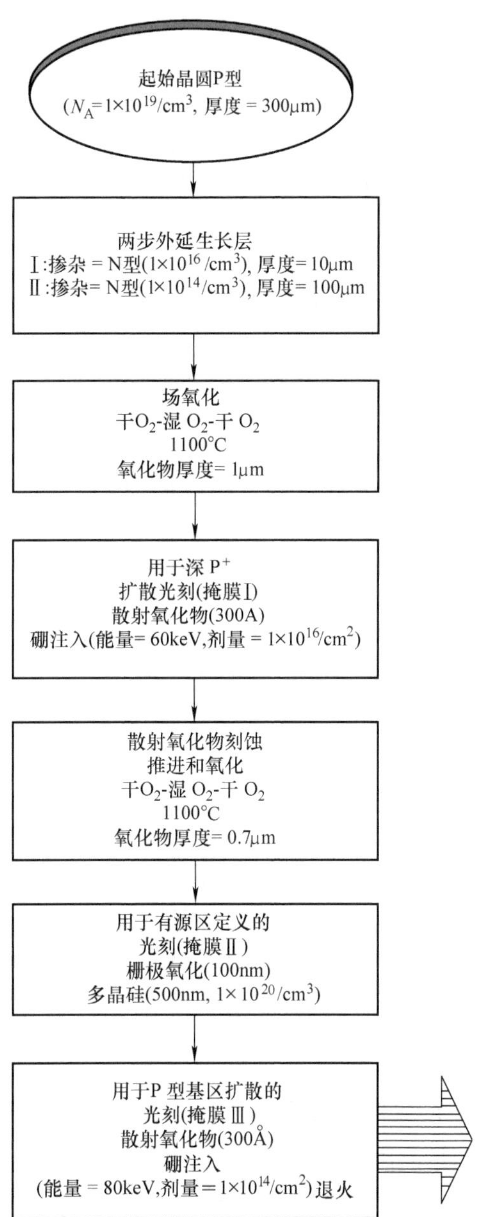

图 8.1　垂直双扩散 MOS 穿通（VDMOS－PT）IGBT 制造的流程图

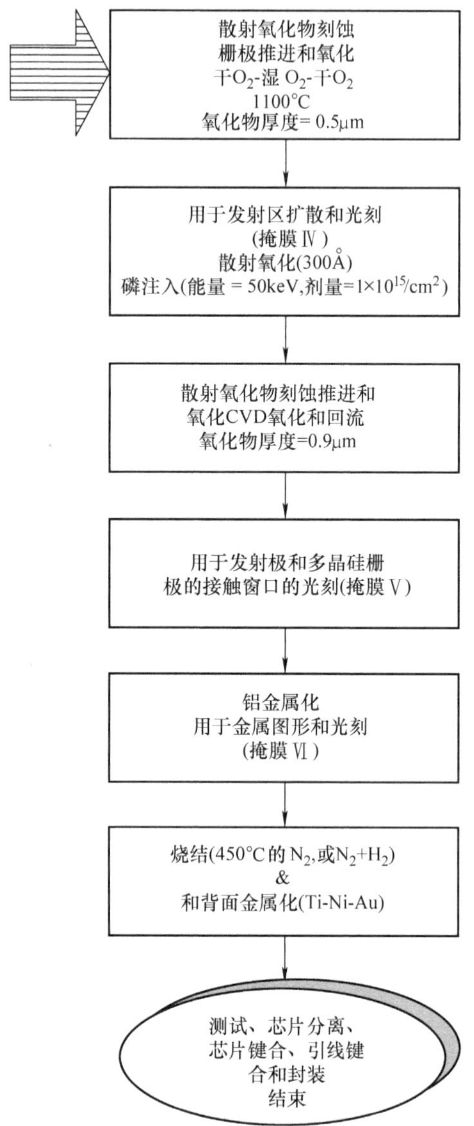

图8.1　垂直双扩散MOS穿通（VDMOS－PT）IGBT制造的流程图（续）

干O_2－湿O_2－干O_2热氧化循环涉及通过干氧生长氧化物；然后通过95℃热水的氧气或使氢气和氧气在炉管内反应形成水（热解氧化）；最后再用干氧

第五次光刻［步骤u)］形成接触窗口以建立与源极以及多晶硅栅极层的接触。窗口刻蚀到栅极上方的多晶硅层，使得铝电极也可以在那里形成接触。

通过真空蒸发或溅射淀积铝［步骤v)］，第六次光刻［步骤v)］用于Al图形形成，Al在氮气中烧结或形成气体使金属与Si合金化。形成气体中存在的氢有助于退火处理在金属淀积期间产生的任何辐射损伤。在晶圆的背面，优选地淀积诸如Ti－Ni－Au、Cr－Ni－Ag或Cr－Au的可焊接多层金属化方案［步骤w)］。在这些金属化方案中，诸如钛或铬（厚度＝3000Å）的底层用于阻挡层的目的，防止金属扩散到硅中，并且消除硅上的任何残留的原生氧化物，改善膜的粘附，诸如 Ni（5000Å）的第二层提供可焊接的接触。淀积的 Au/Ag（2000 Å）使表面均匀润湿并防止金属化的环境退化。黄金本身是可焊接的，而如果不存在 Ni 层，则金层必须更厚以便形成良好的接触。器件的最后覆盖层是通过等离子体增强 CVD（PECVD）淀积的氮化硅钝化层，它通过密封从而保护晶圆表面免受机械划伤或污染物的影响。然后在该覆盖层中刻蚀窗口以进行外部导线连接，对晶圆进行电学测试并切割以进行芯片分离。在预成型焊片的帮助下将芯片安装在封装上，并且顶表面上的电学接触根据额定电流用粗的 Au 线键合形成。

仔细检查该工艺，注意到有三个推进和氧化步骤：h）深 P^+；o）P 型基区；t）N^+ 发射区。它们的温度和时间根据 P^+、P 或 N^+ 层的深度和后续工艺步骤要求所需的氧化物厚度进行调整。该工艺和得到的氧化物参数在表 8.3 中给出。类似地，存在两个硼注入步骤 m）和 f)，必须加以区分。在步骤 m)，单元的中心形成深 P^+ 层，而在步骤 f)，形成较浅的 P 型层以制造单元的 P 型基区。因此，这些步骤的注入能量和剂量自然是不同的（见图8.1 和表 8.3）。

与功率 MOSFET 不同，必须提高 IGBT 的开关速度以适应高频应用。电子辐照技术（在 3MeV 能量和 0.5 ~ 16 Mrad 的剂量下）已用来控制在 20 ~ 200ns 宽范围关断时间内的开关速度（原子或核粒子的剂量定义为其通量密度的时间积分。因此，它测量时间积分的粒子通量，其单位是粒子数/cm^2）。

由于器件的正向压降和泄漏电流的增加总是伴随着深能级的引入，研究人员努力在这些参数之间寻找最适合给定应用的平衡。研究表明，当关断时间减少，正向压降开始时缓慢增加，直到达到临界点，此后关断时间任何的进一步减少都会导致正向压降急剧上升。对于较高击穿电压器件，由于其较轻的掺杂和较大的 N^- 基区厚度，给定的辐照剂量对关断时间的影响更加明显。上述剂量水平的辐照对泄漏电流的影响是微不足道的。在辐照后它保持在 nA 级范围内，从而不损害器件的阻断性能。

关键工艺步骤：

1）在用于磷注入以形成 N^+ 发射区的光刻步骤中（见图 8.2p），氧化物岛相对于多晶硅边缘的未对准可能增加 N^+ 发射区的长度，导致 dV/dt 的退化以及安全的工作区域。

2）在形成接触窗口的光刻（见图 8.2p）中，未对准会导致接触金属与多晶硅交叠或者与 P 型基区上金属层短路。在前一种情况下，发射极与栅极短路，而后者与 P 型基区的接触很差。

N 型漂移层和 N 型缓冲层之间界面的局部寿命调整允许制造更可靠的 PT - IGBT。最近，已经报道了一种新型穿通 IGBT 的研制[8]。该 IGBT 提供了更加坚固的 SOA 和改善的短路耐久性，如 NPT 结构。与 NPT - IGBT 相比，它在导通状态电压和关断损耗之间也表现出更好的折衷关系。但由于其较厚的 N^- 漂移层，新型 IGBT 具有更长的尾部时间。然而，因为它的尾电流较小而且其长度也较短，所以它的关断损耗较小。

为了制造这种 IGBT 结构，起始晶圆是 N 型硅晶圆。通过扩散形成 100μm 厚的 P 型集电区层，采用 N 型晶圆的厚度要使得在指定电压下耗尽层接触到 P 型集电区。这个薄的 N 型漂移层使饱和电压最小化，但其比传统 PT - IGBT 厚大约 10μm，以提高击穿容差。通过在 P 型集电区和 N⁻层之间的界面附近的质子辐照，然后退火，形成 N 型缓冲层。通过将质子辐照区域转换成施主区域，得到了比 N 型层电阻率低的缓冲层。

因此，这种 IGBT 的制造利用质子辐照的局部寿命消除（第 8.2.10 节），而不是通过电子束辐照减少整个晶圆的寿命（第 8.2.9 节）。

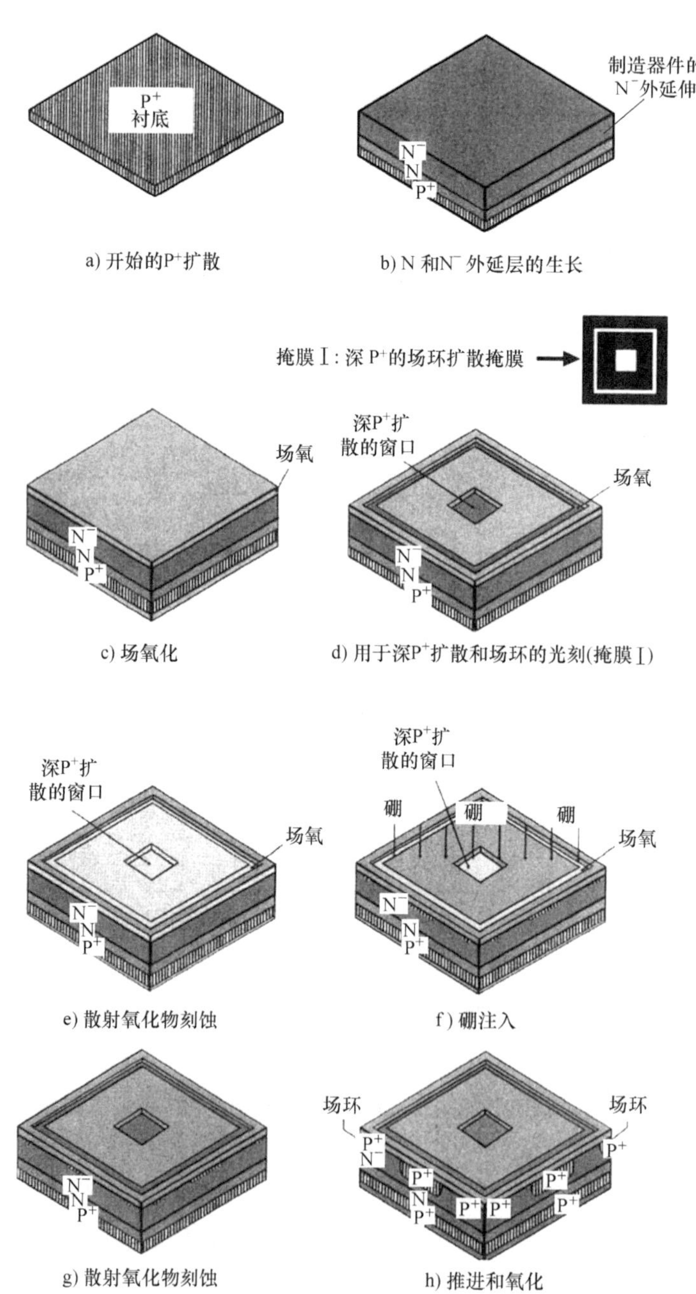

图 8.2 在 VDMOS PT - IGBT 制造的不同阶段结构的横截面视图（带有场环的单元未显示，还给出了所有掩膜的平面图）

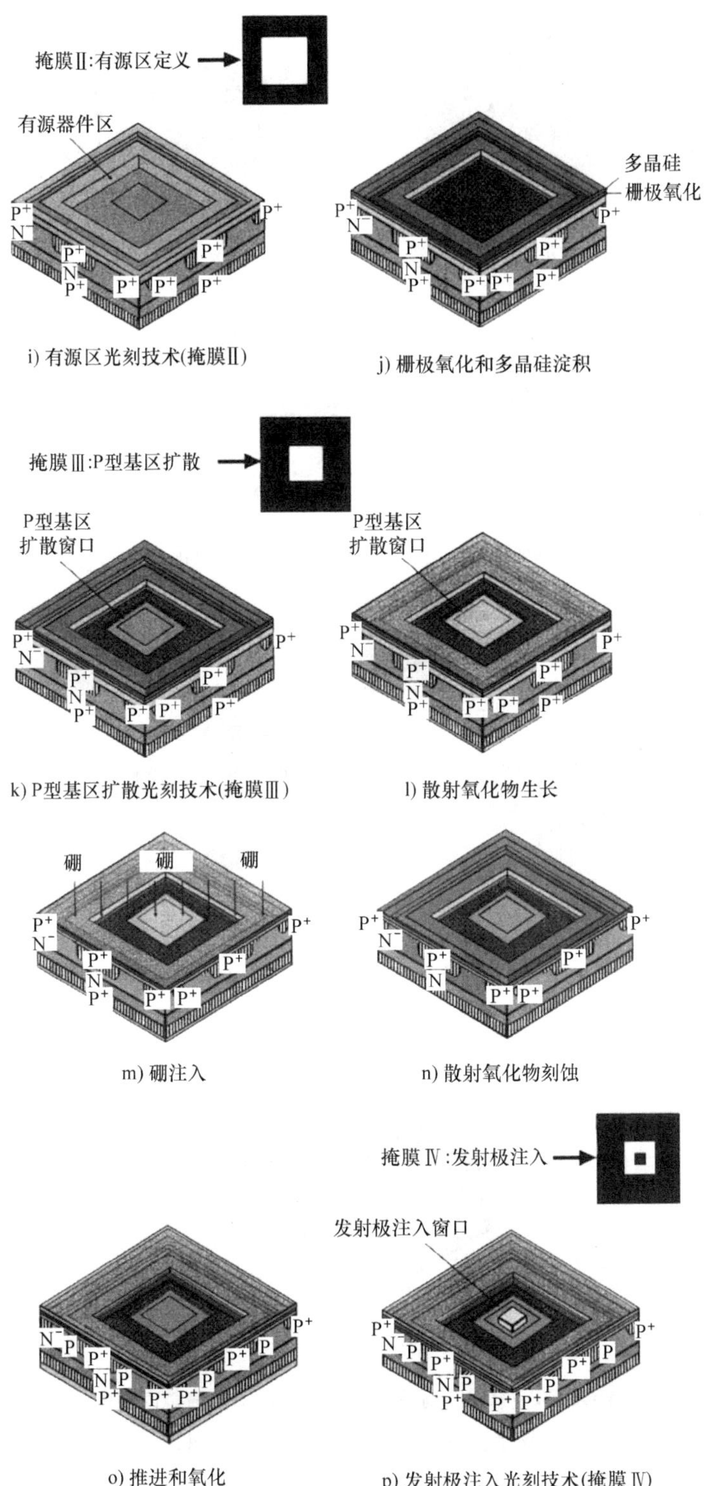

图 8.2 在 VDMOS PT-IGBT 制造的不同阶段结构的横截面视图（带有场环的单元未显示，还给出了所有掩膜的平面图）（续）

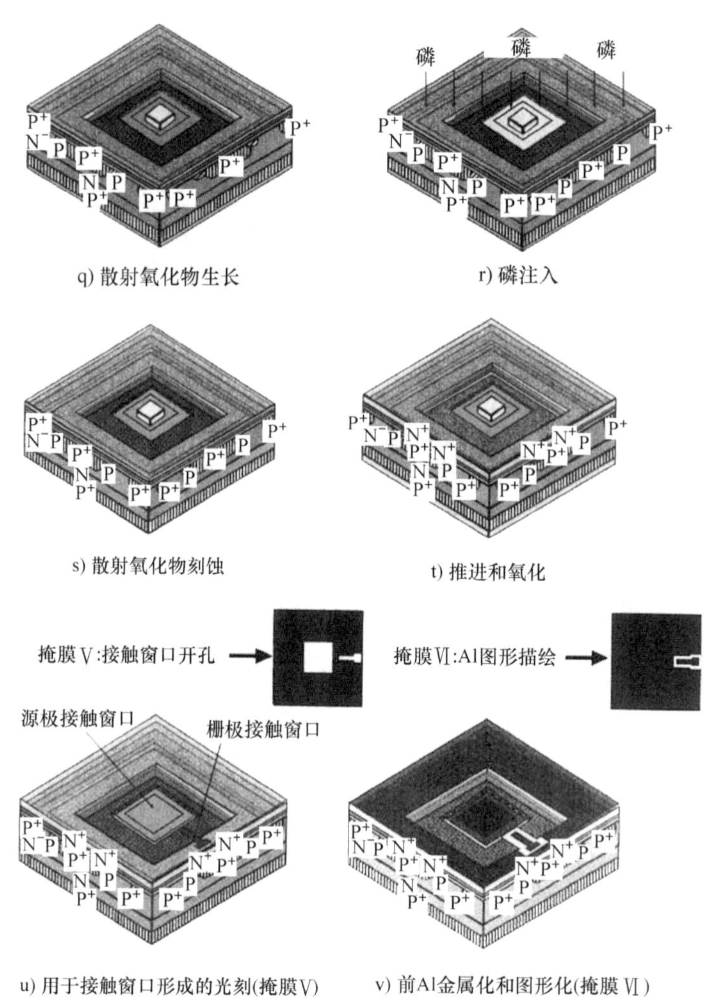

q) 散射氧化物生长　　r) 磷注入

s) 散射氧化物刻蚀　　t) 推进和氧化

u) 用于接触窗口形成的光刻(掩膜Ⅴ)　　v) 前Al金属化和图形化(掩膜Ⅵ)

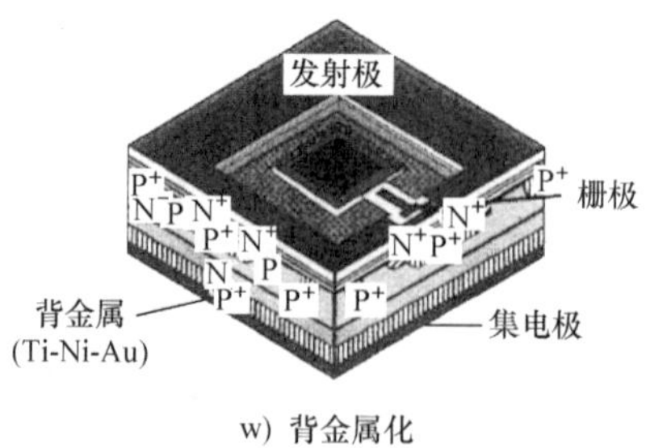

w) 背金属化

图 8.2　在 VDMOS PT－IGBT 制造的不同阶段结构的横截面视图（带有场环的单元未显示，还给出了所有掩膜的平面图）（续）

8.1.2 沟槽栅极 IGBT 制造

沟槽栅极 IGBT[9] 的工艺从场氧化物生长的步骤开始，然后进行图形化，为硼注入打开一个有源区域（见图8.3）。这里没有深P^+扩散，因此，第一次掩蔽步骤形成器件的有源区以及场环。沟槽栅极IGBT制造的主要步骤包括P型基区和场环扩散、N^+发射区扩散、沟槽形成、多晶硅填充到沟槽中、平坦化和金属化。在整个晶圆表面上生长场氧化物之后［步骤a)］，执行第一次光刻［步骤b)］以制造出窗口，通过该窗口注入实现P型基区以及外围场环结构。这是通过使用标记为P型基区和场环注入掩膜的掩膜Ⅰ来实现的。然后，在整个晶圆表面上生长薄散射氧化物［步骤c)］，进行硼注入［步骤d)］。对于VDMOS-IGBT制造，该硼注入的能量和剂量参数与图8.2中的第二次硼注入［步骤m)］相同。在退火之后，去除散射氧化物［步骤e)］，并且推进硼以实现P型基区的扩散深度［步骤f)］。第二次光刻［步骤g)］，用于打开通过离子注入制造N^+发射区的区域。这是使用掩膜Ⅱ完成的，掩膜Ⅱ称为N^+发射区注入掩膜。再次生长散射氧化物［步骤h)］并进行磷注入［步骤i)］。

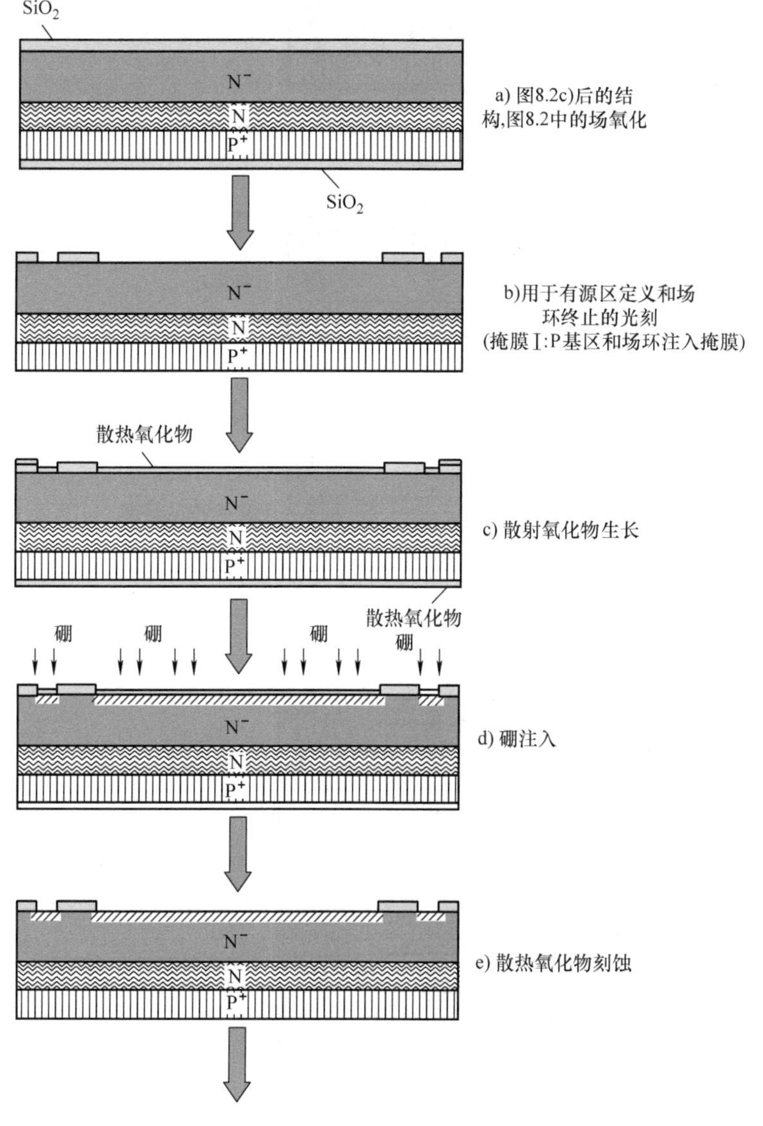

图8.3　沟槽栅极IGBT制造的各个阶段的器件结构示意图

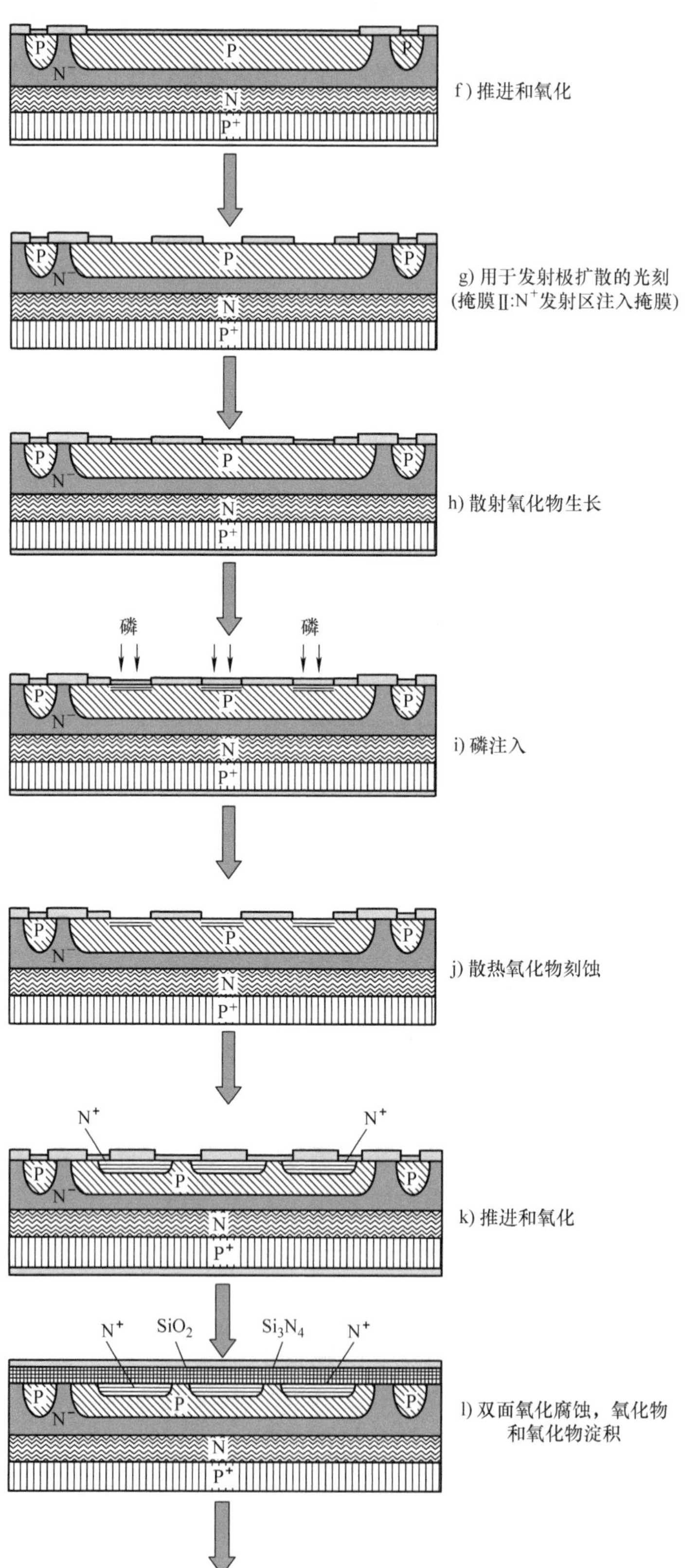

图 8.3　沟槽栅极 IGBT 制造的

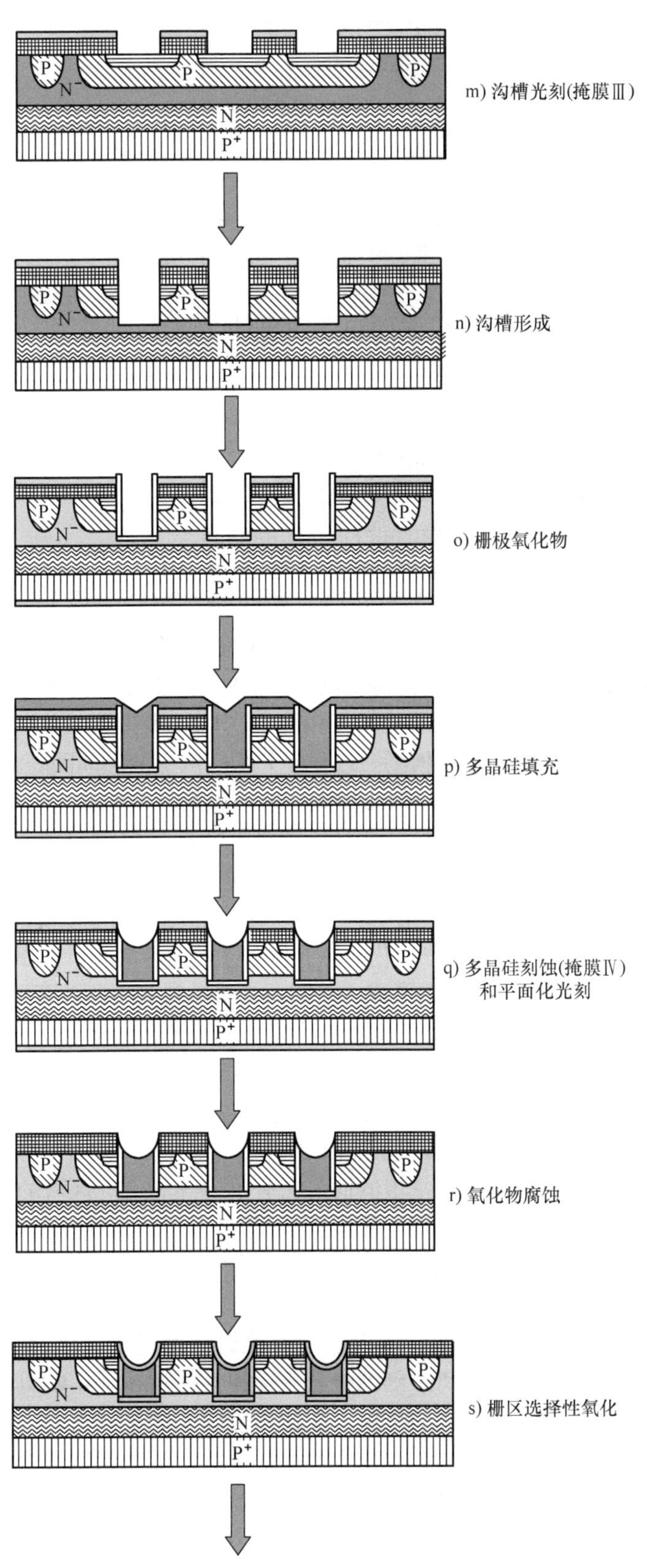

各个阶段的器件结构示意图（续）

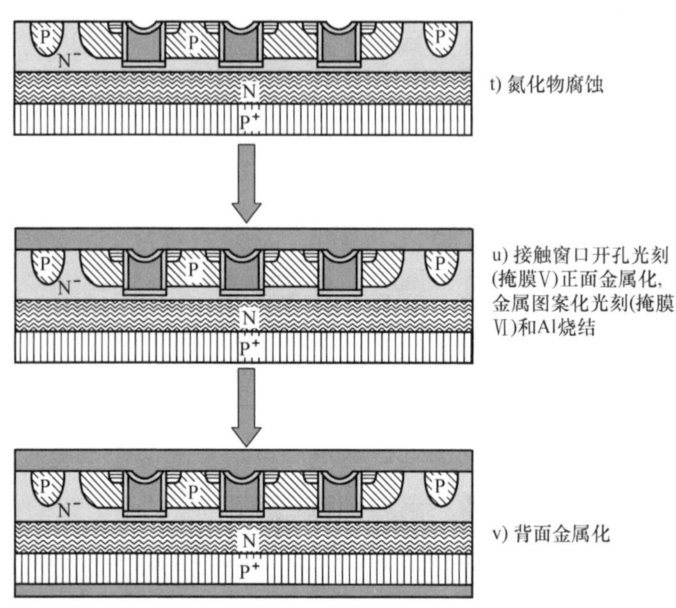

图 8.3　沟槽栅极 IGBT 制造的各个阶段的器件结构示意图（续）

该步骤的工艺参数与图 8.2 中步骤 r）的相同，退火接着离子注入步骤。接下来，在步骤 j）中刻蚀散射氧化物，并且推进 N^+ 杂质以获得设计的 N^+ 发射区深度 = 1μm［步骤 k)］。在从晶圆两侧去除氧化物之后，通过低压化学气相淀积（LPCVD）形成氮化硅膜，然后使用低温 CVD（LTCVD）氧化物膜来保护沟槽刻蚀过程中 P 型基区上的硅晶圆表面，这将在 N^+ 发射区扩散后进行［步骤 l)］。然后是沟槽刻蚀步骤，这涉及第三次光刻［步骤 m)］。使用掩膜Ⅲ，沟槽定义掩膜，定义沟槽区域。通过反应离子蚀刻（RIE）机进行各向异性刻蚀，用于刻蚀出 5μm 深的矩形沟槽［步骤 n)］。沟槽深度约为 4～10μm，不会影响击穿电压。由于在 RIE 中可以确保沟槽深度的精度在设计目标的 10%～20% 之内，因此沟道深度的非临界值使得器件的制造更加容易。尽管希望沟槽宽度最小化，从而使单元密度最大化，但是最小沟槽宽度由工艺约束限定，并且通常为 3μm。在沟槽形成工艺期间，沟槽壁上的硅表面受到反应物离子的有害化学作用，它还面临着机械冲击。为了消除这些损伤，通过热氧化生长约 1000Å 厚的牺牲氧化层，这一层被刻蚀掉，从而消除损伤的表面层。在损伤层去除后，在沟槽的壁上生长栅极氧化物［步骤 o)］，这构成了栅极氧化步骤。然后通过将多晶硅再淀积到沟槽中来重新填充沟槽［步骤 p)］，淀积约 2μm 厚的多晶硅层用于沟槽再填充。

因为在该阶段硅晶圆的表面不是平坦的而是具有不同高和低的区域的，所以要通过反应离子刻蚀对多晶硅进行平坦化工艺处理。使用掩膜 Ⅳ（多晶硅刻蚀掩膜），从除栅极区域之外的所有地方去除多晶硅［步骤 q)］，这意味着回刻多晶硅以形成栅极。在步骤 r)，氧化物被刻蚀掉，由于在台面区域上存在氮化物膜，下一步是选择性氧化多晶硅层［步骤 s)］。现在，氮化硅膜覆盖结构的台面区域，因此，在氧化时，栅极上的多晶硅层被选择性地氧化，留下氮化硅膜，然后通过反应离子刻蚀将其刻蚀掉［步骤 t)］。如图 8.2 所示，掩膜Ⅴ和Ⅵ分别是接触窗口和金属图形定义的掩膜。在使用掩膜Ⅴ的第五次光刻［步骤 u)］之后，溅射铝。然后在第六次光刻［步骤 u)］中，使用掩膜Ⅵ，刻蚀铝以制造用于 IGBT 的发射极和栅极的电极。在烧结铝以实现良好接触之后，背面淀积三层金属（Cr－Ni－Ag）［步骤 v)］。这样就完成了沟槽栅制造工艺，然后进行切割、测试和封装。

8.2 单工艺步骤

8.2.1 外延淀积

外延淀积是在衬底上淀积一层单晶硅，使得淀积层的晶体结构是衬底的延伸[10,11]，“外延”的希腊语意思是“在上面有序的”。外延淀积是实现穿通IGBT的主要工艺步骤（第2.1.2节，图8.1～图8.3），它用于IGBT的N^-基区和N型缓冲层的生长。正是在这个N^-基区上制备了IGBT的P型基区和N^+发射区，因此，关键的IGBT结构存在于N^-基区中。这要求外延淀积工艺必须是高质量的，从而形成无缺陷层。

对于Si，气相外延是最广泛采用的。为了通过外延生长硅，使用了四种硅源，它们是四氯化硅（$SiCl_4$）、二氯硅烷（SiH_2Cl_2）、三氯硅烷（$SiHCl_3$）和硅烷（SiH_4）。其中，SiH_4的工业应用最为广泛。通过在1150～1300℃下四氯化硅气体的氢还原来淀积外延硅

$$SiCl_4(Gas)+2H_2 \rightarrow Si(\text{固体})+4HCl(\text{气体})$$

总反应涉及以下子反应，$SiHCl_3$和SiH_2Cl_2作为中间体：

$$SiCl_4+H_2 \rightleftharpoons SiHCl_3+HCl,\ SiHCl_3+H_2$$
$$\rightleftharpoons SiH_2Cl_2+HCl,\ SiH_2Cl_2 \rightleftharpoons SiCl_2+H_2$$
$$SiHCl_3 \rightleftharpoons SiCl_2+HCl,\ SiCl_2+H_2 \rightleftharpoons Si+2HCl$$

所有这些反应都是可逆的，因此在适当的条件下，相应的反向反应与正向反应竞争，导致硅的刻蚀并将硅从衬底上除去。从硅生长速率对温度的依赖关系发现，在较低温度（900～1100℃）下，硅生长受到反应速率的限制，而在较高温度（>1100℃）下，硅生长受到输运过程的限制，或者到达硅表面的反应物的量或通过扩散掉的产物。在该称为质量输运或扩散受限区域的方法中，生长速率与载气中反应物的分压成正比。工业外延工艺是在这种方法下进行的，以使温度变化对生长速率的影响最小。

外延淀积通过两个工艺来描述，即成核和生长。成核涉及在另一个相上形成一个新相的小区域。外延工艺通过反应物质的撞击、吸附、扩散、反应和解吸来进行。用大量氢稀释的情况下，通过氢化物，如B_2H_6、PH_3、AsH_3等将掺杂剂同时或间歇地引入外延层中。外延淀积设备包括气体分配系统、高纯度石英反应管、衬底加热、电学控制、冷却和排气系统。

8.2.2 热氧化

在IGBT工艺中，热氧化用作杂质注入/扩散的掩膜层。它也用作栅极电介质。IGBT中的场氧化物防止任何寄生电压对下面的硅反型时起作用。此外，二氧化硅在平面的N^+发射区/P型基区和P型基区/N型基区结上形成自然钝化覆盖层。

在高温（900～1200℃）下，在含氧或水蒸气的气氛中进行热氧化

$$Si+O_2=SiO_2$$

或

$$Si+2H_2O=SiO_2+2H_2$$

在此工艺中，氧化物质（O_2或H_2O）通过现有的氧化层扩散[12-15]。要生成厚度为d的氧化层，需要消耗厚度为$0.44d$的硅层。对于相同的温度和时间，使用水蒸气的氧化工艺比使用干氧的氧化速率快得多。尽管干氧氧化提供了更精确的氧化物厚度控制，但湿氧氧化

的界面态密度较低，因为氢扩散到硅－氧化物界面并占据悬空键。对于<100>晶向获得最低的固定氧化物电荷和表面态密度。

最初，当氧化层较薄时，氧化物生长速率受到反应速率的限制，氧化物厚度 d_{ox} 遵循线性定律［附录 8.1，式（A8.1.22）］

$$d_{ox} = \alpha t \tag{8.1}$$

式中，α 为线性速率常数；t 为氧化物生长时间。α 的单位是 μm/h，因为由式（8.1），$\alpha = d_{ox}/t$ 的量纲为长度/时间 = $[L]/[T]$。对于1200℃的湿氧氧化，$\alpha = 0.72\mu m/h$。但是当氧化层很厚时，生长速率由氧化物质通过该层的扩散决定，使其受到输运限制。那么氧化物厚度服从抛物线定律［附录 8.1，式（A8.1.23）］

$$d_{ox} = \sqrt{\beta t} \tag{8.2}$$

式中，β 为抛物线速率常数，它的测量单位为 $\mu m^2/h$，因为由式（8.2），$\beta = {d_{ox}}^2/t$ 的量纲为长度^2/时间 = $[L^2]/[T]$。对于1200℃的湿氧氧化，$\beta = 14.4\mu m^2/h$，这是在相同温度下干氧氧化的 14.4/0.72 = 20 倍，解释了其更快的生长速度。

在硅的热氧化期间，一层硅用于形成二氧化硅，从而，在硅和二氧化硅之间形成界面。随着氧化的进行，该界面进入硅。如果硅是掺杂的，P型或N型，则消耗的硅层中存在的杂质将位于氧化物中或下面的硅中。掺杂杂质的重新分布发生在界面处，该杂质重新分布受到氧化物中杂质的扩散率和界面相对于扩散速率的前进速率的影响。一般规则是受主杂质进入氧化物而施主杂质进入硅，例如，硼在新生长的 SiO_2 中累积，而磷、砷和锑倾向于在前进的 Si－SiO_2 界面附近的 Si 中分凝。这是因为硼在 Si 中的溶解度小于在 SiO_2 中的溶解度，而对于 P，As 和 Sb 则相反。这种杂质的堆积减少了硅表面及附近的 P 型掺杂。而且，N 型掺杂浓度在硅的表面区域附近增加。

在平衡时，硅中的杂质浓度 C_{Si} 与二氧化硅中的杂质浓度 C_{SiO_2} 的比在界面处是恒定的。该恒定比称为平衡分凝系数 m，并且由 $m = C_{Si}/C_{SiO_2}$ 给出。实验确定的分凝系数被称为有效分凝系数。

在掺硼的硅的氧化期间，硼从硅的表面区域耗尽，因此，C_{Si} 变得更小。这种硼移动到生长的氧化物层中使 C_{SiO_2} 更大，因此，C_{Si}/C_{SiO_2} 或 m 变得小于1。在 850～1200℃的温度范围内，硼的 m 值介于 0.1～1 之间。另外，由于<100>晶体的填充密度较小，<100>晶向的值大于<111>晶向的值。因此，对于相同的 C_{Si} 值，与<100>情况相比，<111>晶向的 C_{SiO_2} 更大，<111>晶向的 m 比<100>晶向的更小。与硼的行为相反，磷、砷和锑等 N 型掺杂杂质倾向于堆积在硅中。因此，C_{Si} 增加而 C_{SiO_2} 减小，使得 $m>1$。这些掺杂剂的分凝系数约为 10。

在氧化之前将石英管通入 HCl ＋干 O_2 减少了可动的离子污染。在干氧氧化期间，气流中按体积计约 1% 的 HCl 是有效的。

例 8.1 假设在 1100℃下硅的干氧化的线性和抛物线速率常数分别为 0.3μm/h 和 $0.027\mu m^2/h$，求出生长时间为：（a）5min 和（b）50min 的二氧化硅厚度。如果相应的速率常数分别为 4.64μm/h 和 $0.51\mu m^2/h$，则在相同温度下湿氧氧化的厚度是多少？

对于硅的干氧氧化，（a）生长时间 = 5min = 5/60 = 0.0833h。对于这个短时间间隔，线性定律是有效的而氧化物厚度 $d_{ox} = \alpha t = 0.3 \times 0.0833 = 0.02499\mu m = 0.02499 \times 10^4$ Å = 249.9Å。（b）生长时间 = 50min = 50/60 = 0.833h。对于这个长时间间隔，抛物线定律是适用的而氧化物厚度 $d_{ox} = \sqrt{\beta t} = \sqrt{0.027 \times 0.833} = 0.14996\mu m = 0.14996 \times 10^4$ Å = 1499.6Å。

对于硅的湿氧氧化，（a）$d_{ox} = \alpha t = 4.64 \times 0.0833 = 0.3865\mu m = 0.3865 \times 10^4$ Å = 3865Å。

（b） $d_{ox} = \sqrt{\beta t} = \sqrt{0.51 \times 0.833} = 0.65179\mu m = 0.65179 \times 10^4 Å = 6517.9Å$

8.2.3 热扩散周期

在整个 IGBT 制造工艺中，硅中的热扩散是必要的。对于精确控制和其他优点，如果杂质预淀积是通过离子注入（第 8.2.4 节）进行的，则其再分布以获得所需的杂质分布是通过推进工艺完成的。在此阶段，还生长一个氧化层用于随后的步骤，以便将杂质推进（通过热扩散）和氧化物生长（通过热氧化）一起完成。在图 8.2 中，发现 IGBT 工艺顺序中有几个这样的推进和氧化阶段。另一个例子是多晶硅的磷掺杂以降低其电阻率，这通过磷扩散（或通过离子注入的磷预淀积然后推进）来完成。IGBT（或任何半导体器件制造）中的扩散工艺分为两个步骤[16-18]。

（1）预淀积周期 这一步骤涉及在 Si 中引入一个精确控制的所需杂质量，其分布由式（8.3）给出［附录 8.2，式（A8.2.25）］

$$N(x) = N_0 \mathrm{erfc}\left(\frac{x}{2\sqrt{D_1 t_1}}\right) \tag{8.3}$$

式中，$N(x)$ 为进入晶圆深度 x 处掺杂剂的浓度；N_0 为在预淀积温度下掺杂剂在 Si 中的固溶度；D_1 为掺杂剂在预淀积温度下的扩散系数；t_1 为进行预淀积的时间。

（2）推进周期 此步骤涉及杂质的重新分布，以获得所需的结深度和分布，表示为［附录 8.2，式（A8.2.36）］

$$N(x) = \frac{Q}{\sqrt{\pi D_2 t_2}} \exp\left(-\frac{x^2}{4D_2 t_2}\right) \tag{8.4}$$

式中，Q 为预淀积期间进入 Si 的掺杂剂（原子数/cm^3）的量，由式（8.5）给出［附录 8.2，式（A8.2.39）］

$$Q = N_0\left(2\sqrt{\frac{D_1 t_1}{\pi}}\right) \tag{8.5}$$

D_2 为掺杂剂在推进温度下的扩散系数；t_2 为推进时间。

例 8.2 在 IGBT 制造过程中，在 N 型硅晶圆（$1 \times 10^{14}/cm^3$）上硼的预淀积是在 950℃下过量硼环境中进行 30min。如果在 950℃ 的饱和浓度为 3.8×10^{20} 原子/cm^3，计算硼结深度。现在，在 1100℃ 下进行推进，以实现 3μm 的硼结深度。确定掺杂周期，即达到此目的所需的时间。在 1200℃ 的推进时间是多少？

扩散系数表示为

$$D = D_0 \exp\left(-\frac{E}{kT}\right) \tag{E8.2.1}$$

式中，D_0 为指数前因子；E 为激活能；k 为玻尔兹曼常数；T 为绝对温度。对于硼，$D_0 = 0.76cm^2/s$ 且 $E = 3.46eV$。在 950℃ = 1223K，得到 $D = 0.76\exp[-3.46/(8.62 \times 10^{-5} \times 1223)] = 4.24 \times 10^{-15} cm^2/s$。硼结深度 x_j 由式（E8.2.2）确定

$$N(x_j) = N_0 \mathrm{erfc}\left(-\frac{x_j}{2\sqrt{D_1 t_1}}\right) \quad 或 \quad 1\times 10^{14}$$

$$= 3.8\times 10^{20}\mathrm{erfc}\left(-\frac{x_j}{2\sqrt{4.24\times 10^{-15}\times 30\times 60}}\right) \quad 或 \quad 2.63\times 10^{-7}$$

$$= \mathrm{erfc}\left(-\frac{x_j}{5.5\times 10^{-6}}\right) \tag{E8.2.2}$$

使用互补误差函数表，$3.64 = -x_j/(5.5\times 10^{-6})$，结果 $x_j = 2.002\times 10^{-5} = 0.2\mu m$。

在预淀积期间引入的硼量是

$$Q = N_0\left(2\sqrt{\frac{D_1 t_1}{\pi}}\right) = 3.8\times 10^{20}\left(2\sqrt{\frac{4.24\times 10^{-15}\times 30\times 60}{3.14}}\right)$$

$$= 1.185\times 10^{15}\ 大气压/cm^2 \tag{E8.2.3}$$

$$N(x) = \frac{Q}{\sqrt{\pi D_2 t_2}}\exp\left(-\frac{x^2}{4D_2 t_2}\right) \quad 或 \quad 1\times 10^{14}$$

$$= \frac{1.185\times 10^{15}}{\sqrt{3.14\times D_2 t_2}}\exp\left[-\frac{(3\times 10^{-4})^2}{4D_2 t_2}\right]$$

或

$$0.1495 = \frac{1}{\sqrt{D_2 t_2}}\exp\left(-\frac{2.25\times 10^{-8}}{D_2 t_2}\right) \tag{E8.2.4}$$

代入 $D_2 t_2 = y$，得到

$$0.1495 = \frac{1}{\sqrt{y}}\exp\left(-\frac{2.25\times 10^{-8}}{y}\right) \tag{E8.2.5}$$

两边同时二次方，得到

$$0.02235 = \frac{1}{y}\exp\left(-\frac{4.5\times 10^{-8}}{y}\right) \tag{E8.2.6}$$

通过反复试验得到 $y = 1.8835\times 10^{-9}/cm^2$。在1100℃时，$D = 0.76\exp[-3.46/(8.62\times 10^{-5}\times 1373)] = 1.5288\times 10^{-13}cm^2/s$，得到 $y = D_2 t_2 = 1.5288\times 10^{-13}\times t_2 = 1.8835\times 10^{-9}$，使得 $t_2 = 1.8835\times 10^{-9}/1.5288\times 10^{-13} = 12320.12s = 12320.12/3600 = 3.422h$。在1200℃，$D = 0.76\exp[-3.46/(8.62\times 10^{-5}\times 1473)] = 1.1125\times 10^{-12}cm^2/s$，得到 $y = D_2 t_2 = 1.1125\times 10^{-12}\times t_2 = 1.8835\times 10^{-9}$。因此 $t_2 = 1.8835\times 10^{-9}/1.1125\times 10^{-12} = 1693.033s = 1693.033/3600 = 0.47h = 28.22min$。

8.2.4 离子注入

该工艺[19,20]通过电场将所需掺杂剂的离子加速到一个高的能量（25~200keV）并在晶圆表面上扫描以产生均匀的预淀积。控制变量是每单位面积（$5\times 10^{11}\sim 10^{16}/cm^2$以上）撞击晶圆表面的剂量或离子数，确定表面浓度和离子的能量，决定注入的深度。典型的离子束电流为约1mA，对应于每秒6.25×10^{15}个单电荷离子的通量。为了减少注入时间，使用能够达到约15mA的注入器。注入离子的平均深度称为投影范围 R_p（见图8.4），关于 R_p的离子

分布由具有标准偏差 σ_p 的高斯函数近似，称为投影的标准偏差 ΔR_p。杂质分布表示为

$$N(x) = N_0 \exp\left[-\frac{(x-R_p)^2}{2\sigma_p^2}\right] \quad (8.6)$$

在离子注入之后，晶圆在900℃下氮气中退火半小时以除去晶格损伤并将掺杂剂原子置于具有电活性的替代位置。

例8.3 对于IGBT的P型基区，硼以80keV、1×10^{14}原子/cm^2的剂量注入，投影范围 R_p 为 0.2188μm，投影标准偏差 σ_p 为 0.061μm。在注入之后，在900℃下退火1h。计算距离表面0.25μm，0.5μm和0.75μm深度处的硼浓度。同时求出在 $x = R_p$ 处的硼浓度。

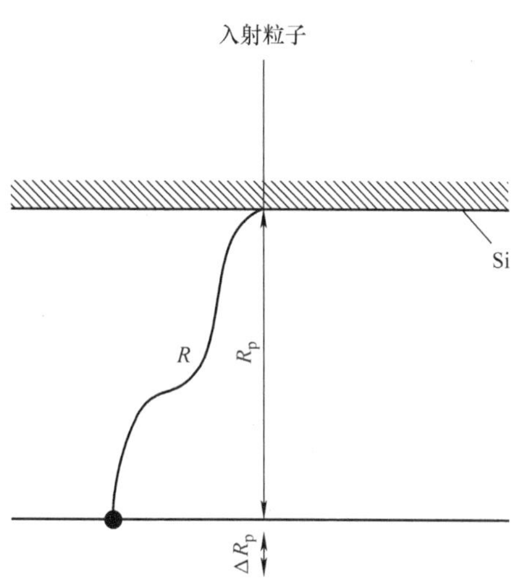

图8.4 显示了离子范围 *R*、投影范围 R_p 和投影的标准偏差 ΔR_p 的示意图

退火后的杂质分布由式（E8.3.1）给出

$$N(x,t) = \frac{\phi}{\sqrt{2\pi(\sigma_p^2+2Dt)}} \exp\left[-\frac{(x-R_p)^2}{2(\sigma_p^2+2Dt)}\right] \quad (E8.3.1)$$

式中，$\varphi = 1\times10^{14}$原子/cm^2；投影范围 $R_p = 0.2188$μm；投影标准偏差 $\sigma_p = 0.061$μm；退火时间 $t = 1h = 3600s$。在900℃下，扩散系数 $D = 0.76\exp[-3.46/(8.6174\times10^{-5}\times1173)] = 1.035\times10^{-15}cm^2/s$。因此，$\sigma_p^2 + 2Dt = (0.061\times10^{-4})^2 + 2\times1.035\times10^{-15}\times3600 = 4.466\times10^{-11}$。对于 $x = 0.25$μm，$x - R_p = (0.25-0.2188)\times10^{-4} = 0.0312\times10^{-4}$。

因此

$$N(0.25\mu m, 3600s) = \frac{1\times10^{14}}{\sqrt{2\times3.14\times4.466\times10^{-11}}} \exp\left[-\frac{9.7344\times10^{-22}}{2\times4.466\times10^{-11}}\right] = 5.97\times10^{18}/cm^3 \quad (E8.3.2)$$

对 $x = 0.5$μm，$x - R_p = (0.5 - 0.2188)\times10^{-4} = 0.2812\times10^{-4}$。因此

$$N(0.5\mu m, 3600s) = \frac{1\times10^{14}}{\sqrt{2\times3.14\times4.466\times10^{-11}}} \exp\left[-\frac{7.907\times10^{-10}}{2\times4.466\times10^{-11}}\right] = 8.54\times10^{14}/cm^3 \quad (E8.3.3)$$

对 $x = 0.75$μm，$x - R_p = (0.75-0.2188)\times10^{-4} = 0.5312\times10^{-4}$。因此

$$N(0.75\mu m, 3600sec) = \frac{1\times10^{14}}{\sqrt{2\times3.14\times4.466\times10^{-11}}} \exp\left[-\frac{2.822\times10^{-9}}{2\times4.466\times10^{-11}}\right] = 1.13\times10^{5}/cm^3 \quad (E8.3.4)$$

在 $x = R_p$ 处，$N(0.2188\mu m, 3600s) = 5.97\times10^{18}/cm^3$。

8.2.5 光刻

光刻[21-24]是通过称为光致抗蚀剂的敏化材料将图形从掩膜（覆盖有图形阵列的玻璃板）转移到晶圆的表面，它还包括掩膜的生成。光致抗蚀剂是一种化学配方，含有悬浮在溶剂中的光敏材料。它通常由聚合物材料组成，在通过光、电子束或 X 射线敏化时改变其化学结构，使得当浸入称为显影剂的溶剂中时，敏化区域变得更易溶（光软化或正光致抗蚀剂）或变得更不易溶解（光硬化或负性光致抗蚀剂）。在正性光致抗蚀剂中，分子键在照射时破坏，而负性光致抗蚀剂的分子在曝光时变得交联或聚合。光学光刻使用接触、接近或投影印刷。掩膜由电子束图形发生器制造，电子束图形发生器在计算机控制下曝光并放置图形元件以形成 10× 比例的芯片图像。该图像称为标线，用作步进重复相机中的对象，其逐步缩小图像以填充所需的掩膜空间。制作掩膜的另一种方法是激光束扫描。所产生的主掩膜的多个拷贝用于光刻工作。

光刻技术可提供高达 0.4μm 的线宽。通过电子束、X 射线和离子束光刻提供更高的分辨率。10～50keV 电子的波长较小（<1Å），通过电子光刻可以获得更高的分辨率。这种技术有两个部分，即扫描和投影光刻。扫描方法进一步分为光栅扫描和矢量扫描。

由于它们的图形生成功能，电子束曝光机用于光学步进曝光机、X 射线和离子束光刻的直接写入和掩膜制造。在晶圆上直接写入是一种无掩膜工艺，通过移动电子束在抗蚀剂涂覆的晶圆上直接扫描高分辨率图形。直接写入的优点包括在一个晶圆上制作不同几何图形，从器件设计到测试和设计修改的时间更短，高的效率和制造速度以及经济效益。X 射线光刻技术的分辨率约为 0.2μm，定位准确度约为 0.3μm。此外，像有机材料这样的污染物不会作为缺陷被打印出来。与光学印刷相比，聚焦深度也大得多。离子束光刻具有比电子光刻更高分辨率的优点，因为抗蚀剂曝光的散射程度较小，并且抗蚀剂对离子的敏感性大于电子。离子光刻系统是扫描聚焦光束类型或掩膜光束类型。

8.2.6 多晶硅、氧化硅和氮化硅的化学气相淀积

化学气相淀积（CVD）是通过含有所需成分的气相化学成分之间的反应在衬底上形成非挥发性固体薄膜[25-27]。CVD 分为大气压下 CVD（APCVD）、低压 CVD（LPCVD）和等离子体增强 CVD（PECVD）。

用作栅极的多晶硅（具有短程晶体结构的硅）在 IGBT 工艺中具有特殊的重要性。在衬底上的淀积速率高，衬底没有晶体结构，或者淀积温度低于单晶生长的条件下形成。

$$SiH_4 + Heat \rightarrow Si + 2H_2 \text{（携带气体} = N_2\text{，温度} = 575 \sim 650℃\text{）}$$

20%～30% 的硅烷在 N_2 中被稀释，在 0.2～1.0Torr 的压力下送入 LPCVD 反应器中（Torr 是真空技术中使用的压力单位，定义为 1mmHg 柱；1Torr = 133.322Pa）。多晶硅薄膜的性能由淀积温度和压力，以及硅烷含量决定。

一个 0.5μm 的重掺杂多晶硅膜的方块电阻为 20Ω/□（Ω/□是方块电阻或方块电阻率的单位，材料的方块电阻定义为具有单位厚度的材料的方形样品的电阻）。

二氧化硅淀积的反应是

$$SiH_2 + 2O_2 \rightarrow SiO_2 + 2H_2O(\text{携带气体} = N_2, \text{温度} = 200 \sim 500℃)$$

该工艺在大气压（APCVD）或减压（LPCVD）下进行

通过两种热解工艺中的一种淀积氮化硅：

1）大气压下 CVD（APCVD），其中硅烷在 700 ~ 900℃与氨反应

$$3SiH_4 + 4NH_3 \rightarrow Si_3N_4 + 12H_2$$

2）低压 CVD（LPCVD），其中二氯硅烷在 700 ~ 800℃减小的压力下与氨反应

$$3SiCl_2H_2 + 4NH_3 \rightarrow Si_3N_4 + 6HCl + 6H_2$$

低压技术提供了薄膜厚度和成分的均匀性，它还提供高的硅晶圆吞吐量，有利于大规模生产，因此，LPCVD 优于 APCVD。目前氮化硅薄膜淀积的趋势是向热壁低压反应器方向发展，允许近距离堆叠晶圆，并形成均匀的薄膜覆盖。

8.2.7 反应等离子体刻蚀

反应等离子体是气体电离和分裂时发生放电，产生化学活性物质，其在气相和暴露的固体表面都是反应性的。反应等离子体刻蚀[28,29]是从 Si 表面去除材料，未被光刻图形掩盖区域形成挥发性产物。通常使用基于卤素的气体，例如 CF_4、CCl_3F 和 Cl_2。在等离子体中，CF_4分解成氟原子和氟化碎片。中性物质，如原子氟或原子氯，产生刻蚀而加速离子轰击衬底会撞击暴露的原子，引起材料溅射（溅射刻蚀），同时使衬底表面相对于中性物质更加活跃。原子氟与 Si 和 SiO_2的反应如下：

$$Si + 4F \rightarrow SiF_4; SiO_2 + 4F \rightarrow SiF_4 + O_2$$

诸如 H_2或 O_2的附加气体提供所需的选择性和边缘轮廓。在类似的刻蚀条件下，选择性意味着一个薄膜比另一个薄膜的蚀刻速度更快。通过向 CF_4中添加氧，Si 的刻蚀速率急剧增加，在 12% 的 O_2下达到最大刻蚀速率。类似地，对于 SiO_2，在 20% 的 O_2下实现最大刻蚀速率，这归因于 F 和 CF_x的复合率下降。SiO_2刻蚀不受 H_2浓度的影响，但 Si 刻蚀减慢并最终在 40% 的 H_2浓度下停止。造成这种现象的机理是：通过与 H_2反应形成 HF 消耗 F 原子，以及 CF_4与 Si 在 Si 表面上形成碳或烃聚合物的反应，抑制了 Si 的进一步刻蚀。

湿法刻蚀通常是各向同性的，因为它从硅表面垂直向下进行并且在掩膜层下方横向进行。但是，通过适当选择反应器条件，如低压和定向电场，可以使干法刻蚀变得各向异性，从而产生更强的离子轰击。因此，在材料中可以刻蚀出几乎垂直的墙壁。但干法刻蚀提供较低的选择性并伴随着掩膜材料的实质性刻蚀。这需要精确的终端探测，通过监测来自反应的特征光的发射，并在完成刻蚀工艺后立即终止。

对于 IGBT 中的栅极刻蚀，使用氯基的和溴基的化学试剂。由于与栅极氧化物相比，多晶硅具有更高的刻蚀选择性，因此与氯基刻蚀相比，溴基化学试剂具有更高的性能。在进行多晶硅刻蚀之前，氟基等离子体去除了薄的原生氧化物。这避免了在多晶硅刻蚀期间形成任何微掩膜。与栅极氧化物相比，通过从反应器和刻蚀工艺中除去含碳气体和材料，可以进一步提高多晶硅的选择性。

除了氧化硅、氮化硅、多晶硅等的刻蚀之外，等离子体刻蚀的重要应用是沟槽的形成[30,31]。理想的沟槽有倾斜的墙壁和圆形底部（见图 8.5a）。在刻蚀期间通过再淀积产生的倾斜墙壁，对于在随后的共形淀积期间重新填充沟槽以避免任何空隙是必要的。圆形底部消除了由于尖角引起的电场拥挤。沟槽栅极 IGBT 中所需的深沟槽刻蚀对刻蚀速率、各向异性和选择性提出了严格的要求。刻蚀剂应具有高的刻蚀速率，对诸如 SiO_2 的掩蔽材料具有极高选择性，并产生各向异性蚀刻。尽管氟化学试剂具有所需的刻蚀速率，但是不满足其余标准。氟碳化学试剂会导致掩膜材料的钻蚀，也不合适。在氯基和溴基的化学试剂中[32,33]，两者都具有高刻蚀速率和选择性，使用氯基化学试剂获得轻微各向同性的剖面。使用含碳气体提供侧壁钝化，该钝化保护侧壁免受横向刻蚀效应和局部离子增强的沟槽刻蚀。沟槽的形状以及侧壁的平滑度通过在刻蚀与阻止的钝化层之间取得的平衡来确定。晶圆的温度对侧壁形状有很大影响，在更高的温度下，淀积越少的钝化材料，更有利于横向刻蚀。图 8.5b 显示了没有侧壁钝化以防止横向刻蚀的沟槽垂直截面，使用侧壁刻蚀能够实现更好的沟槽轮廓，如图 8.5c 所示。

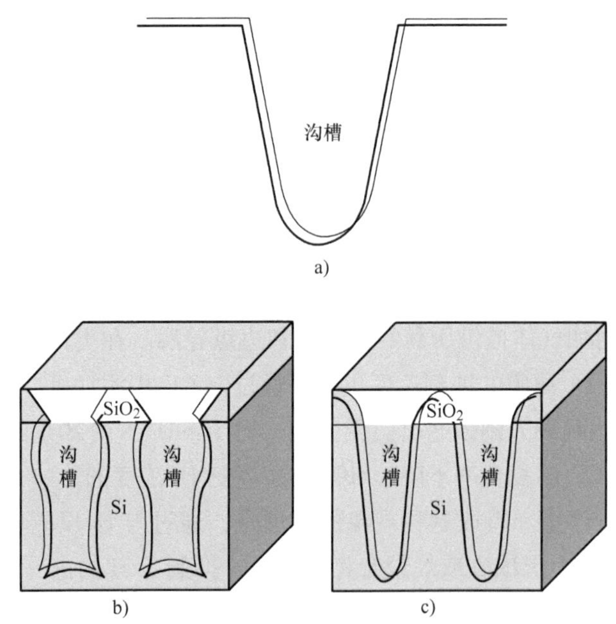

图 8.5　沟槽的垂直横截面刻蚀的剖面图

a）理想的沟槽剖面图　b）由传统 RIE 形成的沟槽　c）带侧壁保护的 RIE 形成的沟槽

刻蚀技术中的关键因素包括高准确度和选择性，控制沟槽形状的准确度，对器件电学性能损害的最小化，实现高刻蚀速率和工艺的一致性。

8.2.8 金属化

金属化提供了器件上的接触孔之间以及器件与外界之间的相互连接。栅极和互连金属化通过互连通道的电阻控制器件的开关速度。它们的 RC 时间常数 τ 由式（8.7）给出

$$\tau = \left(\frac{\rho}{d_{polySi}}\right)\left(\frac{L^2\varepsilon_{ox}}{d_{ox}}\right) \tag{8.7}$$

式中，ρ 为多晶硅的电阻率；d_{polySi} 为其厚度；L 为通道的长度；ε_{ox} 为二氧化硅的相对介电常数；d_{ox} 为氧化物厚度。除器件开关速度外，金属化还会影响平带电压（见例3.1）进而影响阈值电压（第3.2节）。由于易于加工和图形化，以及低的电阻率（2.7～3μΩ·cm），使得它能够减少硅表面上的自然氧化物、表面光滑度、黏附性和机械稳定性。铝是器件上表面金属化的常用金属，其缺点包括由金属化工艺引起的尖峰，导致浅结短路；差的台阶覆盖；大的接触电阻；高电流密度下的电迁移或原子传输；以及低的熔点。它通过热或电子束蒸发和溅射技术淀积。对于Al，当电流密度为 10^5 A/cm^2 时，电迁移变得非常严重。添加2%～3%的Cu会阻碍电迁移，从而增强Al的长期大电流工作能力，而不会对其电阻率产生任何显著影响。Cu是替代Al的最佳材料，它通过CVD淀积，Cu存在的问题包括其易受腐蚀和在 SiO_2 中扩散很快，因此需要使用像 Si_3N_4 这样的阻隔层。

对于底部接触，使用诸如Ti－Ni－Au，Ti－Ni－Ag，Cr－Ni－Au等的三层金属化方案。如8.1.1节所述，第一金属层（Ti或Cr）是势垒金属；第二层（Ni）是具有可焊性的；第三层（Au或Ag）提供良好的焊料润湿性。润湿不良会在焊料中产生空洞，导致高电阻和热阻。

例8.4 计算在0.7μm厚的 SiO_2 上0.5μm厚和0.4cm长的掺杂多晶硅通道（电阻率 = 1×10^3 μΩ·cm）的 RC 时间常数。

RC 时间常数由式（E8.4.1）给出

$$\begin{aligned}\tau &= \left(\frac{\rho}{d_{polySi}}\right)\left(\frac{L^2\varepsilon_{ox}}{d_{ox}}\right) + \left(\frac{1+10^3\times10^{-6}}{0.5\times10^{-4}}\right)\left[\frac{(0.4)^2\times8.854\times10^{-14}\times3.9}{0.7\times10^{-4}}\right] \\ &= 1.5785\times10^{-8}\text{s} = 1.579\times10^{-8}\times10^9\text{ns} = 15.79\text{ns}\end{aligned} \tag{E8.4.1}$$

8.2.9 电子辐照

这是在3MeV的典型能量下进行的，并且在金属化之后的剂量高达16Mrad，例如，当芯片安装在封装上时，使电子束直接照射在发射极表面上，通过改变束电流来控制电子束剂量。辐照在室温下进行，通过在140℃下加热将氧化物电荷退火，直到阈值电压恢复到预定值（例如3V），任何过量剂量都可通过在400℃加热器件来恢复。测量关断时间，正向压降和漏电流等电学参数。为了便于说明，关断时间从20μs降至200ns，而在10A的集电极电流下正向压降从1.8V上升至5V，但漏电流仍低于1μA。总体而言，它提供了一个简单而干净的工艺。

辐照前寿命 τ_0 与辐照剂量 ϕ 后寿命 τ 的关系为

$$\frac{1}{\tau} = \frac{1}{\tau_0} + K\phi \tag{8.8}$$

式中，辐射损伤系数 K 取决于辐射的类型和能量，以及晶圆的电阻率和温度。因此，辐射剂量必须针对手中的单个器件设计量身定做。

8.2.10 质子辐照

质子辐射的有用特性[34]是它在硅中的穿透深度可以限制在硅晶圆厚度内。例如，Si 中的 3MeV 质子的范围是 100μm，而相同能量电子的范围是 6000μm。由于在该范围的末端发生最大辐射损伤，因此该特性使其能够在接近结处一个窄的、明确限定的带中产生局部的缺陷，该带位于表面下一个希望寿命减少的已知的硅深度处。在剩余的晶圆中，损伤相对较小。因此，在不牺牲正向压降和漏电流等其他参数的情况下，可以提高 IGBT 的开关速度。质子辐照的主要缺点是必须在真空条件下进行该工艺，从而使该技术成本高昂。

8.2.11 He 注入

通过质子照射可以将垂直方向的损伤区域控制到 10μm。IGBT 中局部寿命控制的有效方法是基于通过低能量（50～80keV）和高剂量（1×10^{16}～$6\times10^{16}/cm^2$）He 形成空隙层，或者在 IGBT 的 N 型缓冲层中注入 α 离子，然后在 900℃退火 1h[35]。这些空隙在深度上控制良好（层 < 100nm 厚），具有清晰的横向轮廓。它们在能隙中间引入了两个明确定义的陷阱能级，一个位于距电子导带的 0.55eV 处，另一个位于距空穴价带 0.53eV 处。缓冲层中具有空隙的 IGBT 与具有非局部复合中心的 IGBT 的比较表明，对于相同的关断时间值，有空隙的 IGBT 比有非局部寿命控制的 IGBT 具有更小的正向传导压降。这种改进缩短了快速开关 IGBT 的关断时间，使其低于 200ns，从而获得了优异的 IGBT 性能。

通过在 Si 中注入 He 形成空隙的寿命工程是增强 IGBT 中的载流子复合以控制其开关性能的强大技术。这个方法与标准微电子制造工序非常相似，不需要任何特殊设备。在 150 毫米晶圆上进行扫描测量显示出良好的均匀性和对工业环境的适用性。

8.2.12 封装

与其他分立器件和 IC 芯片一样，IGBT 封装是一个宽泛的主题，涵盖了从预装配晶圆到封装制造技术的各个步骤[36]。该封装具有三重目的：提供与 IGBT 芯片的电学连接，保护其免受机械和环境应力，提供散热的热路径。封装经常决定器件的总体成本、性能和可靠性。

（1）芯片分离 通常称为“晶圆划片”，三种常用的方法是：使用嵌入有精确成形金刚石的工具进行金刚石划片，沿直线生成一系列孔进行激光划片，以及借助旋转刀片进行锯切。

（2）芯片键合（或芯片贴装） 共晶芯片通过冶金键合将芯片固定到通常涂有 Ag 或 Au 的金属引线框架或陶瓷基板上。芯片的背面由一层金实现金属化，使其可通过芯片键合预成型焊片（Au98%，Si2%）在共晶温度（370℃）下溶解硅。当把预成形件和芯片放在引线架/衬底上，然后将它们加热到共晶温度时，就形成了键合。在冷却过程中，当复合材料冷却时完成键合。共晶工艺无污染，提供优异的剪切强度，但它使芯片暴露于热应力下并且难以自动化。

（3）引线键合 使用金线或铝线，金的耐腐蚀性和更高的载流能力是首选。金线通过热压键合（使用热和压力），而铝线通过使用超声能量脉冲键合。

虽然这些导线是器件工作所必需的，但它们引入了寄生电阻和电容，降低了性能。

（4）封装 通常使用两种类型的封装，即具有金属引线封装的陶瓷或塑料。在密封陶瓷封装中，IGBT 芯片位于真空密封外壳中，完全不受外部环境的影响。陶瓷封装更昂贵，气密密封提供更可靠的工作，并具有更高的导热性（特别是与氧化铍或氮化铝）且热膨胀系数与硅相匹配。这些封装适用于可以不考虑成本的高性能应用。在塑料封装中，芯片用树脂材料封装，外界环境对塑料的渗透作用在较长时间内变得非常显著。由于自动批量处理，塑料封装更便宜，但它们不太可靠，所以应在不需要气密性的情况下使用。然而，在后成型塑料封装中，通过注塑成型去除了弱引线键和，而成型后的收缩使这些黏合剂保持压缩载荷，使其更可靠。所用聚合物是酚醛清漆环氧树脂（由酚醛清漆树脂与表氯醇和碱反应生成）和硅树脂，包括在 Si 原子上具有不同有机取代基的聚硅氧烷主链。

8.3 工艺集成和仿真

分析测定杂质的掺杂分布是极其困难的。此外，掺杂分布的分析近似通常不能充分反映制造工艺的结果，特别是对于具有亚微米尺寸的器件。但是工艺变量的理论预测是必不可少的，因为它们的实验确定既耗时又昂贵。已经开发了复杂的计算机软件包来仿真和优化器件结构，而无需进行大量实验。计算机辅助设计（CAD）工具构成了工艺线的一个组成部分，这些程序加快了创新结构的发展。在这些程序中，数学技术是数值方法和解析表达式的结合，精确的建模（例如使用更复杂的扩散方程），而不是简单的 Fick 定律，总是涉及只有通过数值方法才能求解的方程。因此，这些程序是准确性、复杂性和计算时间之间的折中。目前，有许多商业的二维工艺模拟器可用，主要用于基于 UNIX 的工作站。通常，即使对于适度大小的网格，它们也需要几十 MB 的内存。PC 和兼容机的性能提高和广泛应用促进了软件工具的开发，这些软件工具可用于具有低存储容量和高计算速度的半导体工艺的二维建模。然而，这些是用于工业半导体工艺/设计的强大的建模工具。该算法基于矩形，自动调整网格上的有限差分公式。

程序输入文件描述了工艺流程。该文件包含单个工艺步骤的顺序和相应的工艺参数，如表 8.1 中所定义。详细列出了外延生长、氧化、扩散、离子注入、淀积和蚀刻的温度、时间、环境和其他参数。该程序输出是在体硅或一些叠加层如多晶硅中的一维分布，随着工艺的进行，也可以获得器件的二维横截面视图。

表 8.1 工艺表征参数

序号	单个工艺步骤	工艺参数
1	外延	杂质类型（B，P，As，Sb）、环境中的杂质浓度、生长的时间和温度、增长率、硅烷（SiH_4）气体分压
2	热氧化	工艺温度、时间、环境压力、环境性质（干燥、湿润、氯气）、氯的百分比和来源（氯气环境，如 H_2O-HCl 或 $O_2-C_2HCl_3$）

（续）

序号	单个工艺步骤	工艺参数
3	热扩散	预沉积：温度、时间、环境气体压力、杂质类型（B，P，As，Sb）；环境中的杂质浓度；环境（例如，主气体 N_2 流量、载气 N_2，以及反应气体，对 $POCl_3$ 来说是 O_2）。 推进（退火）：温度、时间、环境压力和环境（O_2 用于干氧氧化，通过热水的 O_2 用于湿氧氧化，或仅用于推进而非氧化的 N_2）
4	离子注入	能量、剂量、杂质类型（B，P，As，Sb）、基座角度
5	淀积	材料（氧化物/氮化物/多晶硅/铝）、温度、压力、晶粒尺寸、杂质（B，P，As，Sb）、杂质浓度、层厚度、淀积速率和时间
6	刻蚀	待刻蚀材料（氧化物/氮化物/多晶硅/铝）、厚度、蚀刻时间

尽管用于编写制造步骤的规则在各种软件包之间差别很大，但对工艺仿真过程的一般描述是按顺序的。开始一个新工程最方便的方法是复制一个适当的现有工程，创建一个新工程。

工艺仿真程序的输入文件包含几行向计算机解释问题的代码。首先，分析给出了标识的标题名称，例如

Title：IGBT Process Simulation

（标题：IGBT 工艺仿真）

然后输入起始硅晶圆规格，包括掺杂元素、浓度和硅晶体取向，例如

Substrate Definition：Element = phosphorus，

Concentration = $1\times10^{14}/cm^3$，Orientation = <100>

（衬底定义：元素 = 磷，浓度 = $1\times10^{14}/cm^3$，晶向 = <100>）

网格结构的定义遵循此步骤，确定区域和网格参数，网格分为高分辨率和低分辨率区域。前者位于要制造器件的硅晶圆表面附近，这是不同的结所在的区域；后者开始并延伸到表面下方，在该区域中没有太多活动发生，所以网格间距不需要很小。所以，有必要在不同区域和位置设定不同的网格间距。定义 x 方向（沿表面）和 y 方向（进入区域的深度）的网格节点数，更大数量的网格节点以更长的 CPU 运算时间为代价，提供更高的计算准确度。x 方向上的区域尺寸大小（μm）应覆盖发生二维性的所有掩膜边缘附近的区域；y 方向上的区域尺寸大小（μm）应足够深，以覆盖注入或淀积的掺杂剂穿透的最大预期深度；z 方向的区域大小由器件宽度决定。在坐标原点布置了一个均匀网格或指数减小的网格。网格定义的一个例子如下：

Grid Definition：Grid spacing in high - resolution region = 0.001μm，Depth of this region = 2μm，Total simulation depth = 5μm

（网格定义：在高分辨率区域网格间距 = 0.001μm，，该区域深度 = 2μm，总仿真深度 = 5μm）

然后程序在高分辨率区域中将网格间距指定为0.001μm，并自动计算剩余区域中的网格间距。

制造工艺包括诸如离子注入或表面淀积（砷、硼或磷），以及随后在氧化或惰性环境下进行退火的工艺步骤，由此产生的掺杂分布可直接用于形成半导体的整个结构。输入文件包含指令和参数，所有指令都有两种类型，即基本指令和模型参数指令。基本指令包括计算域和网格参数，衬底参数，数值解控制，硼、磷或砷淀积，硼、磷或砷注入，氧化，退火和外延层形成参数。模型参数指令是：硼、砷和磷的扩散，氧化增强扩散，干氧氧化和湿氧氧化动力学常数，局部氧化“鸟喙”公式参数，以及分凝参数（系数、活化能等）。

所采用的物理模型描述了在二维区域中具有移动氧化物边界和 Si - SiO_2 界面处杂质分凝的多达三个相互作用的带电杂质的扩散工艺。硅的氧化伴随着分凝，换句话说，就是在移动的 Si/SiO_2 界面处杂质浓度的突变。分凝导致了界面处的杂质通量密度。对于磷和砷，分凝系数很大（约 100）并且通常接近平衡值，因此可以认为杂质被完全推入硅中。半导体和氧化物内的总杂质剂量是守恒的。对于几个耦合扩散方程的解，每个杂质的有限差分方程被顺序求解，杂质浓度的初始值取自前一次迭代或前一时间步骤。迭代继续，直到所有杂质的解收敛到给定的准确度。

举一个例子，氧化步骤规定如下：

Step = Oxidation, Temperature = 1100℃

Time = 100 min, Ambient = Dry O_2

（步骤 = 氧化，温度 = 1100℃，

时间 = 100 min，环境 = 干 O_2）

给出退火气氛的类型（干氧或湿氧）、氧化环境的压力（氧气或蒸气）、1 大气压或更高，氧化掩膜的位置等。类似地，注入和退火步骤写成

Step = Implantation, Element = Boron, Dose = $1\times10^{15}/cm^2$, Energy = 60keV

Step = Annealing, Temperature = 900℃, Time = 60 min, Ambient = N_2

（步骤 = 注入，元素 = 硼，剂量 = $1\times10^{15}/cm^2$，能量 = 60keV，步骤 = 退火，温度 = 900℃，时间 = 60min，环境 = N_2）

推进和氧化步骤如下：

Step = Oxidation, Temperature = 1200℃, Time = 30min, Ambient = Dry O_2

Step = Oxidation, Temperature = 1200℃, Time = 60min, Ambient = Wet O_2

Step = Oxidation, Temperature = 1200℃, Time = 30min, Ambient = Dry O_2

（步骤 = 氧化，温度 = 1200℃，时间 = 30min，环境 = 干 O_2

步骤 = 氧化，温度 = 1200℃，时间 = 60min，环境 = 湿 O_2

步骤 = 氧化，温度 = 1200℃，时间 = 30min，环境 = 干 O_2）

多晶硅淀积是

Step = Deposition, Material = Polysilicon, Temperature = 600 ℃

Thickness = 5000Å, Pressure = 0.8 atmosphere

（步骤 = 淀积，材料 = 多晶硅，温度 = 600℃

厚度 = 5000Å，压力 = 0.8 大气压）

在定义了工艺的所有步骤之后，解释了期望输出结果的格式，描述了绘制和打印结果的方式。

半导体工艺仿真器中包含的模型（见表8.2）正在根据最新的发展进行不断修改和更新。此外，对几种物理和化学工艺的理解还远未完成。同时，工艺时间必须合理，因此近似是不可避免的。由于在单个工艺步骤中的近似而导致的错误有时可能会导致严重的错误结果。因此，计算机仿真必须通过实验研究和设计验证的精确测量来补充。

表8.2　工艺仿真器中的效应和模型

序号	工艺	效应和模型
1	外延	外延生长模型，掺杂模型（包括建立稳态淀积工艺的瞬态效应和气相组成的时间变化；在结合位置掺杂原子的捕获和自掺杂效应）
2	热氧化	半经验模型，传统的Deal－Grove模型[37,38]，应变对分子扩散的影响，氯氧化过程中氧化速率增加的经验增强因子模型，重掺杂效应
3	扩散	经验模型，非线性扩散，基于空位点缺陷相互作用的模型，扩散系数对氧化速率的依赖性，浓度和氧化增强扩散，发射体推出和磷堆积效应，材料界面上的掺杂剂分凝
4	离子注入	通过统计能量分布函数，蒙特卡罗模拟，核散射和电子散射效应的变化描述离子的散射
5	淀积	利用Arrhenius关系仿真，晶粒生长模型，晶粒/晶界掺杂分凝

流行的商业化工艺仿真程序包括像SUPREM这样的一维工艺仿真器和诸如SUPRA和DIOS－ISE的二维工艺仿真器。这些程序使器件工程师能够可视化从起始晶圆到成品器件的工艺。研究了高温扩散，热氧化，离子注入，化学气相沉积，刻蚀和其他单个工艺，并分析了在工艺序列中后续执行的步骤对前面步骤的影响。还研究了工艺步骤中的容差。基于广泛的工艺仿真，最终确定了各个步骤的时间，温度和环境，并制定了IGBT制造的详细工艺流程（见表8.3）。

表8.3　用于说明的IGBT制造的典型详细工艺流程

序号	工艺步骤
1	采用硅晶圆（掺杂剂＝B，浓度＝$1\times10^{19}/cm^3$，晶向＝<100>，厚度＝300μm）
2	外延 层Ⅰ：掺杂剂＝P，浓度＝$1\times10^{16}/cm^3$，厚度＝10μm 层Ⅱ：掺杂剂＝P，浓度＝$1\times10^{14}/cm^3$，厚度＝100μm
3	场氧化 温度＝1100℃，时间＝30min，干O_2 温度＝1100℃，时间＝100min，湿O_2 温度＝1100℃，时间＝30min，干O_2 厚度＝0.8μm
4	用于深P^+注入的窗口图形化（Mask Ⅰ#P^+注入），氧化物刻蚀和抗蚀剂剥离
5	散射氧化物的生长 温度＝900℃，时间＝120min，干O_2 厚度＝300Å
6	P^+注入（硼，剂量＝$1\times10^{16}/cm^2$，能量＝60keV）

（续）

序号	工艺步骤
7	退火 温度 = 900℃，时间 = 30min，环境 = N_2
8	散射氧化物刻蚀
9	硼推进和氧化 温度 = 1100℃，时间 = 30min，干 O_2 温度 = 1100℃，时间 = 60min，湿 O_2 温度 = 1100℃，时间 = 30min，干 O_2 厚度 = 0.65μm
10	有源区的图形化（掩膜Ⅱ#有源区），氧化物刻蚀和抗蚀剂剥离
11	栅极氧化 温度 = 1000℃，干 O_2，厚度 = 100nm
12	多晶硅淀积（温度 = 620℃，硅烷 = 100%，时间 = 25min，厚度 = 560nm）
13	多晶硅掺杂（掺杂剂 = P，浓度，$1\times10^{20}/cm^3$，温度 = 950℃，时间 = 30min）
14	用于P型基区扩散的多晶硅图形化（掩膜 Ⅲ#聚合），氧化物刻蚀和抗蚀剂剥离
15	散射氧化物的生长 温度 = 900℃，时间 = 120min，干 O_2 厚度 = 300Å
16	P^+注入（硼，剂量 = $1\times10^{14}/cm^2$，能量 = 80keV）
17	退火 温度 = 900℃，时间 = 30min，环境 = N_2
18	散射氧化物刻蚀
19	硼推进和氧化 温度 = 1100℃，时间 = 30min，干 O_2 温度 = 1100℃，时间 = 60min，湿 O_2 温度 = 1100℃，时间 = 30min，干 O_2
20	用于发射极扩散区域的图形化（掩膜Ⅳ#N型注入），氧化物刻蚀和抗蚀剂剥离
21	散射氧化物的生长 温度 = 900℃，时间 = 120min，干 O_2 厚度 = 300Å
22	N^+注入（磷，剂量 = $1\times10^{15}/cm^2$，能量 = 50keV）
23	退火 温度 = 900℃，时间 = 30min，环境 = N_2
24	散射氧化物刻蚀
25	磷推进和氧化温度 = 1000℃，时间 = 30min，干 O_2
26	CVD氧化物的生长（厚度 = 900 nm）
27	回流 温度 = 1050℃，时间 = 20min，环境 = N_2

（续）

序号	工艺步骤
28	接触区图形化（掩膜Ⅴ#接触），氧化物刻蚀和光致抗蚀剂剥离
29	铝淀积（厚度 = 6μm）
30	金属图形化（掩膜Ⅵ#金属），金属刻蚀和光刻胶剥离
31	铝烧结 温度 = 450℃，时间 = 30min，环境 = N_2
32	背金属化（Ti - Ni - Au）
33	测试
34	用于芯片分离的晶圆切割
35	通过预成型焊片将芯片安装在封装基板上（共熔晶键合）
36	引线键合
37	电子辐照和关断时间调整
38	最终测试和封装

练 习 题

8.1 解释 IGBT 的制造如何涉及 MOS 和双极型技术的结合。

8.2 说出 IGBT 制造过程中的光掩膜步骤，确定最关键的那些步骤并解释为什么。

8.3 IGBT 的上表面有哪些金属层淀积？底部金属层应具有哪些理想的特性？

8.4 解释如何实现沟槽栅极 IGBT 结构。工艺限制定义的最小沟槽宽度是多少？

8.5 如何提高 IGBT 的开关速度？这个工艺步骤会降低哪些性能参数？

8.6 “外延”一词是两个希腊词 *epi* 和 *taxis* 的音译。它们的英文含义是什么？写出硅外延淀积的化学反应式。什么竞争反应会从衬底上去除硅？在外延过程中如何引入掺杂剂？

8.7 二氧化硅生长速率反应速率何时受到限制，何时受到输运限制？根据生长速率和界面密度区分干法生长的氧化物和湿法生长的氧化物。哪种硅晶向具有最低的表面态密度？说出分离进入 SiO_2 界面以及堆积在 Si 中的掺杂剂。

8.8 在器件制造中，通过哪两个步骤进行热扩散？哪一步给出互补误差函数分布？哪一步给出高斯分布？写出相关的方程。

8.9 定义通过离子注入的离子投影范围和分布。注入后退火的意义是什么？

8.10 解释术语“光刻”和“光刻胶”。列举两种掩膜制造方法。“在晶圆上直接写入”是什么意思？与传统的光学光刻相比，电子，X 射线和离子光刻具有什么优点？

8.11 你对化学气相淀积有何了解？CVD 的三种主要类型是什么？写出 polySi，SiO_2 和 Si_3N_4 淀积的化学反应方程式，并给出所需的条件。

8.12 等离子体刻蚀过程中中性物质（原子氟或原子氯）和加速离子发挥了什么作用？

刻蚀选择性是什么意思？在刻蚀混合物中掺入氧或氢会如何影响 Si 和 SiO_2的刻蚀？解释并给出理由。

8.13 列出理想沟槽的理想特性，证明它们的必要性。说说沟槽栅极 IGBT 制造所需的深槽刻蚀所需的刻蚀剂特性。对于这种沟槽的形成，哪种化学方法更受欢迎？

8.14 栅极互连金属化如何影响器件速度？给出主张和反对使用铝作为一种多功能接触的论点。引用 Si 的一种替代方案，指出其优点和局限性。为 IGBT 的背面接触制定一套三层金属化方案。

8.15 制造快速 IGBT 时，如何进行电子辐照和质子辐照？指出这些方法的优缺点。

8.16 列举用于 IGBT 的两种类型的封装并描述它们的显著特征。解释“共晶键合”。

8.17 列出表征：（a）热氧化；（b）扩散；（c）离子注入的四个工艺参数。说出一个一维和一个二维工艺仿真包。

8.18 “分析公式对于一阶分析来说是足够的；但考虑到二阶效应，有必要借助数值仿真。”你同意这个说法吗？如果是这样，如何进行？

8.19 确定在 1100℃下干氧氧化（a）7min 和（b）62min 的 SiO_2的厚度。硅在 1100℃下干氧氧化的线性速率常数为 0.3μm/hr，抛物线速率常数为 0.027μm^2/hr。

8.20 估算在 1100℃下硅湿法氧化（a）2min 和（b）109min 的二氧化硅厚度，如果 1100℃的湿法氧化的线性和抛物线速率常数分别为 4.64μm/hr 和 0.51μm^2/hr。

8.21 在 IGBT 制造过程中，使用无限硼源在 N 型硅晶圆（掺杂剂密度 $=2\times10^{14}/cm^3$）在 950℃下进行 30 分钟的硼预淀积，然后在 1100℃下进行硼推进以获得 3μm 的结深度。什么是掺杂周期，即达到所需结深度所需的时间？硼在 950℃下的固溶度为 3.8×10^{20}原子/cm^3。

8.22 计算在 1μm 厚的二氧化硅上厚度为 0.25μm，长度为 0.5cm 的掺杂的多晶硅线的 RC 时间常数，假设掺杂多晶硅的电阻率为 $1\times10^{-3}\ \Omega\cdot cm$。

参考文献

1. C. Y. Chang and S. M. Sze, *VLSI Technology*, McGraw-Hill, New York, 1996.
2. S. M. Sze (Ed.), *VLSI Technology*, McGraw-Hill, New York, 1988.
3. S. K. Ghandhi, *VLSI Fabrication Principles: Silicon and Gallium Arsenide*, Wiley, New York, 1983.
4. S. P. Murarka and M. C. Peckerar, *Electronic Materials: Science and Technology*, Academic Press, Boston, 1989.
5. H. H. Lee, *Fundamentals of Microelectronics Processing*, McGraw-Hill, New York, 1990.
6. P. E. Gise and R. Blanchard, *Semiconductor and Integrated Circuit Fabrication Techniques*, Reston, Reston, 1979.
7. T. Ohmi, and T. Shibata, Developing a Fully Automated Closed Wafer Manufacturing System, *Micro-contamination*, Vol. 8, 1990, p. 25.
8 H. Iwamoto, H. Haruguchi, Y. Tomomatsu, J. F. Donlon, and E. R. Motto, A New Punchthrough IGBT Having a New N-Buffer Layer, *IEEE Trans. Ind. Appl.*, Vol. 38, January/February, 2002, pp. 168-174.
9. H. R. Chang, B. J. Baliga, J. W. Kretchmer, and P. A. Piacente, Insulated Gate Bipolar Transistor (IGBT) with a Trench Gate Structure, *International Electron Devices Meeting*

(IEDM), December 6–9, 1987, Washington, D.C., *Technical Digest*, IEEE, New York, pp. 674–677.

10. J. Bloem and L. J. Gilling, Epitaxial Growth by Chemical Vapour Deposition, in *VLSI Electronics*, N. G. Einspruch and H. Huff (Eds.), Vol. 12, Academic Press, Orlando, FL, 1985, p. 89.
11. B. J. Baliga, Defect Control During Silicon Epitaxial Growth Using Dichlorosilane, *J. Electrochem.Soc.*, Vol. 129, No. 5, May 1982, pp. 1078–1084.
12. J. R. Ligenza and W. G. Spitzer, The Mechanisms for Silicon Oxidation in Steam and Oxygen, *J. Phys. Chem. Solids*, Vol. 14 , 1960, p. 131.
13. W. A. Tiller, On the Kinetics of the Thermal Oxidation of Silicon, I, *J. Electrochem. Soc.*, Vol. 127, No.3, March 1980, pp. 619-624; II, Vol. 127, No. 3, March 1980, pp. 625–632; III, Vol. 128, No. 3, March 1981, pp. 689–697.
14. R. B. Fair, Oxidation, Impurity Diffusion, and Defect Growth in Silicon—An Overview, *J. Electrochem. Soc.*, Vol. 128, No.6, June 1981, pp. 1360–1368.
15. E. A. Irene, H. Z. Massoud, and E. Tierney, Silicon Oxidation Studies: Silicon Orientation Effects on Thermal Oxidation, *J. Electrochem. Soc.*, Vol. 133, No. 6, June 1986, pp. 1253–1256.
16. W. E. Beadle, J. C. C. Tsai, and R. D. Plummer, *Quick Reference Manual for Silicon Integrated Circuit Technology*, Wiley, New York, 1985.
17. U. Gosele, Current Understanding of Diffusion Mechanisms in Silicon, *Semiconductor Silicon*, 1986, H. R. Huff, T. Abe, and B. Kolbesen (Eds.), Electrochemical Society, Pennington, NJ, 1986, p. 541.
18. R. B. Fair, Concentration Profiles of Diffused Dopants in Silicon, in F. F. Y. Wang (Ed.), *Impurity Doping Processes in Silicon*, North-Holland, New York, 1981, Chapter 7.
19. W. Shockley, *Forming Semiconductor Devices by Ionic Bombardment*, US Patent 2787564.
20. M. I. Current, Current Status of Ion Implantation Equipment and Techniques for Semiconductor Fabrication, *Nucl. Inst. Methods*, Vol. B6, 1985, p. 9.
21. E. G. Cromer, Mask Aligners and Steppers for Precision Microlithography, *Solid State Technol.*, Vol. 36, 1993, p. 23.
22. K. Meissner, W. Haug, S. Silverman, and S. Sonchik, Electron-Beam Proximity Printing of Half-Micron Devices, *J. Vac. Sci. Technol.*, Vol. B7, No. 6, November/December 1989, pp. 1443–1447.
23. D. Fleming, J. R. Maldonado, and M. Neisser, Prospects for X-Ray Lithography, *J. Vac. Sci. Technol.*, Vol. B10, No. 6, November/December 1992, pp. 2511–2515.
24. J. L.Bartelt, Masked Ion Beam Lithography: An Emerging Technology, *Solid State Tech.*, Vol. 29, No. 5, May 1986, pp. 215–220.
25. T. Kamins, *Polycrystalline Silicon for Integrated Circuit Application*, Kluwer, Academic Publishers, Boston, 1988.
26. C. Cobianu and C. Pavelescu, Silane Oxidation Study: Analysis of Data for SiO_2 Films Deposited by Low Temperature Chemical Vapour Deposition, *Thin Solid Films*, Vol. 117, July 20, 1984, pp. 211–216.
27. T. Makino, Composition and Structure Control by Source Gas Ratio in LPCVD SiN_x, *J.Electrochem. Soc.*, Vol. 130, No. 2, February 1983, pp. 450–455.
28. R. A. Morgan, *Plasma Etching in Semiconductor Fabrication*, Elsevier, New York, 1985.
29. G. S. Oehrlein and J. F. Rembetski, Plasma-Based Dry Etching Techniques in the Silicon Integrated Circuit Technology, *IBM J. Res. Dev.*, Vol. 36, 1992, p. 140.
30. Y.-J. Lii and J. Jorné, Recombination During Deep Trench Etching, *J.Electrochem. Soc.*, Vol. 137, No. 9, September 1990, pp. 2837–2845.
31. H. Hübner, Calculations on Deposition and Redeposition in Plasma Etch Processes, *J. Electrochem. Soc.*, Vol. 139, No. 11, November 1992, pp. 3302–3309.
32. H. Crazzolara and N. Gellrich, Profile Control Possibilities for a Trench Etch Process Based on Chlorine Chemistry, *J. Electrochem. Soc.*, Vol. 137, No. 2, February 1990, pp. 708–717.
33. G. Wöhl, A. Weisheit, I. Flohr, and M. Bottcher, Trench Etching Using a $CBrF_3$ Plasma and Its Study by Optical Emission Spectroscopy, *Vacuum*, Vol. 42, No. 14, 1991, pp. 905–910.

34. M. Saggio, V. Raineri, R. Letor and F. Frisina, Innovative Localized Lifetime Control in High-Speed IGBTs, *IEEE Electron Device Lett.*, Vol. 18, No. 7, July 1997, pp. 333–335.

35. V.Raineri, M.Saggio, F. Frisina, and E.Rimini, Voids in Silicon Power Devices, *Solid State Electron.*, Vol. 42, No. 12, December 1998, pp. 2295–2301.

36. (a) T. Ohsaki, Electronic Packaging in the 1990s—A Perspective from Asia, *IEEE Trans. Components, Hybrids, Manuf. Technol.*, Vol. 14, No. 2, June 1991, pp 254–261. (b) R. R. Tummala, Electronic Packaging in the 1990s—A Perspective from America, *IEEE Trans. Components, Hybrids, Manuf. Technol.*, Vol. 14, No. 2, June 1991, pp. 262–271. (c) H. Wessely, O. Fritz, M. Horn, P. Klimke, W. Koschnick, and K.-H. Schmidt, Electronic Packaging in the 1990s—A Perspective from Europe, *IEEE Trans. Components, Hybrids, Manuf. Technol.*, Vol. 14, No. 2, February 1991, pp. 272–284.

37. B. E. Deal, The Oxidation of Silicon in Dry Oxygen, Wet Oxygen and Steam, *J. Electrochem. Soc.*, Vol. 110, No. 6, June 1963, pp. 527–533.

38. B. E. Deal and A. S. Grove, General Relationship for the Thermal Oxidation of Silicon, *J. Appl. Phys.*, Vol. 36, No. 12, December 1965, pp. 3770–3778.

附录 8.1 硅的热氧化

图 A8.1.1 是说明硅的热氧化的 Deal – Grove 模型[1,2]，符号具有以下含义：C_G = 在大部分气体中氧化剂的浓度；C_S = 氧化物表面附近的氧化剂浓度；C_o = 外表面氧化物中氧化物类型的平衡浓度；C_i = 氧化物 – 硅界面附近氧化物中的氧化物类型的浓度；x_{ox} = 氧化物厚度；F_1 = 从大部分气相转移到气体 – 氧化物界面氧化物类型的通量；F_2 = 穿过现有氧化物向硅传输的氧化物类型通量；F_3 = 在氧化物 – 硅界面处反应类型的传输通量。

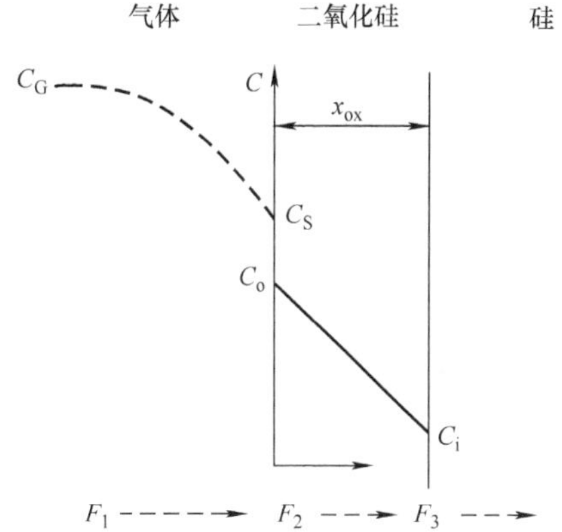

图 A8.1.1 热氧化的 Deal – Grove 模型

通量 F_1 与 C_o 和 C^* 之间的差成比例，氧化物类型的浓度与气相中的氧化剂平衡

$$F_1 = h(C^* - C_o) \qquad (A8.1.1)$$

式中，h 为气相传质系数。

通量 F_2 可表示为

$$F_2 = D\left(\frac{C_o - C_i}{x_{ox}}\right) \qquad (A8.1.2)$$

式中，D 为扩散系数；$(C_0 - C_i)/x_{ox}$ 为氧化物上氧化物类型的浓度梯度。

通量 F_3 表示为

$$F_3 = k_s C_i \qquad (A8.1.3)$$

式中，k_s 为 $Si - SiO_2$ 界面反应速率常数。

在稳定态得到

$$F_1 = F_2 = F_3 = F \qquad (A8.1.4)$$

将 F_1、F_2 和 F_3 的式（A8.1.1）、式（A8.1.2）和式（A8.1.3）代入式（A8.1.4），得到

$$h = (C^* - C_o) = D\left(\frac{C_o - C_i}{x_{ox}}\right) = k_s C_i = F \tag{A8.1.5}$$

由式（A8.1.5），使用关系 $h(C^* - C_o) = F$，有

$$C_o = \frac{hC^* - F}{h} \tag{A8.1.6}$$

再次使用关系 $D(C_o - C_i)/x_{ox} = F$ 并将式（A8.1.6）的 C_o值代入，得到

$$C_i = \frac{hC^* - F}{h} - \frac{Fx_{ox}}{D} \tag{A8.1.7}$$

现在应用关系 $k_s C_i = F$ 并将式（A8.1.7）的 C_i值代入，得到

$$F = \frac{k_s C^*}{1 + \frac{k_s}{h} + \frac{k_s x_{ox}}{D}} \tag{A8.1.8}$$

然后给出氧化物生长速率 R

$$R = \frac{\mathrm{d}x_{ox}}{\mathrm{d}t} = \frac{F}{N_{ox}} = \frac{(k_s C^*/N_{ox})}{1 + \frac{k_s}{h} + \frac{k_s x_{ox}}{D}} \tag{A8.1.9}$$

式中，N_{ox} = 单位体积氧化物的氧化分子密度。

式（A8.1.9）可以改写为

$$\mathrm{d}x_{ox} + \frac{k_s}{h}\mathrm{d}x_{ox} + \frac{k_s x_{ox}\mathrm{d}x_{ox}}{D} = \frac{k_s C^* \mathrm{d}t}{N_{ox}} \tag{A8.1.10}$$

对式（A8.1.10）积分，得到

$$\int \mathrm{d}x_{ox} + \frac{k_s}{h}\int \mathrm{d}x_{ox} + \frac{k_s}{D}\int x_{ox}\mathrm{d}x_{ox} = \frac{k_s C^*}{N_{ox}}\int \mathrm{d}t \tag{A8.1.11}$$

或

$$x_{ox} + \frac{k_s}{h}x_{ox} + \frac{k_s}{D}\frac{x_{ox}^2}{2} = \frac{k_s C^* t}{N_{ox}} + 常数 \tag{A8.1.12}$$

总氧化物厚度 x_{ox}由两部分组成：在氧化之前存在于硅上的初始厚度和在该步骤期间生长的氧化层。所以，初始条件是

$$x_{ox} = x_i, \quad t = 0 \text{时} \tag{A8.1.13}$$

因此

$$x_i + \frac{k_s}{h}x_i + \frac{k_s}{D}\frac{x_i^2}{2} = 常数 \tag{A8.1.14}$$

将式（A8.1.14）的常数值代入式（A8.1.12），得到

$$x_{ox} + \frac{k_s}{h}x_{ox} + \frac{k_s}{D}\frac{x_{ox}^2}{2} = \frac{k_s C^* t}{N_{ox}} + x_i + \frac{k_s}{h}x_i + \frac{k_s}{D}\frac{x_i^2}{2} \tag{A8.1.15}$$

或

$$x_{ox}^2 + \frac{k_s}{2D} + x_{ox}\left(1 + \frac{k_s}{h}\right) = \frac{k_s C^* t}{N_{ox}} + \frac{k_s}{2D}x_i^2 + x_i\left(1 + \frac{k_s}{h}\right) \tag{A.8.16}$$

两边乘以 $2D/k_s$

$$x_{ox}^2 + 2D\left(\frac{1}{k_s} + \frac{1}{h}\right)x_{ox} = \frac{2DC^* t}{N_{ox}} + x_i^2 + \left(\frac{1}{k_s} + \frac{1}{h}\right)x_i \tag{A8.1.17}$$

或

$$\begin{aligned} x_{ox}^2 + Ax_{ox} &= Bt + x_i^2 + Ax_i = Bt + \frac{B(x_i^2 + Ax_i)}{B} \\ &= Bt + B\tau = B(t + \tau) \end{aligned} \tag{A8.1.18}$$

其中

$$A = 2D\left(\frac{1}{k_s} + \frac{1}{h}\right), \quad B = \frac{2DC^*}{N_{ox}}, \quad \tau = \frac{x_i^2 + Ax_i}{B} \tag{A8.1.19}$$

式中，τ 为存在厚度 x_i 的初始氧化层的时间坐标偏移校正。式（A8.1.18）可表示为

$$x_{ox}^2 + Ax_{ox} - B(t + \tau) = 0 \tag{A8.1.20}$$

这是 x_{ox} 二次方程的解

$$\begin{aligned} x_{ox} &= \frac{-A \pm \sqrt{A^2 + 4B(t + \tau)}}{2} = \frac{-A \pm \sqrt{A^2\left[1 + \frac{4B}{A^2}(t + \tau)\right]}}{2} \\ &= \frac{-A \pm A\sqrt{1 + \frac{4B}{A^2}(t + \tau)}}{2} = -\frac{A}{2}\left[1 - \sqrt{1 + \frac{4B}{A^2}(t + \tau)}\right] \end{aligned} \tag{A8.1.21}$$

其中二次方根项的负值被忽略，因为它会导致不可接受的负氧化层厚度。式（A8.1.21）改写为

$$x_{ox} = \frac{A}{2}\sqrt{1 + \frac{4B}{A^2}(t + \tau)} - 1 = \frac{A}{2}\sqrt{1 + \frac{t + \tau}{A^2/4B}} - 1 \tag{A8.1.22}$$

该公式给出了氧化物厚度随时间的变化关系。对于小的氧化时间，$t << A^2/(4B)$。那么

$$x_{ox} \approx \frac{B}{A}(t + \tau) \tag{A8.1.23}$$

式中，比例因子 B/A 称为线性速率系数。由于氧化物生长速率受表面反应速率控制，线性速率系数取决于硅－二氧化硅界面处键的断裂，因此取决于晶体取向。

另一方面，对于长时间的氧化物生长 $t >> A^2/(4B)$ 和 $t > \tau$

$$x_{ox} \approx \frac{A}{2}\sqrt{\frac{t}{A^2/(4B)}} = \frac{A}{2} \times \sqrt{t} \times \frac{2\sqrt{B}}{A} = \sqrt{Bt} \tag{A8.1.24}$$

这就是熟知的抛物线氧化定律。由于参数 B，即抛物线速率系数是由已经在晶圆上形成的氧化物的扩散控制的，因此它与晶体取向无关。

参考文献

1. References 36 of Chapter 8.
2. Reference 37 of Chapter 8.

附录 8.2 式(8.3)~式(8.5)的推导

扩散的数学基础体现在 Fick 的两个定律中。第一定律指出，通过单位面积扩散粒子的转移速率与垂直于该面积测量的浓度梯度成比例。因此，x 方向上的原子通量 J_x 由式（A.8.2.1）给出

$$J_x = -D\frac{\partial N(x,t)}{\partial t} \quad (A8.2.1)$$

式中，$N(x, t)$ 为原子的浓度，它取决于距离和时间；D 为比例常数，称为扩散系数。Fick 第二定律表达为

$$\frac{\partial N(x,t)}{\partial t} = D\frac{\partial^2 N(x,t)}{\partial x^2} \quad (A8.2.2)$$

1. 预淀积

在预淀积过程中，将半导体晶圆放置在待扩散材料的蒸汽包围的高温扩散炉中。在该工艺的温度和蒸气压下，溶质在半导体中的溶解度 $=N_0$（比如说）。假设在整个实验过程中蒸气压保持不变，那么在这个工艺中实现的扩散分布是根据边界条件限制，通过求解式（A8.2.2）来确定的

$$\text{当}\ t=0\ \text{时}, N=0,\quad x>0 \quad (A8.2.3)$$

$$\text{当}\ t>0\ \text{时}, N=N_0,\quad x=0 \quad (A8.2.4)$$

式（A8.2.2）两边乘以 $\exp(-pt)$ 并从 $t=0$ 到 $t=\infty$ 积分，得到

$$\int_0^\infty \frac{\partial N}{\partial t}\exp(-pt)\,\mathrm{d}t = D\int_0^\infty \frac{\partial^2 N(x,t)}{\partial x^2}\exp(-pt)\,\mathrm{d}t \quad (A8.2.5)$$

对式（A8.2.5）左侧积分，得到

$$\int_0^\infty \frac{\partial N}{\partial t}\exp(-pt)\,\mathrm{d}t = [N\exp(-pt)]_0^\infty + p\int_0^\infty N\exp(-pt)\,\mathrm{d}t \quad (A8.2.6)$$

式（A8.2.6）的第一项是 $N\exp(-\infty)-N\exp(-0)=0-0=0$，因为 $\exp(-\infty)=0$ 而由式（A8.2.3），在 $t=0$ 时 $N=0$。因此，式（A8.2.6）简化为

$$\int_0^\infty \frac{\partial N}{\partial t}\exp(-pt)\,\mathrm{d}t = p\int_0^\infty N\exp(-pt)\,\mathrm{d}t \quad (A8.2.7)$$

现在函数 $f(t)$ 的拉普拉斯变换定义为 $\bar{f}(p)$

$$\bar{f}(p) = \int_0^\infty f(t)\exp(-pt)\,\mathrm{d}t \quad (A.2.8)$$

比较式（A8.2.7）和式（A8.2.8），式（A8.2.7）右侧被确定为函数 N 的拉普拉斯变换。因此式（A8.2.7）改写为

$$\int_0^\infty \frac{\partial N}{\partial t}\exp(-pt)\,\mathrm{d}t = p\overline{N} \quad (A8.2.9)$$

但式（8.2.5）右侧是

$$D\int_0^{\infty}\frac{\partial^2 N(x,t)}{\partial x^2}\exp(-pt)\mathrm{d}t = D\frac{\partial^2}{\partial x^2}\int_0^{\infty}N\exp(-pt)\mathrm{d}t = D\frac{\partial^2 N}{\partial x^2} \qquad (A8.2.10)$$

其中，积分和微分的顺序颠倒了，在式（A8.2.8）中应用了拉普拉斯变换的定义。

结合式（A8.2.5）、式（A8.2.9）和式（A8.2.10），式（A8.2.5）修改为

$$p\overline{N} = D\frac{\mathrm{d}^2\overline{N}}{\mathrm{d}x^2} \qquad (A8.2.11)$$

是全偏微分的。

因为

$$\overline{N} = \int_0^{\infty}N\exp(-pt)\mathrm{d}t \qquad (A8.2.12)$$

由边界条件（A8.2.4），在 $x=0$ 时

$$\overline{N} = \int_0^{\infty}N_0\exp(-pt)\mathrm{d}t = N_0\int_0^{\infty}\exp(-pt)\mathrm{d}t = N_0\left[\frac{\exp(-pt)}{-p}\right]_0^{\infty}$$

$$= \frac{N_0}{-p}[\exp(-\infty) - \exp(-0)] = \frac{N_0}{-p}\times(0-1) = \frac{N_0}{p} \qquad (A8.2.13)$$

即 $\overline{N} = \dfrac{N_0}{p}$

这意味着式（A8.2.11）将在边界条件式（A8.2.13）下求解。将式（A8.2.11）改写为

$$\frac{\mathrm{d}^2\overline{N}}{\mathrm{d}x^2} - \frac{p}{D}\overline{N} = 0 \qquad (A8.2.14)$$

将式（A8.2.14）与一般常系数线性齐次方程进行比较，即

$$y'' + a_1y' + a_2y = 0 \qquad (A8.2.15)$$

显然，式（A8.2.14）是一个线性齐次方程，其中 $a_1=0$，$a_2=-p/D$。为了求解这个方程，写出特征方程

$$m^2 - \frac{p}{D} = 0 \text{ 或 } m^2 = \frac{p}{D}, \quad \therefore m \pm \sqrt{\frac{p}{D}} \qquad (A8.2.16)$$

所以解为

$$\overline{N} = A\exp(mx) + B\exp(-mx) \qquad (A8.2.17)$$

因为N随着 x 的增加而减少，第一项在物理上是不可接受的，给出

$$\overline{N} = B\exp(-mx) = B\exp\left[\left(-\sqrt{\frac{p}{D}}\right)x\right] \qquad (A8.2.18)$$

在 $x=0$ 时

$$\overline{N} = B \qquad (A8.2.19)$$

但由式（A8.2.13）

$$\overline{N} = \frac{N_0}{p} \qquad (A8.2.20)$$

因此

$$B = \frac{N_0}{p} \tag{A8.2.21}$$

由式（A8.2.18）和式（A8.2.21），解为

$$\overline{N} = \frac{N_0}{p}\exp\left[\left(-\sqrt{\frac{p}{D}}\right)x\right] \tag{A8.2.22}$$

注意到函数的拉普拉斯变换

$$f(t) = \frac{1}{p}\exp\left[\left(-\sqrt{\frac{p}{D}}\right)x\right] \tag{A8.2.23}$$

为

$$\bar{f}(p) = \mathrm{erfc}\left(\frac{x}{2\sqrt{Dt}}\right) \tag{A8.2.24}$$

式（A8.2.22）给出

$$N = N_0\mathrm{erfc}\left(\frac{x}{2\sqrt{Dt}}\right) \tag{A8.2.25}$$

2. 推进

这里式（A8.2.2）用初始条件

$$N(x,0) = 0 \tag{A8.2.26}$$

和边界条件

$$N(\infty,t) = 0 \tag{A8.2.27}$$

求解，而

$$\int_0^{\infty} N(x,t)\,\mathrm{d}x = Q \tag{A8.2.28}$$

式中，Q 为预淀积过程中在 t 时刻进入硅的材料量。

假定

$$N = \frac{A}{t^{1/2}}\exp\left(-\frac{x^2}{4Dt}\right) \tag{A8.2.29}$$

是式（A8.2.2）的解。A 是任意常数。为了验证式（A8.2.29）满足式（A8.2.2），式（A8.2.2）左侧为

$$\begin{aligned}\frac{\mathrm{d}N}{\mathrm{d}t} &= \frac{\mathrm{d}}{\mathrm{d}t}\left[\frac{A}{t^{1/2}}\exp\left(-\frac{x^2}{4Dt}\right)\right] = A\left(-\frac{1}{2}t^{-3/2}\right)\exp\left(-\frac{x^2}{4Dt}\right)\\ &\quad + A\frac{1}{t^{1/2}}\exp\left(-\frac{x^2}{4Dt}\right)\left(-\frac{x^2}{4D}\right)\times(-1)t^{-2}\\ &= A\exp\left(-\frac{x^2}{4Dt}\right)\left[-\frac{1}{2}t^{3/2} + \frac{1}{t^{1/2}}\times(-1)t^{-2}\left(-\frac{x^2}{4D}\right)\right]\\ &= A\exp\left(-\frac{x^2}{4Dt}\right)\left(-\frac{1}{2}t^{-3/2} + \frac{x^2}{4D}t^{-5/2}\right)\end{aligned} \tag{A8.2.30}$$

为了计算右侧，有

$$\frac{\mathrm{d}N}{\mathrm{d}x}=\frac{A}{t^{1/2}}\exp\left(-\frac{x^2}{4Dt}\right)\left(-\frac{2x}{4Dt}\right) \tag{A8.2.31}$$

因此

$$\begin{aligned}\frac{\mathrm{d}^2N}{\mathrm{d}x^2}&=\frac{A}{t^{1/2}}\exp\left(-\frac{x^2}{4Dt}\right)\left(-\frac{2x}{4Dt}\right)\left(-\frac{2x}{4Dt}\right)\\&\quad+\frac{A}{t^{1/2}}\exp\left(-\frac{x^2}{4Dt}\right)\left(-\frac{2}{4Dt}\right)=A\exp\left(-\frac{x^2}{4Dt}\right)\left(\frac{4x^2}{16D^2t^{5/2}}-\frac{1}{2Dt^{3/2}}\right)\\&=A\exp\left(-\frac{x^2}{4Dt}\right)\left(-\frac{1}{2D}t^{-3/2}+\frac{x^2}{4D^2}t^{-5/2}\right)\end{aligned} \tag{A8.2.32}$$

从而

$$D\frac{\mathrm{d}^2N}{\mathrm{d}x^2}=A\exp\left(-\frac{x^2}{4Dt}\right)\left(-\frac{1}{2}t^{-3/2}+\frac{x^2}{4D}t^{-5/2}\right) \tag{A8.2.33}$$

比较式（A8.2.2）的左右两侧，由式（A8.2.30）和式（A8.2.33）给出，可以发现式（A8.2.29）是式（A8.2.2）的解。进一步说明式（A8.2.29）满足实验的边界条件，即①它相对于 $x=0$ 是对称的；②对于 $t>0$，它随着 $x\to\pm\infty$ 而趋于0；③对于 $t=0$，它除了在 $x=0$处是无限以外，其他地方都不存在。现在扩散到半导体中的掺杂剂的量是

$$Q=\frac{1}{2}\int_{-\infty}^{\infty}\frac{A}{t^{1/2}}\exp\left(\frac{x^2}{4Dt}\right)\mathrm{d}x \tag{A8.2.34}$$

将变量更改为 $u^2=x^2/(4Dt)$，然后得到

$$Q=\frac{1}{2}\int_{-\infty}^{\infty}2AD^{1/2}\exp(-u^2)\,\mathrm{d}u=2AD^{1/2}\pi^{1/2} \tag{A8.2.35}$$

由式（A8.2.29）和式（A8.2.35），有

$$N=\frac{Q}{(\pi Dt)^{1/2}}\exp\left(-\frac{x^2}{4Dt}\right) \tag{A8.2.36}$$

式（8.5）给出的 Q 的表达式是通过在 x 上对 N（x，t）积分得到的。由式（A8.2.28）和式（A8.2.25），有

$$\begin{aligned}Q&=\int_0^{\infty}N(x,t)\,\mathrm{d}x=\int_0^{\infty}N_0\operatorname{erfc}\left(\frac{x}{2\sqrt{Dt}}\right)\mathrm{d}x\\&=N_0\int_0^{\infty}\operatorname{erfc}\left(\frac{x}{2\sqrt{Dt}}\right)\mathrm{d}x=N_0\frac{1/\sqrt{\pi}}{1/(2\sqrt{Dt})}=2N_0\sqrt{\frac{Dt}{\pi}}\end{aligned} \tag{A8.2.37}$$

其中采用了公式

$$\int_0^{\infty}\operatorname{erfc}(x)\,\mathrm{d}x=\frac{1}{\sqrt{\pi}} \tag{A8.2.38}$$

第 9 章 Chapter 9

功率IGBT模块

9.1 并联 IGBT 以及逻辑电路与功率器件的集成

在前面的章节中，研究了 IGBT 作为单个分立器件，采用 TO－218、TO－3、TO－220 等商用封装，适用于额定电流高达 100A 的低功率应用。不同于高功率二极管和晶闸管（其中单个大面积芯片安装在压力接触式密封的冰球型封装中），中功率和高功率 IGBT 包括：①多个并联芯片组装在塑料壳中；②一种含注入硅凝胶的非密封封装；③主发射极和 IGBT 芯片之间的铝线键合连接。这些芯片通常仅通过集电极侧进行冷却，这种并联结构是有利的，因为 IGBT 器件由数百万个并联连接的基本单元组成，而制造大面积 IGBT 会存在工艺良率较差的问题，主要是由于栅极氧化物缺陷，故将芯片尺寸限制在 $2\sim3\text{cm}^2$。这样，IGBT 中的功率密度显然受到物理因素的限制，因此必须并联多个芯片以增加载流能力。IGBT 模块的概念源于将多个 IGBT 芯片并联在一起，形成单个封装的高功率器件[1-10]。必须重申的是，在器件级，IGBT 的芯片尺寸越大，良率越差。然而，大量 IGBT 的并联开辟了 IGBT 新的应用前景。

在诸如整流桥、转换器等电力电子电路中，包括整流二极管的所有功率半导体器件组装在一个基板上，形成一个功率模块。集成更多的微电子功能是通过添加简单的逻辑电路来实现的，例如栅极驱动、自保护电路和微处理器功能，最终形成智能功率模块。正如“智能”所暗示的那样，“智能功率”是一系列的器件/系统，它将智能（或脑力）与力量（或肌肉）结合在同一基板上或一个芯片（智能功率 IC）中。“智能”赋予系统多功能性和灵活性，其特性和参数可通过软件修改来设定。

虽然功率模块的主要目标是增加电流容量，但它通常包括的额外功能有：①具有四个整流二极管的输入单相桥式整流器；②由六个 IGBT 及它们的整流二极管组成的逆变级；③栅极驱动电路；④过电流、短路、过热和欠电压锁定（由于控制电源故障）的保护电路。产生的故障输出信号用于外部保护电路的监控。

功率模块的基本原理是降低给定应用的基础结构的要求，从而实现整体成本效益。该模块简化了许多电源系统的结构和组装，从而节省了元器件、安装、组装、封装和外部布线成本。因此，功率模块大大降低了系统成本，同时其软件适应特定要求，通过减少高阶系统所需的组件数量，降低了工程和制造成本（但是这仅在具体情况下才适用并且随着功率水平、设计时间和生产量的变化而变化，例如分立器件的 TO-220 封装成本以及易于冷却，非常有吸引力）。其他优点包括由于更少的元器件和焊点而提高了系统可靠性，以及内置自过电流和过热保护功能，可最大限度地降低故障率。

智能功率市场是半导体市场的一个重要组成部分，通过将多个分立器件和 IC 的功能集成到一个芯片中，实现了设计的简化。智能功率 IC 的应用包括电动机控制，尤其适用于小型 DC 步进电动机或同步电动机，用于计算机外围设备、机器人和汽车电子、打印机的机电控制、开关稳压器、音频放大器等。

例 9.1 给定 150V 的 DC 电源和 1Ω 的负载电阻，以及两个额定电流为 100A 的 IGBT，每个 IGBT 应该串联多大电阻以确保合理的均流？

图 E9.1.1 所示为相同规格的两个并联的 IGBT。两个 IGBT 在导通时具有相同的电压降。

然而，由于两个 IGBT 的导通状态特性的差异（即使非常小），流过它们的电流也会不同。串联电阻用于消除 IGBT 电位降的不平衡，让流过 IGBT Q_1 的电流为 I_1，流过 IGBT Q_2 的电流为 $I_2(I_1>I_2)$，那么 $I=I_1+I_2$。现在最大的负载电流 $=150/1=150$A。从安全角度考虑，$I_1\approx I_2$。通常，目标是电流差异 $<20\%$。那么，如果 $I_1=90$A，则 $I_2=60$A。因为 I_1 高于 I_2，所以期望 Q_1 在比 Q_2 更低的正向电压下工作，以实现合理的均流。设 V_1 和 V_2 分别是 Q_1 和 Q_2 允许的最小和最大电势差。然后应用基尔霍夫电压定律，得到

$$RI_1+V_1=RI_2+V_2 \qquad (E9.1.1)$$

从而得到

$$R=\frac{V_2-V_1}{I_1-I_2} \qquad (E9.1.2)$$

任意选择两个 IGBT 上的最小和最大允许电压值，即 $V_1=3.45$V 和 $V_2=3.55$V，可以发现 $R=(3.55-3.45)/(90-60)=3.33$mΩ。两个电阻上的电压降分别是 $RI_1=3.33\times10^{-3}\times90=0.2997\text{V}\approx0.3$V 和 $RI_2=3.33\times10^{-3}\times60=0.1998\text{V}\approx0.2$V。因此，由于电阻上的压降 =0.3

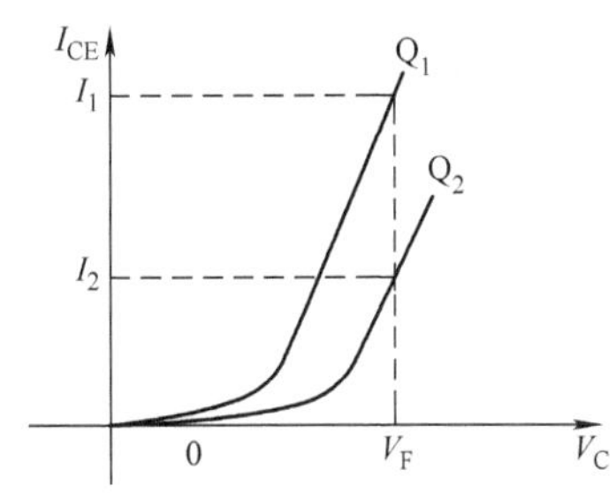

a)

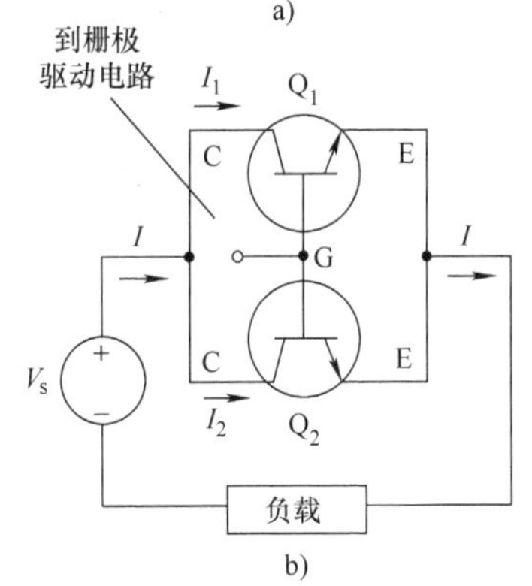

b)

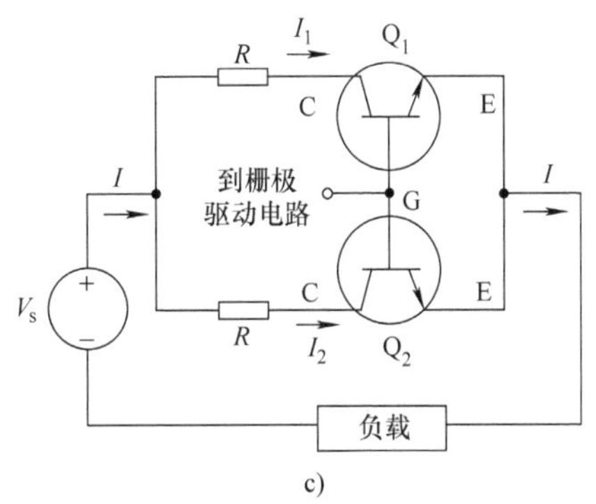

c)

图 E9.1.1 IGBT 的均流

a）IGBT Q_1 和 Q_2 的正向特性 b）IGBT Q_1 和 Q_2 的并联 c）带电阻 R 的并联 IGBT Q_1 和 Q_2 的均流

+0.2 =0.5V，会产生额外的功率损耗，但 IGBT 上的压降 =3.45 +3.55 =7V，这小于功率损耗的7.14%。

注意：串联电阻通过并联 IGBT 来均衡电流，但不补偿不相等的导通时间或闩锁电流。例如，在并联的 IGBT 组中，如果一个 IGBT 在其余的 IGBT 之前导通，则它会瞬间承载满负载电流。这并不严重，除非超过 IGBT 的浪涌能力。对于瞬态均流，使用电感代替电阻。

例 9.2 2kV 直流电源为负载供电，功率调节由 IGBT 执行，可用的 IGBT 额定值为500V、20A。如何执行稳态均压?

参见图 E9.2.1。设每个 IGBT 的击穿电压为 V_B。由于两个 IGBT 一起阻断电源电压 V_s，如果 V_1 和 V_2 是这些 IGBT 上的电位降，则 $V_s = V_1 + V_2$。为了防止串联 IGBT 之间不成比例的均压，电阻 R 与每个 IGBT 并联连接，为了使强制的均压有效，流过电阻的电流必须足够大，以抵消 IGBT 漏电流的不平衡。假设有 N 个 IGBT，对于最坏情况计算，假设 R 的值是电流限制的最大值。此外，假设 IGBT Q_1 的漏电流可忽略不计，而其他 IGBT 的漏电流假设为最大值 I_m。同时假设电源电压 V_s 是使用电阻 R 时可以施加的最大值，并且 IGBT Q_1 两端的电位降 V_1 是 IGBT 的峰值电压额定值，即最大可能值。应用基尔霍夫电压定律，得到

$$V_s - V_1 = (N - 1)V_2 \tag{E9.2.1}$$

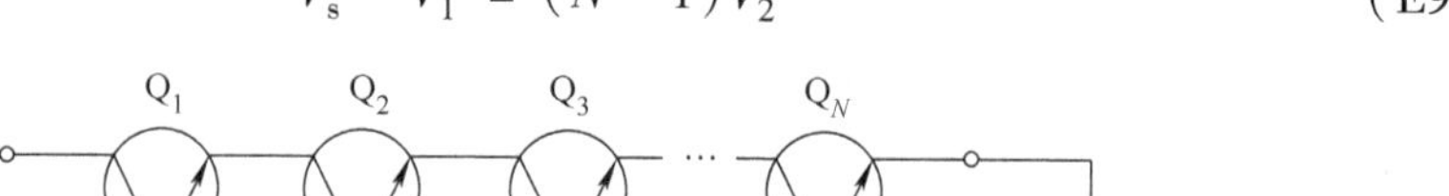
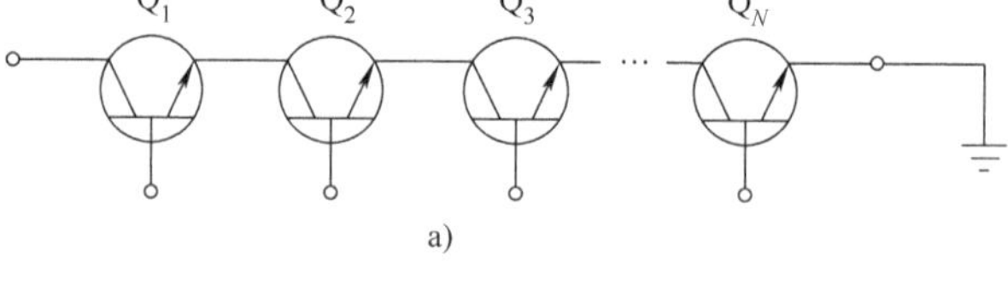

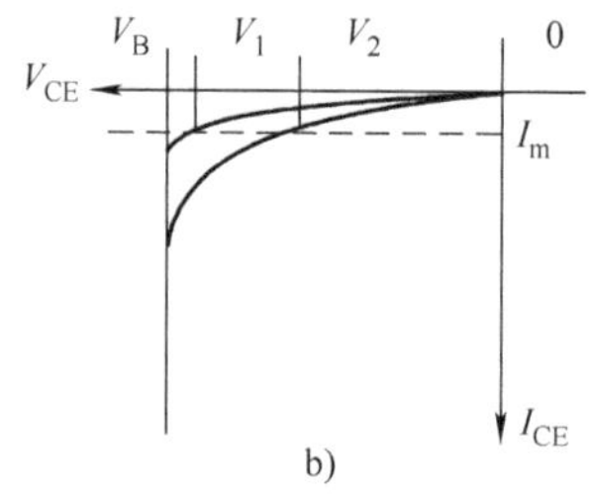

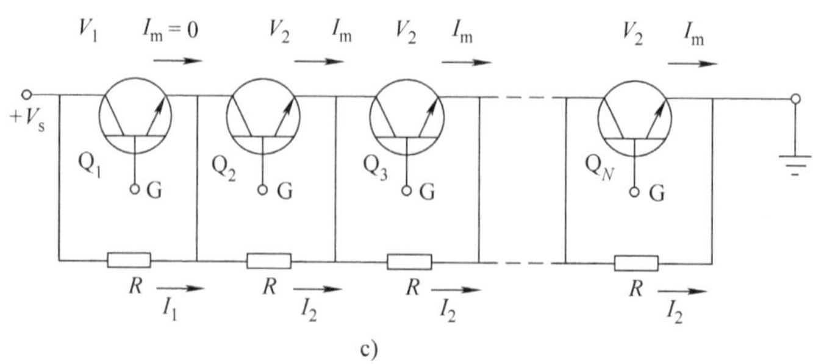

图 E9.2.1 IGBT 的均压

a) IGBT Q_1 和 Q_2 串联 b) IGBT 的阻断特性 Q_1，$Q_2 = Q_3 = \cdots = Q_N$ c) 用电阻分压器实现 IGBT 的稳态均压

根据基尔霍夫电流定律，有

$$I_1 = I_m + I_2 \tag{E9.2.2}$$

由欧姆定律

$$I_1 = V_1/R \quad 和 \quad I_2 = V_2/R \tag{E9.2.3}$$

由这些方程得到

$$R = \frac{NV_1 - V_s}{(N-1)I_m} \tag{E9.2.4}$$

现在，由于它们的特性不同，串联的四个 IGBT 不会阻断 2000V 的电压，但是使用太多的 IGBT 会增加不必要的成本。选择 $N=5$ 并且高漏电流值 $I_m=1\text{mA}$，那么，$R=(5\times500-2000)/[(5-1)\times1\times10^{-3}]=125\text{k}\Omega$。由于 $V_s-V_1=(N-1)V_2$，有 $V_2=(V_s-V_1)/(N-1)=(2000-500)/4=375\text{V}$，$I_2=V_2/R=375/(125\times10^3)=3\text{mA}$。因此流过电阻的电流必须是 IGBT 漏电流的三倍，以淹没漏电流效应。

注 1 当 IGBT 导通或截止时，均压电阻无法确保它们两端的电压相等。能够最快地恢复阻断状态或最后导通的 IGBT 暴露在一个串联的全电压下通常是灾难性的。瞬态电压分布随器件电容变化成反比，通过给每个 IGBT 并联一个电容连接来防止不平衡，其大于器件的电容值来减缓 IGBT 导通和关断期间两端的电压变化率。在电容上串联一个小电阻，以限制电容的放电电流，否则在 IGBT 导通时会发生这种情况。

注 2 通过上述方法的电压平衡提供了简单性和鲁棒性，但增加了功率损耗和换流时间。通过无缓冲栅极侧技术可以获得更小的能量损耗和更高的工作频率。

9.2 功率模块技术

根据器件的额定功率，不同的方法取决于所选择的衬底材料，用于在衬底上制作电流引线的铜淀积技术以及芯片安装和互连工艺[11]。

9.2.1 衬底和铜淀积

通常模块采用两种类型的衬底，即绝缘衬底和绝缘金属衬底。在绝缘衬底中，通常使用的品种是氧化铝（AlO96%）和氮化铝（AlN）。氧化铍（BeO）由于其高导热性，有时更受青睐，但其有毒且价格昂贵。产品安全要求可能会因为毒性而阻止氧化铍的使用。这些衬底通过以下方法涂覆 Cu 层：使用丝网印刷的铜厚膜（Copper Thick Film，CTF）技术，通过无电镀陶瓷上的铜（Copper On Ceramic，COC）和通过共晶氧化物键合的直接铜键合（Direct Copper Bonding，DCB）。厚度为 28μm 的单层 Cu 涂层的薄层电阻为 1.1mΩ/□，而 DCB 衬底中的 Cu（厚度 =300μm）的薄层电阻为 0.07mΩ/□。前者用于低电流（<20A），后者可以承受超过 200A 的电流。

在 CTF 技术（见图 9.1a）中，涂有导电油墨，如银 - 钯的衬底通过焊料层固定在其下 3mm 厚的 Cu 基板上，并用另一个焊料层固定在引线框架上（厚度 =0.9mm）。IGBT 芯片焊接在引线框架上，引线框架是必要的，因为厚膜不能承载大电流，它还有助于散热。但是，它的使用需要额外的焊料层。在制造包含集成电路的混合模块时，CTF 特别有吸引力，而像电阻这样的元件可以用厚膜技术制造。

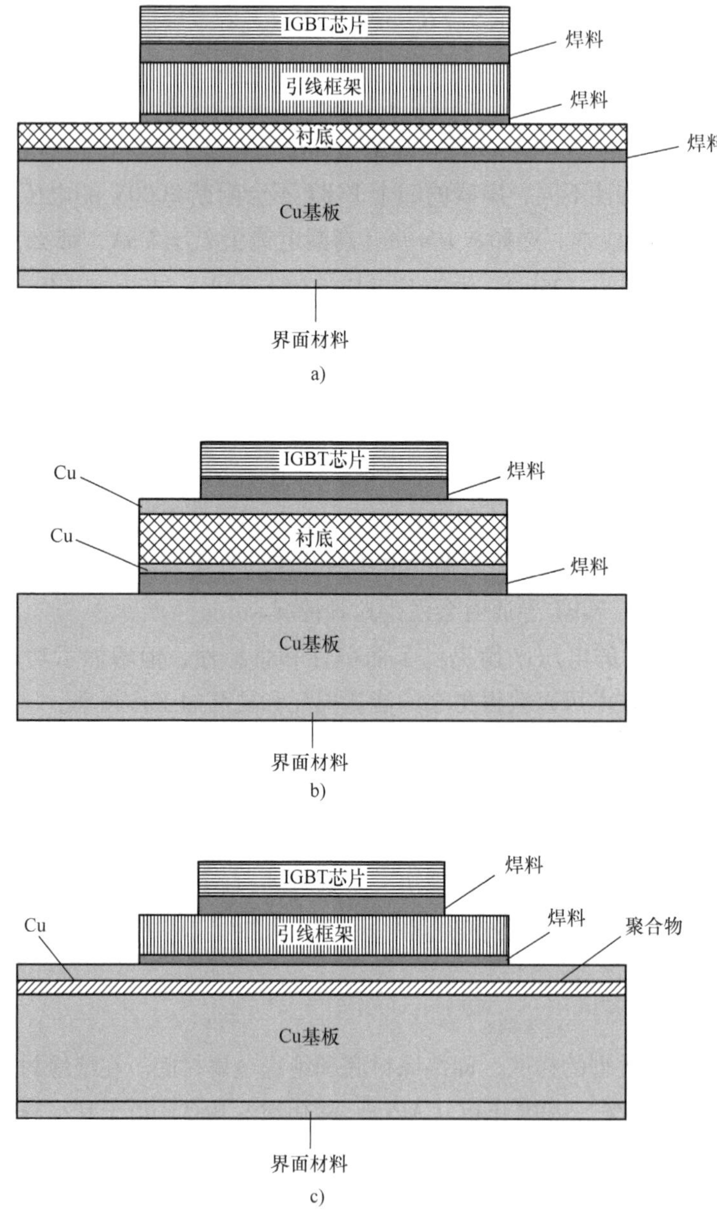

图 9.1　三种常用功率模块堆叠技术的分层结构

a）厚膜混合堆叠结构　b）直接键合铜叠层结构　c）绝缘的金属衬底组装

在 DCB 方法（见图 9.1b）中，在陶瓷衬底（0.6mm 厚）的两面键合 0.3mm 厚的 Cu 片，这是通过在 Cu 片上生长薄氧化物并使 Cu 片和衬底在高温下紧密接触来完成的。在这种高温处理过程中，Cu 上的薄氧化层与衬底发生化学键合。随后，将 Cu - 衬底 - Cu 夹层冷却至室温，使其在键合过程中获得额外的强度。由于 Cu 的高热膨胀系数，衬底受到压缩。除了厚膜方法中没有焊料层外，陶瓷衬底的高介电强度及其高导热率使得 DCB 成为流行的堆叠结构方案。

绝缘陶瓷衬底限制了 DCB 模块的大小，这是由在键合到铜层以及由壳体中的一些模具覆盖期间施加的大的机械应力导致的。金属衬底克服了尺寸限制，因此，对于小模块，绝缘衬底是优越的，而对于较大的模块，金属基衬底是有用的。在绝缘的金属衬底中，淀积具有足够介电强度和热导率的绝缘层，产生如下类型的衬底：①由涂有搪瓷的低碳钢或 Cu 包覆金刚石制成的瓷釉金属衬底（PEMS）；②用等离子喷涂氧化铝薄膜的金属衬底，它们覆盖有高速粉末喷涂的 Cu 层，在淀积过程中使用激光切割铜掩膜进行图形化；③聚合物绝缘的金属衬底（PIMS），这些包括涂有环氧树脂或聚酰亚胺（50～100μm）薄涂层的铝、钢或钼板，然后层压一层铜板，引线框架（厚度 = 1.25mm）连接在铜板上（见图 9.1c）。引线框架还可用作散热器，从而提高模块的散热性能。该方法的缺点包括：聚合物的低导热率，提高了堆叠的热阻，以及与薄聚合物层相关的电容性串扰问题。

值得注意的是，最高 50A，600V 和 15A，1200V 的低功率模块使用多层环氧基隔离系统，其中交替的 Cu 和环氧树脂层在 Al 基板上产生屏蔽印刷电路。在最大 75A、600V 和 25A、1200V 的中等功率范围，DCB 陶瓷衬底与安装在 DCB 衬底上的 IGBT 以及单独 PCB 上的辅助电路一起使用。在高达 200A、600V 和 100A、1200V 的高功率水平下，使用氮化铝衬底。

壳体到散热器接口对功率模块中的热流有很大影响，占热阻的大约 50%。界面材料从电学、热、厚度和成本等方面进行选择。它们用热导率、体电阻率、介电强度、工作温度范围、稳定性、长期可靠性、无毒性、保质期等来表征。它们分为以下类型[12]：

（1）散热膏 这些是不含硅的或硅氧烷基油脂或石蜡基化合物，它用于增强界面的传热。通常，它们的热导率为 0.7W/(m·℃)，介电强度为 200～300V/mil，体电阻率为 10^{12}～10^{15}Ω·cm。它们的工作温度范围为 −40～200℃。长时间暴露在高温（200℃）下，它们不会变干、熔化或硬化。某些类型中使用的高润滑基油有效填充匹配表面之间的微小气隙，表现出低的界面热阻，约为 0.02℃·in^2/W。如果未开封，则它们的保质期是无限期的。

用 Cu 粉末掺杂散热膏会明显降低油脂的热阻，但油脂会变稠并变得难以处理。良好的焊点具有较小的热阻，但容易疲劳，需要维修和更换。

（2）热黏合剂 环氧黏合剂是大规模应用的理想选择，除了具有低收缩、与铜或铝相兼容的热膨胀系数和良好的黏合力外，还提供高电压隔离能力的高效传热性能。它们的热导率略好于油脂，约为 0.8～1.3W/(m·℃)。介电强度也很高，约为 500～1500V/mil。但是工作温度范围倾向于较低温度，例如，从 −65～155℃。此外，保质期有限，约为一年。

（3）薄膜 这些是热传导油脂的经济有效的替代品，它们适用于商业烫印设备。它们的热导率约为 3W/(m·℃)，其体电阻率为 10^{-6}～10Ω·cm，厚度约为 0.1mm。

（4）绝缘薄膜 这些是可替代云母的低成本聚酰亚胺塑料薄膜。

它们在压缩时具有很高的流动阻力，特别是在高温下。它们的机械和电学特性可在很宽的温度和频率范围内保持不变。

(5) 双面热敏胶带 这些易于使用且无需固化。

(6) 热界面垫 这些垫使用尼龙基树脂或邻苯二甲酸二甲酯，比胶带更厚，并且是导电类型或隔离类型。

(7) 间隙填料 这些是柔软、有弹性的弹性材料，用于填充热部件之间的间隙，使其能够覆盖不平整的表面。

9.2.2 芯片安装

裸露的 IGBT 管芯通常在芯片的背面进行可焊接金属化，如 Ti-Ni-Ag/Au，而在正面进行可焊接的 Al 金属化。因此，通过无助焊剂高熔点（310℃）Pb（95%）-Sn(5%）焊料将管芯的背面焊接在模块衬底的适当区域。焊料预制件小心地放置在石墨铸件的研磨孔中以及各个芯片和条带上，通过氢气冲洗输送带炉的通道完成焊接，或者将共晶芯片键合器用作贴片机。软焊料（铅锡合金）的使用也很普遍，软焊料在塑性变形的应力下屈服，从而保护薄硅片不会破裂。软焊料的低熔点提供了易于构造模块的优点，而不会引起芯片性能的任何退化。但它们在循环的塑性变形下会存在疲劳问题。这种变形发生在 IGBT 芯片通过间歇性电源加热和冷却时。几千次循环后，芯片开始出现故障，这是一个严重的问题。IGBT 模块的可靠性将在 9.8 节讨论。在低功率混合技术中，通过分配器和丝网印刷施加的 Ag 填充黏合剂可以缓解这种担忧。

9.2.3 互连和封装

粗线的楔形-楔形键合用于芯片到衬底和芯片到芯片的互连。单根铝线（直径为 175μm 直径）在 4.9A 时失效，具体取决于占空比和环境温度。为了增加载流能力，导线需要折叠并联。使用的线径范围为 300~500μm。引线键合是完全自动化的，因此具有成本效益。

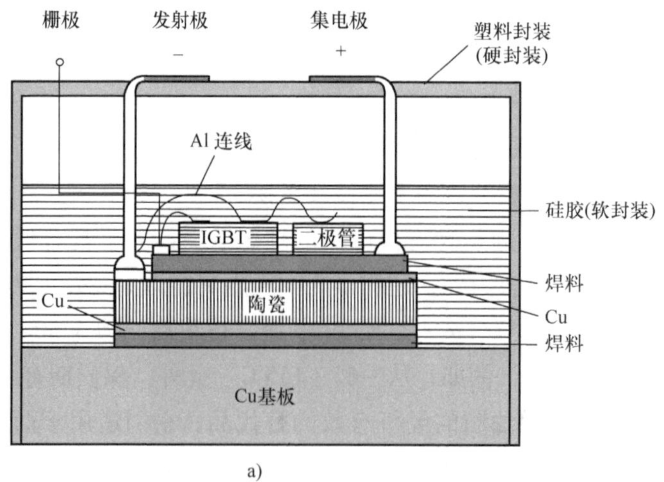

图 9.2 a) 包含 IGBT 芯片和整流二极管的功率模块 b) 模块的接线图

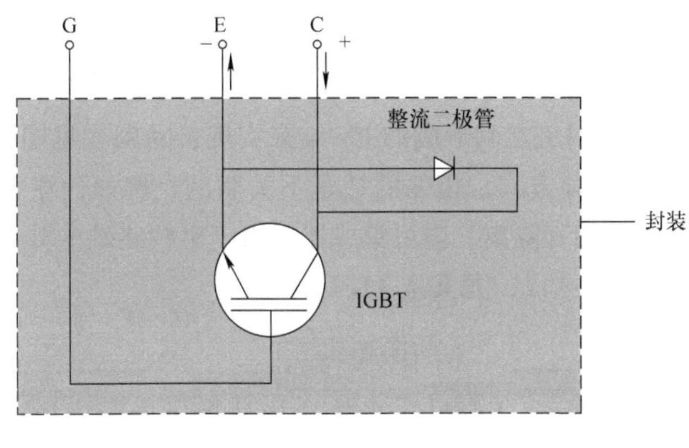

b)

图9.2 a）包含IGBT芯片和整流二极管的功率模块 b）模块的接线图（续）

塑料的传递成型用于封装。将引线键合的组件夹紧并置于热固性树脂中，将它们转移到模具中，该模具具有用于多个封装的腔体。封装材料由RF感应加热器预热并注入模具的进料器中，使其进入腔体。在加压和固化之后，打开模具并取出封装。图9.2所示为一个带有整流二极管的IGBT模块的结构。

9.3 隔离技术

现在从PCB或混合模块封装转向单片或智能功率IC。与模块技术一样，智能功率IC技术可以根据隔离技术[13]分为介质隔离、自隔离以及结隔离。

9.3.1 介质隔离

这里芯片包含在多晶衬底中的单晶硅岛，其中单晶硅和多晶硅被 SiO_2 层隔开（见图9.3a）。为了制造起始材料，在单晶硅晶圆中局部扩散 N^+ 层。接下来是凹槽的图形化，各向异性刻蚀和氧化，然后淀积一层厚的多晶硅层。最后，从单晶侧对晶圆进行研磨和抛光，以划定进行器件制造的岛。另一种有前景的隔离技术（Dielectric Isolation，DI）依赖于硅直接键合制备的绝缘体上硅（SOI）衬底，并由填充二氧化硅和多晶硅的窄沟槽提供隔离。

介质隔离被认为是完全隔离，因为低电压电路受高电压部分的影响不是最小的。另外要引起注意的是，在高温下，PN结的漏电流增加到不可容忍的程度。这里，元件之间唯一的耦合是通过电容。除了减小的漏电流之外，其他优点还包括元件与衬底间较低的寄生电容，无闩锁和元器件之间的串扰，以及高电压元器件较小的芯片尺寸。介质隔离的主要缺点是在制造Si岛的加工操作中产生的起始材料的过高成本。与单晶硅相比，介质隔离的其他缺点是氧化物层和绝缘多晶衬底的热导率较低，从而降低了散热效率并限制了其在高功率应用中的使用。

SOI技术提供的功率和智能之间的介质隔离，以及更容易的设计可能性和寄生效应的消除，将使多个IGBT在桥式结构中实现单片集成。然而，它目前的成本高得令人望而却步。

9.3.2 自隔离

通过在扩散或注入层与衬底之间形成的PN结来实现自隔离（见图9.3b）。在结反向偏置时，其电阻增加。通过这种方式，相邻的结是不关联的。例如，在MOSFET中，源极和漏极PN结在反向偏置期间相互隔离。当可集成器件由于某些终端的共用而不需要完全隔离时，该方法主要用于MOS工艺线，尤其是VLSI。

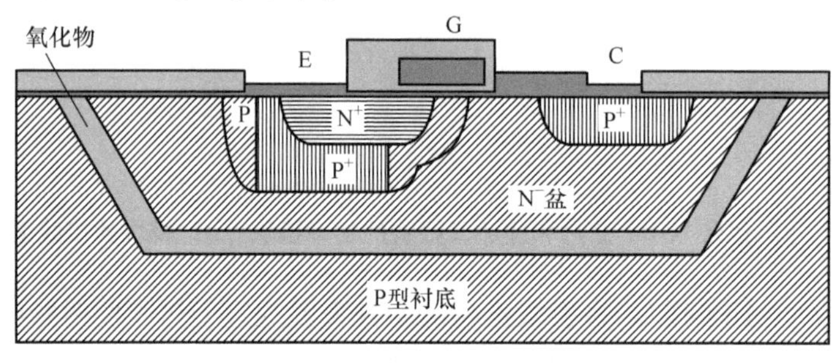

a)

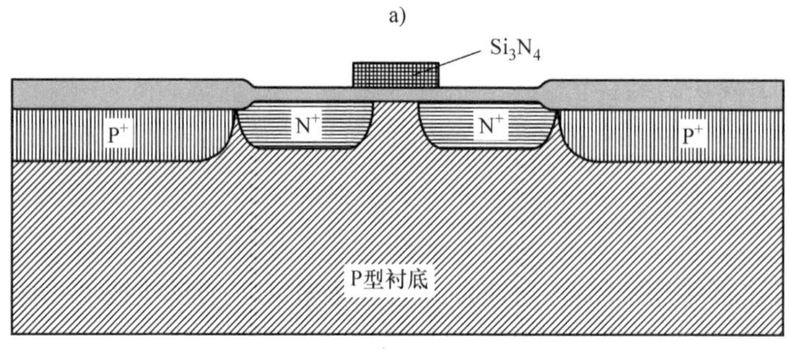

b)

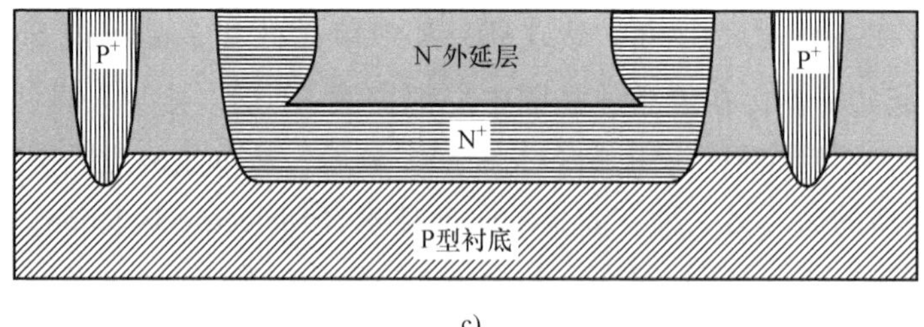

c)

图9.3 隔离方案的示意图

a）介质隔离 b）自隔离 c）PN结隔离

这个工艺很简单，由CMOS或DMOS制造工序以及一些额外的结构步骤组成，它不需要任何的深扩散。P型硅晶圆覆盖薄的SiO_2层，然后淀积Si_3N_4。对氮化物层进行图形化和刻蚀之后，通过离子注入形成P^+区域。在未受氮化物保护的区域上生长厚的SiO_2层，然后刻蚀氮化物膜，形成多晶硅栅极，并在源极和漏极区域中注入N型杂质。由此产生的PN结是自隔离的。

但是，该工艺缺乏灵活性，并且易受与偏置和电源电压相关的寄生效应的影响。然而，因为该工艺涉及功率 DMOSFET 制造步骤，所以高压和大电流元件很容易集成。

9.3.3 PN 结隔离

这里，N 型外延层被 P 型硅包围（见图 9.3c），因此，反向偏置的 PN 结将硅岛分开。将 P^+ 区与 P^- 衬底阱连接的杂质的扩散深度限制了外延层的深度。该方法广泛使用在双极型集成电路中，在成本和多功能性之间提供了最佳的折中。通过采用减小的表面电场（RESURF）技术，横向 DMOSFET 可实现高达 1200V 的电压。

从一个 P^- 衬底开始，使用光刻法通过 As 或 Sb 注入在选定的位置制作掩埋层。然后生长所需厚度的 N^- 外延层，接着进行氧化、图形化以及硼和磷注入。最终结果是在一个 P^+ 衬底上形成分离 N^- 岛的 P^+ 区域。通过 N^+ 扩散区，进入掩埋层。

9.4 可集成的器件：双极型、CMOS、DMOS（BCD）和 IGBT

术语“BCD”指的是混合工艺系列，允许将双极型、CMOS 和 DMOS 晶体管集成到单个芯片上，IGBT 是这个家族的新成员[13]。第一代 BCD 工艺的结构基于多晶硅栅，自对准 VDMOS 技术。通过在标准结隔离工艺中应用相同的掺杂分布和多晶硅层来添加双极型和 CMOS 器件。光刻的最小特征尺寸为 4μm，电压极限可达 250V。第二代 BCD 的核心是 CMOS，以降低电路设计的复杂性。在第三代 BCD 中，在 1.2 μm 上集成了非易失性存储器，使功率 IC 面向系统应用。第四代 BCD 是一种准垂直技术，寻求横向和纵向结构的优势。第五代 BCD 设计为 0.6μm，包括 EEPROM。

9.5 功率 IGBT 驱动、温度感应和保护

功率在 0.4～22kW 范围的高速（20kHz）智能功率模块（IPM）包含 6 个或 7 个高性能 IGBT（见图 9.4），在 600V 时额定电流高达 200A，而在 1200V 时为 100A，采用三相桥式结构（加上第 7 个 IGBT 用于动态制动），以及集成的栅极驱动和保护电路（过电流、短路、过热和控制电源故障），用于电动机的驱动[14]。IGBT 芯片的沟道长度为 0.5～1.0μm，它们与传统芯片有两个方面的不同。首先，它们有一个辅助电流检测发射极，用于保护芯片的模块的短路和过电流保护电路；其次，IGBT 芯片的 SOA 性能与模块内部控制电路提供的安全限制相匹配。在硬开关应用中，与每个 IGBT 相关的整流二极管的导通损耗是由于更大的恢复电流和更长的恢复时间产生的。通过降低阳极侧 P 型层的掺杂浓度和深度来制造一个超快的软恢复二极管，使其正向压降无明显的增加，从而减少了导通损耗。

栅极驱动电路经过优化，可将开关损耗降至最低。在适当考虑浪涌电压、dv/dt 等情况下，调整峰值栅极驱动电流以获得快速开关。保护电路在系统故障或过载期间保护 IGBT 免受损坏。从 IGBT 芯片的电流检测发射极，感测电流通过电阻网络转移，为栅极控制 IC 提供控制信号。该 IC 带有比较器电路用于检测短路或过电流条件，通过控制 dv/dt 关断方法避

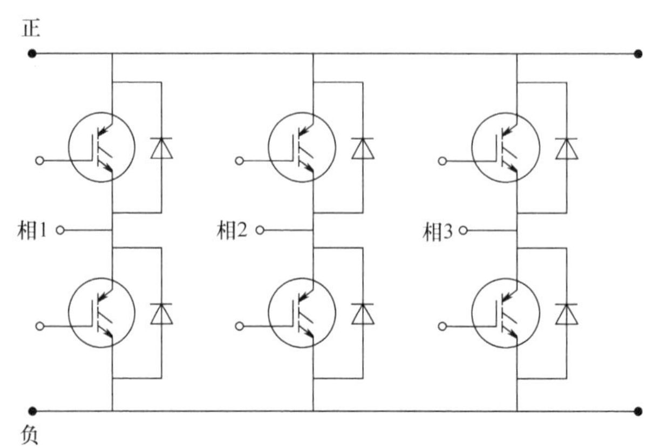

图 9.4　三相桥结构

免了高 di/dt 条件的产生。实时控制电路将短路电流钳位到安全极限，从而为控制电路启动关断提供足够的时间。借助于安装在 IGBT 附近的隔离基板上的温度传感器，当基板温度超过预定水平时，通过故障信号的产生将功率器件一起关断。当电源电压低于控制电路的规定值（15 V）时，IGBT 将关断并产生一个故障信号。当电源电压恢复到正确值时，将自动恢复运行。表 9.1 列出了转换器中常见的故障，表 9.2 总结了 IGBT 模块中的不同保护方案。

表 9.1　转换器中的故障分类

序号	故障类型	原因	结果
1	过电流故障	过电流：原因包括控制误差和负载阻抗降低 短路：可能的原因是控制错误、IGBT 损坏、二极管或负载过电流	集电极电流缓慢上升和损坏
2	过温	由于高功率损耗或外壳温度超过最大允许温度时发生	器件损坏
3	过电压	由于 IGBT 关断期间寄生电感的动态压降而发生	如果超过击穿电压，则 IGBT 损坏

表 9.2　IGBT 功率模块的内置保护方案

序号	保护机制	描述	表示
1	过电流保护	当同一转换器支路中的电流超过一定的幅度时，将关闭单个的 IGBT，但是，工作将延迟约 5μs，以避免在相关的整流二极管恢复期间发生不必要的跳闸	该表示由来自模块的逻辑输出实现；“故障输出”信号的持续时间为 1ms；在此期间，来自 PWM 输入的脉冲被禁止；模块在新脉冲到达 1ms 后重新进入“正常工作”
2	短路保护	短路跳闸的电流大小设置为过电流跳闸水平的 1.5 倍，当栅极－发射极电压立即降低到第一级电压的一半时，通过两级关断实现保护，因此，在关断期间产生的电压瞬变会受到限制	同上
3	过温保护	这是通过安装在模块衬底基板上的温度传感器实现的，因此，它可以提供稳态模块温度，而不是单个 IGBT 的结温度的瞬时变化	同上
4	欠电压锁定（控制电源故障）	一旦栅极电源电压降至低于临界水平以下，这就可以防止任何单个 IGBT 在线性区工作	同上

仅在故障情况下关断 IGBT 是不够的，如果不采取适当的降低电压瞬变的预防措施，这本身就可能损坏器件。因此，必须理解引起过电压应力的有害开关电压瞬变。在突然关断 IGBT 时，电路杂散电感中捕获的能量（也称为 DC 环路电感）会导致器件上的电压过冲。有两个因素决定了电压过冲的大小，即杂散电感的大小和电流的衰减速率。大功率 IGBT 模块在很短的时间内大电流幅度的切换，会产生潜在的破坏性电压瞬变。由于这些模块包括多个并联连接的 IGBT 芯片，因此由栅极驱动电路控制的每个芯片以速率 di/dt 开关其单独的负载电流。外部电源电路中的总电流和电流下降率 di/dt 是通过将每个组成 IGBT 芯片中的各个电流和 di/dt 相加得到的。当关闭正常额定电流幅度的 5～10 倍的短路电流时，情况变得有害，得到的 di/dt 约为每微秒几千安培。

对于正常的开启和关断开关，采取的预防措施包括改进电路布局，使杂散电感最小化，以及选择固有低自感的源电容。选择适当的去耦电容连接在模块端之间（以避免 DC 回路中的振荡）是一种有用的辅助手段，另外，可以提供电压钳位电路。

为了防止故障电流关断期间产生的电压瞬变，采用了特殊保护电路[15]。仅在感测到故障电流时才激活这些电路，然后降低栅极电压的下降速率，从而降低故障电流的衰减速率。这可以通过开关与 IGBT 栅极串联的大电阻或与输入栅极电容并联的大电容来完成。

一个重要的集成概念，即“坚固的 IGBT 模块”已经出现[16]。不用说，功率模块的主要设计标准是最小化传导和开关损耗以及最大化坚固性和可靠性。缩短 IGBT 中的 DMOSFET 沟道长度是降低导通状态损耗的简单方法，但同时 IGBT 更容易发生短路故障。在 IGBT 模块中保护电路的集成消除了这种短路故障的脆弱性，只有在发生故障时才会激活保护电路，除保护电路外，没有集成其他电路，用户通过外部栅极驱动级确定 IGBT 的开关和正向工作。

9.6 IGBT 模块封装中的寄生元件

图 9.5 所示为与 IGBT 模块封装相关的寄生元件[17－19]。它们包括将栅极、发射极和集电极焊点与封装上的端子连接的导线的电感。它们分别由 L_G、L_E 和 L_C 表示，包括防止栅极振荡的电阻 R_G。

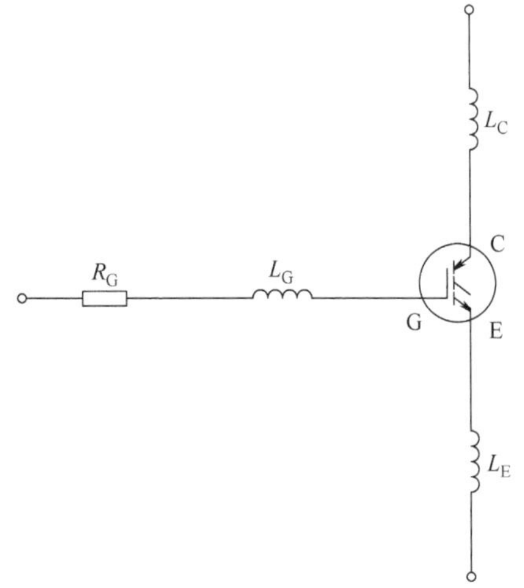

图 9.5 带寄生元件的 IGBT 的电路表示

（1）栅极侧效应 首先，如果振铃的幅度超过阈值电压，则栅极电感 L_G 会导致 IGBT 的寄生开启或关断。其次，通过大量芯片组装来构建 IGBT 模块，使得芯片的总面积大幅增加，从而导致电容增大。对于 400A IGBT，输入电容在 10V 时通常为 80nF，而相应的电感为 50nH。这些限制了 IGBT 对栅极驱动电路响应的带宽。第三，栅极电阻 R_G 加上栅极电感 L_G，导致了不同芯片，包括模块之间的触发延迟。

这是由于将栅极端连接到这些芯片的引线键合的不同长度。随着这些芯片的开启和关断变化，在给定时刻流入其中的电流的大小是不同的，使它们受到不同的开关应力，从而降低了模块的可靠性。

（2）集电极侧效应 主要的集电极侧效应是输出电容的增加导致的电路振荡，集电极电感主要表现为导通缓冲电感的一部分。当 IGBT 的等效输出电容非常低（对于400A IGBT，600 V 时为约 200pF）时，由于此时高的集电极电压和漂移区低的电荷量，故这些振荡在开启时特别麻烦。开关瞬变期间的高频振铃辐射会产生电磁干扰（EMI）。在关断过程中，电荷将电容提高到足够阻尼振荡时的水平。

发射极引线电感 L_E 延长了 IGBT 的关断时间。随着集电极电流开始下降，由于 di/dt 效应产生一个负电压作用于 L_E，降低了施加在 IGBT 的栅极驱动电压（从而降低了其电荷抽取能力），从而延长了关断过程。集电极和发射极引线电感对 IGBT、硬开关或软开关类型的切换模式的影响完全不同。在硬开关过程中，会产生相当大的电压应力和振铃。在零电压开关（ZVS）中，L_E 降低了 IGBT 的有效栅极驱动，并影响了集电极电流初始下降期间的关断过程。由于集电极电压仍然很小，因此对损耗的影响微不足道。控制 di/dt 以实现更软的关闭，这对于负载是有利的。在零电流开关（ZCS）中，当电流降为零时，IGBT 仍在导通。虽然无功元件之间的能量交换不会造成明显的功率损耗，但是缓冲电容器与封装电感之间的谐振引起的振荡会引起严重的电磁干扰。因此，由于上述因素，IGBT 性能偏离理想的情况。除此之外，杂散电感在开关瞬态期间产生大的峰值电压，由此器件工作可能会在安全工作区域之外。

9.7 扁平封装的 IGBT 模块

扁平或压接封装[20-24]具有一些优于传统模块封装的优点，见表 9.3。在压接封装的 IGBT 中，通过将 IGBT 芯片压在两个高平整度的导电圆盘之间来建立电学接触。包括一个适当的应力释放层以防止受压。最外面的极是发射极和集电极，均由镀镍铜制成。在发射极一侧，在发射极和 IGBT 芯片之间插入钼垫圈和镀镍铜箔。因为铜箔是柔软的材料，所以它确保了适当的电接触并且还增强了压力分布的均匀性。在集电极一侧，在集电极和 IGBT 芯片之间放置一个钼盘。借助于框架定心装置、IGBT 芯片、箔片和钼垫圈组件保持在各自发射极的中心。该器件还支持栅极触点，为了向焊点施加接触压力，外部夹紧系统在发射极和集电极上施加力。

表 9.3 模块封装与扁平封装的比较

序号	模块封装	扁平封装
1	主要缺点是连接芯片之间和封装端之间高的引线电感	由于没有键合线，因此具有低电感的优点，通过压接触点进行连接

（续）

序号	模块封装	扁平封装
2	对于良好的键合接头，导线的直径应该很小（通常为0.3mm）；细线也无法将热量传导出去；因此，导线引入了显著的电阻和热阻	没有导线，克服了导线限制
3	非密封单侧冷却结构	密封和两侧冷却结构
4	基板完全隔离，使冷却简单并降低成本	IGBT的绝缘和冷却是必要的，增加了成本
5	功率循环能力差	超强功率循环能力
6	未定义的故障模式，可以是开路或短路	损坏后表现为短路，这对于使用 n^{+1} 或 n^{+2} 器件的冗余串联连接的应用非常有用，因为即使一个或两个IGBT发生故障，转换器也能继续工作，可以在日常维护工作中更换
7	失效时可能发生爆炸	避免爆炸
8	不可靠	可靠

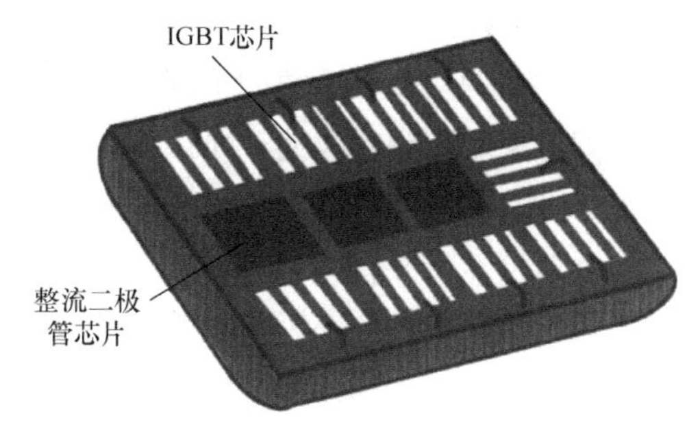

图9.6 （2.5kV，1kA）压接封装IGBT的元件视图，包含9个IGBT芯片和3个整流二极管

图9.6所示为用于工业和牵引应用的2.5kV，1 kA压接封装IGBT模块[24]。该多芯片模块包含9个IGBT芯片和3个整流二极管，在钼基板上以3×4的形式排列，IGBT芯片通过硅芯片电阻连接到外面的栅极总线。在芯片的发射极一侧，钼金属排列形成发射极接触。芯片封装在一个紧凑的两侧冷却密封的方形平板陶瓷结构中，尺寸为13.3cm×11cm×2cm，带有压力触点。由于没有铝线键合，因此在封装内部实现了较小的电感。为了紧凑，组件中未使用的区域被最小化。边缘终端消耗了很大比例的芯片面积，封装中的任何死角都会增加无用区域。使用大芯片面积来减少芯片数量可以显著降低边缘终端的面积消耗，此外，用方形封装替换圆形封装也会减少死角区域。IGBT芯片面积为 $2cm^2$。分为36个独立工作的栅极–发射极单元，芯片的电流性能是额定值的1.2倍。因此，如果多达四个IGBT出现故障，则可以修复封装。IGBT模块的饱和电压在1kA时为4.2V，在 $V_{CC}=1300V$ 时关断能力大于 $3I_C$，IGBT部分的最大热阻为15K/kW。对于双面冷却，此热阻为模块封装的0.4倍。然而，在尾电流周期可以观察到振荡波形。

对这些振荡进行研究，并且已经发现它们不是源于具有修复芯片的多芯片之间的电流性能差异。相反，由于在模块中使用的NPT IGBT中不存在N型缓冲层，因此深扩展到 N^- 基区的耗尽区在多芯片的电容中会产生一个小的差异。这些电容与多芯片之间的小电感的相互作用是尾电流振荡的来源。可以通过增加电感来减轻振荡效应，但是失去了低寄生电感的优势。因此，包括高磁导率材料的坡莫合金围绕着发射极接触金属，从而防止IGBT芯片之间的电流相互作用。该环在小电流时具有较大的电感，但在大电流时具有较小的电感。实际上，电感仅在小电流持续时间内起作用。因此，该模块具有低寄生电感和非振荡特性。

9.8 IGBT模块的理想特性和可靠性问题

功率模块的基本要求如下：①IGBT芯片与散热器的电学绝缘应牢固且安全；②IGBT芯片功率耗散与散热器的热接触需要低热阻和高效；③将IGBT芯片相互连接并与外部插头相互连接的电引线需要高的导电性；④保护易损IGBT芯片和固定外部引线的封装必须坚固。

从电学和热学角度评估IGBT模块的性能，它必须满足预期的电热规范[11]。关注的电参数是：①与芯片串联的杂散电感；②将低电感总线安装到端子的能力；③从一个IGBT芯片到另一个IGBT芯片的电容串扰，通过对截止状态下IGBT的栅极充电而导致不必要的导通状态。电感设定最小的开关损耗，而电容是造成电磁干扰辐射的原因。

该模块不仅经济实用，而且寿命长、可靠性高，价格的降低是通过降低材料和制造成本以及避免使用像钼这样的难以加工的材料来实现的，氧化铝衬底通常用作成本和最佳性能之间的折中。通过以下方法确保寿命和可靠性：①在工作期间保持模块低的温度；②最小化热循环，由于它们的热膨胀系数的不同，热循环在不同材料之间的界面处产生疲劳。因为这些材料以不同的速率膨胀和收缩，所以在它们的界面处产生应力，导致焊点开裂并且导线从键合处脱落。在升高的温度下，枝晶生长和杂质迁移加速。必须特别注意基板与IGBT芯片的隔离，这是通过在一个封装中包括相脚的两半来增强的。此外，它允许在单个散热器上安装模块，切换不同的相位。为安全起见，散热器应接地。

模块在不同的环境条件下使用。热应力源于牵引模块，例如，来自运输车辆的频繁停止和运行。公共汽车和有轨电车的停止和前进的时间约为1分钟；短途客运列车的时间是几分钟，而快速旅客列车的时间是1小时到几个小时。IGBT模块失效的原因一直是人们深入研究的重点。IGBT模块可靠性的主要决定因素[25,26]如下所述：

1）热循环和机械冲击对引线键合的影响导致许多键合的剥离，伴随着正向压降的增加，这被称为键合线剥离。大功率IGBT模块包含约450根导线和900根楔形键合，可能会由于焊点开裂、键合剥离和导线腐蚀导致导线断开而失效。结附近最热的地方承受到最大的应力。考虑该机制的可靠性参数是结温偏移ΔT_j，由于导线的热容量小，导线键合特别容易受到快速热循环的影响。一些引线键合的破坏导致更多电流流过剩下较少数量的键合端。随着更多的电流流过更少的键合，一个正反馈过程随之产生。通过改变导线的组成、键合工具的形状和键合参数、芯片和引线的金属化以及在键合上涂上适当的保护涂层，可靠性得到了很大的提高。

2）热循环导致整个组件弯曲。由于厚铜基底和DCB材料的热膨胀系数不同，这种弯曲是“双金属效应”的结果，结果是一些互连引线键合的破裂和与散热器的热接触不良。适当的成形降低了分层结构的双金属效应，机加工的凸弓改善了底板和散热器之间的热传递。使用诸如AlSiC（碳化硅铝）的硬质材料，其热膨胀系数与陶瓷的偏差较小，将进一步缓解该问题。用具有较小热膨胀系数的AlSiC板代替Cu基板可使热循环能力从3000次循环提高5倍。

3）造成失效的另一个重要原因是 Cu 基板和衬底之间的焊料。连接基板和 DCB 衬底的焊料在热应力下退化，导致热阻升高。由于它们的热膨胀系数不同，产生了热应力，从而在焊料上产生了机械应变。焊料在重复的重负载循环时破裂，从而增加了芯片和基板之间的热阻。焊料疲劳主要是由缓慢的热循环引起的。由于壳体和模块的隔离之间最大的焊点位置，这些焊点最有可能失效。确定焊料疲劳的热参数是外壳温度偏移 ΔT_c，它取决于模块结构并且可以从 ΔT_j 获得。

4）润滑脂的迁移会产生不均匀的热阻，从而导致不均匀的温度分布。

5）通过压接封装更换模块封装，仅使用少量的机械部件，从而提高了可靠性。在压接封装的多 IGBT 芯片结构[27]中，并联的 IGBT 芯片之间的功率分布均匀性，尺寸公差和平坦度公差的规格和一致性以及芯片、箔片、垫圈和接触式探头等各种元件的适当应力/应变分布是必需的。不同层的热膨胀系数不匹配会导致 IGBT 器件的不同变形，温度的变化会影响接触压力。对于扁平接触，在弹性条件下，在接触边缘附近会出现接触压力梯度。一旦接触剪切力克服接触体之间的摩擦阻力，就会发生相对切向位移，热循环导致振荡性表面滑动。在均匀加热和冷却循环期间，接触压力变化在接触区域上产生交替的不对称压力分布，从而导致微动损坏。因此，压接封装的多芯片 IGBT 的可靠性取决于在组装阶段良好的接触条件的应用以及在整个使用寿命期间的维护。为了实现这一目标，必须消除由不同的非均匀性引起的器件对热机械疲劳和微动引发的损坏的敏感性。

6）局部放电（Partial Discharge，PD）和绝缘电阻是高压 IGBT 模块的重要参数。已经研究了硅凝胶中金属化 AlN 陶瓷在 IGBT 模块中的放电行为[28]。PD 光谱研究表明，由于强电场的作用，PD 发生在陶瓷与硅凝胶的界面和铜金属化的边缘。金属化边缘的形状对 PD 电阻起着至关重要的作用，不良刻蚀或焊料残留物在约 5kV 的低电压下导致 PD。在高于 5kV 的较高电压下，沿着高电场强度的路径在 AlN 衬底和硅凝胶之间的界面处发生放电，强调硅凝胶必须与陶瓷衬底紧密黏合。

9.9 模块的散热和冷却

正确选择散热片可确保较低的结温，从而延长模块的使用寿命。三种常用的冷却方法是空气冷却、液体冷却和蒸发冷却。对于高达 100kW 的功耗，出于经济原因和简单性，空气冷却是首选。超过 100kW 的液体冷却或蒸发冷却用于构建紧凑的系统和节省材料成本。

跨界面的热传递由式（9.1）表示

$$\frac{\mathrm{d}Q}{\mathrm{d}t} = \alpha A \Delta T \tag{9.1}$$

式中，$\mathrm{d}Q/\mathrm{d}t$ 为热流率；α 为传热系数；A 为界面面积；ΔT 为界面上的温差。最大允许结温限制了 ΔT 的范围。因此，必须调节参数 ΔT 和 A 以增加热流速。

风冷却系统中自由对流的 α 值通常为 $5\mathrm{W/(m^2 \cdot K)}$，而强制气流为 $50\mathrm{W/(m^2 \cdot K)}$。风冷散热器通常在基板上安装有大的散热片，以增加有效面积。必须根据预期应用选择散热器的尺寸和形状。这是因为远离 IGBT 芯片的大型散热器的外部部件可能无助于冷却，从而降低散热片效率。

液体冷却剂的传热系数比空气高一个数量级，从而使设计紧凑，但需要带泵的闭环系统，诸如乙二醇或丙二醇的添加剂将水的应用范围扩展到 0℃ 以下。但水是具有腐蚀性的，只允许使用特殊的铝合金或不锈钢，油易燃，碳氟化合物会产生环境危害。

关于蒸发冷却，在高功率密度（10 ~ 100W/cm^2）下，热管冷却作为一种有效的散热技术，将高功率密度分布在管道的一边，在另一边的大表面区域分布其他方法可以消散热量。在这里，热源在封闭空间的一侧蒸发水或酒精，蒸汽的冷凝发生在管道的另一侧。通过毛细管力，冷凝的液体返回热源侧并重复循环。热管由于其高蒸发热值可以用作有效的散热器，但缺点是安装困难和冷却系统复杂。另一种蒸发冷却方法是浸入冷却，具体方法是将组件直接浸入液体浴所含的液体中，器件中产生的热量通过对流到达液体表面，通过液体蒸发产生的蒸汽在热交换器上冷凝，并回落到液体浴中，然后再次使用。液氮和碳氟化合物是广泛使用的液体，因为它们提供了电隔离和稳定性。

9.10 大功率 IGBT 模块的材料要求

高热导率是功率 IGBT 封装的基本要求，电绝缘是另一个必需的特性，但是同一种材料可能无法满足这两个要求。例如，陶瓷材料具有良好的绝缘性和高介电强度，但热导率低。类似的评述适用于 IGBT 封装中使用的其他材料。另外，封装中使用的不同材料的组合必须具有热和机械兼容性，因为热机械应力会缩短模块的寿命，所以这些材料的杨氏模量和热膨胀系数必须紧密匹配。不兼容的材料组合的影响出现在界面上，在热和环境之间的界面上的软焊料或干压力接触的高热阻可以使结温超过允许的极限。模块设计工程师使用现代计算工具将所有这些因素考虑在内，例如有限元模拟，以研究模块中的温度分布。

表 9.4 列出了 IGBT 模块中常用材料的重要特性。

表 9.4 IGBT 模块中常用材料的特性

序号	材料	符号/配方	功能	热导率/[W/(m·K)]	杨氏模量/GPa	热膨胀系数/(ppm/K)
1	硅	Si		150	130 ~ 190	2.6
2	氧化铝	Al_2O_3		30	370	5.5
3	氮化铝	AlN	用于模块堆叠构造的衬底材料	190	340	3.1
4	氧化铍	BeO	用于模块堆叠构造的衬底材料	270	345	6.3
5	铜	Cu	模块堆叠中的基板	390	120	16
6	铝	Al	金属化	240	70	23
7	金硅共晶预制体	97% Au + 3% Si	用于芯片安装	27	80	13
8	铅锡焊料	63% Pb + 37% Sn	用于芯片安装	50	30	25
9	散热膏	—	用于在干燥表面之间形成良好的热接触	0.4 ~ 1	—	—

9.11 最新技术和趋势

混合方法已经获得了极大的普及，模块用于基本电路的构建拓扑，以简化电动机控制、UPS、焊接、电动车辆和其他电源开关应用的设计。图 9.7 总结了某些类型的商用 IGBT 模块。桥式逆变器将 DC 输入改变为 AC 输出，而不使用中心抽头负载。半桥逆变器在波的半周期上运行，它由两个双向开关组成，是电压源 DC－AC 转换器的基本构造模块。类似地，

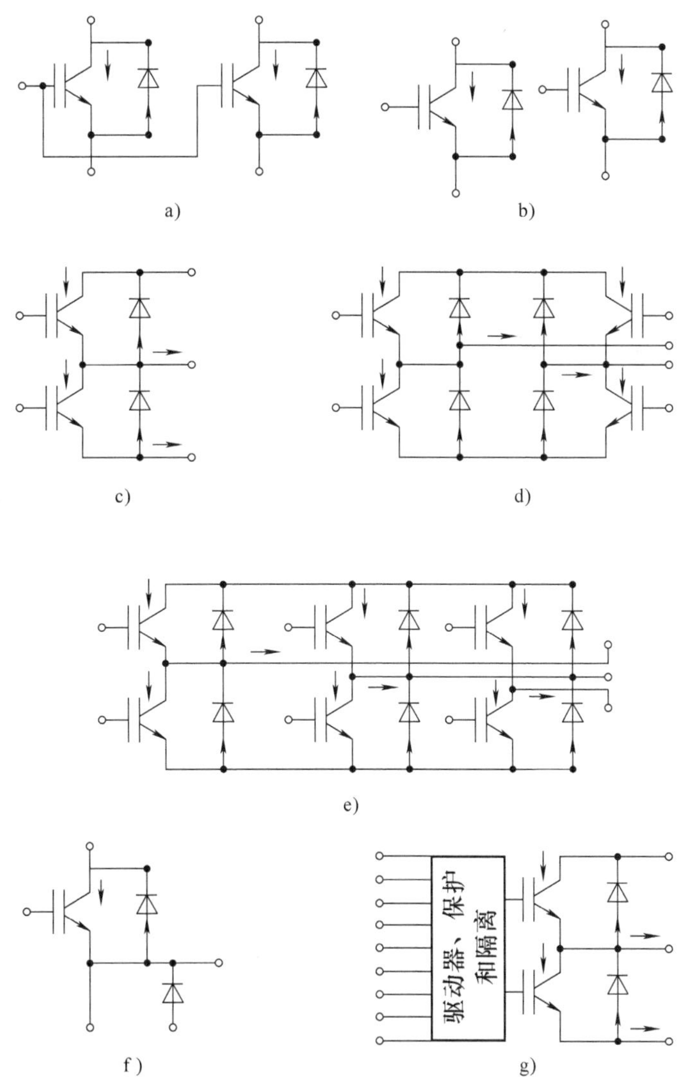

图 9.7 常见的 IGBT 模块（箭头表示电流路径的方向）

a）单模块 b）双模块 c）半（H－）桥逆变器 d）全桥逆变器（或四封装模块）
e）三相桥式逆变器（或六封装模块） f）斩波器模块 g）智能 IGBT 模块

全桥逆变器在 AC 波形的整个周期内工作，而三相逆变器在三相 AC 输入信号下工作。斩波器是一种电路，用于从 DC 电源到 DC 负载的功率调节，它用于 DC 稳压电源。还有许多不同复杂程度的 IGBT 模块可供选择，例如用于电动机驱动应用的模块，封装中集成了三相逆变器和三相整流器。

所有功能的单片集成是一个未来的目标[29]。具有高集成度的功率模块被称为“智能功率”或“聪明的功率”模块。严格来说，它们提供自我保护功能以及电源和控制电路之间的接口。由于一个基于外部微处理器的电路本质上是对变速驱动器的智能控制，因此更容易倾向使用“集成的功率模块”这一术语。微处理器的多功能性定义了电子产品智能化的起始水平。目前的 IGBT 模块分为两类，即源自低功率技术的传统模块封装和基于经典高功率二极管或晶闸管技术的新的压接封装。同样，已经出现了两种类型的功率模块供应商，即具有混合微电子设备的公司，希望扩展到电力电子应用，以及分立器件制造商使用他们自己或外部获得的混合微电子能力来生产模块。高功率模块中使用的材料应具有高热导率、高绝缘能力、优异的机械刚性和低（或匹配）热膨胀系数。

IGBT 模块通常使用 NPT IGBT，因为它们的集电极 - 发射极饱和电压具有正的温度系数，因此其并联结构简单。表 9.5 列出了 IGBT 模块的有趣特性。出于说明目的，表 9.6 中给出了 IGBT 模块的规格参数。

表 9.5　IGBT 功率模块的特性

序号	模块的组件	特性
1	功能	• 整流器级 • • 逆变器级 • • • 制动电路 • • • • 温度传感器 • • • • • 输入逻辑，逻辑和电源之间的电流隔离，栅极驱动，短路和欠电压保护 • • • • • • ESD 保护的数字接口
2	制造技术	微电子、裸片处理、焊接芯片连接和引线键合
3	芯片大小和电流密度	IGBT 芯片的最大尺寸为 4.6cm^2，IGBT 的电流密度为 80A/cm^2，整流二极管的电流密度略高于 100A/cm^2
4	衬底	使用直接键合铜（DBC）和绝缘的金属衬底（IMS）；DBC 衬底在散热方面更有效；由于使用厚的 Cu 导体，因此不需要额外的散热片；由于电介质的高耐热性，IMS 方法在管芯下方使用厚的散热器或金属块
5	散热器	散热器附着在形成模块底部的衬底或基板上；在模制件的相对短边中的两个凸耳或孔用于螺栓固定到散热器
6	密封剂	硅凝胶被广泛使用，（硅酮 + 硬质环氧树脂）组合也被使用；硅凝胶可保护电路免受环境污染并提供电压隔离；塑料盖用螺钉或胶粘合到表面上；在硅树脂和环氧树脂填充的模块中，环氧树脂用于紧固端子
7	顶部金属化	铝（厚度为 4 ~ 6μm），这是推荐用于粗铝线焊接的最小厚度，可优化焊接可靠性和成本

（续）

序号	模块的组件	特性
8	引线键合	大直径铝线（约300μm直径）用于互连；采用超声键合技术；多个并联引线键合用于增加电流承载能力并将电流分散在管芯的整个表面上，以避免电流的拥挤，例如（3300V，1200A）IGBT模块包含60个芯片，采用450根线和900个楔形键合
9	底部金属化	Ti－Ni－Ag或Cr－Ni－Ag（厚度约4μm）
10	管芯连接	SnAg3.5焊料（220℃），SnPb93（280℃），SnPb37（180℃）
11	输入/输出端	镀镍引线作为塑料框架的一部分，例外的情况，比如塑料头上的独立引线框架，焊接到衬底上并通过环氧树脂固定到封装上；而弹簧加载压力连接在直接键合的铜和用户的印制电路板之间

表9.6　典型的IGBT模块的规格参数

序号	参数符号	定义	典型值
1	V_{CES}	最大的集电极－发射极电压	1200V
2	I_C	在25℃时最大的集电极电流（DC） 在80℃时最大的集电极电流（DC）	在25℃时为200A 在80℃时为170A
3	$V_{CE(sat)}$	集电极－发射极饱和电压	3.7V
4	t_{ON}	开启时间	1.2μs
5	t_{OFF}	关断时间	5μs
6	E_{ON}	在125℃时每个脉冲的开启能量	30mJ
7	E_{OFF}	在125℃时每个脉冲的关断能量	30mJ
8	$P_{C(max)}$	最大的集电极功耗	1.1kW
9	$R_{\theta JC}$	结到管壳的热阻	0.1K/W

最后，必须指出的是，先进的IGBT模块的较高制造成本可通过自动化生产技术得到补偿，从而减少组装元件的数量，以及减少的安装、组装和布线成本。此外，由于软件适应特定要求，在制造系统的子系统组合的多样性以及系统构建时必须装配的部件种类的减少，削减了工程成本。通过内置的自保护方案，实现先进的IGBT模块的故障率最小化。此外，现场总线连接用于远程状态监控，从而降低了维护和维修费用。因此，明智地考虑系统技术的所有优点以及自动化生产技术会降低先进驱动系统的总体成本。

练　习　题

9.1　为什么制造大电流器件时必须并联大量IGBT芯片？是什么限制使用像大功率二极管或晶闸管这样采用冰球形封装的单个大面积IGBT芯片？

9.2　除了大量并联的IGBT芯片用于承载非常大的电流外，说出模块包含元件或电路的三个附加功能。什么是智能功率模块？

9.3　模块封装中的各种IGBT芯片是通过压力接触还是通过导线连接的？模块封装是密封的吗？

9.4　请写出构建功率模块而不是依赖于分立元器件的两个优点。

9.5　通常用于构建功率模块的两种衬底是什么？列出两种类型的可用品种。

9.6　为什么 CTF 技术需要一个引线框架？这种方法对于什么类型的模块特别有用？

9.7　如何将铜板键合到陶瓷衬底上制作 DCB 衬底？请说出 DCB 衬底普及的两个原因。

9.8　绘制 DCB 衬底和聚合物绝缘的金属衬底的横截面图。解释每个方案中不同层的功能。

9.9　说明如何将 IGBT 芯片安装在模块衬底上，以及如何实现芯片到衬底和芯片到芯片的互连。

9.10　概述介电隔离的基本概念。为什么介电隔离被认为是完全隔离？评论该方法实现的低传热效率。

9.11　简要描述自隔离区域的制造。在 MOSFET 制造中如何获得这种隔离？

9.12　产生 PN 结隔离的主要步骤是什么？引用一个应用例子。

9.13　“BCD”一词的含义是什么？指出第三代 BCD 的特点。

9.14　绘制 IGBT 模块中三相桥式电路的电路图。整流二极管的作用是什么？它的理想特性是什么？

9.15　转换器中的四种常见故障条件是什么？采取了哪些措施来保护模块免受工作过程中出现的故障的影响？

9.16　IGBT 正常工作和故障条件下产生的开关电压瞬变是什么样的？采取了哪些措施来保护 IGBT 免受正常和故障引起的电压瞬变的影响？

9.17　解释“坚固的模块”概念并指出它如何在损耗和可靠性之间取得平衡？

9.18　给出模块封装中与 IGBT 相关的寄生电感的电路图表示。解释这些寄生效应如何降低 IGBT 的性能？

9.19　与压结封装相比，指出模块封装的优点和缺点。为什么在扁平封装模块中发生尾电流振荡？如何在不影响寄生电感的情况下减少这些振荡？

9.20　用哪些性能指标来评估 IGBT 模块？耐热循环能力如何决定 IGBT 功率模块的可靠性？

9.21　提供一个 120 V 的 DC 电源、一个 0.9Ω 的负载电阻和两个额定电流为 80 A 的 IGBT。确定与每个 IGBT 串联的电阻，以确保合理的均流。

9.22　一个 1500V DC 电源为一个负载供电。如果功率转换由 IGBT 执行而现有 IGBT 的规格为 300V，15A，那么如何实现稳态均压？

参考文献

1. V. Rumennik, Power Devices are in the Chips, *IEEE Spectrum*, Vol. 22, No. 7, July 1985, pp.42-48.
2. H. D. Lambilly and H. O. Keser, Failure Analysis of Power Modules: A Look at the Packaging and Reliability of Large IGBTs, *IEEE Trans. Components, Hybrids and Manuf. Technol*, Vol. 16, No. 4, June 1993, pp. 412-417.

3. K. Sommer, J. Göttert, G. Lefranc, and R. Spanke, Multichip High-Power IGBT Modules for Traction and Industrial Application, in *Proc. Conf. Rec. 7th European Conference on Power Electronics and Applications, EPE '97*, 8–10 September, 1997, Trondheim, Norway, EPE Association, Belgium, pp. 1112--116.
4. H. Brunner, M. Hierholzer, T. Laska, A. Post, and R. Spanke, 3300 V IGBT Module for Traction Application, in *Proc. Conf. Rec. 7th European Conference on Power Electronics and Applications, EPE '97*, 8–10 September, 1997, Trondheim, Norway, EPE Association, Belgium, pp. 1056–1059.
5. H. Brunner, M. Bruckmann, M. Hierholzer, T. Laska, and A. Porst, Improved 3.5 kV IGBT-Diode Chipset and 800 A Module Applications, in *Proc. Conf. Rec. Power Electronics Specialists Conference (PESC '96)*, 1996, IEEE, New York, pp. 1748–1753.
6. M. Hierholzer, R. Bayerer, A. Porst, and H. Brunner, Improved Characteristics of 3.3 kV IGBT Modules, in *Proc. Conf. Rec. 20th International Power Conversion and Intelligent Motion Conference (PCIM '97)*, 10–12 June 1997, Nürnberg, pp. 201–204.
7. G. Hilpert and T. Züllig, Integrated Power Module in IGBT Technology for Modular Power Traction Converters, in *Proc. Conf. Rec. 7th European Conference on Power Electronics and Applications, EPE '97*, 8–10 September 1997, Trondheim, Norway, EPE Association, Belgium, pp. 1106–1111.
8. Technical Information IGBT Module FZ1200R33KF1, EUPEC, 1998.
9. B. K. Bose, Energy, Environment and Advances in Power Electronics, *EEE Trans. Power Electron.*, Vol. 15, No. 4, July 2000, pp. 688–701.
10. S. Bernet, Recent Developments of High Power Converters for Industry and Traction Applications, *IEEE Trans. Power Electron.*, Vol. 15, No. 6, November 2000, pp. 1102–1117.
11. C. V. Godbold, A. Sankaran, and J. L. Hudgins, Thermal Analysis of High-Power Modules, *IEEE Trans. Power Electron.*, Vol. 12, No. 1, January 1997, pp. 3–11.
12. aavidthermalloy.com, Aavid Thermalloy, Concord, NH, USA, Products, Interface Materials.
13. B. Murari, F. Bertotti, and G. A. Vignola (Eds.), *Smart Power ICs: Technologies and Applications*, Springer-Verlag, Berlin, 1996, pp. 3–6.
14. G. Mazumdar and D. Medaule, A New Generation of Intelligent Power Devices for Motor Drive Applications, *5th International Conference on Power Electronics and Variable Speed Drives, PEVD'94*, 26–28 October, 1994, IEE, London, pp. 35–41.
15. R. Chokhawala and S. Shobhani, Switching Voltage Transient Protection Schemes for High Current IGBT Modules, *Ninth Annual Applied Power Electronics Conference and Exposition (APEC)*, Vol. 1, Febebruary 13–17, 1994, Orlando, FL, IEEE, New York, pp. 459–468.
16. S. Konrad and I. Zverev, Protection Concepts for Rugged IGBT Modules, *Euro. Power Electron. Drives (EPE) J*, Vol. 6, No. 3–4, December 1996, pp. 11–19.
17. K. Xing, F. Lee, and D. Boroyevich, Extraction of Parasitics within Wire-bond IGBT Modules, in *IEEE Applied Power Electronics Conference and Exposition (APEC)*, 1998, IEEE, New York, pp. 497–503.
18. P. R. Palmer, A. N. Githiari, and R. J. Leedham, Some Scaling Issues in the Active Voltage Control of IGBT Modules, *28th Annual IEEE Power Electronics Specialists Conference (PESC97)*, Record Vol. II, St. Louis, June 22–27, 1997, IEEE, New York, pp. 854–860.
19. M. Trivedi and K. Shenai, Parasitic Extraction Methodology for Insulated Gate Bipolar Transistors, *IEEE Trans. Power Electron.*, Vol. 15, No. 4, July 2000, pp. 799–804.
20. Y. Takahashi, T. Koga, H. Kirihata, and Y. Seki, 2.5 kV-100-A-stack IGBT, in *Proc 6th International Symposium on Power Semiconductor Devices and ICs (ISPSD'94)*, Davos, Switzerland, May/June 1994, pp. 25–30.

21. M. Hiyoshi, S. Yanagisawa, K. Nishitani, K. Kotaka, H. Matsuda, S. Teramae, and Y. Baba, A 1000 A, 2500 V Pressure Mount RC-IGBT, in *Proceedings 6th European Conference on Power Electronics and Applications, Seville, Spain, 19–21 September 1995 (EPE'95)*, EPE Association, Belgium, pp. 1.051–1.055.

22. H. Y. Takahashi, K. Yoshikawa, M. Soutome, T. Fujii, M. Ichijyou, and Y. Seki, 2.5 kV-1000A Power Pack IGBT (High Power Flat-Packaged RC-IGBT), in *Proceedings International Symposium on Power Semiconductor Devices and ICs (ISPSD'96)*, 1996, Hawaii, pp. 299–302.

23. Y. Takahashi, T. Koga, H. Kirihata, and Y. Seki, 2.5 kV-100A Flat-Packaged IGBT (Micro-stack IGBT), *IEEE Trans. Electron Devices*, Vol. 43, No. 12, December 1996, pp. 2276–2282.

24. Y. Takahasi, K. Yoshikawa, M. Soutome, T. Fujii, H. Kirihata and Y. Seki, 2.5 kV–1000 A Power Pack IGBT (High Power Flat-Packaged NPT Type RC-IGBT), *IEEE Trans. Electron Devices*, Vol. 46, No. 1, January 1999, pp. 245–250.

25. A. Hamidi, G. Coquery, and R. Lallemand, Reliability of High Power IGBT Modules Testing on Thermal Fatgue Effects due to Traction Cycles, in *Proc. Conf. Rec. 7th European Conference on Power Electronics and Applications, EPE '97*, 8–10 September, 1997, Trondheim, Norway, EPE Association, Belgium, pp. 3118–3122.

26. Th. Schütze, H. Berg, and M. Hierholzer, Further Improvements of Reliability of IGBT Modules, in *Proc. Conf. Rec. of the IEEE Industry Applications Society (IAS) Annual Meeting*, IEEE, New York, 1998, pp. 1022–1025.

27. A. Pirondi, G. Nicoletto, P. Cova, M. Pasqualetti, M. Portesine and P. E. Zani, Thermo-mechanical Simulation of a Multichip Press-Packed IGBT, *Solid State Electron.*, Vol. 42, No. 12, December 1998, pp. 2303–2307.

28. G. Mitic and G. Lefranc, Localization of Electrical Insulation and Partial Discharge Failures of IGBT Modules, *IEEE Trans. Indust. Appl.*, Vol. ED-38, January/February, 2002, pp. 175~180.

29. J. Flannery, M. Meinhardt, P. Cheasty, P. Byrne, S. C. Ó. Mathúna, O. Slattery, K. Briggs,
P. Barrass, and B. Drury, State-of-the-Art of Integrated Power Modules (IPMs) for 0.75 kW and 2 kW Drive Applications, *IEEE Applied Power Electronics Conference and Exposition (APEC)*, 1999, IEEE, New York, pp. 657–663.

第10章 Chapter 10

新型IGBT的设计理念、结构创新和新兴技术

自从提出 IGBT 以来，研究人员努力通过优化传导和开关损耗来改善器件特性以实现最佳的折中，至今，器件特性已几乎达到理论极限。通过结构的修改，进一步的改进是可能的，如加入一个额外的栅极，包括额外的 P 型层等。本章将回顾一些新颖的 IGBT 结构，还将对现有 IGBT 结构进行改进，重点关注高功率和高频应用。基于对现有结构及其缺点的物理理解，研究人员进行了大量的多维计算机仿真来研究这些提出结构的传导、阻断和开关特性，并全面研究它们的电学性能。许多这些结构已经在实验室中进行了实验证明，有些正处于早期开发阶段，有些正在等待原型制作。

10.1 在导通状态电压降和开关损耗之间的折中

通常情况下，在导通状态期间存储在基区中的电荷量越大，正向压降越小，关断能量损耗越大。但实际情况并不一定是这样，因为这些效果取决于基区载流子的分布[1(a)]。增加发射区附近的载流子分布是有利的，并且可以找到最佳载流子分布以实现最佳的折中。在 N^- 基区中长的载流子寿命，基区中的一维载流子分布，强栅极驱动电压和钳位电感负载开关条件的简化假设下，计算以下参数[1(a)]：

1）集电极结处的电子电流为［附录 10.1，式（A10.1.4）］

$$I_{nW_b} = \frac{b}{1+b}I_t + \frac{qAD_a(p_w - p_0)}{W_b} \tag{10.1}$$

式中，I_t为器件总电流；b 为电子 - 空穴迁移率；A 为器件面积；D_a为双极型扩散系数；p_w为发射区一侧载流子浓度；p_0为集电区一侧载流子浓度；W_b为基区宽度。

2）在 t 时刻的基区电荷为［附录 10.2，式（A10.2.1）］

$$Q_{base}(t) = Q_0 - Q' \tag{10.2}$$

式中，Q_0为基区中的初始存储电荷；Q'为瞬态基区存储电荷。

3）在 t 时刻耗尽层宽度 $W_{dep}(t)$ 的瞬态基区电荷为［附录 10.2，式（A10.2.1）和式（A10.2.3）］

$$Q_{\text{base}}(t) = Q_0 - \frac{qA}{2}[(p_{t0} + p_t)W_{\text{dep}}(t) + (p_{t0} - p_t)L_c] \tag{10.3}$$

其中［附录 10.2，式（A10.2.4）和式（A10.2.5）］

$$p_t = p_w + \frac{(p_0 - p_w)[W_{\text{dep}}(t) + L_c]}{W_b} \tag{10.4}$$

$$p_{t0} = p_t|_{W_{\text{dep}}(t)=0} \tag{10.5}$$

和［附录 10.2，式（A10.2.2）］

$$Q_0 = \frac{qA}{2}[W_b(p_0 + p_w) - p_w L_c] \tag{10.6}$$

式中，L_c为瞬态载流子分布中的恒定距离。

4）在 t 时刻集电极电压 V_C时的耗尽层宽度为［附录 10.3，式（A10.3.4）］

$$W_{\text{dep}}(t) = \sqrt{\frac{2\varepsilon_0\varepsilon_s V_C(t)}{q(N_D + p_m)}} \tag{10.7}$$

式中，ε_s为 Si 的相对介电常数；$V_C(t)$为 t 时刻的集电极电压；N_D为 N^-基区浓度；p_m为可动空穴浓度。

5）调整的基极电阻为［附录 10.4，式（A10.4.5）］

$$R_{\text{base}} = \frac{W_b}{qA(\mu_n + \mu_p)}\ \frac{\ln p_0 - \ln p_w}{p_0 - p_w} \tag{10.8}$$

式中，μ_n和μ_p为电子和空穴迁移率。

6）导通态压降为［附录 10.5，式（A10.5.10）］

$$V_{\text{ON}} = R_{\text{base}}I_t + V_{\text{MOS}} + \frac{kT}{q}\ln\left(\frac{p_0^2}{n_i^2}\right) \tag{10.9}$$

现在由于集电极电压上升引起的能量损耗由式（10.10）给出［附录 10.6，式（A10.6.1）］

$$E_{\text{vr}} = I_t\int_0^{t_{\text{vr}}} V_C(t)\,dt \tag{10.10}$$

式中，t_{vr}为集电极电压 $V_C(t)$达到开关轨电压的时间。包括基区中的载流子复合，电流尾引起的能量损耗为［附录 10.6，式（A10.6.2）］

$$E_{\text{tail}} \approx V_{\text{DC}} \cdot Q_{\text{base}}(t)\,|_{V_c(t)=V_{\text{DC}}} \tag{10.11}$$

应用式（10.8）~式(10.11)，对指定的 p_w，p_0，V_{DC}和 I_t计算 IGBT 的导通状态电压和关断损耗之间的折中。该分析表明，最佳载流子浓度是发射极一侧的载流子浓度高于集电极一侧的载流子浓度。然后问题就简化到寻找合适的 IGBT 结构，以得到最佳的载流子分布，沟槽 IGBT 结构可以提供这种载流子分布。它可以实现这一点，因为沟槽 IGBT 结构中从 N^+累积区进入到 N^-基区的载流子远大于平面 IGBT。通过增加沟槽栅极宽度进而增加栅极面积来实现发射极一侧载流子浓度的进一步增加。对于沟槽 IGBT，来自发射极一侧的注入效率的控制参数是沟槽栅极宽度，而来自集电极一侧的控制参数是 P^+注入剂量。为了说明这一点，考虑两个穿通 IGBT 结构 X 和 Y，其沟槽栅极宽度为 5μm 和 10μm，P^+集电区掺杂浓度

分别为 8×10^{17} 和 $3\times10^{17}/cm^3$[1(a)]。IGBT B 具有更高的发射极注入效率，但集电极注入效率较低。因此，IGBT B 将在传导和开关损耗之间提供更好的折中。但必须指出的是，对于多晶硅填充来说，更宽的沟槽栅极是有问题的。

具有弱集电区注入效率的 NPT - IGBT 结构是一个显而易见的集电极结构。在这里，一个精确控制的受主杂质注入 IGBT 的背面，产生一个薄且低掺杂的集电区。在 PT - IGBT 的情况下，采用高掺杂的 N^+ 缓冲层来降低集电极注入效率。在集电极附近的局部寿命控制也增加了集电结附近的复合，从而降低了集电结注入效率。使用多种控制集电极和发射极侧注入效率的方法有助于设计最佳结构。

10.2 在沟槽 IGBT 导通态载流子分布的并联和耦合 PIN 二极管 - PNP 型晶体管模型

在正向传导期间，沟槽 IGBT 中的载流子分布是 PIN 二极管（由 P^+ 集电区/N^- 基区/P 型基区形成）和 PNP 型晶体管（在 P^+ 集电区/N^- 基区/N^+ 积累层之间）的载流子分布的共同效应[1(b)]。PIN 二极管和 PNP 型晶体管对载流子的贡献的相对比例由总积累层长度 l（水平长度 l_{horiz} + 垂直长度 l_{vert}）与单元宽度 d 的比例控制，称为设计的宽长比 l/d（见图 10.1）。PIN 二极管 - PNP 型晶体管组合在沟槽 IGBT 中的整体效应是根据两者的效应来讨论的，即并联效应，由两个器件的并联作用引起的几何结构现象以及耦合效应，描述在 IGBT 中的 N^- 基区的 PIN 二极管区域中的载流子分布对 PNP 型晶体管静态电流增益 α_{PNP} 的影响[1(b)]。

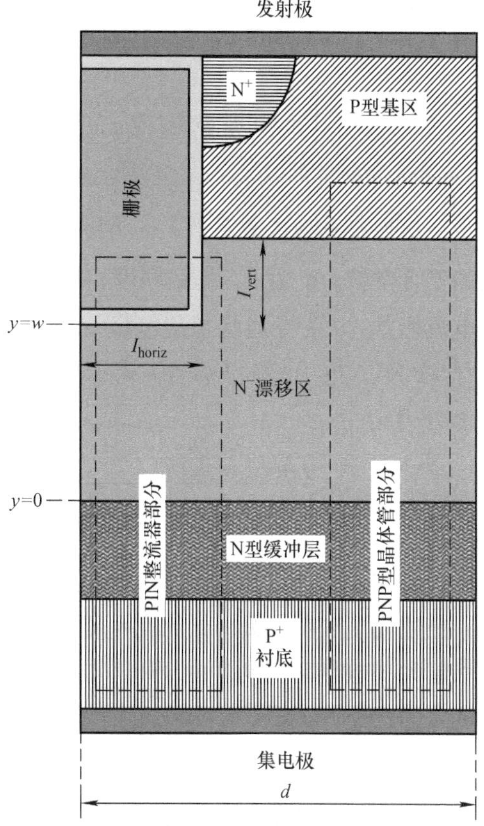

图 10.1 分析的沟槽栅极 IGBT 结构

当设计的长宽比增加时，过剩的载流子浓度在两个维度上都得到增加，从而降低了正向电压降。然而，开关特性不会受到影响，因为一旦沟道和积累层中断，电子注入就会停止。载流子浓度在发射区一侧下降。发射区一侧快速移动的空间电荷区将过剩的空穴扫向发射区短路接触。但是在 N^- 基区内更深处的复合过程更慢。因此，发射区一侧的 PIN 二极管效应不会影响沟槽 IGBT 的关断行为。

将最佳沟槽 IGBT 定义为具有 $l>>d$ 的大单元密度，因为 PIN 二极管面积远大于 PNP 型晶体管面积，所以并联效应仅受 PIN 二极管的作用影响。但在发射极一侧 PIN 二极管的峰值浓度取决于 PNP 型晶体管。垂直向上移动的空穴电流在沟槽栅极的起始处划分成两部分。一部分在积累层中复合，而另一部分流过P型基区到发射区短路接触。PNP型晶体管在积累层/N^-基区界面处引起较低的浓度p_w，这是由耦合效应引起的。基于此分析，IGBT的饱和电压表示为

$$V_{CEsat} = V_{DSsat} + V_{PINsat} \tag{10.12}$$

式中，V_{DSsat}为MOSFET的漏极－源极饱和电压，由通常的MOSFET方程表示；V_{PINsat}为饱和区PIN二极管两端的压降，由式（10.13）给出：

$$V_{PIN} = V_{JC} + V_{N^-} + V_{JAN^-} \tag{10.13}$$

式中，V_{JC}和V_{JAN^-}分别为集电极和积累层/N^-基区结的电压降；V_{N^-}为N^-基区电压降。$V_{JC}+V_{JAN^-}$表示为

$$V_{JC} + V_{JAN^-} \approx \frac{kT}{q}\left(\frac{p_0 p_w}{n_i^2}\right) \tag{10.14}$$

式中，p_0和p_w为集电区和发射区端N^-基区中过剩的载流子浓度。p_w的表达式为［附录10.7，式（A10.7.29）］

$$p_w = \frac{D}{2Lh_w}\left[-\coth(w/L) + \sqrt{\coth^2(w/L) + \frac{4h_w\tau}{qD}\left(\frac{1}{1+b} - \alpha_{PNP}\right)J + \frac{4h_w L p_0}{D\sinh(w/L)}}\right] \tag{10.15}$$

式中，D为双极型扩散系数；w为图10.1中标记的距离；L为双极型扩散长度；h_w为积累层结的复合常数；w为N^-基区厚度；b为电子和空穴迁移率的比；α_{PNP}为PNP型晶体管的静态电流增益；J为导通状态集电极－发射极电流密度；p_0为集电区一侧N^-基区中的过剩载流子浓度。电压降V_{N^-}由式（10.16）表示［附录10.8，式（A10.8.10）和式（A10.8.11）］

$$V_{N^-} = \frac{J\sinh(w/L)}{q(\mu_n+\mu_p)}\int_0^w \frac{dy}{p_0\sinh\left(\frac{w-y}{L}\right) + p_w\sinh(y/L)} + \left(\frac{kT}{q}\right)\frac{D_n - D_p}{D_n + D_p}\ln\left(\frac{p_0}{p_w}\right) \tag{10.16}$$

式中，μ_n和μ_p为电子和空穴的迁移率；D_n和D_p为相应的扩散系数。

上述模型表明，高l/d比在不牺牲开关速度的情况下，通过PIN整流器效应在发射区一侧引起大的电导率调制。由于PIN二极管是双边注入器件，因此上述意味着沟槽IGBT是双边注入的快速开关器件。

10.3 性能优越的非自对准沟槽IGBT

沟槽IGBT分为两类，即非自对准沟槽IGBT（Non－Self－Aligned Trench IGBT，NSA－IGBT）（见图10.2a）和自对准沟槽IGBT（Self－Aligned Trench IGBT，SA－IGBT）（图10.2b）[2]。由于SA－IGBT具有较高的MOS沟道密度，因此预期会优于NSA－IGBT。但NSA－IGBT在降低正向电压降方面提供了更好的性能，因为在这种类型中N^+发射极接触电阻较小。这种差异源于NSA－IGBT的N^+发射极接触面积较大的事实。在SA－IGBT中，半导体表面中的

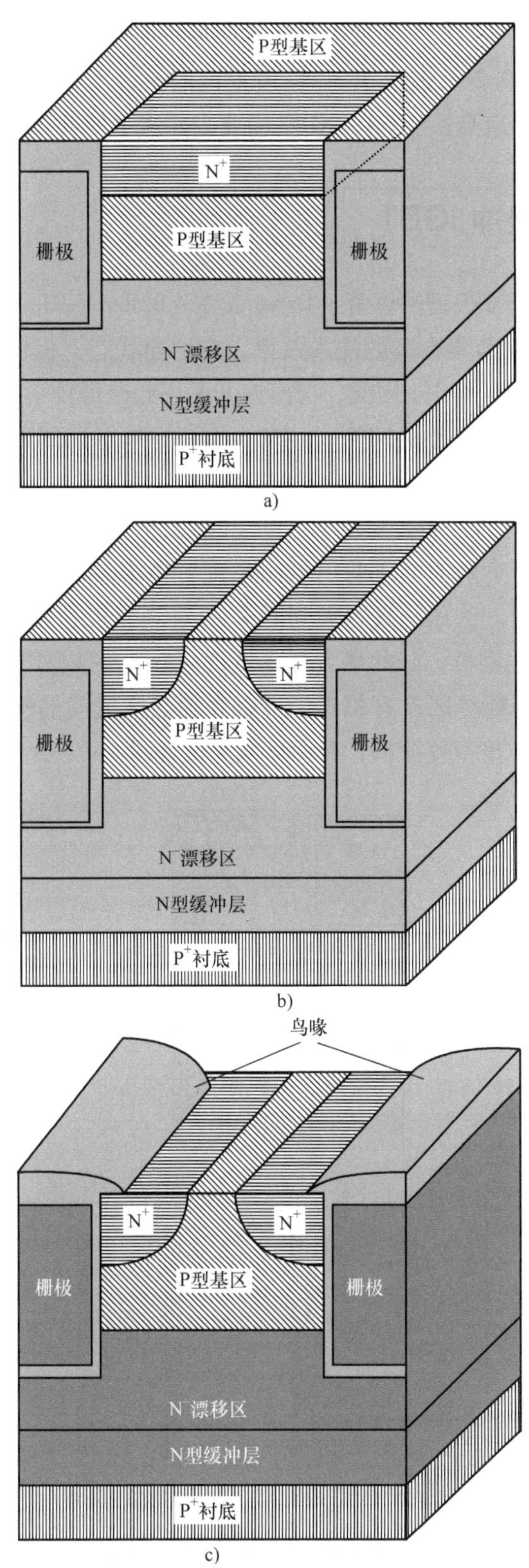

图 10.2 沟槽 IGBT 的横截面

a）非自对准沟槽 IGBT b）自对准沟槽 IGBT c）显示鸟喙效应的自对准沟槽 IGBT

掺杂浓度在接触金属与半导体表面连接的电接触区域中横向减小，导致更高的接触电阻。另外，鸟喙的侵入（见图 10.2c）减小了与 N^+ 发射区的接触面积，使得仅在高电阻率区域中与发射极接触。因此，制造高性能 SA－IGBT 需要去除水平的鸟喙。

10.4 动态 N 型缓冲 IGBT

动态 N 型缓冲绝缘栅双极型晶体管（Dynamic N－Buffer IGBT，DB－IGBT）是一种双沟槽栅极 IGBT，可以自动调节集电极区注入效率，在导通状态下提供高注入效率，并在关断和短路条件下提供低注入效率[3]。因此，与高速开关一起获得较小的导通态电压降。横截面上，DB－IGBT 类似于单沟槽栅极 NPT－IGBT，除了在集电区侧添加一个额外的沟槽栅极 G_2，如图 10.3a 所示。

沟槽栅极 G_2 两侧之间的台面区域的宽度 w 和掺杂浓度 N_D 确定了 DB－IGBT 的电学行为。通过向该栅极施加高于阈值电压的负电压来理解栅极 G_2 的工作。图 10.3b 和图 10.3c 所示为两种结构的能带图，例如，具有大间距 w 的双侧栅极和具有小间距 w 的双侧栅极。对于 $w>2X$ 的大宽度双侧栅极，硅的最大耗尽宽度 X 由硅的相对介电常数、掺杂浓度和其费米势确定。因为两侧的耗尽区没有相连，所以在耗尽区之间的剩余硅部分从两侧显示出来。但对于 $w<2X$ 的小宽度双侧栅极，台面区域完全耗尽。

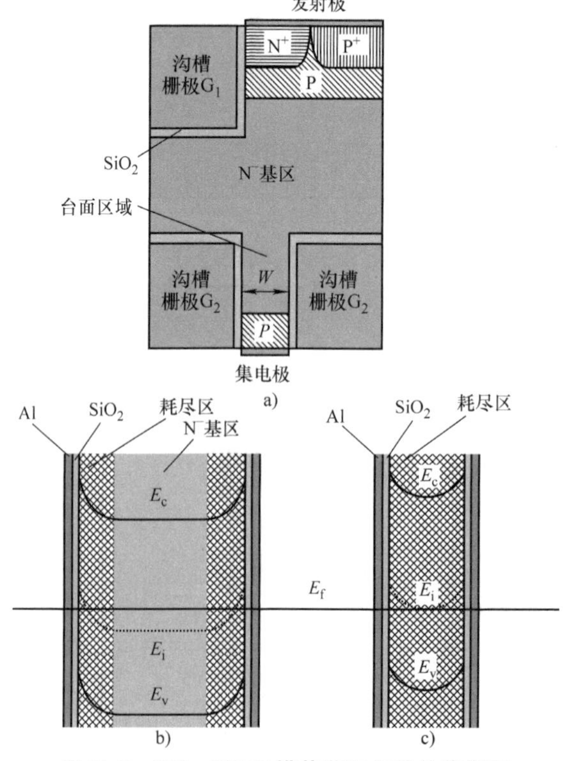

图 10.3 DB－IGBT 横截面和相关的能带图

a）DB－IGBT 的半单元 b）宽间距 w 的能带图 c）具有窄间距 w 的能带图

栅极 G_2 上相对于集电极的偏压来控制 DB-IGBT 的工作。因为多晶硅栅极 G_2 是重掺杂的，所以其费米能级与导带的底部重合。同时，轻掺杂 N^- 基区的费米能级远离导带。此外，其功函数高于 G_2，并且在 P 型集电区/N^- 基区结上存在内置电势差。因此，在 $V_{G2}=0V$ 时，在 N^- 基区中的栅极 G_2 附近的界面处会形成一个电子积累层。实际上，在台面区域中产生一个弱缓冲区。在正向偏置 G_2 时，电子的积累增加了 N 型缓冲区。当 $V_{G2}=0V$ 时，通过沟槽的电场屏蔽以及台面区域中的电子积累会提供高的耐压能力，从而实现了阻断特性。在导通状态下，栅极 G_2 被偏置在负电位 -15V。然后，在 IGBT 的 N^- 基区中的台面区域和沟槽的底部形成一个反型层（空穴密度）。这个反型层是一个薄的重掺杂的 P^+ 区域，像 P^+ 集电区一样向 N^- 漂移区注入空穴，从而补充了集电区的注入效率。因此，通过反型层可以显著提高 P^+ 集电区的注入效率，并且可以通过监测施加到栅极 G_2 的负电位来控制。可以以相同的方式，向栅极 G_2 施加负电压来提供阻断行为。

10.5 具有反向阻断能力的横向 IGBT

为了改善正向压降和正向阻断电压之间的折中，必须牺牲 IGBT 的反向阻断能力。在需要反向阻断能力的应用中，二极管与 IGBT 串联以支持反向电压，但是这种做法增加了正向压降和相关的功率损耗。一个具有反向阻断功能的横向 IGBT 结构如图 10.4 所示。对集成在功率 IC 中用于 AC 应用，这种 IGBT 结构[4]是有用的。这里包括两个 P^+ 分流器区，分别位于 P 型基区和 N^+ 发射区的双扩散结的两侧。单个栅极控制由 DMOS 结构形成的 N 沟道 MOSFET 和由 P^+ 区域形成的 P 沟道 MOSFET 构成，如图 10.4 所示。在没有向栅极施加任何电压的情况下，器件阻断两个方向上的电流流动，这从器件中不同结的偏置中可以很容易地理解（见图 10.5）。当向栅极施加正电压时，N 沟道 MOSFET 开启。然后发生电子注入，从 N^+ 发射区到 N^- 漂移区。同时，在集电区的 P^+ 区域发生空穴注入，这些空穴到达 P^+ 分流器，然后通过 N^- 漂移区进入 P 型基区。在低电流密度下，该器件像 IGBT 一样工作。但在高电流密度下，当 P 型基区/N^+ 发射区结上的电压降超过内建电势时，PNPN 晶闸管开启。由于再生反馈机制，会发生载流子的大量注入，从而使器件上的正向压降最小化。这是晶闸

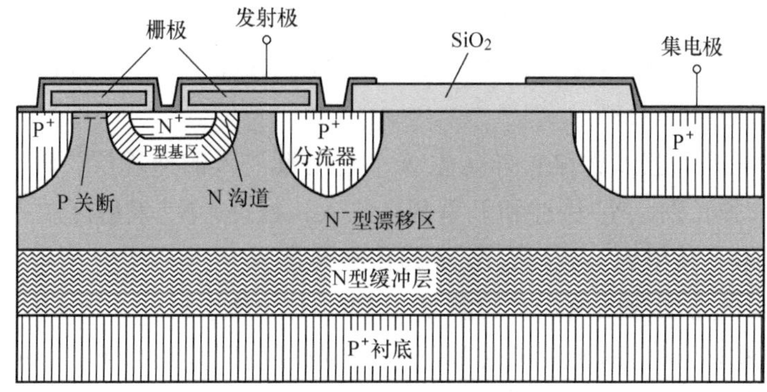

图 10.4 用于 AC 电源控制，具有反向阻断功能的横向 IGBT（带 P^+ 分流器区域）

管的工作模式。当P沟道MOSFET工作时，为了关断器件，在栅极上施加一个负偏置。然后，形成连接P型基区和P^+反相器区空穴的分流路径。因此，晶闸管功能终止而器件被关断。该器件的正向传导压降在$100A/cm^2$时为6.5V，两个方向上的阻断电压均为600V。

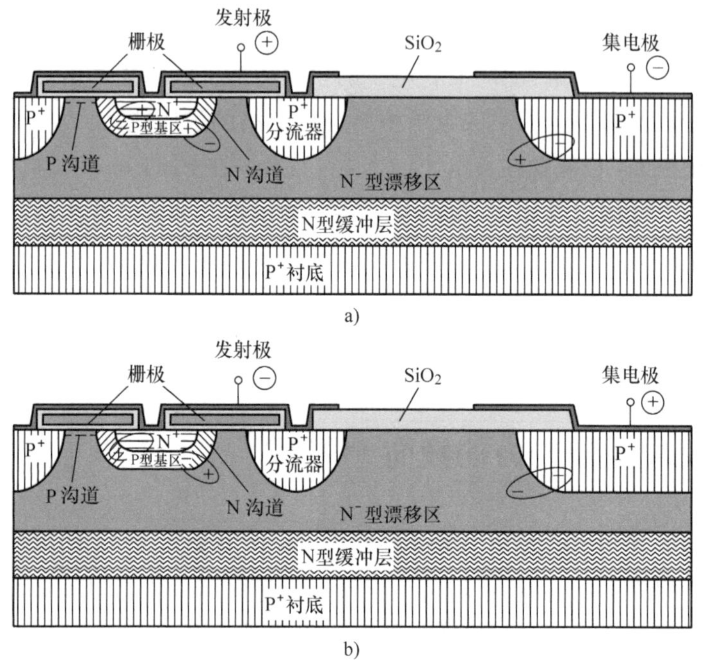

图10.5　横向IGBT（带P^+分流器区域）

a）IGBT发射极上正电压，集电极上负电压　b）IGBT发射极上负电位，集电极上正电压

10.6 抗高温闩锁的横向IGBT

图10.6给出了抗高温闩锁的横向IGBT结构的横截面图[5]。注意在结构中包括了辅助发射极、N^+下沉区和P^+埋层。在非导通状态期间，有源沟道和辅助发射极之间的区域处于低电位，使得高掺杂的沉降区域不会降低器件的阻断电压。但是，下沉区域以两种方式增强了器件的正向工作。首先，由于载流子梯度产生了一个电场，避免了空穴流过P型基区结果空穴被转向掩埋层和辅助发射极。因此，流过P型基区的空穴电流减少，导致闩锁。其次，下沉区降低了基区电阻，从而增加了双极型基极电流。因此，去除了包含掩埋层和辅助发射极的结构所呈现出的电流限制。

IGBT制造的主要工艺步骤是：外延生长，使用硼注入的掩埋层，P^+和N^+下沉扩散，多晶硅淀积，掺杂和光刻，N^+缓冲和P型基区注入，推进，N^+发射区注入，集电极和辅助发射极的浅P^+扩散，接触窗口开口，Al金属化和钝化。

在300～423K的温度范围内，实验测量了LIGBT的静态特性。该LIGBT的闩锁电流密度在423K时为$160A/cm^2$。对于传统的LIGBT，同样温度时大约为$40A/cm^2$。与传统情况相比，这种LIGBT显示出随着温度的升高，闩锁电流密度的降低相对较小。同时还研究了动态闩锁，在电感负载条件下测量的最大可控电流几乎没有减少。

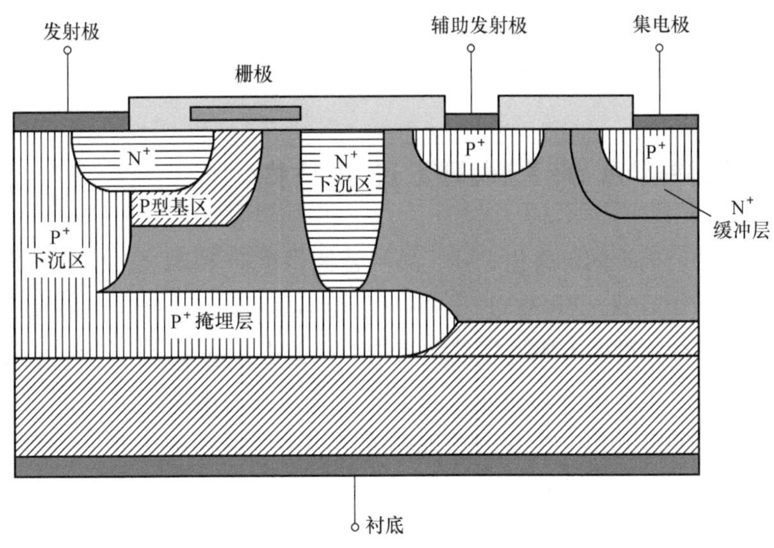

图 10.6 用于高温工作的横向 IGBT

数值仿真分析表明，传统 LIGBT 结构的闩锁机制与上述结构不同。前者的闩锁是由流过 P 型基区的空穴引起的，并且发生在沟道附近。后者的闩锁发生在 N⁺发射区/P 型基区结的平面区域中，其中 P⁺下沉区与 P 型基区一起出现。晶闸管触发是由穿过掩埋层和 P⁺下沉区的空穴引起的，因为 N⁺下沉区将空穴从 P 型基区转移开。

10.7 具有高闩锁电流性能的自对准侧壁注入的 N⁺发射极横向 IGBT

在如图 10.7 所示的结构中，在沟槽底部扩散 P⁺⁺区域之后，通过沟槽侧壁的自对准磷注入形成一个小的 N⁺发射区[6]。P⁺⁺区域在 N⁺发射区下方延伸，从而大大降低了造成闩锁的 P 型基区电阻。自对准侧壁注入的 N⁺发射极横向 IGBT（Self – Aligned Sidewall Implanted N⁺ Emitter Lateral IGBT，SI – LIGBT）制造的主要工艺步骤是：P 型基区扩散，用于 P 型基区中心刻槽的自对准反应离子刻蚀，在 P 型基区和 P⁺⁺集电区上方的 P⁺⁺区域的硼注入和推进，以及通过沟槽侧壁自对准 45°的磷注入，以产生微小的 N⁺发射区。

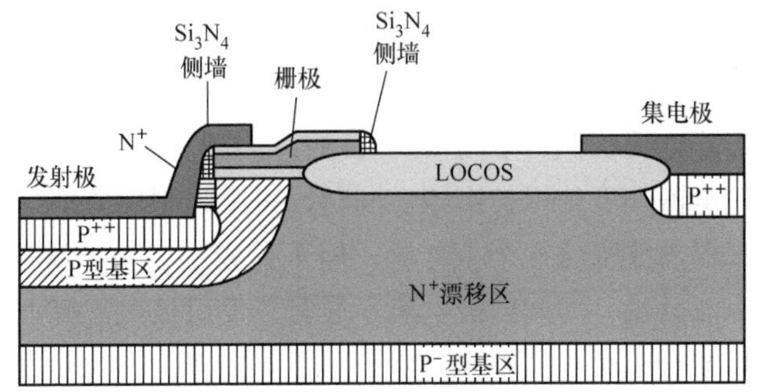

图 10.7 SI – IGBT

由于自对准工艺，SI – LIGBT 不需要任何额外的光掩膜来形成 P⁺⁺区域和 P 型基区，因此，SI-LIGBT 面积比传统方法小。SI-LIGBT 的室温闩锁电流记录为 1550A/cm^2，在 125℃时保持在 1000A/cm^{2}以上，从而验证了侧壁注入发射区的优势。

10.8 更大 FBSOA 的 LIGBT 改进结构

由于集电极和发射极之间的寄生 PNPN 晶闸管使得横向 IGBT 会发生闩锁，从而导致器件正向偏置的安全工作区域（FBSOA）受损。这尤其适用于通过 CMOS/BiCMOS 技术制造的器件，其中发射区掺杂浓度受 CMOS 电路所需的低阈值电压的限制。但 SOA 决定了 IGBT 的短路性能，因此，一个更大的 SOA 是必不可少的。通过在高电压横向 IGBT 的漂移区域中增加一个浅的、轻掺杂的 P 型层，可以显著改善横向 IGBT（LIGBT）的正向偏置的安全工作区域（见图 10.8）[7]。这种改善的根本原因是导通状态下的表面电场减少。但是，器件中包含的 P 型层长度对 IGBT 的传导特性没有坏的影响，也不会增加 HV-CMOS/BiCMOS 工艺的复杂性。

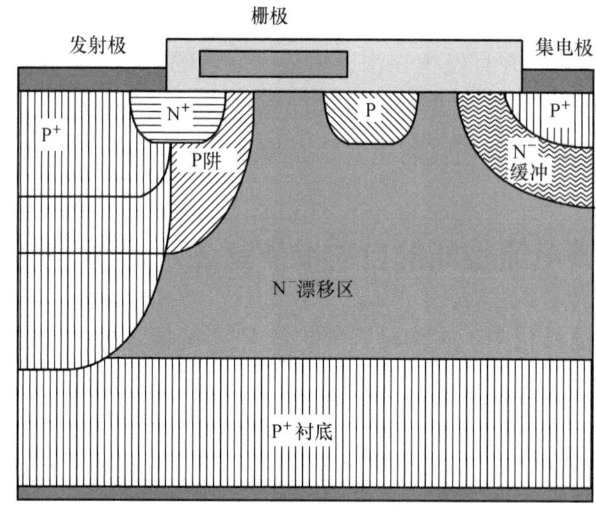

图 10.8　在栅极延伸下改进的具有一个浅 P 型层的横向 IGBT 结构

10.9 集成电流传感器的横向 IGBT

电力电子系统中需要电流检测[8]出于两个目的，即闭环控制应用和作为检测电流何时超过安全极限以便限制电流幅度的保护措施。同时，一个强制性要求是不应损害正常的器件工作。因此，电流传感器需要吸收一个小电流，但不能太小以至于噪声干扰会影响测量值。要感测的电流是横向电流分量，即发射极电流。通常，发射极电流等于集电极电流，但由于衬底漏电流的存在，可能会有微小的差异。对于介质隔离器件，这种差异很小。

发射极电流包括两个载流子分量，即空穴电流和电子电流。空穴电流主要穿过 P 型基区，而电子电流通过沟道流到 N$^+$发射区，流过 P 型基区的电子电流非常小。空穴电流与电子电流的比称为电流组成比，该比例随电流密度和栅极电压而变化。因此，必须精确地测量两个分量以获得发射极电流的真实估计。

图10.9所示为电流传感器的结构。有两个传感器触点 S_1 和 S_2，触点 S_1 位于发射极旁边的N型层上，以检测电子电流的一部分；触点 S_2 设置在P型层上，通过在P型基区的浅扩散形成，以将少量空穴电流转移到触点 S_2。首先定义N型传感器和P型传感器的掺杂分布，然后参考接触尺寸和位置以及掺杂分布来优化传感器结构，以减小感测比的变化，使得 S_1 处的电子电流/C_1 处的电子电流 = S_2 处的空穴电流/C_2 处的空穴电流。因此，从250~450K，在很宽的电流密度范围内（大于1400A/cm^2）和栅极电压高达70V的瞬间关断期间，横向电流检测率的变化被限制在0.95~1.1mA/A的窄范围内。

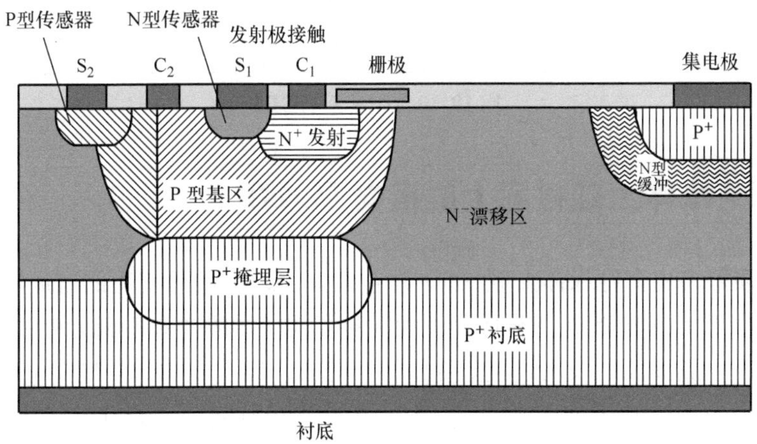

图10.9 LIGBT结构中电流传感器的集成

10.10 介质隔离的快速LIGBT

在介质隔离的LIGBT（Dielectrically Isolated LIGBT，DI-LIGBT）中，对于智能功率IC[9]，由于其对芯片上存在的其他电路的不利影响，避免使用电子辐射进行关断时间的控制。两种可行的替代方案包括①集电极短路LIGBT（Collector-Shorted LIGBT，CS-LIGBT）（见图10.10），其中 N^+ 短路呈直线地放置在 P^+ 集电区后面；②分段的集电区（Segmented Collector LIGBT，SC-LIGBT）结构，其中 N^+ 短路位于器件宽度的三维方向，接着是 P^+ 集电区，并且该顺序连续重复。显著的优点是器件布图期间 P^+ 集电极部分宽度的变化可以控制正向压降和关断时间之间的折中，而无需改变集电极插指结构的宽度，因此也不需要改变IGBT芯片面积。DI CS-LIGBT显示出与传统结构相当的正向压降，因为在高电流密度下的载流子传输主要由漂移分量控制，并且集电极短路不会极大地改变电子-空穴浓度。此外，发现DI CS-LIGBT表现出比DI SC-LIGBT更低的正向传导压降。SC-LIGBT的较高导通电压降是由于 P^+ 集电区载流子注入减少的结果，不仅是由于集电区周边存在 N^+ 短路（这减少了有效集电区），而且还因为在 P^+ 集电区下方流入短路的电子产生的正向偏置不足以引发注入，所以集电区周边的一大部分不能注入载流子。CS-LIGBT和SC-LIGBT的关断特性优于传统的IGBT，因为它们的运行速度更快。但是发现SC－LIGBT的闩锁发生在较低的电流密度，这主要是由于在N^-基区和P^-基区中流动的电流不均匀。

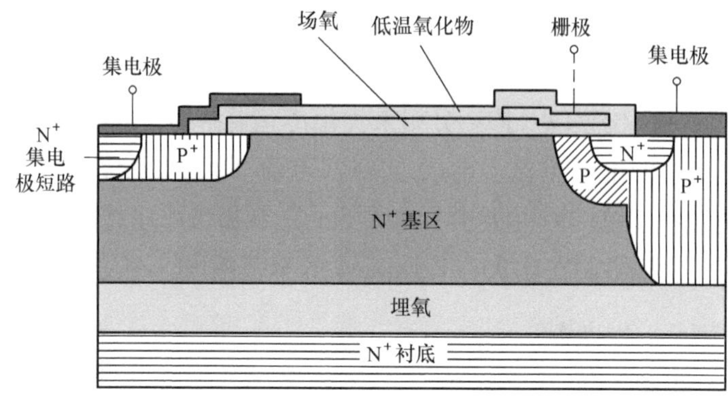

图10.10　DI CS－IGBT

10.11 薄绝缘体上硅衬底上的横向IGBT

真正的介质隔离由薄绝缘体上硅（SOI）衬底提供，但通常使用的衬底厚度大于10μm。通过使用厚度小于1μm厚的超薄衬底，大大简化了器件的隔离和逻辑元件的集成[10]。为了支持击穿电压，在漂移区中采用线性渐变的掺杂分布，以实现均匀的横向电场。通过这种方法，获得了高击穿电压以及低正向电压降和短的关断时间。这提供了高速功率集成电路（PIC）所期望的电学特性。关键参数是SOI衬底厚度，太薄的衬底增加了其顶部和底部界面处的载流子复合，抑制了电导率调制，从而增加了IGBT的正向电位降。相反，太厚的衬底在形成线性渐变分布方面存在问题。该分布通过离子注入，通过掩膜中的一系列窗口来实现。窗口在集电极附近尺寸大，在发射极附近较小，因此在这些区域会引入不同剂量的杂质。离子注入之后是SOI层中杂质的横向扩散。在厚的SOI层中，扩散将在横向和纵向进行，因此得到的分布不是线性的。仅通过使用不实用的大掩埋氧化物厚度获得高的击穿电压。在0.5μm的最佳SOI层厚度时获得高达720V的击穿电压，N缓冲层浓度为$1\times10^{18}/cm^3$，掩埋氧化物厚度为4μm，给出了击穿电压和正向压降之间的最佳折中。在同一器件中，在$100A/cm^2$下的正向压降为6V，关断时间为140ns。器件工作在25℃，直到电流高达$200A/cm^2$都不会出现闩锁。

10.12 改进闩锁特性的横向沟槽栅极双极型晶体管

横向沟槽栅双极型晶体管（Lateral Trench－Gate Bipolar Transistor，LTGBT）[11]与传统LIGBT的不同之处在于MOS栅极区域和N^+/P^+发射极区域的位置（见图10.11）。它包括沟槽栅极，相对于传统的LIGBT，发射极和沟道的位置互换。垂直沟槽形成MOS栅极，而P阱与N^+发射区的连接通过P^+发射区形成。在正向导通工作模式中，相对于集电极的负电压施加到发射极，如在传统的LIGBT中那样，集电极电流在高于阈值电压的栅极电压和大于一个PN结电压降的集电极电压下开始流动。随着集电极电压的增加，集电区 PN 结将大量空穴注入 N^- 外延层。这些空穴的一部分与垂直沟道注入的电子重新复合，剩余的空穴从 N^- 外延层流到 P 阱。P^+ 发射区收集这些空穴，而不允许所述空穴流过 N^+ 发射区下面的区域。因此，沟道和集电区之间 P 阱的存在有利于空穴流向 P^+ 发射区，并减少了 N^+ 发射区下方区域中空穴流动的趋势，从而防止闩锁。例如，一个长度为 5μm 的 N^+ 发射区的静态闩锁电流密度比 LIGBT 增加了 2.3 倍，而动态闩锁电流密度增加了 4.2 倍。

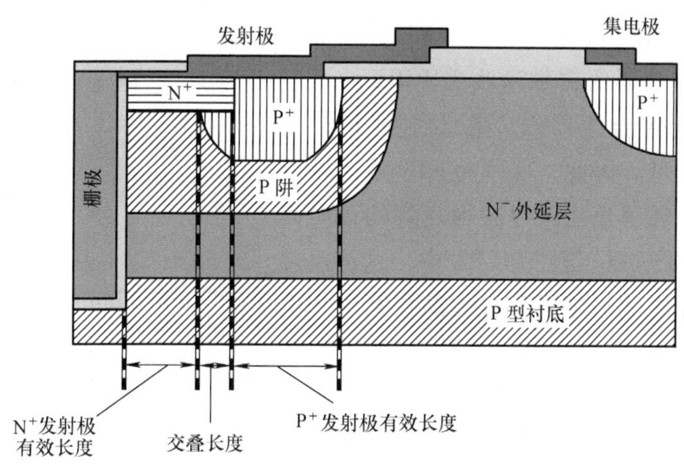

图 10.11 LTGBT 的横截面图

通过缩短 N^+ 发射区的长度来完成进一步的抗闩锁特性。实际上，发射极长度缩短受到光刻约束的限制。在没有复杂光刻技术的帮助下，替代方案是交叠 N^+ 和 P^+ 发射区。P^+ 发射区的结深度大于 N^+ 发射区，N^+ 发射区的掺杂浓度高于 P^+ 发射区。因此，在表面上，N^+ 发射区很长，但是其在闩锁中的作用被 N^+ 发射区下方的 P^+ 发射区部分抑制。因此，根据交叠量，通过交叠长度定义有效的 N^+ 发射区长度，其小于总的 N^+ 发射区长度。然后，有效的 N^+ 发射区长度确定最大的闩锁电流，通过逐渐增加 N^+ 和 P^+ 发射区扩散之间的交叠，使有效的 N^+ 发射区长度相对较小。在长度为 2μm 时，在 LTGBT 中没有观察到闩锁，然而，这种方法使阈值电压增加了 0.8V。

LTGBT 中的电导率调制不仅发生在 N^- 漂移区域，还发生在 N^- 外延层和 P 型衬底的更深处。在较低的集电极电压（<2.6V）下，电子流动会产生一个较大的电阻。这是因为从垂直沟道注入的电子必须在重新复合之前在 LTGBT 中穿过长的路径，深入到体。大的电阻使 LTGBT 的正向压降超过了 LIGBT；但随着集电极电压的增加，从集电极侧开始出现显著的空穴注入。然后，从垂直沟道注入 N^- 外延层和 P 型衬底区域的电子与来自集电极的空穴注入复合，产生增强的电导率调制。在此电压范围内，LTGBT 中的电导率调制效应强于 LIGBT，因此，LTGBT 的正向传导特性优于 LIGBT。

10.13 沟槽平面 IGBT

沟槽平面绝缘栅双极型晶体管（Trench Planner IGBT，TPIGBT）[12] 是对平面高精度光刻

IGBT（Fine Lithography IGBT FL-IGBT）的改进。在 FL-IGBT 中，利用高精度光刻技术来获得低导通电压。在 TPIGBT（见图 10.12）中，FL-IGBT 的发射极单元之间加入沟槽栅极，通过降低 IGBT 正向压降而不影响其击穿电压能力，可进一步提高其性能。如 10.2 节所示，IGBT 是 PNP 型晶体管与 PIN 整流器的组合。已经表明[13]可以通过降低 PNP 型晶体管对 PIN 整流器的贡献来改善 IGBT 的正向传导特性。如果 PIN 整流器效应在发射区附近增强，则饱和特性降低。因此，必须将 PIN 整流器效应从主发射极区域转移出去，以获得良好的正向偏置安全工作区（FBSOA）。在 TPIGBT 中，这是通过沿插入发射区单元之间的沟槽形成大的积累层来实现的，因此，TPIGBT 实现了注入增强。TPIGBT 利用另一个特性，即通过挤压空穴流并允许这些载流子在发射区下方的区域聚积来增加漂移区的电导率调制。在 TPIGBT 中，栅极延伸到 P 阱的沟道区域，在 P 阱的一小段距离之外，直到在氧化物膜上方填充有 N 型多晶硅的沟槽。将 P 阱和沟槽分开的 N^- 漂移区被称为台面区域，通过使用宽度小于 3μm 的窄台面区域，空穴流动受到限制。此外，由于沟槽深度小于 P^+ 隔离区的沟槽深度，避免了沟槽拐角处过早的电场拥挤。因此，在 MOS 沟道区域中不能形成高电场。这允许使用约 250Å 的薄栅氧化物，其为传统栅极氧化物厚度的四分之一。沟槽深度为 3μm，栅极氧化物厚度为 250Å，在 $100A/cm^2$ 电流密度下 TPIGBT 的导通电压比 FL-IGBT 小 0.5V。在将栅极氧化物厚度增加到 1000Å 时，这个差异变为 0.3V。使用较小的沟槽深度能进一步减小正向压降。关于开关损耗，TPIGBT 代表了平面和沟槽 IGBT 之间的一个良好折中。

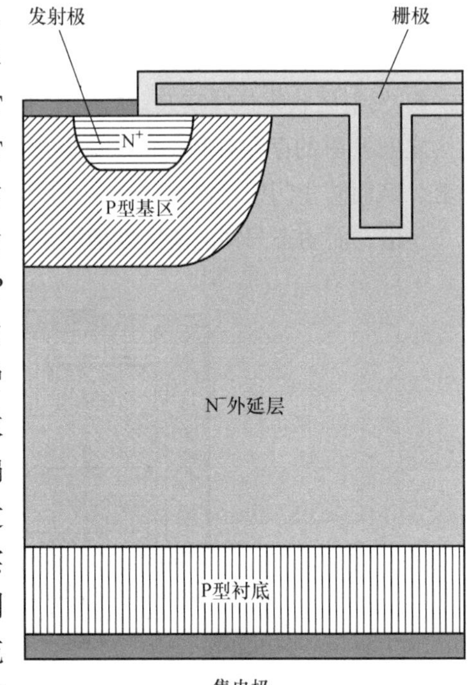

图 10.12 沟槽平面绝缘栅双极型晶体管的横截面示意图

10.14 相同基区技术中的簇 IGBT

簇绝缘栅双极型晶体管（Clustered IGBT，CIGBT）[14,15]旨在将 IGBT 功能扩展到 6kV 及以上的阻断电压范围，目前这一范围由 GTO 和 IGCT 主导。

CIGBT 采用 MOS 控制的晶闸管概念，通过自钳位现象，在预定的集电极电压下，在高的栅极偏置下实现低正向传导损耗以及电流饱和特性。它是由称为簇单元的单元周期性地形成的，它由许多紧密排列的 IGBT 发射极单元组成，限制在电位浮空的 N 阱和 P 阱中。在称为簇半单元的 CIGBT 半单元中（见图 10.13a），栅极 1（G_1）是开启栅极，而栅极 2（G_2）是控制栅极。栅极 G_1 和 G_2 连接在一起，类似地，发射极接触端也连接在一起并接地。P 阱的表面浓度低于 P 型基区的表面浓度。G_2 的阈值电压高于 G_1 的阈值电压，决定了 IGBT 的阈值电压。对于导通状态工作，正电压施加到P型集电极，而大于阈值电压的正电压施加到栅极 G_2。这使得电子电流通过栅极 G_1 进入 N^- 漂移区。在此工作期间，N阱通过栅极 G_2 下方的沟道保持在地电位，连接到接地的发射区接触端。此外，P阱处于浮空状态，并且其电压通过电容耦合升高到所施加的集电极偏置。一旦N阱/P阱结上的电压降超过结的内建电势，就会在该结上注入载流子，沿 P^+ 集电区/N型缓冲层，N^- 漂移区/P阱/N阱结构的晶闸管就开始工作。然后，栅极 G_1 失去控制。由于电导率调制，N阱和P阱的电势增加，但是在反向偏置的P型基区/N阱结上，耗尽区在一定的集电极电压下延伸到P阱，直到穿通极限。因此，在N阱和P阱区域存在自电势钳位，而电流在高栅极电压下饱和。图10.13b给出了CIGBT的等效电路。

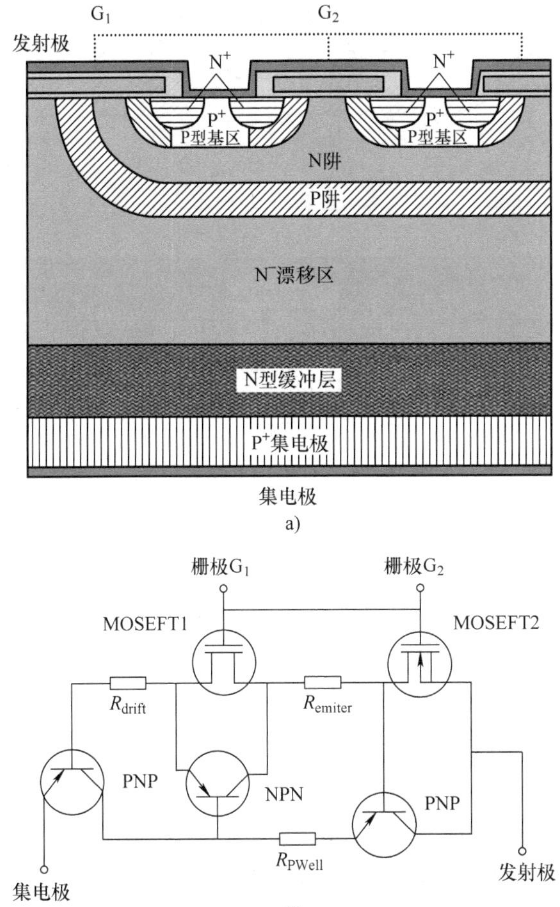

图10.13 CIGBT的横截面图和等效电路模型

a）CIGBT的半单元 b）CIGBT的等效电路表示

10.15 沟槽簇IGBT

沟槽簇绝缘栅双极型晶体管（Trench Clustered IGBT，TCIGBT）[16]如图10.14所示，采用浅沟槽，通过自钳位技术防止高集电极电位。它包含大约5~10个沟槽栅极发射极单元，这些单元被一个共同的N阱和一个P阱包围。位于P阱上方并连接到沟槽栅极的平面MOS栅极G_1用于开启器件，但在器件随后的工作中不起任何作用。该结构由两个PNP型晶体管和一个NPN型晶体管组成。两个PNP型晶体管是：①PNP1，由P^+集电区衬底，N^-漂移区和P阱组成；②PNP2，由P阱、N阱和P型基区组成。NPN型晶体管由N^-漂移区、P阱和N阱组成。晶体管PNP1和NPN包括主晶闸管。

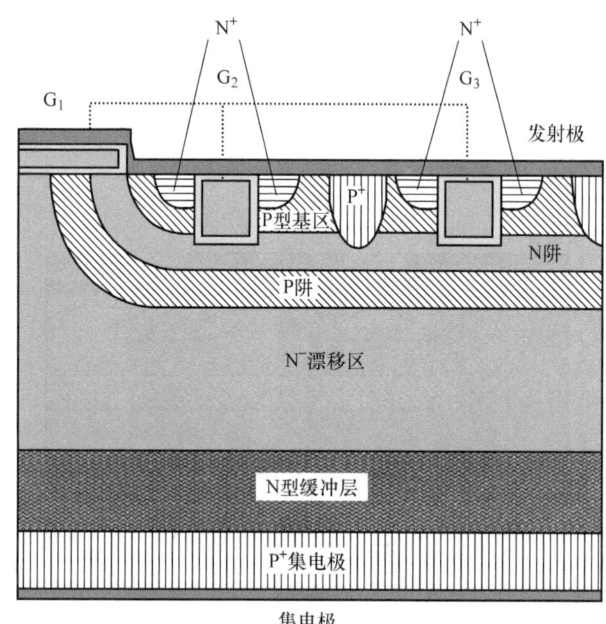

图10.14 TCIGBT的半单元

一旦N沟道栅极处于导通状态，N阱的接地就通过形成的反型层和积累层实现。但是P阱处于浮空状态，因此其电位随着集电极电位上升。最终，当P阱/N阱结上的电压降超过二极管的内建电势时，NPN型晶体管开启，触发主晶闸管工作。然后，N阱和P阱电位随着集电极电位的增加而不断增加，但反向偏置的P型基区/N阱结的耗尽区向下延伸，导致晶体管PNP2的穿通。随着集电极电位的进一步上升，在P阱和N^-漂移区的电压下降，因此，发生电流饱和并实现自钳位。为了调节自钳位电压，需要改变P^+区的深度，TCIGBT的饱和电流相应变化。

由于晶闸管的作用，TCIGBT比TIGBT具有更低的正向电位降。仿真研究表明，2.4μm、1200V的NPT－TCIGBT在$100A/cm^2$下的导通态电位降为1.4V，而在相同电流密度下TIGBT为1.9V，表明导通态损耗减少了25%，同样，关断损耗减少了28%。它还具有正向电压的正温度系数，从而便于器件的并联。TCIGBT的饱和电流低于TIGBT的饱和电流。因此，在高功率领域，TCIGBT是替代TIGBT和GTO的最优选择。

10.16 双栅极注入增强型栅极晶体管

双栅极注入增强型栅极晶体管（Double－Gate IEGT，DG－IEGT）是一种改进的IEGT

结构[17]，它不仅消除了导通状态损耗和关断状态损耗之间的折中，而且还具有双向传导和阻断功能。DG-IEGT 的横截面示意图如图 10.15a 所示，其电路图形符号如图 10.15b 所示。观察到在集电区侧没有缓冲层。因此，它是一个对称结构，传导电流并阻断两个极性的电压。只有最左侧的台面区域连接到发射区接触端。参考图 10.15c，该器件具有四种可能的工作模式：

1）$V_{GE}>0$，$V_{GC}>0$：这里，V_{GE}是发射极处的栅极和发射极之间的电位差。这种模式具有双向传导的特点，它具有两个稳态，即正向传导和反向阻断状态。传导像 MOSFET 一样发生，没有电导率调制，该模式导致更高的传导损耗而应该避免。

2）$V_{GE}>0$，$V_{GC}<0$：该模式中的两个稳态是正向传导和反向阻断。在正向导通模式中，由于少数载流子注入和电导率调制现象，压降非常低，如在 PIN 整流器中那样。由于正向传导和阻断能力之间的良好折中，这种模式应用广泛。

3）$V_{GE}<0$，$V_{GC}<0$：这是一种双向阻塞阻断模式，可用于阻止 AC 信号，不对栅极端施加任何控制偏置。

4）$V_{GE}<0$，$V_{GC}>0$：该模式类似于模式 2），电流和电压方向反转。

因此，DG-IEGT 是一个四象限开关，它将用于替换多个开关和二极管，大大简化了系统设计。

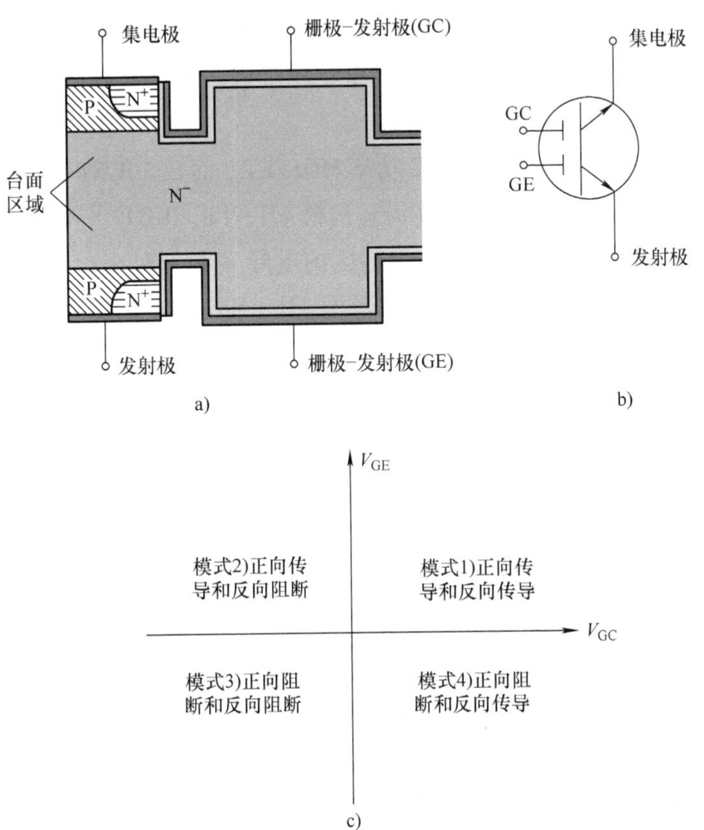

图 10.15 DG-IEGT 的结构视图和工作模式

a）DG-IEGT 结构 b）DG-IEGT 的电路符号 c）DG-IEGT 的四种工作模式

10.17 SiC IGBT

由于碳化硅在高功率、高温和高频电子等恶劣环境中具有独特的性能，并且出现了高质量的衬底和定制外延晶圆材料，最近人们对这种化合物重新产生了兴趣。但是，在150种多型体中，只有3C－SiC，6H－SiC和4H－SiC三种最常见，在这三种中，选择4H－SiC多型体，这是由于其性质的各向同性[18,19]。此外，4H－SiC中的电子迁移率垂直于c轴，是6H－SiC电子迁移率的2倍，而平行于c轴的电子迁移率几乎是6H－SiC电子迁移率的10倍。SiC（在化合物半导体GaAs和GaN中）的主要工艺优点是它可以被热氧化以形成SiO_2。MOS结构证明其具有高击穿强度和中等密度的界面态，使得它能够用这种材料制造基于MOS的器件和IGBT。和硅一样，SiC中的电子迁移率高于空穴迁移率，因此N沟道SiC MOSFET的跨导大于P沟道对应器件的跨导，而N沟道IGBT中的有源PNP型晶体管的电流增益低于P沟道IGBT中有源NPN型晶体管的增益。因此，N沟道和P沟道IGBT的正向压降几乎相等，并且它们的性能具有竞争性。然而，在4H－SiC和6H－SiC多型体中，空穴的碰撞电离系数大于电子的碰撞电离系数，这意味着在电场方向上，空穴穿过单位距离（1cm）的耗尽区所产生的电子－空穴对数目大于电子所产生的电子－空穴对数目。因此，P沟道IGBT的有源NPN型晶体管比N沟道IGBT的有源PNP型晶体管更加坚固，故P沟道IGBT的安全工作区域大于N沟道IGBT的安全工作区域。由于这个原因，在SiC多型体中，P沟道IGBT优于N沟道IGBT。

SiC IGBT研究和开发方面仅次于SiC功率MOSFET，而SiC IGBT仍然是SiC功率半导体研究中一个基本未开发的领域[20]。在N沟道沟槽6H－SiC IGBT[21]中，反型层中的电子迁移率明显很小（$<1\mathrm{cm}^2/\mathrm{V}\cdot\mathrm{s}$）。因此，漂移区的电导率调制较小，正向电流较低，为mA级。该IGBT具有大约300V的击穿电压。采用4H－SiC制造的200V击穿电压的P沟道UMOS IGBT[22]比6H－SiC IGBT具有更大的电流（>10mA）。SiC MOSFET和IGBT的研究表明，这些器件可以降低电力电子系统的能耗。据预测，可以制造出具有25kV的阻断电压能力和优异开关性能的SiC IGBT。

值得注意的是，在SiC中，对于给定的击穿电压采用较小的漂移层厚度和较高的衬底掺杂。因此，SiC IGBT的关断时间少于Si IGBT。随着SiC中的寿命从25μs降低到5μs，仿真的关断时间从140 ns减少到50 ns。

在1～10kV的电压范围内，已经对包括沟槽栅极IGBT的SiC功率器件进行了广泛的仿真研究[23]。对于低于4kV的电压，漂移区厚度非常小，不需要穿通IGBT。在4H－SiC IGBT中，必须超过P^+衬底/N^-基区结的内建电势（2.7V）以实现电流传导。因此，SiC IGBT的正向传导特性不如SiC MOSFET和BJT那样好。对3.3kV Si IGBT和4kV SiC MOSFET进行比较，虽然MOSFET可以通过$130\mathrm{A/cm}^2$的电流密度，但Si IGBT的电流通过能力为$26.7\mathrm{A/cm}^2$。这些仿真的另一个值得注意的推论是，SiC IGBT的电流额定值随温度的下降并不像SiC MOSFET或双极型晶体管那样严重。例如，在$200\mathrm{A/cm}^2$的电流密度下，1kV SiC IGBT的正向压降在300 K时为4.29V，在600 K时为3.9V。对于10kV SiC IGBT，在300 K和600 K时的正向压降分别为3.9V和4.6V。因此，热效应不会妨碍IGBT的电流分配。与Si晶闸管相比，7kV SiC IGBT具有更大的载流能力（在4V时为223A/cm^2）。因此，SiC IGBT有取代Si晶闸管的潜力。

高于3kV时，SiC IGBT以及GTO和SITh（静电感应晶闸管）是相互竞争的器件，但是需要关闭缓冲器以及更慢的开关速度，这使得IGBT和SITh比GTO更具吸引力。因此，在3kV以上时，SiC IGBT和GTO在电流承载能力和开关特性方面都具有可比性。现在比较SiC IGBT和SITh，在室温下，频率为1kHz，SiC SITh超过了IGBT。但在600 K和10kHz频率下，SiC IGBT比SITh器件更受青睐。因此，IGBT在高温和高频范围内具有明显优于SITh的优势。此外，SITh必须在关断期间提供一个大的栅极电流，并且由于栅极去偏置而容易发生关断故障，因而IGBT更具吸引力。

可以想象，在碳化硅功率器件中，Si IGBT的强大竞争对手将是MOS关断晶闸管（MTO）[24]，这种有希望的SiC器件是MOSFET与栅极可关断晶闸管（GTO）的混合组合。由于具有高功率、易关断能力、高达500℃下运行以及对冷却要求的降低，因此可以确保带有反并联二极管的SiC MTO将成为Si IGBT/二极管的有效替代品，用于在高温、大功率DC电动机控制下构建逆变器模块。进一步预测，由于电介质层中的电荷注入和俘获的基本问题，SiC MOSFET和IGBT在升高的温度下将是不可靠的。目前，通过SiC的热氧化生长的栅极氧化物中的界面陷阱密度（约$5\times10^{11}/cm^2$）和固定氧化物电荷密度（约$1\times10^{12}/cm^2$）非常高，因此基于MOS的SiC器件只实现了有限的成功。

10.18 小结和趋势

在功率半导体器件和模块的发展推动下，在过去二十年中电力电子一直处于快速的发展状态。在使用满足规格的低功率和中功率范围（1～10kVA）的模块中，FET驱动器件（MOSFET和IGBT）将主导市场。应用包括汽车电子，小型电动机和家用电器。在高功率端（几kVA～>1 MVA），6.5kV及以上，例如重型牵引驱动和工业电子，GTO、IGCT和IGBT模块将成为强有力的竞争者。优化的沟槽IGBT具有增强的PIN二极管效应，降低了导通电阻而不会影响关断性能。单元尺寸减小、寄生JFET效应消除、闩锁抗扰度以及发射极侧增强的载流子注入已经带来了器件特性的显著改善。沟槽IGBT远远优于其对手DMOS，因为对于具有厚N型漂移区的DMOS，IGBT在发射区侧的载流子调制明显较弱。因此，沟槽IGBT将成为中高电压和超高电压范围的关键参与者，并在高电压下有潜力替代GTO晶闸管。目前，GTO和IGCT模块与用于大电流和高电压应用的IGBT模块竞争激烈。GTO和IGCT是优良的，因为它们基于晶闸管的行为，所以具有较低的正向压降。然而，这些器件受到复杂的驱动电路要求的影响，因此将IGBT扩展到该额定值对于用IGBT替换GTO和IGCT是有希望的。

练　习　题

10.1　定义沟槽 IGBT 的 PIN 二极管 - PNP 型晶体管模型中的“并联效应”和“耦合效应”。

10.2　TIGBT 设计的宽长比是什么？定义术语“优化的 TIGBT 结构”。高设计宽长比如何导致发射区侧的电导率调制增强且不会降低开关行为。

10.3　阐明动态缓冲 IGBT（DB - IGBT）的概念。绘制宽和窄台面区域的集电极侧栅的横截面图和相应的能带图。在正栅极电位和负栅极电位的影响下，缓冲区如何表现？

10.4　为什么牺牲 IGBT 的反向阻断性能有利于正向传导和阻断性能？使用串联二极管有什么缺点？给出一个具有正向和反向阻断性能的横向 IGBT 结构。

10.5　为什么高频耐用的横向 IGBT 中包含的高掺杂下沉区域不会损害器件在截止状态下的阻断能力？说明在导通状态下提高 IGBT 性能的两种方法。该 IGBT 的闩锁机制与传统的横向 IGBT 有何不同？

10.6　如何在 SI - IGBT 中形成微小的 N^+ 发射区？在这种结构中如何降低 P 型基区电阻以避免闩锁？

10.7　横向 IGBT 正向偏置安全工作区域较差的原因是什么？包含浅的 P 型层对 SOA 有何影响？

10.8　为什么电子辐照是不适合智能功率 IC 中 DI - LIGBT 控制寿命的技术？描述 CS - LIGBT 和 SC - IGBT 中 N^+ 集电区短路的位置。这些 LIGBT 结构中的哪一个会产生较低的正向压降？为什么？

10.9　如何理解缩写词 LTGBT 和 TPIGBT？

10.10　在传统的 IGBT 中，沟槽栅的加入以及沟道和发射极位置的互换如何有助于提高闩锁电流密度？用图表说明 LTGBT 的工作。

10.11　在哪个正向电压范围，LTGBT 的电学特性比 LIGBT 差？而在哪个范围内更优越？为什么？

10.12　定义 LTGBT 中有效的 N^+ 发射区长度。具有不同结深的 N^+ 和 P^+ 发射区之间的交叠如何有助于获得短 N^+ 发射区而无需昂贵的光刻技术？

10.13　在发射极单元之间引入沟槽栅如何导致 TPIGBT 正向压降的显著降低？

10.14　在 TPIGBT 中如何避免沟槽角处过早的电场拥挤？如何在 TPIGBT 中增强 PIN 整流效应？

10.15　在簇 IGBT 中如何实现低正向压降？解释 CIGBT 中的“自钳位效应”和高栅极偏置下的电流饱和。

10.16　绘制横截面图并解释 TCIGBT 的工作原理。概述其优于沟槽栅 IGBT 的优点。

10.17　DG - IGBT 的四种工作模式是什么？哪种模式是首选的？哪些模式必须避免以得到正常的器件功能？用论点来解释。DG - IGBT 概念如何帮助简化系统设计？

10.18 现已知有多少种多形体 SiC？哪种多形体 SiC 最受欢迎？在 4H - SiC 和 6H - SiC 中，哪种具有更高的电子迁移率？哪种具有各向同性的特性？请举出一项工艺优势，使 SiC 可应用于 MOS 器件技术。

10.19 将碳化硅 N 沟道 IGBT 与 P 沟道 IGBT 的跨导和安全工作区域进行比较。

10.20 比较超过 3kV 时 SiC IGBT、GTO 和 SITh 的优缺点。对于哪种类型的应用，SiC IGBT 更优？

10.21 给出与 IGBT 竞争的用于 > 6.5kV 的高压应用的器件名称。

10.22 在两类沟槽 IGBT 中，哪种结构具有较低的正向压降，为什么？

参考文献

1. (a) F. Udrea and G. A. J. Amaratunga, Optimum Carrier Distribution of the IGBT, *Solid State Electron.*, Vol. 44, No. 9, September 2000, pp. 1573–1583.
   (b) F. Udrea and G. A. J. Amaratunga, An ON-state Analytical Model for the Trench Insulated Gate Bipolar Transistor (TIGBT), *Solid State Electron.*, Vol. 41, No. 8, August 1997, pp. 1111–1118.
2. N. Thapar and B. J. Baliga, An Experimental Investigation of the ON-state Performance of Trench IGBT Designs, *Solid State Electron.*, Vol. 42, No. 5, May 1998, pp. 771–776.
3. S. Huang, K. Sheng, F. Udrea and G. A. J. Amaratunga, A Dynamic N-Buffer Insulated Gate Bipolar Transistor, *Solid State Electron.*, Vol. 45, No. 1, January 2001, pp. 173–182.
4. M. Mehrotra and B. J. Baliga, Reverse Blocking Lateral MOS-Gated Switches for AC Power Control Applications, *Solid State Electron.*, Vol. 42, No. 4, April 1998, pp. 573–579.
5. M. Vellvehi, P. Godignon, D. Flores, J. Fernández, S. Hidalgo, J. Rebollo and J. Millán, A New Lateral IGBT for High Temperature Operation, *Solid State Electron.*, Vol. 41, No. 5, May 1997, pp. 739–747.
6. D. S. Byeon, B. H. Lee, D. Y. Kim, M. K. Han, Y. I. Choi, and C. M. Yun, A Lateral Insulated Gate Bipolar Transistor Employing the Self-Aligned Sidewall Implanted N^+ Source, *International Electron Devices Meeting (IEDM), Technical Digest*, Dec. 6–9, 1998, San Francisco, IEEE, New York, pp. 687–690.
7. S. Hardikar, G. Cao, Y. Xu, M. M. De Souza, and E. M. S Narayanan, A Local Charge Control Technique to Improve the Forward Bias Safe Operating Area of LIGBT, *Solid State Electron.*, Vol. 44, No. 7, July 2000, pp. 1213–1218.
8. Y. C. Liang, G. S. Samudra, and V. S. S. Hor, Design of Integrated Current Sensor for Lateral IGBT Power Devices, *IEEE Trans. Electron Devices*, Vol. 45, No. 7, July 1998, pp. 1614–1616.
9. R. Sunkavalli and B. J. Baliga, Comparison of High-Speed DI-LIGBT Structures, *Solid State Electron.*, Vol. 41, No. 12, December 1997, pp. 1953–1956.
10. Y. -K. Leung, A. K. Paul, J. D. Plummer, and S. S. Wong, Lateral IGBT in Thin SOI for High-Voltage, High-Speed Power IC, *IEEE Trans. Electron Devices*, Vol. 45, No. 10, October 1998, pp. 2251–2254.
11. J. Cai, J. K. O. Sin, P. K. T. Mok, W.-T. Ng and P. P. T. Lai, A New Lateral Trench-Gate Conductivity Modulated Power Transistor, *IEEE Trans. Electron Devices*, Vol. 46, No. 8, August 1999, pp. 1788–1793.
12. O. Spulber, E. M. S. Narayanan, S. Hardikar, M. M. De Souza, M. Sweet and J. V. S. C. Bose, A Novel Gate Geometry for the IGBT: The Trench Planar Insulated Gate Bipolar Transistor (TPIGBT), *IEEE Electron Device Lett.*, Vol. 20, No. 11, November 1999, pp. 580–582.
13. F. Udrea and G. A. J. Amaratunga, A Unified Analytical Model for the Carrier Dynamics in Trench Insulated Gate Bipolar Transistor, in *Proceedings International Symposium on Power Semiconductor Devices and ICs (ISPSD'95)*, 1995, Yokohama, pp.

190–196.

14. E. M. S. Narayanan, M. Sweet, O. Spulber, M. M. De Souza, and S. C. Bose, Clustered IGBT—A New Power Semiconductor Device, *Proceedings International Workshop on Physics of Semiconductor Devices (IWPSD'99)*, 1999, Allied Publishers, New Delhi, pp. 1307–1312.
15. N. Luther-King, M. Sweet, O. Spulber, K. Vershinin, C. K. Ngw, S. C. Bose, M. M. De Souza, and E. M. S. Narayanan, The 6.5 kV Clustered Insulated Gate Bipolar Transistor in Homogeneous Base Technology, *Solid State Electron.*, Vol. 45, No. 1, January 2001, pp. 71–78.
16. M. Sweet, K. Vershinin, C. K. Ngw, L. Ngwendson, J. V. S. C. Bose, M. M. De Souza, and E. M. S. Narayanan, A Novel Trench Clustered Insulated Gate Bipolar Transistor (TCIGBT), *IEEE Electron Device Lett.*, Vol. 21, No. 12, December 2000, pp. 613–615.
17. Y. Bai and A. Q. Huang, Comprehensive Investigations of High Voltage Non-Punchthrough Double Gate-Injection Enhanced Gate Transistor, *Solid State Electron.*, Vol. 44, No. 10, October 2000, pp. 1783–1787.
18. T. P. Chow, V. Khemka, J. Fedison, N. Ramungul, K. Matocha, Y. Tang, R. J. Gutmann, SiC and GaN Bipolar Power Devices, *Solid State Electron.*, Vol. 44, No. 2, February 2000, pp. 277–301.
19. E. Martin, J. Jiménez, and M. Chafai, Microraman Study of Crystallographic Defects in SiC Crystals, *Solid State Electron.*, Vol. 42, No.12, December 1998, pp. 2309–2314.
20. A. Elford and P. A. Mawby, Emerging Silicon Carbide Power Device Technologies, *J. Wide Bandgap Mater.*, Vol. 7, 2000, pp. 179–191.
21. N. Ramungul, T. P. Chow, M. Ghezzo, J. Kretchmer, and W. Hennessy, A Fully Planarized 6H-SiC UMOS Insulated Gate Bipolar Transistor, *54th Annual Device Research Conference Digest*, 1996, pp. 56–58.
22. R. Singh, S.-H. Ryu, and J. W. Palmour, High-Temperature, High-Current P-channel UMOS 4H-SiC IGBT, *57th Annual Device Research Conference Digest*, 1999, pp. 46–47.
23. J. Wang and B. W. Williams, Evaluation of High-Voltage 4H-SiC Switching Devices, *IEEE Trans. Electron Devices*, Vol. 46, No. 3, March 1999, pp. 589–597.
24. J. B. Casady, A. K. Agarwal, S. Seshadri, R. R. Siergiej, L. B. Rowland, M. F. Macmillan, D. C. Sheridan, P. A. Sanger, and C. D. Brandt, 4H-SiC Power Devices for Use in Power Electronic Motor Control, *Solid State Electron.*, Vol. 42, No. 12, December 1998, pp. 2165–2176.

附录 10.1 集电结的电子电流

从附录 5.2 的式（A5.2.16）中，电子电流由式（A10.1.1）给出

$$I_{\mathrm{n}\,W_{\mathrm{b}}}=\frac{b}{1+b}I_{\mathrm{t}}+qAD_{\mathrm{a}}\frac{\mathrm{d}n(x)}{\mathrm{d}x} \tag{A10.1.1}$$

通过线性分布表示载流子浓度 $n(x)$

$$n(x)=-\frac{p_0-p_{\mathrm{w}}}{W_{\mathrm{b}}}x+p_{\mathrm{w}} \tag{A10.1.2}$$

通过直接微分得到

$$\frac{\mathrm{d}n(x)}{\mathrm{d}x}=-\frac{p_0-p_{\mathrm{w}}}{W_{\mathrm{b}}} \tag{A10.1.3}$$

将式（A10.1.3）中的 $\mathrm{d}n(x)/\mathrm{d}x$ 代入式（A10.1.1），得到

$$\begin{aligned}I_{\mathrm{n}\,W_{\mathrm{b}}}&=\frac{b}{1+b}I_{\mathrm{t}}+qAD_{\mathrm{a}}\left(-\frac{p_0-p_{\mathrm{w}}}{W_{\mathrm{b}}}\right)=\frac{b}{1+b}I_{\mathrm{t}}-qAD_{\mathrm{a}}\left(\frac{p_0-p_{\mathrm{w}}}{W_{\mathrm{b}}}\right)\\&=\frac{b}{1+b}I_{\mathrm{t}}+\frac{qAD_{\mathrm{a}}(p_{\mathrm{w}}-p_0)}{W_{\mathrm{b}}}\end{aligned} \tag{A10.1.4}$$

附录 10.2 瞬态基区存储电荷 $Q_{base}(t)$

对基于分析的建模，N⁻基区中的瞬态载流子分布近似为两个线性截面。图 A10.2.1 所示为近似的瞬态载流子分布。p_0 和 p_w 分别是集电区和发射区端的载流子浓度，L_c 是瞬态载流子分布中的恒定距离。在检查图表时，通过可视化沟槽栅 IGBT 的结构，可以得出瞬态基区存储电荷 $Q_{base}(t)$ 对于给定的耗尽区深度 = 初始基区存储电荷 Q_0（在耗尽区开始构建时）- 由于载流子穿过集电极结（由电子抽取或空穴清除控制）引起的瞬态电荷 Q'，即

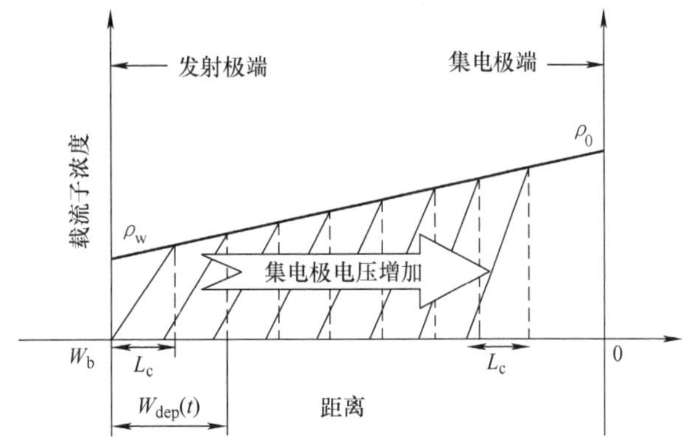

图 A10.2.1 近似的瞬态载流子分布

$$Q_{base}(t) = Q_0 - Q' \tag{A10.2.1}$$

现在

$$\begin{aligned} Q_0 &= \text{基区平均电荷} - \text{恒定距离 } L_c \text{ 中的电荷} \\ &= \frac{1}{2}qAW_b(p_0 + p_w) - \frac{1}{2}qAp_wL_c \end{aligned} \tag{A10.2.2}$$

在第一项中，载流子浓度近似为（1/2）（$p_0 + p_w$），而在第二项中，它是 $(1/2)(p_w + 0) = (1/2)\ p_w$。同样

$$\begin{aligned} Q' &= t \text{ 时刻在耗尽深度 } W_{dep}(t) \text{ 中的平均电荷} \\ &\quad - L_c \text{ 中的电荷} \\ &= \frac{1}{2}qAW_{dep}(t)(p_{t0} + p_t) - \frac{1}{2}qA(p_{t0} - p_t)L_c \end{aligned} \tag{A10.2.3}$$

其中，p_t = 在时间 t 载流子浓度，即

$$p_t = p_w + \frac{p_0 - p_w}{W_b}[W_{dep}(t) + L_c] \tag{A10.2.4}$$

这是具有梯度（$p_0 - p_w$）/W_b 并且纵坐标截距为 p_w 的直线的等式。同时

$$p_{t0} = p_t \Big|_{W_{dep(t)} = 0} \tag{A10.2.5}$$

附录 10.3 存在可动载流子浓度时的耗尽宽度

通过将可动空穴浓度 p_m 与基区掺杂浓度 N_D 相加来获得调制的 N⁻基区中的总电荷。可动空穴浓度表示为

$$p_m = \frac{I_t}{qAv_{p\ sat}} \tag{A10.3.1}$$

式中，I_t为器件总电流；v_{psat}为空穴饱和速度。

因此，总基区电荷为

$$N_D + p_m = \frac{I_t}{qAv_{p\ sat}} \tag{A10.3.2}$$

然后，常规的耗尽层宽度的公式

$$W_{dep} = \sqrt{\frac{2\varepsilon_0\varepsilon_s V_a}{N_D}} \tag{A10.3.3}$$

被修改为

$$W_{dep} = \sqrt{\frac{2\varepsilon_0\varepsilon_s V_a}{N_D + p_m}} \tag{A10.3.4}$$

式中，$(N_D + p_m)$ 由式（A10.3.2）给出。

附录 10.4 调制的基区电阻 R_b

IGBT 的 N^-基区中的载流子分布近似为一维线性分布，其中载流子浓度从集电区一侧的 p_0（$x=0$）减小到发射区一侧的 p_w（$x=W_b$，基区宽度），如图 A10.2.1 所示。

$$n(x) = p(x) = \frac{p_0 - p_w}{0 - W_b}(x - 0) + p_w = -\frac{p_0 - p_w}{W_b}x + p_w \tag{A10.4.1}$$

式中，$n(x) = p(x)$表示调制基区的电中性。得到的基区电阻由式（A10.4.2）给出

$$R_{base} = \frac{1}{q(\mu_n + \mu_p)A}\int_0^{W_b}\frac{1}{n(x)}dx \tag{A10.4.2}$$

式中，A 为器件面积。将式（A10.4.1）对 x 微分

$$\frac{dn(x)}{dx} = -\frac{p_0 - p_w}{W_b} \tag{A10.4.3}$$

因此

$$dx = -\frac{W_b}{p_0 - p_w}dn(x) \tag{A10.4.4}$$

将 dx 的表达式（A10.4.4）代入式（A10.4.2），有

$$\begin{aligned}
R_{base} &= \frac{1}{q(\mu_n + \mu_p)A}\left(-\frac{W_b}{p_0 - p_w}\right)\int_0^{W_b}\frac{dn(x)}{n(x)} \\
&= -\frac{W_b}{q(\mu_n + \mu_p)A}\ \frac{1}{p_0 - p_w}\int_{p_0}^{p_w}\frac{dn(x)}{n(x)} \\
&= -\frac{W_b}{q(\mu_n + \mu_p)A}\ \frac{1}{p_0 - p_w}[\ln n(x)]_{p_0}^{p_w} \\
&= -\frac{W_b}{q(\mu_n + \mu_p)A}\ \frac{1}{p_0 - p_w}(\ln p_w - \ln p_0)
\end{aligned}$$

$$= \frac{W_b}{q(\mu_n + \mu_p)A} \frac{\ln p_0 - \ln p_w}{p_0 - p_w} \quad (A10.4.5)$$

附录 10.5 由于 IGBT 中 PIN 二极管末端复合而导致的导通态压降

导通状态下 IGBT 上的电位降 = 调制基区电阻 R_b 上的欧姆电压降 + MOSFET 电压降 V_{MOS} + 端部区域的电压降（N^-基区/P^+和 N^-基区/P 型基区），即

$$V_{ON} = R_{base}I_t + V_{MOS} + \frac{kT}{q}\ln\left(\frac{p_0^2}{n_i^2}\right) \quad (A10.5.1)$$

代表这三个组成部分的一系列组合。

为了推导出这个公式的第三项，注意到根据式（4.24），N^-基区/P^+集电区结上的电压降与注入的少数载流子密度 p_0有关

$$p_0 = p\ \exp\left(\frac{qV_{P^+}}{kT}\right) \quad (A10.5.2)$$

式中，p 为 N^-基区中的平衡少数载流子密度。式（A10.5.2）重新排列为

$$\frac{p_0}{p} = \exp\left(\frac{qV_{P^+}}{kT}\right) \quad (A10.5.3)$$

给出

$$\ln\left(\frac{p_0}{p}\right) = \frac{qV_{P^+}}{kT} \quad (A10.5.4)$$

或

$$V_{P^+} = \frac{kT}{q}\ln\left(\frac{p_0}{p}\right) \quad (A10.5.5)$$

同样，在 N^-基区/N^+结处，有

$$p_w = N_D\ \exp\left(\frac{qV_{N^+}}{kT}\right) \quad (A10.5.6)$$

式中，N_D为 N^-基区的掺杂浓度。因此

$$V_{N^+} = \frac{kT}{q}\ln\left(\frac{p_w}{N_D}\right) \quad (A10.5.7)$$

将式（A10.5.5）和式（A10.5.7）加在一起，得到

$$V_{P^+} + V_{N^+} = \frac{kT}{q}\left[\ln\left(\frac{p_0}{p}\right) + \ln\left(\frac{p_w}{N_D}\right)\right] = \frac{kT}{q}\ln\left(\frac{p_0 p_w}{pN_D}\right) \quad (A10.5.8)$$

乘积 pN_D被 n_i^2替换，其中 n_i是本征载流子浓度。于是式（A10.5.8）表示为

$$V_{P^+} + V_{N^+} = \frac{kT}{q}\ln\left(\frac{p_0 p_w}{n_i^2}\right) \quad (A10.5.9)$$

对于 $p_0 = p_w$，式（A.10.5.9）变为

$$V_{P^+}+V_{N^+}=\frac{kT}{q}\ln\left(\frac{p_0^2}{n_i^2}\right) \quad (A10.5.10)$$

附录 10.6　能量损耗

能量损耗两个组成部分：

1）当集电极电压上升到开关轨电压时，会产生能量损耗。在此期间产生的能量损耗是通过对集电极电压 $V_C(t)$ 积分得到的

$$E_{vr}=I_t\int_0^{t_{vr}}V_C(t)dt \quad (A10.6.1)$$

式中，t_{vr}为集电极电压达到轨电压的时间。

2）在 IGBT 关断的电流尾阶段也会产生能量损耗。尾能量损耗表示为

$$E_{tail}\approx V_{DC}Q_{base}(t)\Big|_{V_C(t)=V_{DC}} \quad (A10.6.2)$$

式中，V_{DC}为开关时的轨电压。

式（A10.6.1）和式（A10.6.2）相加得到总的能量损耗。

附录 10.7　在 TIGBT 发射区端的 N^- 基区的过剩载流子浓度 p_w

为了确定 TIGBT 发射区端 N^-基区中的过剩载流子浓度 p_w，导出双极型扩散方程并用相关的边界条件求解，得到电子和空穴的电流密度分布。然后 p_w表示为用复合电流密度 J_{rec}，而 $J_{rec}(w)$根据空穴电流密度分布求出，最后得到 p_w的方程式。对于高注入水平，在 N^-基区中的电子电流密度为

$$J_n(y)=\frac{b}{1+b}J+qD\frac{dp}{dy} \quad (A10.7.1)$$

而空穴电流密度为

$$J_p(y)=\frac{1}{1+b}J-qD\frac{dp}{dy} \quad (A10.7.2)$$

式中，$p(y)\approx q(y)$为 N^-基区中的过剩载流子分布；J 为总电流密度；b 为电子－空穴迁移率比；D 为双极型扩散常数。应用连续性方程

$$\frac{dJ_p}{dy}=-\frac{qp}{\tau} \quad (A10.7.3)$$

和准中性条件

$$n(y)\approx p(y),\frac{dn(y)}{dy}\approx\frac{dp(y)}{dy} \quad (A10.7.4)$$

由式（10.7.2）和式（10.7.3）得到

$$\frac{dJ_p}{dy}=-qD\frac{d^2p(y)}{dy^2}=-\frac{qp}{\tau}$$

或

$$\frac{\mathrm{d}^2 p(y)}{\mathrm{d}y^2}=\frac{p(y)}{D\tau}=\frac{p(y)}{L^2} \tag{A10.7.5}$$

式中 L 为双极型扩散长度 $=\sqrt{D\tau}$；D 为扩散常数；τ 为双极型寿命。式（A10.7.5）是双极型扩散方程；边界条件 $p(0)=p_0$ 为集电区端 N^- 基区的过剩载流子浓度，$p(w)=p_{\mathrm{w}}$ 为发射极端 N^- 基区的过剩载流子浓度。式（10.7.5）是标准形式。

$$a\frac{\mathrm{d}^2 y}{\mathrm{d}x^2}+b\frac{\mathrm{d}y}{\mathrm{d}x}+cy=0 \tag{A10.7.6}$$

式中，a，b 和 c 为常数。这个方程的解是

$$y=A\exp(m_1 x)+B\exp(m_2 x) \tag{A10.7.7}$$

式中，A 和 B 为常数，而 m_1 和 m_2 是二次方程的根。

$$am^2+Bm+c=0 \tag{A10.7.8}$$

这被称为辅助方程。式（A10.6.5）的辅助方程是

$$m^2-\frac{1}{L^2}=0 \tag{A10.7.9}$$

因此

$$m=\pm\frac{1}{L} \tag{A10.7.10}$$

式（A10.7.5）的解为

$$p(y)=A\exp\left[\left(\frac{1}{L}\right)y\right]+B\exp\left[-\left(\frac{1}{L}\right)y\right] \tag{A10.7.11}$$

为了计算常数 A 和 B，应用了边界条件。在 $y=0$ 时，$p(0)=p_0$。所以

$$p_0=A+B \tag{A10.7.12}$$

在 $y=w$，$p(w)=p_{\mathrm{w}}$时，给出

$$p_{\mathrm{w}}=A\exp\left[\left(\frac{w}{L}\right)\right]+B\exp\left[-\left(\frac{w}{L}\right)\right] \tag{A10.7.13}$$

由式（A10.7.12）

$$B=p_0-A \tag{A10.7.14}$$

将 B 代入式（A10.7.13），得到

$$\begin{aligned}p_{\mathrm{w}}&=A\exp\left(\frac{w}{L}\right)+(p_0-A)\exp\left[-\left(\frac{w}{L}\right)\right]\\&=A\exp\left(\frac{w}{L}\right)+p_0\exp\left(-\frac{w}{L}\right)-A\exp\left(-\frac{w}{L}\right)\\&=A\left[\exp\left(\frac{w}{L}\right)-\exp\left(-\frac{w}{L}\right)\right]+p_0\exp\left(-\frac{w}{L}\right)\end{aligned} \tag{A10.7.15}$$

通过重新排列，得到

$$A=\frac{p_{\mathrm{w}}-p_0\exp\left(-\frac{w}{L}\right)}{\exp\left(\frac{w}{L}\right)-\exp\left(-\frac{w}{L}\right)} \tag{A10.7.16}$$

由式（A10.7.14），有

$$B=p_0-A=p_0-\frac{p_w-p_0\exp\left(-\frac{w}{L}\right)}{\exp\left(\frac{w}{L}\right)-\exp\left(-\frac{w}{L}\right)}$$

$$=\frac{p_0\exp\left(\frac{w}{L}\right)-p_0\exp\left(-\frac{w}{L}\right)-p_w+p_0\exp\left(-\frac{w}{L}\right)}{\exp\left(\frac{w}{L}\right)-\exp\left(-\frac{w}{L}\right)}$$

$$=\frac{p_0\exp\left(\frac{w}{L}\right)-p_w}{\exp\left(\frac{w}{L}\right)-\exp\left(-\frac{w}{L}\right)} \tag{A10.7.17}$$

将由式（A10.7.16）和式（A10.7.17）得到的 A 和 B 的值的表达式代入式（A10.7.11），得到

$$p(y)=\frac{p_w-p_0\exp\left(-\frac{w}{L}\right)}{\exp\left(\frac{w}{L}\right)-\exp\left(-\frac{w}{L}\right)}\exp\left(\frac{y}{L}\right)+\frac{p_0\exp\left(\frac{w}{L}\right)-p_w}{\exp\left(\frac{w}{L}\right)-\exp\left(-\frac{w}{L}\right)}\exp\left(-\frac{y}{L}\right)$$

$$=\frac{p_w\exp\left(\frac{y}{L}\right)-p_0\exp\left(-\frac{w-y}{L}\right)}{\exp\left(\frac{w}{L}\right)-\exp\left(-\frac{w}{L}\right)}+\frac{p_0\exp\left(\frac{w-y}{L}\right)-p_w\exp\left(-\frac{y}{L}\right)}{\exp\left(\frac{w}{L}\right)-\exp\left(-\frac{w}{L}\right)}$$

$$=\frac{p_0\left[\exp\left(\frac{w-y}{L}\right)-\exp\left(-\frac{w-y}{L}\right)\right]}{\exp\left(\frac{w}{L}\right)-\exp\left(-\frac{w}{L}\right)}+\frac{p_w\left\{\exp\left(\frac{y}{L}\right)-\exp\left(-\frac{y}{L}\right)\right\}}{\exp\left(\frac{w}{L}\right)-\exp\left(-\frac{w}{L}\right)}$$

$$=p_0\frac{\sinh\left(\frac{w-y}{L}\right)}{\sinh\left(\frac{w}{L}\right)}+p_w\frac{\sinh\left(\frac{y}{L}\right)}{\sinh\left(\frac{w}{L}\right)} \tag{A10.7.18}$$

将 $p(y)$ 的表达式（A10.7.18）代入式（A10.7.1）和式（A10.7.2），得到

$$J_n(y)=\frac{bJ}{1+b}-\frac{qDp_0}{L}\frac{\cosh\left(\frac{w-y}{L}\right)}{\sinh\left(\frac{w}{L}\right)}+\frac{qDp_w}{L}\frac{\cosh\left(\frac{y}{L}\right)}{\sinh\left(\frac{w}{L}\right)} \tag{A10.7.19}$$

$$J_p(y)=\frac{J}{1+b}+\frac{qDp_0}{L}\frac{\cosh\left(\frac{w-y}{L}\right)}{\sinh\left(\frac{w}{L}\right)}-\frac{qDp_w}{L}\frac{\cosh\left(\frac{y}{L}\right)}{\sinh\left(\frac{w}{L}\right)} \tag{A10.7.20}$$

载流子浓度 p_0 和 p_w 用端区 $J_{rec}(0)$ 和 $J_{rec}(w)$ 的复合电流密度表示为

$$p_0^2=\frac{J_{rec}(0)}{qh_0}=\frac{J_n(0)}{qh_0} \tag{A10.7.21}$$

$$p_w^2=\frac{J_{rec}(w)}{qh_w} \tag{A10.7.22}$$

对于突变结，得到

$$h_0 = \frac{J_{ns}}{qn_i^2}, h_w = \frac{J_{ps}}{qn_i^2} \tag{A10.7.23}$$

式中，J_{ns}，J_{ps} 为饱和电流密度；J_{rec}（0）是流过集电结的 P^+ 区域的电子电流密度；$J_{rec}(w)$是流过 N^+ 积累层/N^- 基区结的积累层的复合电流密度。

N^- 基区靠发射区一端的空穴电流密度 $J_p(w)$ 由两个分量组成，其中一个 $J_{rec}(w)$ 在积累层复合，而另一个 $\alpha_{PNP}J$，流经 P 阱到集电区短路接触，于是

$$J_p(w) = J_{rec}(w) + \alpha_{PNP}J \tag{A10.7.24}$$

或

$$J_{rec}(w) = J_p(w) - \alpha_{PNP} J \tag{A10.7.25}$$

将式（A10.7.20）替代式（A10.7.25）中的 $J_p(w)$，得到

$$\begin{aligned} J_{rec}(w) &= \frac{J}{1+b} + \frac{qDp_0}{L} \frac{1}{\sinh\left(\frac{w}{L}\right)} - \frac{qDp_w}{L}\coth\left(\frac{w}{L}\right) - \alpha_{PNP}J \\ &= \left(\frac{1}{1+b} - \alpha_{PNP}\right)J + \frac{qD}{L}\frac{p_0}{\sinh\left(\frac{w}{L}\right)} - \frac{qD}{L}p_w \coth\left(\frac{w}{L}\right) \end{aligned} \tag{A10.7.26}$$

将式（A10.7.22）中的 $J_{rec}(w)$用式（A10.7.26）替代，得到

$$\begin{aligned} p_w^2 &= \frac{1}{qh_w}\left(\frac{1}{1+b} - \alpha_{PNP}\right)J + \frac{1}{qh_w}\frac{qD}{L}\frac{p_0}{\sinh\left(\frac{w}{L}\right)} \\ &\quad - \frac{1}{qh_w}\frac{qD}{L}p_w \coth\left(\frac{w}{L}\right) \end{aligned} \tag{A10.7.27}$$

或

$$p_w^2 + \frac{D}{h_w L}\coth\left(\frac{w}{L}\right)p_w - \frac{1}{qh_w}\left(\frac{1}{1+b} - \alpha_{PNP}\right)J - \frac{D}{h_w L}\frac{p_0}{\sinh\left(\frac{w}{L}\right)} = 0 \tag{A10.7.28}$$

这是 p_w的二次方程，其解为

$$\begin{aligned} p_w &= \frac{-\frac{D}{h_w L}\coth\left(\frac{w}{L}\right) \pm \sqrt{\frac{D^2}{h_w^2 L^2}\coth^2\left(\frac{w}{L}\right) + \frac{4\times1\times1}{qh_w}\left(\frac{1}{1+b} - \alpha_{PNP}\right)J + \frac{4D}{h_w L}\frac{p_0}{\sinh\left(\frac{w}{L}\right)}}}{2\times1} \\ &= \frac{-\frac{D}{h_w L}\coth\left(\frac{w}{L}\right) \pm \sqrt{\frac{D^2}{h_w^2 L^2}\coth^2\left(\frac{w}{L}\right) + \frac{D^2}{h_w^2 L^2}\frac{4h_w L}{qD^2}\left(\frac{1}{1+b} - \alpha_{PNP}\right)J + \frac{D^2}{h_w^2 L^2}\frac{4h_w L}{D}\frac{p_0}{\sinh\left(\frac{w}{L}\right)}}}{2\times1} \\ &= \frac{D}{2h_w L}\left[\frac{-\coth\left(\frac{w}{L}\right) \pm \sqrt{\coth^2\left(\frac{w}{L}\right) + \frac{D^2}{h_w^2 L^2}\frac{4h_w D\tau}{qD^2}\left(\frac{1}{1+b} - \alpha_{PNP}\right)J + \frac{4h_w L p_0}{D\sinh\left(\frac{w}{L}\right)}}}{2}\right] \end{aligned} \tag{A10.7.29}$$

附录 10.8 IGBT 的 N^- 基区上的导通电压降

由于 N^- 基区上的电场 $E(y)$ 与电位降 V_{N^-} 的关系为

$$E(y) = -\frac{\partial V_{N^+}}{\partial y} \tag{A10.8.1}$$

$$V_{N^-} = -\int_0^w E(y)\,dy \tag{A10.8.2}$$

为了代替 $E(y)$，回顾式（4.47）和式（4.48）

$$J_n = q\mu_n\left(nE + \frac{kT}{q}\frac{dn}{dy}\right) \tag{A10.8.3}$$

和

$$J_p = q\mu_p\left(pE - \frac{kT}{q}\frac{dn}{dy}\right) \tag{A10.8.4}$$

将式（A10.8.3）和式（A10.8.4）加在一起，得到

$$J_n + J_p = q\mu_p\left(pE - \frac{kT}{q}\frac{dn}{dy}\right) + q\mu_n\left(nE + \frac{kT}{q}\frac{dn}{dy}\right) \tag{A10.8.5}$$

从中，注意到 $J_n + J_p = J$ 和 $n = p$

$$E = \frac{J}{q(\mu_n + \mu_p)p} - \frac{kT}{q}\frac{\mu_n - \mu_p}{\mu_n + \mu_p}\frac{1}{p}\frac{dp}{dy} \tag{A10.8.6}$$

应用爱因斯坦方程［附录 4.2，式（A4.2.9）］，得到

$$\frac{D}{\mu} = \frac{kT}{q} \quad 或 \quad \mu = \left(\frac{q}{kT}\right)D \tag{A10.8.7}$$

用$[q/(kT)]D_n$替换μ_n，用$[q/(kT)]D_p$替换μ_p，$p(y)$替换为 p，得到

$$E = \frac{J}{q(\mu_n + \mu_p)p(y)} - \frac{kT}{q}\frac{\frac{q}{kT}(D_n - D_p)}{\frac{q}{kT}(D_n + D_p)}\frac{1}{p(y)}\frac{dp(y)}{dy} \tag{A10.8.8}$$

将 E 的表达式（A10.8.8）代入式（A10.8.2），有

$$V_{N^-} = \int_0^w \left[\frac{J}{q(\mu_n + \mu_p)p(y)}dy - \left(\frac{D_n - D_p}{D_n + D_p}\right)\left(\frac{kT}{q}\right)\frac{dp(y)}{p(y)}\right] \tag{A10.8.9}$$

考虑这个公式的第一项。将 $p(y)$ 的表达式（A10.7.18）代入式（A10.8.9）的第一项，有

$$\begin{aligned}
第一项 &= \frac{J}{q(\mu_n + \mu_p)}\int_0^w \frac{dy}{p(y)} \\
&= \frac{J}{q(\mu_n + \mu_p)}\int_0^w \frac{dy}{\dfrac{p_0\sinh\left(\frac{w-y}{L}\right)}{\sinh\left(\frac{w}{L}\right)} + \dfrac{p_w\sinh\left(\frac{w}{L}\right)}{\sinh\left(\frac{w}{L}\right)}}
\end{aligned}$$

$$= \frac{J}{q(\mu_n + \mu_p)} \int_0^2 \frac{1}{\sinh\left(\frac{w}{L}\right)} \frac{dy}{p_0 \sinh\left(\frac{w-y}{L}\right) + p_w \sinh\left(\frac{w}{L}\right)}$$

$$= \frac{J \sinh\left(\frac{w}{L}\right)}{q(\mu_n + \mu_p)} \int_0^w \frac{dy}{p_0 \sinh\left(\frac{w-y}{L}\right) + p_w \sinh\left(\frac{w}{L}\right)} \tag{A10.8.10}$$

现在把注意力集中在式（A10.8.9）的第二项，有

$$\text{第二项} = \left(\frac{D_n - D_p}{D_n + D_p}\right)\left(\frac{kT}{q}\right)\int_0^w \frac{dp(y)}{p(y)} = \left(\frac{D_n - D_p}{D_n + D_p}\right)\left(\frac{kT}{q}\right)[\ln p(y)]_{p=p_0}^{p=p_w}$$

$$= \left(\frac{D_n - D_p}{D_n + D_p}\right)\left(\frac{kT}{q}\right)[\ln p_w - \ln p_0]$$

$$= \left(\frac{D_n - D_p}{D_n + D_p}\right)\left(\frac{kT}{q}\right)\ln\left(\frac{p_w}{p_0}\right) \tag{A10.8.11}$$

通过将式（A10.8.10）和式（A10.8.11）加在一起得到 N^- 基区压降。

第11章 IGBT电路应用

Chapter 11

本章将描述和分析使用 IGBT 的各种功率转换电路的操作[1-4]，这些内容将有助于 IGBT 用户或电路设计人员在特定的应用中选择适当的器件。

11.1 DC - DC 转换

在给定 DC 电压 V_s电流在给定的一段时间内流动然后关断，这是通过由振荡器电路的定时脉冲供电的功率半导体开关（例如 IGBT、MOSFET 或 BJT）静态地重复（没有任何移动部件，如机械开关或旋转机器）完成的。因此，输出电压 V_o包括一系列 DC 脉冲。这个操作称为 DC 斩波，而该电路通常称为斩波电路。控制输出电压的关键是 IGBT 允许电流在流动的周期内部分地变化，通过预先设置振荡器的方式来调节。在恒定频率工作中，频率保持恒定并且通过改变脉冲宽度来改变导通时间，这个方法称为脉冲宽度调制（Pulse Width Modulation，PWM）。在变频工作中，频率是变化的，保持导通时间或关断时间恒定，这种类型的控制称为频率调制。

为了使输出平滑，采用电感和电容等储能元件。这样便开发出了不同的电路配置，要么提供比输入电源更低的输出电压（具有更高的电流），要么提供比输入更高的输出电压（具有更低的电流），或者根据需要两者兼顾。这些电路称为降压（下降的）、升压（升高的）和降压 - 升压转换器。

11.1.1 降压转换器

该转换器将电源电压 V_s降低到输出电压 V_o。其电路图如图 11.1a 所示。输入和输出波形如图 11.1b 所示。在图 11.1a 中，R 是负载电阻，而电感 L 和电容 C 组成一个滤波器电路。当 IGBT Q 开启时，整流二极管 D 反向偏置。由于存在电感 L，电流在负载电阻 R 中呈指数增长。如果现在 IGBT Q 被关断，则电流会由于电感而缓慢下降，除非 Q 再次开启。随着电流衰减，在电感两端会产生感应电压而使得二极管变为正向偏置，这构成了一个工作周期。在这个周期中，电流从零增加到有限值，但没有减少到零。因此，在下一个周期中，电流将从非零值上升到高于第一个周期的值。通常在第 n 个周期中，在 RL 负载中流动的电流 i 从 $I_{\min(n)}$（最小值或谷值电流）上升到 $I_{\max(n)}$（最大值或峰值电流）。当转换器以恒定的占空比工作了大量的周期且负载条件没有任何变化时，电流的连续最大值和最小值之间的差异变小并且最终减小到可忽略的程度。那么，转换器被称为工作在重复或稳定状态。

输出 DC 电压的高低等于输出电压波形的平均高度（见图 11.1b）

$$V_o = V_s \frac{t_{ON}}{T} \tag{11.1}$$

定义 t_{ON}/T = 导通时间/总周期时间 = 占空比 m，式（11.1）简化为

$$V_o = mV_s \tag{11.2}$$

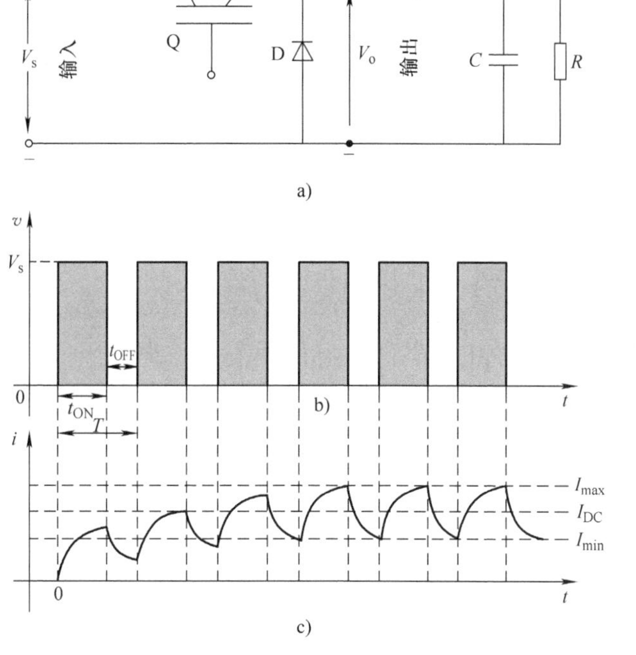

图 11.1　降压转换器

a）电路图　b）输出电压波形　c）输出电流波形

由于 m 的最大可能值为 1，因此 $V_o < V_s$。通过将占空比从 0 变为 1，输出电压可以从 0 变到 V_s。

为了理解转换器的工作，必须分析两种情况。在第一种情况下，转换器将驱动电流到负载中，该负载不会出现与转换器电压相反的 EMF。在第二种情况下，转换器用于驱动具有反 EMF 的负载。例如，当转换器用于给电池充电时，出现这种情况，其中转换器必须驱动与电池 EMF 相反的电流。同样在电动机速度控制中，转子中感应的 EMF 对转换器电压起作用。

1. 无任何反 EMF 的转换器运行分析

根据基尔霍夫电压定律

$$V_s = L\frac{\mathrm{d}i}{\mathrm{d}t} + Ri \tag{11.3}$$

IGBT Q 在 $t=t$ 时刻关断。设 $t=t_{ON}$ 是 IGBT 保持导通的时间。然后在 t_{ON} 的开始，$I=I_{\min(n)}$ 并且在 t_{ON} 结束时，$I=I_{\max(n)}$（见图 11.1b），而式（11.3）的解在 t_{ON} 期间为

$$i = I_{\min(n)}\exp(-t/\tau) + \frac{V_s}{R}[1-\exp(-t/\tau)] \tag{11.4}$$

式中，$\tau=L/R$ 是 LR 电路的时间常数。在 $t=t_{ON}$ 时，$i=I_{\max(n)}$，所以

$$I_{\max(n)} = I_{\min(n)}\exp(-t_{ON}/\tau) + \frac{V_s}{R}[1-\exp(-t_{ON}/\tau)] \tag{11.5}$$

同样，IGBT 关断时间 t_{OFF} 的环路方程为

$$0 = L\frac{\mathrm{d}i}{\mathrm{d}t} + Ri \tag{11.6}$$

式中，在 $t=0$ 时，$i=I_{\max(n)}$。在 t_{OFF} 期间式（11.6）的解为

$$i = I_{\max(n)}\exp(-t/\tau) \tag{11.7}$$

在 $t=t_{OFF}$ 时，$i=I_{\min(n+1)}$，得到

$$I_{\min(n+1)} = I_{\max(n)}\exp(-t_{OFF}/\tau) \tag{11.8}$$

代入式（11.5），得到

$$\begin{aligned}
I_{\min(n+1)} &= I_{\min(n)}\exp\left(-\frac{t_{ON}}{\tau}\right)\exp\left(-\frac{t_{OFF}}{\tau}\right) \\
&\quad + \frac{V_s}{R}\left[\exp\left(-\frac{t_{OFF}}{\tau}\right) - \exp\left(\frac{t_{OFF}}{\tau}\right)\exp\left(-\frac{t_{ON}}{\tau}\right)\right] \\
&= I_{\min(n)}\exp\left(-\frac{t_{ON}+t_{OFF}}{\tau}\right) + \frac{V_s}{R}\left[\exp\left(-\frac{t_{OFF}}{\tau}\right) - \exp\left(\frac{t_{OFF}+t_{ON}}{\tau}\right)\right] \\
&= I_{\min(n)}\exp\left(-\frac{T}{\tau}\right) + \frac{V_s}{R}\left[\exp\left(-\frac{t_{OFF}}{\tau}\right) - \exp\left(-\frac{T}{\tau}\right)\right]
\end{aligned} \tag{11.9}$$

式中，$t_{ON}+t_{OFF}=$ 时间周期。代入

$$X = \frac{V_s}{R}\left[\exp\left(-\frac{t_{OFF}}{\tau}\right) - \exp\left(-\frac{T}{\tau}\right)\right] \tag{11.10}$$

$$Y = \exp\left(-\frac{T}{\tau}\right) \tag{11.11}$$

式（11.9）变为

$$I_{\min(n+1)} = X + YI_{\min(n)} \tag{11.12}$$

注意，对于第一个周期 $I_{\min(n)}=0$，n 个周期的谷值电流值如下：

$$\begin{aligned}
&I_{\min(2)} = X, I_{\min(3)} = X(1+Y), I_{\min(4)} = X(1+Y+Y^2), \cdots, \\
&I_{\min(n+1)} = X[1+Y+Y^2+\cdots+Y^{(n-1)}]
\end{aligned} \tag{11.13}$$

$I_{\min(n+1)}$ 的公式包含一系列几何级数；经过计算，得到

$$I_{\min(n+1)} = X\frac{1-Y^n}{1-Y} = \frac{V_s}{R}\left[\exp\left(-\frac{t_{OFF}}{\tau}\right) - \exp\left(-\frac{T}{\tau}\right)\right]\left[\frac{1-\exp(-nT/\tau)}{1-\exp(-T/\tau)}\right]$$

$$
=\frac{V_s}{R}\frac{\exp(-t_{OFF}/\tau)-\exp(-T/\tau)}{1-\exp(-T/\tau)}\left[1-\exp\left(-\frac{nT}{\tau}\right)\right]
$$

$$
\approx\frac{V_s}{R}\frac{\exp(-t_{OFF}/\tau)-\exp(-T/\tau)}{1-\exp(-T/\tau)} \tag{11.14}
$$

因为对于大的 n 值 $\exp(-nT/\tau) \ll 1$，所以被忽略。因此谷电流表示为

$$
I_{min}=\frac{V_s}{R}\frac{\exp(-t_{OFF}/\tau)-\exp(-T/\tau)}{1-\exp(-T/\tau)} \tag{11.15}
$$

将 $I_{min(n+1)}$ 的式（11.14）代入式（11.8），得到

$$
I_{max}=I_{max(n)}=\frac{V_s}{R}\frac{\exp(-t_{OFF}/\tau)-\exp(-T/\tau)}{1-\exp(-T/\tau)}\frac{1}{\exp(-t_{OFF}/\tau)}
$$

$$
=\frac{V_s}{R}\frac{1-\exp\left(\dfrac{T-t_{OFF}}{\tau}\right)}{1-\exp(-T/\tau)}=\frac{V_s}{R}\frac{1-\exp(-t_{ON}/\tau)}{1-\exp(-T/\tau)} \tag{11.16}
$$

峰峰值纹波电流为

$$
\begin{aligned}
I_r&=I_{max}-I_{min}\\
&=\frac{V_s}{R}\frac{1+\exp(-T/\tau)-\exp(-mT/\tau)-\exp[-(1-m)T/\tau]}{1-\exp(-T/\tau)}
\end{aligned} \tag{11.17}
$$

它是通过代入由式（11.15）和式（11.16）计算出的 I_{min} 和 I_{max} 得到的。负载电流的DC 分量为

$$
I_{DC}=\frac{V_o}{R}=\frac{mV_s}{R} \tag{11.18}
$$

其中，使用了式（11.2）。

电容电流在电感电流上升和下降的一半时间内流动，即总时间为 $T/2$。因此它是由式（11.19）给出的

$$
I_C=\frac{I_{max}-I_{min}}{4} \tag{11.19}
$$

电容上的电压为

$$
v_C=\frac{1}{C}\int i_C\mathrm{d}t+v_C(t=0) \tag{11.20}
$$

因此，电容的峰峰值纹波电压是

$$
\begin{aligned}
V_r&=v_C-v_C(t=0)=\frac{1}{C}\int_0^{T/2}\frac{(I_{max}-I_{min})}{4}\mathrm{d}t\\
&=\frac{(I_{max}-I_{min})T}{8C}=\frac{I_{max}-I_{min}}{8fC}
\end{aligned} \tag{11.21}
$$

式中，f 为开关频率。

例 11.1 在降压转换器中，电源电压 V_s 为 600V，负载电阻 R 为 3.6Ω，电感 L 为 10mH，斩波频率 f 为 1kHz，占空比 m 为 60%。确定 DC 负载电流 I_{DC}、峰值电流 I_{max}、谷值电流 I_{min} 和纹波电流 I_r。另外，找出纹波电压为 5V 的电容，选择 IGBT 电流和电压额定值。

输出电压 $V_o = mV_s = (60/100) \times 600 = 360\text{V}$。由式（11.18），DC负载电流 $I_{DC} = V_o/R = 360/3.6 = 100\text{A}$。周期时间 $T = 1/f = 1/1000 = 1 \times 10^{-3}\text{s}$。然后 $t_{ON} = 0.6T = 0.6 \times 1 \times 10^{-3}\text{s} = 6 \times 10^{-4}\text{s}$。另外，$t_{OFF} = (1-0.6)T = 0.4 \times 1 \times 10^{-3}\text{s} = 4 \times 10^{-4}\text{s}$。时间常数 $\tau = L/R = 10 \times 10^{-3}/3.6 = 2.78 \times 10^{-3}\text{s}$。由式（11.16）

$$I_{max} = \frac{V_s}{R}\frac{1-\exp(-t_{ON}/\tau)}{1-\exp(-T/\tau)} = \frac{600}{3.6}\frac{1-\exp(-6\times10^{-4}/2.78\times10^{-3})}{1-\exp(-1\times10^{-3}/2.78\times10^{-3})}$$

$$= 1.67\times10^{2}\times\frac{1-\exp(-0.2158)}{1-\exp(-0.3597)} = 166.67\times\frac{0.1941}{0.3021} = 107.086\text{A}$$

采用式（11.15）

$$I_{min} = \frac{V_s}{R}\frac{\exp(-t_{OFF}/\tau)-\exp(-T/\tau)}{1-\exp(T/\tau)}$$

$$= \frac{600}{3.6}\times\frac{\exp(-4\times10^{-4}/2.78\times10^{-3})-\exp(1\times10^{-3}/2.78\times10^{-3})}{1-\exp(-1\times10^{-3}/2.78\times10^{-3})}$$

$$= 166.67\times\frac{\exp(-0.1439)-\exp(-0.3597)}{1-\exp(-0.3597)}$$

$$= 1.67\times10^{2}\times\frac{0.866-0.698}{0.3021} = 92.7\text{A}$$

通过式（11.17），纹波电流给出如下：

$$I_r = I_{max} - I_{min} = 107.086 - 92.7 = 14.386\text{A}$$

而峰峰值纹波电流百分比 = $100 \times I_r/I_{DC} = 100 \times 14.386/100 = 14.4\%$。

由式（11.21），$C = (I_{max} - I_{min})/(8fV_r) = 14.386/(8 \times 1 \times 10^3 \times 5) = 359.65\mu\text{F}$。

负载电流波形由DC分量和叠加的AC纹波组成。IGBT额定值应为平均电流 I_{av} = DC分量（100 A）和峰值电流 $I_{max} = 107\text{A}$，阻断电压为电源电压600V。

例11.2 由IGBT降压转换器控制的电动车辆由800V DC电源供电。使用的IGBT具有5μsec的最小有效导通时间。当车辆启动或以低速运行时，降压转换器输出降至8V。计算最大可能的转换器频率。如果用快速开关IGBT代替IGBT，将有效导通时间缩短到250ns，那么转换器频率最高是多少？

所需的最小占空比 $m = 8/800 = 0.01$。由于最小导通时间 = 5μs，并且 $m = t_{ON}/T$，得到 $T = t_{ON}/m = 5\mu\text{s}/0.01 = 500\mu\text{s}$，给出最大可能的转换器频率 $f = 1/T = 1/500\mu\text{s} = 1/(500 \times 10^{-6}) = 10^6/500 = 2\text{kHz}$。

在将有效导通时间减少到 $t_{ON} = 250\text{ns}$ 时，得到 $T = t_{ON}/m = 250\text{ns}/0.01 = 25000\text{ns}$，其中 $f = 1/25000\text{ns} = 10^9/25000 = 40\text{kHz}$。

注意：由于实际IGBT具有有限或非零的开关时间，因此有效导通时间定义为具有零开关转换时间的理想开关的导通时间，其将提供与给定IGBT相同的电压转换比。

2. 负载出现反EMF时转换器工作的分析

如果相反的EMF用 E 表示，则在 t_{ON} 导通期间的环路方程式（11.3）修改为

$$V_s = L\frac{di}{dt} + Ri + E \tag{11.22}$$

在 $t=0$ 时初始条件 $i=I_{min}$。在截止时间 t_{OFF}期间，环路方程为

$$0 = L\frac{di}{dt} + Ri + E \tag{11.23}$$

其中在 $t=0$ 时初始条件是 $i=I_{max}$。式（11.22）和式（11.23）的解为

$$I_{max} = -\frac{E}{R} + \frac{V_s}{R}\frac{1-\exp(-t_{ON}/\tau)}{1-\exp(-T/\tau)} \tag{11.24}$$

$$I_{min} = -\frac{E}{R} + \frac{V_s}{R}\frac{\exp(-t_{OFF}/\tau) - \exp(-T/\tau)}{1-\exp(-T/\tau)} \tag{11.25}$$

输出 DC 电压由式（11.26）给出

$$V_{DC} = mV_s \tag{11.26}$$

而输出 DC 电流为

$$I_{DC} = \frac{V_{DC} - E}{R} \tag{11.27}$$

例 11.3 IGBT 降压转换器用于为靠电池驱动的汽车的 DC 电动机供电。电池电压为 180V，DC 斩波频率为 15kHz。电动机电枢绕组的电阻为 0.04Ω，而负载电路的总电感为 0.3mH。在 30km/hr 的速度下，电动机产生的感应电动势为 65V。如果占空比为 44.7%，计算电动机的峰值和谷值电流以及电动机电流的 DC 分量。IGBT 所需的电流和电压规格是多少?

这里，$E=55\text{V}$，$R=0.05\Omega$，$V_s=180\text{V}$，$T=1/f=1/(15\times10^3)=6.67\times10^{-5}\text{s}$，$t_{ON}=mT=(44.7/100)\times6.67\times10^{-5}\text{s}=2.98\times10^{-5}\text{s}$，$t_{OFF}=(1-m)\ T=(1-0.447)\ \times6.67\times10^{-5}\text{s}=3.69\times10^{-5}\text{s}$，$\tau=L/R=0.3\times10^{-3}/0.05=6\times10^{-3}\text{s}$。由式（11.24）

$$\begin{aligned}
I_{max} &= -\frac{65}{0.04} + \frac{180}{0.04}\frac{1-\exp\left(-\dfrac{2.98\times10^{-5}}{6\times10^{-3}}\right)}{1-\exp\left(-\dfrac{6.67\times10^{-5}}{6\times10^{-3}}\right)} \\
&= -1625 + 4500\times\frac{1-\exp\ (-0.00497)}{1-\exp\ (-0.011)} \\
&= -1625 + 4500\times\frac{0.00495}{0.011055} = -1625 + 2014.925 = 389.92\text{A}
\end{aligned}$$

由式（11.25），得到

$$\begin{aligned}
I_{min} &= -\frac{65}{0.04} + \frac{180}{0.04}\frac{\exp\left(-\dfrac{3.69\times10^{-5}}{6\times10^{-3}}\right) - \exp\left(-\dfrac{6.67\times10^{-5}}{6\times10^{-3}}\right)}{1-\exp\left(-\dfrac{6.67\times10^{-5}}{6\times10^{-3}}\right)} \\
&= -1625 + 4500\times\frac{\exp\ (-0.00615)\ -\exp\ (-0.011)}{1-\exp\ (-0.011)}
\end{aligned}$$

$$= -1625 + 4500 \times \frac{0.9939 - 0.9891}{0.0109} = 356.65\text{A}$$

使用式（11.26），输出电压的 DC 分量 $= V_{DC} = mV_s = 0.447 \times 180 = 80.46\text{V}$，而由式（11.27），相应的电流 $= I_{DC} = (80.46 - E)/R = (80.46 - 65)/0.04 = 386.5\text{A}$。IGBT 额定值为：平均电流 I_{av} = 负载电流的 DC 分量（386.5A）和峰值电流 $I_{max} = 389.92\text{A}$。阻断电压是电源电压（180V）。

11.1.2 升压转换器

顾名思义，升压转换器是升压（和电流降低）结构。图 11.2 显示了该转换器的电路布局。比较图 11.2 和图 11.1a，很明显两个电路的 IGBT Q 和整流二极管 D 的位置不同。两个器件在图 11.1a 中的位置互换，得到图 11.2。在图 11.2 的升压转换器中，DC 电压源 V_s 为更高电压 V_o 的 RL 负载供电。此外，在高电压输出侧可以看到附加的滤波器电路 $L_{out} - C_{out}$，以减小负载电流中的纹波。低电压输入侧的电感 L_{in} 对该侧纹波电流有类似的抑制作用。电阻 R_{in} 是电感 L_{in} 的电阻以及源极 V_s 和布线电阻的共同效应。

当 IGBT Q 处于导通状态时，其上的电压降可忽略不计。在这种情况下，二极管 D 被 V_o 的电压反向偏置，然后在电感 L_{in} 中的电流增长到峰值 I_{max}。当 IGBT Q 关断时，电感 L_{in} 中的电流衰减，因为在其上形成电压 $L_{in}\mathrm{d}i/\mathrm{d}t$，增加了源电压 V_s。然后二极管 D 变为正向偏置并允许电流流过它，该电流缓慢衰减到谷值 I_{min}。

图 11.2b 显示了转换器低压端 A－B 的电压波形，这是一列矩形脉冲。转换器输入端 A－B 的 DC 电压 V' 由图 11.2b 所示波形的平均高度表示。因此给出了

$$V' = \frac{V_o t_{OFF}}{t_{ON} + t_{OFF}} = V_o(1 - m) \tag{11.28}$$

由于输出 G－H 两端的电压为 V_o，因此电压转换比为

$$r = \frac{V_o}{V'} = \frac{1}{1 - m} \tag{11.29}$$

式（11.29）意味着通过将占空比从 0 改变为 1，电压转换比从 1 到∞连续变化。

在 t_{ON} 期间，对 ABFEA 环路，根据基尔霍夫电压定律给出

$$L\frac{\mathrm{d}i}{\mathrm{d}t} + Ri = V_s \tag{11.30}$$

在 $t = 0$ 时，初始条件 $i = I_{min}$。类似地，在 t_{OFF} 期间，GHFEG 环路的公式是

$$L\frac{\mathrm{d}i}{\mathrm{d}t} + Ri = V_s - V_o \tag{11.31}$$

式中，$t = 0$ 的初始条件是 $i = I_{max}$。求解方程式（11.30），在 $t = t_{ON}$ 得到

$$I_{max} = \frac{V_s}{R}\left[1 - \exp\left(-\frac{t_{ON}}{\tau}\right) + I_{min}\exp\left(-\frac{t_{ON}}{\tau}\right)\right] \tag{11.32}$$

式中，$\tau = L/R$。同样，式（11.31）在 $t = t_{OFF}$ 处的解为

$$I_{min} = \frac{V_s - V_o}{R}\left[1 - \exp\left(-\frac{t_{OFF}}{\tau}\right) + I_p\exp\left(-\frac{t_{OFF}}{\tau}\right)\right] \tag{11.33}$$

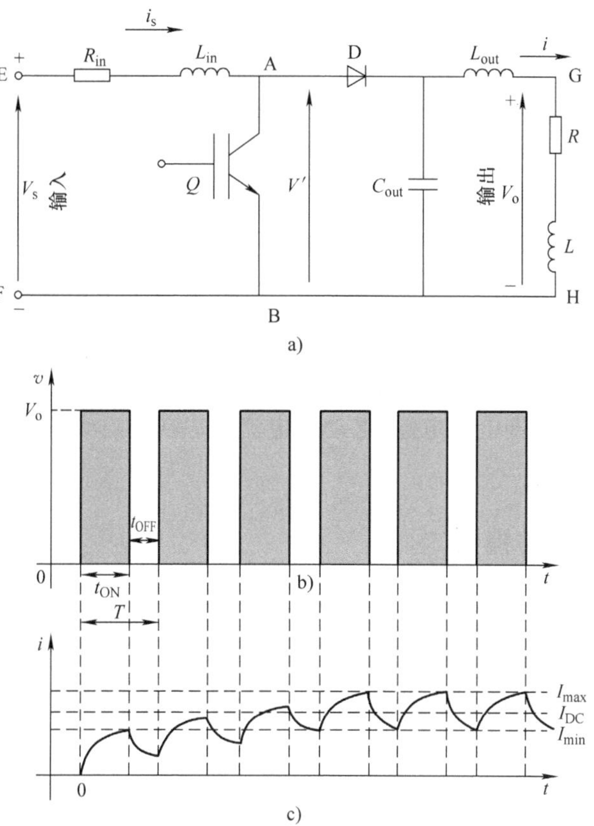

图 11.2 升压转换器

a）电路结构 b）输出电压曲线 c）输出电流曲线

式（11.32）和式（11.33）是 I_{max}，I_{min}的一对联立方程，求解时给出

$$I_{max}=\frac{V_s}{R}-\frac{V_o}{R}\frac{\exp(-t_{ON}/\tau)-\exp(-T/\tau)}{1-\exp(-T/\tau)} \tag{11.34a}$$

$$I_{min}=\frac{V_s}{R}-\frac{V_o}{R}\frac{1-\exp(-t_{OFF}/\tau)}{1-\exp(-T/\tau)} \tag{11.34b}$$

输入电流中的峰峰值纹波为

$$\begin{aligned}I_r&=I_{max}-I_{min}\\&=\frac{V_o}{R}\frac{1+\exp(-T/\tau)-\exp(-mT/\tau)-\exp[-(1-m)T/\tau]}{1-\exp(-T/\tau)}\end{aligned} \tag{11.35}$$

这与降压转换器的低电压侧公式（11.17）相同。

此外，在转换器输入端 A－B 使用电压公式（11.28），输出 DC 电流 I_{DC}由式（11.36）给出

$$I_{DC}=\frac{V_s-V'}{R}=\frac{V_s-(1-m)V_o}{R} \tag{11.36}$$

例 11.4 在电池供电的斩波控制的无轨电车中，电池电压为80V，电机电枢绕组的电阻

为0.15Ω。汽车再次制动的斩波器结构改为升压模式。该电机现在用作DC发电机，提供12A的电流。如果电机电路的感应EMF是65V，那么用于连续电流工作的斩波器占空比是多少？计算流入电池的充电电流，假设在低压侧和高压侧都有理想的滤波。

通过斩波器的低压端电流的DC分量是

$$V' = V_s - IR \tag{E11.4.1}$$

式中，V_s为DC电压源 = 65V；I为制动期间的电流 = 12A；R为电机绕组的电阻 = 0.15Ω。因此，$V = 65 - 12 \times 0.15 = 63.2$V。但是从式（11.28），有 $V' = (1-m)V_o$，其中m是占空比而V_o是电池电压（80V）。这给出 $63.2 = (1-m)80$ 或 $1 - m = 63.2/80 = 0.79$，所以 $m = 1 - 0.79 = 0.21$。升压斩波器的低压侧的功率为$V'I'$，而高压侧的功率为V_oI，因此$V'I' = V_oI$，或者$I/I' = V'/V_o = 1 - m$，即电池电流/电动机电流 = 1 − 0.21 = 0.79。所以电池充电电流 = 0.79 × 12A = 9.48 A。

11.1.3 降压 − 升压转换器

降压 − 升压转换器如图11.3所示，包含两个IGBT Q_1 和 Q_2 以及它们的反并联二极管。它有两种工作模式，这些模式之间的转换是在栅极电路的控制下实现的。第一种模式是电压降压模式，它也被称为驱动模式。在该模式中，控制脉冲提供给IGBT Q_1 的栅极，同时停止馈送到IGBT Q_2 的栅极的脉冲。因此，IGBT Q_2 和二极管 D_1 不工作。在称为升压模式或制动模式的第二种模式中，控制脉冲施加到IGBT Q_2 的栅极，而馈送到IGBT Q_1 的栅极的脉冲被阻断，导致IGBT Q_1 和二极管 D_2 不工作。

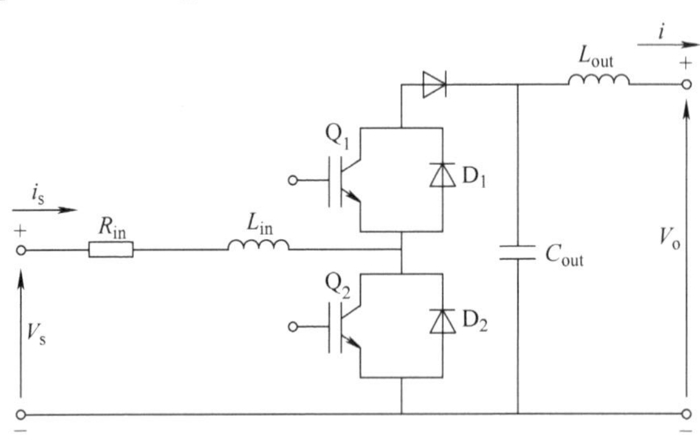

图11.3 降压 − 升压转换器

降压 − 升压转换器的一个重要应用是DC电动机驱动。在驱动模式中，电流从转换器的输出端（其处于高电压）流到电动机（其处于较低电压）。通过改变转换器的占空比，可以改变电动机的速度。从转换器到电动机的电流受到电动机的电枢绕组中引起的反EMF的阻碍，这是由于其在磁场电路的旋转运动中产生的磁通造成的。该EMF的正端与转换器电源的正端相同，而负端也与转换器的负端相同。因此，转换器电源必须与该EMF相反，以保持电流在电枢电路中流动。

当电动机要制动时，有再生制动和摩擦制动两种方法。在再生制动中，上述转换器在制动模式下运行，即在升压转换器模式下运行。现在电动机端处于较高电压，而转换器输出端处于较低电压，因此，电流从电动机电枢线圈流入转换器。如果转换器中的电压源是电池，则它将通过电动机的电流充电。只要电枢继续移动，这将会继续。因此，可以将移动电枢的动能转化为电池中的化学能，用于电动机的进一步驱动。但是，当电动机需要突然完全停止而不是减速时，需要进行摩擦制动，然后，存储的动能在制动蹄中转换成没有用的热量。

11.2 DC-AC 转换

逆变器将 DC 输入电压改变为所需幅值和频率的 AC 输出电压。为了改变逆变器的输出电压，需要改变输入 DC 电压。因此电压控制在逆变器外部。或者，电压在内部改变，即在逆变器电路中通过 PWM 改变，然后在逆变器内部进行电压控制。为了调节逆变器的频率，馈送到 IGBT 的开关控制电路中的时钟振荡器频率是不同的。

逆变器的输入通常是 6V/12V 或更高的电池、燃料电池或太阳能电池，而输出为 AC110V/220V 单相或 440V 三相。输出频率为 400Hz/50Hz/60Hz。对于家用电器和计算机系统等低功率和中等功率应用，单相逆变器就足够了，但对于 AC 电动机驱动和工业过程等高功率应用，则需要三相逆变器。对于这些应用，无失真的正弦波形是必要的，通过使用滤波器电路或通过正弦脉冲宽度调制（Sinusoidal Pulse Width Modulation，SPWM）来减小波形的谐波分量。

根据输出的相数，逆变器大致分为单相或三相逆变器。它们还细分如下：①输入电压保持恒定的电压馈电逆变器（Voltage Fed Inverter，VFI）或电压源逆变器（Voltage Source Inverter，VSI），这种类型的逆变器用作 AC 电压源；②输入电流保持恒定的电流馈电逆变器（Current Fed Inverter，CFI）或电流源逆变器（Current Source Inverter，CSI），该逆变器用作 AC 电流源；③输入 DC 电压可调的可变 DC 连接逆变器。逆变器的两种电路拓扑得到了广泛的应用，即半桥逆变器和全桥逆变器。半桥逆变器足以满足低功率应用，而全桥结构适用于高功率的要求。对于具有电阻负载的全桥逆变器，输出功率是半桥逆变器的四倍。全桥逆变器输出电压基本分量的方均根（Root Mean Square，RMS）值是半桥逆变器的两倍。同时，全桥逆变器的输出电压可以很容易地通过脉冲宽度调制来调节。

11.2.1 单相半桥逆变器

该逆变器的电路结构如图 11.4a 所示。它采用两个开关模块，每个模块由一个 IGBT 及其整流二极管组成。输入 DC 为正端 X、负端 Y、中性端 N 的三端分离电源。对于逆变器操作，IGBT Q_1 和 Q_2 交替开启和关断。每个 IGBT 保持导通半个周期，在此期间另一个 IGBT 保持关断状态。两个 IGBT 都不能同时开启，因为这意味着在 DC 输入端产生短路会导致电流过大。在一个 IGBT 的启动和另一个 IGBT 的启动之间通常有一个“死区时间”。

当 IGBT Q_1 开启 $T/2$ 时，负载两端出现的瞬时电压 v_o 为 $V_s/2$，这称为正电压半周期。当 IGBT Q_2 开启 $T/2$ 时，负载两端的电压 v_o 为 $-V_s/2$，这是负电压半周期。每个 IGBT 必须阻断电源电压 $V_s/2$ 两倍的正向电压，即全电压 V_s。每个 IGBT 的载流能力必须至少是平均

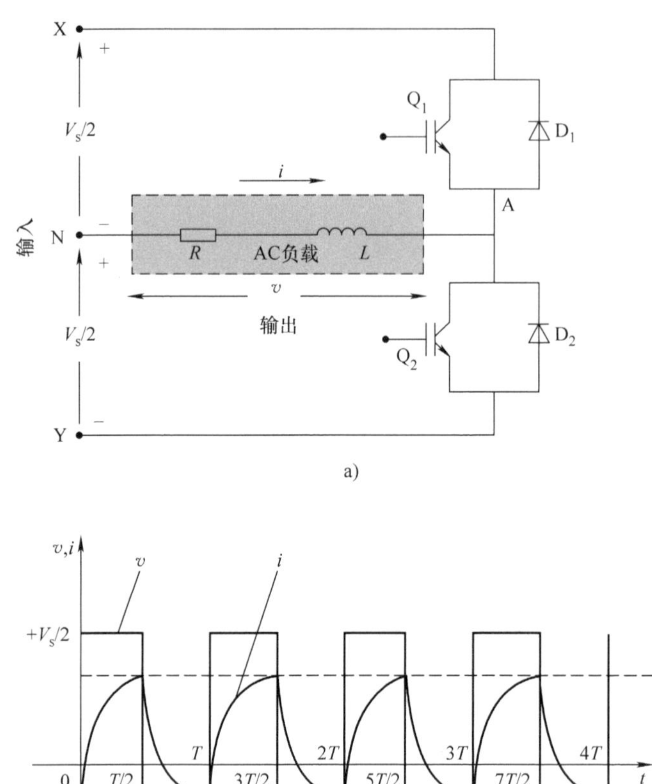

图 11.4　半桥逆变器

a）电路图　b）输出电压和电流波形

半波负载电流的一半。

图 11.4b 显示了几个开关周期后半桥逆变器的输出电压和电流波形。这一条件是在初始的瞬态阶段电流建立之后实现的。可以看出，负载电流不会随输出电压立即改变，这是由于负载电路中存在电感 L。当 Q_1 或 Q_2 关断时，负载电流继续流过二极管 D_2 或 D_1，直到它降至零。当能量反馈到 DC 电源时，这些二极管称为反馈二极管。前半周期从 $t=0$ 开始，假设电感中没有初始电流，基尔霍夫电压定律给出

$$L\frac{\mathrm{d}i}{\mathrm{d}t}+Ri=\frac{V_s}{2} \tag{11.37}$$

式中，$\tau=L/R$ 为负载电路的时间常数。在 $t=0$ 时用初始条件 $i=0$ 求解该方程，得到

$$i=\frac{V_s}{2R}\left[1-\exp\left(-\frac{t}{\tau}\right)\right] \tag{11.38}$$

在 $t=T/2$ 时，设电流 $i=I_{01}$。然后式（11.38）给出

$$I_{01}=\frac{V_s}{2R}\left[1-\exp\left(-\frac{T}{2\tau}\right)\right] \tag{11.39}$$

对于从 $t=T/2$ 开始的第二个半周期，循环方程为

$$L\frac{\mathrm{d}i}{\mathrm{d}t}+Ri=-\frac{V_s}{2} \tag{11.40}$$

在 $t=0$ 时，初始条件 $i=I_{01}$，采用 t 的一个新的参考零。式（11.40）的解得到

$$i=-\frac{V_s}{2R}\left[1-\exp\left(-\frac{t}{\tau}\right)\right]+I_{01}\exp\left(-\frac{t}{\tau}\right) \tag{11.41}$$

该方程表明在第二个半周期结束时，电流下降到负峰值 I_{02}。由于第三个半周期的环路方程的解将涉及 $t=0$ 时的初始条件 $i=I_{02}$，因此该半周期的正峰值 I_{03} 将低于前半周期的峰值 I_{01}。同时，第四个半周期的负峰值将低于第二个半周期的峰值 I_{02}。这发生在初始电流形成期间。在几个开关周期之后，连续周期的电流波形将变得相同。然后，如果 IGBT Q_1 在时间 $t=0$ 时开启，则该半周期的环路方程为

$$L\frac{\mathrm{d}i}{\mathrm{d}t}+Ri=\frac{V_s}{2},t=0\text{ 时},i=-I_0 \tag{11.42}$$

其解为

$$i=-I_0\exp\left(-\frac{t}{\tau}\right)+\frac{V_s}{2R}\left[1-\exp\left(-\frac{t}{2\tau}\right)\right] \tag{11.43}$$

在 $t=T/2$，$i=I_0$ 时，给出

$$I_0=-I_0\exp\left(-\frac{T}{2\tau}\right)+\frac{V_s}{2R}\left[1-\exp\left(-\frac{T}{2\tau}\right)\right] \tag{11.44}$$

由式（11.43）和式（11.44），在 $0<t<T/2$ 期间，得到

$$I_0=\frac{V_s}{2R}\frac{1-\exp(-T/2\tau)}{1+\exp(-T/2\tau)} \tag{11.45}$$

而

$$i=-\frac{V_s}{2R}\frac{1-\exp(-T/2\tau)}{1+\exp(-T/2\tau)}\exp(-T/\tau)+\frac{V_s}{2R}[1-\exp(-T/\tau)] \tag{11.46}$$

第二个半周期的波形（$T/2<t<T$）是在第一个半周期期间的波形重复，电流符号相反。

例 11.5 单相半桥逆变器的电阻负载为 $R=4\Omega$，DC 输入电压为 $V_s=72\text{V}$。确定每个 IGBT 的平均和峰值电流以及每个晶体管的反向阻断电压。

这里 $R=4\Omega$，$V_s=72\text{V}$。输出电压为 $V_o=V_s/2=72/2=36\text{V}$。因此 IGBT 峰值电流 $=I_{max}=36/4=9\text{A}$。由于每个 IGBT 导通占空比为 50%，因此每个 IGBT 的平均电流为 $I_{av}=0.5\times9=4.5\text{A}$。最大反向阻断电压是 $V_B=2\times36=72\text{V}$。

11.2.2 单相全桥逆变器

该逆变器的电路图如图 11.5a 所示。全桥逆变器采用四个开关模块代替半桥逆变器中的

两个开关模块。每个模块由一个 IGBT 及整流二极管组成。

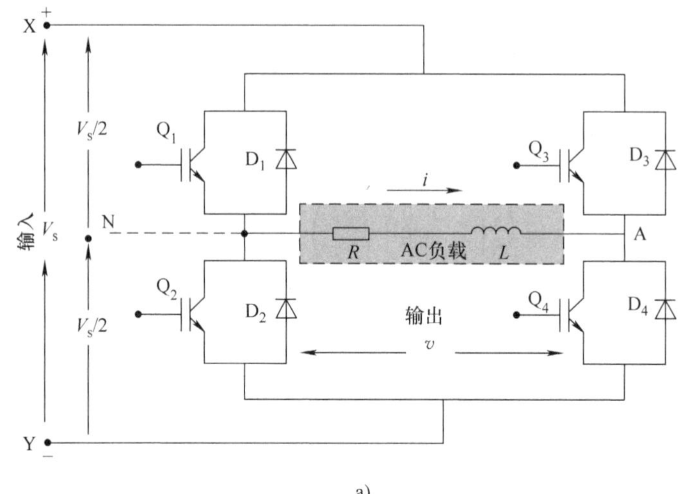

a）

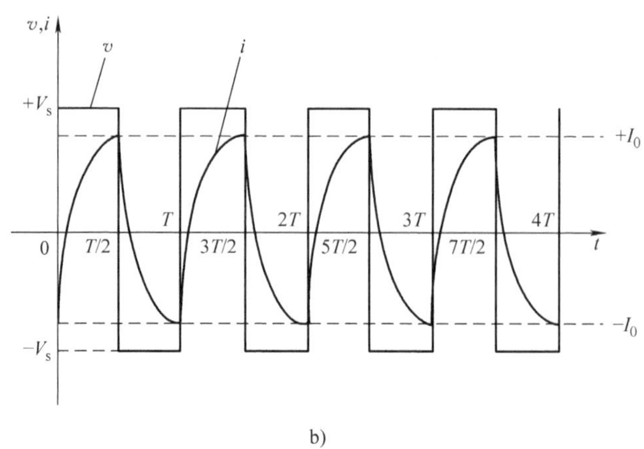

b）

图 11.5　全桥逆变器

a）电路图　b）输出电压和电流波形

在前半个周期期间，IGBT Q_1 和 Q_4开启，保持 Q_2 和 Q_3关断。然后输入 DC 电压 V_s出现在负载两端。在第二个半周期期间，IGBT Q_2 和 Q_3开启，而 IGBT Q_1 和 Q_4关断。负载两端的电压方向相反，为 $-V_s$。该逆变器的 IGBT 的电流和电压额定值与半桥逆变器的相同。图 11.5b 显示了输出电压和电流波形。

当 IGBT Q_1 和 Q_4导通时，另外两个 IGBT 截止，由基尔霍夫的电压定律给出

$$L\frac{\mathrm{d}i}{\mathrm{d}t}+Ri=V_s \tag{11.47}$$

类似地，当 IGBT Q_2 和 Q_3处于导通状态而另外两个处于截止状态时，环路方程式为

$$L\frac{\mathrm{d}i}{\mathrm{d}t}+Ri=-V_s \tag{11.48}$$

式（11.47）和式（11.48）类似于式（11.37）和式（11.40）。唯一的区别是全桥电压

V_s代替半桥的$V_s/2$。因此，通过式（11.46），全桥逆变器的输出负载电流为

$$i=-\frac{V_s}{R}\frac{1-\exp(-T/2\tau)}{1+\exp(-T/2\tau)}\exp(-t/\tau)+\frac{V_s}{R}[1-\exp(-t/\tau)] \quad (11.49)$$

对于第二个负电压半周期，同样的公式适用于$-V_s$。

例 11.6 单相全桥逆变器$R-L$负载的$R=5\Omega$，$L=10\text{mH}$。如果逆变器频率为$f=60\text{Hz}$而DC输入电压为$V_s=220\text{V}$，求出每个IGBT的峰值和RMS电流。

这里$R=5\Omega$，$L=10\text{mH}$，$V_s=220\text{V}$，$f=60\text{Hz}$，$T=1/f=1/60=0.0167\text{s}$，$\tau=L/R=10\times10^{-3}/5=2\times10^{-3}\text{s}$。因此，负载电流为

$$\begin{aligned}i&=-\frac{220}{5}\frac{1-\exp[-0.0167/(2\times2\times10^{-3})]}{1+\exp[-0.0167/(2\times2\times10^{-3})]}\exp[-t/(2\times10^{-3})]\\&\quad+\frac{220}{5}\{1-\exp[-t/(2\times10^{-3})]\}\\&=-42.67\exp(-500t)+44-44\exp(-500t)=-86.67\exp(-500t)+44\end{aligned}$$

在$t=0$时，$I=I_0=-86.67+44=-42.67\text{A}$。因此峰值负载电流 = 峰值晶体管电流 = 42.67A。RMS电流$=I_{RMS}=I_0/\sqrt{2}=42.67/\sqrt{2}=30.175\text{A}$。

例 11.7 单相全桥逆变器（无PWM运行）的电阻负载为10Ω，电感负载为0.1H。如果电源电压为200V且频率为50Hz，确定IGBT和整流二极管导通顺序。另外，求出每个器件的导通角，选择IGBT的电流和电压额定值。

这里$R=10\Omega$，$L=0.1\text{H}$，$V_s=200\text{V}$，$f=50\text{Hz}$。因此，$\tau=L/R=0.1/10=0.01\text{s}$，$T=1/f=1/50=0.02\text{s}$。由式（11.49），正半电压周期间的负载电流由式（E.11.7.1）给出

$$\begin{aligned}i&=-\frac{200}{10}\times\frac{1-\exp[-0.02/(2\times0.01)]}{1+\exp[-0.02/(2\times0.01)]}\exp(-t/0.01)\\&\quad+\frac{200}{10}\times[1-\exp(-t/0.01)]\\&=-20\times\frac{1-0.36788}{1+0.36788}\exp(-100t)+20[1-\exp(-100t)]\\&=-9.242\exp(-100t)+20-20\exp(-100t)\end{aligned} \quad (\text{E11.7.1})$$

在零交叉时刻，$i=0$，即

$$i=20-29.24\exp(-100t) \quad (\text{E11.7.2})$$

给出$t\approx3.8\times10^{-3}\text{s}$。

AC输出波形的时间周期为$T=1/50=0.02\text{s}$。在角度测量中，它是360°。因此，参考电压过零点的电流过零角度延迟$=(3.8\times10^{-3}\times360°)/0.02=68.4°$。在$t=0$时，电流处于负峰值$-I_0=20-29.24e^{-0}=-9.24\text{A}$。由于电压峰值 = 200V，输出电压和电流波形如图E11.7.1所示。

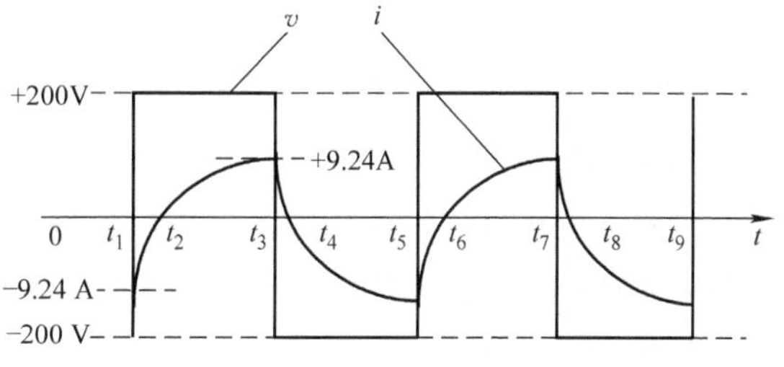

图 E11.7.1 输出电压和电流波形

观察这些波形，IGBT 和整流二极管的导通顺序和相应的导通角见表 E11.7.1。所使用的 IGBT 应能够承受 9.24 A 的峰值电流，并能够阻断 200V 电压。

表 E11.7.1　器件的导通角

时间间隔	导通的器件	导通角
$t_1 \sim t_2$	D_1，D_4	68.4°
$t_2 \sim t_3$	Q_1，Q_4	111.6°
$t_3 \sim t_4$	D_2，D_3	68.4°
$t_4 \sim t_5$	Q_2，Q_3	111.6°

11.2.3　采用脉冲宽度调制的 AC 电压控制

图 11.6 所示为 PWM 逆变器的典型输出电压波形。在该波形中，从 $t_1 \sim t_4$ 期间对应于 AC 电压的正半周期，而从 $t_4 \sim t_7$ 期间对应的是它的负半周期。在正半周期和负半周期，输出电压是比总半周期短的持续脉冲。半周期中的实际脉冲持续时间（$t_2 \sim t_3$）与半周期的总持续时间（$t_1 \sim t_4$）的比被定义为占空比 m。通过控制脉冲持续时间，即脉冲的宽度，改变逆变器的输出电压。

为了在逆变器中实现 PWM，在正半周期内，从 $t_1 \sim t_2$ 期间的负载电压必须为零，然后从 $t_2 \sim t_3$ 期间必须保持恒定值，并且从 $t_3 \sim t_5$ 必须为零。类似的评述适用于负半周期。该方案在具有电阻负载的半桥逆变器中给出了令人满意的结果，因为电阻两端的电压立即降低到零。但是电感负载无法做到这一点，原因是存储在电感中的能量可以阻碍电压瞬间下降到零。通过对 IGBT 开关的栅极信号采用特殊的时序来克服全桥逆变器中的问题。该方法如图 11.7 所示。在图 11.7a 中，显示了所需的 PWM 输出。图 11.7b 给出了 IGBT 开关的控制顺序。参照波形，观察全桥电路（见图 11.5a），很明显，为了获得 PWM 输出，在一个完整的周期中，从 $t_1 \sim t_2$ 的间隔期间，IGBT Q_1 和 Q_4 应该导通以产生正输出电压，然后从 $t_3 \sim t_4$ 期间，IGBT Q_2 和 Q_3 应导通产生负输出电压。在时间间隔 $t_1 - t_2$ 和 $t_3 - t_4$ 之间是另外两个间隔 $t_2 - t_3$ 和 $t_4 - t_5$，在此期间输出电压应为零，这些被称为整流间隔。在这些整流间隔期间，必须允许负载中的电流在任一方向上流动，使得输出电压为零，这是通过确保在整流间隔期间两个 IGBT 同时导通来实现的。这些 IGBT 可以是每个支路的顶侧上的，也可以是每个支路的底侧上的，或者每个支路的顶侧上的一个 IGBT 和每个支路的底侧上的一个 IGBT。对于图 11.7b 所示的方案，IGBT Q_1 和 Q_3 在 $t_2 \sim t_3$ 期间导通，而 Q_2 和 Q_4 在 $t_4 \sim t_5$ 期间导通。因此，PWM 总是可以在全桥电路中执行，但对于半桥情况则

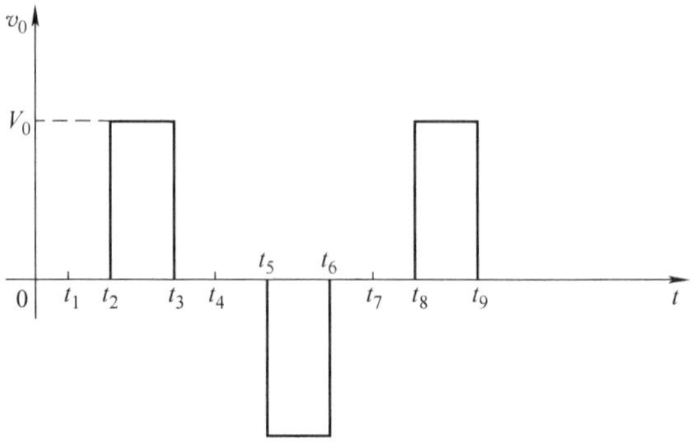

图 11.6　PWM 逆变器的输出电压波形

不是这样。

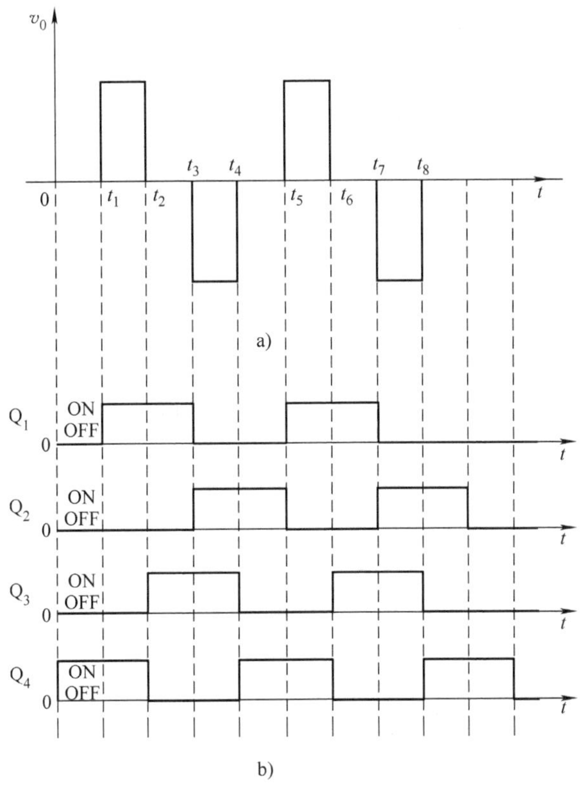

图 11.7　正弦脉冲宽度调制

上述脉冲宽度调制有时被称为单脉冲宽度调制。这是因为该方法在输出电压的每半个周期内只使用一个脉冲。在每个半周期中使用几个脉冲来降低输出 AC 电压的谐波成分。该方法称为多脉冲宽度调制（MPWM）。如果脉冲宽度相等，则称为均匀脉冲宽度调制。

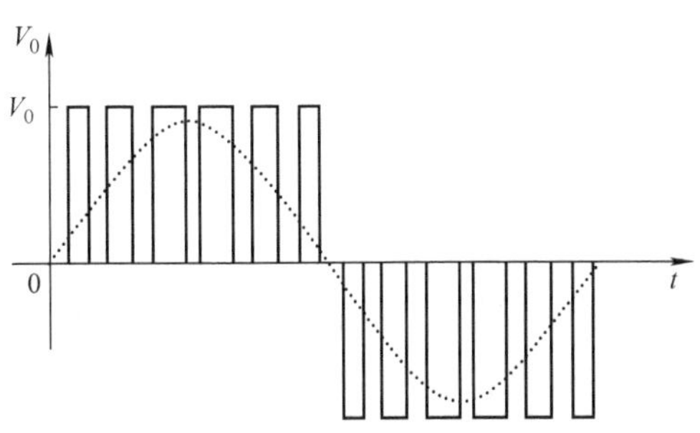

图 11.8　全桥逆变器 PWM 实现的开关方案

一个称为正弦脉冲宽度调制（SPWM）的 MPWM 的特殊情况被广泛使用。脉冲宽度可以与同一脉冲中心处的正弦波幅值成比例地变化（见图 11.8），而不是在半周期内保持脉冲宽度相同。因此，在每个半周期中，脉冲宽度在中心处最大，作为余弦函数随着向一侧移动而减小。为了改变输出电压，改变所有脉冲的宽度而不影响脉冲之间的余弦关系，SPWM 降低了低次谐波。但是输出电压波形的总谐波成分仍然很大，因为谐波频率被转移到频谱的高频区域。PWM 中使用的脉冲重复频率越高，谐波的频率越高。对于某些应用，例如电动机控制，输出端可能不需要滤波器。在需要无谐波正弦波形的应用中，使用的滤波器需要较小的无源元件 L 和 C。

11.2.4 三相全桥逆变器

三相逆变器用作重工业设备的可调 AC 电源。三相全桥结构已在该类设备中得到最广泛的应用。该逆变器（见图 11.9）通过并联连接三个单相半桥逆变器而形成。组成单相逆变器的栅极控制信号必须提前或延迟 $2\pi/3$ 弧度或 120°的角度，以获得平衡的三相输出。如果这些逆变器的输出电压在幅值和相位上不平衡，则三相逆变器的输出电压将是不平衡的。

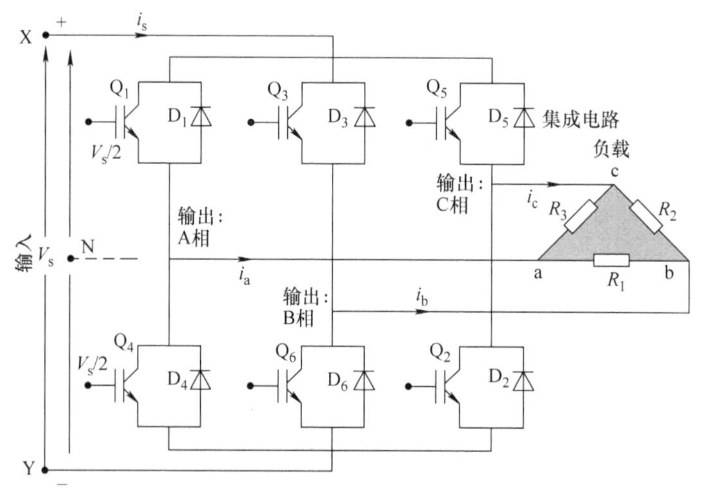

图 11.9　三相全桥逆变器电路图

三相逆变器由三个支路组成。在每个支路中，有两个带有反向并联二极管的 IGBT。因此总共有 6 个 IGBT 和 6 个二极管。逆变器有两个标记为 X（正）和 Y（负）的输入端，并有三个输出端 A，B 和 C 用于三相。支路 A 表示 A 相半桥，支路 B 表示 B 相半桥，支路 C 表示 C 相半桥。在 A 支路上，在前半个周期 IGBT Q_1 导通而 Q_4截止，在后半个周期 IGBT Q_4导通而 Q_1 截止。支路 B 的 IGBT 以相同的方式工作，相对于支路 A 上的开关瞬间保持 120°的相位延迟。在支路 C 和支路 B 的 IGBT 之间提供相同的 120°相位差。图 11.10a 显示了 IGBT 的时序图，产生的输出电压波形如图 11.10b 所示。在绘制这些波形时，将 DC 电源中点作为零电位参考，使正 DC 电源端的电位为 $+V/2$，而负 DC 电源端的电位为 $-V/2$。

例 11.8　三相逆变器的 Y 形连接电阻负载 $R=2\Omega$。如果逆变器频率为 $f=50\text{Hz}$ 而 DC 输入电压为 $V_s=220\text{V}$，求出流过 IGBT 平均电流、RMS 电流和峰值电流。

这里 $R=2\Omega$，$f=50\text{Hz}$，$V_s=220\text{V}$，$T=1/f=0.02\text{s}$。线间 RMS 电压为

$$V_L=\sqrt{\frac{2}{2\pi}\int_0^{2\pi/3}V_s^2\mathrm{d}(\omega t)}=\sqrt{\frac{2}{3}}V_s \tag{E11.8.1}$$

相电压是

$$V_p=\frac{V_L}{3}=\frac{\sqrt{2}}{3}V_s=\frac{1.414}{3}\times 220\text{V}=103.69\text{V} \tag{E11.8.2}$$

RMS 线电流为 $I_L=V_p/R=103.69/2=51.85\text{A}$；负载功率为 $P_0=3V_pI_p=3\times 103.69\times 51.85=16129.45\text{W}$；平均供电电流为 $I_s=P_0/220=16129.45/220=73.316\text{A}$；平均晶体管电

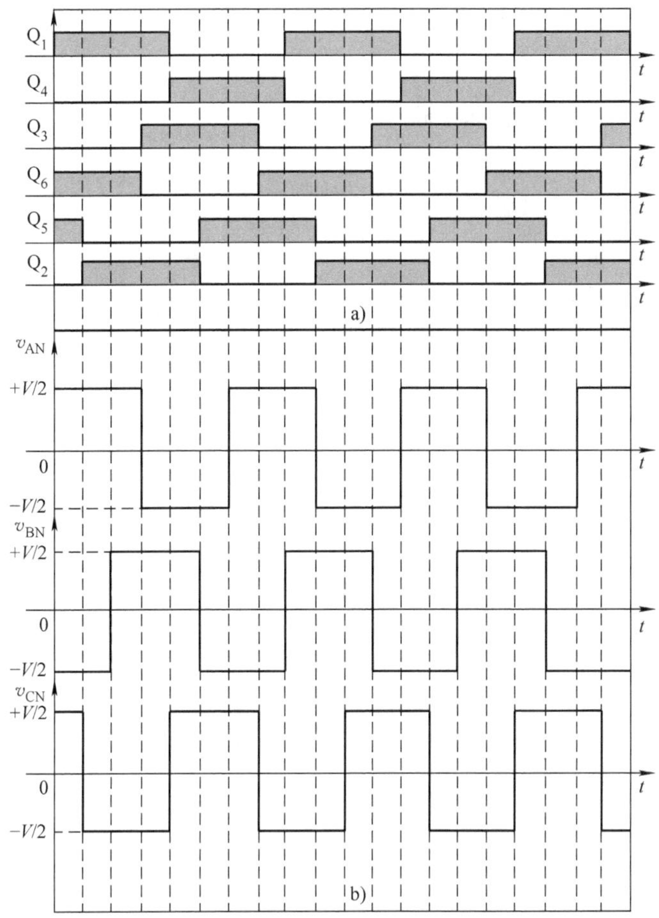

图 11.10　a）IGBT 的时序图　b）输出相电压波形，其中 DC 源中点（N）为零电位参考

流为 $I_{av} = I_s/3 = 73.316/3 = 24.44\text{A}$。由于线路电流由两个 IGBT 分担，因此 RMS IGBT 电流为 $I_{RMS} = I_L/\sqrt{2} = 51.85/\sqrt{2} = 36.67\text{A}$。峰值 IGBT 电流 $=\sqrt{2}/I_{RMS} = 36.67 \times \sqrt{2} = 51.85\text{A}$。

11.3 AC-DC 转换

在桥式整流电路的帮助下，给定的 AC 电源转换为脉动 DC 电源。负载两端的平均 DC 电压可通过积分循环控制（也称为开关控制）或相位角控制（也称为点对波控制）进行调整。在整个周期控制中，IGBT 开关允许正电压的半周期数出现在负载两端，同时也可以阻断所需的正半周期数。在相位控制方法中，IGBT 每半个周期进行栅极控制。IGBT 导通的瞬间延迟角度 α 称为延迟角、发射角或触发角。而且，IGBT 关断的时刻可以由一个角度 β 推进，称为消光角。通过改变发射和/或消光角度来控制输出功率。

完整周期控制方法在 AC 侧提供高的功率因数并且不产生电磁干扰（EMI）。但是源频率必须很高，以防止电动机在平均转速附近不必要的机械振荡。相位控制方法更常用，但它会引起 EMI 并提供较低的功率因数。

图 11.11 所示为一个 AC－DC 转换器，它使用 IGBT 来控制输入到电感负载的功率。在通过桥式整流器电路对输入 AC 电压进行整流之后，通过 IGBT 的开关模式调节出现在负载两端的脉动 DC 电压。首先将消光角保持恒定在值 $\beta=\pi$，并使用发射角 $\alpha=\alpha_1$ 确定功率因数。这种情况下的输出波形如图 11.12a 所示。对于无纹波负载电流，电感 L 必须高（$L\to\infty$）。检查在 $\alpha=\alpha_1$ 下得到的功率因数值，负载上的平均电压 $V_{1,\mathrm{av}}$ 是

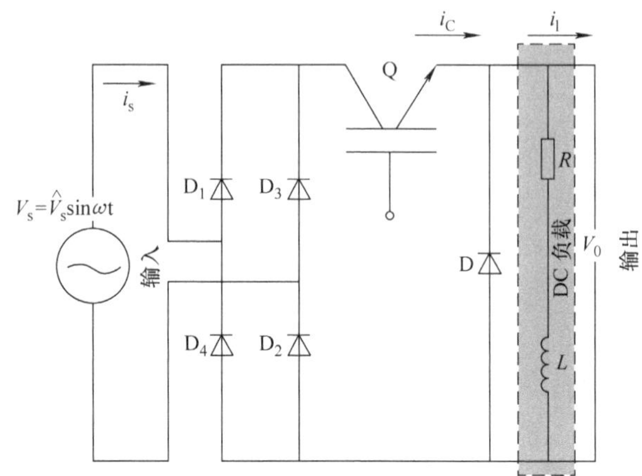

图 11.11 用于 $R-L$ 负载的 AC－DC 转换的 IGBT 控制电路图

$$V_{1,\mathrm{av}}=\int_{\alpha_1}^{\pi}\hat{V}_s\sin\omega t\mathrm{d}\omega t=\frac{\hat{V}_s}{\pi}(1+\cos\alpha_1) \tag{11.50}$$

式中，$\hat{V}_s$ 为输入正弦 AC 电压的峰值；ω 为其角频率。对于 $L\to\infty$，负载电流为

$$i_1=I_{1,\mathrm{av}}=I_{1,\mathrm{RMS}}=I_1=\frac{V_{1,\mathrm{av}}}{R}=\frac{\hat{V}_s}{\pi R}(1+\cos\alpha_1) \tag{11.51}$$

在输入 AC 一侧，源电流的方均根值为

$$I_{s,\mathrm{RMS}}=\sqrt{\frac{1}{\pi}\int_{\alpha_1}^{\pi}I_1^2\mathrm{d}\omega t}=I_1\sqrt{1-\frac{\alpha_1}{\pi}}+\frac{\hat{V}_s}{\pi R}(1+\cos\alpha_1)\sqrt{1-\frac{\alpha_1}{\pi}} \tag{11.52}$$

使用式（11.50）～式（11.52），功率因数表示为

$$\mathrm{PF}=\frac{P}{V_sI_{s,\mathrm{RMS}}}=\frac{V_{1,\mathrm{av}}}{V_s\sqrt{1-\alpha_1/\pi}}=\frac{\sqrt{2}(1+\cos\alpha_1)}{\pi\sqrt{1-\alpha_1/\pi}} \tag{11.53}$$

对于 $\alpha_1=0$，PF＝0.9；对于 $\alpha_1=\pi/4$，PF＝0.88769；对于 $\alpha_1=\pi/3$，PF＝0.78。为了改善给定延迟角 $\alpha=\alpha_2$ 的功率因数，假设消光角 β 必须改变到 $\beta=\beta_2$，在负载吸收的功率固定的约束条件下。产生的输出波形如图 11.12b 所示。

然后，负载电流 I_1 具有相同的值，但源电流 I_s 根据 α_2 改变的，β_2 为

$$I_{s,\mathrm{RMS}}=\frac{1}{\pi}\sqrt{\int_{\alpha_2}^{\beta}I_1^2\mathrm{d}\omega t}=\frac{I_1}{\sqrt{\pi}}\sqrt{\beta_2-\alpha_2} \tag{11.54}$$

功率因数为

$$\mathrm{PF}=\frac{P}{V_sI_{s,\mathrm{RMS}}}=\frac{\sqrt{\pi}P}{V_sI_1\sqrt{\beta_2-\alpha_2}}=\frac{K}{\sqrt{\beta_2-\alpha_2}} \tag{11.55}$$

式中，K 为常数。获得最大功率因数的条件为

$$\frac{\mathrm{dPF}}{\mathrm{d}\alpha}=0 \tag{11.56}$$

因此，由式（11.56），有

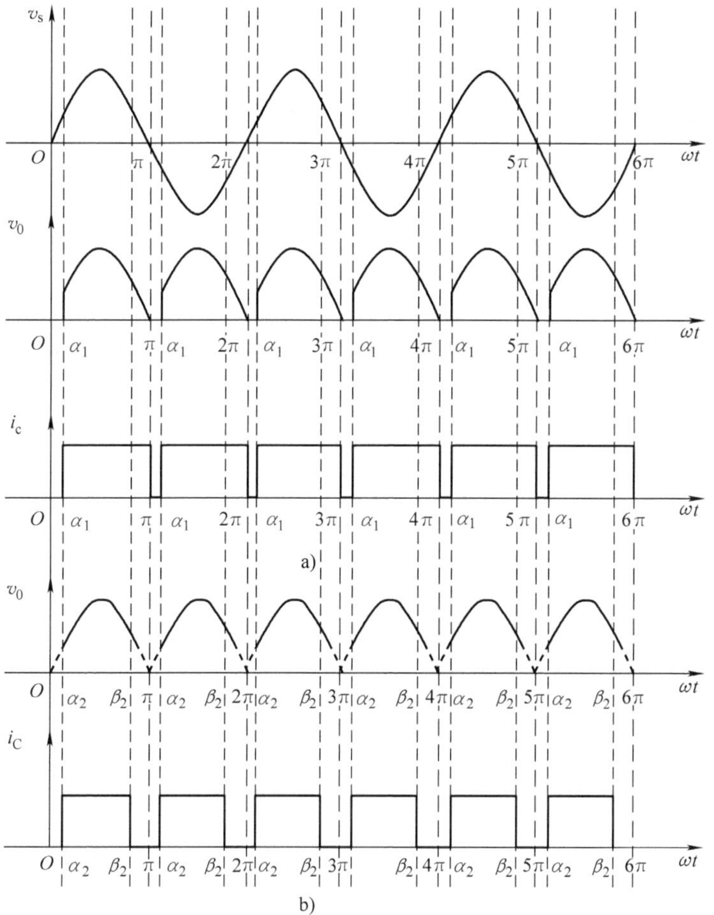

图 11.12 AC - DC 转换

a）α 控制 b）α 和 β 控制

$$0 = \frac{d\beta}{d\alpha} - 1 \tag{11.57}$$

由于平均负载电压 $V_{1,av}$ 固定在一个特定值

$$V_{1,av} = \frac{1}{\pi}\int_{\alpha_2}^{\beta_2} \hat{V}_s \sin \omega t d\omega t = \frac{\hat{V}_s}{\pi}(\cos \alpha_2 - \cos \beta_2) \tag{11.58}$$

这个方程给出

$$\frac{d\beta}{d\alpha} = \frac{\sin \alpha_2}{\sin \beta_2} \tag{11.59}$$

代替式（11.57）中的 $d\beta/d\alpha$，得到

$$\sin \alpha_2 = \sin \beta_2 \tag{11.60}$$

因此，最大功率因数的条件为

$$\beta_2 = \pi - \alpha_2 \tag{11.61}$$

因此，为了在 AC 一侧获得最佳的功率因数，IGBT 必须对称地执行切换，使得消光角

$=\pi^{-}$ - 发射角。

例 11.9 IGBT 将 200V 的 AC 电源的功率调制到一个电阻为 2Ω 的负载，而电感很大，以至于负载电流实际上是恒定的。调节 IGBT 的开关角使得 $\alpha_1 = 45°$，$\beta_1 = 180°$。AC 一侧的功率因数是多少？对于相同的平均功率，改变开关角使得 $\beta_2 = 180° - \alpha_2$，并且重新计算功率因数。功率因数改善的百分比是多少？取 $\alpha_2 = 60°$，IGBT 要承受的平均电压是多少？必须能承受的平均电流是多少？

在第一种情况下，应用式（11.53），功率因数是

$$\mathrm{PF}=\frac{\sqrt{2}(1+\cos 45°)}{3.14\sqrt{1-45°/180°}}=\frac{1.414(1.7071)}{3.14\times 0.866}=0.88769 \tag{E11.9.1}$$

在第二种情况下，平均功率是

$$P_2=\frac{V_{1,\mathrm{av}}^2}{R}=\frac{1}{R}\left\{\int_{\alpha_2}^{\pi-\alpha_2}\hat{V}_{\mathrm{s}}\sin\omega t\,\mathrm{d}\omega t\right\}^2=\frac{4\hat{V}_{\mathrm{s}}^2}{\pi^2 R}\cos\alpha_2 \tag{E11.9.2}$$

因为对于第一种情况，根据式（11.50），平均功率是

$$P_1=\frac{V_{1,\mathrm{av}}^2}{R}=\frac{\hat{V}_{\mathrm{s}}^2}{\pi^2 R}(1+\cos\alpha_1)^2 \tag{E11.9.3}$$

当满足式（E11.9.4）时 $P_1=P_2$

$$(1+\cos\alpha_1)^2=4\cos^2\alpha_2 \tag{E11.9.4}$$

得出 $\alpha_2 = 31.4°$。

负载的平均电压是

$$\begin{aligned}V_{1,\mathrm{av}}&=\frac{1}{\pi}\int_{\alpha_2}^{\pi-\alpha_2}\hat{V}_{\mathrm{s}}\sin\omega t\,\mathrm{d}\,\omega t=\hat{V}_{\mathrm{s}}[-\cos\omega t]_{\alpha_2}^{\pi-\alpha_2}\\&=\hat{V}_{\mathrm{s}}[-\cos(\pi-\alpha_2)+\cos\alpha_2]=\frac{2\hat{V}_{\mathrm{s}}\cos\alpha_2}{\pi}\end{aligned} \tag{E11.9.5}$$

而负载中的平均电流是

$$I_{1,\mathrm{av}}=\frac{V_{1,\mathrm{av}}}{R}=\frac{2\hat{V}_{\mathrm{s}}\cos\alpha_2}{\pi R} \tag{E11.9.6}$$

源电流的 RMS 值是

$$\begin{aligned}I_{\mathrm{s,RMS}}&=\sqrt{\frac{1}{\pi}\int_{\alpha_2}^{\pi-\alpha_2}I_1^2\mathrm{d}\omega t}=\sqrt{\frac{1}{\pi}I_1^2[\omega]_{\alpha_2}^{\pi-\alpha_2}}=I_1\sqrt{1-\frac{2\alpha_2}{\pi}}\\&=\frac{2\hat{V}_{\mathrm{s}}\cos\alpha_2}{\pi R}\sqrt{1-\frac{2\alpha_2}{\pi}}\end{aligned} \tag{E11.9.7}$$

因此功率因数是

$$\begin{aligned}\mathrm{PF}&=\frac{V_{1,\mathrm{av}}I_{1,\mathrm{av}}}{V_{\mathrm{s,RMS}}I_{\mathrm{s,RMS}}}=\frac{2\sqrt{2}\cos\alpha_2}{\pi\sqrt{1-\frac{2\alpha_2}{\pi}}}\\&=\frac{2\times 1.414}{3.14}\frac{\cos 31.4}{\sqrt{1-\frac{2\times 31.4}{180°}}}=0.9527\end{aligned} \tag{E11.9.8}$$

将 $\hat{V}_s = \sqrt{2}V_{RMS}$代入。功率因数改善的百分比是

$$\Delta PF\% = \frac{0.9527 - 0.88769}{0.88769} \times 100\% = 7.32\% \quad (E11.9.9)$$

因为 $\hat{V}_s = \sqrt{2}V_{RMS} = \sqrt{2} \times 200V = 1.414 \times 200V = 282.8V$。由式（E11.9.5），有

$$V_{1,av} = \frac{2\hat{V}_s \cos\alpha_2}{\pi} = \frac{2 \times 282.8 \times \cos60°}{3.14} = 90.064 \quad (E11.9.10)$$

由式（E11.9.6），平均负载电流为

$$I_{1,av} = \frac{V_{1,av}}{R} = \frac{90.064}{2} = 45.032A \quad (E11.9.11)$$

式（E11.9.10）和式（E11.9.11）给出IGBT维持的平均电压（90V）及其必须承载的平均电流（45A）。

11.4 软开关转换器

在2.4.8节简要介绍了软开关的概念。在软开关中[5-10]，通过产生谐振条件来对电压或电流波形进行整形，以迫使开关器件两端的电压在导通之前降至零，这称为零电压开关（Zero Voltage Switching，ZVS）。或者在关断之前，通过开关器件迫使电流降至为零，这称为零电流开关（Zero Current Switching，ZCS）。硬开关ZVS和ZCS的比较如图11.13中所示。

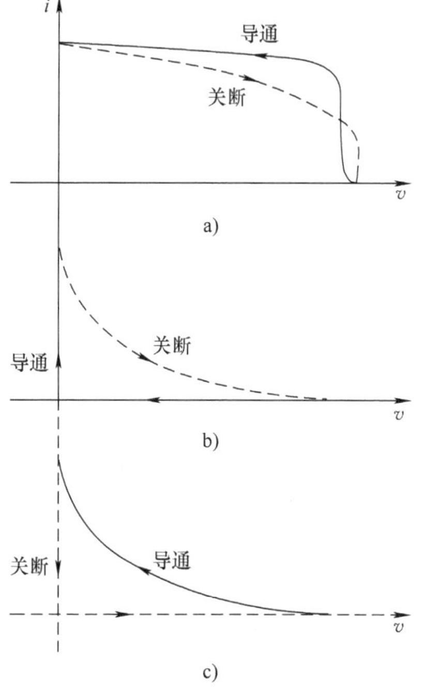

图11.13 开启和关断波形的比较

a）硬开关和软开关技术 b）零电压开关 c）零电流开关

软开关可降低开关损耗，尤其是在高频时。它增加了功率密度，因为在增加工作频率时磁性元件的尺寸和重量会减小。它还可以最大限度地减少电磁干扰（EMI）。

11.4.1 软开关DC-DC转换器

在DC-DC转换器中使用软开关是常见且普遍的。软开关DC-DC转换器系列的目标是开发具有高功率密度和高效率的高开关频率转换器，这是通过向功率级添加额外元件来实现的。DC-DC转换器中的软开关实现起来相当简单，因为在任何给定的工作点，功率流是单向的，开关频率是固定的，并且调制是在零频率（即DC）。

在软开关转换器中，通过谐振组合产生开关电压或电流的过零点。串联电感-电容（*LC*）组合是常用的结构。电压/电流的过零点是低功率开关转换的机会，因此，必须协调

开关动作以与过零点同步。必须对 IGBT 进行定时以确保正确的行为。对于 ZVS 动作，IGBT 必须仅在电压过零时开启，而对于 ZCS 动作，它必须仅在电流过零时关断。因此，在软开关中，开关器件（IGBT）改变谐振网络而不是引起电压或电流的突然变化。此外，在软开关中，开关在过零点处的动作切断了振铃谐振波形。这些方法被称为准谐振，而基于谐振原理的转换器被称为谐振和准谐振转换器。

所有传统的 DC - DC 转换器在一个特定转换器中共享具有不同单元取向的相同开关单元。重要的软开关单元系列包括：零电压开关准谐振（ZVS - QRC）系列、零电流开关准谐振（ZCS - QRC）系列，以及零电流转换 PWM 单元。ZVS - QRC 和 ZCS - QRC 单元如图 11.14 所示。在 ZVS 转换器中，IGBT 关断产生一系列 LC 谐振回路，电容器上的电压增加然后下降到零，该过零电压是 IGBT 必须开启的瞬间。谐振确定了关断时间，而导通时间的变化改变了转换器的输出。在 ZCS 转换器中，反过来也是如此。这种情况是 ZVS 情况的两倍。谐振决定了 IGBT 的开启时间而关断时间的变化用于转换器的输出调整。

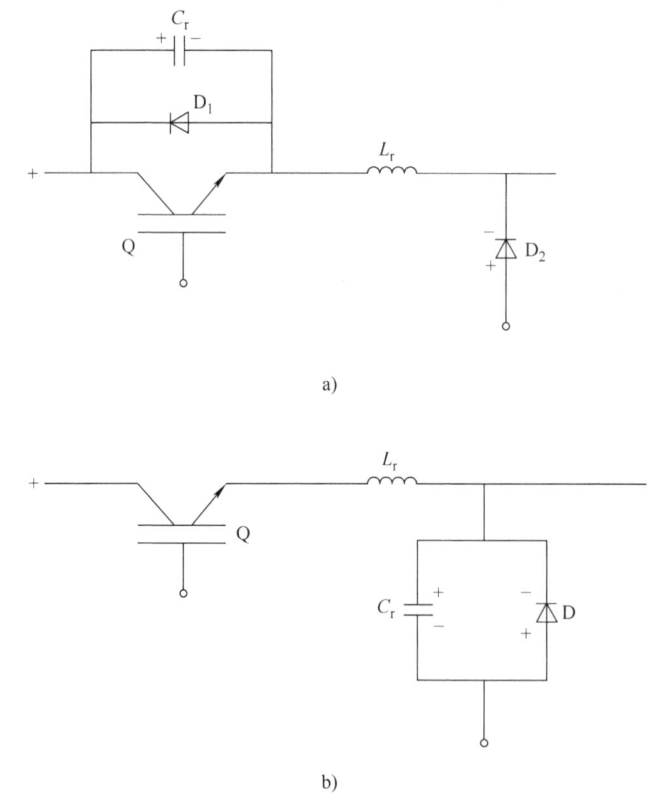

图 11.14　软开关单元的结构（谐振元件是 L_r、C_r）

a）零电压开关准谐振单元（ZVS - QRC）　b）零电流开关准谐振单元（ZCS - QRC）

对于零电压开关，需要最小的电流值。在这种工作模式下，需要大的电压振荡来产生过零电压。乘积 Z_cI 必须大于 V，其中 V 是关断状态电压，I 是 IGBT 导通状态电流。高的特征阻抗和负载电流值最适合 ZVS 工作。

对于零电流开关，通过使 $L-C$ 对的特征阻抗足够低以允许电流中出现大的振荡来维持最大的电流幅值。V/Z_c比值必须大于I，低的特征阻抗和导通状态电流适用于ZCS工作。

例11.10 在ZVS降压转换器（见图E11.10.1）中，电源电压$V_s=24V$。与二极管D串联的电感为$L_D=5\mu H$，而与IGBT Q并联的电容为$C_T=0.2\mu F$。如果负载用一个5A电流源来建模，求出IGBT栅极应设置为高电平的时间。这一瞬间的电感电流是多少？这个电流什么时候会降到零？

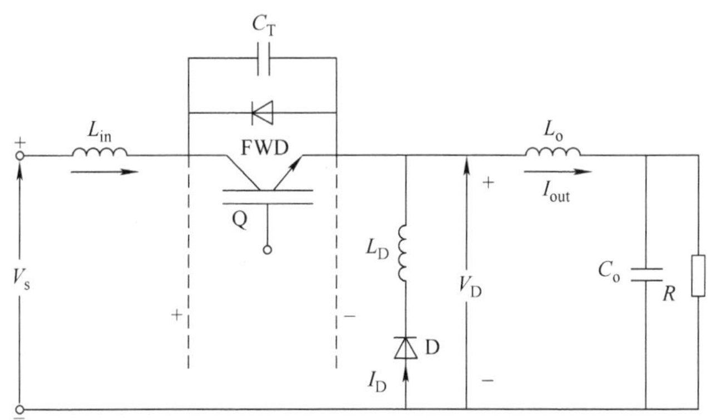

图E11.10.1 例11.10中ZVS降压转换器的电路图

特征阻抗为$Z_c=\sqrt{L_D/C_T}=\sqrt{(5\times10^{-6})/(0.2\times10^{-6})}=5\Omega$。假设最初IGBT处于导通状态，二极管处于关断状态。当IGBT关断时，IGBT栅极信号被去掉，IGBT和二极管都处于关断状态。然后，5A的负载电流流入电容C_T，电容的电压以$5A/C_T=5/(0.2\times10^{-6})=2.5\times10^7V/s$的速率线性上升。电容的电压在$24/(2.5\times10^7)s=0.96\mu s$达到24V，然后二极管将变为正向偏置。将该点定义为$t=0$，确定电感L_D中的电流和电容C_T两端的电压。根据基尔霍夫定律

$$V_s-v_T-L_D\frac{di_D}{dt}=0 \tag{E11.10.1}$$

$$C_T\frac{dv_T}{dt}=I_{out}+i_D \tag{E11.10.2}$$

结合式（E11.1）和式（E11.2），得到

$$L_DC_T\frac{d^2i_D}{dt^2}+i_D+I_{out}=0 \tag{E11.10.3}$$

应用初始条件：$i_D(0)=0$和$V_T(0)=V_s$，式（E11.1.3）的解给出如下：

$$i_D(t)=I_{out}[\cos(\omega_rt)-1] \tag{E11.10.4}$$

$$v_T(t)=V_s+I_{out}Z_c\sin(\omega_rt) \tag{E11.10.5}$$

就本例而言

$$i_D(t)=5A[\cos(\omega_rt)-1] \tag{E11.10.6}$$

$$v_T(t)=24V+25\sin(\omega_rt) \tag{E11.10.7}$$

从$t=0$时的24V开始，电容的电压上升到峰值$=24V+25V=49V$。为了计算所经过的时间，设置

$$\sin(\omega_r t) = 1 = \sin\frac{\pi}{2} \tag{E11.10.8}$$

谐振频率

$$\omega_r = \frac{1}{\sqrt{LC}} = \frac{1}{\sqrt{5\times10^{-6}\times0.2\times10^{-6}}} = 1\times10^6\text{rad/s} \tag{E11.10.9}$$

因此，对于式（E11.1.8）的条件，得到

$$t = \frac{3.14}{2\times1\times10^6} = 1.57\times10^{-6}\text{sec} = 1.57\mu\text{s} \tag{E11.10.10}$$

此后，电容的电压在 $t = 3.14\mu s$ 时呈正弦下降到24V。它达到零值时

$$25\sin(\omega_r t) = -24\text{V 或 } \sin(\omega_r t) = -0.96 \tag{E11.10.11}$$

这发生在 $\omega_r t = 254° = (\pi/180)\times254° = 4.43\text{rad}$，给出 $t = 4.43/(1\times10^6) = 4.43\mu s$。

将此点视为 $t = t_{ON}$，二极管将开启而IGBT栅极应设置为高电平，以保持IGBT和二极管均处于导通状态。因此，当二极管向正向偏置时，从电容的电压达到24V开始计算，在4.43μs之后，IGBT栅极应该设置为高电平。此时，电感中的电流由式（E11.1.4）给出

$$i_D(4.4\mu s) = 5A(\cos254° - 1) = 5(-0.2756 - 1) = -6.378A \tag{E11.10.12}$$

电流上升速率 = 24V/5μH = 4.8×10^6 A/s。由于 $6.378/(4.8\times10^6) = 1.33\times10^{-6}$ = 1.33μs，电流将在更长的时间间隔后达到零 = 1.33μs，也就是说，时间 $t = 4.43 + 1.33 = 5.76\mu s$。

例11.11 一个ZCS谐振降压转换器（见图E11.11.1）包含一个与IGBT Q串联的 L_T = 10μH的电感以及与二极管D并联的大小为0.1μF的电容 C_D，电源电压 V_s 为6V。这个 $L-C$ 组合是否会为2.5V负载的5V输出提供谐振转换器的功能？

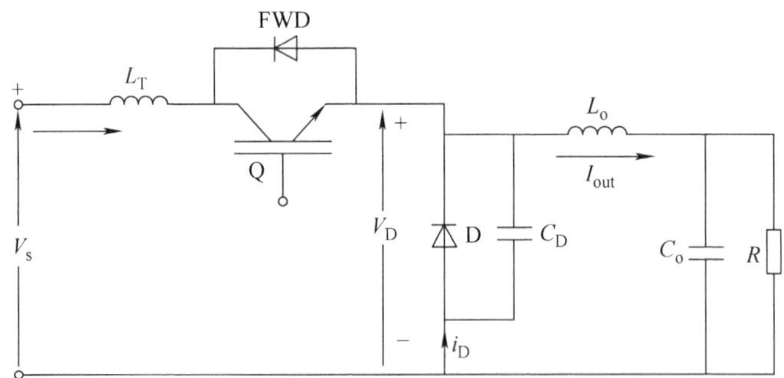

图E11.11.1 例11.11中ZCS降压转换器的电路图

2.5W的负载可以为2.5W/5V = 0.5A电流源建模。从IGBT关断和二极管导通的结构开始，然后IGBT开启导致 L_T 中的电流以 V_s/L_T = 6V/10μH = 0.6A/μs的速率上升。电流在0.5/0.6 = 0.83μs上升达到0.5A。因此，在晶体管开启后0.83μs，二极管电流将降至零。然后晶体管将导通而二极管将关断。应用基尔霍夫定律，得到

$$V_s - L_T\frac{di_T}{dt} - v_D = 0 \tag{E11.11.1}$$

$$i_{CD} = C_D \frac{dv_D}{dt} = i_T - I_{out} \tag{E11.11.2}$$

对式（E11.11.1）求导，得到

$$-L_T \frac{d^2 i_T}{dt^2} - \frac{dv_D}{dt} = 0 \tag{E11.11.3}$$

由式（E11.11.3）将 dv_D/dt 代入式（E11.11.2），有

$$L_T C_D \frac{d^2 i_T}{dt^2} + i_T - I_{out} = 0 \tag{E11.11.4}$$

式（E11.11.4）的解为

$$i_T(t) = k_1 \sin(\omega_r t) + k_2 \cos(\omega_r t) + k_3 \tag{E11.11.5}$$

式中，k_1，k_2 和 k_3是常数而 ω_r是谐振频率。将参考时间 $t=0$ 固定为二极管关断的瞬间，式（E11.2.4）的初始条件是

$$i_T(0) = I_{out} \text{和} \frac{di_T}{dt(0)} = \frac{V_s}{L_T} \tag{E11.11.6}$$

则式（E11.11.4）的解是无阻尼的正弦波形

$$i_T(t) = \frac{V_s}{\sqrt{L_T/C_D}} \sin(\omega_r t) + I_{out} \tag{E11.11.7}$$

$\sqrt{L_T/C_D}$是特征阻抗 Z_c。因此，式（El 1.11.7）变成了

$$i_T(t) = \frac{V_s}{Z_c} \sin(\omega_r t) + I_{out} \tag{E11.11.8}$$

为了使电流返回到零，必须确保 $V_s/Z_c > I_{out}$；即 Z_c必须足够低，以便在电感的电流中提供大的变化。这里

$$Z_c = \sqrt{L_T/C_D} = \sqrt{(10 \times 10^{-6})/(0.1 \times 10^{-6})} = 10\Omega \cdot s \tag{E11.11.9}$$

因此，$V_s/Z_c = 6/10 = 0.6A$。由于负载是 0.5A 电流源，因此满足谐振转换器工作的条件。但是，当负载增加到 0.6A 以上时，此 $L-C$ 组合将不支持软开关。

11.4.2 软开关逆变器

在现代 IGBT 逆变器中，不需要缓冲电路。但由于开关损耗，会将开关频率限制在几千赫兹。提高开关频率是改善高功率转换器的电路和/或负载侧特性的一种可能的方法。功率半导体技术以及电路设计中的所有努力都旨在提高高功率转换器的开关频率。原因是逆变器的开关频率是减小用于滤波和储能的无源元件尺寸，从而提高瞬态性能并满足严格的谐波规范的关键因素。尽管 IGBT 开关很快，但由于器件导通和关断期间存在的瞬态电压和电流，会产生开关损耗。对于超过 5 ~6kHz 的开关频率，这些应力需要显著的器件降额设计，因此增加了系统成本。此外，在开启时，由于互补开关的反并联二极管中存储的电荷，以及在关断时由于 IGBT 封装和器件互连的寄生电感所捕获的能量，IGBT 损耗进一步增加。由于采用 IGBT 的电压源逆变器具有高的开关速度，因此高功率应用中的电压和电流变化率可以达到

kV/μs 和 kA/μs。IGBT 开关引起的逆变器输出电压的瞬变导致 dv/dt 超过 5000 ~ 10000V/μs。在电动机负载上施加如此高的 dv/dt 会导致严重的问题，并导致电动机绕组上的瞬态电压是标称值的两倍，这可能导致绕组绝缘击穿。与高开关速度相关的还有在逆变器输出上产生的宽带电磁干扰（EMI），该 EMI 频率范围从 10kHz ~ 30MHz 并且难以抑制。因此，在高频率下，机器绕组绝缘、HF 铁损和 EMI 问题会产生更高的应力。

为了减轻这些影响并提高系统性能，还需要采取其他措施。为此，通常使用无源输出滤波器。这些会导致额外的功率损耗并增大逆变器的体积。已证明有希望的第二种技术采用了截然不同的方法。它采用软栅极驱动技术，即通过栅极电压控制 IGBT 的开关过程。在这种情况下，电源电路没有变化。通过采用软开关拓扑，降低了开关损耗。通过降低开关损耗，提高了开关频率，从而降低了谐波失真。因此逆变器的电路和负载的行为得到了改善，但必须接受随之带来的缺点，例如，需要额外的测量设备，并且存在死区时间，其随着开关状态的改变要求和开关时间之间的负载电流而变化，这使得控制更加复杂。最后但并非最不重要的是，必须考虑无源元件参数的漂移，特别是电容，当使用谐振操作时，半导体和无源元件的电压和/或电流应力的增加是有害且不可忽略的。这些电压或电流变化率对性能构成了限制。

与 DC - DC 变换器相比，在 DC - AC 逆变器中实现软开关的任务要复杂得多。这主要是因为与大多数 DC - DC 变换器不同，逆变器需要 DC 总线和 AC 输出之间的双向功率流，并且通常具有两个不同的工作频率。一个频率与调制相关，而另一个频率与基本输出频率相关。此外，在更宽范围的负载条件下需要软开关操作。

软开关逆变器有多种类型，例如谐振极逆变器、并联谐振 AC 链路逆变器、谐振 DC 链路逆变器等。在非常高的功率范围内，谐振极拓扑很有意思，而在中等功率范围内，PWM 操作的谐振 DC 电压链路逆变器是受欢迎的。

从广义上讲，软开关逆变器分为两类，即谐振极和谐振链逆变器。谐振极逆变器倾向于在每个逆变器相使用一组无源 $L-C$ 元件，这些逆变器的主要形式包括基本谐振极逆变器、辅助谐振转换极逆变器和各种类型的谐振缓冲电路。另一方面，谐振链路逆变器倾向于每个逆变器使用一组谐振元件，并使用共同的过零电压（或电流）实现其所有功率半导体的低损耗转换。主要的结构包括被动钳位和有源钳位的谐振 DC 链路逆变器，以及各种形式的准谐振 DC 链路逆变器。

图 11.15 所示为谐振极逆变器的相脚。在谐振极逆变器（Resonant Pole Inverter RPI）中，配置了一个由 IGBT Q_1 和 Q_2 组成的逆变器极。为了实现 ZVS，将谐振电感与滤波电容串联放置，而负载并联在该滤波电容上。逆变器相电压 V_f 被调制，以产生期望的低频电压波形。

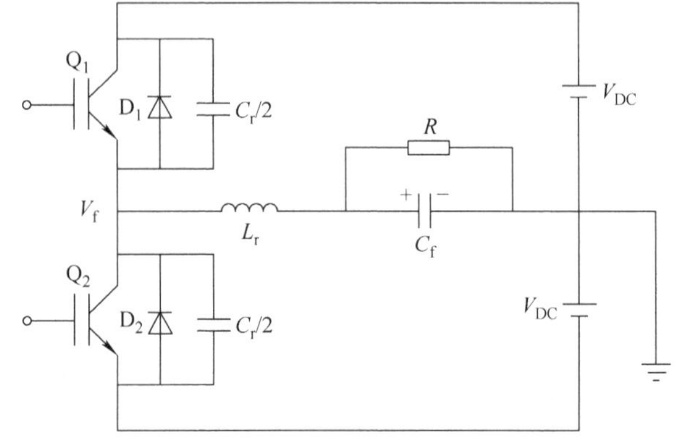

图 11.15　谐振极逆变器的相脚

已经提出的大量软开关逆变器拓扑中最早和最成熟的一种是谐振 DC 链路（Resonant DC Link，RDCL）逆变器。谐振 DC 链路逆变器可分为两大类：①使用连续谐振转换电路的逆变器。这些逆变器需要时间离散的栅极控制策略，其中 IGBT 的开关仅允许在由转换电路的谐振限定的离散时间。在该电路中，相当大的能量在谐振电容和电感之间以大约 50kHz 的频率永久地振荡，从而产生损耗，特别是在电感中。另一个困难是从驱动到制动机器的突然变化。然而，尽管钳位系数为 1.2，但 IGBT 的瞬态应力约为 DC1.8V。因此，有源钳位谐振 DC 链路逆变器对于中到高功率应用并不具有吸引力。②使用转换电路并根据需要执行谐振周期的逆变器。对于这种谐振周期的开始不存在（时间离散的）限制。

通过适当控制逆变器开关激励谐振链路并保持谐振，使谐振 DC 总线电压周期性地达到 0V。基本谐振 DC 链路逆变器（RDCLI）版本（见图 11.16）中，谐振电容两端的电压也施加在六个功率器件上。该电压具有平均或 DC 值，等于 DC 总线电压 V_{DC}，以及一个振荡或谐振分量。组合电压称为谐振链路。通过适当控制逆变器开关激励谐振链路并保持谐振，使谐振 DC 总线电压周期性地达到 0V。

IGBT 的开关与链路过零点匹配，以获得所需的低开关损耗。主逆变器器件仅允许在链路电压过零点处改变状态，这迫使逆变器输出由整数个谐振链路电压脉冲组成，这是与传统硬开关逆变器中使用的脉冲宽度调制明显不同的策略。现在必须使用离散谐振脉冲合成所需的低频输出电压，采用离散脉冲调制（Discrete Pulse Modulation，DPM）策略。

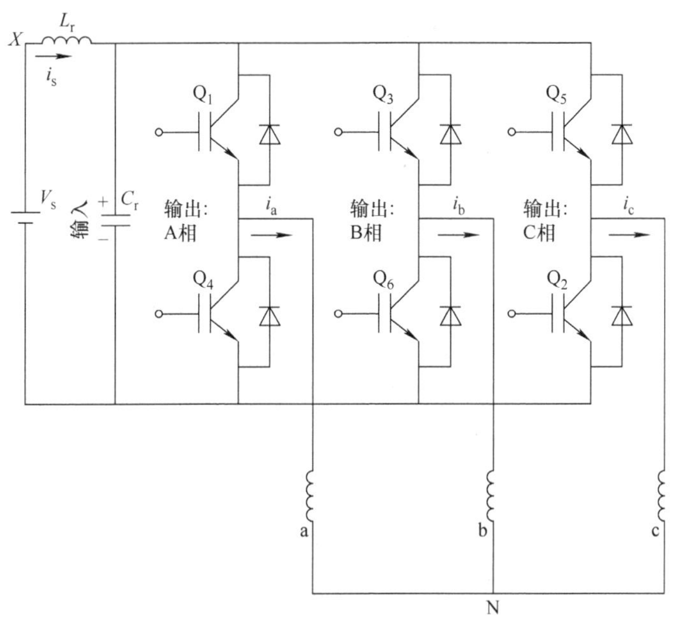

图 11.16 谐振 DC 链路逆变器的结构

另一种保持 PWM 控制并实现软开关的方法是准谐振 DC 链路型逆变器（Quasi - Resonant DC Link - type Inverter，QRDCLI）。与谐振总线连续振荡的 RDCLI 不同，谐振总线在功率传送模式期间被钳位到接近恒定的值，并在脉冲终止时或在总线电压上升到钳位电平期间进入谐振状态。得到的接近方波的脉冲与传统的硬开关逆变器相同。

QRDCLI 旨在控制谐振总线电压的脉冲宽度以获得所需的频谱纯度。与其相应的谐振极对应电路相比，这些转换器的自由度更少，因此在获得特定频谱时会受到更多的限制。由于只有一个脉冲宽度可变，因此很难完全控制三相三线输出。如果两个脉冲宽度是可独立控制的，则可以将输出空间矢量控制在任何所需值。但是，如果要保持频率恒定，则需要独立控制三个脉冲宽度。

准谐振 DC 链路逆变器的一个优点是它们可以通过传统的 PWM 技术来控制，其优点包括零电压开关的高效率和 PWM 方案熟悉的频谱性能。但是，不能同时获得完整的总线利用率和出色的频谱性能（高开关频率），这是因为这些逆变器可以实现一个最小的脉冲宽度。

另一种软开关技术采用谐振缓冲器或无损耗有源缓冲器来实现 ZVS。电容式缓冲器通常用于实现主要设备的 ZVS，然而，与耗散缓冲器不同，缓冲器能量以无损方式恢复。在谐振缓冲逆变器（Resonant Snubber Inverter，RSI）的一种拓扑结构中，软开关缓冲器电路被添加到逆变器的每个支路，每个缓冲电路由谐振电感以及辅助开关和反向并联二极管组成。

11.4.3 软开关的优点

软开关转换器的进步为功率转换器技术设定了新的性能和成本标准，并且在克服传统硬开关技术的局限性方面具有很大的潜力。在单个模块中，已经实现了功率为 200 kVA 的 DC 链路逆变器。与传统技术相比，使用 IGBT 的零电压开关已经表现出一些更优良的基准，其中包括：100% 功率器件利用率，满足军用规格的低 EMI，增强的稳健性，高功率密度，高开关频率和高效率。应用于 RDCLI 的软开关的主要优点如下：

1）优越的功率器件利用率。由于开启和关断能量损耗的减少，IGBT 可以在更高的开关频率下工作，同时承受与硬开关应用相同的损耗。在替代方法中，通过降低开关频率和增加正向电流来改善功率器件利用率，同时保持总损耗相同。例如，一个 300A，1200V IGBT，正向电流为 200A，占空比为 50%，总传导损耗为 170W。硬开关开启和关断能量损耗总计为 60mJ，当以 5kHz 开关时，总功率损耗为 470W。在零电压开关时，消除了开启的损耗，而每个周期的关断损耗降至 12mJ。如果传导损耗保持不变，则器件可以在 25kHz 下开关，以保持相同的总损耗 470W。最大化有效开关频率也会带来最小尺寸的电抗元件和最佳的频谱和动态性能。或者，开关频率被限制在较低的值，例如 10kHz，而剩余的热裕量用于将器件的正向电流增加到 300A，从而增加有效的额定功率。

2）低的 dV/dt。零电压开关逆变器电路的一个优点是电容缓冲器产生的低的 dV/dt。例如，硬开关 IGBT 逆变器的 dV/dt 接近 5000～10000V/ms，在电动机驱动器和其他逆变器应用中引起严重的问题。特别是对于电动机驱动器，高 dV/dt 会由于高匝间电压而导致电动机绕组绝缘的破坏。当使用长电缆将逆变器连接到电动机时，反射会在电动机端产生更高的电压。电动机制造商已经开始在坚固的电动机中使用更高绝缘等级的逆变器抗尖峰（Inverter Spike Resistant，ISR）导线。此外，许多电动机驱动器具有电动机端接网络，以吸收由于电压反射而产生的能量。

使用软开关逆变器可以将 dV/dt 降低至低于 500V/ms，这一水平足以满足通用电动机的要求。例如，谐振 DC 链路逆变器的 dV/dt 为 200 ~ 400V/μs。这样可以在变频器和电动机之间使用 100m 电缆时将电压过冲限制在 19% 以下。相比之下，在相同条件下测试的同等额定硬开关逆变器中，峰值过冲高于电源电压 91%。过冲百分比是一个重要参数，因为它包含在机器线圈上不均匀分配的较高频率。对感应电动机进行分布式高频建模，得到电动机端波形中高频成分在电动机相位绕组前几圈分布不均匀的信息。

11.5 IGBT 电路仿真

11.5.1 SPICE IGBT 模型的参数提取过程

第 1 章介绍了 IGBT 的 SPICE 模型。这里将描述用于提取该模型参数的方法[11]。基于物理模型的参数提取方法将在 11.5.2 节中进行概述。

SPICE 模型的参数是通过参考制造商的目录和测量 IGBT 的特性获得的。IGBT 的输出特性与 MOSFET 的输出特性不同，因此，应用校正函数来解释这些差异。IGBT 的 DC 模型包含 2D 非线性压控电压源 E_D，2D 非线性电压控制电流源 G_B，以及电流控制电压发生器 H_D。假设 IGBT 的线性区与 MOSFET 的线性区相同，利用校正函数对线性到饱和区的过渡进行校正。校正函数[11]给出如下：

$$F_1(V_{GE}) = \frac{V_{GS} - V_{Th} + V_D}{V_{CE(sat)}} \tag{11.62}$$

式中，V_{GS} 为 IGBT 中 MOSFET 的栅源电压；V_{Th} 为阈值电压；V_D 为二极管电压（0.7 ~ 1.0V）；$V_{CE(sat)}$ 为 IGBT 的饱和电压。$V_{CE(sat)}$ 是由输出特性决定的，通过在固定的栅极 - 发射极电压下在线性区域的曲线上画一条切线，饱和电压是切线与曲线相切的电压。通过使用几个不同的输入电压，IGBT 的输出电压转换为 MOSFET 的输出电压，从而得到电压源 E_D 为

$$E_D = V_{CE}F_1(V_{GE}) = V_{CE}(h_0 + h_1V_{GE} + h_2V_{GE}^2 + h_3V_{GE}^3 + \cdots + h_mV_{GE}^m) \tag{11.63}$$

式中，h_0，h_1，h_2，…，h_m 为多项式生成器 F_1（V_{GE}）的系数。

为了修改 MOSFET 在饱和区中的工作以表示 IGBT 行为，校正函数由式（11.64）给出

$$F_2(V_{GE}) = \frac{2I_{CE(sat)}}{(1 + BF)k_p(V_{GS} - V_{Th})^2} \tag{11.64}$$

式中，V_{GE} 为栅极 - 发射极电压；$I_{CE(sat)}$ 为 IGBT 在饱和电压 $V_{CE(sat)}$ 下的集电极 - 发射极电流；BF 为 IGBT 中输出双极型晶体管的正向电流增益；k_p 为 MOSFET 的特定跨导。从 IGBT 的输出特性中得到 $I_{CE(sat)}$ 和 V_{GE}，饱和区中输出晶体管的基极电流表示为

$$I_B = I_DF_2(V_{GE}) \tag{11.65}$$

式中，I_D 为 IGBT 中 MOSFET 的漏极电流。由于 SPICE 要求控制变量的输入仅为一种源类型，因此使用电流控制电压发生器将 I_D 转换为驱动电压 V_d

$$V_d = H_D = h_1 I_D \tag{11.66}$$

式中，$h_1 = 1\Omega$。现在可以将电流源 G_B 表示为

$$G_B = V_d F_2(V_{GE}) \tag{11.67}$$

根据多项式应用校正函数 $F_2(V_{GE})$

$$I_B = V_d(p_0 + p_1 V_{GE} + p_2 V_{GE}^2 + \cdots + p_n V_{GE}^n) \tag{11.68}$$

为了考虑温度效应，研究了 MOSFET 的漏极电流和双极型晶体管的电流增益的热依赖性。MOSFET 漏极电流表示为

$$I_D(T) = \frac{k_p}{2}(V_{GS} - V_{Th})^2\left(\frac{T}{T_0}\right)^{-1.5} \tag{11.69}$$

式中，T 和 T_0 分别为观测温度和标称温度。对于双极型晶体管，正向和反向 β 的温度系数 XTB 由式（11.70）得到

$$\mathrm{XTB} = 1.5 + \log\frac{\log[I_C(T_0)/I_C(T)]}{\log(T_0/T)} \tag{11.70}$$

IGBT 的动态 SPICE 模型结合了静态模型与非线性输入电容 C_i。数据手册给出输出电容，而 $C_i = f\ (C_i)$ 是由一个四段分段线性函数建模的，每个 C_{ix} 段与 IGBT 的特定开关时间相关。C_{id}，C_{ir}，C_{is} 和 C_{if} 表示开启时的延迟时间 $t_{d(on)}$，上升时间 $t_{r(on)}$，关断时的延迟时间 $t_{d(off)}$ 和下降时间 t_f 的输入电容。这些输入电容由式（11.71）计算得出

$$C_{ix} = \frac{t_x}{R_G \ln\dfrac{V_{GE}(\infty) - V_{GE}(0)}{V_{GE}(\infty) - V_{GE}(t_x)}} \tag{11.71}$$

式中，R_0 为连接到栅极的电阻；t_x 为 IGBT 的相关开关时间；V_{GE}（∞）为驱动信号（栅极电源电压）；$V_{GE(0)}$ 为开关时间开始时的栅极 - 发射极电压；V_{GE}（t_x）为在特定开关时间的相同电压。

11.5.2 基于物理的 IGBT 电路模型的参数提取

假设电路设计人员和软件公司都无法获得 IGBT 的内部结构细节，对特定器件使用不同的测试电路进行静态和动态测量，并将测量结果输入参数提取软件[12]。对于给定 IGBT 的参数提取，需要测量其输出 $I_{CE} - V_{CE}$ 特性，栅极充电曲线 $V_{GE} - t$ 和 $V_{CE} - t$，传输特性 $I_{CE} - V_{GE}$ 和用于不同启动电流和电压的瞬态特性。对于穿通结构，在发射结上进行电容 - 电压测量，大多数与给定器件的波形直接相关的参数很容易从测量中获得。其他诸如体和缓冲层中的载流子寿命、掺杂浓度和漂移区的宽度，通过将仿真的器件特性与实验数据进行匹配来确定，为此使用了先进的优化算法。寿命最初是通过观察衰减的集电极电流的尾部来猜测的，这样从不同模式下提取的参数用于不同模式下 IGBT 的工作。这些模式包括由栅极控制的慢速开关和通过将 MOSFET 与 IGBT 并联连接的开关行为。实验和计算特性的匹配准确度表明了该模型的鲁棒性。

11.5.3 IGBT 的 SABER 建模

SABRE 电路仿真器包含基于物理的 IGBT 模型[13]。为了利用 SABER 电路仿真器研究电学网络的行为，准备了一个描述不同电路元件互连的网络列表（网表）。在此网表中，包含了关于每个电学元件的说明，指定哪个模型模板将用于该特定元件，提及该元件的终端连接点并指出在仿真器的通用模型模板中必须从默认值更改的模型参数值。该模型选自软件包中可用的标准模型库。例如，SABRE 模板大致包含以下信息：①模板标题（template header）定义了 IGBT 的发射极、栅极和集电极端的连接点。②局部变量声明（local declarations）提到常数、内部节点和系统变量，例如节点电压。③参数部分（parameters section）执行在仿真开始时需要计算一次的数量的计算。④值部分（values section）计算作为系统变量函数的量，即各种端电压、耗尽宽度、电荷、电容、迁移率、扩散系数、载流子浓度、有效基区掺杂浓度、电导率调制的基区电阻、发射极－基极电容和扩散电压、稳态基极电流、MOSFET 沟道电流、集电极－基极热产生的电流、雪崩倍增电流等。系统变量包括节点电压和其他定义的变量，如基区瞬时过剩载流子电荷、集电区－基区空间电荷浓度的速度饱和分量、载流子－载流子散射迁移率、集电极－发射极电压的时间导数和外部反馈电容的电压等。⑤控制部分（control section）提供有关非线性模型方程的信息，还给出了有助于收敛的指令。⑥方程部分（equations section）解释了如何将值部分中获得的量组合以产生系统变量。

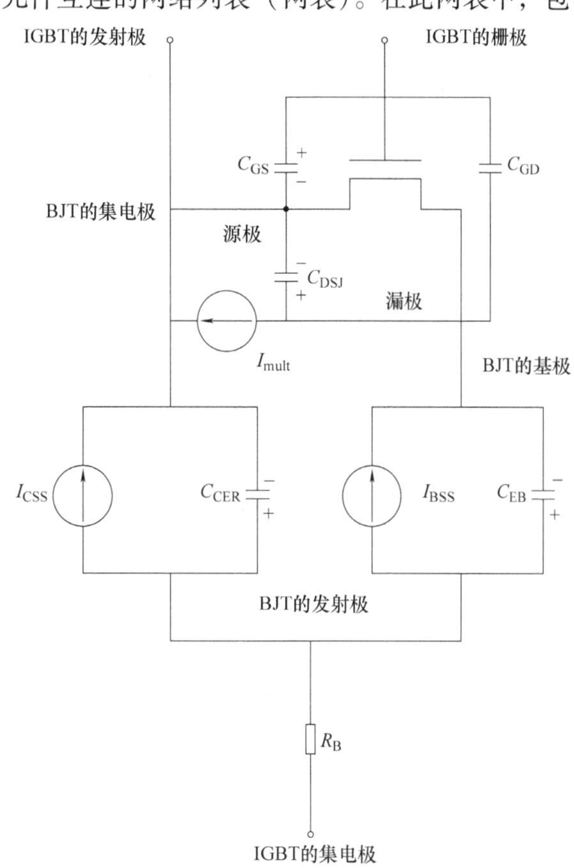

图 11.17 表示 IGBT 模型方程的模拟电路

C_{GS} = 栅极－源极电容；C_{GD} = 栅极－漏极电容；C_{DSJ} = 漏极－源极耗尽电容；C_{CER} = 集电极－发射极再分布电容；C_{EB} = 隐式发射极－基极电容；I_{mult} = 雪崩倍增电流，I_{CSS} = 稳态集电极电流；I_{BSS} = 稳态基极电流；R_B = 电导率调制的基区电阻

在 SABRE 电路仿真器中，IGBT 模型是用系统变量的非线性函数及其变化率来表示终端节点之间的电流，这由图 11.17 所示的模拟电路表示。在值部分中计算系统变量的函数之后，在方程部分使用这些值，描述通过每个元件的电流分量是如何按照上述电路进行互连的。

11.6 IGBT 转换器的应用

11.6.1 开关电源

开关电源（Switch Mode Power Supply，SMPS）是电子设备中应用最广泛的 DC 稳压电源。在 SMPS 中，通过脉冲宽度调制自动改变输入电压，保持输出电压恒定。这是通过闭环控制实现的，将输出电压与固定参考电压进行比较，并通过误差放大器放大差值。这种差异产生了必要的变化，例如在占空比中提供所需幅度的输出电压。

SMPS 中通常使用四种电路配置：

（1）反激式转换器 它是一个在 500W 以下的应用中带有电压控制反馈回路的正向转换器。如图 11.18a 所示，反激式转换器电路是图 11.1a 的基本降压转换器电路的改进形式，变压器在输入和输出之间提供电隔离。当 IGBT Q 开启时，电源电压 V_s 出现在变压器的一次绕组。在关断 IGBT Q 时，通过二次绕组中的电流在变压器的一次绕组中感应出极性相反的电压。如果 I_s 是具有小纹波的平均输入电流，则对于 0.5 的占空比，峰值晶体管电流是 $I_{max}=I_s/m=I_s/0.5=2I_s$。当 Q 关断时，二极管 D_2 和电容器 C 复位变压器铁心。当 D_2 截止时，电容 C 通过电阻 R 放电，并且在每个循环中损耗能量。

使用复位绕组（见图 11.18b），存储在变压器磁场中的能量被反馈到 DC 电源，从而提高了效率。那么 IGBT 的开路电压为

$$V_{oc}=V_s\left(1+\frac{N_p}{N_r}\right) \tag{11.72}$$

式中，N_p 和 N_r 分别为一次绕组和复位绕组的匝数。

（2）推挽式转换器 这种结构如图 11.19 所示，采用两个 IGBT Q_1 和 Q_2。当 IGBT Q_1 开启时，电源电压 V_s 施加在变压器一半的一次绕组上。Q_2 的开启会导致电压 V_s 出现在变压器一次绕组的另一半上。平均输出电压由式（11.73）给出

$$V_o=V=\frac{N_s}{N_p}V_s=aV_s \tag{11.73}$$

式中，V 为变压器二次绕组上的一半的电压；N_s 和 N_p 为变压器的二次和一次绕组的匝数；a 为变压器的匝数比。由于 IGBT Q_1 和 Q_2 的占空比为 0.5，开路电压为 $V_{oc}=2V_s$，使得该拓扑结构适用于低电压应用。IGBT 的平均电流为 $I_A=I_s/2$，IGBT 中的峰值电流为 $I_{max}=I_s$。

（3）半桥转换器 图 11.20 所示为一个半桥电路。当 IGBT Q_1 开启时，变压器一次绕组两端产生的电压为 $V_s/2$。当 Q_2 开启时，变压器一次侧产生的电压为 $-V_s/2$，大小相同但极性相反。该电路的平均输出电压为

$$V_o=V=\frac{N_s}{N_p}\frac{V_s}{2}=a\frac{V_s}{2} \tag{11.74}$$

其中，符号具有与上述相同的含义。

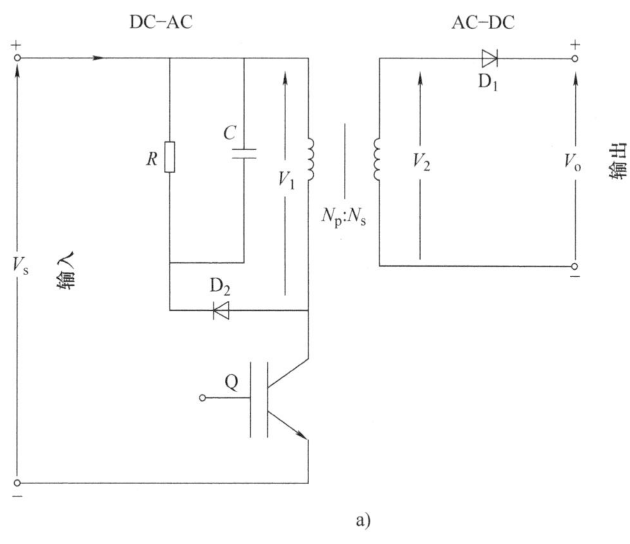

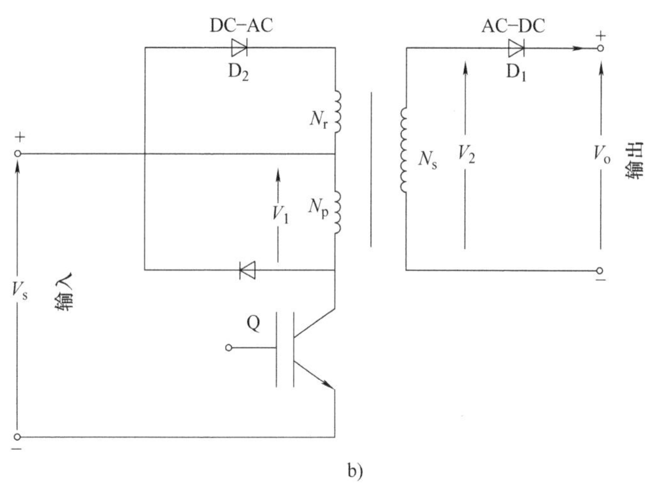

图 11.18　SMPS 反激转换器

a）无复位绕组　b）有复位绕组

开路 IGBT 电压为 $V_{oc}=V_s$。因此，这种配置优于用于高电压应用的推挽电路。此外，在 IGBT 中流动的平均电流是 $I_A=I_s$，并且 IGBT 中的峰值电流是 $I_{max}=2I_s$。将这些量与推挽电路的相应值进行比较，后者适用于大电流应用。

(4) 全桥转换器　与上面讨论的三种结构相比，该电路结构在 IGBT 上产生最小的电流和电压应力。因此，高于 750W 的高额定功率的开关模式电源总是使用这种方式。

图 11.21 所示为该转换器的电路图。当 IGBT Q_1 和 Q_4开启时，变压器一次绕组两端的电压为 V_s。但是当 Q_2 和 Q_3开启时，一次绕组电压为 $-V_s$。该配置的平均输出电压为

$$V_o=V=\frac{N_s}{N_p}V_s=aV_s \tag{11.75}$$

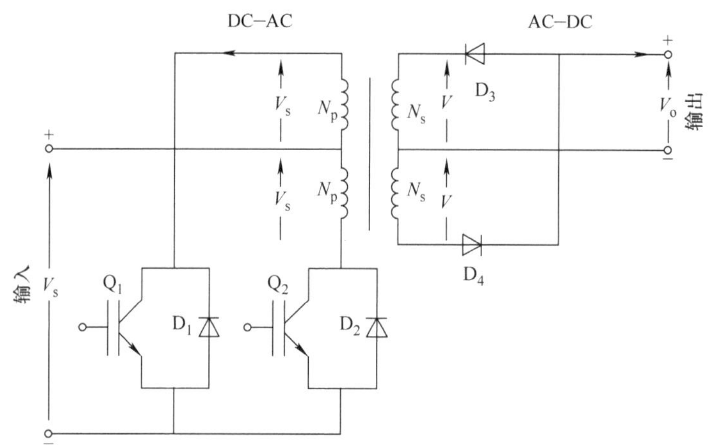

图 11.19　用于 SMPS 的推挽式转换器

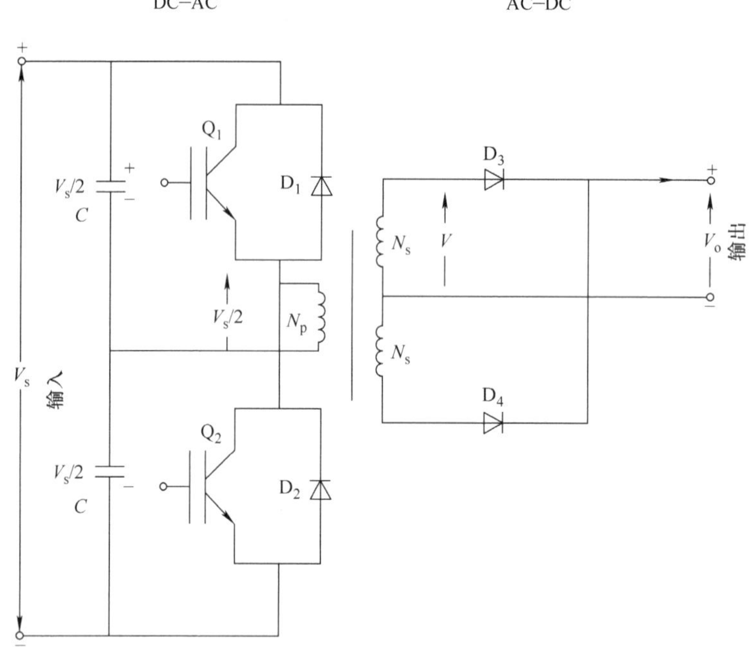

图 11.20　用于 SMPS 的半桥转换器

开路 IGBT 电压为 $V_{oc}=V_s$。此外，在 IGBT 中流动的平均电流是 $I_A=I_s/2$，并且 IGBT 中的峰值电流是 $I_{max}=I_s$。读者可以将这些值与半桥变换器的值进行比较。

11.6.2　不间断电源

不间断电源（Uninterruptible Power Supply，UPS）常用作 AC 电源和电子设备之间的接口，其运行将因主电源故障而严重受损。这些设备包括医院重症监护室的生命保障系统和计算机化服务，其中有价值的数据可能在电源故障时丢失。当主电源发生故障（即电源中断期间）以及主电源的电压或频率超出设备安全可靠运行的限制时，UPS 会负责设备供电，

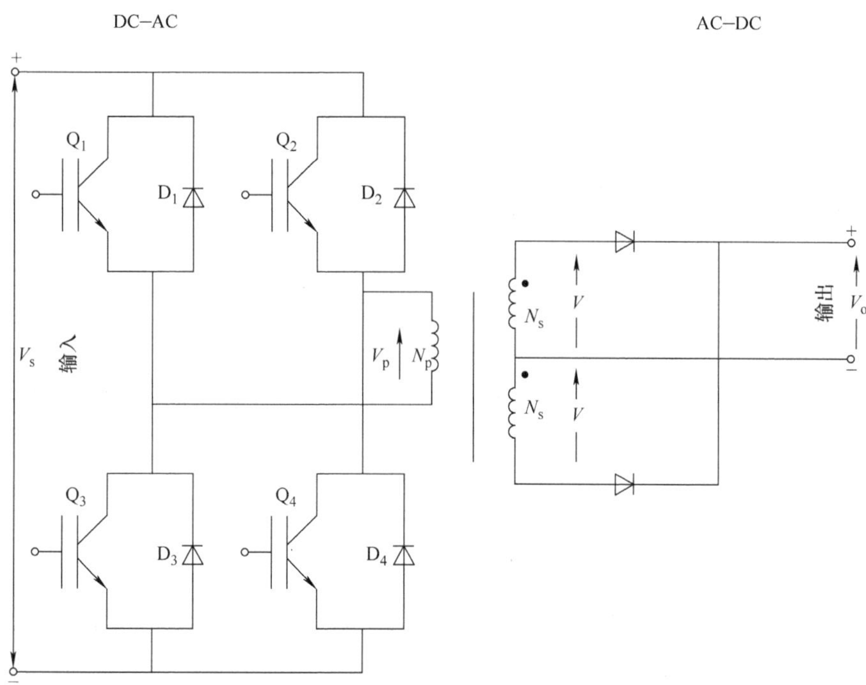

图 11.21 用于 SMPS 的全桥转换器

这种情况通常被称为限电。

图 11.22 所示为一个典型 UPS 的系统框图。第一个电路模块是整流器单元 1。包括一个高功率因数预调节器，以最大限度地降低输入主电源的谐波成分。接下来是可充电电池单元 2，当主电源可用时，电池单元由整流器的 DC 输出充电。它浮置在整流器的 DC 电压总线上。当主电源发生故障时，它为下一级，即逆变器 3 供电。常用的逆变器是正弦脉冲宽度调制（SPWM）逆变器，工作频率为 20kHz 或更高。在逆变器后面是低通 $L-C$ 滤波器部分 4。

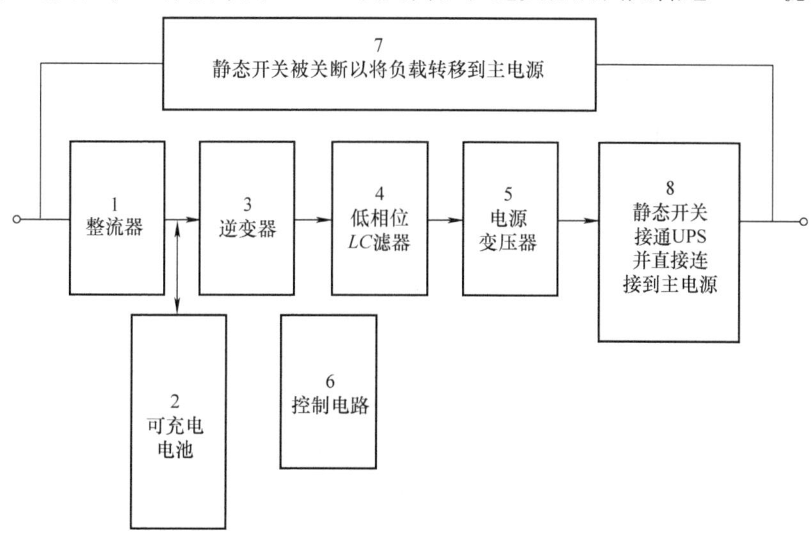

图 11.22 不间断电源框图

电源变压器5用于提供电隔离。所有开关控制信号由控制电路模块6提供。有两个静态开关7和8，它们的功能如图11.22所示。

因为电池浮置在整流器的DC电压总线上，所以上述设置需要大电池供电，较小的电池便于许多应用。然后在电池单元和整流器的DC总线之间包括两个附加功能单元。这些单元是用作电池充电器的DC-DC电压降压斩波器，以及将电池电压增加到DC总线电压水平的升压斩波器，以便在电源故障时向逆变器供电。

11.6.3 DC电动机驱动

与GTO和SCR方法相比，IGBT驱动为变速过程提供更高的可靠性和更精确的控制。DC电动机具有两个电路，即电枢电路和励磁电路，其中，电枢电路是主要的电源电路。DC电动机的一个值得注意的特征是这两个电路是磁解耦的，也就是说，由电枢电路产生的磁通量不与励磁绕组连接，反之亦然。这是因为电枢和励磁回路的磁动势在空间上正交定向，并且这些定向在电动机旋转时保持不变。与电枢绕组相比，励磁线圈具有较大的电感，解耦是有利的。大电感值会导致磁场电路中电流增长的时间常数变大。但是电枢电流的改变可以比励磁电流快得多。由于这两个电路是解耦的，因此不需要对场电路产生的磁通量进行任何改变。因此，施加到电枢电路的电压的变化引起电枢电流的快速变化，并因此根据所需的转矩将电动机加速或延迟到所需速度。可以合理地推断，为了便于快速控制DC电动机，电枢和励磁线圈必须由独立的变流器供电。

AC-DC转换器或DC斩波器用于改变DC电动机的速度，前者通常用于变速应用，后者用于牵引应用，其中DC系列电动机由于其高起动转矩而成为主力。DC斩波器驱动器在牵引方面变得越来越流行，因为在使用斩波馈电驱动器的节能特性时，需要经常停机。根据输入电源的不同，DC电动机驱动器大致分为三类，即单相驱动器、三相驱动器和斩波驱动器。根据运行模式，这些类别中的每一个进一步细分为三类，即一象限、二象限和四象限驱动。在工业驱动中，应用闭环控制并通过锁相环（PLL）控制来改善速度调节。

本章不深入研究DC电动机驱动理论，因为该主题在专门讨论该主题的论文中已经得到了全面的论述[14,15]。本书的注意力主要集中在IGBT在逆变器/转换器电路中的应用，驱动电路是根据上述原理设计的。

11.6.4 AC电动机驱动

下面从比较AC电动机与DC电动机和AC电动机驱动器与DC电动机驱动器开始。DC电动机比AC电动机昂贵。由于电刷和转子的磨损，它们需要更多的维护。AC电动机重量轻、坚固且免维护。但DC电动机驱动器设计更简单，一个例子是使用DC斩波电路的电压控制。AC电动机驱动器更复杂，它们利用转换器、逆变器和AC电压控制器中的先进控制技术，利用频率、电压和电流的变化。对于变速AC应用，电流和电压由电压源逆变器控制，电流和频率由电流源逆变器调节。电压源逆变器可以提供多个并联连接的电动机，而电流源逆变器为单个电动机供电，交流电动机驱动器的优点胜过缺点。

构造AC电动机可调速驱动器的主要考虑因素如下：①AC同步电动机的速度对于AC电源的固定频率是恒定的，感应电动机的速度随频率也几乎恒定。因此，输入AC电源的频率是决定电动机速度的一个重要参数。②频率也会影响电动机的磁通密度，磁通密度与频率大致成反比。因此，当频率降低以降低速度时，磁通密度增加。所以必须改变控制磁通密度的另一个参数，因为高磁通密度会产生较大的磁化电流和相关的损耗，而低磁通密度会导致较差的转矩。③用于改变磁通密度的参数是电动机的AC电源电压。磁通密度与电源电压成正比。因此，当要使电动机减速而降低频率时，必须相应地降低供电电压，以减少相应磁通密度的增加，从而保持转矩特性。

AC电动机有两种类型，即感应电动机和同步电动机。感应电动机包括笼型和集电环环式电动机，而同步电动机有三种类型的转子，即永磁转子、电励磁转子和磁阻转子。

对于笼型感应电动机的开环速度控制，使用三相六步电压源逆变器，改变逆变器的频率以调节同步速度。仅通过改变频率而不改变电压，就可以改变电动机的磁通量。当频率升高时，磁通量减小，从而降低了电动机的扭矩产生能力。相反，频率的降低会使磁通量增加到磁路饱和的程度。因此，为了将电动机磁路中的磁通水平保持在正确的值，必须相应地改变电压。为了精确控制电压，使用函数发生器提供输出电压用作端电压基准。通过使用具有误差放大器的速度误差检测器来实现闭环控制。误差放大器放大参考速度和来自速度传感器的速度反馈信号之间的误差，然后将期望的速度作为参考电压反馈给控制器，并且将实际速度作为反馈信号进行反馈。误差检测器评估速度控制器放大的差值，控制器输出通过压控振荡器调节转换器的时钟频率，并使用相同的电压进行端电压调节。

绕线转子感应电动机的速度由电路中的斩波器控制电阻控制。这是一种简单但低效的静态速度控制方法，用于不需要持续低速运行的情况，或者来自转子的滑移频率功率是在转换为DC之后在斩波器控制的电阻中消耗的功耗。通过相控逆变器将电源返回到AC系统总线，从而提高效率。

在同步电动机中，由于极的对数是固定的，因此同步速度由AC频率决定。它不受负载或电压的影响，因此，开环控制就足够了。尽管速度依赖于频率，但感应电压随频率和速度的变化使得必须调节电压以获得令人满意的电流和转矩特性。

在这样一个设置中，三相电压源逆变器为电动机供电，该逆变器的开关控制电路能够独立调节频率和电压。开关控制电路内的电压－频率转换器可以改变频率，逆变器开关电路的时钟频率被改变。电动机励磁绕组由一个单独的转换器供电，调节该转换器以获得单位功率因数。对于使用上述方法的闭环控制，从误差放大器获得用于逆变器的频率和电压调节的控制电压增大了实际速度和参考速度之间的误差。借助于参考信号和来自转速计的实际速度反馈信号设定所需的速度。

尽管采用逆变器供电的AC电动机驱动器实现的稳态性能与单独激励的DC电动机驱动器相当，但其动态性能远远低于后者。动态性能是指机器对速度和扭矩的变化做出的快速响应所需的能力。单独激励的DC电动机的优越性源于磁场和电枢电流的磁去耦，因此可以独立地控制两个电路。在AC电动机中，通过矢量控制技术实现了类似的性能水平，它将产生转矩的定子电流的分量和磁场分开，并像DC电动机一样独立处理。对于DC电动机驱动器，有关AC电动机驱动器的详细介绍，建议感兴趣的读者参考有关的专业书籍[14,15]。

11.6.5 汽车点火控制

IGBT技术的发展已经可以适应于汽车应用的恶劣环境中。汽车发动机必须具有精确控制点火时间和火花塞电压，以确保高效率和低排放。在过去几年中，集成了集电极-栅极钳位二极管（或自钳位IGBT）的IGBT已广泛用于汽车点火系统。与传统的达林顿双极型功率晶体管相比，IGBT具有多项优势，例如驱动电路简单、内置反向电池保护和卓越的安全工作区（SOA）。使用自钳位IGBT的典型汽车点火系统如图11.23所示。开启IGBT以将一次绕组中的电流提升到预设值。然后，当存储在一次绕组中的能量产生几百伏的电压尖峰时，IGBT关断。在二次绕组中感应的EMF上升到20~40kV，直到在火花塞中产生电弧，点燃燃料混合物。由于集成了集电极-栅极钳位二极管，当火花塞断开（打开两次）时，IGBT能够在故障状态下承受相当大的能量。通常，对于大多数点火系统，集电极-栅极钳位电压在350~400V之间。

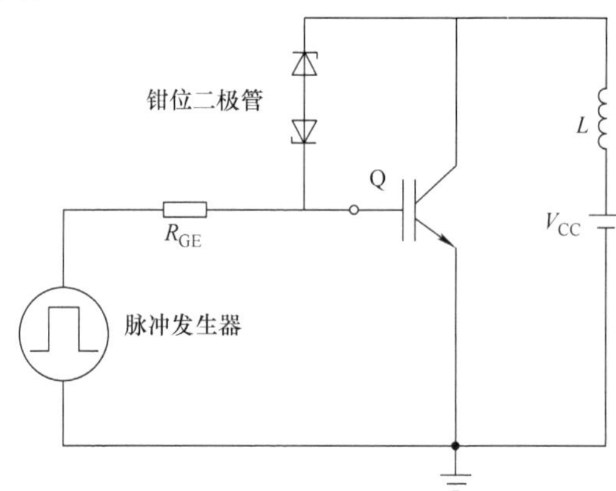

图11.23 使用IGBT作为开关元件的汽车点火电路

迄今为止，用于汽车点火的IGBT设计是基于纯感应负载（空气线圈）的假设。但实际上，实际点火线圈的行为与纯电感不同。首先，大的寄生电容与点火线圈变压器的二次绕组相关，该电容会显著影响开关过程中的电流和电压波形。其次，点火线圈的芯材具有非线性特性。还必须考虑其他二阶效应，如线圈中的涡流损耗。在当前的IGBT设计过程中，没有适当考虑所有这些影响。随着汽车行业对更具成本效益的IGBT线圈驱动器的需求不断增加，现有的IGBT技术需要根据实际线圈负载行为进行重新审视。通过比较分析仿真和测量数据，必须修改现有器件结构，以便在单位芯片面积的能量容量方面实现更好的器件性能。该目标可以通过使用器件/电路混合模式建模的数值分析以及结合大量的实验研究辅助对实际点火子系统更好的物理理解来实现。

点火控制正在转向线圈式火花塞（铅笔线圈）概念，这消除了高压导线，并且每个气缸具有一个点火线圈，改善了火花控制，以满足越来越低的排放标准。当点火线圈驱动器安装在新的较小线圈中时，它们可以在不牺牲性能的情况下节省更多的空间。新的点火线圈驱动器在集电极和栅极之间集成了一个有源电压钳制，提供自钳位感应开关（Self - Clamped Inductive Switching，SCIS）并限制施加在点火线圈上的应力。IGBT 产品特性经过改进，可满足电子点火系统等应用的要求。点火系统需要特别低的饱和电压，这是使用 2.0μm 工艺实现的。饱和电压额定值最低可达 1.9V，阻断电压为 360V 和 400V，真正的单脉冲集电极 - 发射极雪崩能量额定值为 200 ~ 500mJ。

11.6.6 焊接

电源开关最重要的特性是它们的电源利用率，包括电流和电压的利用率。目前，IGBT 电能的利用率甚至优于逆变器中使用的快速晶闸管。相比之下，FET 晶体管具有更适度的电源利用率。另一个重要特性是开关的速度，在这方面，FET 是赢家。然而，在实践中，最快的 IGBT 开始变得非常接近普通的 FET 晶体管。此外，当考虑 IGBT 更好的功率容量时，即使在低压应用中，IGBT 也可以与 FET 相媲美。对于工业电压，电源利用率的损失取决于所使用的电压，这使得 FET 的使用非常不经济。在这种情况下，速度所带来的实际好处就丧失了。在 IGBT 中，即使在高电压下，损耗仍保持在合理的水平，并且速度不会受到太大影响。由于物理原因，晶闸管在功率和电压利用方面有很好的竞争力，但出于同样的原因，晶闸管的连接速度在最佳情况下仍保持在中等水平。因此 IGBT 的电源利用率和过载容限良好，并且它们的速度也相当快。由于这些特性，IGBT 于 20 世纪 90 年代初在焊接电源中推出。IGBT 的使用逐渐变得更加普遍，而其他功率开关的比例逐渐下降。在微电子技术的推动下，IGBT 模块的生产技术已发展到可以生产非常快速和小型化元件的水平。因而，与其容量相比，可以产生非常轻的电源。

电弧焊机用于焊接 Cu、Al、不锈钢和其他金属合金。采用最先进的技术，电弧焊是业内许多人选择的技术。有几种电弧焊机采用先进的智能 IGBT 电源模块，具有高性能的控制和保护功能，并采用现代电子控制技术。焊机采用闭环控制开关方式，它由 PWM 电路组成，将控制信号发送到 IGBT 的驱动栅极。采用 IGBT 的半桥式逆变器是电源开关设备，逆变器控制提供一个刚性的高密度等离子弧，从而实现高速、高质量的焊接。此外，基于脉冲的热控制可防止钻蚀和熔化，从而形成良好的焊珠。焊机配有开关式电源，当主电路的 IGBT 在开关状态下工作在 20kHz 时，该焊机具有效率高、体积小、噪声低的优点。该焊机具有高准确度的顺序控制和特殊的阶梯式输出特性，具有优异的动态响应速度和稳定的电弧烧结性能，适用于各种高质量、高效率的焊接技术。该焊机具有很强的抗弧长干扰能力，具有很强的抑制能力，并且尽管在焊丝速度、焊枪高度等波动情况下仍能保持焊接过程的稳定。

用于焊接设备的高频逆变器的 IGBT 工作在桥式拓扑结构中，并且需要在一定的最小持续时间内承受短路。通过控制电路检测短路，该电路必须能够区分通常在启动时遇到的大电流条件和真正的故障条件。如果是后者，则控制电路通过关断 IGBT 做出反应，直到恢复正常运行。

基于 IGBT 逆变器的焊机的优点包括：机器体积小，重量轻，仅为传统机器的十分之一。因此，该焊机非常紧凑，便于携带，适合搬运和现场作业。IGBT 技术的使用使焊机具有高性能、非常坚固和免维护的特点。逆变式焊机的焊接质量优于传统焊机，因为焊机的输出是纯 DC 的。由于先进的技术，电流调节范围从 5 ~ 250A，这是传统机器无法实现的。它提供无孔、无氢、无飞溅的焊接，在 AC TIG 铝焊接中，采用 AC 方波实现从低电流到高电流的优异电弧稳定性。基于 IGBT 的逆变器电源提供强大、稳定、极其平滑、易于控制的可控电弧，通常用于昂贵的机器中。焊机可以实现小的飞溅和漂亮的焊缝。此外，AC 方波在焊接过程中不需要高频波，DC TIG 焊接也是如此，高速 IGBT 逆变器控制显著提高了低电流（AC 10A）下的准确度和电弧稳定性。AC 方波不像 DC 方波 TIG 焊接控制那样需要高频控制。逆变式焊机的主要优点之一是功耗，它工作在单相电源上，输入电流仅为 15 A，而传统焊机的工作电压为三相电流，电流高达 40 A。因此功耗降低了 80%，使其成为高效节能的焊接设备。

11.6.7 感应加热

电磁炉、电饭煲、微波炉和其他大功率感应加热器具对感应加热的要求多种多样，需要优越的电导和高速开关器件。用于此目的的 IGBT 是 600 ~ 1800V 沟槽栅 IGBT，其饱和电压在 50A 时为 2 ~ 2.5V，小于平面栅 IGBT，具有低导通损耗以及大约 50kHz 的高开关频率（关断时间 = 200 ~ 250ns）。这些 IGBT 具有内置快速恢复二极管。其他感应加热应用包括干燥、钎焊和锻造行业，其中使用 IGBT 技术构建了紧凑轻便、便携、可靠的 5kW、10kW、15kW 和 30kW IGBT 型固态感应发电机，作为等效 RF 阀振荡器的直接替代。这些单元的工作频率范围为 20 ~ 60kHz，可承受短路或开路的状况。

11.7 小结

IGBT 的出现已经彻底改变了电力电子领域。本章简要讨论了 IGBT 在开关模式和不间断电源、可调速电动机驱动器、汽车电子、焊接和感应加热中的应用。该器件的潜在应用还有待充分探索。该器件将在照明、工厂自动化、工业过程控制和未来电子家居电器控制等高效电力电子系统中发挥关键作用。

在详细研究了 IGBT 电路的各种应用后，对于给定的电路问题，选择适当的电路拓扑。研究了 IGBT 在拓扑结构中的作用。基于本章阐述的电路拓扑的数学分析，计算 IGBT 以及其他电路元器件的电流、电压和频率额定值。使用制造商给出的数据表，选择适合应用的 IGBT。在诸如 SPICE 或 SABRE 计算机辅助设计工具的电路仿真软件包中输入元件值之后，根据不同的可能输入和输出波形分析电路的运行情况。根据需要改变电路元件的值，直到电路的性能曲线与所需的性能特性相匹配。然后组装电路，并将电路的实验测量数据与理论设计进行比较。最后，在设计中进行迭代，以获得满意的结果。

练 习 题

11.1 指出降压转换器和升压转换器之间输出电压和电流与输入电压和电流的差异。写出两种类型转换器的电压关系。这些转换器的电路图有何不同？绘制它们的电路图并把不同的部分圈起来。

11.2 转换器的占空比是什么意思？当占空比从0变为1时，降压和升压转换器的电压转换比的最小和最大可能值是多少？

11.3 导出降压转换器的最大和最小负载电流、峰峰值纹波电流和负载电流DC值的公式，其中负载不会产生任何反EMF。对于由于负载引起的反EMF的情况，修改这些方程。

11.4 导出升压转换器的最大和最小负载电流以及峰峰值纹波电流的公式。比较升压转换器的峰峰值纹波电流与降压转换器的峰峰值纹波电流的公式。区分峰峰值纹波电流方程的分子中的表达式，评估低电压侧峰峰值纹波电流最大的占空比值。

11.5 绘制降压-升压转换器的电路原理图。解释其驱动和制动的工作模式。该转换器如何用于DC电动机驱动？

11.6 什么是逆变器？逆变器的主要类别是什么？区分半桥和全桥逆变器的功能。

11.7 绘制单相半桥逆变器的电路结构，并分析其在感应负载下的运行情况。

11.8 借助电路解释单相全桥逆变器的工作原理。在没有脉冲宽度调制的情况下写出逆变器负载电流的公式。

11.9 绘制在转换器中调制的脉冲宽度的典型输出电压波形，并说明如何在逆变器中实现该调制。为什么不总是可以在半桥电路中实现这种调制？阐明全桥拓扑如何克服这个问题。

11.10 区分单脉冲宽度调制和多脉冲宽度调制。以何种方式使用大量脉冲来合成AC输出波形是有益的？借助图表解释正弦脉冲宽度调制（SPWM）的概念。

11.11 一个三相逆变器电路需要多少个IGBT和二极管？在三相逆变器中的三个单相逆变器的栅控信号之间必须存在什么相位关系才能获得平衡的三相输出。该逆变器有多少个输入和输出端？

11.12 （a）讨论AC-DC转换的整个循环控制和相角控制方法。

（b）使用IGBT绘制AC-DC转换器的电路图。

（c）当触发角$\alpha=\alpha_1$而消光角β固定在$\beta_1=\pi$时，推导功率因数的方程。然后在负载吸收功率恒定的条件下，将触发角α改为α_2，消光角$\beta=\beta_2$，求获得最大功率因数的条件。

11.13 使用谐振元件减少功率转换电路中的开关损耗的技术名称是什么？在这种技术中使用什么类型的过零点来开启和关断IGBT？需要什么频率和功率水平？解释基于谐振元件的转换器的“准谐振”一词的含义。

11.14 区分零电压和零电流开关。零电压开关在什么条件下工作最好？零电流开关的合适条件是什么？

11.15 绘制并解释（a）硬开关；（b）零电压开关；（c）零电流开关的开启和关断波形。

11.16 软开关逆变器的主要类型有哪些？绘制并解释三相DC链路谐振逆变器的电路图。

11.17 解释软开关在（a）降低开关损耗；（b）提高 dV/dt 能力；（c）电磁干扰最小化方面的重要性。

11.18 如何获得IGBT的SPICE建模所需的不同参数？写出IGBT的静态SPICE模型中电压控制电压源 E_D、压控电流源 G_B 和电流控制电压发生器 H_D 的表达式，以及IGBT的动态SPICE模型中非线性输入电容 C_{ix} 的表达式。

11.19 绘制基于物理的IGBT模型的模型参数提取的一般方法。在SABRE网络分析仪中解释IGBT模型网表的组成部分。使用模拟电路表示，解释SABRE仿真器中IGBT模型的实现。

11.20 （a）说明开关电源的基本工作原理；（b）说出该电源中常用的四种电路配置；（c）绘制这些配置的标记电路图；（d）在每种应用情况下，写出开路电压以及IGBT中的平均和峰值电流的方程；（e）评论这些电路对不同类型应用的适用性。

11.21 为什么需要不间断电源？绘制典型UPS的框图并解释每个模块的功能。

11.22 解释DC电动机的电枢和励磁电路的磁解耦原因。这种解耦在构建DC电动机驱动器方面有什么优势？指出在构造AC电动机驱动器时的主要考虑因素。

11.23 为什么IGBT是汽车点火控制的最佳器件？绘制并解释使用IGBT的点火控制电路的工作原理。实际点火线圈在哪些方面与纯电感不同？对IGBT设计有何影响？

11.24 对于感应加热应用，需要哪种类型的IGBT额定值？为什么？

11.25 用于控制电动汽车的IGBT降压转换器由600V DC电源供电。IGBT的最小有效导通时间为4μs。在车辆起动或慢速运行期间，降压转换器输出为6V。求出最大可能的转换器频率。在用更快的IGBT替换IGBT时，有效导通时间减少到300ns。最高变频器频率是多少？

11.26 单相半桥逆变器的电阻负载为 $R=3\Omega$，而DC输入电压为 $V_s=60V$。计算每个IGBT的平均电流和峰值电流。同时求出每个晶体管的反向阻断电压。

11.27 三相IGBT逆变器工作频率 $f=40Hz$。逆变器具有Y形连接的电阻负载 $R=1.8\Omega$。DC输入电压为 $V_s=200V$。确定流经IGBT的平均电流、RMS和峰值电流。

11.28 IGBT控制从180V AC电源到电阻负载 $=1.7\Omega$，电感非常大，因此负载电流几乎保持恒定，调节IGBT的开关角度使得延迟角 α 为30°并且消光角 β 为180°。计算AC侧的功率因数。

11.29 考虑图E1.11.1所示的ZCS谐振降压转换器。与IGBT Q 串联的电感值 $L_T=8\mu H$，而与二极管D并联的电容大小为0.15μF。如果电源电压 V_s 为5V，说明这种 $L-C$ 组合是否支持3V输出，2W负载的谐振转换器工作？

参考文献

1. M. H. Rashid, *Power Electronics, Circuits, Devices and Applications*, Prentice Hall, Englewood Cliffs, NJ, 1988.
2. R. S. Ramshaw, *Power Electronics Semiconductor Switches*, Chapman & Hall, London, 1993.
3. J. Vithayathil, *Power Electronics Principles and Applications*, McGraw-Hill, Inc., 1995.
4. P. T. Krein, *Elements of Power Electronics*, Oxford University Press, New York, 1998.
5. D. Divan and G. Skibinski, *Zero Switching Loss Inverters For High Power Applications*, IEEE-IAS Annual Conference, IEEE, New York, 1987, pp. 627–634.
6. N. Mohan, J. He, and B. Wold, *Zero Voltage Switching PWM Inverter For High-Frequency DC–AC Power Conversion*, IEEE-IAS Annual Conference, IEEE, New York, 1990, pp. 1215–1221.
7. S. Salama and Y. Tadros, *Novel Soft Switching Quasi Resonant 3-Phase IGBT Inverter*, EPE 95, Sevilla, pp. 2.095–2.099.
8. H. Skudelny, F. Protiwa, and T. Frey, *Comparison of Different Switching Modes in a 10 KW High Frequency Step Down Converter using IGBTs*, IEEE Industry Applications Society Annual Meeting, IEEE, New York, 1992, pp. 964–966.
9. K. Sul and J. Kim, *Resonant Link Bidirectional Power Converter: Part I—Resonant Circuit*, IEEE Trans. on Power Electronics, IEEE, New York, Vol. 10, No. 4, July 1995, pp. 479–484.
10. J. Abu-Qahouq and I. Batarseh, Generalized Analysis of Soft-Switching DC-DC Converters, ISCAS 2000-IEEE International Symposium on Circuits and Systems, IEEE, New York, May 28–31, 2000, Geneva, Switzerland.
11. F. Mithaliĉ, K. Jezernik, K. Krischan, and M. Rentmeister, IGBT SPICE Model, *IEEE Trans. Industrial Electron.*, New York, Vol. 42, February 1995, pp. 98–105.
12. A. N. Githiari, B. M. Gordon, R. A. MacMohan, Z. M. Li, and P. A. Mawby, A Comparison of IGBT Models for Use in Circuit Design, *Record of the 28th Annual IEEE Power Electronics Specialists Conference*, St. Louis, Missouri, June 22–27, 1997, *PESC '97*, IEEE, New York, pp. 1554–1560.
13 A. R. Hefner, Jr., and D. M. Diebolt, An Experimentally Verified IGBT Model Implemented in the SABER Circuit Simulator, *IEEE Trans. Power Electron.*, Vol. 9, September 1994, pp. 532–542.
14. B. K. Bose, *Power Electronics and AC Drives*, Prentice-Hall, Englewood Cliffs, NJ, 1986.
15. B. K. Bose (Ed.), *Power Electronics and Variable Frequency Drives, Technology & Applications*. IEEE Press, New York, 1997.